住房和城乡建设部“十四五”规划教材
高等学校给排水科学与工程学科专业指导委员会规划推荐教材

# 水质工程学（第四版）

（上册）

马军　任南琪　彭永臻　梁恒　编
李圭白　主审

中国建筑工业出版社

**图书在版编目（CIP）数据**

水质工程学. 上册 / 马军等编. -- 4 版. -- 北京 ：
中国建筑工业出版社，2025. 1. --（住房和城乡建设部
“十四五”规划教材）（高等学校给排水科学与工程学科
专业指导委员会规划推荐教材）. -- ISBN 978-7-112
-30578-0

Ⅰ. TU991. 21

中国国家版本馆 CIP 数据核字第 2024L0F157 号

本教材在《水质工程学》（第三版）的基础上进行修订，在各章节前端增加思维导图，提高学生对各章节的整体理解；融入课程思政元素，强调绿色低碳、低碳运行、环境友好等理念，通过工程案例与人物介绍，增强学生的使命感与责任感；采用二维码附加数字资源（如课程录像、工艺案例等），丰富教学形式。全书全面覆盖给水与排水两大领域，并在后续章节中强化单元过程原理的集成应用，培养学生形成水源、厂、网、河一体化的综合解决城市水问题的能力。此外，引入新工艺、新技术及未来发展方向的扩展内容，保持教材新颖性，激发学生的探索欲与求知欲，为培养适应未来水行业发展需求的高素质人才奠定坚实基础。

全书共分 21 章，上册为 1～12 章，下册为 13～21 章。本教材可作为给排水科学与工程、城市水系统工程、环境工程等专业教材，还可用作有关专业工程技术人员和决策、管理人员的参考书。

为便于教学，作者制作了教学课件，如有需要，可扫码下载。

教材 PPT

责任编辑：王美玲
责任校对：芦欣甜

住房和城乡建设部“十四五”规划教材
高等学校给排水科学与工程学科专业指导委员会规划推荐教材
**水质工程学(第四版)**
**(上册)**
马军　任南琪　彭永臻　梁恒　编
李圭白　主审
*
中国建筑工业出版社出版、发行（北京海淀三里河路 9 号）
各地新华书店、建筑书店经销
北京科地亚盟排版公司制版
河北鹏润印刷有限公司印刷
*
开本：787 毫米×1092 毫米　1/16　印张：25¾　字数：640 千字
2025 年 6 月第四版　2025 年 6 月第一次印刷
定价：**70.00** 元（赠教师课件，数字资源）
ISBN 978-7-112-30578-0
(43803)



如有内容及印装质量问题，请与本社读者服务中心联系
电话：(010) 58337283　QQ：2885381756
（地址：北京海淀三里河路 9 号中国建筑工业出版社 604 室　邮政编码：100037）

# 出版说明

党和国家高度重视教材建设。2016年，中共中央办公厅、国务院办公厅联合印发了《关于加强和改进新形势下大中小学教材建设的意见》，提出要健全国家教材制度。2019年12月，教育部牵头制定了《普通高等学校教材管理办法》和《职业院校教材管理办法》，旨在全面加强党的领导，切实提高教材建设的科学化水平，打造精品教材。住房和城乡建设部历来重视土建类学科专业教材建设，从"九五"开始组织部级规划教材立项工作，经过近30年的不断建设，规划教材提升了住房和城乡建设行业教材质量和认可度，出版了一系列精品教材，有效促进了行业部门引导专业教育，推动了行业高质量发展。

为进一步加强高等教育、职业教育住房和城乡建设领域学科专业教材建设工作，提高住房和城乡建设行业人才培养质量，2020年12月，住房和城乡建设部办公厅印发《关于申报高等教育职业教育住房和城乡建设领域学科专业"十四五"规划教材的通知》(建办人函〔2020〕656号)，开展了住房和城乡建设部"十四五"规划教材选题的申报工作。经过专家评审和部人事司审核，512项选题列入住房和城乡建设领域学科专业"十四五"规划教材(简称规划教材)。2021年9月，住房和城乡建设部印发了《高等教育职业教育住房和城乡建设领域学科专业"十四五"规划教材选题的通知》(建人函〔2021〕36号)(简称《通知》)。为做好规划教材的编写、审核、出版等工作，《通知》要求：(1)规划教材的编著者应依据《住房和城乡建设领域学科专业"十四五"规划教材申请书》(简称《申请书》)中的立项目标、申报依据、工作安排及进度，按时编写出高质量的教材；(2)规划教材编著者所在单位应履行《申请书》中的学校保证计划实施的主要条件，支持编著者按计划完成书稿编写工作；(3)高等学校土建类专业课程教材与教学资源专家委员会、全国住房和城乡建设职业教育教学指导委员会、住房和城乡建设部中等职业教育专业指导委员会应做好规划教材的指导、协调和审稿等工作，保证编写质量；(4)规划教材出版单位应积极配合，做好编辑、出版、发行等工作；(5)规划教材封面和书脊应标注"住房和城乡建设部'十四五'规划教材"字样和统一标识；(6)规划教材应在"十四五"期间完成出版，逾期不能完成的，不再作为《住房和城乡建设领域学科专业"十四五"规划教材》。

住房和城乡建设领域学科专业"十四五"规划教材的特点，一是重点以修订教育部、住房和城乡建设部"十二五""十三五"规划教材为主；二是严格按照专业标准规范要求编写，体现新发展理念；三是系列教材具有明显特点，满足不同层次和类型的学校专业教学要求；四是配备了数字资源，适应现代化教学的要求。规划教材的出版凝聚了作者、主审及编辑的心血，得到了有关院校、出版单位的大力支持，教材建设管理过程有严格保障。希望广大院校及各专业师生在选用、使用过程中，对规划教材的编写、出版质量进行反馈，以促进规划教材建设质量不断提高。

住房和城乡建设部"十四五"规划教材办公室

2021年11月

# 第四版前言

随着全球经济的飞速发展和城市化进程的加速推进，水资源作为生命之源与城市发展的命脉，其重要性日益凸显。《水质工程学》作为给排水科学与工程及环境工程领域的重要教材，旨在全面而深入地探讨水质保障与管理的科学原理、技术方法与实践策略，以应对城市化进程中日益严峻的水污染、水资源短缺及水再生利用的挑战。

面对我国城镇化率持续攀升背景下水资源供需矛盾的加剧，以及气候变化和新兴污染物带来的复杂水质风险，水质工程学不再仅是传统意义上的水处理技术集合，而是发展成为一门集水源保护、水质安全保障、水生态修复、水资源高效利用及水循环管理于一体的综合性学科。保障城市水系统的健康运行，不仅关乎居民生活质量的提升，更是实现经济社会可持续发展和生态文明建设的关键所在。我们希望通过本书的学习，能够培养出一批既具备扎实专业知识，又富有创新思维和实践能力的水质工程人才，他们将在未来的城市水系统建设中发挥关键作用，推动水质工程学向更加经济、高效、低碳、智能的方向发展，为实现水资源的可持续利用和城市的绿色转型贡献力量。

《水质工程学》（第四版）教材在再版修订过程中，吸取了多方提出的宝贵意见，着重在下列方面作了修改：

（1）在绪论中除了水的良性社会循环有关内容之外，还增加了未来绿色低碳城市水系统的理念与展望，简述了水源保护、水生态、水环境、海绵城市及未来城市水系统等理念。建立这门课在专业体系中的位置关系及实际应用情况，加深学生对本专业整体了解。

（2）贯穿全书内容，适量增加了课程思政元素，使学生从全生命周期角度关注绿色低碳工艺系统、低碳运行、系统优化、环境友好、健康生态等方面的技术发展对策与技术进展。通过一些工程案例或者人物介绍，增强学生的使命感、荣誉感及责任感。

（3）各个章节中通过扫描二维码的方式，可以动态地查阅电子数据库如相关课程录像、典型工艺案例等，以便于学生理解。

（4）各个章节中增加了数字化的相关内容，在讲述工艺过程原理的基础上，加强了过程模拟、控制和优化的思想。

（5）本版突出介绍了碳中和愿景下科学进展和技术创新对工艺技术发展的推动作用，让学生了解技术的动态发展过程，以增强学生的创新意识。

（6）以本科教学要求为准绳，对书中的理论进行筛选，既要加强基础知识传授，也动态地反映水工程领域科学前沿和工程技术最新进展。过深的内容和新技术进展通过标注 * 号部分内容和扫描二维码电子版等方式进行介绍，既保证课程教学要求，又能扩大学生专业知识面。

（7）适当增加例题的数量，特别是在重点部分增加的内容。习题参考工程界设计计算书的格式编写，这样既能联系实际，又使学生在学习过程中就能熟悉工程设计中习用的一些格式，使之更有参考价值。

（8）适当增加介绍新工艺、新技术以及工艺技术发展方向的内容，使之保持新颖性，激发学生的探索热情，培养学生的求知欲。在教材中增加若干扩展内容，通过扫描二维码的方式阅读电子版扩展内容，以供学生参考。

本书前三版由李圭白、张杰主编，马军、任南琪、彭永臻、崔福义、于水利、陈忠林等专家执笔完成。

第四版在前三版的基础上修编完成，绪论和第1、2、3、6、7、10、11章由马军修编；第4、5、8、9、18、19章由梁恒修编；第15、16、17、21章由任南琪修编；第12、13、14、20章由彭永臻修编。全书由马军、任南琪、彭永臻、梁恒统稿，李圭白任主审。

由于作者水平有限，望广大读者批评指正。

# 第三版前言

近几十年来，我国随着社会经济的快速发展，同时出现了以水资源短缺和水环境污染为标志的水危机，现已成为制约我国社会经济发展的重要因素。水危机的出现，是人类社会无节制地用水和将污、废水肆意排入天然水体，即水的不良社会循环造成的。解决水危机，使人类社会逐渐步入水的良性社会循环的历史重任，将落在给水排水工程从业者的肩上。中华人民共和国成立初期以城市基础设施为对象的给水排水工程已不适应现在的社会需求，经多年教育改革，已建立起以水的社会循环为服务对象的新的学科和专业——给排水科学与工程。以水的社会循环的理念为指导，给水和排水不过是水的社会循环中的两个环节，所以应该将给水和排水有机地结合在一起。《水质工程学》就是将给水处理与污水、废水处理结合在一起形成的一部新教材。

通过实现水的良性社会循环解决水危机的理念，也逐渐取得社会的共识。在工业企业，因涉及节水、水的循环利用、水的重复利用，甚至零排放等的要求，不论从工程技术层面还是技术管理层面，大多已经实现了给水和排水（废水）的统一。在城市中，也开始将给水和排水统一在一个水业公司（或水务部门）进行规划和管理。

人才是社会经济发展的基础。全体从业人员都认识到只有通过实现水的良性社会循环才能解决水危机，并主动承担起解决我国水危机的历史重任，才能使我国的水危机更快更好地得到解决。

扩大水的良性社会循环理念的社会影响，最有效的途径是通过教育，如果每一个在校学生都能建立起实现水的良性社会循环的理念，并愿承担起解决我国水危机的重大历史使命，若干年后新的理念将会取代旧的观念而成为主流。

教师是向学生传播新理念的关键。如果教师缺乏实现水的良性社会循环的理念，不去教导学生勇于承担解决我国水危机的历史使命，就不可能培养出具有新理念和新抱负的学生。所以，希望给排水科学与工程专业的教师都能尽快接受本专业教育改革提出的新理念，在教学工作中不断宣传新理念，鼓励学生勇于承担解决我国水危机的雄心壮志，不断培养出高质量的、具有新理念和新抱负的学生，为社会经济发展作出更大贡献。

《水质工程学》（第三版）教材在再版修订过程中，吸取了多方提出的宝贵意见，着重在下列方面作了修改：

（1）在各章节增加了与水的良性社会循环有关的内容。

（2）创新已成为我国今后社会经济发展的动力。本版突出介绍了技术创新对工艺技术发展的推动作用，以增强学生的创新意识及对创新意义和价值的认识。

（3）以本科教学要求为准绳，对书中的理论进行筛选，删除过深的内容，使全书的理论水平和深度与对本科教学的要求相适应，其中 * 标出内容为选修内容。

（4）各章节都更全面地反映给水与排水（污水）两方面的内容。

（5）适当增加例题的数量，特别是在重点部分增加大习题的内容。大习题参考工程界设计计算书的格式编写，这样既能联系实际，又使学生在学习过程中就能熟悉工程设计中习用的一些格式，使之更有参考价值。

（6）适当增加介绍新工艺、新技术以及工艺技术发展方向的内容，使之保持新颖性。

现在已进入信息时代，过去因缺乏参考书，故提倡在教材中增加若干扩展内容以供学生参考。现在，学生可以通过网络搜索查询大量需要了解的各种专业知识，而教科书篇幅有限，不可能满足学生的业务扩展的要求，所以信息时代教材的定位应较过去有所改变，即教材不应以量取胜，不应堆砌大量专业知识，而应加以精炼，首先以加深专业基本知识为主，为学生利用网络扩展业务知识提供坚实基础；其次要扩大信息面，扩大新技术新知识的介绍，使学生利用网络在扩大新技术新知识内容时，有一定的查询方向。本次修订，就是以教材新的定位为目标进行的尝试和努力。

第三版教材的执笔人以及主编和主审人皆与第一版相同。

# 第二版前言

《水质工程学》的出版是给排水科学与工程(给水排水工程)专业教学改革的一项成果，它体现了给水排水工程学科从以城市基础设施为研究对象转变为以水的社会循环为研究对象的理念，给水和排水是水的社会循环过程中的两个环节，即从水的社会循环的角度将给水与排水有机地结合在一起，将给水处理与污、废水处理结合在一起，形成一部新的教材——《水质工程学》。

按照水的社会循环理念，现在部分学校“给水排水工程”专业的名称已改为“给排水科学与工程”专业，其中给排水是一个词组，即给水和排水是不可分割的，所以“水质工程学”教材也进一步与专业的内涵取得一致。

《水质工程学》(第二版)教材在再版修订过程中，吸收了各方提出的宝贵意见，着重在下列方面作了修改。

(1) 吸收近年水质工程学领域在理论、原理、工艺和技术等方面的新发展和新成果，更新教材内容，使之保持新颖性。

(2) 为适应各学校不同的教学要求，将内容分为基本的和扩展的两部分，基本部分按对专业最低要求编写，其他部分为扩展部分。基本部分内容采用大字体，扩展部分内容采用小字体。

(3) 在书中增加例题内容，以加深学生对理论的理解，并加强理论与实际联系。

再版教材的执笔人以及主编和主审人皆与第一版相同。

# 第一版前言

我国“给水排水工程”专业建立于20世纪50年代初，由于专业面较窄，已不适应我国当前社会主义市场经济的特点，不能满足我国新兴产业——水工业以及水危机对人才培养的要求，所以需要进行改革。

我国已经进入社会主义市场经济时代，水作为一种特殊商品正在进入市场，采集、生产、加工商品水的产业，称为“水工业”。

水的循环可区分为水的自然循环和水的社会循环。从天然水体采集水，经过加工处理，以满足工业、农业以及人们生活对水质水量的需求，用过的水经适当处理再排回天然水体，这就是水的社会循环。水工业正是服务于水的社会循环全过程的一种产业。它与服务于水的自然循环及其调控的“水利工程”，构成了水工程的两个方面。

我国的水危机形势严峻，我国人均水资源量只有世界平均量的1/4，加上时空分布不均使水资源短缺造成的损害不亚于洪涝灾害。我国目前水环境污染也很严重，造成的损失达GDP的1.5%～3%。水资源短缺和水环境污染已成为我国社会经济发展的重要制约因素，现正为缓解水危机筹集和投入大量资金，这必将促进水工业产业的大发展。

解决我国水危机的方针，应是以水资源的可持续利用支持我国社会经济的可持续发展。中华人民共和国成立以来，我国国民经济有了长足发展，但水污染治理相对落后，致使水环境污染严重。此外，水环境污染与人们对饮用水水质不断提高的要求的矛盾也日益增大。这样，在水工业的水量和水质两个方面，就使水质矛盾日益突出而上升为主要矛盾。

我国现在的工农业及城市用水量，正在向我国水资源的极限量逼近，所以节约用水势在必行，必须向建设节水型工农业、节水型城市、节水型社会的方向发展。为节水，需要投入巨资，而其产出效益更大，所以一个节水产业正在兴起，它是水工业的重要组成部分。

水的循环利用是节水的最重要的方面。水的最大特点是在使用过程中水量并不减少，而只是混入了各种废弃物，使水质发生了变化(受到污染)从而丧失或部分丧失了使用功能。如果将水中污染物加以去除(对水进行处理)，使水恢复或部分恢复其使用功能，就能被循环利用。水的循环利用不仅能减少向天然水体取水的数量，缓解水资源短缺，并且也减少了向天然水体排放污水的数量，减少对水环境的污染。

我国正在进入高新技术时代。以生物工程、电子信息、新材料等为代表的高新技术，不断为水工业所采用。高新技术正推动水工业向现代化方向发展。

每一种产业都需要有相应学科和专业的支持才能得到发展。改革后的“给水排水工程”即为水工业的主干学科，它以水的社会循环为研究对象，在水量和水质两个方面以水质为核心，加强化学和生物学基础，保持工程传统，向水资源水环境、市政水工程、建筑水工程、工业水工程、农业水工程、节水产业等方向全面拓宽，以适应市场经济和满足水工业发展的需求。

将改革后的“给水排水工程”专业与50年前成立的“给水排水工程”相比，其研究对象从作为“城市基础设施”扩展为“水的社会循环”；学科的主要内涵从“水量”转变为“水质与水量”；把被区分的给水和排水统一到水的社会循环及水的循环利用这一整体之中，并大量吸收高新技术，使“给水排水工程”面容一新。

“给水排水工程”专业的改革，需要建立新的学科体系和教材体系。“水质工程学”就是新编的教材之一，供大学本科学生使用。

本书绪论、第 4 章、第 5 章、第 18.1、18.2、18.3、18.4、18.5、19.1、19.2、19.3、19.5 由李圭白执笔；第 1 章、第 2 章由崔福义执笔；第 3 章由陈忠林执笔；第 6 章、第 7 章、第 8 章、第 9 章由马军执笔；第 10 章、第 11 章、第 18.6、18.7、19.4 由于水利执笔；第 12 章、第 13 章、第 14 章由彭永臻执笔；第 15 章、第 16 章、第 17 章由任南琪执笔；第 20 章、第 21 章由张杰执笔。全书由李圭白、张杰任主编，蒋展鹏任主审。

本书为教科书，书后只列出少数参考书目供学生课外选读。书中引用了大量文献资料，文献名未一一列出，特作声明，并向这些文献作者表示感谢。

由于作者水平所限，望广大读者批评指正。

主编

# 目　　录

## 上　　册

# 绪　论

地球上水的循环，可分为水的自然循环和水的社会循环。

水的自然循环有多种，对人类最重要的是淡水的自然循环。图 0-1 是淡水的自然循环的典型示意图。水从海洋蒸发，蒸发的水汽被气流输送到大陆，然后以雨、雪等降水形式落到地面，一部分形成地表水，一部分渗入地下形成地下水，一部分又重新蒸发返回大气。地表水和地下水最终流回海洋，这就是淡水的自然循环。

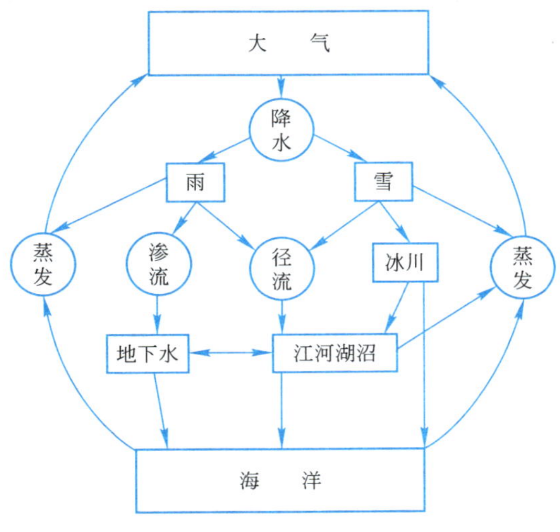

图 0-1　水的自然循环

水是生命之源，是地球上一切生态环境存在的基础。人类生存离不开水，水是人类生活和生产不可替代的宝贵资源。人们为了生活和生产的需要，由天然水体取水，供人们生活和生产使用，用过的水经适当处理后排放，回到天然水体，这就是水的社会循环，如图 0-2 所示。

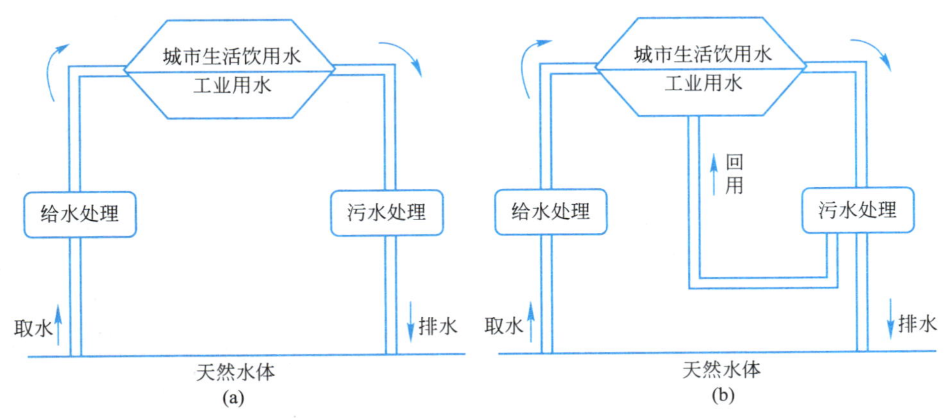

图 0-2　水的社会循环

在水工程科学中，以水的自然循环的科学和工程技术问题为主要研究对象的就是水利工程学科；以水的社会循环的科学和工程技术问题为主要研究对象的就是给排水科学与工程学科。

中华人民共和国于 1949 年 10 月 1 日宣告成立，之前我国处于半殖民地半封建的社会，社会经济（包括水业在内）落后，1949 年我国建有自来水厂的城市只有 72 个，且主要为租界区、富人区和少数工厂供水，供水量也很少，超过1万$m^3/d$的水厂只有数座。

1953年，我国开始第一个五年计划建设，主要是在苏联援助下进行工业建设。为适应生产发展的需要，水业的发展也比较快。但当时提出了“先生产后生活”的政策，并将给水排水工程归入生活类，结果导致城镇给水排水设施发展相对缓慢，而污水、废水处理设施更为滞后。到1960年我国城镇自来水厂为326个，1980年增至554个，平均每年仅增加10个，供水普及率是比较低的。

20世纪80年代，我国社会经济进入改革开放新时期，工农业生产和社会经济进入快速发展期，工业和城镇用水量和污水、废水排放量都急剧增加，过去水业长期发展滞后的状况已不适应社会经济发展要求，特别是无节制的用水导致水资源短缺和污水、废水不加处理肆意排放导致水环境污染，已开始对国民经济的发展产生制约作用。这就是我国的水危机。

我国水危机的出现主要是由水的不良社会循环造成的。过去人们错误地认为，水是取之不尽用之不竭的，采用的是以需定产，即需要多少水就供给多少水，所以大量从天然水体取水，用水效率低下，浪费严重，而我国又是一个水资源短缺的国家，人均水资源量只有世界平均值的四分之一，特别是部分地区，如华北、西北大部分地区，人均水资源量只有全国平均值的几分之一，属极度缺水地区，大量无节制地用水导致的水资源短缺已给国民经济带来了重大损失。由于污水、废水处理设施长期不足，大量污水、废水不经处理便排入天然水体，造成严重的水环境污染，天然水体部分地或全部地丧失使用功能，给国民经济造成重大损失。

要改变这种状态，从根本上克服我国的水危机，就要变水的不良社会循环为水的良性社会循环。从天然水体取水，而不对水体生态环境产生不良影响；对城市污水、工业废水和农田排水进行处理，使其排入水体不会造成污染，从而实现水资源的可持续利用，称为水的良性社会循环。要实现我国水的良性社会循环这一历史任务将不可避免地落到给水排水工程从业者的肩上。这也是水业者艰巨和光荣的任务，它将激励着水业者为之努力奋斗。

社会需求是科技发展的强大动力，而创新和技术突破引领技术发展的方向。

在水的社会循环中，天然水体的水质并不符合用水要求，需要加以处理才能使用。其中因为饮用水的水质涉及人们的健康和生命安全，所以意义更加重大。

人类发展有数百万年的历史，大部分时间以狩猎采集为生，过着游猎生活，生产力低下，人口增值缓慢。约一万年前，人类发明了原始农业，生产力大大提高，人口开始成倍增长，并逐渐形成人口聚集地即城市。城市是人类政治、经济、文化、军事的中心，消费大量增加。人类一直都是傍水而居，直接取用天然地表水和地下水，供生活和生产使用。随着城市的出现，特别是工业革命以来大中城市的出现，城市市区及周边的天然水源受到人类排泄物及废弃物的污染，导致水介烈性细菌性传染病流行，如霍乱、痢疾、伤寒等，对人们的生命健康构成重大威胁。在保障人们饮水安全性的重大社会需求下，在古代城市供水管道的基础上，发展出城市集中供水管网系统，可以由城市远郊取汲未受污染的水集中供给居民，避免居民分散取用受到污染的河水或井水；此外，还发明了氯消毒技术，这是一个重大突破，它与集中供水相结合，基本控制住了水介烈性细菌性传染病的流行，为人类社会经济发展作出了重大贡献，于20世纪末被美国工程院和27个工程技术协会联合评为20世纪对人类社会作出重大贡献的20项工程技术的第四名。

氯消毒的效果受水中浊质的影响，为提高氯消毒的效果，于消毒前设置了慢滤池以去除水中的浊质。慢滤池在对水进行过滤过程中被水中浊质堵塞后，需要将砂层表面1～2cm的含泥砂层刮除，以提高滤池的过滤能力，但这一措施需人工进行，耗费数日，费时费力，所以只能以很慢的速率过滤，以便使过滤周期足够长。为了减轻慢滤池的负荷，常于滤池前设预沉池，使原水在其中沉淀数日，以去除大部分浊质。

随着城市的发展，用水量越来越多，慢滤池占地面积也越来越大，已不适应城市发展的需要，在这样的社会背景下，发明了用水对滤层进行反冲洗的技术，这也是一项重大的突破。用水对滤层进行反冲洗可以在数分钟内将滤层冲净，极大地提高了清除滤层中积泥的效率，这就为提高滤池负荷（滤速）提供了可能，从而研发出快滤池。快滤池的滤速比慢滤池提高了数十倍，占地面积也减小到几十分之一，并为发展经济高效的现代城市饮用水净化工艺奠定了基础。

快滤池滤速提高后，出水浊度增大，满足不了氯消毒的要求，于是开发了混凝技术。向水中添加明矾是一项古老的净水技术，但将其用于规模化水厂，却是一个重要的技术进步。为了更好地对水中浊质进行混凝，完善了药剂与水的混合设施，以及絮凝反应设施。为降低快滤池的负荷，在池前设置了沉淀装置，即混凝沉淀池。

在立式混凝沉淀池的运行过程中，发现在一定条件下，在池中能形成悬浮泥渣层，混凝后的浊质流经悬浮泥渣层时能在泥渣层表面进行接触凝聚，使净水效果显著改善，根据这一现象研发出了澄清池，使混凝沉淀效率显著提高。

当原水中含有藻类等密度较小杂质时，絮凝体的沉速很慢，参照选矿中的气浮技术，即向水中释放细微气泡，气泡附着在絮凝体上，使絮凝体快速上浮，进行高效固液分离，从而开发出气浮池。

20世纪中叶，由于电子显微镜的出现，发现了水介病毒性传染病的流行，例如肝炎、脊髓灰质炎等，这是人类面临的又一个重大饮水生物安全性问题。面对这一重大社会需求开展了研究工作。根据研究，水中的病毒一般不是游离存在的，而是附着在悬浮物表面，只要将水中浊质比较彻底地去除，就能大大减少水中病毒的浓度，从而降低其致病性。为此，各国饮用水卫生标准纷纷将水的浊度降低，并提出“深度除浊”的净水工艺要求。为了对水进行深度除浊，研发了多种高效混凝剂，如以碱式氯化铝为代表的无机高分子混凝剂、有机高分子絮凝剂等；降低负荷，提高水质；优化混合、絮凝、沉淀、过滤设备等。

20世纪70年代，在饮用水中发现了多种对人体有危害的氯化消毒副产物和微量有机污染物，这是20世纪以来人类面对的第三个重大饮水安全性问题——化学安全性问题。在这一重大社会需求下，人们发现活性炭对水中微量有机污染物有良好的吸附去除效果，进而发现臭氧与活性炭联用能更好地去除微污染，并控制氯化消毒副产物的生成；当水中有机物含量高时，将污水生物处理技术移植到饮用水处理工艺中来，显著提高了对水中有机物特别是氨氮的去除效果。集混凝、氧化、吸附、生物处理等各种方法，已发展出多种去除水中有机污染物的技术。

20世纪末和21世纪初，又出现了以“两虫”（致病原生动物——贾第鞭毛虫和隐孢子虫）为代表的饮水重大生物安全性问题。1993年，美国切尔瓦基市发生隐孢子虫病暴发，感染人数达40万人，震惊世界。人们发现21世纪材料科学的重要成果——膜滤技术，可有效地控制住“两虫”疾病的暴发，从而国内外开始将膜滤（主要是超滤和微滤）大规模用于城市自来水厂。

在一些干旱地区或海岛上，淡水缺乏，要求将海水淡化以供人们生活和生产使用。早期海水淡化使用蒸馏法，近期膜材料发展开始在海水淡化中使用反渗透膜滤等技术。海水淡化是人们利用非传统水源解决水资源短缺的一条重要途径。现在海水淡化已成为一个庞大产业，优先补充工业用水。

工业生产都需要水，各种工业用水对水质的要求各不相同。例如，锅炉用水要求水的硬度要小，以免在锅炉壁上产生水垢，影响传热效率。特别是近代火力发电技术发展很快，锅炉压力越来越高，对锅炉用水水质要求也越来越高，如高压锅炉或超高压锅炉就要求使用纯水或超纯水。此外，电子工业、航天工业等新兴产业，也都要求使用纯水或超纯水。这就需要采用蒸馏、离子交换等技术。

在火力发电工业中，为提高汽轮机的效率，需要用水对其尾气进行冷凝。冷却用水量很大，必须采用循环使用等方式。在冷却构筑物中用空气对水进行冷却，冷却后的水便可再用于对汽轮机尾气进行冷凝，循环使用。在工业中，大多工业炉体都需用水冷却，都需建各种规模的冷却构筑物。冷却水在冷却构筑物中蒸发散热，水被浓缩，水中杂质浓度不断增高，这就需要对冷却水进行稳定性处理，以防产生结垢或腐蚀。

在水的社会循环中，人们的生产生活用水过程，水量并未减少或消耗，而只是废弃物进入水中，使水质恶化，丧失了使用功能。

随着城市的发展，人口越聚越多，生活排泄物和生产废弃物也越来越多，而难以排除，结果造成对城市环境的严重污染，使得中世纪成为欧洲城市的最臭时期，直到 18 世纪，发明了抽水马桶并建成了城市排水系统，才使城市环境得到改善。抽水马桶能将屋内人们排泄物及生活废弃物迅速排出，极大地改善了室内环境，也使室内大量用水成为可能。抽水马桶也为现代民居及高层建筑的发展奠定了基础。英国著名杂志《焦点》邀请国内 100 名知名专家和 1000 名读者评选对人类贡献最大的发明，显然汽车、飞机、电话、计算机、电信网络都名列其中，但居第一的竟然是抽水马桶。

在水的社会循环中，人们利用城市排水系统将人体排泄物、生活及工业废弃物形成的污水、废水排放到天然水体，会造成水环境污染，所以需要对污水、废水进行处理，以去除水中的有害物质，其中含量最多危害最大的主要是有机物。去除水中有机物的方法有物理法、化学法、物理化学法以及生物法等，其中生物法最经济有效，成为现代污水、废水处理中应用最多的方法。

自然界中存在大量的微生物，它们通过自身的新陈代谢的生理功能，氧化和分解环境中的有机物并将其转化为稳定的无机物。水的生物处理法就是利用微生物的这一生理功能，采取相应的人工措施，创造有利于微生物生长、繁殖的良好环境，强化其新陈代谢功能，从而使水中有机污染物得以被降解或去除。利用空气中的氧来氧化水中的有机物，称为好氧生物处理法；在无氧条件下降解和去除有机物，称为厌氧生物处理法。

19 世纪末，英国出现处理污水的生物滤池，即将污水在粗颗粒层上进行喷洒，颗粒表面上的微生物开始大量繁殖，并逐渐形成由微生物构成的生物膜，污水中的有机物在微生物体内生物酶的催化作用下，被水中溶解氧氧化，从而被降解去除。利用附着在固体载体表面的生物膜来净水的生物处理方法，可称为生物膜法。在 20 世纪上半叶，建造了许多处理城市污水的生物滤池。

20世纪中叶，生物滤池由于其存在负荷较低，环境卫生条件较差，且占地面积大等缺陷，逐渐被活性污泥法所代替。往城市生活污水中通入空气对水进行曝气，持续一定时间后，水中即生成一种褐色絮凝体，絮凝体主要由繁殖的大量微生物所构成，可利用水中的溶解氧氧化水中的有机物，使之降解和去除，这种絮凝体即为活性污泥。在整个污水处理过程中，活性污泥都是悬浮于水中，活性污泥中的微生物始终在悬浮状态下进行繁殖和增长，所以用活性污泥处理污水的方法，也可称为悬浮生长型活性污泥法，这与附着生长型的生物膜法是不同的。

最早的活性污泥法生物处理厂，在英国于20世纪初建成。为氧化水中的有机物，需要不断曝气向水中充氧，并大量耗能。为了节能，提高污水处理效率，以及适应不同原水水质，在将近一百年的历史中，发展出多种活性污泥法生物处理工艺流程。

20世纪后半叶，随着水环境污染的加剧，许多湖、库等出现水体富营养化，藻类大量滋生，使水源水质恶化。湖、库等水体富营养化，是由于污水中氮、磷等营养物质大量排入水体造成的。为了防止水体富营养化的发生，提出了减少氮、磷等营养物质的排放的要求。为除去水中的氮和磷，在好氧的活性污泥法中，引入厌氧生物处理工艺，利用不同种群微生物在好氧和厌氧条件下的不同生理特性，开发出多种生物脱氮除磷工艺。

为适应小水量的生活污水处理要求，生物滤池在沉寂了多年之后，终于出现了新型高负荷和塔式生物滤池，以及开发出生物转盘、生物接触氧化池、生物流化床等生物膜法处理技术，应用于不同水质不同规模的污水处理中。

厌氧生物处理，就是在无氧条件下利用厌氧微生物对有机物的代谢作用，达到处理有机废水或污泥的目的，并获取沼气。厌氧生物处理构筑物最早出现在19世纪末，如法国的自动净化器、英国的化粪池等，由于其结构简单，曾得到推广应用。但是与好氧微生物相比，厌氧微生物的代谢水平较低，水力停留时间长，随着活性污泥法、生物滤池等好氧工艺的开发和应用，厌氧生物处理技术逐渐被取代，主要应用于好氧生物处理剩余污泥的厌氧消化。20世纪中叶，由于工业的快速发展，环境污染趋于严重，同时面临能源危机，高浓度有机废水的好氧生物处理的高能耗是一个难以逾越的技术难题，这时低能耗的厌氧生物处理技术重新受到人们的重视。特别是20世纪70年代以来，开发出新的厌氧处理工艺和装置，使处理效率大大提高。这时，厌氧生物处理技术主要沿着两个方向发展，一个是最大限度地提高装置中的生物量，使其比好氧生物装置中的高数倍甚至数十倍，从而使处理效率接近或达到好氧生物处理效率，另一个是利用厌氧微生物的特点，采取相分离技术，开发出两相厌氧生物处理装置，发挥不同厌氧菌群各自的特点，充分发挥其作用，从而使转化效率提高。厌氧生物处理现已成为高浓度有机废水处理的首选技术。随着人们对厌氧微生物的生理、生态特性的研究不断深入，并不断推出新型厌氧生物处理装置，厌氧生物处理的应用也开始向含中、低浓度有机物的废水处理扩展，不断开拓出新的应用领域。

天然水体和土壤都有一定的净化污水的能力，在微生物的作用下废水中的有机物可被分解氧化。利用水体和土壤的这种净化污水的能力，可对污水、废水进行处理，消除污染，称为污水自然生物处理，如塘系统和土地处理系统。塘系统具有基建投资省、运行费用低、操作简单等优点，在世界许多国家都有应用，主要用于小型污水处理。

污水土地处理系统，就是将污水有节制地投放到土地上，通过土壤植物系统的物理的、化学的、生物的吸附、过滤与净化作用，及自我调节能力，使污水可生物降解的污染物得以降解、净化，氮、磷等营养物质和水分得以再利用，促进绿色植物生长并获得增产。污水土地处理系统是污水处理与利用相结合的环境系统工程技术，适合用于农村地区的村、镇小型污水处理。

污水处理就是将水中的污染物转化为不可溶的污泥或无害气体，从而使污水达到净化的目的。但是污水处理产生的污泥数量约占处理水量的3%～5%（以含水率97%计），其中有大量寄生虫卵、病原微生物、合成有机物及重金属等，事实上是污水中污染物的浓缩物，如对其处理或处置不当，会对环境造成严重污染。考虑污泥中含有大量有害有毒物质，同时存在可资源化利用的植物营养素（氮、磷、钾等）及有机物，需要及时地处理与处置，以便达到减量化、稳定化、无害化和资源化的目的。污泥的处理处置方法主要有浓缩、稳定、调理、脱水等。现今，我国对大部分脱水污泥进行卫生填埋。污泥经不同处理处置后也可通过消化过程产生生物能（即沼气），可作能源利用；可进行堆肥农用；也可进行焚化，产生的热能可做能源；此外，还有多种污泥资源化的途径。

我国的工业废水量约接近总废水量的一半。由于工业门类众多，其产生的废水水质多种多样；有的水质极为复杂；有的有机物不仅含量高，并且难以降解；有的含有毒物质和重金属等。所以工业废水处理方法不仅包括以上提到的方法，还有中和法、化学沉淀法、电解法、吹脱气提法、萃取法等城市污水处理使用较少的各种方法。

不论是给水处理或污水、废水处理，都要根据原水水质及对最终出水的水质要求，选择一种或多种处理方法或单元处理过程，组成处理流程或系统，以实现处理的目的和要求。

水的不良社会循环造成的水危机，首先是无节制的用水和浪费造成水资源短缺。要解决水资源短缺就要减少由天然水体取用的水量，为此一方面要开发节约用水的用水器具，避免用水浪费，特别是开发先进的生产工艺，减少单位产品的用水量，提高用水效率，特别是工业和农业的用水效率等；另一方面要开发污水、废水的循环利用。如图0-2（b）所示，若对一部分污水、废水进行适当处理，以满足循环利用的水质要求，就能相应地减少整个系统向天然水体的取水量。现在，许多工厂都实现了冷却水的循环利用，只需向冷却水系统补充冷却过程中耗损的水，这就减少了向天然水体的取水量；将工厂内一些车间或单体设备排出的废水，进行适当处理甚至稍加处理，就能满足另一些设备或车间的用水水质要求，可实现厂区内多种废水的循环利用，这样可显著减少向天然水体的取水量。在一个工业区，各种工业对用水的水质的要求各不相同，在工业区各工厂之间进行水的循环利用，常能获得更大的节水效果。

对于城市，将城市污水处理厂的出水进行深度处理，以满足城市中水的水质要求，便可将之用于浇灌绿地、喷洒街道、补充景观用水和城市湿地用水。现代的水处理技术已经可以将城市污水处理后达到生活饮用水水质的要求。在个别极端缺水城市，已实现了将处理达标的水掺混到自来水中供人们饮用。城市污水循环利用的一个重要方向是在工业中使用，特别是作为工业冷却系统的补充水。城市污水的另一个重要出路是用于农业灌溉，这时只需将城市污水处理到符合农业灌溉水水质的要求，而无需进行除磷脱氧，因为水中的氮、磷、钾等营养物质都可供农业植物生长利用，这就简化了城市污水处理的流程和处理费用。将城市污水处理后用于农业灌溉，而用于农业灌溉的优质源水就可用作城市水源，实现源水的优质优用。所以，城市污水的循环利用，将使之成为城市另一个稳定可靠的水源。

循环用水不仅可以大大减少由天然水体的取水量，同时也相应地大大减少了向天然水体的排水量，从而显著地减小了对天然水体的污染，使水危机中水环境污染得到一定程度的缓解。所以，在水的社会循环中，循环用水可以使水资源短缺和水环境污染同时都得到缓解。

在水的社会循环中，在用水过程中水的数量并没有发生变化，只是大量有害废弃物进入水中使水的水质恶化而丧失了使用功能，不得不以废水的方式排出。减少向水中排放有害废弃物的量，是实现水的良性社会循环的重要方面，为此应开发特别是工农业的绿色工艺，实现清洁生产，从源头上控制有害废弃物的排放。

开展各种不同尺度和领域的水的循环利用，就能减少对水资源的需求。在航天领域，已经实现了航天器中充分的水循环利用，使对外来水资源降至接近零需求。当然这是个极端的例子，在地球上的实际工程中，把全部水都进行循环利用，从而对水资源的需求降至零，虽然在技术上是可能的，但在经济上过于昂贵而不可行。但是，若能以水质和水处理为核心，在经济合理的范围内使水的循环利用最大化，就能使对水资源的需求降至最小，从而可使以水资源短缺和水循环污染为标志的水危机得到基本解决，使水的不良社会循环转变为水的良性社会循环。

《水质工程学》是以水的社会循环理念为指导而形成的一部教材，它是以水的社会循环中的水质及水处理为研究对象。过去，在旧的给水排水工程专业教学体系中，水处理被认为是只在给水处理厂和污水处理厂中进行。而水的社会循环理念则将研究对象扩展到水的社会循环的全过程，即研究水的社会循环过程中的水质和水处理问题。

从水的社会循环特别是水的循环利用角度，给水与排水界限已不再分明。过去，给水处理主要是采用物理的、化学的和物理化学的处理方法，而污水、废水处理主要采用生物处理的方法。目前，现代给水处理已采用了生物处理方法，而现代污水、废水处理也大量采用物理的、化学的和物理化学的处理方法，使两者在处理方法和处理技术方面，逐步走向融合。

以水资源短缺和水环境污染为标志的水危机，是一个世界性问题。世界水资源大会指出，水不久将成为一场深刻的社会危机。水危机使水业迎来大发展时代，也将提出大量的水质科学和工程技术问题，这将使水质工程学的发展和进步更加快速。

城市人口密度大、工业集中、用水量大。城市水系统是以水源系统、给水系统、排水系统、雨水系统、回用系统和水生态系统为基础，综合考虑市政废弃物源头减污与资源循环利用、水资源优化配置与循环利用、饮用水安全保障等需求，从水资源、水环境、水生态、水安全等多方面协同考虑，依托科技创新，融合系统思维，着眼于从源头到末端的全生命周期过程、“灰”“绿”“蓝”多要素结合、集中与分散多尺度协同配合的自然水循环与社会水循环的有机耦合。优化城市水系统规划、建设、运营模式，实现绿色、低碳、生态、安全的城市水系统。

随着城市人口逐渐增多，工业快速发展，城市缺水问题日益突出，城市水环境、水生态和饮用水安全保障等要求更为严格。需要从全生命周期角度入手解决城市水资源短缺和水质安全保障问题。综合考虑长距离输水、城市节水与水循环利用等多种因素来解决城市需水问题，发展绿色、低碳、生态、安全的城市水系统，实现城市水资源优化配置和水质安全保障。要重视城市水源保护，开发绿色低碳和资源循环利用的面源污染控制技术，农村畜禽粪便等有机废物和农田秸秆等优先制肥回田改良土壤，减少化肥和农药的使用，从流域和城市群尺度保护水源安全；通过高新技术研发、精细化污染控制标准制订、智能化监测、智慧化管控、先进分离手段等控制点源污染，发展循环经济，重视源头回收资源，尽可能实现污染物源头控制和资源精细化循环利用。从流域尺度和城市群尺度加强城市水源保护和水资源可持续开发利用。

此外，城市水系统在满足城市供水需求的前提下，还要满足防洪、排涝、生态、黑臭水体控制等需求。城市发展过程中需要遵循非影响开发的原则，城市新增建设内容不能超越原有的基础设施服务极限，因此，需要对不同水质的水源（如雨水、污水等）通过生态缓冲、自然贮存、时空分流、人工调蓄等方式优化调度。海绵城市通过"渗、滞、蓄、净、用、排"的全生命周期优化设计，保护和利用城市自然山体、河湖湿地、耕地、林地、草地等生态空间，发挥建筑、道路、绿地、水系等对雨水的吸纳和缓释作用，提升城市蓄水、渗水和涵养水的能力，实现水的自然积存、自然渗透、自然净化，促进形成生态、安全、可持续的城市水循环系统。海绵城市在适应气候变化、抵御暴雨灾害等方面具有良好的"弹性"和"韧性"，从而重点解决城市涝灾与城市水体污染等问题。在"源头减排、过程控制、系统治理"思想的指导下，海绵城市建设通过生态措施与工程措施相融合，统筹水资源、水环境、水生态治理和饮用水安全保障，实现"蓝绿融合""灰绿结合"，缓解城市热岛效应，确保生态优先，促进绿色低碳发展。海绵城市建设是具有中国特色的城市水系统的重要组成部分，基于海绵城市理念提出的城市水循环系统 4.0，针对"源—网—厂—河湖"一体化的统筹考虑，使城市水系统的发展迈上新的台阶。

智慧水务充分利用物联网、大数据、云计算、人工智能及移动互联网等新一代信息技术，针对源头污染防控和资源循环利用、污水处理、水资源循环利用和饮用水安全保障等需求，在供水、用水、排水、雨水、防涝等水务关键环节进行精细化管理、科学化决策、智能化调度、智慧化管控，深入挖掘和广泛运用水系统信息资源，全面提升水务管理效能和服务水平，实现提升安全生产效率、加强服务运营质量、提高智慧化管控水平等多目标，从而保障供水系统从"源头"到"龙头"的水质安全，以及"源—网—厂—河湖"一体化管控，有效提高城市智慧性和宜居性、水资源利用高效性与合理性。

人与自然和谐共生是中国式现代化的鲜明特点。坚持节水优先、空间均衡、系统治理、两手发力的治水思路，从重点整治到系统治理，从被动应对到主动作为。按照系统修复水环境、统筹配置水资源的思路，坚持生态优先、绿色发展，以水而定、量水而行，因地制宜、分类施策，统筹考虑水环境、水生态、水资源、水安全等多方面的有机联系，协同推进生产、生活、生态三大空间布局，促进水与人、经济、社会之间的良性循环。

与此同时，随着《生活饮用水卫生标准》GB 5749 的不断修订与完善，饮用水源保护将受到越来越高度的重视，水质监测技术、信息技术、人工智能将逐渐地应用于水源保护中，不同地区和不同流域的水源标准将在国家标准的基础上更为具体，更为有针对性。针对不同水源类型、不同水质特征和不同供水系统，研究从"源头"到"龙头"全流程饮用水安全保障技术体系，包括"水源保护、净化处理、安全输配"全流程的工程技术体系和集"水质监测、风险管理、应急处置"于一体的监管技术体系。

从全生命周期角度控制碳排放，发展绿色、低碳、安全的城市水系统。"双碳"目标的提出将促使发展建立在高效利用资源、严格保护生态环境、有效控制温室气体排放的基础上，统筹推进高质量发展和高水平保护，建立健全绿色低碳循环发展的经济体系；推动水行业落实新发展理念，构建智能高效、安全可靠、绿色低碳的城市水系统。

步入新时代，以水质工程学为核心的给排水科学与工程专业同样焕发出新的生机与活力。作为给排水科学与工程专业的一员，我们应坚持从国家战略需求出发，重点关注解决关系到国家全局与长远发展的城市水资源、水环境、水生态、水安全等基础性、战略性、创新性、前瞻性问题，力争全面建设绿色低碳可持续的城市水系统。

# 第 1 篇　水质与水处理概论

第 1 章内容
视频讲解

## 第 1 章　水质与水质标准

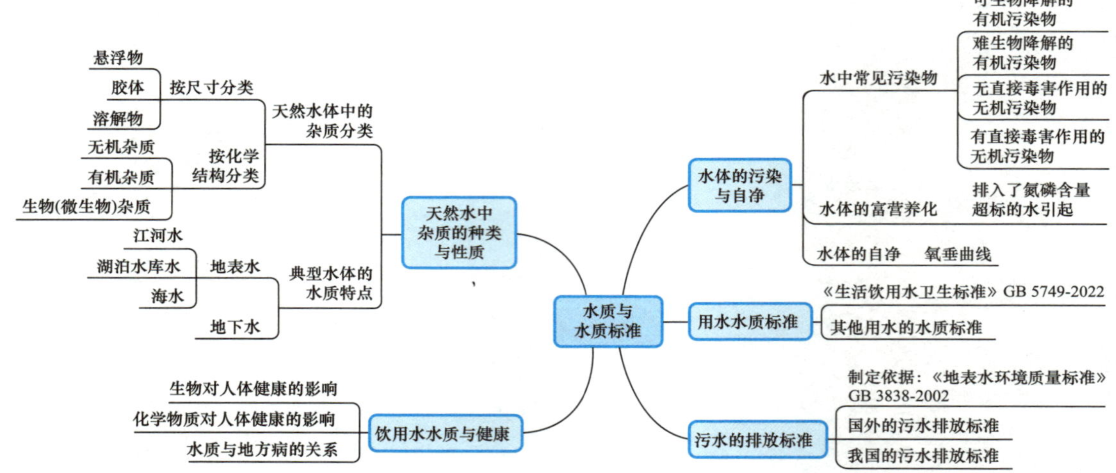


### 1.1　天然水中杂质的种类与性质

水是溶解能力很强的溶剂，水在自然环境中与空气、土壤等相接触，不可避免地会有各种杂质进入水中。在人类使用水的过程中，如人们的生活用水、工农业生产用水等过程，更会将众多的污染物质带入水中。因此我们在研究水处理技术之前，首先要了解水中的各种杂质。

#### 1.1.1　天然水体中的杂质

天然水体是指河流、湖泊、水库等水域环境。天然水中存在的杂质主要由所接触的大气、土壤等自然环境所引入，同时人类活动产生的各种污染物也会进入天然水体。按不同的原则，可以对天然水体中的杂质进行分类。

（1）按水中杂质的尺寸，可以分为溶解物、胶体颗粒和悬浮物三种，它们的尺寸和外观特征见表 1-1。表中杂质的颗粒尺寸只是大体的概念，不是严格的界限。杂质在水中所呈现的性质往往还与其形状、密度等有关。

水中杂质的尺寸与外观特征　　表 1-1

| 参数 | 溶解物 | 胶体颗粒 | 悬浮物 |
| --- | --- | --- | --- |
| 颗粒大小 | 0.1～1.0nm | 1.0～100nm | 100nm～1mm |
| 外观特征 | 透明 | 光照下浑浊 | 浑浊甚至肉眼可见 |

**悬浮物**：主要是泥砂类无机物质和动植物生存过程中产生的物质或死亡后的腐败产物等有机物。这类杂质由于尺寸较大，在水中不稳定，常常悬浮于水流中，当水静置时相对密度小的会上浮于水面，相对密度大的会下沉，因此容易被除去。

**胶体颗粒**：主要是细小的泥砂、矿物质等无机物和腐殖质等有机物。胶体颗粒由于比表面积很大，显示出明显的表面活性，常吸附有较多离子而带电，从而由于胶体带有同性电荷而相互排斥、以微小的颗粒稳定存在于水中。

**溶解物**：主要是呈真溶液状态的离子和分子，如 $Ca^{2+}$、$Mg^{2+}$、$Cl^-$ 等离子，$HCO_3^-$、$SO_4^{2-}$ 等酸根，$O_2$、$CO_2$、$H_2S$、$SO_2$、$NH_3$ 等溶解性气体分子。从外观看含有这些杂质的水与无杂质的清水没有区别。

(2) 从化学结构上可以将水中杂质分为无机杂质、有机杂质、生物（微生物）杂质等几类。

**无机杂质**：天然水中所含有的无机杂质主要是溶解性的离子、气体及悬浮性的泥砂。溶解离子有 $Ca^{2+}$、$Mg^{2+}$、$Na^+$ 等阳离子和 $HCO_3^-$、$SO_4^{2-}$、$Cl^-$ 等阴离子。离子的存在使天然水表现不同的含盐量、硬度、pH 和电导率特性，进而表现出不同的物理化学性质。泥砂的存在使水浑浊。

**有机杂质**：天然水中的有机物与水体环境密切相关。一般常见的有机杂质为腐殖质类以及一些蛋白质等。腐殖质是土壤的有机组分、植物与动物残骸在土壤分解过程中的产物，属于亲水的酸性物质，分子质量在几百到数万之间。腐殖质本身一般对人体无直接的毒害作用，但其中的大部分种类可以与其他化合物作用，因而具有危害人体健康的潜能。例如，腐殖酸与氯反应会生成有致癌作用的三氯甲烷。

**生物(微生物)杂质**：这类杂质包括原生动物、藻类、细菌、病毒等。这类杂质会使水产生异臭异味，增加水的色度、浊度，导致各种疾病等。

(3) 按杂质的来源可以分为天然的物质和人工合成的物质。人类活动的不断拓展和人类社会生产种类及规模的不断扩大，导致天然水体中污染物的种类和数量不断增加，其中数量最多的是人工合成的有机物，以农药、杀虫剂和有机溶剂为主，如多氯联苯、滴滴涕、六六六、四氯化碳等。目前，全世界已在水中检测出 2000 多种有机化合物。在美国，水中鉴定出 700 多种有机污染物，其中 100 多种为致畸、致癌和致突变物质。

### 1.1.2　各种典型水体的水质特点

一般可以将天然水分为地表水和地下水两大类，地表水又可以分为江河水、湖泊水库水、海水等。每类天然水水质有一些共性特点，也因流域特征、受人类扰动程度等而各不相同。

(1) 江河水。因各地区的自然条件和对水资源的利用情况不同，江河水的水质差别很大，即使同一条河流，也常常因上游和下游、夏季和冬季、雨天和晴天，水质有所不同。一般华东、中南和西南地区因为土质和气候条件较好，草木丛生，水土流失较少，江河水浊度较低，只在雨季较浑浊，年平均浑浊度在 100～400NTU 之间或更低。东北地区河流的悬浮物含量也不高，一般浑浊度在 100NTU 以下，甚至经常在几个 NTU 的水平。华北和西北的河流，特别是黄土地区，悬浮物含量高，变化幅度大，暴雨时携带大量泥砂，水的浑浊度在短短几小时内，可由几百 NTU 骤增至几万 NTU，最突出的是黄河，冬季河水浑浊度只有几十 NTU，夏季河水浑浊度可达几万 NTU，甚至几十万 NTU。

江河水的含盐量和硬度都比较低。含盐量一般为 70～900mg/L，硬度通常为 50～400mg/L(以 $CaCO_3$ 计)。

(2) 湖泊水库水。湖泊水库水主要由江河水供给，水质特点与江河水类似。但是由于其流动性较小，经过长期自然沉淀，浑浊度一般较低。典型的如黄河沿岸修建了很多的水库作为饮用水的水源，虽然在黄河中水的浑浊度很高，但是进入水库沉淀后浑浊度可能只有几个 NTU 了。水的流动性小、透明度高，给水中的浮游生物特别是藻类的生长繁殖创造了有利条件，尤其在受到生活类污水污染的情况下，氮、磷等物质为浮游生物的生长提供了充分的营养源，促使其大量繁殖。湖泊水库水的富营养化已成为严重的水源污染问题。

由于湖泊水库较大的水面产生的蒸发，水中的矿物质不断浓缩，一般含盐量和硬度较江河水高。

(3) 海水。海水的主要特点是高含盐量，为 7.5～43.0g/L。含量最多的是 NaCl，约占 83.7%，其他盐类还有 $MgCl_2$、$CaSO_4$ 等。

(4) 地下水。由于通过土壤时的过滤作用，地下水一般没有悬浮物，经常是透明的。同时在通过土壤和岩层时溶解了其中的各种可溶性矿物质，所以含盐量、硬度等比地表水高。含盐量一般为 100～5000mg/L，硬度通常为 100～500mg/L(以 $CaCO_3$ 计)。地下水的水质、水温一般终年稳定，较少受外界影响。

受水体流经地区的土壤地质条件、地形地貌以及气候条件影响，地表水或地下水的水质会有较大差异，例如一些流经森林、沼泽地带的天然水中腐殖质含量较高，流域的地表植被不好、水土流失严重会使水的浑浊度较高且变化大。也有的天然水体中会含有铁、锰、砷、氟、溴等物质。就地区而言，一般北方地下水的 $Ca^{2+}$、$Mg^{2+}$ 及重碳酸盐含量高于南方地下水，因而北方地区地下水大多为硬度高的结垢型的水；而南方地区地表水中的 $Cl^-$、$SO_4^{2-}$ 含量高于北方地区，水的腐蚀性较强。地表水的水温受地域气候影响较大，北方地区冬季水温会接近 0℃，南方地区夏季水温会达到 30℃以上。

## 1.2　水体的污染与自净

### 1.2.1　水中常见污染物及来源

随着工业化的发展和人类物质生活水平的提高，各类污染物质的产生与排放不断增多，给水环境保护带来很大压力，水环境的污染已是当今世界普遍存在的问题。我国的七大水系和许多湖泊、水库、部分地区地下水，以及近岸海域也受到不同程度的污染。

由于污染源的不同，污染物的种类和性质可能会有很大差异。同研究天然水体中的杂质类似，通常对水中的污染物可按化学性质和物理性质来分类。按化学性质，可以分为无机污染物和有机污染物；按物理性质，可以分为悬浮性物质、胶体物质和溶解性物质。另外，人们还常用污染物的污染特征来分类，下面对此进行简单的介绍。

1. 可生物降解的有机污染物

这一类物质包括碳水化合物、蛋白质、脂肪等自然生成的有机物。这类物质性质极不稳定，可以在有氧或无氧的情况下，通过微生物的代谢作用降解成为无机物。耗氧有机污染物是生活污水中的主要杂质，在微生物的降解过程中，会消耗大量的氧，危害水体质量，通常用化学需氧量（COD）、生化需氧量（BOD）、总需氧量（TOD）和总有机碳（TOC）来表征该类物质在水中的含量。在污水处理中也常常利用这类物质易生物氧化的特点，采用生物氧化法来将之去除。

2. 难生物降解的有机污染物

这类物质化学性质稳定，不易被微生物降解，主要包括一些人工合成化合物及纤维素、木质素等植物残体。

人工合成化合物包括农药、脂类化合物、芳香族氨基化合物、杀虫剂、除草剂等。这些物质化学稳定性极强，可在生物体内富集，多数具有很强的"三致"(致癌、致畸、致突变)特性，对水体环境和人类有很大的毒害作用。这些物质采用常规的处理方法去除效果较差，去除较为困难。一般要采用高级化学氧化技术等予以去除。

3. 无直接毒害作用的无机污染物

这类污染物虽然一般无直接毒害作用，但是其在水体中的存在严重地影响了水体的使用功能，也可能对饮用水的使用或安全带来直接或间接的影响。其分类及性质如下。

(1) 颗粒状无机物质。颗粒状无机物质（包括泥砂、矿渣等）虽无毒害作用，但影响水体的透明度、流态等物理性质。这类物质也可能成为细菌、病毒、小分子有毒有害物质的附着体。

(2) 酸、碱。一般用 pH 表示酸碱性的强弱。水体的 pH 对水的使用功能及处理过程影响极大。生活污水一般呈中性或弱碱性，而工业废水则既有酸性也有碱性，甚至具有强酸性、强碱性。

(3) 氮、磷等营养物质。污水中的氮、磷主要来源于人体及动物的排泄物及化肥等，是导致湖泊、水库、海湾等水体富营养化、藻类暴发的主要物质。

4. 有直接毒害作用的无机污染物

这类物质主要有氰化物、砷化物和重金属离子（如汞、镉、铬以及锌、铜、钴、镍、锡）等。重金属以汞的毒性最大，其次是镉、铅、铬、砷，被称为"五毒"，加上氰化物，被公认为"六大毒性物质"。

上述的毒性物质在水中多以离子或络合态存在，在低浓度即表现出毒性；可以在人体大量积累，形成慢性危害。这类物质危害最大，也最难处理。

此外，有的水体中会有放射性污染物质。

水中污染物的来源会随用水过程(生活用水、各种工业农业用水)的不同而有很大差异。表 1-2 列出了一些工业生产过程所产生的主要水污染物情况。

**一些工业生产过程所产生的主要水污染物情况　　表 1-2**

| 生产部门 | 污染物质的主要来源 | 废水和主要污染物质 |
|---|---|---|
| 动力工业 | 火力发电站、核电站 | 冷却废热水 |

续表

| 生产部门 | 污染物质的主要来源 | 废水和主要污染物质 |
|---|---|---|
| 冶金工业 | 黑色冶金：选矿、烧结、炼焦、炼钢、轧钢等 | 酚、氰、多环芳烃类化合物、冷却废热水、洗涤废水等 |
| | 有色冶金：选矿、烧结、冶炼、电解、精炼等 | 重金属废水、冷却废热水、酸性废水等 |
| 纺织印染工业 | 棉纺、毛纺、针织、印染等 | 染料、酸、碱、硫化物、各类纤维状悬浮物等 |
| 化学工业 | 化学肥料、有机和无机化工生产、化学纤维、合成橡胶、塑料、油漆、农药、制药等生产 | 各种盐类、酚、氰化物、苯类、醇类、醛类、油类、多环芳烃化合物 |
| 石油化学工业 | 炼油、蒸馏、裂解、催化等工艺以及合成有机化学产品的生产 | 油类、酚类及各种有机物等 |
| 制革工业 | 皮革、毛发的鞣制 | 硫酸、有机物等 |
| 采矿工业 | 矿山的剥离和掘进、采矿和选矿等生产 | 含大量悬浮物及重金属元素的选矿、矿井(坑)排出水 |
| 造纸工业 | 纸浆、造纸的生产 | 碱、木质素、酸、悬浮物 |
| 食品加工工业 | 油类、肉类、乳制品水产、水果、酿造等加工生产 | 营养元素有机物、微生物病原菌等 |
| 机械制造工业 | 农机、交通工具和设备制造与修理、锻压及铸件工业设备、金属制品的加工制造 | 含酚废水、电镀废水、油类等 |
| 电子及仪器、仪表工业 | 电子元件、电信器材、仪器仪表制造等 | 含重金属元素废水、电镀废水、酸性废水等 |
| 建筑材料工业 | 石棉、玻璃、耐火材料、烧窑业及各类建筑材料加工等 | 悬浮物等 |

此外，由于有毒有害化学物质的生产和使用，在水环境中频繁检测出一些新污染物，其含量一般为 ng/L 到 μg/L 级，有时高达 mg/L 级。国内外广泛关注的新污染物主要包括国际公约管控的持久性有机污染物、内分泌干扰物、抗生素、微塑料等，是近年来水污染治理管控的一大热点与难点。

1. 持久性有机污染物(Persistent Organic Pollutants，POPs)

持久性有机污染物是指人工合成的具有高毒性、难降解、持久性、半挥发性的有机化合物。这些化合物通常具有疏水性、稳定性和脂溶性等特征，使得它们能够在环境中长距离迁移，并通过食物链积累在生物体内，对生态系统和人类健康造成潜在威胁。POPs 主要来源于化工、农药、废弃物不完全燃烧或自然过程产生。较为典型的有有机氯化合物(OCC)、阻燃剂(FR)和全氟化合物(PFAS)等。

2. 内分泌干扰物(Endocrine Disrupting Chemicals，EDCs)

内分泌干扰物又称环境激素，是一种能改变人类或动物内分泌系统功能，导致在一个完整的有机体或它的后代的群体中产生不利健康影响的一类外源化学物质或混合物，如农药和除草剂(六六六、六氯苯等)、工业化合物(多氯联苯、双酚 A 等)、类固醇雌激素、植物激素和真菌雌激素、有机重金属等。污水处理厂的排放已被确认为地表水中内分泌干扰物的主要来源。

3. 抗生素(Antibiotics)

抗生素是指由细菌、真菌、放线菌属或者高等动植物产生的具有抗病原体或其他活性的一类次级代谢产物，低浓度下能干扰其他活细胞发育功能。自青霉素被用作药物治疗疾病以来，抗生素被广泛应用于医学领域。但过多使用抗生素会诱导细菌基因突变而使其产生耐药性，且其在环境中自然代谢率较低，易使生物富集作用通过水介质直接危及人类健康。我国七大流域、湖泊、海洋等地表水环境中均有抗生素检出，以磺胺、喹诺酮、大环内酯和四环素类抗生素为主。

4. 微塑料(Microplastics)

微塑料是指粒径小于 5mm 的塑料颗粒。其来源主要分为工业生产的微塑料珠等初生微塑料及大型塑料在自然环境中裂解产生的次生微塑料。目前在淡水环境中监测到的微塑料主要是生活生产中常用的塑料类型，如聚乙烯(PE)、聚丙烯(PP)、聚氯乙烯(PVC)等。此外，还有大量塑料垃圾进入海洋和土壤中分解形成微小颗粒，对环境和生物造成严重危害。

无论是常规污染物还是新兴污染物，在研发新材料、新技术、新工艺强化污染物去除的同时也应关注源头减污，做到污染物源头控制、过程控制和末端控制的全面协同增效。

### 1.2.2　水体的富营养化

水体的富营养化是指富含磷酸盐和某些形式的氮素的水，在光照和其他环境条件适宜的情况下，水中所含的这些营养物质足以使水体中的藻类过量生长，在随后的藻类死亡和随之而来的异养微生物代谢活动中，水体中的溶解氧很可能被耗尽，造成水体质量恶化和水生态环境结构破坏的现象。

进入水体的氮磷来源是多方面的，其中人类活动造成水体中的氮磷来源主要有：工业废水和生活污水未经处理或处理未达标进入水体；采用处理标准偏低污水处理厂的出水都含有相当数量的氮和磷；面源性的农业污染，包括肥料、农药和动物粪便等；城市来源，除了人的粪便、工业污水外，大量使用的高磷洗涤剂是重要的磷素来源。

水体的富营养化危害很大，对人类健康、水体的功能等都有损害，包括：

(1) 使水味变得腥臭难闻。藻类的过度繁殖，使水体产生霉味和臭味。特别是藻类死亡分解腐烂时，经过放线菌等微生物的分解作用，使水藻发出浓烈的腥臭。

(2) 降低水的透明度。在富营养化水体中，大量的水藻浮在水面，形成一层浮渣，使水变得浑浊，透明度降低，水体的感官性状大大下降。

(3) 消耗水中的溶解氧。一方面，水体表层密集的藻类使阳光难以透射进入水体的深层，所以深层水体的光合作用受到限制而减弱，溶解氧的来源随之减少；另一方面，藻类死亡后不断向水体底部淤积、腐烂分解，消耗大量的溶解氧，严重时可使深层水体的溶解氧消耗殆尽而呈厌氧状态。

(4) 向水体中释放有毒物质。许多藻类能分泌、释放有毒有害物质，不仅危害动物，而且对人类健康产生影响。典型的是蓝藻所产生的藻毒素，若牲畜饮用含藻毒素达到一定浓度的水可引起牲畜肠道炎症，人若饮用也会发生消化道炎症等健康问题。

(5) 影响供水水质并增加供水成本。富营养水作为水源，会给水处理带来一系列问题，增加处理难度，不仅加大了制水费用，还可能减少产水量。一些残留的藻或藻的分泌物与水中其他物质结合，会产生有毒有害的消毒副产物等问题，影响水质安全。

(6) 对水生生态的影响。水体受到污染而呈现富营养状态时，水体正常的生态平衡就会受到扰动，引起水生生物种群数量的波动，使某些生物种类减少、另一些生物种类增加等，导致水生生物的稳定性和多样性降低。

水体富营养化所带来的众多问题，已引起人们的高度关注。从保护水资源的角度，一方面要对发生富营养化的水体进行修复，恢复水体功能；另一方面要强化污水处理工艺和控制面源污染，减少营养物质的排放量；同时还要强化给水处理工艺，有效地去除富营养化所产生的藻类等物质，保证饮水卫生安全。

### 1.2.3　水体的自净

当污染物质排入天然水体后，水中的物质组成发生了变化，破坏了原有的物质平衡。同时污染物质也参与水体中的物质转化和循环。通过一系列水体的物理、化学和生物作用，经过相当长的时间和距离，污染物质自然而然被分离分解，水体又基本上或完全恢复到原来未被污染的生态平衡状态。这个过程体现了水体有自然净化污染物的能力。因此，水体的自净作用指水体在流动中或随着时间的推移，水体中的污染物自然降低的现象。

水体中的污染物可以在随流扩散、迁移、吸附沉降等物理作用下，稀释其浓度。污染物的扩散过程包括：竖向混合，在水体深度方向上达到浓度分布均匀；横向混合，在整个水体断面上达到浓度均匀。

通过化学作用和生物作用对水体中有机物的氧化分解，使污染物质浓度衰减，是水体自净的主要过程。进入水体的污染物相当大量的是易氧化的有机物。有机物在生化分解过程中，需要消耗水中的氧。因此可以用两个相关的水质指标来描述水体的自净过程。一个是生化需氧量（BOD），该值越高说明有机物含量越多，水体受污染程度越严重；另一个是水中溶解氧（DO），它是维持水生物生态平衡和有机物能够进行生化分解的条件，DO 值越高说明水中有机污染物越少或自净能力越强。正常情况下，清洁水中 DO 值接近饱和状态。水体中 BOD 值与 DO 值呈高低反差关系。

为了描述水体的自净规律，一些研究者开发了各种水体自净模型，按照考虑的断面维数，可以分为一维模型、二维模型和三维模型。由于水体自净是一个比较复杂的过程，影响自净能力的因素有污染物的性质、水体性质、水生生物种类和数量、水面形态、水流要素等，以数学模型描述还在尝试中。从概念上，也可以用曲线图形的方式表达自净过程。一般在单一污染源的情况下，BOD 与 DO 变化曲线如图 1-1 所示。

对图 1-1 中的曲线可以作如下分析：假设在污水排放口上游，水体中的 BOD 值低于最高允许量，DO 接近于饱和，水体是清洁的；在排放口处 BOD 值急剧上升，DO 被有机物降解所消耗，逐渐降低至允许含量以下，水质受到污染，随后 BOD 逐渐降低，DO 值得到补充并回升，水质逐渐恢复，经过较长的历时流程，水体中的有机物和细菌经生物化学作用，恢复到原水体的生态平衡状态，水质又复洁净。通常将图中的 DO 曲线形象地称为氧垂曲线。

然而，水体的自净能力是有限的。当污染物排放量过大，水体中的 DO 消耗过快而来不及补充，水体就会出现缺氧或无氧状态，水体的污染程度超过了水体的自净能力。此时有机物的分解就会从好氧转化为厌氧，有机物中的硫转化为硫化氢，与水中的金属元素络

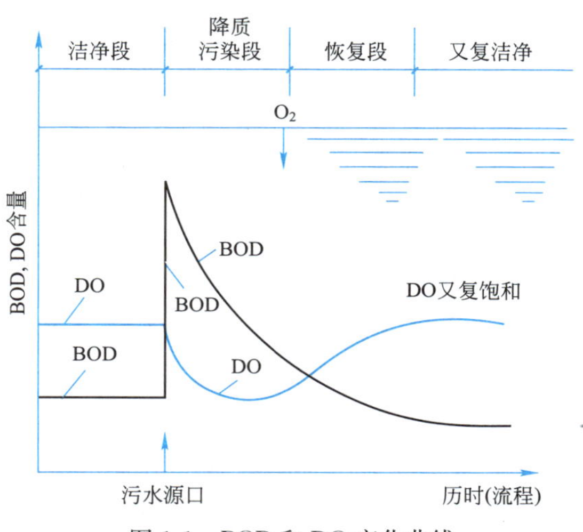


图 1-1　BOD 和 DO 变化曲线

合生成硫化物，散发出臭气。这是水体受到严重污染时可能发生的现象。

水体的自净能力与水体的大小、流动状况、污染物的性质等因素有关，应通过计算或实验确定。

## 1.3　饮用水水质与健康*

水是构成人体的重要成分，体内各种生理、生化活动绝大多数是在水的参与下完成的。为了维持肌体内环境的稳定，除有充足的水量外，还需有良好的水质。水中溶解的许多物质对人类的健康有重要作用，水是最重要的营养素。水质不良可引发多种疾病，严重威胁着人类的健康。研究表明，水质与心脑血管疾病、高血压、癌症等都有关系。例如水的硬度与心脏病死亡率有明确的关系；饮用含大约 300mg/L 总溶解性固体(TDS)、有硬度、pH 偏碱性的水会降低癌症致死的危险性。世界卫生组织认为，80%的成人疾病和50%的儿童死亡率都与饮用水水质不良有关。

水中有害物质往往浓度很低，一些有害物质的浓度可能仅在 μg/L 级甚至 ng/L 级，检测与去除极其困难，但是对人体健康的影响却是极大的。因此，在饮用水的生产与供应中遇到的一个特殊问题就是低浓度、高危害物质带来的水质安全问题。这给饮用水水质安全保障技术提出挑战，也促进着水中痕量物质检测技术与去除技术的进步。

### 1.3.1　水中的生物对人体健康的影响

水中的生物(主要是微生物)与人体健康关系密切，影响比较大的主要有细菌、病毒、致病原生动物，此外还有藻类、真菌、寄生虫、蠕虫等。

1. 细菌

已发现饮用水中能引起肠道疾病的细菌有：志贺氏菌(属)，是细菌性痢疾的病原体；沙门氏菌(属)，可致沙门氏菌病，它导致全身性较严重的疾患，引起毒血症，感染肝、脾、胆囊等，还能导致肠壁溃疡、出血、穿孔等；致病性大肠杆菌，可引起不同症状的腹泻；军团菌，可以使肺部受损，也可出现其他器官如肝、肾、心等受损，引起多种症状，死亡率较高；钩端螺旋体，具有较强的侵袭力，可通过皮肤微小伤口、眼结膜、鼻和口腔黏膜侵入体内，引起黄疸出血、流感伤寒、肺出血等，钩端螺旋体病爆发在世界上曾有多次报道；致病性弧菌(属)，霍乱弧菌引起的霍乱是一种烈性消化道传染病，此外还有麦契尼可夫弧菌、河弧菌、副溶血弧菌等均可致病；嗜水气单胞菌，能产生外毒素、可溶性的血凝素，引起人类 O、A、B 型血红细胞的凝聚，对人具有潜在的致病性；弯曲菌，以空肠弯曲菌最为常见，可引起轻重不等的肠炎；结核杆菌，是人和动物结核病的病原菌。

2. 病毒

已有 100 多种血清型肠道病毒在水体中检出。其中包括：脊髓灰质病毒，最常见的一种病毒，严重时可导致脊髓灰质炎(小儿麻痹症)；柯萨奇病毒，可引起胸痛、脑膜炎等疾病；呼肠弧病毒(如埃可病毒等)，可引起胃肠炎、脑膜炎等疾病；非特异性病毒，有的病毒可引起呼吸道疾病和急性出血结膜炎，有的病毒可引起无菌性脑膜炎和脑炎等；腺病毒，能引起呼吸道疾病、眼部感染、胃肠炎等；甲型肝炎病毒，可引起病毒性肝炎，是一种典型而重要的水传染病毒疾病。

3. 寄生虫

可导致人类疾病的典型寄生虫有：隐孢子虫，由隐孢子虫卵囊可引发隐孢子虫病，是一种介水消化道传染病，是胃肠炎的病原体，许多国家的饮用水卫生标准中将其列为控制指标；兰伯氏贾第鞭毛虫，进入水中的兰伯氏贾第鞭毛虫包囊可感染形成甲第鞭毛虫病，该病是人类 10 种主要寄生虫病之一，临床症状以腹泻为主；溶组织性阿米巴原虫，通过饮水途径，阿米巴能在人体宿主内引发慢性传染，引起阿米巴痢疾，最终发展成肝肿大，有时还能发展到其他器官。

4. 藻类

藻类污染是水体富营养化的结果，藻类在水中繁殖令水带有腥味，使人产生恶心、呕吐的症状。

对人体健康危害较大的是蓝绿藻。蓝绿藻中的一些藻类能产生微囊藻肝毒素，这是一种剧毒物质，对肝细胞有破坏作用，并能促进肝细胞癌变，是引起肝癌的危险因素之一。国外有报道，饮用有藻毒素污染的水导致家禽、家畜中毒死亡事件；有游泳者因接触含藻毒素的水而引起皮炎、中毒性肝炎事件；透析病人因透析液中有藻毒素而死亡等。

饮用含有某种病原因子的水，就可能染上相应的传染病。由于病原体的致病能力取决于侵袭性、活力、人的免疫力等，不存在容许浓度下限，人一旦感染，则在人体内迅速繁殖，故世界卫生组织(WHO)推荐饮用水的微生物指标是：肠道病原体以指示菌计，100mL 水样中不得检出埃希氏大肠杆菌或耐热型大肠杆菌，不得含肠道病毒、病原性原虫、寄生虫、蠕虫，蓝绿藻毒素的暂定值为 1$\mu$g/L。采用指示菌作为卫生控制指标是因为直接逐一测定致病因子是困难的。其他的指示菌还有粪大肠菌、粪球菌等。

### 1.3.2　水中的化学物质对人体健康的影响

1. 微量元素及其他无机物

一般将在人体内凡占体重万分之一以下的元素叫作微量元素，其他无机物就可称作常量元素。不同的微量元素和常量元素对人体健康有不同的影响。

铁、锌、锰、铬、钼、钴、硒、镍、铜、硅、氟、碘、锶等 20 多种元素，是人类和动物所必需的微量元素。这些微量元素含量虽然低微，但功能极大，对人体健康的作用有：构成身体各个部分，调节生理功能，参加酶的活动，运送氧的任务和参与人体中激素的活动。例如锌在人体内只含有2～3g，但其生理功能却极其重要，它不仅有助于人体的生长发育，还可影响人的性格行为，缺锌可引起抑郁、情绪不稳定、易烦躁和性功能锐减等。硒在人体的含量极微，但体内许多重要的生理功能与硒有直接关系，长期危害我国广大农村人民健康的克山病和大骨节病都与硒缺乏有关。健康人头发中的含硒量一般在0.8μg/g以上，而头发中含硒量少于0.4μg/g的人为癌症“嫌疑人”。

许多常量元素也具有同前述微量元素相似的功能，更是人体所必需的，如氢、碳、氮、氧、钠、镁、磷、硫、氯、钾、钙等。钙是构成水的硬度的主要成分。人体内99%的钙存在于骨骼和牙齿中，体内缺钙会引起佝偻病和骨质软化。镁也是构成水的硬度的主要成分，70%存在于骨骼中，其余分布于各种软组织和体液内。缺镁可引起心肌病变、骨质脆弱和牙齿生长障碍等。维持钾、钠离子的动态平衡，是保证心肌正常活动的重要条件。钾对心肌坏死有预防作用。磷占人体质量的1%，成年人体内含磷达700g，85%存在于骨骼中，它可强心健脑，增强记忆。

这些元素大部分都含于自然界的天然水中，饮水是补充这些元素的重要途径之一。

天然水在为人类提供多种有益的“杂质”的同时，也可能含有不少有害的成分。例如汞为剧毒物，可致急慢性中毒，主要影响神经系统、心脏、肾脏和胃肠道，汞可在人体内蓄积，亦可蓄积在水生生物(如鱼、虾等)的体内，所以汞能随食物进入人体内。镉具有潜在的毒性，镉蓄积在体内的软组织中，使肾脏器官等发生病变及引起骨痛病。硝酸盐过量饮入，会导致高铁血红蛋白症，如不及时抢救，可能引起死亡。亚硝酸盐的主要危害是合成亚硝胺，是公认的致癌物。

也有些物质溶于水中，适量对人体有益，超量则对人体有害。例如人体每升血液中含有数百微克砷，参与细胞的代谢过程，并蓄积在人的肝脏、指甲和毛发、脊髓中。但是砷的化合物有剧毒，若长期持续吸收低剂量砷化物，可导致慢性砷中毒。适量的氟能提高牙齿硬度，预防龋齿，促进骨骼的钙化。但高氟水又会损伤牙齿，影响骨骼密度。铁对人的健康很重要，患缺铁性贫血的儿童除了抵抗力低以外，还有注意力不集中、记忆力减退的现象。但若每天吸收铁超过12mg，就有可能中毒，超过得太多，会导致急性中毒。同样锰也是人体所需，但过多也会中毒。

硫酸盐、氯化物等浓度过高时，会使水产生令人厌恶的味道，在饮用水中也应加以限制。

2. 有机物

据报道，在世界各种水体中，已检出有机化合物2221种，而饮用水中检出765种，其中117种被认为或怀疑为致癌物。这些物质多数是人工合成的有机物，在水体中出现是环境污染的后果。典型的有机污染物有：

(1) 农药类。水中最常见的农药是有机氯类及有机磷类，例如DDT、六六六、五氯酚、甲草胺、阿特拉津(莠去津)等，或者具有致癌性，能引起食管癌、胃癌、肝癌、肺癌、白血病等，或者具有生殖毒性，改变人体的激素平衡等，严重影响人类健康。

(2) 酚类化合物。水中的酚类化合物主要有苯酚、甲苯酚、氯酚、苯二酚等。酚是一种促癌剂，达到一定量就显示出很强的致癌作用。长期饮用含低浓度酚类物质的水，可使人的记忆力减退，产生头晕、失眠、贫血、皮疹等症状。

(3) 芳香烃类化合物。水中此类物质主要是苯系化合物，包括苯、二甲苯、苯乙烯、氯苯、苯并(a)芘等，能引起造血功能障碍、损伤神经、致癌等后果。如苯并(a)芘是一种致癌性极强的物质，在低浓度慢性作用下可诱发各种动物的皮肤癌，人类的各种恶性肿瘤的发生与之有关。

此外，近年来天然水环境中频繁检出一些微量新兴污染物，包括内分泌干扰物、药物和个人护理品等，对饮用水水质安全构成了新的威胁。

3. 放射性物质

放射性物质通过饮用水进入人体内可产生内照射，发放的电离辐射对所有动物都有不同程度的致癌作用，主要引起皮肤癌、骨肉瘤、肺癌、白血病等，特别是胎儿、儿童、青少年对放射性物质的敏感性比成人高，危害更大。如$^{235}U$、$^{233}U$可损害肝脏、骨髓、造血功能；$^{131}I$可损害甲状腺，引起甲状腺炎；$^{89}Sr$、$^{90}Sr$可致骨肿瘤和白血病。

4. 消毒剂及消毒副产物

这是和水处理工艺有关的一类物质。向水中投加消毒剂杀灭细菌和病毒的同时，消毒剂本身以及有些消毒剂的副产物也会对人体健康构成威胁。随消毒剂种类不同，副产物可能是有机物，也可能是无机物。

氯气是饮用水处理主要的消毒剂，对细菌、病毒等有较好的杀灭作用。但氯气投量过多不仅会影响水的味道，特别是会同天然有机物、腐殖质相结合，形成三卤甲烷、卤乙酸等氯化消毒副产物，其中卤乙酸浓度低但是毒性更强。三卤甲烷总的包括诸如氯仿、溴仿之类的潜在的致癌物，以氯仿含量最高。研究表明，氯化后饮用水的有机消毒副产物具有直接致突变性，如三氯乙酸、二氯乙酸具有致癌性。

另一种常用消毒剂二氧化氯会产生亚氯酸盐、氯酸盐副产物，还可与有机物生成多种氧化物，如甲醛、乙醛等。二氧化氯对呼吸道有刺激作用，长期饮用含二氧化氯的水可能损害肝、肾中枢系统的功能，影响周围血液的生成，提高血浆胆固醇含量。亚氯酸盐对肝和免疫反应有影响，引起肝坏死、肾和心肌营养不良，属于致癌物。氯酸盐是中等毒性的化合物，为高铁血红蛋白的生成剂。对二氧化氯、亚氯酸盐在饮用水中的浓度应该进行限制。

过去一般认为氯胺是一种较为安全的消毒剂，但是近年的研究发现氯胺会产生含氮副产物，具有较高的毒性。透析液中含有氯胺，会对人体产生很大的影响，严重威胁病人的健康。流行病学研究发现，氯化和氯胺化的水与死产增加、出生缺陷增加有密切联系。

臭氧消毒可产生某些醛类如甲醛、乙醛、乙二醛、丙酮醛等，若水中含$Br^-$则会产生溴酸盐，这些副产物具有(或可疑具有)致突变性和致癌性。

### 1.3.3　水质与地方病

许多地方病都与饮用水水质有密切关系。甲状腺肿的基本病因是缺碘，但有一系列的报告证明，饮用高硬度水，氟化物、硫化物含量高的水，含硫的不饱和烃的水及受微生物和化学物质污染的水，可能诱发甲状腺肿。饮用水含碘量与心血管病发病率呈现显著的负相关，当含碘量低于 2～3$\mu g/L$ 时，居民对冠心病的敏感性显著增强。水中含氟量与心血管病和癌症有联系。克山病病因尚不十分清楚，但水中缺硒是一个肯定因素。大骨节病的病因也未查明，有观点认为与饮用水中缺少某种元素或饮用水中有大量腐殖酸有关。

## 1.4　用水水质标准

水质标准是用水对象(包括饮用和工业用水对象等)所要求的各项水质参数应符合的限值。各种用户都对水质有特定的要求，就产生了各种用水的水质标准。水质标准是水处理的重要依据。此外，水质标准同其他标准一样，可分为国际标准、国家标准、地方标准、行业标准和企业标准等不同等级。在此主要介绍饮用水的水质标准，对一些其他用水的水质标准也做适当介绍。

### 1.4.1　生活饮用水水质标准*

1. 生活饮用水水质标准制定的原则

生活饮用水一般指人类饮用和日常生活用水，包括个人卫生用水，但不包括水生物用水和特殊用途的水。

生活饮用水水质标准是关于生活饮用水卫生和安全的技术法规，它由一系列的水质参数及相应的限制值组成。生活饮用水水质标准的制定主要是根据人们终生用水的安全来考虑的，主要基于三个方面来保障饮用水的卫生和安全，即水中不得含有病原微生物，水中所含化学物质及放射性物质不得危害人体健康，水的感官性状良好。从上述要求出发，可以将生活饮用水的水质指标分为下面四大类。

(1) 微生物学指标。理想的饮用水不应含有致病微生物和生物。为了保障饮用水达到这一要求，以一些指示菌为指标来表征，如大肠菌群等。另外，还应规定消毒剂的残留量。如以氯做消毒剂时，要求管网中水的游离余氯应达到一定的浓度，以保证实现有效的消毒。

(2) 水的感官性状指标和一般化学指标。饮用水的感官性状是十分重要的。感官性状不良的水，会使人产生厌恶感和不安全感。一般要求饮用水应呈透明状，不浑浊，无肉眼可见物，无异味异臭及令人不愉快的颜色等。一些化学指标也与感官性状有关，包括总硬度、铁、锰、铜、锌、挥发酚类、阴离子合成洗涤剂、硫酸盐、氯化物和总溶解性固体等。应从影响水的外观、色、臭和味的角度，规定这些物质的最高容许限值。

(3) 毒理学指标。饮用水中的有毒化学物质污染带给人们的健康危害不同于微生物污染。一般而言，微生物污染可造成传染病的暴发，而化学污染物引起的健康问题往往是由于与之长期接触所致的有害作用，特别是蓄积性毒物和致癌物的危害更是如此。只有在极特殊的情况下，才会发生大量化学物质污染而引起急性中毒。

在饮用水中可能存在众多的化学物质，究竟应该选择哪些作为需要确定限值的指标，主要是根据化学物质的毒性、在饮用水中含有的浓度和检出频率以及是否具有充分依据来确定限值等条件确定的。这些物质的限值是根据毒理学研究和人群流行病学调查所获得的资料而制定的。

(4) 放射性指标。一些自然地质条件或人类某些实践活动可能使水环境中的放射性物质浓度超过安全水平。因此有必要对饮用水中的放射性指标进行常规监测和评价。一般规定总 $\alpha$ 放射性和总 $\beta$ 放射性的参考值，当这些指标超过参考值时，需进行全面的核素分析以确定饮用水的安全性。

除了用水安全这一主要因素外，制定生活饮用水水质标准时也要考虑现实的社会经济发展水平，如所选择的参数及相应限值的可测性、现有水处理工艺水平是否能达到标准的要求、用水者经济上的承受能力等。一般来说，标准中涉及的参数越多、限值越严格，对水处理工艺水平要求越高、水处理的成本也越高。因此世界卫生组织（WHO）和世界各国都根据自己的实际情况，制定相应的生活饮用水水质标准。随着科学技术的进步，人们对饮用水水质安全重要性的认识不断提高，以及各国经济实力的增强，各国的生活饮用水水质标准在不断地修订和提高中。

2. 世界卫生组织及一些国家和地区的生活饮用水水质标准*

世界上各种不同的饮用水水质标准中，最具有代表性和权威性的是世界卫生组织（WHO）水质准则，它是世界各国制定本国饮用水水质标准的基础和依据。另外，还有比较有影响的欧盟饮用水指令（EEC Directive）和美国安全饮用水法案（Safe Drinking Water Act）。

1958 年 WHO 出版了《国际饮用水标准》（*International Standards for Drinking-Water*），经过 1963 年、1971 年和 1976 年 3 次修订之后，于 1985 年出版了《饮用水水质准则》（*Guidelines for Drinking-Water Quality*），强化了对饮用水水质影响人类健康的关注。WHO 逐年修订再版《饮用水水质准则》，1992 年出版第二版，2004 年出版第三版，2011 年第四版已经颁布。本版的新进展包括显著扩大对确保饮用水微生物安全性的指导，对许多化学物质指标的资料重新修订，增加了许多新的化学物质指标。2011 年修订的《饮用水水质准则》中水质指标包括：A. 用于饮用水的微生物质量验证准则指标 3 项；B. 饮用水中有健康意义的化合物准则指标 91 项；C. 饮用水中放射性组分指标 2 项；D. 饮用水中含有的能引起用户不满的物质指标 30 项。

欧盟制定的饮用水水质标准称为 EEC 饮用水指令。1998 年 11 月修订的饮用水指令（Drinking water directive）（98/83/EEC），作为欧盟各国制定本国水质标准的重要参考，近年多次修订，增加了对瓶装水和灌装水的限制，明确了水质参数的测定频数及监控方式等，使其更加灵活适用。现行的饮用水指令（Drinking water directive）（98/83/EEC）共列出 49 项水质指标，分别为微生物学指标（2 项）、化学物质指标（26 项）、指示性指标（18 项）和放射性指标（3 项）。

美国国家环境保护局（USEPA）1974 年制定了第一个饮用水水质标准，即安全饮用水法案（*Safe Drinking Water Act*），第一次针对 18 种污染物进行暂行规定。经过几次修正后，于 1986 年颁布了《安全饮用水法案修正案》（*Safe Drinking Water Act Amendments*），规定了实施饮用水水质规则的计划，确立了饮用水水质标准的法律行为，制定了《国家饮用水基本规则》和《国家二级饮用水规则》（*National Primary and Secondary Drinking Water Regulations*）。对饮用水中的污染物规定了最大污染物浓度目标值（MCLG）和最大污染物浓度（MCL）。最大污染物浓度目标值是指饮用水中的污染物不会对人体健康产生未知或不利影响的最大浓度，是非强制性健康指标。最大污染物浓度目标值的制定是为了保证足够的安全余量，即在该浓度下，不会对人体产生任何已知的或可能的伤害。最大污染物浓度目标值的制定不考虑经济因素，即不考虑达到该浓度值所需的成本。最大污染物浓度是指饮用水中污染物的最大允许浓度，是强制性标准，它在制定时要求尽可能地接近最大污染物浓度目标值，这就意味着在制定最大污染物浓度时要考虑水处理工艺、技术等方面的因素。《国家饮用水基本规则》是强制性标准，公共供水系统必须要满足该标准的要求。《国家二级饮用水规则》是非强制性的指导标准，主要涉及会引起皮肤或感官问题的参数。1988 年，EPA 又增补了《铅铜污染控制法案》。2001 年 3 月对原有的安全饮用水法案再次进行了修正，确定了 87 项水质指标，该法案为现行美国饮用水水质标准，包括微生物指标 7 项、消毒副产物 4 项、消毒剂 3 项、无机化合物 16 项、有机化学物质 53 项、放射性组分 4 项。

世界各国(地区)主要以上述 3 种水质标准为基础，制定本国(地区)的国家(地区)标准，如日本和南非参考了 WHO/EEC/EPA 3 种标准，欧盟国家参考 EEC 标准，香港以 WHO 为标准。在制定本国国家标准的过程中，各国根据实际情况作了相应的调整，从而各具特色。

在附表 2～附表 4 中给出了 WHO、EEC、EPA 的水质标准指标情况。

3. 我国的生活饮用水水质标准

我国生活饮用水的水质标准是随着科学技术的进步和社会发展而与时俱进的。

1927 年上海市公布了第一个地方性饮用水标准，称为《上海市饮用水清洁标准》，从而成为我国最早制定地方性饮用水标准的城市之一；1937 年北京市自来水公司制定了《水质标准表》，包含有 11 项水质指标；1950 年上海市颁布了《上海市自来水水质标准》，有 16 项指标。

1956 年我国颁布了第一部《饮用水水质标准》，有 15 项指标；1976 年我国颁布了《生活饮用水卫生标准》TJ 20—76，有 23 项水质指标；1985 年我国首次颁布了国家标准《生活饮用水卫生标准》GB 5749—85，有 35 项水质指标。

1992 年，建设部组织中国城镇供水协会编制了《城市供水行业 2000 年技术进步发展规划》；2001 年，卫生部颁布了《生活饮用水水质卫生规范》；2005 年，建设部颁布了《城市供水水质标准》CJ/T 206—2005。

2006 年，由卫生部和国家标准化管理委员会联合发布了新的国家标准《生活饮用水卫生标准》GB 5749—2006。该标准为强制标准。标准的制订参考了世界卫生组织、欧盟、美国、俄罗斯和日本的相关标准。标准规定了生活饮用水水质卫生要求、生活饮用水水源水质卫生要求、集中式供水单位卫生要求、二次供水卫生要求、涉及生活饮用水卫生安全产品卫生要求、水质监测和水质检验方法。该标准适用于城乡各类集中式供水的生活饮用水，也适用于分散式供水的生活饮用水。水质指标由水质常规指标、饮用水中消毒剂常规指标和水质非常规指标组成，还对农村小型集中式供水和分散式供水部分水质指标进行了规定。与 GB 5749—85 相比，水质指标由 35 项增加至 106 项，增加了 71 项；修订了 8 项；其中：微生物指标由 2 项增至 6 项，饮用水消毒剂指标由 1 项增至 4 项，毒理指标中无机化合物由 10 项增至 21 项，毒理指标中有机化合物由 5 项增至 53 项，感官性状和一般理化指标由 15 项增至 20 项，放射性指标中修订了总 $\alpha$ 放射性。

2022 年 3 月 15 日，国家市场监督管理总局会同国家标准化管理委员会正式颁布了新版《生活饮用水卫生标准》GB 5749—2022，自 2023 年 4 月 1 日起全面实施。新一轮标准修订在与国际标准充分衔接的同时更符合我国国情。标准规定了生活饮用水水质要求、生活饮用水水源水质要求、集中式供水单位卫生要求、二次供水卫生要求、涉及饮用水安全的产品卫生要求、水质检验方法。该标准适用于各类生活饮用水。水质指标由常规指标、消毒剂常规指标和拓展指标组成。与 GB 5749—2006 相比，指标数量由 106 项调整为 97 项，含常规指标 43 项和扩展指标 54 项，增加了 4 项指标，删除了 13 项指标，更改了 8

项指标的限值、3 项指标的名称，增加了总 β 放射性指标，删除了小型集中式供水和分散式供水部分水质指标及限值的暂行规定。此外，水质参考指标由 28 项调整为 55 项。

表 1-3 和表 1-4 给出了《生活饮用水卫生标准》GB 5749—2022 中水质常规指标及限值，附表 5 中给出了 GB 5749—2022 中水质扩展指标及限值。

**生活饮用水水质常规指标及限值　　表 1-3**

| 序号 | 指标 | 限值 |
|---|---|---|
| 一、微生物指标 | | |
| 1 | 总大肠菌群(MPN/100mL 或 CFU/100mL)[a] | 不应检出 |
| 2 | 大肠埃希氏菌(MPN/100mL 或 CFU/100mL)[a] | 不应检出 |
| 3 | 菌落总数(MPN/mL 或 CFU/mL)[b] | 100 |
| 二、毒理指标 | | |
| 4 | 砷(mg/L) | 0.01 |
| 5 | 镉(mg/L) | 0.005 |
| 6 | 铬(六价)(mg/L) | 0.05 |
| 7 | 铅(mg/L) | 0.01 |
| 8 | 汞(mg/L) | 0.001 |
| 9 | 氰化物(mg/L) | 0.05 |
| 10 | 氟化物(mg/L)[b] | 1.0 |
| 11 | 硝酸盐(以 N 计)(mg/L)[b] | 10 |
| 12 | 三氯甲烷(mg/L)[c] | 0.06 |
| 13 | 一氯二溴甲烷(mg/L)[c] | 0.1 |
| 14 | 二氯一溴甲烷(mg/L)[c] | 0.06 |
| 15 | 三溴甲烷(mg/L)[c] | 0.1 |
| 16 | 三卤甲烷(三氯甲烷、一氯二溴甲烷、二氯一溴甲烷、三溴甲烷的总和)[c] | 该类化合物中各种化合物的实测浓度与其各自限值的比值之和不超过 1 |
| 17 | 二氯乙酸(mg/L)[c] | 0.05 |
| 18 | 三氯乙酸(mg/L)[c] | 0.1 |
| 19 | 溴酸盐(mg/L)[c] | 0.01 |
| 20 | 亚氯酸盐(mg/L)[c] | 0.7 |
| 21 | 氯酸盐(mg/L)[c] | 0.7 |
| 三、感官性状和一般化学指标[d] | | |
| 22 | 色度(铂钴色度单位)(度) | 15 |
| 23 | 浑浊度(散射浑浊度单位)(NTU[b]) | 1 |
| 24 | 臭和味 | 无异臭、异味 |
| 25 | 肉眼可见物 | 无 |
| 26 | pH | 不小于 6.5 且不大于 8.5 |
| 27 | 铝(mg/L) | 0.2 |
| 28 | 铁(mg/L) | 0.3 |
| 29 | 锰(mg/L) | 0.1 |

续表

| 序号 | 指标 | 限值 |
|---|---|---|
| 30 | 铜(mg/L) | 1.0 |
| 31 | 锌(mg/L) | 1.0 |
| 32 | 氯化物(mg/L) | 250 |
| 33 | 硫酸盐(mg/L) | 250 |
| 34 | 溶解性总固体(mg/L) | 1000 |
| 35 | 总硬度(以 $CaCO_3$ 计)(mg/L) | 450 |
| 36 | 高锰酸盐指数(以 $O_2$ 计)(mg/L) | 3 |
| 37 | 氨(以 N 计)(mg/L) | 0.5 |
| 四、放射性指标[e] | | |
| 38 | 总 α 放射性(Bq/L) | 0.5(指导值) |
| 39 | 总 β 放射性(Bq/L) | 1(指导值) |

[a] MPN 表示最可能数；CFU 表示菌落形成单位。当水样检出总大肠菌群时，应进一步检验大肠埃希氏菌，当水样未检出总大肠菌群时，不必检验大肠埃希氏菌。

[b] 小型集中式供水和分散式供水因水源与净水技术受限时，菌落总数指标限值按 500 MPN/mL 或 500 CFU/mL 执行，氟化物指标限值按 1.2mg/L 执行，硝酸盐(以 N 计)指标限值按 20mg/L 执行，浑浊度指标限值按 3 NTU 执行。

[c] 水处理工艺流程中预氧化或消毒方式：

——采用液氯、次氯酸钙及氯胺时，应测定三氯甲烷、一氯二溴甲烷、二氯一溴甲烷、三溴甲烷、三卤甲烷、二氯乙酸、三氯乙酸；

——采用次氯酸钠时，应测定三氯甲烷、一氯二溴甲烷、二氯一溴甲烷、三溴甲烷、三卤甲烷、二氯乙酸、三氯乙酸、氯酸盐；

——采用臭氧时，应测定溴酸盐；

——采用二氧化氯时，应测定亚氯酸盐；

——采用二氧化氯与氯混合消毒剂发生器时，应测定亚氯酸盐、氯酸盐、三氯甲烷、一氯二溴甲烷、二氯一溴甲烷、三溴甲烷、三卤甲烷、二氯乙酸、三氯乙酸；

——当原水中含有上述污染物，可能导致出厂水和末梢水的超标风险时，无论采用何种预氧化或消毒方式，都应对其进行测定。

[d] 当发生影响水质的突发公共事件时，经风险评估，感官性状和一般化学指标可暂时适当放宽。

[e] 放射性指标超过指导值(总 β 放射性扣除 $^{40}K$ 后仍然大于 1 Bq/L)，应进行核素分析和评价，判定能否饮用。

**生活饮用水消毒剂常规指标及要求　　表 1-4**

| 序号 | 指标 | 与水接触时间(min) | 出厂水和末梢水限值(mg/L) | 出厂水余量(mg/L) | 末梢水余量(mg/L) |
|---|---|---|---|---|---|
| 40 | 游离氯[a,d] | ≥30 | ≤2 | ≥0.3 | ≥0.05 |
| 41 | 总氯[b] | ≥120 | ≤3 | ≥0.5 | ≥0.05 |
| 42 | 臭氧[c] | ≥12 | ≤0.3 | — | ≥0.02<br>如采用其他协同消毒方式，消毒剂限值及余量应满足相应要求 |
| 43 | 二氧化氯[d] | ≥30 | ≤0.8 | ≥0.1 | ≥0.02 |

[a] 采用液氯、次氯酸钠、次氯酸钙消毒方式时，应测定游离氯。

[b] 采用氯胺消毒方式时，应测定总氯。

[c] 采用臭氧消毒方式时，应测定臭氧。

[d] 采用二氧化氯消毒方式时，应测定二氧化氯；采用二氧化氯与氯混合消毒剂发生器消毒方式时，应测定二氧化氯和游离氯。两项指标均应满足限值要求，至少一项指标应满足余量要求。

## 1.4.2　其他用水的水质标准

1. 食品及饮料类水质标准

原则上，一般食品、饮料用水采用生活饮用水水质标准。但近年随着人民生活水平的提高，对水质的要求越来越高，出现了小区直饮水、灌装水(桶装水、瓶装水)等各种高质饮水。这些饮水的水质标准在生活饮用水水质标准的基础上，又有所提高。

2. 城市杂用水水质标准

城市杂用水是城市和人们日常生活所经常涉及的一类用水，主要包括厕所便器冲洗、城市绿化、洗车、扫除、建筑施工及有同样水质要求的其他用途的水。

过去传统上采用城市管网水作为城市杂用水，对水质不做特殊规定。随着人们对水危机的忧患意识增强，节水措施逐步得到落实，污水资源化的兴起，人们越来越多的以城市污水再生回用、雨水、海水或按水质要求的不同将城市管网水实行循序利用，作为城市杂用水。虽然城市杂用水的水质要求没有饮用水那样高，但是也应满足使用中的一定要求，做到既利用污水、雨水等资源，又能切实保证安全与适用。为此，我国制定了《城市污水再生利用　城市杂用水水质》GB/T 18920—2020。

3. 游泳池用水水质标准

游泳池用水与人体直接接触，也关系到人的身体健康。我国的相应标准规定游泳池补充水应符合《生活饮用水卫生标准》GB 5749—2022，同时根据游泳池用水的特殊情况，对于池内水质有一些补充规定。

4. 工业用水水质标准

工业种类繁多，对用水的要求也不尽相同，例如电子工业对水质要求极为严格，要求使用纯水、超纯水；而一般工业冷却用水对水质要求则十分宽松，容许浊度达到 50～100NTU。因此各工业行业从保证产品质量和保障生产正常运行的角度，制定相应的水质标准。表 1-5 列出的是一些工业用水的主要水质要求。

**部分工业用水水质要求**　　**表 1-5**

| 项目 | 单位 | 工业名称 | | | | |
|---|---|---|---|---|---|---|
| | | 造纸(高级纸) | 合成橡胶 | 制糖 | 纺织 | 胶片 |
| 浊度 | mg/L* | 5 | 2 | 5 | 5 | 2 |
| 色度 | 度 | 5 | — | 10 | 10～12 | 2 |
| 硫化氢 | mg/L | — | — | — | — | — |
| 总硬度 | (CaO)mg/L | 30 | 10 | 50 | 20 | 30 |
| 高锰酸盐指数 | mg/L | 10 | — | 10 | — | — |
| 铁 | mg/L | 0.05～0.1 | 0.05 | 0.1 | 0.25 | 0.07 |
| 锰 | mg/L | 0.1 | — | — | 0.1 | — |
| 硅酸 | mg/L | 20 | — | — | — | 25 |
| 氯化物 | mg/L | 75 | 20 | 20 | 100 | 10 |
| pH | | 7 | 6.5～7.5 | 6～7 | 6.8～8.5 | 6～8 |
| 总含盐量 | mg/L | 100 | 100 | — | 400 | 100 |

* 较早期标准中采用的浊度单位。

## 1.5　污水的排放标准

### 1.5.1　污水排放标准制定的依据

污水的排放直接对地表水环境质量构成了威胁，是实现水的良性社会循环的一个重要环节。为了保护环境，必须对排放的污染物量进行控制。当污染物排放量低于受纳水体的自净能力，则水体质量不会下降，这是制定污水排放标准最基本的出发点。因此，水环境质量标准是水污染物排放标准制定的基本依据。

我国的《地表水环境质量标准》GB 3838—2002 规定了地表水水域功能分类、水质要求、标准的实施和水质监测等。依据地表水水域环境功能和保护目标，按功能高低依次划分为五类：

Ⅰ类主要适用于源头水，国家自然保护区；

Ⅱ类主要适用于集中式生活饮用水地表水源地一级保护区、珍稀水生生物栖息地、鱼虾类产卵场、仔稚幼鱼的梭饵场等；

Ⅲ类主要适用于集中式生活饮用水地表水源地二级保护区、鱼虾类越冬场、洄游通道、水产养殖区等渔业水域及游泳区；

Ⅳ类主要适用于一般工业用水区及人体非直接接触的娱乐用水区；

Ⅴ类主要适用于农业用水区及一般景观要求水域。

标准中除了对地表水环境质量的基本项目提出标准限值(表 1-6)外，还对集中式生活饮用水地表水源地提出补充项目和特定项目标准限值。基本项目适用于全国江河、湖泊、运河、渠道、水库等具有使用功能的地表水水域；补充项目和特定项目适用于集中式生活饮用水地表水源地一级保护区和二级保护区。补充项目和特定项目见附表 1。

**地表水环境质量标准基本项目标准限值**　　**表 1-6**

单位：mg/L

| 序号 | 项目 | | Ⅰ类 | Ⅱ类 | Ⅲ类 | Ⅳ类 | Ⅴ类 |
|---|---|---|---|---|---|---|---|
| 1 | 水温(℃) | | 人为造成的环境水温变化应限制在：<br>周平均最大温升≤1<br>周平均最大温降≤2 | | | | |
| 2 | pH(无量纲) | | 6～9 | | | | |
| 3 | 溶解氧 | ≥ | 饱和率 90%<br>(或 7.5) | 6 | 5 | 3 | 2 |
| 4 | 高锰酸盐指数 | ≤ | 2 | 4 | 6 | 10 | 15 |
| 5 | 化学需氧量(COD) | ≤ | 15 | 15 | 20 | 30 | 40 |
| 6 | 五日生化需氧量($BOD_5$) | ≤ | 3 | 3 | 4 | 6 | 10 |
| 7 | 氨氮($NH_3$-N) | ≤ | 0.15 | 0.5 | 1.0 | 1.5 | 2.0 |

续表

| 序号 | 项目 | | Ⅰ类 | Ⅱ类 | Ⅲ类 | Ⅳ类 | Ⅴ类 |
|---|---|---|---|---|---|---|---|
| 8 | 总磷(以P计) | ≤ | 0.02(湖、库0.01) | 0.1(湖、库0.025) | 0.2(湖、库0.05) | 0.3(湖、库0.1) | 0.4(湖、库0.2) |
| 9 | 总氮(湖、库以N计) | ≤ | 0.2 | 0.5 | 1.0 | 1.5 | 2.0 |
| 10 | 铜 | ≤ | 0.01 | 1.0 | 1.0 | 1.0 | 1.0 |
| 11 | 锌 | ≤ | 0.05 | 1.0 | 1.0 | 2.0 | 2.0 |
| 12 | 氟化物(以$F^-$计) | ≤ | 1.0 | 1.0 | 1.0 | 1.54 | 1.5 |
| 13 | 硒 | ≤ | 0.01 | 0.01 | 0.01 | 0.02 | 0.02 |
| 14 | 砷 | ≤ | 0.05 | 0.05 | 0.05 | 0.1 | 0.1 |
| 15 | 汞 | ≤ | 0.00005 | 0.00005 | 0.0001 | 0.001 | 0.001 |
| 16 | 镉 | ≤ | 0.001 | 0.005 | 0.005 | 0.005 | 0.01 |
| 17 | 铬(六价) | ≤ | 0.01 | 0.05 | 0.05 | 0.05 | 0.1 |
| 18 | 铅 | ≤ | 0.01 | 0.01 | 0.05 | 0.05 | 0.1 |
| 19 | 氰化物 | ≤ | 0.005 | 0.05 | 0.2 | 0.2 | 0.2 |
| 20 | 挥发酚 | ≤ | 0.002 | 0.002 | 0.005 | 0.01 | 0.1 |
| 21 | 石油类 | ≤ | 0.05 | 0.05 | 0.05 | 0.5 | 1.0 |
| 22 | 阴离子表面活性剂 | ≤ | 0.2 | 0.2 | 0.2 | 0.3 | 0.3 |
| 23 | 硫化物 | ≤ | 0.05 | 0.1 | 0.2 | 0.5 | 1.0 |
| 24 | 粪大肠菌群(个/L) | ≤ | 200 | 2000 | 10000 | 20000 | 40000 |

各国在制定污水排放标准时都应根据污水受纳水体的功能区区分，对受纳水体功能区不同，执行不同的排放标准，高功能区执行高标准，低功能区执行低标准，保证受纳水体生态平衡，保证污染物降解、水体自净。

制定排放标准还要考虑实际经济能力。排放标准要求过高，虽然对保护环境有利，但难实现，若要实现达标排放，会造成建设和运行费用过高而可能难以承受。

制定污水排放标准，还应考虑对污染物的监测水平与能力。

综合上述因素制定的污水排放标准，才能具有较好的可实施性，切实达到保护环境的目的。

### 1.5.2　国外的污水排放标准*

各个国家自然环境、工业结构、社会经济发展水平存在差异，有不同的国情，各国制定的污水排放标准也不同。下面介绍国外几个典型国家的污水排放标准。

1. 美国

美国对污水排放控制的比较早，1948年就编制了国家水质净化试行计划；经过8年的试行，于1956年制定了《联邦水质污染控制法》；1972年美国国会对《联邦水质污染控制法》作了大幅度修订，即《清洁水法》，它是控制美国污水排放的基本法规，确立了联邦在水污染控制中的主导地位，并采取了以污染控制技术为基础的、排放标准为主的管理方法。《清洁水法》采用了以污染控制技术为基础的排放限值，按行业建立国家排放标准；排放标准不仅规定污染物排放限值，还包括达标计划及措施，按照不同控制技术规定现有污染源的达标期限。美国国会又分别于 1977 年、1981 年、1987 年、2002 年、2005 年就联邦水污染控制法进行了修订，使得美国的水污染控制法律体系逐步趋于完善。1978 年，美国通过了《预处理法》，该法规定符合要求的公共污水处理系统必须制订合理的预处理计划，并且将获得批准的预处理计划纳入到公共污水处理系统的排污许可证要求中。该条例确立了联邦、州政府和工业企业、公众在预处理方面的责任。

2. 英国

英国的工业化开始得最早，环境污染的发生在世界上也最早。早在 100 多年前，英国就制定了防治污染的法律，如 1876 年制定的《河流防污法》，其中要求下水道与工业废水要符合规定的处理标准，经河流局同意后方可排入河流；河流分为 4 级，由河流局规定排入河流的污水排放标准，标准中限定的污染物共有 20 种。英国环境署在 2002 年 4 月 23 日颁布了新的关于危险物质排放至地表水体的政策，该政策把污染物质分为两类：Ⅰ类和Ⅱ类。Ⅰ类危险物质的毒性、持久性以及在环境中的积累要比Ⅱ类物质的强，危害性也更大。根据控制要求不同，在英国有 A、B、C、D 四种控制体系，以 A 为最严。2003 年，英国通过了最新修订的《水资源法》，该法对污水处理标准的规定更加严格。

3. 日本

20 世纪 60 年代，日本曾发生“水俣病”和“骨痛病”等公害事故，使日本公民在遭受原子弹袭击后，又尝受到了一次大灾难。在国内外的压力下，1967 年制定了《公害对策基本法》，成为日本的环境保护基本法；随后制定了《日本东京都公害防止条例》（包含排水标准），包括了 19 项污染物。1970 年颁布了《水质污浊防止法》，强调制定并实施全国统一的环境水质标准和排水控制标准来防止水污染。该标准颁布时指定适用的行业与设施，实施中不分行业实行统一的标准值。1993 年，日本制定了《环境基本法》及其相关的法律，法律中包括工业排放限值、工业产品的执行标准、污染物排放限值以及节能的改善、再循环利用、严格限制的土地使用、环境污染控制项目的安排等方面。

近年来，随着水环境的逐步改善，日本水污染状况基本消除，因此采取了较为宽松的污水排放标准。与此同时，日本目前正在从生态保全的角度制定污水排放政策，实施更理想的环境管理实施策略。

### 1.5.3　我国的污水排放标准

我国于 1973 年召开了全国环境保护工作会议，确定了“全面规划、合理布局、综合利用、化害为利、依靠群众、大家动手、保护环境、造福人民”的 32 字方针，并颁布了第一个环境保护标准《工业“三废”排放试行标准》GBJ 4—73。此后，开始有组织地制定了一系列的环境保护政策、法规和标准，相继发布了《污水综合排放标准》和一批行业污水排放标准，形成了比较完整的水环境保护法规体系。经过 50 余年的发展，我国的各种污水排放标准已达到 60 余项。

1973 年的《工业“三废”排放试行标准》GBJ 4—73 仅对 19 项污染物进行了规定；1988 年发布了《污水综合排放标准》GB 8978—88，增加到对 40 项污染物进行控制，并从仅控制工业污染源扩大到含生活污水在内的所有污染源。1996 年再次修订推出了新的

《污水综合排放标准》GB 8978—1996，适用于现有单位水污染物的排放管理，以及建设项目的环境影响评价、建设项目环境保护设施设计、竣工验收及其投产后的排放管理。标准规定凡有国家行业水污染物排放标准的行业执行行业标准（如造纸工业、纺织染整工业、肉类加工工业、钢铁工业等），其他水污染物排放均执行综合排放标准；将污染物控制项目总数增加到 69 项，其中包括增加了 25 项难降解有机污染物和放射性指标，强调对难降解有机污染物和“三致”物质等优先控制的原则。

（1）标准分级。在环境容量范围内，按水域类别执行相应标准排放。排入地表淡水环境，符合《地表水环境质量标准》GB 3838—2002 Ⅲ类水域（规定的保护区和旅游区除外）和排入海水水域，符合《海水水质标准》GB 3097—1997 中二类海域的污水，执行一级标准；排入 GB 3838—2002 中Ⅳ、Ⅴ类水域和排入 GB 3097—1997 中三类水域的污水，执行二级标准；排入设置二级污水处理厂的城镇排水系统的污水，执行三级标准；排入未设置二级污水处理厂的城镇排水系统的污水，必须根据排水系统出水受纳水域的功能要求，分别执行上述规定。

（2）标准值。将排放的污染物按其性质及控制方法分为两类。第一类污染物，有 13 项指标，主要是重金属和放射性等有毒有害物质，不分行业和污水排放方式，也不分受纳水体的功能类别，一律在车间或车间处理设施排放口采样，其最高允许排放浓度必须达到本标准要求。第二类污染物，有 56 项指标，在排污单位排放口采样，其最高允许排放浓度必须达到本标准要求。表 1-7 为《污水综合排放标准》GB 8978—1996 的指标项目及限值。

**污水综合排放标准项目及限值　　表 1-7**

第一类污染物最高允许排放浓度（mg/L）

| 序号 | 污染物 | 最高允许排放浓度 | 序号 | 污染物 | 最高允许排放浓度 |
|---|---|---|---|---|---|
| 1 | 总汞 | 0.05 | 8 | 总镍 | 1.0 |
| 2 | 烷基汞 | 不得检出 | 9 | 苯并(a)芘 | 0.00003 |
| 3 | 总镉 | 0.1 | 10 | 总铍 | 0.005 |
| 4 | 总铬 | 1.5 | 11 | 总银 | 0.5 |
| 5 | 六价铬 | 0.5 | 12 | 总 α 放射性 | 1Bq/L |
| 6 | 总砷 | 0.5 | 13 | 总 β 放射性 | 10Bq/L |
| 7 | 总铅 | 1.0 | | | |

第二类污染物最高允许排放浓度（mg/L）

（1998 年 1 月 1 日后建设的单位）

| 序号 | 污染物 | 适用范围 | 一级标准 | 二级标准 | 三级标准 |
|---|---|---|---|---|---|
| 1 | pH | 一切排污单位 | 6～9 | 6～9 | 6～9 |
| 2 | 色度（稀释倍数） | 一切排污单位 | 50 | 80 | — |
| 3 | 悬浮物（SS） | 采矿、选矿、选煤工业 | 70 | 300 | — |
| | | 脉金选矿 | 70 | 400 | — |
| | | 边远地区砂金选矿 | 70 | 800 | — |
| | | 城镇二级污水处理厂 | 20 | 30 | — |
| | | 其他排污单位 | 70 | 150 | 400 |

续表

| 序号 | 污染物 | 适用范围 | 一级标准 | 二级标准 | 三级标准 |
|---|---|---|---|---|---|
| 4 | 五日生化需氧量($BOD_5$) | 甘蔗制糖、苎麻脱胶、湿法纤维板、染料、洗毛工业 | 20 | 60 | 600 |
|  |  | 甜菜制糖、酒精、味精、皮革、化纤浆粕工业 | 20 | 100 | 600 |
|  |  | 城镇二级污水处理厂 | 20 | 30 | — |
|  |  | 其他排污单位 | 20 | 30 | 300 |
| 5 | 化学需氧量(COD) | 甜菜制糖、合成脂肪酸、湿法纤维板、染料、洗毛、有机磷农药工业 | 100 | 200 | 1000 |
|  |  | 味精、酒精、医药原料药、生物制药、苎麻脱胶、皮革、化纤浆粕工业 | 100 | 300 | 1000 |
|  |  | 石油化工工业(包括石油炼制) | 60 | 120 | 500 |
|  |  | 城镇二级污水处理厂 | 60 | 120 | — |
|  |  | 其他排污单位 | 100 | 150 | 500 |
| 6 | 石油类 | 一切排污单位 | 5 | 10 | 20 |
| 7 | 动植物油 | 一切排污单位 | 10 | 15 | 100 |
| 8 | 挥发酚 | 一切排污单位 | 0.5 | 0.5 | 2.0 |
| 9 | 总氰化合物 | 一切排污单位 | 0.5 | 0.5 | 1.0 |
| 10 | 硫化物 | 一切排污单位 | 1.0 | 1.0 | 1.0 |
| 11 | 氨氮 | 医药原料药、染料、石油化工工业 | 15 | 50 | — |
|  |  | 其他排污单位 | 15 | 25 | — |
| 12 | 氟化物 | 黄磷工业 | 10 | 15 | 20 |
|  |  | 低氟地区(水体含氟量<0.5mg/L) | 10 | 20 | 30 |
|  |  | 其他排污单位 | 10 | 10 | 20 |
| 13 | 磷酸盐(以 P 计) | 一切排污单位 | 0.5 | 1.0 | — |
| 14 | 甲醛 | 一切排污单位 | 1.0 | 2.0 | 5.0 |
| 15 | 苯胺类 | 一切排污单位 | 1.0 | 2.0 | 5.0 |
| 16 | 硝基苯类 | 一切排污单位 | 2.0 | 3.0 | 5.0 |
| 17 | 阴离子表面活性剂(LAS) | 一切排污单位 | 5.0 | 10 | 20 |
| 18 | 总铜 | 一切排污单位 | 0.5 | 1.0 | 2.0 |
| 19 | 总锌 | 一切排污单位 | 2.0 | 5.0 | 5.0 |
| 20 | 总锰 | 合成脂肪酸工业 | 2.0 | 5.0 | 5.0 |
|  |  | 其他排污单位 | 2.0 | 2.0 | 5.0 |
| 21 | 彩色显影剂 | 电影洗片 | 1.0 | 2.0 | 3.0 |
| 22 | 显影剂及氧化物总量 | 电影洗片 | 3.0 | 3.0 | 6.0 |
| 23 | 元素磷 | 一切排污单位 | 0.1 | 0.1 | 0.3 |
| 24 | 有机磷农药(以 P 计) | 一切排污单位 | 不得检出 | 0.5 | 0.5 |
| 25 | 乐果 | 一切排污单位 | 不得检出 | 1.0 | 2.0 |

续表

| 序号 | 污染物 | 适用范围 | 一级标准 | 二级标准 | 三级标准 |
|---|---|---|---|---|---|
| 26 | 对硫磷 | 一切排污单位 | 不得检出 | 1.0 | 2.0 |
| 27 | 甲基对硫磷 | 一切排污单位 | 不得检出 | 1.0 | 2.0 |
| 28 | 马拉硫磷 | 一切排污单位 | 不得检出 | 5.0 | 10 |
| 29 | 五氯酚及五氯酚钠（以五氯酚计） | 一切排污单位 | 5.0 | 8.0 | 10 |
| 30 | 可吸附有机卤化物（AOX）（以 Cl 计） | 一切排污单位 | 1.0 | 5.0 | 8.0 |
| 31 | 三氯甲烷 | 一切排污单位 | 0.3 | 0.6 | 1.0 |
| 32 | 四氯化碳 | 一切排污单位 | 0.03 | 0.06 | 0.5 |
| 33 | 三氯乙烯 | 一切排污单位 | 0.3 | 0.6 | 1.0 |
| 34 | 四氯乙烯 | 一切排污单位 | 0.1 | 0.2 | 0.5 |
| 35 | 苯 | 一切排污单位 | 0.1 | 0.2 | 0.5 |
| 36 | 甲苯 | 一切排污单位 | 0.1 | 0.2 | 0.5 |
| 37 | 乙苯 | 一切排污单位 | 0.4 | 0.6 | 1.0 |
| 38 | 邻-二甲苯 | 一切排污单位 | 0.4 | 0.6 | 1.0 |
| 39 | 对-二甲苯 | 一切排污单位 | 0.4 | 0.6 | 1.0 |
| 40 | 间-二甲苯 | 一切排污单位 | 0.4 | 0.6 | 1.0 |
| 41 | 氯苯 | 一切排污单位 | 0.2 | 0.4 | 1.0 |
| 42 | 邻-二氯苯 | 一切排污单位 | 0.4 | 0.6 | 1.0 |
| 43 | 对-二氯苯 | 一切排污单位 | 0.4 | 0.6 | 1.0 |
| 44 | 对-硝基氯苯 | 一切排污单位 | 0.5 | 1.0 | 5.0 |
| 45 | 2，4-二硝基氯苯 | 一切排污单位 | 0.5 | 1.0 | 5.0 |
| 46 | 苯酚 | 一切排污单位 | 0.3 | 0.4 | 1.0 |
| 47 | 间-甲酚 | 一切排污单位 | 0.1 | 0.2 | 0.5 |
| 48 | 2，4-二氯酚 | 一切排污单位 | 0.6 | 0.8 | 1.0 |
| 49 | 2，4，6-三氯酚 | 一切排污单位 | 0.6 | 0.8 | 1.0 |
| 50 | 邻苯二甲酸二丁酯 | 一切排污单位 | 0.2 | 0.4 | 2.0 |
| 51 | 邻苯二甲酸二辛酯 | 一切排污单位 | 0.3 | 0.6 | 2.0 |
| 52 | 丙烯腈 | 一切排污单位 | 2.0 | 5.0 | 5.0 |
| 53 | 总硒 | 一切排污单位 | 0.1 | 0.2 | 0.5 |
| 54 | 粪大肠菌群数 | 医院①、兽医院及医疗机构含病原体污水 | 500 个/L | 1000 个/L | 5000 个/L |
| | | 传染病、结核病医院污水 | 100 个/L | 500 个/L | 1000 个/L |
| 55 | 总余氯（采用氯化消毒的医院污水） | 医院①、兽医院及医疗机构含病原体污水 | ＜0.5② | ＞3（接触时间≥1h） | ＞2（接触时间≥1h） |
| | | 传染病、结核病医院污水 | ＜0.5② | ＞6.5（接触时间≥1.5h） | ＞5（接触时间≥1.5h） |

续表

| 序号 | 污染物 | 适用范围 | 一级标准 | 二级标准 | 三级标准 |
|---|---|---|---|---|---|
| 56 | 总有机碳(TOC) | 合成脂肪酸工业 | 20 | 40 | — |
| | | 苎麻脱胶工业 | 20 | 60 | — |
| | | 其他排污单位③ | 20 | 30 | — |

① 指 50 个床位以上的医院；

② 加氯消毒后须进行脱氯处理，达到本标准；

③ 其他排污单位指除在该控制项目中所列行业以外的一切排污单位。

2002 年，我国颁布了《城镇污水处理厂污染物排放标准》GB 18918—2002，标准分年限规定了城镇污水处理厂出水、废气和污泥中污染物的控制项目和标准值。在水污染物排放标准方面，根据污染物的来源及性质，将污染物控制项目分为基本控制项目和选择控制项目两类。基本控制项目主要包括影响水环境和城镇污水处理厂一般处理工艺可以去除的常规污染物，以及部分一类污染物，共 19 项。选择控制项目包括对环境有较长期影响或毒性较大的污染物，共计 43 项。基本控制项目必须执行。选择控制项目，由地方环境保护行政主管部门根据污水处理厂接纳的工业污染物的类别和水环境质量要求选择控制。

根据城镇污水处理厂排入地表水域环境功能和保护目标，以及污水处理厂的处理工艺，将基本控制项目的常规污染物标准值分为一级标准、二级标准、三级标准。一级标准分为 A 标准和 B 标准。一类重金属污染物和选择控制项目不分级。一级标准的 A 标准是城镇污水处理厂出水作为回用水的基本要求。当污水处理厂出水引入稀释能力较小的河湖作为城镇景观用水和一般回用水等用途时，执行一级标准的 A 标准。城镇污水处理厂出水排入 GB 3838 地表水Ⅲ类功能水域(划定的饮用水水源保护区和游泳区除外)、GB 3097 海水二类功能水域和湖、库等封闭或半封闭水域时，执行一级标准的 B 标准。城镇污水处理厂出水排入 GB 3838 地表水Ⅳ、Ⅴ类功能水域或 GB 3097 海水三、四类功能海域，执行二级标准。非重点控制流域和非水源保护区的建制镇的污水处理厂，根据当地经济条件和水污染控制要求，采用一级强化处理工艺时，执行三级标准。但必须预留二级处理设施的位置，分期达到二级标准。基本控制项目最高允许排放浓度见表 1-8，部分一类污染物最高允许排放浓度见表 1-9。选择控制项目最高允许排放浓度见附表 6-1。

**基本控制项目最高允许排放浓度**(日均值)　　**表 1-8**

单位：mg/L

| 序号 | 基本控制项目 | 一级标准 | | 二级标准 | 三级标准 |
|---|---|---|---|---|---|
| | | A 标准 | B 标准 | | |
| 1 | 化学需氧量(COD) | 50 | 60 | 100 | 120① |
| 2 | 生化需氧量($BOD_5$) | 10 | 20 | 30 | 60① |
| 3 | 悬浮物(SS) | 10 | 20 | 30 | 50 |
| 4 | 动植物油 | 1 | 3 | 5 | 20 |
| 5 | 石油类 | 1 | 3 | 5 | 15 |

续表

| 序号 | 基本控制项目 | | 一级标准 | | 二级标准 | 三级标准 |
|---|---|---|---|---|---|---|
| | | | A 标准 | B 标准 | | |
| 6 | 阴离子表面活性剂 | | 0.5 | 1 | 2 | 5 |
| 7 | 总氮(以 N 计) | | 15 | 20 | — | — |
| 8 | 氨氮(以 N 计)② | | 5(8) | 8(15) | 25(30) | — |
| 9 | 总磷(以 P 计) | 2005 年 12 月 31 日前建设的 | 1 | 1.5 | 3 | 5 |
| | | 2006 年 1 月 1 日起建设的 | 0.5 | 1 | 3 | 5 |
| 10 | 色度(稀释倍数) | | 30 | 30 | 40 | 50 |
| 11 | pH | | 6～9 | | | |
| 12 | 粪大肠菌群数(个/L) | | $10^3$ | $10^4$ | $10^4$ | — |

① 下列情况下按去除率指标执行：当进水 COD 大于 350mg/L 时，去除率应大于 60%；$BOD_5$ 大于 160mg/L 时，去除率应大于 50%。

② 括号外数值为水温大于 12℃时的控制指标，括号内数值为水温不大于 12℃时的控制指标。

**部分一类污染物最高允许排放浓度(日均值)**　　**表 1-9**

单位：mg/L

| 序号 | 项目 | 标准值 |
|---|---|---|
| 1 | 总汞 | 0.001 |
| 2 | 烷基汞 | 不得检出 |
| 3 | 总镉 | 0.01 |
| 4 | 总铬 | 0.1 |
| 5 | 六价铬 | 0.05 |
| 6 | 总砷 | 0.1 |
| 7 | 总铅 | 0.1 |

该标准还规定了污水处理厂的废气三级排放标准(附表 6-2)和污泥控制标准(附表 6-3)。

## 【习题】

1. 地下水水质和地表水水质有哪些差别?

2. 历史发生过哪些典型水介疾病? 说明水质净化在重大疾病防疫中发挥了怎样的作用?

3. 分析哈尔滨松花江水质特征和磨盘山水库水的水质特征，对照生活饮用水水质标准，你认为后续要学习的水处理工艺需解决哪些问题?

# 第 2 章　水的处理方法概论

第 2 章内容
视频讲解

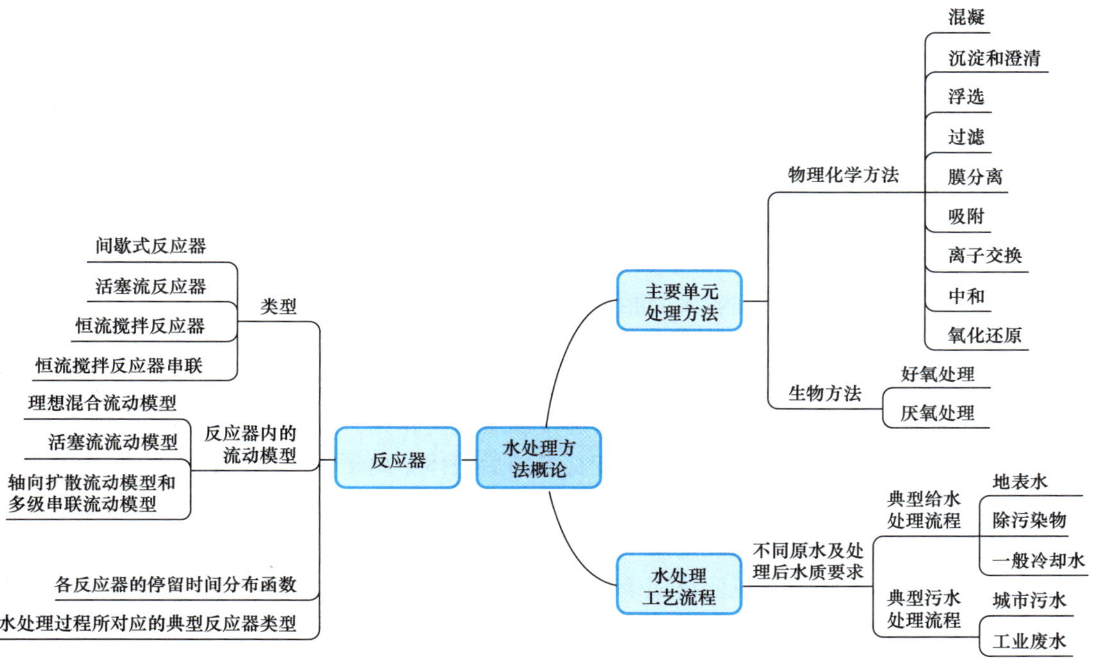


## 2.1　主要单元处理方法

改变水的性质，即改变水中杂质组成的过程即水处理过程。水处理是水的社会循环中一个重要组成部分，更是实现水的良性社会循环的基本保障。水处理过程可以是去除某些杂质的过程，如去除水中的胶体杂质、致病微生物等；也可以是增加某些化学成分的过程，如向水中添加有益人体健康的一些矿物质；还可以是改变某些物理化学性质的过程，如调节水的 pH。一般常见的水处理过程以去除杂质为主。

一个水处理过程称为水处理工艺，可以由若干基本工艺环节组成，每个基本工艺环节就是一个单元过程。各个单元过程所采用的技术方法可能是多种多样的，现行的水处理技术按原理主要可以分为两大类：物理化学方法和生物方法。

### 2.1.1　水的物理化学处理方法

水的物理化学处理方法是种类繁多的，主要有以下几种。

(1) 混凝。混凝包括凝聚和絮凝过程。通过投加化学药剂，使水中的悬浮固体和胶体聚集成易于沉淀的絮凝体。

(2) 沉淀和澄清。通过重力作用，使水中的悬浮颗粒、絮凝体等物质被分离去除。若向水中投加适当的化学物质，它们与水中待去除的离子化合，生成难溶化合物而发生沉淀，则称为化学沉淀，可以用于去除某些溶解盐类物质。

(3) 浮选。利用固体或液滴与它们在其中悬浮的液体之间的密度差，实现固一液或液一液分离的方法。

(4) 过滤。使固—液混合物通过多孔材料(过滤介质)，从而截留固体并使液体(滤液)通过的过程。如果悬浮固体颗粒的尺寸大于过滤介质的孔隙，则固体截留在过滤介质的表面，这种类型的过滤称为表面过滤；表面过滤的介质可以是筛网、厚的多孔载体等；如果悬浮固体颗粒是通过多孔物质构成的单层或多层滤床被去除，则称为体积过滤或滤层过滤。

(5) 膜分离。利用膜实现物质的分离。按被分离的物质尺寸由大至小，可以将膜分离分为微滤、超滤、纳滤和反渗透。

(6) 吸附。当两相构成一个体系时，其组成在两相界面与相内部是不同的，处在两相界面处的成分产生了积蓄，这种现象称为吸附。通常在水处理中是指固相材料浸没在液相或气相中，液相或气相物质固着到固相表面的传质现象。

(7) 离子交换。离子交换物质是在分子结构上具有可交换的酸性或碱性基团的不溶性颗粒物质，固着在这些基团上的正、负离子能和基团所接触的液体中的同符号离子交换而对物质的物理外观无明显的改变，也不引起变质或增溶作用。这种过程称为离子交换，它可改变所处理液体的离子成分，但不改变交换前后液体中离子的总当量数。

(8) 中和。中和是指把水的 pH 调整到接近中性或是调整到平衡 pH 的任何处理。

(9) 氧化与还原。这些反应用来改变某些金属或化合物的状态，使它们变成不溶解的或无毒无害的。氧化还原反应广泛用于从生活给水和工业废水中去除铁锰、含氰或含铬的废水的去毒处理，及各种有机物的去除等。

### 2.1.2　水的生物处理方法

生物现象涉及的领域非常广阔。在水处理中，利用细菌作用于作为营养介质(底物)的有机污染物质，生物化学反应的全部过程由细菌分泌的酶所催化，细菌同时还作为它们的载体，细菌的发育过程就是有机污染物质的分解过程。

按对氧的需求不同，生物处理过程分为好氧处理和厌氧处理。好氧处理指可生物降解的有机物质在需氧介质中被微生物所消耗的过程。微生物为满足其能量的要求而耗氧，通过细胞分裂而繁殖(活性物质的合成)和内源呼吸(微生物细胞物质的逐渐自身氧化)而消耗自身的储藏物。厌氧处理又称为消化，指在缺氧条件下发酵，把有机物尽可能完全地转化为甲烷和二氧化碳气体，从而稳定有机物质。

生物处理是水处理中应用广泛的一类方法，不仅应用于含有大量有机污染物的各种生活污水和工业废水处理，也可用于去除饮用水中的微量有机污染物。

## 2.2　反应器的概念及其在水处理中的应用

水处理的许多单元环节是由化学工程移植、发展而来的，因此化学工程中的反应器理论也常常被用来研究水处理单元过程的特性。为此，本节对反应器的概念与基本理论进行简要的介绍。

### 2.2.1　反应器的类型

在化工生产过程中，都有一个发生化学反应的生产核心部分，发生化学反应的容器称为反应器。

化工生产中的反应器是多种多样的。按反应器内物料的形态可以分为均相反应器(homogeneous reactor)及多相反应器(heterogeneous reactor)。均相反应器的特点是反应只在一个相内进行，通常在一种气体或液体内进行。当反应器内必须有两相以上才能进行反应时，则称为多相反应器。

按反应器的操作情况可以分为间歇式反应器(batch reactor)和连续流式反应器(continuous flow reactor)两大类。间歇式反应器是按反应物“一罐一罐地”进行反应的，反应完成卸料后，再进行下一批的生产，这是一种完全混合式的反应器。当进料与出料都是连续不断地进行时，这类反应器则称为连续反应器。连续反应器是一种稳定流的反应器。

连续反应器有两种完全对立的理想类型，分别称为活塞流反应器(Plug Flow Reactor，PFR)和恒流搅拌反应器(Constant Flow Stirred Tank Reactor，CFSTR)。后者属于完全混合式的反应器。

为了有利于反应，反应器还具有其他的操作类型，如流化床反应器、滴洒床反应器等。

1. 间歇式反应器

间歇式反应器是在非稳态条件下操作的，所有物料一次加进去，反应结束以后物料同时放出来，所有物料反应的时间是相同的；反应物浓度随时间而变化，因此化学反应速度也随时间而变化；但是反应器内的成分却永远是均匀的。

这是最早的一种反应器，和实验室里所用的烧瓶在本质上没有差别，对于小批量生产的单一液相反应较为适宜。

2. 活塞流反应器

活塞流反应器通常用管段构成，因此也称管式反应器(tubular reactor)，其特征是流体是以列队形式通过反应器，液体元素在流动的方向绝无混合现象(但在垂直流动的方向上可能有混合)。构成活塞流反应器的必要且充分的条件是：反应器中每一流体元素的停留时间都是相等的。由于管内水流较接近于这种理想状态，所以常用管子构成这种反应器，反应时间是管长的函数，反应物的浓度、反应速度沿管长而有变化；但是沿管长各点上反应物浓度、反应速度有一个确定不变的值，不随时间而变化。在间歇式反应器中，最快的反应速度是在操作过程中的某一个时刻；而在活塞流反应器中，最快的反应速度是在管长中的某一点。

3. 恒流搅拌反应器

恒流搅拌反应器也称为连续搅拌罐反应器(Continuous Stirred Tank Reactor，CSTR)，物料不断进出，连续流动。其特点是反应物受到了极好的搅拌，因此反应器内各点的浓度是完全均匀的，而且不随时间而变化，因此反应速度也是确定不变的，这是该种反应器的最大优点。这种反应器必然要设置搅拌器，当反应物进入后，立即被均匀分散到整个反应器容积内，从反应器连续流出的产物流，其成分必然与反应器内的成分一样。从理论上说，由于在某一时刻进到反应器内的反应物立即被分散到整个反应器内，其中一部分反应物应该立即流出来，这部分反应物的停留时间理论上为零。余下的部分则具有不同的停留时间，其最长的停留时间理论上可达无穷大。这样就产生了一个突出现象：某些后来进入反应器内的成分必然要与先进入反应器内的成分混合，这就是所谓的返混作用。理想的活塞流反应器内绝对不存在返混作用，而 CSTR 的特点则为具有返混作用，所以又称为返混反应器(backmix reactor)。

4. 恒流搅拌反应器串联

将若干个恒流搅拌反应器串联起来，或者在一个塔式或管式的反应器内分若干个级，在级内是充分混合的，级间是不混合的。其优点是既可以使反应过程有一个确定不变的反应速度，又可以分段控制反应，还可以使物料在反应器内的停留时间相对地比较集中。因此这种反应器综合了活塞流反应器和恒流搅拌反应器两者的优点。

### 2.2.2　物料在反应器内的流动模型

利用流体力学的专门知识，可以对物料在设备里的流动情况用一组偏微分方程描述出来，但是这种数学表达式解起来十分困难，使用不方便。通常可以对物料在反应器里的流动情况进行合理的简化，提出一个既能反映实际情况，又便于计算的流动模型，用对流动模型的计算来代替对实际过程的计算。

物料在反应器内的流动情况，可以分成：基本上没有混合、基本上均匀混合或是介于这两者之间三种情况。针对这三种情况，可以建立如下几种流动模型。

1. 理想混合流动模型

在理想混合流动模型中，进入反应器的物料立即均匀分散在整个反应器里。其特点是反应器内浓度完全均匀一致。

2. 活塞流流动模型

活塞流流动模型又可称为理想排挤，它是根据物料在管式反应器内高速流动情况提出来的一种流动模型，认为物料的断面速度分布完全是齐头并进的。其特点是物料在管式反应器的各个断面上流速是均匀一致的；物料经过轴向一定距离所需要的时间完全一样，即物料在反应器内的停留时间是管长的函数。

3. 轴向扩散流动模型和多级串联流动模型

在管式反应器里，有时流动情况介于活塞流流动模型和理想混合流动模型之间，对于这种类型的流动情况有若干种流动模型，其中最常用的是活塞流叠加轴向扩散的流动模型和理想反应器多级串联的流动模型。

活塞流叠加轴向扩散的流动模型又简称轴向扩散流动模型，这种模型认为在流动体系中物料之所以偏离了活塞流，是由于在活塞流的主体上叠加了一个轴向扩散，这种流动模型的示意如图 2-1 所示。图中 $u$ 的方向是流体的流动方向，与 $u$ 相反的方向是轴向扩散的方向。

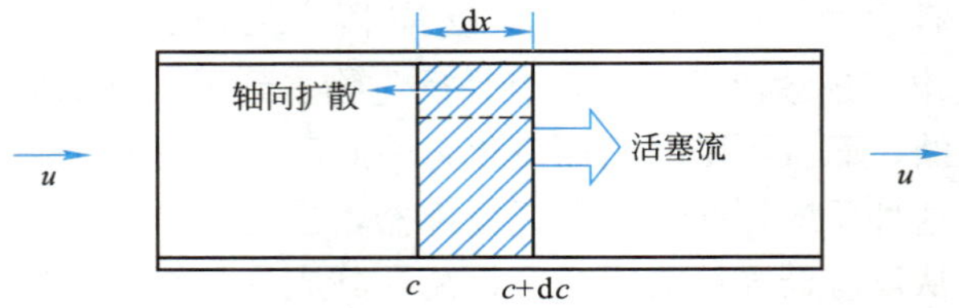


图 2-1　轴向扩散流动模型示意图

轴向扩散的量，可以用类似分子扩散过程中的菲克定律来表示，即：

$$N=-D_x\frac{dc}{dx}\tag{2-1}$$

式中　$N$——单位时间、单位横截面上轴向返混的量；

$D_x$——轴向扩散系数，负号表示扩散方向与物料流动方向相反；

$dc/dx$——轴向的浓度梯度。

轴向扩散流动模型的特点是：它把物料在流动体系中流动情况偏离活塞流的程度，通过轴向扩散系数 $D_x$ 表示出来，一旦知道了物料在该流动体系的轴向扩散系数 $D_x$，物料的流动情况就可以用一个偏微分方程表示，便于计算。但是，轴向扩散流动模型对于描述物料在反应器中的流动情况不够直观。

多级串联流动模型是把一个连续操作的管式反应器看成是 $N$ 个理想混合的反应器串联的结果。多级串联流动模型是用串联的级数 $N$ 来反映实际流动情况偏离活塞流或偏离理想反应器的程度。其优点是用它来描述物料在反应器里的流动情况比较直观，停留时间分布情况可以用一个以 $N$ 作参数的代数式表达，流动特征的参数 $N$ 可以由实验来确定。

这两种流动模型都有其数学表达式，前者是一个偏微分方程，后者是下面将要讲到的停留时间分布函数。但是要用这两种流动模型进行计算，则必须用实验的方法知道模型中表示流动特征的参数 $D_x$ 或 $N$。可以推导出两者的关系如下：

$$N=\frac{Lu}{2D_x}\tag{2-2}$$

式中　$L$——管长，m；

$u$——流体的线速度，m/s；

$D_x$——轴向扩散系数，$m^2/s$；

$N$——与管式反应器相当的串联级数。

### 2.2.3　物料在反应器内的停留时间和停留时间分布*

通常把反应器的容积 $V$ 除以流量 $Q$ 所得的值称为停留时间，但是这是一种平均停留时间的概念。实际上，在连续操作的反应器里，由于可能存在死角、短流等情况，在某一时刻进入反应器的物料所含的无数微元中，每一微元的停留时间都是不相同的(只有理想的活塞流反应器是例外)。如果用一个函数 $E(t)$ 来描述物料的停留时间分布情况，则该函数称为停留时间分布函数。

停留时间分布函数可以通过实验测定得到。一般采用的方法是在流动体系的入口加入一定量的示踪物以后，测定出口物料流里示踪物浓度随时间的变化。有色颜料、放射性同位素或其他不参加化学反应而又可以很方便分析其浓度的惰性物质，都可以作为示踪物。

研究物料在反应器内的停留时间分布函数，可以判断反应器内的流动情况属于哪种模型；也可以通过分析停留时间分布函数，来研究一般反应器偏离理想反应器的情况。

下面介绍几种典型反应器的停留时间分布函数。

1. 间歇式反应器

间歇操作反应器里物料的停留时间是完全一样的。若物料在反应器里的停留时间是 $\tau$，则停留时间小于和大于 $\tau$ 时物料的分率都是 0，停留时间等于 $\tau$ 时物料的分率为 1，如

图 2-2 所示。

2. 活塞流反应器

活塞流反应器里物料没有返混，物料在反应器内的停留时间是管长的函数，若物料的体积流量($F$)和反应器的体积($V$)一定，物料的停留时间完全一样，都是$\bar{\tau}=V/F$。停留时间大于$\bar{\tau}$和小于$\bar{\tau}$时物料的分率都是 0，停留时间等于$\bar{\tau}$时物料的分率为 1。所以物料的停留时间分布函数如图 2-3 所示。

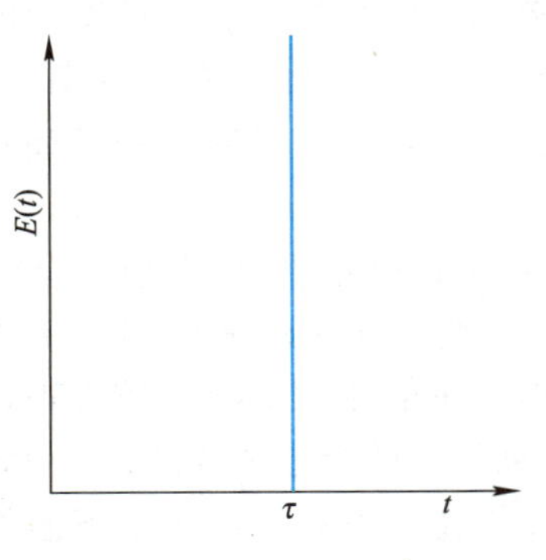


图 2-2　间歇式反应器的物料停留时间分布函数

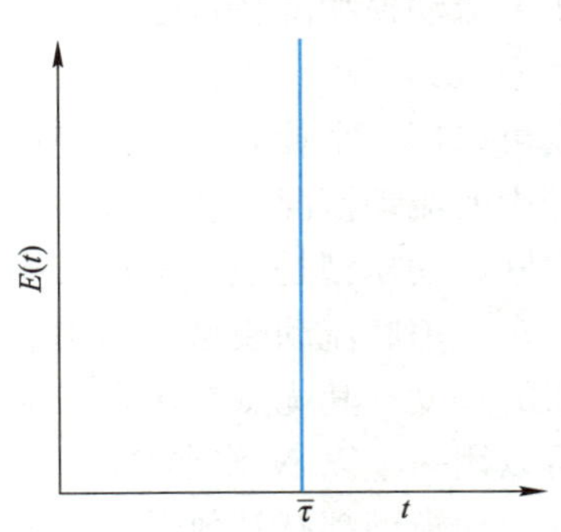


图 2-3　活塞流反应器的物料停留时间分布函数

3. 恒流搅拌反应器

在理想的恒流搅拌反应器中瞬时注入示踪物后，与反应器中的物料发生理想混合，进入反应器中的示踪物会立即分散到各处，即注入示踪物的同时，反应器内示踪物浓度 $c_0=M_0/V$；同样，因为反应器中物料流动情况属于理想混合，该流动体系出口示踪物浓度应和反应器内示踪物浓度相等。图 2-4 为恒流搅拌反应器中示踪物浓度随时间而变化的示意图，图中用黑点的多少表示示踪物浓度的大小。

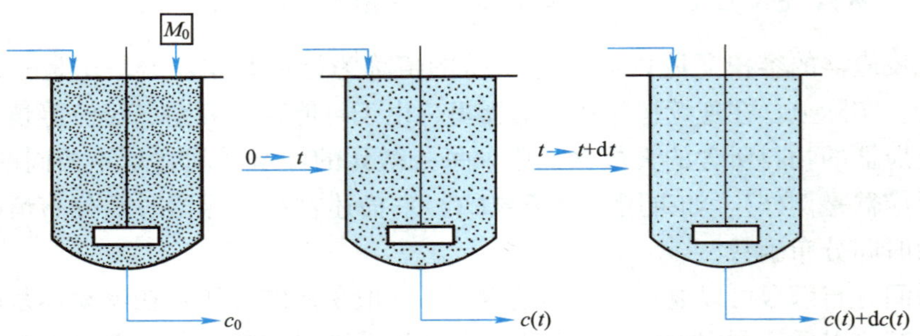


图 2-4　恒流搅拌反应器中示踪物浓度随时间的变化

为了找到上述理想反应器中示踪物浓度与时间的关系，首先在 $t\to t+\mathrm{d}t$ 时间间隔内对反应器内示踪物作物料衡算：

$t$ 时反应器内原有的示踪物 $=$ $t+\mathrm{d}t$ 时反应器内留存的示踪物 $+$ $\mathrm{d}t$ 时间间隔流出的示踪物

$$Vc(t) \qquad\qquad V\left[c(t)+\mathrm{d}c(t)\right] \qquad\qquad Fc(t)\mathrm{d}t$$

即

$$Vc(t)=V\left[c(t)+\mathrm{d}c(t)\right]+Fc(t)\mathrm{d}t$$

因此
$$\frac{\mathrm{d}c(t)}{c(t)}=-\frac{F}{V}\mathrm{d}t=-\frac{1}{\tau}\mathrm{d}t$$

在 $0\rightarrow t$ 时间内，示踪物浓度由 $c_0\rightarrow c(t)$，即

$$\int_{c_0}^{c(t)}\frac{\mathrm{d}c(t)}{c(t)}=-\frac{1}{\tau}\int_0^t\mathrm{d}t$$

$$\ln\frac{c(t)}{c_0}=-\frac{t}{\tau}$$

因此
$$c(t)=c_0\mathrm{e}^{-\frac{t}{\tau}} \tag{2-3}$$

此式就是在理想情况下恒流搅拌反应器中示踪物浓度和停留时间的关系。

下面再进一步研究停留时间的分布函数。在示踪物注入后，经过 $t\rightarrow t+\mathrm{d}t$ 时间间隔从出口所流出的示踪物占示踪物总量($M_0$)的分率为

$$\left(\frac{\mathrm{d}M}{M_0}\right)_{示踪物}=\frac{在\ t\rightarrow t+\mathrm{d}t\ 时间流出的示踪物量}{示踪物总量}=\frac{F\cdot c(t)\cdot \mathrm{d}t}{M_0}$$

在注入示踪物的同时，进入流动体系的物料若是 $N$，则在反应器内停留时间为 $t\rightarrow t+\mathrm{d}t$ 的物料在 $N$ 中所占的百分率为

$$\left(\frac{\mathrm{d}N}{N}\right)_{物料}=E(t)\cdot\mathrm{d}t$$

式中　$E(t)$——停留时间分布函数。

因为示踪物和物料在同一个流动体系里，所以

$$\left(\frac{\mathrm{d}M}{M_0}\right)_{示踪物}=\left(\frac{\mathrm{d}N}{N}\right)_{物料}$$

$$\frac{F\cdot c(t)\cdot\mathrm{d}t}{M_0}=E(t)\mathrm{d}t$$

即
$$E(t)=\frac{F}{M_0}c(t) \tag{2-4}$$

将式(2-3)代入式(2-4)中，就可以得到此种典型反应器里物料的停留时间分布函数：

$$\begin{aligned}E(t)&=\frac{F}{M_0}c(t)\\&=\frac{F}{M_0}c_0\mathrm{e}^{-\frac{t}{\tau}}\\&=\frac{F}{M_0}\cdot\frac{M_0}{V}\mathrm{e}^{-\frac{t}{\tau}}\end{aligned}$$

所以
$$E(t)=\frac{1}{\tau}\mathrm{e}^{-\frac{t}{\tau}} \tag{2-5}$$

式(2-5)就是理想情况下恒流搅拌反应器的停留时间分布函数，其图形如图 2-5 所示。

4. 恒流搅拌反应器串联

图 2-6 所示的是一个有二级的理想的恒流搅拌反应器串联。瞬时加入示踪物 $M_0$ 后，在$t=0$ 时第一级的示踪物浓度 $c_1(0)=M_0/V$，经过 $t$ 以后，各级反应器内的示踪物浓度分别为 $c_1(t)$、$c_2(t)$。示踪物浓度随时间的变化可通过如下的物料衡算得到：

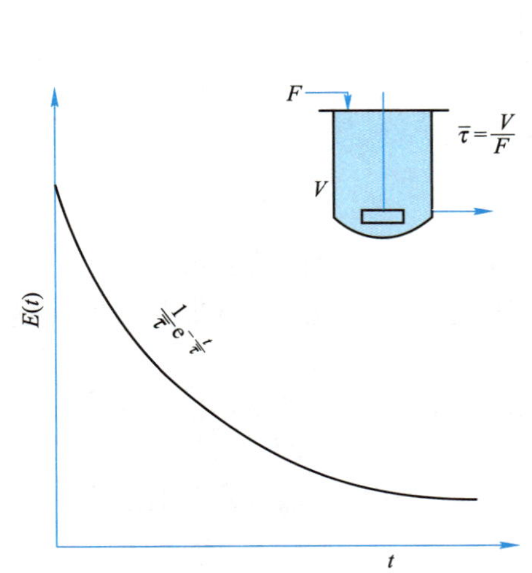


图 2-5 理想情况下恒流搅拌反应器的停留时间分布函数

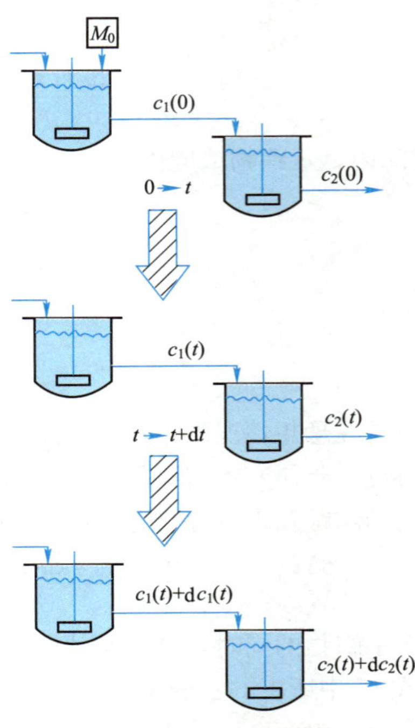


图 2-6 理想的恒流搅拌反应器串联中示踪物浓度随时间的变化($n=2$)

对于第一级

$$c_1(t)=c_0 e^{-\frac{t}{\tau}}$$

式中，$\tau$ 为物料经过第一级的平均停留时间，若几个串联反应器的体积相同，则物料在每一级中的平均停留时间也相同，都是 $\tau$。

对于第二级，在 $t \to t+dt$ 时间间隔的物料衡算：

该级反应器内示踪物的改变量＝进入该级的示踪物量－离开该级的示踪物量

$V\left[c_2(t)+dc_2(t)\right]-Vc_2(t)$　　　　$Fc_1(t)dt$　　　　$Fc_2(t)dt$

即

$$V\left[c_2(t)+dc_2(t)\right]-Vc_2(t)=Fc_1(t)dt-Fc_2(t)dt$$

$$dc_2(t)=\frac{F}{V}c_1(t)dt-\frac{F}{V}c_2(t)dt$$

$$=\frac{1}{\tau}c_1(t)dt-\frac{1}{\tau}c_2(t)dt$$

$$\frac{dc_2(t)}{dt}=\frac{1}{\tau}c_1(t)-\frac{1}{\tau}c_2(t)$$

所以

$$\frac{dc_2(t)}{dt}+\frac{1}{\tau}c_2(t)=\frac{1}{\tau}c_1(t)=\frac{1}{\tau}c_0 e^{-\frac{t}{\tau}}$$

若令 $y=c_2(t)$，$x=\frac{t}{\tau}$，则上式可写为下列形式：

$$\frac{dy}{\tau dx}+\frac{1}{\tau}y=\frac{c_0}{\tau}e^{-x}$$

$$\frac{\mathrm{d}y}{\mathrm{d}x}+y=c_0\mathrm{e}^{-x}$$

解上面的微分方程，等式两边乘以 $\mathrm{e}^x$，得

$$\mathrm{e}^x\frac{\mathrm{d}y}{\mathrm{d}x}+y\cdot\mathrm{e}^x=c_0\mathrm{e}^{-x}\cdot\mathrm{e}^x$$

即

$$\mathrm{e}^x\frac{\mathrm{d}y}{\mathrm{d}x}+y\cdot\mathrm{e}^x=c_0$$

上式右边是乘积 $y\cdot\mathrm{e}^x$ 的导数，即

$$\frac{\mathrm{d}}{\mathrm{d}x}(y\cdot\mathrm{e}^x)=c_0\quad \mathrm{d}(y\cdot\mathrm{e}^x)=c_0\mathrm{d}x$$

所以

$$y\cdot\mathrm{e}^x=c_0x+c$$

当 $x=0$ 时，$y=0$，代入上式得

$$c=0$$

所以

$$y\cdot\mathrm{e}^x=c_0x\quad y=c_0x\mathrm{e}^{-x}$$

$$c_2(t)=c_0\left(\frac{t}{\bar{\tau}}\right)\mathrm{e}^{-\frac{t}{\bar{\tau}}}$$

同理，对于三级串联可以得到下列关系：

$$c_3(t)=\frac{1}{2}c_0\left(\frac{t}{\bar{\tau}}\right)^2\mathrm{e}^{-\frac{t}{\bar{\tau}}}$$

对于四级串联，可得

$$c_4(t)=\frac{1}{2}\cdot\frac{1}{3}c_0\left(\frac{t}{\bar{\tau}}\right)^3\mathrm{e}^{-\frac{t}{\bar{\tau}}}$$

对于 $N$ 级串联，同样也可得

$$c_N(t)=\frac{1}{(N-1)!}c_0\left(\frac{t}{\bar{\tau}}\right)^{N-1}\mathrm{e}^{-\frac{t}{\bar{\tau}}}\tag{2-6}$$

上式就是 $N$ 个恒流搅拌反应器串联时，测定示踪物随时间变化关系的计算式。根据式(2-6)可知，物料在此种类型的反应器里的停留时间分布函数为：

$$E(t)=\frac{F}{M_0}c_N(t)$$

$$=\frac{F}{M_0}\frac{1}{(N-1)!}c_0\left(\frac{t}{\bar{\tau}}\right)^{N-1}\mathrm{e}^{-\frac{t}{\bar{\tau}}}$$

所以

$$E(t)=\frac{1}{(N-1)!}\frac{1}{\bar{\tau}}\left(\frac{t}{\bar{\tau}}\right)^{N-1}\mathrm{e}^{-\frac{t}{\bar{\tau}}}\tag{2-7}$$

式(2-7)就是 $N$ 个恒流搅拌反应器串联时 $E(t)$的计算公式，其中的 $\bar{\tau}$ 是指物料经过每一级反应器时的平均停留时间。不同反应器串联时的 $E(t)$曲线形式如图 2-7 所示。

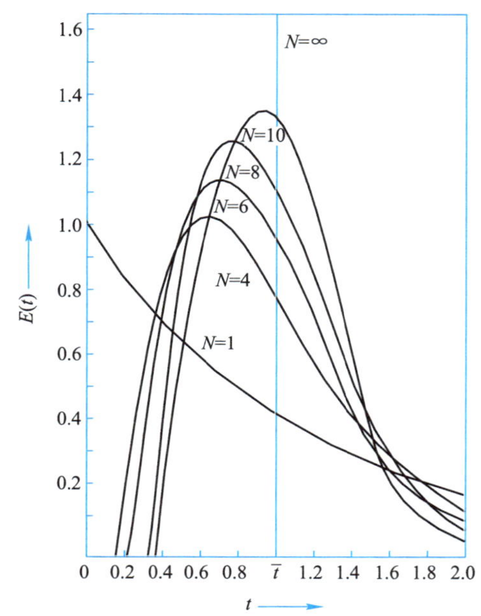


图 2-7　多级反应器串联的停留时间分布函数

所有流动体系的停留时间分布函数都可以用式(2-5)、式(2-7)或图 2-7 表示出来：$N=1$

时就是单个的恒流搅拌反应器的理想情况，$N=\infty$ 时就是活塞流反应器，介于两者之间的就是恒流搅拌反应器串联时的理想情况。要注意的是，图 2-7 中所注明的 $\bar{t}$ 是指经过整个流动体系的平均停留时间。

根据以上的讨论，现将各种典型反应器在操作上的特点、反应器的特点以及停留时间分布函数的特点，列于表 2-1，以便进行比较。

**各种典型反应器的比较**　　**表 2-1**

| | 间歇式反应器 | 活塞流反应器 | 恒流搅拌反应器 | 恒流搅拌反应器串联 |
|---|---|---|---|---|
| 示意图 | | | | |
| 操作特点 | 间歇 | 连续 | 连续 | 连续 |
| 反应器的特点 | 反应物浓度、反应速度不随位置而变 | 反应物浓度、反应速度是位置的函数 | 反应物浓度、反应速度是确定的数值，不随地点而变 | 各级之间的浓度和反应速度可以不相同 |
| | 反应物浓度和反应速度随时间而变 | 反应物浓度和反应速度不随时间而变 | 各点的反应物浓度和反应速度不随时间而变 | 每一级反应器内的反应物浓度和反应速度不随时间、位置而变 |
| | 反应物的停留时间完全一样 | 停留时间是位置的函数 | 停留时间由 0→∞都有可能 | 停留时间相对地比较集中在平均停留时间附近 |
| 停留时间分布函数图形 | $E(t)$ $\tau$ $t$ | $E(t)$ $\bar{\tau}$ $t$ | $E(t)$ $\bar{\tau}$ $t$ | $E(t)$ $\bar{\tau}$ $t$ |

## 2.2.4　反应器概念在水处理中的应用

从 20 世纪 70 年代起，反应器的概念被引入水处理工程中。但是在水处理中的过程有些与化工过程类似，也有些则完全不同。因此对化工过程反应器的概念应加以拓展，将水处理中进行过程处理的一切池子和设备都称为反应器，这不仅包括发生化学反应的设备和生物化学反应的设备，也包括了发生物理过程的设备，如沉淀池，甚至冷却塔等设备。

按照上述反应器的定义，水处理反应器与传统的化学工程反应器存在多种差别，如化学工程反应器有很多是在高温高压下工作，水处理反应器较多在常温常压下工作；化学工程反应器多是以稳态为基础设计的，而水处理反应器的进料多是动态的（如处理水的水质、投加的各种药剂的量等），因此各种装置的操作通常不能在稳态下工作，就必须考虑可能遇到的随机输入，把反应器设计成能在动态范围内进行操作；在化学工程中，采用间歇式和连续式两种反应器，而在水处理工程中通常都是采用连续式反应器。因此，在水处理工程中，既要借鉴化学工程反应器的理论，又要结合自身的特点进行应用。

表 2-2 中列出了一些水处理过程所对应典型的反应器类型。

**水处理过程中若干反应器的类型**　　　　**表 2-2**

| 反应器 | 期望的反应器设计 | 反应器 | 期望的反应器设计 |
|---|---|---|---|
| 快速混合器 | 完全混合 | 软化 | 完全混合 |
| 絮凝器 | 局部完全混合的活塞流 | 加氯 | 活塞流 |
| 沉淀 | 活塞流 | 污泥反应器 | 局部完全混合的活塞流 |
| 砂滤池 | 活塞流 | 生物滤池 | 活塞流 |
| 吸附 | 活塞流 | 化学澄清 | 完全混合 |
| 离子交换 | 活塞流 | 活性污泥 | 完全混合及活塞流 |

可以将反应器理论应用于一些研究中。例如应用反应器理论，能够确定水处理装置的最佳形式，估算所需尺寸，以及确定最佳的操作条件。利用反应器的停留时间分布函数，可以判断物料在反应器里的流动模型，也可以计算化学反应的转化率。

判断物料在反应器里的流动模型。用示踪法很容易测定出物料在反应器中停留时间分布函数的图形，将所得到的停留时间分布函数图形与图 2-7 中的图形比较，首先就可以定性地判断出物料在反应器中的流动情况是属于理想混合，还是属于活塞流，或是介于两者之间；其次由所得到的停留时间分布函数图形相对平均停留时间的分散情况，还可以大致估计到该物料的流动情况偏离活塞流或理想混合的程度。

计算化学反应的转化率。所谓化学反应的转化率，是指经过一定的反应时间以后，已反应的反应物分子数与起始的反应物分子数之比。对于反应前后总体积没有变化的化学反应，如液相反应和反应前后分子数没有变化的气相反应，其转化率可以用反应物浓度的变化来计算，即

$$x_{A}=\frac{(c_{A0}-c_{A})\cdot V}{c_{A0}\cdot V}=\frac{c_{A0}-c_{A}}{c_{A0}} \tag{2-8}$$

式中　$x_{A}$——转化率；

$V$——反应前后的总体积；

$c_{A0}$——开始时（$t=0$）A 的浓度；

$c_A$——$t$ 时 A 的浓度。

由此可见，化学反应的转化率与反应时间有很大关系，因为反应时间的长短直接影响反应物的量。

在反应器中，物料的停留时间不均匀一致。设停留时间为 $t$ 的那部分物料的转化率是 $x(t)$，而在此反应器里的转化率应为平均值，即

$$\bar{x}=\frac{\sum x(t)\Delta N}{N}=\sum x(t)\frac{\Delta N}{N} \tag{2-9}$$

式中　$x(t)$——停留时间为 $t$ 的物料的转化率；

$\Delta N/N$——停留时间为 $t$ 的物料在进料总量中所占的百分率。

若停留时间间隔取得足够小，停留时间为 $t \to t+\Delta t$ 的物料占 $\mathrm{d}N/N$，则

$$\bar{x}=\int_0^\infty x(t)\frac{\mathrm{d}N}{N}$$

因为

$$\frac{\mathrm{d}N}{N}=E(t)\mathrm{d}t$$

所以

$$\bar{x}=\int_0^\infty x(t)E(t)\mathrm{d}t \tag{2-10}$$

此式建立了转化率与分布函数的关系，原则上可以通过该式计算任何反应器里的转化率。式中 $x(t)$ 是由化学反应动力学模型所决定，$E(t)$ 是由反应器中物料的流动模型所决定。

## 2.3　水处理工艺流程

### 2.3.1　水处理工艺流程的概念

前述的每种水处理单元方法都有一定的局限性，只能去除某类特定的物质，如沉淀只能去除部分悬浮物和胶体杂质，氧化还原只能去除部分可氧化的物质。然而水中的杂质组成是多种多样的，要求通过水处理去除所不需要的各种杂质、添加需要的各种元素、并调节各项水质参数达到规定的指标。显然单一的水处理单元方法是难以满足上述要求的。为此，通常将多种基本单元过程互相配合，组成一个水处理工艺过程，称为水处理工艺流程。

经过某个特定的水处理工艺流程处理后，待处理的水中杂质的种类与数量就会发生相应的变化，即水质发生变化，满足某种特定的要求，如作为饮用水、工业用水使用，向水体排放等。

针对不同的原水及处理后的水质要求，会形成各种不同的水处理工艺流程。

选择水处理工艺流程的基本出发点是以较低的成本、安全稳定的运行过程，获得满足水质要求的水。针对不同的原水水质和不同的水质要求，会形成不同的水处理工艺流程；水处理设施所在的地区气候、地形地质、技术经济条件的差异，也会影响到水处理工艺流程的选择。

一般一个水处理工艺流程中会有一个主体处理工艺，如以去除有机污染物为主的生活污水生物处理过程会以活性污泥法为主工艺；通常在进入主工艺之前，会有一些预处理环

节，其目的在于尽量去掉那些在性质上或大小上不利于主处理工艺过程的物质，如污水处理中的筛除、给水处理和污水处理中的除砂等。因主要去除对象不同，有的单元环节在一个系统中可能是主处理工艺，在另一个系统中又可能是预处理工艺，如混凝沉淀环节在以澄清除浊为主要目的的生活给水处理系统中是主体工艺，在锅炉给水处理中则成为预处理工艺，而软化除盐则成为主体处理工艺。另外，与主体处理工艺配合，还会有若干辅助工艺系统，如向水中投加混凝剂等药剂，就要有药剂的配制、投加系统；水处理过程中产生的排泥水、反冲洗废水要回收利用，要有废水处理回收系统；对水处理产生的污泥进行处置，要有污泥脱水系统等。

为了保证水处理系统正常运转，还要有变配电及电力供应系统、工艺过程自动监控系统、通风和供热系统等。

### 2.3.2　典型给水处理流程

给水处理的主要水源有地表水和地下水两大类。常规的地表水处理以去除水中的浑浊物质和细菌、病毒为主，水处理系统主要由澄清和消毒工艺组成，典型的水处理流程如图 2-8 所示，其中混凝、沉淀和过滤的主要作用是去除浑浊物质，称为澄清工艺。

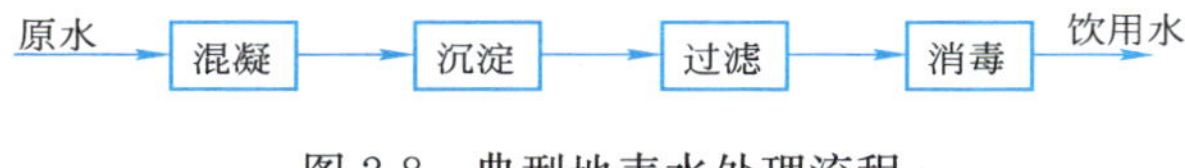


图 2-8　典型地表水处理流程

当水源受到有机物污染较严重时，需要增加预处理或深度处理工艺，如图 2-9 就是典型给水处理流程。

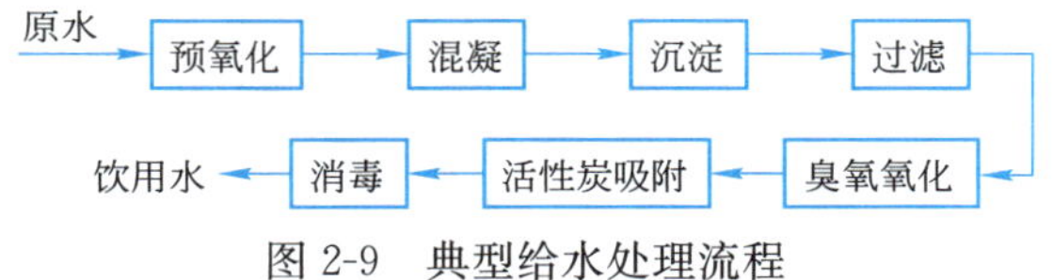


图 2-9　典型给水处理流程

采用膜法进行水处理是近年来在逐渐推广的工艺。目前针对常规地表水应用较多的是以超滤为核心的水处理工艺，可以实现高效除浊，简化流程。在海水淡化方面，以反渗透技术为核心的处理工艺是主流趋势。

各种工业用水，随用水要求的不同，往往采用不同的处理流程。如一般工业冷却用水，仅经自然沉淀或混凝沉淀就可满足要求(图 2-10)；而锅炉、电子工业等高标准用水，则要在常规水处理工艺基础上进行深度处理，如图 2-11 所示。

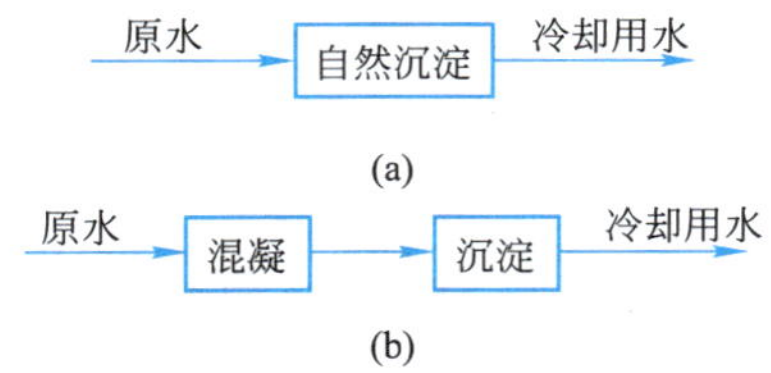


图 2-10　一般冷却水处理流程

(a)自然沉淀；(b)混凝沉淀

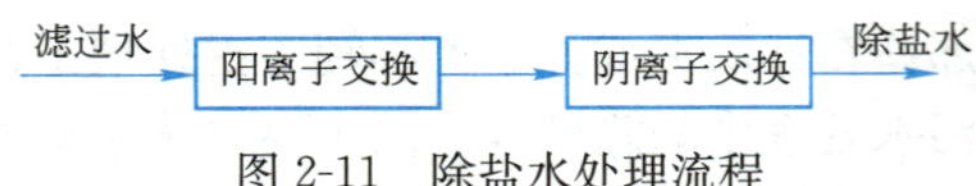


图 2-11　除盐水处理流程

### 2.3.3　典型污水处理流程

按污水种类划分，污水处理可分为城市污水处理和工业废水处理，按处理后水的去向划分可分为排放水处理和回用水处理等。不同的污水及不同的用途，需要采用不同的处理流程。

典型的城市污水主要来源是城市居民生活污水，主要的去除对象是有机污染物，一般用 $BOD_5$ 和 COD 为指标。一般城市污水中的污染物易于生物降解，所以主要采用生物处理方法，图 2-12 是典型的城市污水处理流程。

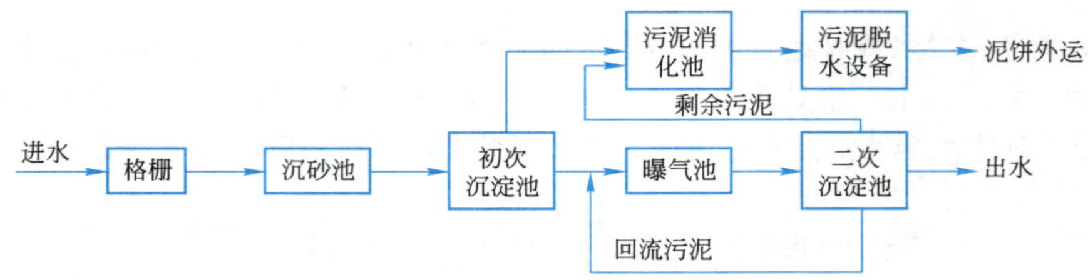


图 2-12　典型的城市污水处理流程

对于各种工业废水处理，要根据主要污染物的性质采用相应的处理方法，图 2-13 是典型的焦化废水处理流程。

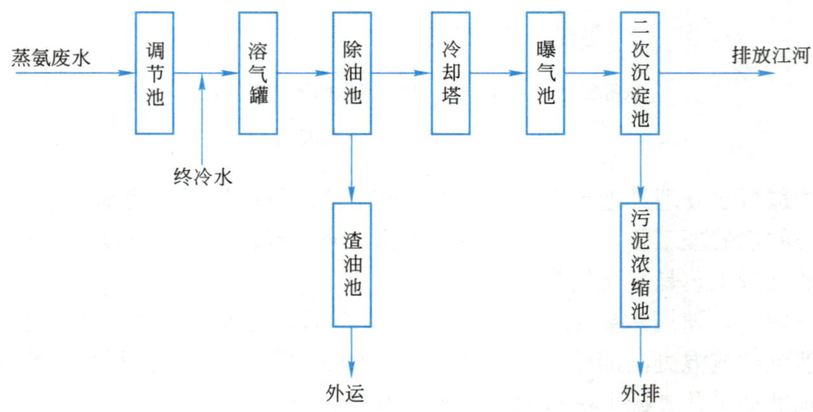


图 2-13　典型的焦化废水处理流程

当处理后的水要回用时，则要进行进一步的深度处理，满足回用的要求。图 2-14 是典型的洗浴废水回用处理流程。

前面的简单介绍表明，要处理的实际水质是多种多样的，用水(或排放)的水质要求也是各不相同的，应根据实际情况选择适宜的水处理工艺流程。而且，对于去除同一类杂质，往往有多种工艺方法可供选择，就要通过技术经济比较、借鉴以往的工程经验，灵活地确定适宜的水处理工艺流程。这些内容将在后续章节中陆续讲述。

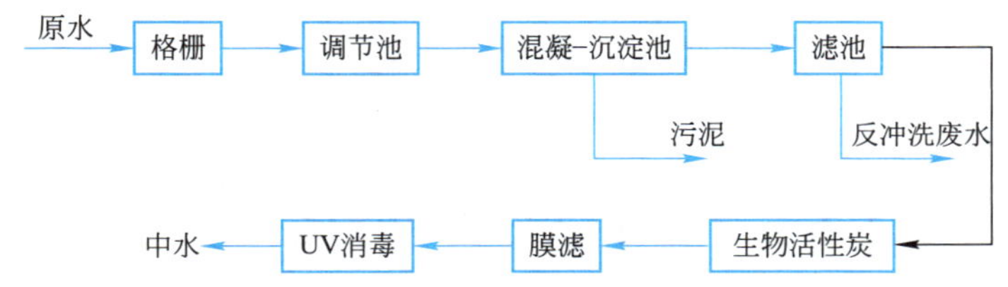


图 2-14　典型的洗浴废水回用处理流程

值得注意的是，水是一种重要的资源，我国是一个缺水国家，通过水处理恢复水的使用功能，加强水资源的回收利用是很有意义的。此外，污水、废水中各种待处理的污染物，从水质净化的角度是去除对象，然而从资源的角度也是宝贵的资源。如生活污水中的有机物在经典的水处理工艺中被当作废物分解去除了，不仅使得这些有机物被浪费了，而且处理中还要消耗大量的能源。如果改革处理工艺，使用适当的技术手段将有机物从水中回收，使之能被资源化或能源化利用，则既能达到水质净化的目的，又回收了资源，可谓一举两得。污水、废水（包括其中的污染物质）及其处理时产生的污泥的资源化、能源化，是水处理技术的发展方向，也是实现水的良性社会循环的一条可行途径。

## 【习题】

1. 举例说明水处理单元过程有哪些？何为水处理工艺流程？

2. 何为反应器？反应器有哪些类型？各有哪些特点？

3. 哈尔滨市某医院需要对污水进行处理，处理水量 $100m^3/d$，采用氯来进行消毒灭活病毒。为控制消毒效果，试设计反应器灭活病毒(表 2-3)，怎样形式的反应器设计能够取得安全、经济、可靠的消毒效果。此外，如果采用臭氧作为氧化剂，处理的反应器体积应有怎样的变化？

**几种消毒剂对病毒灭活效能的比较表（以 *CT* 值计）**　　**表 2-3**

| 病毒灭活率 | 消毒剂种类 | | | | |
|---|---|---|---|---|---|
| | 氯 [mg/(L・min)] | 氯胺 [mg/(L・min)] | 二氧化氯 [mg/(L・min)] | 紫外 ($mJ/cm^2$) | 臭氧 [mg/(L・min)] |
| 2log，99% | 5.8 | 1243 | 8.4 | 100 | 0.90 |
| 3log，99.9% | 8.7 | 2063 | 25.6 | 143 | 1.40 |
| 4log，99.99% | 11.6 | 2883 | 50.1 | 186 | 1.80 |

注：不同消毒剂病毒灭活的 *CT* 值(*CT* 值为消毒剂有效浓度，即消毒剂余量，其中 *C* 值，单位：mg/L，*T* 值，单位：min)(肠道病毒数据，美国 EPA，1C)。

# 第 2 篇　物理、化学及物理化学处理工艺原理

## 第 3 章　凝聚和絮凝

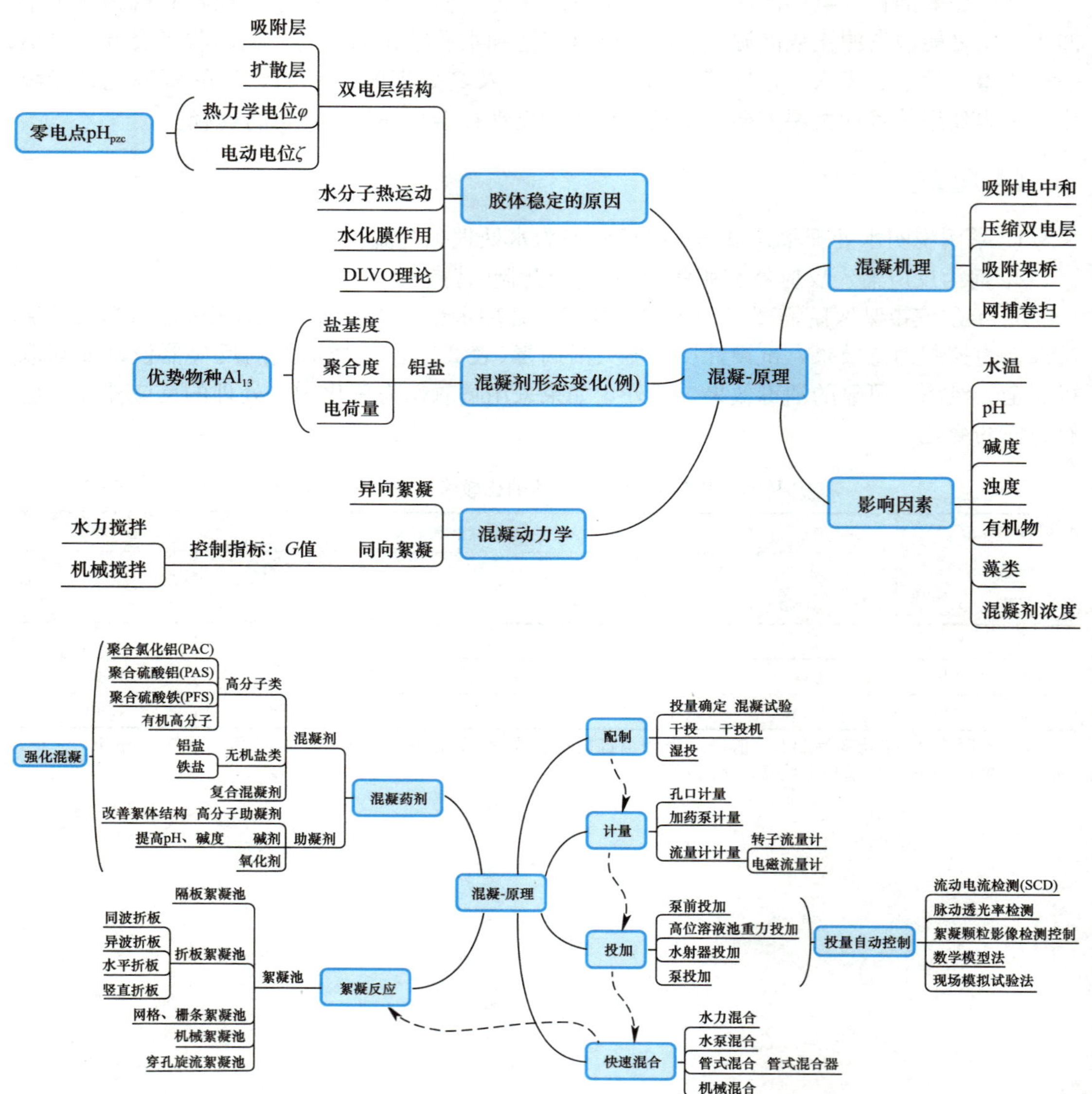

凝聚(aggregation)和絮凝(flocculation)是指通过某种方法(如投加化学药剂)使水中胶体粒子和微小悬浮物聚集的过程，是水和废水处理工艺中的一种单元操作，又可统称为混凝(coagulation)。其中凝聚主要指胶体脱稳并生成微小聚集体的过程，絮凝主要指脱稳的胶体或微小悬浮物聚结成大的絮凝体的过程。

凝聚和絮凝均是一种物理化学过程，涉及水中胶体粒子性质、所投加化学药剂的特性和胶体粒子与化学药剂之间的相互作用。水处理中为什么需要凝聚和絮凝过程，首先必须了解水中的胶体及其稳定性。

## 3.1 胶体的稳定性

第3.1节内容视频讲解

胶体(Colloid)这个名词是由英国科学家托马斯·格雷厄姆(Thomas Graham)1861年提出来的。

在水处理工程上，处理的对象即原水是一个复杂的分散体系，其中水是分散介质，而被水分散的溶解性或非溶解性的各种物质为分散相。这些被水分散的各种物质粒子按其颗粒尺寸大小可以分为三类。通常将尺寸范围在0.001～1μm的颗粒称为胶体，对应的分散体系称为胶体溶液或溶胶，尺寸比胶体大的颗粒称为粗颗粒或悬浮颗粒，对应的分散体系称为悬浮液或粗分散体系，尺寸比胶体小的颗粒是原子、离子或小分子，对应的分散体系称为真溶液或均相分散体系。

胶体溶液或溶胶(sol)又可分为亲液(lyophilic)溶胶和憎液(lyophobic)溶胶。亲液溶胶是指分散相和分散介质之间有很好的亲和力、很强的溶剂化作用、固液间没有明显的相界面的胶体分散体系，如蛋白质、淀粉、核酸等生物大分子物质的水溶液；憎液溶胶是指分散相和分散介质之间亲和力较弱、固液间有明显的相界面的胶体分散体系，如金溶胶、黏土类胶体等。水处理中的原水通常是由溶胶(包括亲水溶胶和憎水溶胶)、悬浮液和真溶液组成的复杂分散体系。

在水处理过程中，比胶体大的悬浮颗粒很容易沉淀去除，通常不会给处理过程带来大的困难；比胶体更小的成分基本属于溶解物质，与水构成真溶液，只在一些特殊情况下才要求专门加以去除，如地下水中含有过量的铁、锰、氟，受到一定程度的有机物或无机物污染的原水，一些特殊用途对溶解性物质有特殊要求的水处理等。作为水中的胶体杂质，其粒子尺寸大约在1μm～1nm，直接进行分离处理是非常困难的。可是在净水厂，作为必须去除的杂质成分，比如浊质(尺寸在1μm左右)、天然有色成分(尺寸在1nm左右)、病毒(尺寸在数十纳米左右)、细菌类(尺寸在1～10μm)、藻类(尺寸在1μm～数十微米)等基本上都属于胶体成分范围。因此，为了能够在沉淀和过滤工艺中将这些杂质成分从水中分离去除，通常需要进行混凝处理，这也是一般的净水厂所采用的关键性工艺环节。在技术发展的现阶段，对于城市给水和饮用水处理，即使是受到污染的原水，胶体颗粒仍是常规水处理工艺的主要去除对象之一。

水中的胶体和悬浮颗粒是使水产生浑浊的主要原因，而且还是水中各种细菌、病毒、污染物的载体，因此必须加以有效地去除。胶体的去除过程往往还是一些专项杂质去除的前驱工艺，起到减轻后续处理工艺负荷的作用。

表征水中胶体物质含量的主要水质参数是浊度，因此经常将胶体颗粒的去除称为除浊。要取得好的除浊效果，首先就要研究水中胶体稳定存在的原因，即胶体的稳定性，才能采取有针对性的措施将之去除。

在水环境中，胶体的稳定性是指胶体颗粒在水中长期保持分散状态的特性。对于亲水溶胶和憎水溶胶而言，引起胶体稳定的原因并不完全相同，但也有几方面的共性。对于憎水胶体而言，通常带电稳定性和动力稳定性起主要作用，对于亲水胶体来说，其水化作用稳定性占主导地位，带电稳定性则处于次要地位。

### 3.1.1　胶体的动力稳定性

水体中的颗粒物会受到水分子热运动碰撞而产生无规则布朗运动，水体中较大的颗粒受到各方向碰撞较为均匀，且重力影响大，趋向于下沉，而对于颗粒较小的胶体而言，水分子强烈的布朗运动使其可以克服重力的作用而不下沉，从而均匀地分散在水溶液中，这就是胶体的动力学稳定性(图 3-1)。亲水胶体和憎水胶体的动力学稳定性均与分散度和分散介质的黏度有关。

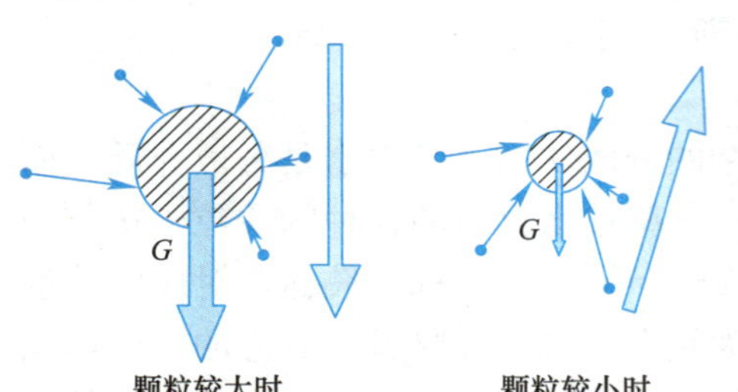


图 3-1　胶体动力稳定性示意图

### 3.1.2　胶体的带电稳定性

人们很早就观察到，胶体颗粒能在电场中移动，说明胶体颗粒是携带电荷(正电荷或负电荷)的粒子。根据库仑定律，两个带同号电荷的胶体颗粒之间存在静电斥力，其大小决定于胶体颗粒所带电荷数目和相互间的距离，与两个胶体颗粒间距的平方成反比。如果胶体颗粒间的静电斥力能够对抗其间的范德华引力，则使胶体颗粒保持分散状态而稳定。而胶体的带电稳定性与其结构息息相关，那么，胶体颗粒为什么带有电荷？组成结构如何？有哪些特性？

导致胶体颗粒表面带有电荷的过程或途径有多种可能。

(1) 胶体颗粒结晶中的晶格取代使胶体表面产生电荷。如水中大量存在的黏土颗粒，是由硅氧四面体和铝氧八面体交联而成，但如果硅氧四面体中某个硅($Si^{4+}$)的位置被低价的铝($Al^{3+}$)或钙($Ca^{2+}$)或镁($Mg^{2+}$)所代替，则该胶体颗粒表面就产生了一个或两个负电荷。同理，如果铝氧八面体中某个铝($Al^{3+}$)的位置被钙($Ca^{2+}$)或镁($Mg^{2+}$)所代替，胶体颗粒表面也产生一个负电荷。

像这类由胶体颗粒同晶置换产生的电荷，其电荷符号和数量均由胶体颗粒晶格中相互置换的原子种类和数量决定，与分散介质水无关。

(2) 胶体颗粒表面某些化学基团在水中电离使胶体带电。自然界中许多胶体都带有能电离的表面基团如羧酸基、磺酸基、羟基、氨基等，在水中发生电离作用，能释放出一个质子到水中，从而使胶体颗粒自身带负电；或从水中获得一个质子使胶体颗粒带正电。

$$—NH_2 + H_2O \longrightarrow —NH_3^+ + OH^- \tag{3-1}$$

$$—COOH \longrightarrow —COO^- + H^+ \tag{3-2}$$

蛋白质分子中既有羧酸基又有氨基，是两性物质，在酸性和碱性介质中表现出不同的电离行为，因此所带电荷符号也不相同。在酸性介质中，羧酸基的电离作用受到抑制，而氨基从水中获得一个质子带正电，整个胶体颗粒也带正电；在碱性介质中，羧酸基发生电离释放一个质子到水中，自身成为带有一个负电荷的羧基，使整个胶体颗粒也带负电。

像这类由自身表面某些化学基团在水中电离而带电的胶体颗粒，其电荷的符号和数量在很大程度上依赖于水相特性，特别是水的 pH 对胶体颗粒表面的电荷符号和数量有很大影响。

(3) 胶体颗粒表面与水作用后溶解并电离使胶体带电。某些胶体颗粒表面与水分子发生反应后进一步电离产生阴离子和阳离子，释放出阳(阴)离子到水中，而使胶体颗粒带上与阴(阳)离子相同的电荷。例如许多天然生成的硅酸盐胶体颗粒，首先是由硅酸盐颗粒表面与水反应生成硅酸，硅酸电离后将 $H^+$ 释放到水中，而胶体颗粒表面因保留有 $SiO_3^{2-}$ 而带负电。

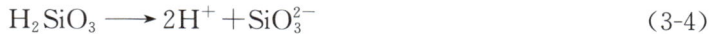

$$SiO_2 + H_2O \longrightarrow H_2SiO_3 \tag{3-3}$$

$$H_2SiO_3 \longrightarrow 2H^+ + SiO_3^{2-} \tag{3-4}$$

(4) 胶体颗粒对水中某些离子的吸附使胶体带电。对于自身不能离解的胶体物质如石墨、纤维、油珠等，可以从水中吸附 $H^+$、$OH^-$ 或溶液中其他离子而带电。在水为分散介质的体系中，通常阳离子的水化能力比阴离子大得多，因此水中的胶体颗粒容易吸附阴离子而带负电。对于由难溶的离子晶体构成的胶体颗粒，通常对水溶液中某些与自身固体晶格中组分相似的离子优先吸附，从而使胶体颗粒表面带电。若吸附的是阳离子，则使胶体带正电，若吸附的是阴离子，则使胶体带负电。这种吸附在特定组成的分散体系中是有选择性的，若分散体系的组成发生变化，原来优先吸附阴离子的胶体也可能发生变化，优先吸附阳离子。例如由硝酸银与碘化钾反应生成的碘化银胶体，其反应为:

$$AgNO_3 + KI \longrightarrow AgI + KNO_3 \tag{3-5}$$

若反应完成后溶液中 KI 过量，则整个分散体系由 $H_2O$、AgI 胶体、KI 和 $KNO_3$ 组成，其中 KI 和 $KNO_3$ 是电解质，在水中离解为 $K^+$、$I^-$ 和 $NO_3^-$，此时 AgI 胶体优先吸附与其组分中相似的 $I^-$ 使胶体颗粒带负电。若反应完成后溶液中 $AgNO_3$ 过量，则整个分散体系由 $H_2O$、AgI 胶体、$AgNO_3$ 和 $KNO_3$ 组成，其中 $AgNO_3$ 和 $KNO_3$ 是电解质，在水中离解为 $K^+$、$Ag^+$ 和 $NO_3^-$，此时 AgI 胶体优先吸附与其组分中相似的 $Ag^+$ 使胶体颗粒带正电。

范德华力、形成氢键或配位键等都有利于胶体对离子的吸附，胶体颗粒所带电荷的符号和数值在很大程度上取决于分散体系的组成和特性。

对于非水介质中的胶体，可能还有其他途径或过程致使胶体颗粒表面带电，不属于本书的研究范围。

### 3.1.3 胶体的结构

在分析了胶体颗粒表面带电原因的基础上，我们来探讨胶体的结构，即胶体颗粒表面上阴阳离子是如何排列的。

首先，我们来看胶体是如何形成的。无论胶体颗粒的化学组成如何，都有一个基本组成单元。在胶体形成过程中，其基本组成单元胶体分子聚合在一起形成胶体微粒的核心，称为胶核，这是胶体颗粒的最内层。这个胶核必须满足胶体定义的尺寸要求(在 1nm 到 1$\mu$m 之间)，若小于 1nm，则与水分子尺寸(约 4Å)在同一数量级，体系属于真溶液，若大于 1$\mu$m，则可能导致重力作用占主导地位而发生沉淀形成悬浮体系。胶核通过前述各种途径在其表面吸附某种离子，使胶体产生表面电荷，所吸附的离子称为电位形成离子。

由于胶体颗粒不是孤立存在的，在整个分散体系中还存在其他组分，带电荷的胶体微粒通过静电作用吸引溶液中的反离子(与胶体电荷符号相反的离子)到微粒周围。但由于溶液中反离子不仅受到胶体微粒的静电引力，而且还有反离子自身热运动的扩散作用力和分散介质(水)对反离子的溶剂化作用力，胶体微粒的静电作用力使反离子朝向微粒运动并越来越靠近微粒，热运动扩散力则使反离子无规则地朝不同方向运动，溶剂化力使反离子有均匀分散到溶液中的趋势。因此，几种力综合作用的结果，使得溶液中反离子在胶体微粒周围呈现一定的分布规律，即靠近胶体微粒表面的一层反离子浓度最大，而且通过胶体微粒表面电荷的静电作用使这层反离子与胶体微粒紧密吸附在一起并随胶体微粒移动，将这一层反离子称为束缚反离子，将胶体微粒表面吸附的电位形成离子和束缚反离子合称为吸附层。随着与胶体微粒表面距离逐渐变大，反离子浓度逐渐变小。束缚反离子以外的反离子由于热运动和溶剂化作用有向溶液中扩散的趋势，并不随胶体微粒移动，这些反离子称为自由反离子，构成扩散层。

胶核与吸附层合称胶粒，胶粒与扩散层合称胶团。胶核表面吸附的电位形成离子与通过静电吸引的反离子(包括吸附反离子和自由反离子)形成双电层，其中电位形成离子为双电层内层，吸附反离子和自由反离子为双电层外层。图 3-2 所示为胶团结构示意图。

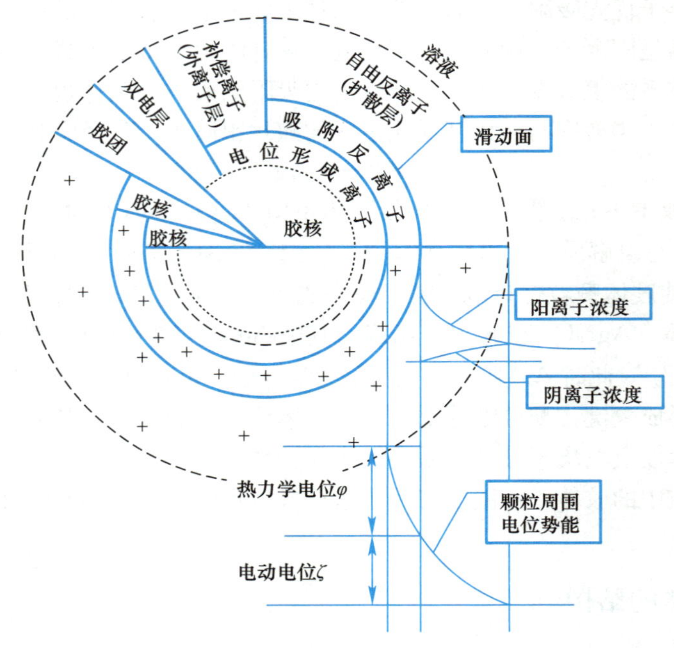


图 3-2　胶团结构示意图

胶体外层电动电位(ζ 电位)会受到 pH 影响，以二氧化钛微胶粒为例：低 pH 时，因质子被吸附到吸附层而使其带正电荷；高 pH 时，质子从 OH 基团中释放，故而带负电荷。也就是说，二氧化钛微胶粒表面上的电荷，在某一确定的 pH 时，其电荷数值可以为零，ζ 电势为零，这一点叫作零电荷点 $pH_{pzc}$。

### 3.1.4　胶体的溶剂化作用稳定性

亲水胶体颗粒对分散介质水分子发生强烈的吸附作用，使胶体颗粒周围形成一层水分子有规律定向排列的水化层，当两个胶体颗粒靠近时，水化层中的水分子被挤压变形而产生反弹力，阻碍两胶体颗粒进一步接近，使胶体颗粒保持分散状态而稳定，当 $\zeta$ 电位降低时水化膜会逐渐减薄及至消失。

关于双电层的内部离子排列分布模式，先后提出过几种模型，由赫尔姆霍茨(Helmholtz，1879年)提出的 Helmholtz 平板电容器模型，由古伊(Gouy，1910年)和查普曼(Chapman，1913年)提出的 Gouy-Chapman 扩散双电层模型，由斯特恩(Stern，1924年)提出的 Stern 模型。这些模型中，后提出者均克服了前一种模型的不足，更好地解释了胶体的各种性质和实验现象。Stern 模型实际上结合了 Helmholtz 平板电容器模型和 Gouy-Chapman 扩散双电层模型的优点，是目前较为完善的胶体双电层模型。

在 Helmholtz 平板电容器模型中，简单地将胶体颗粒表面电荷排列成双电层的一层，而胶体颗粒通过静电吸引的反离子与之平行排列形成双电层的另一层，两层距离约等于离子半径，如图 3-3 所示。Helmholtz 平板电容器模型在早期的胶体电动现象研究中起到一定作用，但随着研究的深入，不能解释研究中发现的许多现象和问题，人们开始探索新的双电层模型。

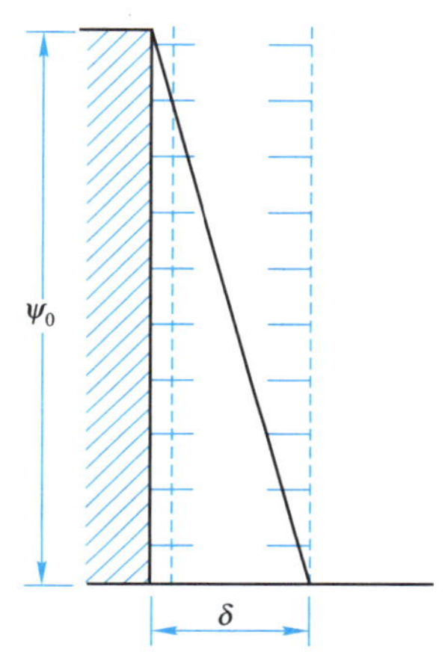

图 3-3 Helmholtz 平板电容器模型

针对 Helmholtz 平板电容器模型存在的问题，Gouy 和 Chapman 先后指出，由于溶液中反离子受静电引力和热扩散力两个相互对抗的力作用，不可能规规矩矩地束缚在胶体颗粒表面附近排成一排，而是扩散地分布在胶体颗粒周围的介质中。由于静电引力的作用，胶体颗粒附近的反离子浓度最大，随着离胶体颗粒越来越远，电场的作用力逐渐减弱，反离子的浓度也越来越少，直到在某一点介质中反离子与胶体离子的同号离子浓度相等，如图 3-4 所示。

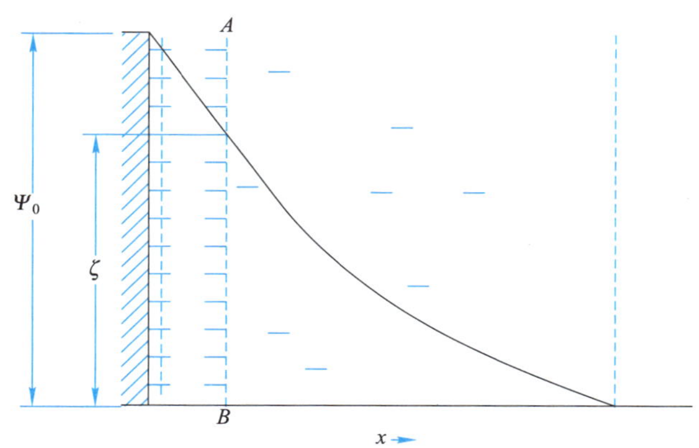

图 3-4 Gouy-Chapman 扩散双电层模型

Gouy-Chapman 扩散双电层模型克服了 Helmholtz 平板电容器模型的缺点，区分了表面电势与 $\zeta$ 电位，很好地解释了 $\zeta$ 电位对离子浓度与价数十分敏感的实验现象，但也存在一些实验事实与 Gouy-Chapman 理论不符，例如实验中发现 $\zeta$ 电位有时会随着离子浓度的增加而增加，有时会变得与原来的符号相反，用 Gouy-Chapman 理论是无法解释的。

针对 Gouy-Chapman 扩散双电层模型的不足，Stern 1924 年指出，Gouy-Chapman 扩散双电层模型中将反离子当作没有体积的点电荷是问题的关键，其实反离子是有一定大小的，此外，胶体颗粒与反离子之间除了静电引力之外，还存在范德华引力，胶体颗粒除了受静电引力、热扩散力作用外，还有介质水的溶剂化作用。

根据 Stern 模型，胶体颗粒表面电荷构成双电层内层，而在与胶体表面邻近的一两个分子厚的区域内，反离子由于受到胶体表面电荷强烈的静电吸引而与胶体紧密吸附在一起，这一固定吸附层也称为 Stern 层。其余的反离子则扩散地分布于 Stern 层之外，形成双电层的扩散部分，即扩散层。Stern 层与扩散层中的反离子处于动态平衡，溶液内部离子浓度或价数增大时，必定有更多的反离子进入 Stern 层，使 Stern 层与扩散层中的反离子达到新的平衡。Stern 层内所有反离子电性中心构成一平面，称为 Stern 平面。在 Stern 层内，除了受静电吸引而紧密与胶体颗粒表面结合的反离子以外，还有一定数量的溶剂分子也与胶体颗粒表面紧密结合。胶体颗粒在分散介质中移动时，Stern 层随胶体颗粒一起移动，而扩散层中的大部分反离子脱开胶粒不随胶粒移动，在胶粒与扩散层之间形成了一个滑动界面，称为滑动面。这个滑动面不可能在 Stern 平面上，而是在比 Stern 平面稍靠外的一个波动面上，波动面与 Stern 平面的距离由反离子和溶剂分子大小及多少决定。

双电层内层（荷电胶体颗粒表面）与外层（溶液内部）之间的电位差称为胶团的总电位，用 $\varphi_0$ 表示，也称 $\varphi_0$ 电位。Stern 平面上相对于溶液内部的电位差称为 Stern 电位，用 $\varphi_s$ 表示。胶粒在移动时滑动面上相对于溶液内部的电位差称为 $\zeta$ 电位，在水处理的混凝研究中具有重要意义。由 Stern 模型分析可知，从数值上比较，$\varphi_0 > \varphi_s > \zeta$。胶体双电层的 Stern 模型如图 3-5 所示。

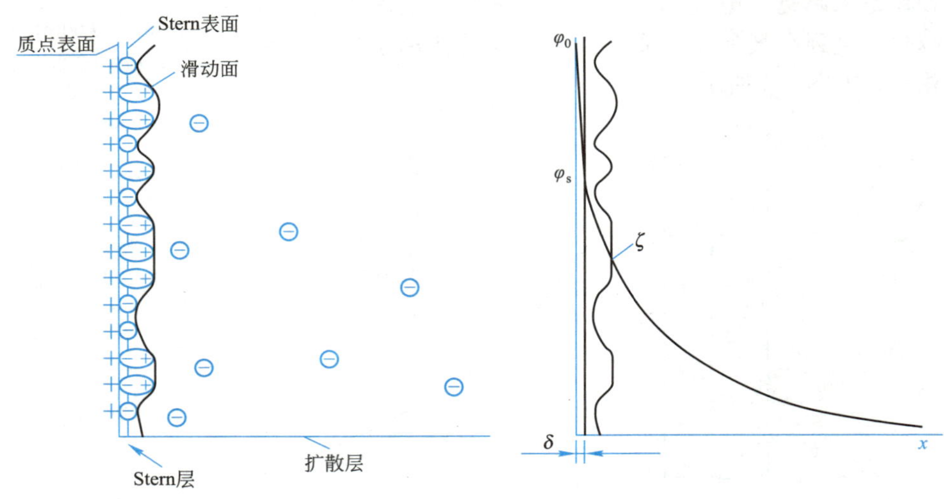


图 3-5　胶体双电层的 Stern 模型

扩散层中任意点的电位 $\varphi$ 与 $\varphi_0$ 的关系可用下式表示：

$$\varphi = \varphi_0 e^{-kx} \tag{3-6}$$

式中，$x$ 表示与胶体颗粒表面的距离，$k$ 的倒数为具有长度因次的重要物理量，通常将 $k^{-1}$ 称为双电层的厚度。式（3-6）表明，扩散层内电势随离胶体颗粒表面距离的增大而呈指数下降，而下降的快慢则与双电层厚度有关。

目前 $\varphi_0$ 和 $\varphi_s$ 电位绝对值都很难测得，因此 $\varphi$ 也很难知道，而 $\zeta$ 电位可用专门的 $\zeta$ 电位测定仪测得，还可以用测定胶体颗粒的电泳速度或扩散层反离子溶液的电渗速度，通过公式计算得到：

$$\zeta = \frac{K\pi\eta u}{DE} \tag{3-7}$$

式中　$K$——与胶体颗粒形状有关的常数，球形颗粒为 6，棒形颗粒为 4；

$\eta$——液体的黏滞系数(绝对黏度)；

$u$——相对于液体的胶粒移动速度，cm/s；

$D$——液体的介电常数；

$E$——电场强度，V/m。

Stern 模型赋予了 $\zeta$ 电位较明确的物理意义，较好地解释了电动现象，也可较好地说明电解质溶液浓度和价数对 $\zeta$ 电位的影响。继 Stern 模型提出之后，又有许多学者在固定吸附层的细微结构、扩散层中介电常数的变化、离子大小与极化对电势与电荷分布的影响等方面做了大量的研究工作，不断修正和完善双电层模型与理论，使人们对双电层结构的认识得到进一步深化。

### 3.1.5　胶体之间的相互作用理论

以上只是分析了单个胶体颗粒内部电荷形成及离子排列的基本规律，在水处理研究的宏观对象水分散体系中，胶体颗粒不是简单的单个存在，而是大量存在的，这就需要研究在大量胶体颗粒共存时相互之间的作用规律。

在胶体颗粒之间，存在范德华吸引力，同时当胶体颗粒相互靠近时，因双电层相互重叠而产生排斥力，吸引力和排斥力的相对大小将决定胶体颗粒是聚集沉降还是保持各自稳定分散在介质中，因此，如何定量描述胶体颗粒之间吸引力和排斥力的相对大小就显得非常重要。

20 世纪 40 年代，苏联学者德加根 Дерягин(Derjaguin)和兰道 Ландау(Landau)与荷兰学者伏维(Verwey)和奥贝克(Overbeek)分别提出了有关各种形状的胶体颗粒之间因相互吸引产生的吸引势能和因双电层排斥产生的排斥势能的计算方法，对憎水胶体颗粒的稳定性进行了定量描述和处理，这就是关于胶体颗粒稳定性的 DLVO 理论。

根据前述 Stern 双电层模型和 DLVO 理论，带电胶体颗粒和双电层中的反离子作为一个整体来考虑时是电中性的，如果两个胶体颗粒的双电层未发生交联，胶体颗粒之间并不产生静电排斥势能，但如果两个胶体颗粒靠近且双电层发生重叠，必然要改变双电层的电势与电荷分布，从而产生排斥力和排斥势能。排斥势能用 $E_R$ 来表示，对其定量的计算和推导较复杂，采用朗缪尔（Langmuir）的方法推导得知，排斥势能与两胶体颗粒表面间距 $x$ 有关，随着间距 $x$ 的增大而呈指数关系减小。对于两个球形胶体颗粒，若双电层交联重叠程度很小时，两个胶体颗粒间的排斥势能为：

$$E_R \approx \frac{1}{2}\varepsilon a \varphi_0^2 e^{-kx} \tag{3-8}$$

式中　$\varepsilon$——介电常数；

$a$——球形胶体颗粒的半径；

$x$——两球形胶体颗粒表面间距；

$\varphi_0$——胶团的总电位；

$k$——双电层的厚度的倒数。

上式表明，两个球形胶体颗粒之间的排斥势能随胶团的总电位 $\varphi_0$、介电常数 $\varepsilon$ 和球形胶体颗粒的半径 $a$ 的增加而升高，随两球形胶体颗粒表面间距 $x$ 的增加而以指数形式减少。

两胶体颗粒之间的吸引力和吸引势能也与胶体颗粒表面间距 $x$ 有关。吸引势能用 $E_A$ 来表示，与胶体颗粒表面间距 $x$ 成反比，且永远都是负值。对于同一物质的半径为 $a$ 表面间距为 $x$ 的两个球形胶体颗粒，吸引势能为：

$$E_A=-\frac{Aa}{12x} \tag{3-9}$$

式中，$A$ 称为 Hamaker 常数，与粒子性质有关。

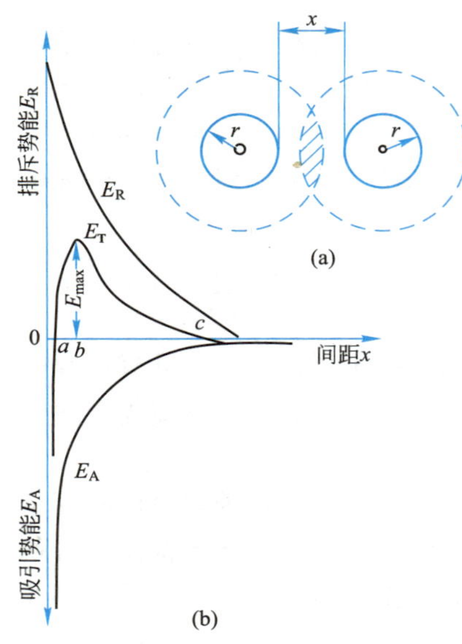


图 3-6　胶体颗粒相互势能与粒间距离的关系

将排斥势能与吸引势能加和，即得两个胶体颗粒的总势能 $E_T$，将总势能对胶体颗粒表面间距作图，即得总势能曲线，如图 3-6 所示。

不同物质类型的胶体颗粒，其总势能曲线是不同的，但总的曲线轮廓和趋势是相似的。

从总势能曲线图上可以看出，吸引势能 $E_A$ 只是在两个胶体颗粒距离很短时起作用，排斥势能则作用稍远些。两个胶体颗粒处于不同距离时，总势能可能有以下几种情况：当两个胶体颗粒间距 $x$ 很小趋近于 0 时，$E_A$ 趋近于∞，$E_R$ 增加接近于一个常数，此时 $E_A$ 大于 $E_R$，$E_T$ 为负值，表现为两个胶体颗粒吸引聚集；当两个胶体颗粒间距很远时，$E_A$ 和 $E_R$ 均趋近于 0，$E_T$ 也趋近于 0，此时胶体颗粒仅受热运动和溶剂化作用影响；当两个胶体颗粒间距 $x$ 与双电层厚度在同一数量级时，$E_R$ 可能会大于 $E_A$，$E_T$ 为正值，在总势能曲线上出现一极大值，即称为势垒，若势垒足够高胶体颗粒的热运动无法克服势垒的阻碍，则胶体颗粒保持稳定，不能聚沉。

当两个胶体颗粒由远靠近时，首先起作用的是排斥势能，如果能够克服排斥势能进一步靠近，直到某一距离时吸引势能 $E_A$ 开始起作用，而且两个胶体颗粒越接近，吸引势能 $E_A$ 作用越强。如果排斥势能大于吸引势能，胶体颗粒能保持稳定；如果吸引势能大于排斥势能，则胶体颗粒会相互聚集，最后产生沉淀。

## 3.2　混凝机理

第 3.2 节内容视频讲解

前文我们分析了胶体稳定性的原因，因此，在混凝过程中就要通过适当的物理化学的手段使均匀分散的稳定胶体颗粒失去动力稳定性、带电稳定性和溶剂化作用稳定性，促使其微小胶体颗粒聚集、尺寸增大，从而使重力沉降作用占主导地位易于实现固液分离，最终将胶体浊质颗粒从水中去除，使水变得洁净。

但前文对胶体颗粒稳定性的分析都是针对单一的某种胶体而言的，而实际的天然水体是一个由溶胶(亲水溶胶和憎水溶胶)、悬浮液和真溶液组成的复杂分散体系，成分复杂得多，混凝机理也比较复杂。长期以来，有许多水处理专家学者对混凝机理进行了大量的研究工作，而且这方面的研究工作仍在不断地深入，混凝机理和理论得到不断的发展，对混凝机理的研究也从定性描述逐渐深入到定量描述。

胶体的凝聚主要指胶体脱稳并生成微小聚集体的过程，目前，得到水处理专家比较公认的凝集机理有四个方面：压缩双电层作用、吸附—电中和作用、吸附架桥作用、网捕—卷扫作用，下面将分别进行阐述。

1. 压缩双电层作用

根据DLVO理论，比较薄的双电层能降低胶体颗粒的排斥能，如果能使胶体颗粒的双电层变薄，排斥能降到相当小时，两胶体颗粒接近时，就可以由原来的排斥力为主变成吸引力为主，胶体颗粒间就会发生凝集。水中胶体颗粒通常带有负电荷，使胶体颗粒间相互排斥而稳定，当加入含有高价态正电荷离子的电解质时，高价态正离子通过静电引力进入到胶体颗粒表面，置换出原来的低价正离子，这样双电层中仍然保持电中性，但正离子的数量却减少了，也就是双电层的厚度变薄了，胶体颗粒滑动面上的$\zeta$电位降低。当$\zeta$电位降至0时，称为等电状态，此时排斥势垒完全消失。其实，在实际生产中，只要将$\zeta$电位降至某一数值使胶体颗粒总势能曲线上的势垒处$E_{max}=0$，胶体颗粒即可发生凝集作用，此时的$\zeta$电位称为临界电位$\zeta_k$。

根据排斥势能表达式(3-8)也可定量地看出，式中$k^{-1}$为双电层的厚度，当双电层厚度变小时，排斥势能$E_R$也降低。

叔采(Schulze)(1882年)和哈代(Hardy)(1990年)曾分别对电解质价数和浓度对胶体聚沉的影响进行研究，得出结论：起聚沉作用的主要是反离子，反离子的价数越高，其聚沉效率也越高，这就是叔采—哈代(Schulze-Hardy)规则。叔采—哈代规则也可从Stern双电层模型得到定性的说明。

在进一步的研究中，为了定量地说明不同价数和浓度的反离子对胶体颗粒的聚沉效率，引入了聚沉值的概念。所谓聚沉值，是在指定情形下使一定量的胶体颗粒聚沉所需的电解质的最低浓度，以“$mmol/dm^3$”为单位。一般情况下，聚沉值与反离子价数的六次方成反比，即一价、二价和三价反离子的聚沉值大致符合$[M^+]:[M^{2+}]:[M^{3+}]=\left(\frac{1}{1}\right)^6:\left(\frac{1}{2}\right)^6:\left(\frac{1}{3}\right)^6=100:1.56:0.14$的规律。这一规律对于估算电解质的聚沉作用很有用，但对少数情况也有例外的。

根据压缩双电层机理，任何时候通过静电引力进入胶体颗粒表面的高价反离子都会置换出等量电荷的低价反离子，双电层被压缩但始终保持电中性，这可以很好地解释胶体颗粒在加入一定量的高价反离子电解质后脱稳产生凝聚的实验现象，但却不能解释加入过量高价反离子电解质引起胶体颗粒电性改变符号而重新稳定的现象，也解释不了与胶体颗粒带相同电荷的聚合物或高分子有机物也有好的凝集效果的现象，因此，新的凝集机理得到了发展和应用，与压缩双电层作用机理结合起来，能更好地解释更多的实验现象。

2. 吸附—电中和作用

吸附—电中和作用是指胶体颗粒表面吸附异号离子、异号胶体颗粒或带异号电荷的高分子，从而中和了胶体颗粒本身所带部分电荷，减少了胶体颗粒间的静电斥力，使胶体颗粒更易于聚沉。这种吸附作用的驱动力包括静电引力、氢键、配位键和范德华力等，具体何种作用为主要驱动力，由胶体特性和被吸附物质本身的结构决定。

由吸附—电中和作用的机理可知，胶体颗粒与异号离子的作用，首先是吸附，然后才是电荷中和，由此可以推知，胶体颗粒表面电荷不但可能被降为零，而且还可能带上相反的电荷，即是胶体颗粒反号，发生再稳定的现象。例如，当一个带负电的胶体颗粒表面吸附上一个正电荷数比胶体颗粒自身电荷数高的反离子、异号胶体颗粒或大分子物质时，电中和的结果是胶体颗粒表面由原来的负电性变成了正电性，胶体颗粒电性发生反转。实际水处理过程中，当混凝剂投加适中时，胶体脱稳较好，混凝除浊效果也较好，而当混凝剂投加过量时，处理效果反而变差，用吸附—电中和作用机理能很好地解释这种胶体颗粒的再稳定现象。

3. 吸附架桥作用

吸附架桥作用是指分散体系中的胶体颗粒通过吸附有机或无机高分子物质架桥连接，凝集为大的絮凝体而脱稳聚沉，此时胶体颗粒之间并不直接接触，高分子物质在两个胶体颗粒之间像一座桥一样将它们连接起来。吸附架桥作用又可分为以下三种情况来讨论：一是胶体颗粒与不带电荷的高分子物质发生吸附架桥作用，由于高分子物质与胶体颗粒表面产生如范德华力、氢键、配位键等吸附力，促使胶体颗粒与高分子物质结合，从而胶体颗粒尺寸增大产生脱稳现象；二是胶体颗粒与带异号电荷的高分子物质发生吸附桥连，如水中带负电荷的胶体颗粒与带正电荷的阳离子高分子物质吸附架桥脱稳，此时除了范德华力、氢键、配位键等吸附力外，还涉及电中和作用机理；三是胶体颗粒与带同号电荷的高分子物质发生吸附架桥作用，此种情形的解释是胶体颗粒表面带有负电荷，同时也带有一定量的正电荷，虽然总的负电荷多于总的正电荷使胶体总体上表现出负电性，但胶体颗粒表面仍然存在只带正电荷的局部区域，这些正电荷区域成为吸引与胶体颗粒带同号电荷的高分子物质的某些官能团，使胶体颗粒与高分子物质结合而脱稳。

值得注意的是，当高分子物质投量过多时，胶体颗粒表面被高分子所覆盖，两个胶体颗粒接近时，受到胶粒与胶粒之间因高分子压缩变形产生的反弹力和带电高分子之间的静电排斥力，使胶体颗粒不能凝集。

4. 网捕—卷扫作用

网捕—卷扫作用是指投加到水中的铝盐、铁盐等混凝剂水解后形成较大量的具有三维立体结构的水合金属氧化物沉淀，当这些水合金属氧化物体积收缩沉降时，会像多孔的网一样，将水中胶体颗粒和悬浮浊质颗粒捕获卷扫下来。网捕—卷扫作用主要是一种机械作用，其混凝除浊效率不高，水中胶体颗粒杂质的多少决定所需混凝剂的量的大小，水中胶体颗粒杂质少时，所需混凝剂多，水中胶体颗粒杂质多时，所需混凝剂反而较少。

值得指出的是，由于水处理工程中原水是一个很复杂的分散体系，根据原水水质不同，上述四种作用机理可能在同一原水混凝过程中同时发生，也可能仅有其中一种、两种或三种机理起作用。无论是哪一种作用机理都不是十全十美的，都需要在新的实验研究基础上不断发展和完善。

## 3.3 混 凝 剂

第 3.3 节内容视频讲解

混凝剂是混凝过程中不可缺少的，在混凝过程中占有十分重要的地位。为了获得理想的混凝效果，应根据不同原水水质选用适当的混凝剂。在选用混凝剂时，可以通过模拟实验的方法进行优选，同时也需要对各类混凝剂的特性有初步的了解。

混凝剂的种类繁多，有研究报道的可能多达数百种，但真正得到一定规模应用的仅有数十种。混凝剂的分类方法有多种，按其作用可分为：凝聚剂、絮凝剂、助凝剂；按其化学组成可分为：无机混凝剂、有机混凝剂；按其分子量大小可分为：低分子混凝剂、高分子混凝剂；按其来源可分为：天然混凝剂、合成混凝剂。其实各种分类方法相互交叉包容，目前通常使用的是前两种分类方法，即按作用分类和按化学组成分类。

### 3.3.1 无机盐类混凝剂

无机盐类混凝剂品种较少，但在水处理中应用较普遍，主要是水溶性的两价或三价金属盐，如铁盐和铝盐及其水解聚合物。可以选用的无机盐类混凝剂有硫酸铝、三氯化铁、硫酸亚铁、硫酸铝钾（明矾）、铝酸钠和硫酸铁等。

1. 硫酸铝

硫酸铝为白色有光泽结晶，分子式为 $Al_2(SO_4)_3 \cdot nH_2O$，根据干燥失水情况不同，其中 $n$ 可为 6、10、14、16、18 和 37 不等，常用的为有 18 个结晶水的 $Al_2(SO_4)_3 \cdot 18H_2O$，分子量 666.41，相对密度 1.61。硫酸铝易溶于水，水溶液呈酸性，常温下溶解度约为 50%，沸水中溶解度提高至 90%以上。

根据其不溶杂质含量，将硫酸铝分为精制和粗制两种。精制硫酸铝的价格较贵，杂质含量不大于 0.5%，$Al_2O_3$ 含量不小于 15%；粗制硫酸铝的价格较低，杂质含量不大于 2.4%，$Al_2O_3$ 含量不小于 14%。

固体硫酸铝需溶解投加，一般配制成 10%左右的质量百分浓度使用。对于附近有硫酸铝生产厂的水厂，可以考虑直接采用未经浓缩结晶的液态硫酸铝，可以节省由于浓缩结晶增加的生产成本。

硫酸铝在我国使用较普遍。采用硫酸铝作混凝剂时，运输方便，操作简单，混凝效果较好，但水温低时，硫酸铝水解困难，形成的絮凝体较松散，混凝效果变差。粗制硫酸铝由于不溶性杂质含量高，使用时废渣较多，带来排除废渣方面的操作麻烦，而且因酸度较高而腐蚀性强，溶解与投加设备需考虑防腐。

2. 三氯化铁

三氯化铁为黑褐色有光泽结晶，分子式为 $FeCl_3 \cdot 6H_2O$，有强烈吸水性，极易溶于水，溶解度随温度上升而增大。市售无水三氯化铁产品中 $FeCl_3$ 含量可达 92%以上，不溶性杂质小于 4%。

三氯化铁适合于干投或浓溶液投加，但配制和投加设备均需采用耐腐蚀器材。

采用三氯化铁作混凝剂时，其优点是易溶解，形成的絮凝体比铝盐絮凝体密实，沉降速度快，处理低温、低浊水时效果优于硫酸铝，适用的 pH 范围较宽，投加量比硫酸铝小。其缺点是三氯化铁固体产品极易吸水潮解，不易保管，腐蚀性较强，对金属、混凝土、塑料等均有腐蚀性，处理后水色度比铝盐处理水高，最佳投加量范围较窄，不易控制等。

3. 硫酸亚铁

硫酸亚铁为半透明绿色结晶，俗称绿矾，分子式为 $FeSO_4 \cdot 7H_2O$，易溶于水，20℃时溶解度为 21%。

硫酸亚铁通常是生产其他化工产品的副产品，价格低廉，但应检测其重金属含量，保证在其最大投量时处理后水中重金属含量不超过国家有关水质标准的限量。

固体硫酸亚铁需溶解投加，一般配制成 10%左右的质量百分比浓度使用。

当硫酸亚铁投加到水中时，离解出的二价铁离子只能水解形成单核配合物，混凝效果不如三价铁离子，而且未水解的二价铁离子残留在水中使处理后水带色，若二价铁离子与水中有色物质发生反应后会生成颜色更深的溶解性物质，使处理后水的色度更大。若能使投加到水中的二价铁离子迅速氧化成三价铁离子，则可克服以上缺点。通常情况下，可采用调节 pH、加入氯、曝气等方法使二价铁快速氧化。

当水的 pH 大于 8.0 时，加入水中的亚铁易被水中溶解的氧氧化成三价铁，当原水的 pH 较低时，可将硫酸亚铁与石灰、碱性条件下活化的活化硅酸等碱性药剂一起使用，可促进二价铁离子氧化。当原水 pH 较低而且溶解氧不足时，可通过加氯来氧化二价铁：

$$6FeSO_4 + 3Cl_2 = 2Fe_2(SO_4)_3 + 2FeCl_3 \tag{3-10}$$

根据以上反应式，理论上硫酸亚铁($FeSO_4 \cdot 7H_2O$)与氯的投量之比约为 8∶1，但实际生产中，为使亚铁迅速充分氧化，可根据实际情况略增加氯的投加量。

其他无机盐混凝剂如硫酸铝钾(明矾)、铝酸钠和硫酸铁等应用范围较小，在此不作详细介绍。

### 3.3.2 高分子混凝剂

在高分子混凝剂中，又可分为无机高分子混凝剂和有机高分子混凝剂。无机高分子混凝剂主要有聚合氯化铝、聚合硫酸铝、聚合硫酸铁、聚合氯化铁、聚硅酸金属盐等。有机高分子混凝剂则可分为人工合成高分子物质和天然高分子物质，人工合成有机高分子物质又可分为阳离子型合成高分子物质如乙烯吡啶共聚物类、阴离子型合成高分子物质如聚丙烯酸盐类和非离子型合成高分子物质如聚丙烯酰胺类。天然高分子物质主要有淀粉、树胶、动物胶等。

1. 聚合氯化铝

聚合氯化铝(PAC)又名碱式氯化铝或羟基氯化铝，化学式为 $[Al_2(OH)_nCl_{6-n}]_m$，其中 $m$ 为聚合度，通常 $m \leqslant 10$，聚合单体为铝的羟基配合物 $Al_2(OH)_nCl_{6-n}$，通常 $n=1 \sim 5$，聚合物分子量在 1000 左右。有时也写作 $Al_n(OH)_mCl_{3n-m}$，但都是聚合氯化铝的不同表达式，式中 OH 与 Al 的比值代表了水解和聚合反应的程度，与混凝效果密切相关，因此定义盐基度 $B=[OH]/3[Al]=\frac{n}{3 \times 2}=\frac{n}{6}$，$n$ 为单体铝羟基配合物中羟基的摩尔数，例如当 $n=3$ 时，盐基度 $B=\frac{3}{6}=50\%$；当 $n=5$ 时，盐基度 $B=\frac{5}{6}=83.3\%$。行业标准要求生产的聚合氯化铝盐基度在 50%～80%，也即 $n=3 \sim 5$。

聚合氯化铝是 20 世纪 60 年代后期正式投入工业生产应用的一种新型无机高分子混凝剂，我国也是研制和应用聚合氯化铝较早的国家之一，从 1971 年采用酸溶铝灰一步法生产聚合氯化铝成功之后，逐渐得到推广应用。发展到现在，生产聚合氯化铝的原料多种多样，但主要还是以价廉易得的铝渣、铝灰或含铝矿物等作为原料，经酸溶、水解、聚合三个步骤制得。

首先是用盐酸将原料中的 Al 和 $Al_2O_3$ 从原料中溶出得到三氯化铝六水配合物：

$$2Al+6HCl+12H_2O \longrightarrow 2[Al(H_2O)_6]Cl_3+3H_2 \tag{3-11}$$

$$Al_2O_3+6HCl+9H_2O \longrightarrow 2[Al(H_2O)_6]Cl_3 \tag{3-12}$$

随着溶出反应的进行，反应液的 pH 逐渐升高，三氯化铝六水配合物逐渐发生水解：

$$[Al(H_2O)_6]Cl_3 \longrightarrow [Al(H_2O)_5(OH)]Cl_2+HCl \tag{3-13}$$

$$[Al(H_2O)_5(OH)]Cl_2 \longrightarrow [Al(H_2O)_4(OH)_2]Cl+HCl \tag{3-14}$$

水解反应产生的盐酸进一步促进溶出反应，当 pH 继续升高时，水解中间产物的两个羟基间发生架桥缩合，产生多核配合物：

$$2[Al(H_2O)_5(OH)]Cl_2 \longrightarrow [Al_2(H_2O)_8(OH)_2]Cl_4+2H_2O \tag{3-15}$$

$$2[Al(H_2O)_4(OH)_2]Cl \longrightarrow [Al_2(H_2O)_6(OH)_4]Cl_2+2H_2O \tag{3-16}$$

缩合反应降低了水解产物浓度，使水解反应继续进行，最终促使反应向高铝浓度、高盐基度、高聚合度方向进行。

聚合氯化铝作混凝剂时，与无机盐类混凝剂相比，具有很多优点：(1)形成絮凝体速度快，絮凝体大而密实，沉降性能好；(2)投加量比无机盐类混凝剂低；(3)对原水水质适应性好，无论是低温、低浊、高浊、高色度、有机污染等原水，均保持较稳定的处理效果；(4)最佳混凝 pH 范围较宽，最佳投量范围宽，一定范围内过量投加不会造成水的 pH 大幅度下降，不会突然出现混凝效果很差的现象；(5)由于聚合氯化铝的盐基度比无机盐类高，因此在配制和投加过程中药液对设备的腐蚀程度小，处理后水的 pH 和碱度变化也较小。

聚合氯化铝的混凝机理主要是利用水解缩合过程中产生的高价多核配合物的压缩双电层作用和吸附电中和作用。

目前有关聚合氯化铝的研究仍在不断发展，通过某些特殊制备手段提高其高价多核配合物如 $[Al_{13}O_4(OH)_{24}]^{7+}$ 等的百分含量，使混凝效果得到大幅度提高。

2. 聚合硫酸铝

聚合硫酸铝(PAS)是利用其中的硫酸根离子 $SO_4^{2-}$ 起到类似羟基架桥的作用，把简单铝盐水解产物桥联起来，促进铝的水解反应形成高价多核配合物以提高混凝效果。目前聚合硫酸铝还没有得到广泛应用。

3. 聚合硫酸铁

聚合硫酸铁(PFS)是碱式硫酸铁的聚合物，化学式为 $[Fe_2(OH)_n(SO_4)_{3-0.5n}]_m$，其中 $m$ 为聚合度，通常 $n<2$，$m>10$，是一种红褐色的黏性液体。

日本于 20 世纪 70 年代开始研究聚合硫酸铁，目前已取得良好的应用效果。聚合硫酸铁的制备方法有好几种，但主要还是以硫酸亚铁为原料，采用不同的氧化法将硫酸亚铁氧化成硫酸铁，通过控制总硫酸根与总铁的摩尔比，使氧化过程中部分硫酸根被羟基所取代，从而形成碱式硫酸铁，再经过聚合形成聚合硫酸铁。

采用聚合硫酸铁作混凝剂时，其优点主要有：混凝剂用量少；絮凝体形成速度快、沉降速度也快；有效的 pH 范围宽；与三氯化铁相比腐蚀性大大降低；处理后水的色度和铁离子含量均较低。

4. 聚合氯化铁

聚合氯化铁(PFC)目前尚处于研究阶段，在实际生产中的应用还比较少。

5. 聚硅酸金属盐

聚硅酸金属盐主要包括聚硅酸铝(PASi)和聚硅酸铁(PFSi)及二者的复合物。首先由日本开始研究，之后中国也在这方面做了大量的研究工作，制备出了稳定周期较长的液体混凝剂。活化硅酸作为硫酸亚铁、硫酸铝等无机盐类混凝剂的助凝剂分别投加，曾经发挥过很好的作用，聚硅酸金属盐混凝剂的研究意图就是将助凝剂与混凝剂结合在一起，简化水处理厂的操作。尽管目前对聚硅酸金属盐的化学组成还不十分明了，但在国内已经有生产规模的应用。对其化学组成的确定、聚合反应机理及混凝机理的深入研究将推动其更广泛的应用。

6. 合成有机高分子混凝剂

合成有机高分子混凝剂可以分为离子型和非离子型聚合物两类，离子型聚合物也称为聚电解质，按其大分子结构中重复单元带电基团的电性不同，又可以分为阴离子型、阳离子型和两性聚合物。

阳离子型聚电解质是指大分子结构重复单元中带有正电荷基团如胺基($-NH_3^+$)、亚胺基($-CH_2-NH_2^+-CH_2-$)或季胺基($N^+R_4$)的水溶性聚合物，主要产品有聚乙烯胺、聚乙烯亚胺、聚二甲基烯丙基氯化铵、聚二甲胺基丙甲基丙烯酰胺、阳离子单体与丙烯酰胺共聚物等。由于水中胶体一般带有负电荷，所以阳离子聚电解质兼有吸附电中和、吸附架桥等多重作用，在水处理中占有较重要的位置。

阴离子聚电解质是指大分子结构重复单元中带有负电荷基团如羧基($-COO^-$)或磺酸基($-SO_3^{2-}$)等的水溶性共聚物。如丙烯酸盐的均聚物或丙烯酸与丙烯酰胺的共聚物。

两性聚电解质是指大分子重复单元中既包含带正电基团又有带负电基团的高分子聚合物。这类聚电解质比较适合在各种不同性质的废水处理中使用，除了具有吸附电中和、吸附架桥作用外，还具有分子间缠绕包裹作用，特别适合于污泥脱水处理。

非离子型有机高分子聚合物的主要产品有聚丙烯酰胺(PAM)和聚氧化乙烯(PEO)，其中 PAM 是使用最普遍的人工合成有机高分子混凝剂。此外还有聚乙烯醇、聚乙烯吡啶烷酮、聚乙烯基醚等也属此类。

7. 天然有机高分子混凝剂

天然高分子化合物主要分为淀粉类、半乳甘露聚糖类、纤维素衍生物类、微生物多糖类和动物骨胶类等。与合成高分子絮凝剂相比，天然高分子物质分子量较低、电荷密度较小、易生物降解而失去活性，因此实际应用不多。目前这方面的研究受到关注，主要是这类高分子聚合物为天然产品，其毒性可能比合成高分子要小，而且由于易于生物降解，不会引起环境污染问题。

### 3.3.3　复合混凝剂

复合混凝剂是指将两种以上特性互补的混凝剂复合在一起而得到的混凝剂。由于各种混凝剂水解机理不同而且有各自的优缺点和适用范围，为了发挥各单一混凝剂的优点，弥补其不足，因此出现将两种以上混凝剂复合使用以达到扬长避短、拓宽最佳混凝范围、提高混凝效率的目的。例如某些铁铝复合混凝剂，可以利用铁和铝水解特性的差异及形成的絮凝体特性不同而获得最佳的混凝效果。不同铁铝比对混凝效果有显著影响，须通过混凝实验确定。将适当的无机混凝剂和有机混凝剂复合使用可以发挥各自在电中和及吸附架桥方面的优势作用而提高混凝效率。

### 3.3.4　助凝剂

从广义上讲，凡是不能在某一特定的水处理工艺中单独用作混凝剂但可以与混凝剂配合使用而提高或改善凝聚和絮凝效果的化学药剂均可称为助凝剂。由于原水水质千差万别，没有一种混凝药剂是在任何水质条件下都适用的万能药剂，因此，无论是混凝剂还是助凝剂，都需要根据所要处理的原水水质情况和所要达到的处理后水质来进行优选。

从以上的定义出发，则助凝剂可以按其投加目的划分为以下几类：（1）以吸附架桥改善已形成的絮凝体结构为目的的助凝剂；（2）以调节原水酸碱度来促进混凝剂水解为目的的助凝剂；（3）以破坏水中有机污染物对胶体颗粒的稳定作用来改善混凝效果的助凝剂；（4）以改变混凝剂化学形态来促进混凝效果的助凝剂。

以吸附架桥改善已形成的絮凝体结构为目的的助凝剂是一类传统意义上的助凝剂，通常是高分子物质，而且有时可以单独作混凝剂使用，此类物质种类很多，如聚丙烯酰胺(PAM)及其水解产物、骨胶、活化硅酸、海藻酸钠等。

聚丙烯酰胺分子结构式为：

$$\left(\begin{array}{l}—CH_2—\underset{|}{CH}— \\ \qquad\qquad CONH_2\end{array}\right)_n$$

其中 $n$ 为聚合度，可高达2万～9万 $D_a$，相应的PAM分子量可高达150万～600万 $D_a$。聚丙烯酰胺的混凝机理是吸附架桥，它对胶体颗粒表面具有强烈的吸附作用，在胶体颗粒之间形成桥联。由于PAM每个聚合单元中均有一个酰胺基($-CONH_2$)，酰胺基之间存在氢键作用，致使PAM的线性分子发生卷曲不能充分伸展，使其架桥作用大大减弱，因此通常将PAM在pH大于10的碱性条件下进行部分水解，使一部分酰胺基水解成羧基($-COO^-$)，此时生成了阴离子型PAM水解产物，用HPAM表示。利用HPAM中羧基所带负电荷的静电斥力，使其线性分子充分伸展，充分发挥其吸附架桥作用。其中酰胺基转化为羧基的百分数称为水解度，水解度过高，分子的电负性太强，静电排斥力大，对絮凝不利，因此需要适当控制其水解度，一般水解度控制在30%～40%较为适宜。

骨胶是一种动物胶，是链状天然高分子物质，主要成分是蛋白质，其分子量在0.3万～8万 $D_a$，能溶于水，投加到水中后主要靠吸附架桥促进脱稳胶体颗粒聚集。骨胶与铝盐或铁盐配合使用，可以获得很好的混凝效果，我国南京自来水公司曾于1966年首次用骨胶作助凝剂与三氯化铁配合使用，获得了很好的处理效果。骨胶无毒无腐蚀性，但价格比铝盐和铁盐高，使用时需通过模拟实验确定经济合理的投加量。由于骨胶通常为粒状或片状产品，使用时需采用适当方法溶解配制成适当浓度，不宜久存，最好即配即用，否则骨胶变质失去助凝作用。

活化硅酸是一种无机高分子助凝剂，由硅酸钠(俗称水玻璃)加酸水解聚合而得。当向硅酸钠中加入酸性物质时，中和掉其中的碱，游离出硅酸分子，硅酸分子中的羟基发生分子间缩聚形成阴离子型无机高分子，这一过程称为活化，加入的酸性物质称为活化剂。常用的活化剂有硫酸、盐酸、氯、二氧化碳、硫酸铝、硫酸铵、三氯化铁等。

活化硅酸的化学结构形态和特征与活化反应条件如活化剂的种类及用量、pH、硅酸浓度、活化时间等密切相关，因此，活化过程中控制其适宜聚合度是关键所在，如聚合不足，分子链较短，助凝效果不好，若聚合过度，则分子量过大形成凝胶，失去助凝效能。

活化硅酸作为助凝剂，在我国有较长的应用历史。1952 年，天津自来水公司首次在生产中应用活化硅酸作为助凝剂，取得很好的效果，之后相继在北京、上海、长春、哈尔滨等地的自来水公司得到应用，对于低温、低浊水的处理效果良好。

海藻酸钠是由海生植物用碱液处理后得到的多糖类天然有机高分子物质，分子量可达数万道尔顿以上，助凝效果较好，但其价格昂贵限制了其推广应用。

以调节原水酸碱度来促进混凝剂水解为目的的助凝剂主要是酸碱性物质。当原水 pH 较高超出混凝剂最佳混凝范围时，可以向水中加酸如硫酸等来适当降低水的 pH。但通常情况下，需要加酸的情形较少，需要加碱提高 pH 以改善混凝反应条件的情况较多。简单无机铝盐或铁盐作混凝剂时，铁离子或铝离子在水解反应中产生 $H^+$ 使水的 pH 下降，如果原水碱度较低，混凝剂水解反应缓慢，如果加入一定量的碱性物质来中和 $H^+$，则可使水解反应继续快速进行，保证较好的混凝效果。理论上许多碱性物质都可以用作此类助凝剂，但实际生产中一般用石灰较多，主要考虑石灰除了可调节 pH 外，由于一些钙盐的溶解度较小，加入石灰后可增加水中悬浮颗粒浓度，也可促进混凝效果。其他碱性物质如氢氧化钠、碳酸钠等由于价格较贵等原因，应用不多。

以破坏水中有机污染物对胶体颗粒的稳定作用来改善混凝效果的助凝剂主要是一些氧化剂。当原水中有机物含量较高，胶体颗粒受到有机物的包裹作用而变得更加稳定，由于有机物的保护作用使混凝剂阳离子不能靠近胶体颗粒而使其脱稳，此时就需要加入某种氧化剂，先破坏胶体颗粒表面的有机物涂层，混凝剂才能发挥脱稳作用。可以起到氧化助凝的氧化剂有高锰酸盐、高铁酸盐、氯、臭氧等，应根据水质情况及水厂工艺来合理选用。由于预投加氯会生成较多的氯化副产物，所以不提倡采用预氯化助凝。

以改变混凝剂化学形态来促进混凝效果的助凝剂是指硫酸亚铁作混凝剂时而言的。由于硫酸亚铁作混凝剂时，其氧化水解反应很慢，通常同时投加氯作为氧化剂，促使亚铁离子快速氧化成三价铁，可显著改善混凝效果。

### 3.3.5　混凝药剂选用原则

如前文所述，混凝药剂种类繁多，如何根据水处理厂工艺条件、原水水质情况和处理后水质目标选用合适的混凝药剂，是十分重要的。混凝药剂品种的选择应遵循以下一般原则：

（1）混凝效果好。在特定的原水水质、处理后水质要求和特定的处理工艺条件下，可以获得满意的混凝效果。

（2）无毒害作用。当用于处理生活饮用水时，所选用混凝药剂不得含有对人体健康有害的成分；当用于工业生产时，所选用混凝药剂不得含有对生产有害的成分。

（3）货源充足。应对所要选用的混凝剂货源和生产厂家进行调研考察，了解货源是否充足、是否能长期稳定供货、产品质量如何等。

(4) 成本低。当有多种混凝药剂品种可供选择时，应综合考虑药剂价格、运输成本与投加量等，进行经济分析比较，在保证处理后水质达标前提下尽可能降低使用成本。

(5) 新型药剂的卫生许可。对于未推广应用的新型药剂品种，应取得当地卫生部门的卫生许可。

(6) 借鉴已有经验。查阅相关文献并考察具有相同或类似水质的水处理厂，借鉴其运行经验，为选择混凝药剂提供参考。

对于各种混凝药剂混凝效果的比较及混凝剂投加量优化，混凝实验是最有效的方法之一，将在后文介绍。

## 3.4 混凝动力学

第3.4节内容视频讲解

混凝动力学要解决颗粒碰撞速率和混凝速率的问题，应包括混合过程和絮凝过程中的动力学，即凝集动力学和絮凝动力学，但由于混合过程时间很短，絮凝时间则较长，因此，此处主要讨论絮凝过程动力学。

根据前文对絮凝的定义，絮凝主要指脱稳的胶体或微小悬浮物聚集成大的絮凝体的过程。要使两个完全脱稳的胶体颗粒聚集成大颗粒的絮凝体，需要给胶体颗粒创造相互碰撞的机会。能够使脱稳的胶体颗粒之间发生碰撞的动力有两个方面，一是颗粒在水中的热运动即布朗运动，二是颗粒受外力(水力或机械力)推动产生的运动，这两种运动对应胶体颗粒的两种絮凝机理，即由布朗运动所引起的胶体颗粒碰撞聚集称为“异向絮凝”(perikinetic flocculation)机理，由外力推动所引起的胶体颗粒碰撞聚集称为“同向絮凝”(orthokinetic flocculation)机理。

1. 异向絮凝

胶体颗粒的布朗运动是无规则的，每一个脱稳的胶体颗粒可能不规则地向各个方向运动，可能同时受到来自各个方向的颗粒的碰撞，两个胶体颗粒向不同的方向运动而发生碰撞聚集的情况，这就是异向絮凝的含义。经脱稳的胶体颗粒发生碰撞后使颗粒由小变大，布朗运动随着颗粒粒径增大而逐渐减弱，当颗粒粒径增长到一定尺寸后，布朗运动不再起作用，此时如果要使颗粒进一步碰撞聚集，则需要外力来推动流体运动，流体再将动力传递给失去布朗运动的颗粒，使颗粒间产生同向絮凝。

2. 同向絮凝

同向絮凝是相对于异向絮凝而言的，是指在如机械搅拌、水力等外力作用下产生的流体运动推动脱稳的胶体颗粒，使所有胶体颗粒向某一方向运动，但由于不同胶体颗粒存在速度快慢的差异，速度快的胶体颗粒将赶上速度慢的胶体颗粒，如果两个胶体颗粒在垂直方向的球心距离小于它们的半径之和，两个胶体颗粒将会碰撞聚集而产生絮凝现象，由于两个胶体颗粒是在同一运动方向上发生碰撞而絮凝的，故称为同向絮凝。

### 3.4.1 异向絮凝动力学

已完全脱稳的胶体颗粒在水分子热运动的撞击下作布朗运动，这种运动是随机的无规则的，将导致颗粒间相互碰撞聚集，产生絮凝，由小颗粒聚集成大颗粒。在这一絮凝过程中，水中颗粒数量浓度或单位体积水中颗粒数减少，而颗粒总质量不变，颗粒的絮凝速率取决于颗粒的碰撞速率。假定胶体颗粒为均匀球体，设颗粒浓度(每 $1cm^3$ 中颗粒的个数)为 $n$，则由于布朗运动相碰而减少的速率可以表示为 $n$ 的二级反应：

$$-\mathrm{d}n/\mathrm{d}t=k_{\mathrm{p}}n^2 \tag{3-17}$$

式中 $k_{\mathrm{p}}$ 为速率常数，表示为：

$$k_{\mathrm{p}}=4\pi dD_{\mathrm{B}}\alpha_{\mathrm{p}} \tag{3-18}$$

式中　$d$——颗粒直径，cm；

$D_{\mathrm{B}}$——布朗运动扩散系数，$cm^2/s$；

$\alpha_{\mathrm{p}}$——颗粒碰撞后产生聚集的分数。

布朗运动扩散系数 $D_{\mathrm{B}}$ 可用爱因斯坦—斯托克斯(Einstein-Stokes)公式来表示：

$$D_{\mathrm{B}}=KT/3\pi d\nu\rho \tag{3-19}$$

式中　$K$——玻耳兹曼(Boltzmann)常数，$1.38\times10^{-16}\mathrm{g}\cdot\mathrm{cm}^2/(\mathrm{s}^2\cdot\mathrm{K})$；

$T$——水的绝对温度，K；

$\nu$——水的运动黏度，$cm^2/s$；

$\rho$——水的密度，$g/cm^3$。

将上式代入式(3-17)得：

$$-\mathrm{d}n/\mathrm{d}t=4\alpha_{\mathrm{p}}KTn^2/3\nu\rho \tag{3-20}$$

由此可知，由布朗运动所造成的颗粒碰撞速率与水温和颗粒的数量浓度成正比，而与胶体颗粒尺寸无关。

将式(3-20)积分得：

$$1/n-1/n_0=4\alpha_{\mathrm{p}}KTt/3\nu\rho \tag{3-21}$$

式中　$n_0$——颗粒的初始浓度，个$/cm^3$；

$n$——时刻 $t$ 时的颗粒浓度，个$/cm^3$。

由上式可以计算出当 $n=n_0/2$ 时所需时间：

$$t_{1/2}=3\nu\rho/4\alpha_{\mathrm{p}}KTn_0 \tag{3-22}$$

若脱稳的颗粒碰撞后即黏附在一起，则 $\alpha_{\mathrm{p}}=1$，将 $T=293\mathrm{K}$ 时水的运动黏度 $\nu$ 和密度 $\rho$ 以及玻耳兹曼常数 $K$ 代入得

$$t_{1/2}\approx2\times10^{11}/n_0 \tag{3-23}$$

若水中颗粒浓度 $n_0=10^5$ 个$/cm^3$，由上式可计算得 $t_{1/2}$ 约为 $2\times10^6$s，即约需 23d。这一计算结果也说明单靠布朗运动来进行絮凝是不现实的。实际上，只有刚脱稳的很小的胶体颗粒才有布朗运动，随着胶体颗粒粒径增大，布朗运动逐渐减弱。当颗粒粒径大于 $1\mu m$ 时，布朗运动基本消失，需要采用水力或机械搅拌推动水流运动来促使颗粒相互碰撞，即进行同向絮凝。

### 3.4.2　同向絮凝动力学

由上面的计算结果可以看出，当颗粒粒径大于 $1\mu m$ 时，异向絮凝速度太慢，在实际水处理过程中必须通过水力或机械搅拌来增强胶体颗粒的同向絮凝以改善混凝效果。因此，同向絮凝在整个混凝过程中具有十分重要的地位。有关同向絮凝的动力学理论研究经历了不断完善的过程，目前也仍处于不断地发展之中。

最初的同向絮凝动力学理论公式是假设水流处于层流状态下而推导出来的，处于层流状态下的胶体颗粒 $i$ 和 $j$ 均随水流前进，如图 3-7 所示，但由于它们之间存在速度差异，例如 $i$ 颗粒的前进速度大于 $j$ 颗粒的前进速度，则在某一时刻，$i$ 颗粒必然会追上 $j$ 颗粒并与之碰撞。假设水中颗粒均为球体，颗粒半径 $r=r_i=r_j$，则在以 $j$ 颗粒中心为圆心、以 $R_{ij}=r_i+r_j=2r=d$ 为半径的范围内的所有 $i$ 颗粒和 $j$ 颗粒均会发生碰撞。可推导出其碰撞速率 $N_0$ 为：

$$N_0=4n^2d^3G/3 \tag{3-24}$$

$$G=\Delta u/\Delta z \tag{3-25}$$

式中　$G$——速度梯度，$s^{-1}$；

$\Delta u$——相邻两流层的流速增量，cm/s；

$\Delta z$——垂直于水流方向的两层流之间的距离，cm。

该公式中，$n$ 和 $d$ 均属于原水的杂质特性，而 $G$ 是控制混凝效果的水力条件，在絮凝设计中，速度梯度 $G$ 是重要的控制参数之一。

上述公式是在层流条件下推导出的，而在实际絮凝过程中，水流条件并非层流，而总是处于紊流状态，流体内部存在着不同大小尺度的涡旋，除具有前进方向的速度外，还具有纵向和横向的脉动速度。因此，上述公式不可能准确地对絮凝过程中的颗粒碰撞动因进行描述。

为了获得与实际絮凝过程更为接近的定量描述公式，甘布(T. R. Camp)和斯泰因(P. C. Stein)通过一个瞬间受剪而扭转的单位体积水流所消耗的功率来计算 $G$ 值，假设在被搅动的水流中有一个瞬间受剪力作用而扭转的隔离体，若在 $\Delta t$ 时间内隔离体扭转了 $\Delta\theta$ 角度，如图 3-8 所示，则其角速度 $\Delta\omega$ 为：

$$\Delta\omega=\Delta\theta/\Delta t=\frac{\Delta l}{\Delta t\cdot\Delta z}=\Delta u/\Delta z=G \tag{3-26}$$

式中，$\Delta u$ 为扭转线速度，$G$ 为速度梯度。隔离体的转矩 $\Delta J$ 为：

$$\Delta J=(\tau\cdot\Delta x\cdot\Delta y)\Delta z \tag{3-27}$$

式中，$\tau$ 为剪应力，$\tau\cdot\Delta x\cdot\Delta y$ 为作用在隔离体上的剪力。隔离体扭转所消耗的功率等于转矩与角速度的乘积，由此可以计算得到单位水流所消耗的功率 $p$：

$$p=\Delta J\cdot\frac{\Delta\omega}{\Delta x\cdot\Delta y\cdot\Delta z}=G\cdot\tau\cdot\Delta x\cdot\Delta y\cdot\frac{\Delta z}{\Delta x\cdot\Delta y\cdot\Delta z}=\tau G \tag{3-28}$$

根据牛顿内摩擦定律，$\tau=\mu G$，代入上式得：

$$G=(p/\mu)^{1/2} \tag{3-29}$$

式中　$\mu$——水的动力黏度，Pa·s；$\mu$ 与水的运动黏度 $\nu$ 和水的密度 $\rho$ 的关系为 $\mu=\rho\nu$；

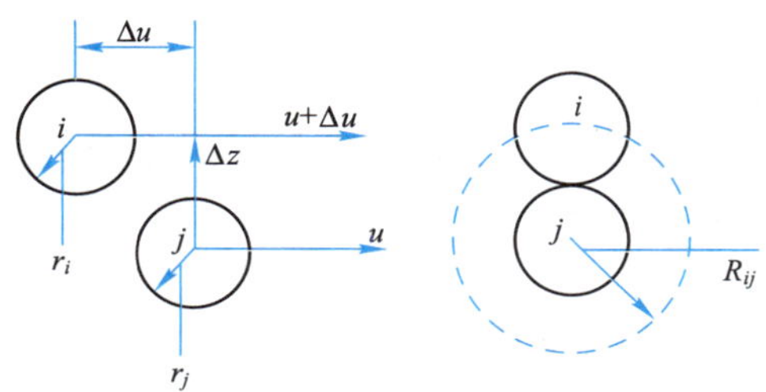


图 3-7　层流条件下颗粒碰撞示意图

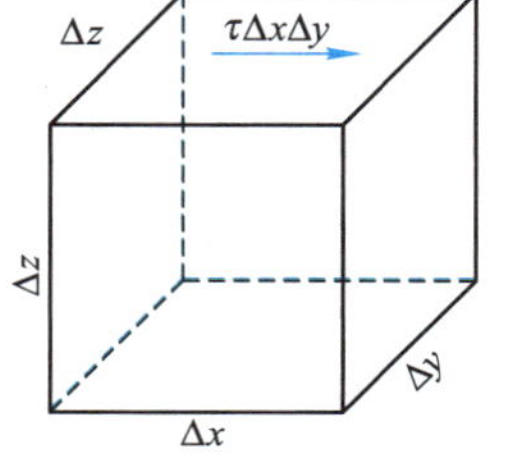


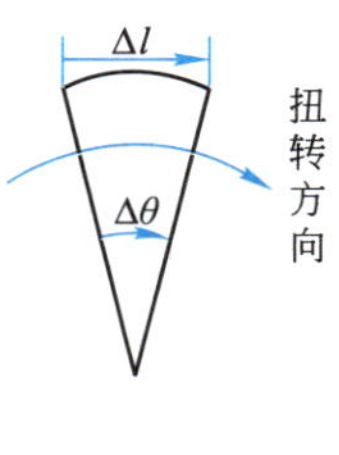


图 3-8　瞬间受剪而扭转的单位体积水流隔离体

$p$——单位体积流体所耗功率，$W/m^3$；

$G$——速度梯度，$s^{-1}$。

在实际絮凝过程中，当采用机械搅拌时，上式中的消耗功率由搅拌器提供；当采用水力絮凝时，上式中的消耗功率应为水流自身能量的消耗。

将单位体积水流消耗功率 $p$ 与处理水流体积 $V$ 相乘，即可得到处理一定体积 $V$ 水流所消耗的总的功率，有如下等式：

$$pV=\rho gQh \tag{3-30}$$

$$V=QT \tag{3-31}$$

式中　$Q$——絮凝池流量，$m^3/s$；

$V$——絮凝池体积，$m^3$。

将式(3-30)和式(3-31)代入式(3-29)可得：

$$G=(gh/\nu T)^{1/2} \tag{3-32}$$

式中　$g$——重力加速度，9.8$m/s^2$；

$h$——絮凝过程中的水头损失，m；

$\nu$——水的运动黏度，$m^2/s$；

$T$——水流在絮凝设施中的停留时间，s。

式(3-29)和式(3-32)即是著名的甘布公式，其中的 $G$ 值反映了能量消耗的概念，但仍沿用了与式(3-25)相同的“速度梯度”这一术语，并沿用至今。

将甘布公式用于式(3-24)来计算颗粒碰撞速率并未脱离层流的概念，仍未从紊流的角度来推导和阐述颗粒碰撞速率。

近年来，许多学者直接从紊流理论出发来探讨同向絮凝过程中的颗粒碰撞速率。列维奇(Levich)等根据科尔摩哥罗夫(Kolmogoroff)的局部各向同性紊流理论来推导同向絮凝动力学方程，即认为在各向同性紊流中，存在各种大小尺度不同的涡旋。外部设施(如搅拌器)施加给水流的能量形成大涡旋，一些大涡旋将能量传递给小涡旋，小涡旋又将一部分能量传递给更小的涡旋。随着小涡旋的产生和逐渐增多，水的黏性影响开始增强，从而产生能量损耗。在这些大小尺度不同的涡旋中，大尺度涡旋主要起两个作用：一是使颗粒均匀分散于流体中；二是将其从外部设施获得的能量传递给小涡旋。这些不同大小尺度的涡旋对颗粒碰撞的贡献也不一样，大涡旋往往使颗粒作整体移动而不会相互碰撞，过小的涡旋其强度又往往不足以推动颗粒碰撞，只有大小尺度与颗粒尺寸相近(或碰撞半径相近)的涡旋才能引起颗粒之间相互碰撞。众多这样的小涡旋在水流中作无规则的脉动，由其引起的颗粒间碰撞类似于异向絮凝中布朗运动所造成的颗粒碰撞。因此，可以导出各向同性紊流条件下颗粒碰撞速率 $N_0$：

$$N_0=8\pi dDn^2 \tag{3-33}$$

式中 $D$ 表示紊流扩散和布朗运动扩散系数之和，但由于紊流的布朗运动扩散远小于紊流扩散，可将 $D$ 近似作为紊流扩散系数。紊流扩散系数可用下式表示：

$$D=\lambda u_\lambda \tag{3-34}$$

式中，$\lambda$ 为涡旋尺度(或脉动尺度)，$u_\lambda$ 为相应于 $\lambda$ 尺度的脉动速度。从流体力学知，在各向同性紊流中，脉动流速用下式表示：

$$u_\lambda=(\varepsilon/15\nu)^{1/2}\cdot\lambda \tag{3-35}$$

式中　$\varepsilon$——单位时间、单位体积流体的有效能耗；

$\nu$——水的运动黏度；

$\lambda$——涡旋尺度。

设涡旋尺度与颗粒直径相等，即 $\lambda = d$，将式(3-34)和式(3-35)代入式(3-33)得：

$$N_0 = 8\pi(\varepsilon/15\nu)^{1/2} \cdot d^3 \cdot n^2 \tag{3-36}$$

若将紊流颗粒碰撞速率公式(3-36)与层流颗粒碰撞速率公式(3-24)进行比较，可以看出，如果令 $G = (\varepsilon/\nu)^{1/2}$，两式仅是系数不同。

$G = (\varepsilon/\nu)^{1/2}$ 和 $G = (p/\mu)^{1/2}$ 均称作速度梯度，但可以看出，两式非常相似，不同在于 $p$ 是单位体积流体所耗功率，其中包括平均流速和脉动流速所耗功率；而 $\varepsilon$ 表示脉动流速所耗功率。因此，在紊流条件下，甘布公式仍可应用，而紊流条件下推导出的颗粒碰撞速率公式(3-36)虽有理论依据，但有效能耗 $\varepsilon$ 很难确定。

值得指出的是，紊流条件下推导出的颗粒碰撞速率公式(3-36)在理论上更趋于合理，但在实际应用时也存在一些问题，因为水中颗粒尺寸大小不等且在絮凝过程中逐渐增大，涡旋尺度也大小不等且随机变化，而式(3-35)仅适用于处于“黏性区域”(受水的黏性影响的所有小涡旋群)的小涡旋，因此，使式(3-36)的应用受到局限，一些水处理专家学者仍在这方面进行研究和探讨。

如前所述，水中只有涡旋尺寸与颗粒相近的微涡旋才能引起颗粒的相互碰撞，所以有人认为如能产生更多的微涡旋，就能提高絮凝的效率，这被称为絮凝的微涡旋理论。

根据式(3-24)或式(3-36)可以得出，在絮凝过程中，所施功率或 $G$ 值越大，颗粒碰撞速率越大，絮凝效果越好，但实际絮凝过程中，$G$ 值增大时，水流的剪切力也随之增大，已形成的絮凝体有破碎的可能，如何计算或控制一个最佳 $G$ 值，使达到最佳的絮凝效果又不致使絮凝体破碎，仍有待进一步的深入研究。由于絮凝体破碎问题很复杂，涉及絮凝体自身的物化特性、形状、尺寸和结构密度以及破碎机理等，虽有一些学者提出了一些理论或数学方程，但并未获得统一的认识。

目前有关混凝动力学的研究仍然十分活跃，不同的理论观点相继出现，将会使原有的混凝动力学理论不断得到完善，更好地指导实际应用。

### 3.4.3　理想絮凝反应器

絮凝反应是在反应器中完成的，在此简单讨论一下将絮凝动力学理论应用于不同类型反应器的情况。

在絮凝过程中，水中颗粒数逐渐减少，颗粒总质量不变。若按照球形颗粒计算，颗粒直径为 $d$ 且粒径均匀，则每个颗粒的体积为 $(\pi/6)d^3$。单位体积水中颗粒总数为 $n$，则单位体积水中所含颗粒总体积，即体积浓度 $\phi$ 为：

$$\phi = (\pi/6)d^3 \cdot n \tag{3-37}$$

将上式代入式(3-24)得：

$$N_0 = 8G\phi n/\pi \tag{3-38}$$

由于［碰撞速率］=－2［絮凝速率］，则絮凝速率为：

$$dn/dt = -N_0/2 = -4G\phi n/\pi \tag{3-39}$$

由上式可知，絮凝速率与颗粒数量浓度的一次方成正比，属于一级反应。令 $K = 4\phi/\pi$，上式改写为：

$$dn/dt=-KGn \tag{3-40}$$

对于特定的原水水质，式中 $K$ 为常数。

考虑在实际水处理过程中，采用连续流反应器，如推流式反应器(PFR)和完全混合连续式反应器(CSTR)，可以对上式积分并得出不同类型反应器在达到一定处理后水质时的停留时间 $t$。

采用 PFR 型反应器时，稳态条件下的絮凝时间为：

$$t=(KG)^{-1}\ln(n_0/n) \tag{3-41}$$

采用 CSTR 型反应器(如机械搅拌絮凝池)时，稳态条件下的絮凝时间为：

$$t=(KG)^{-1}(n_0-n)/n \tag{3-42}$$

采用 $m$ 个絮凝池串联时，单个絮凝池的平均絮凝时间为：

$$t=(KG)^{-1}\ \left[(n_0/n)^{1/m}-1\right] \tag{3-43}$$

式中 $n_0$ 为原水颗粒数量浓度，$n$ 为第 $m$ 个絮凝池出水颗粒浓度，$t$ 为单个絮凝池平均絮凝时间。总絮凝时间 $T=mt$。

**【例 3-1】** 设已知 $K=5.14\times10^{-5}$，$G=30s^{-1}$。经过絮凝后要求水中颗粒数量浓度减少 3/4，即$n_0/n_m=4$，试按理想反应器作以下计算：(1)采用 PFR 型反应器所需絮凝时间为多少分钟？(2)采用 CSTR 反应器(如机械搅拌絮凝池)所需絮凝时间为多少分钟？(3)采用 4 个 CSTR 反应器串联所需絮凝时间为多少分钟？

**【解】** (1) 将题中数据代入公式(3-41)得：

$$t=\frac{1}{5.14\times10^{-5}\times30}\ln4=899s\approx15min$$

(2) 将题中数据代入公式(3-42)得：

$$t=\frac{1}{5.14\times10^{-5}\times30}(4-1)=1946s\approx32min$$

(3) 将题中数据代入公式(3-43)得：

$$t=\frac{1}{5.14\times10^{-5}\times30}(4^{1/4}-1)=269s$$

总絮凝时间 $T=4t=4\times269=1076s\approx18min$

以上虽然是按理想反应器考虑且假定颗粒每次碰撞均导致相互凝聚，具体数据当然和实际情况存在差距，但由此例可知，推流型絮凝池的絮凝效果优于单个机械絮凝池。当采用 4 个机械絮凝池串联时，絮凝效果接近推流型絮凝池。在 3.6 节介绍絮凝设备时，读者可判断出哪些设备接近 PFR 型，哪些设备接近 CSTR 型，从而为合理选用絮凝设备型式提供理论依据。

### 3.4.4 混凝过程的控制指标

如何利用混凝动力学理论基础作指导，在实际水处理工艺过程中控制某些动力学指标从而达到控制最佳混凝效果，一直是水处理领域一些专家学者的研究方向。

在混合阶段，主要目的是使混凝药剂快速均匀地分散到水中，以利于混凝剂的快速水解、聚合及胶体颗粒凝集，因此需要对水流进行快速剧烈搅拌。混合过程通常在 10～20s

至多不超过2min内完成。搅拌速度按速度梯度计，一般控制$G$值在700～1000$s^{-1}$。由于在此阶段水中颗粒尺寸很小，未超出布朗运动颗粒的尺寸范围，因此存在颗粒间的异向絮凝。

在絮凝阶段，主要靠机械或水力搅拌促使颗粒碰撞凝聚，同向絮凝起主要作用。由前可知，若絮凝反应器中的平均颗粒碰撞速率为$N_0$，絮凝时间为$T$，则$N_0T$就是水中颗粒在絮凝反应器中碰撞的总次数，它可以作为反映絮凝效果的一个参数。由式(3-24)和式(3-36)可知，$N_0$与$G$有正比例关系，所以$GT$无因次数也是反映絮凝效果的一个参数。在设计中，平均$G$值控制在20～70$s^{-1}$范围内，平均$GT$值控制在$1\times10^4$～$1\times10^5$范围内。

在絮凝反应过程中，絮凝体尺寸逐渐增大，粒径变化可从微米级增大到毫米级，变化幅度达到几个数量级，但大尺寸絮凝体在强的剪切力作用下容易破碎，若为了不使生成的大絮凝体破碎而采用很小的$G$值，就需要很长的絮凝时间，这就会加大絮凝池的容积，增大建设费用。为了使絮凝池容积不致过大，工程中于絮凝开始颗粒很小时采用大的$G$值，并随着絮凝体尺寸增大逐渐减小$G$值，最后絮凝体增至最大时采用最小的$G$值，这样既保证了絮凝体不被打碎，又能使絮凝池容积较小，这是计算絮凝池时普遍采用的一种设计原理。

还有一些学者将颗粒浓度及有效碰撞等因素考虑进去，提出用$GCT$或$\alpha GCT$值作为絮凝控制指标。其中$C$表示水中颗粒体积浓度，$\alpha$表示有效碰撞系数，若脱稳颗粒每次碰撞都可以导致凝聚，则$\alpha=1$，但实际絮凝过程中总是$\alpha<1$。采用$GCT$或$\alpha GCT$值作为絮凝控制指标虽然更合理，但由于其数值较难确定，有待进一步的研究。此外，一些学者根据絮凝过程中絮凝体尺寸变化和紊流能谱分析，提出在絮凝阶段以$(\varepsilon)^{1/3}$或$(p)^{1/3}$代替$G$值作为控制指标。

有关混凝动力学及混凝控制指标方面的研究仍有待进一步地深入，不同的理论观点相互包容和补充，如何将理论推导进行完善并与实际应用相结合，建立一个完善的理论模型并在实际应用中具有可操作性，是今后研究的方向。

**【例3-2】** 已知水厂规模为25000$m^3$/d，自用水系数为1.08，设计折板絮凝池，分为三挡，各挡的水头损失分别为125mm、50mm、25mm，并已知絮凝池的容积$V=281.25m^3$，试校核该絮凝池的$G$值、$GT$值是否满足要求(水温$t=20$℃时，水的密度$\rho=1g/cm^3$，动力黏度$\mu=1.0084\times10^{-3}Pa\cdot s$)。

**【解】** 絮凝池设计流量 $Q=25000\times1.08m^3/d=0.3125m^3/s$

由式(3-31)得水力停留时间：

$$T=\frac{V}{Q}=\frac{281.25}{0.3125}=900s$$

折板絮凝池总水头损失：

$$H=125+50+25=200mm=0.2m$$

由式(3-32)计算得：

$$G=\sqrt{\frac{gH}{\nu T}}=\sqrt{\frac{9800\times0.2}{1.0084\times10^{-3}\times900}}=46.47s^{-1}$$

$$GT=46.47\times900=41823$$

可见，$G$值、$GT$值均在絮凝控制范围之内，满足絮凝控制要求。

### 3.4.5　混凝的影响因素及强化混凝措施

随着水质标准的日益严格，常规混凝过程已经逐渐不能够满足人们对于水质的需求，而强化混凝则是提高水处理效能的重要方式。

强化混凝最初的定义是指在保证浊度去除效果的前提下，通过提高混凝剂的投加量或者控制 pH 来实现提高有机物去除率的工艺过程。随着人们对混凝过程各种影响因素的认识深入，强化混凝可以被定义为通过调控混凝过程中的反应条件如混凝剂的筛选与优化、混凝剂投量及反应过程的优化以及反应 pH 的控制来实现混凝效果提高的过程。此外，混凝往往不会单独存在于水处理工艺流程中，其前处理和后处理工艺的选择也是提高混凝效果的重要步骤。本节将结合混凝的影响因素来具体讲述强化混凝的相关措施。

影响混凝效果的因素较多也很复杂，但总体上可以分为两类，一类是客观因素，主要是指所处理的对象即原水所具有的一些特性因素如水温、水的 pH、水中各种化学成分的含量及性质等，另一类是主观因素，即可以通过人为改变的一些混凝条件如投加混凝剂的种类及投加方式、水力条件等。

尽管影响混凝效果的因素较复杂，但人们经过长期的研究和实践，对某些主要影响因素有了一定规律性的认识。

1. 水温的影响

水温对混凝效果有较大的影响，水温过高或过低都对混凝不利，最适宜的混凝水温为 20～30℃。水温低时，絮凝体形成缓慢，絮凝颗粒细小，混凝效果较差，主要有几方面的原因：(1) 由于无机盐混凝剂水解反应是吸热反应，水温低时，混凝剂水解缓慢，影响胶体颗粒脱稳。根据范特哈甫近似规则，在常温附近，水温每降低 10℃，混凝剂水解反应速度常数将降低 2～4 倍。例如，硫酸铝作混凝剂时，当水温低于 5℃时，其水解速度已经非常缓慢。(2) 水温低时，水的黏度变大，胶体颗粒运动的阻力增大，影响胶体颗粒间的有效碰撞和絮凝。(3) 水温低时，水中胶体颗粒的布朗运动减弱，不利于已脱稳胶体颗粒的异向絮凝。水温过高时，混凝效果也会变差，主要由于水温高时混凝剂水解反应速度过快，形成的絮凝体水合作用增强、松散不易沉降；在处理污水时，产生的污泥体积大，含水量高，不易处理。

2. 水的 pH 的影响

水的 pH 对混凝效果的影响很大，主要从两方面来影响混凝效果。一方面，水的 pH 直接与水中胶体颗粒的表面电荷和电位有关，不同的 pH 下胶体颗粒的表面电荷和电位不同，所需要的混凝剂量也不同；另一方面，水的 pH 对混凝剂的水解反应有显著影响，不同混凝剂的最佳水解反应所需要的 pH 范围不同，因此，水的 pH 对混凝效果的影响也因混凝剂种类而异。例如，用硫酸铝作混凝剂去除水中浊度时，最佳的 pH 范围在 6.5～7.5，而用于去除水中色度时，最佳 pH 范围在 4.5～5.5。用三价铁盐作混凝剂去除水中浊度时，最佳 pH 范围比硫酸铝有所拓宽，在 6.0～8.4，而用于去除水中色度时，最佳 pH 范围在 3.5～5.0。当用硫酸亚铁作混凝剂时，只有当水的 pH 大于 8.5 而且水中有足够的溶解氧时，才能充分使二价铁离子氧化成三价铁离子而迅速水解，促使胶体颗粒脱稳并絮凝沉淀。为了促进亚铁离子的氧化，通常将硫酸亚铁与氯配合使用。当采用有机或无机高分子物质作混凝剂时，混凝效果受水的 pH 影响较小。例如聚合氯化铝的最佳混凝除浊 pH 范围在 5～9。

3. 水的碱度的影响

由于混凝剂加入原水中后，发生水解反应，反应过程中要消耗水中的碱度，特别是无机盐类混凝剂，消耗的碱度更多。当原水中碱度很低时，投入混凝剂因消耗水中的碱度而使水的 pH 降低，如果水的 pH 超出混凝剂最佳混凝 pH 范围，将使混凝效果受到显著影响。当原水碱度低或混凝剂投量较大时，通常需要加入一定量的碱性药剂如石灰等来提高混凝效果。

加入一定量的石灰可以中和混凝剂水解过程中所产生的氢离子 $H^+$，反应如下：

$$Al_2(SO_4)_3+3H_2O+3CaO = 2Al(OH)_3+3CaSO_4$$

$$2FeCl_3+3H_2O+3CaO = 2Fe(OH)_3+3CaCl_2$$

应当注意，投加的碱性物质不可过量，否则形成的 $Al(OH)_3$ 会溶解为负离子 $Al(OH)_4^-$ 而降低混凝效果。由上述反应式可知，每投加 1mmol/L 的 $Al_2(SO_4)_3$，需要石灰 CaO 3mmol/L，将水中原有碱度考虑在内，石灰投量按下式估算：

$$[CaO]=3a-x+\delta$$

式中　[CaO]——纯石灰 CaO 投量，mmol/L；

$a$——混凝剂投量，mmol/L；

$x$——原水碱度，mmol/L，按 CaO 计；

$\delta$——保证反应顺利进行的剩余碱度，一般取 0.25～0.5mmol/L(CaO)。

一般情况下，石灰投量最好通过试验决定。

**【例 3-3】** 河水总碱度 0.1mmol/L(按 CaO 计)。硫酸铝(含 $Al_2O_3$ 为 16%)投加量为 25mg/L，问是否需要投加石灰以保证硫酸铝顺利水解？设水厂每日生产水量 50000$m^3$，试问水厂每天约需要多少千克石灰(石灰纯度按 50%计)。

**【解】** 由于保证反应顺利进行的剩余碱度需要大于 0.25mmol/L，而河水总碱度为 0.1mmol/L，因此，碱度不足，需要投加石灰以保证硫酸铝顺利水解。

投药量折合 $Al_2O_3$ 为：25×16%=4mg/L。

$Al_2O_3$ 分子量为 102，故投药量相当于$\frac{4.0}{102}=0.039$mmol/L。

剩余碱度取平均值 0.37mmol/L，则得：

$$[CaO]=3\times0.039-0.1+0.37=0.387\text{mmol/L}$$

CaO 分子量为 56，则纯度为 50%的市售石灰投量为：

$$\frac{0.387\times56\times50000}{0.5}=2.17\times10^6\text{g}=2.17\times10^3\text{kg}$$

4. 水中浊质颗粒浓度的影响

水中浊质颗粒浓度对混凝效果有明显影响，浊质颗粒浓度过低时，颗粒之间的碰撞概率大大减小，混凝效果变差。如果原水浊度低而且水温也低，则通常称为“低温低浊”水，混凝处理难度更大，为提高混凝效果，可在投加混凝剂的同时，投加高分子助凝剂，或是在水中投加矿物颗粒如黏土等增加水中颗粒数量，从而提高颗粒碰撞概率，增加混凝剂水解产物的凝结中心。如果原水中浊质颗粒浓度过高，则要使胶体颗粒脱稳所需的混凝剂量也将大幅度增加。如我国一些以黄河为饮用水源的城市，通常将原水经过预沉或先投加高分子絮凝剂如聚丙烯酰胺等，将原水浊度降到一定程度以后再投加混凝剂进行常规处理。

5. 水中有机物的影响

随着水环境污染加剧，饮用水源中有机污染物的量也在逐渐增加，水中有机物对胶体有保护稳定作用，即水中溶解性的有机物分子吸附在胶体颗粒表面，好像形成一有机涂层(organic coating)一样，将胶体颗粒保护起来，阻碍胶体颗粒之间的碰撞，阻碍混凝剂与胶体颗粒之间的脱稳凝集作用，因此，在有机物存在条件下胶体颗粒比没有有机物时更难以脱稳，需要增加混凝剂投量才能获得较好的混凝效果，混凝剂投量大幅度增加。通常可以通过投加高锰酸钾、臭氧、氯等预氧化剂，氧化破坏有机物对胶体的保护作用，从而改善混凝效果，降低混凝剂的消耗量。但在选用预氧化剂时，应考虑是否产生有毒害作用的副产物。

近年来，地表水富营养化已经成为一个重要的环境问题，其引起的藻类大量繁殖也给饮用水处理增加了难度。由于藻类表面电荷较高、其光合作用过程中产生的氧气使得其相对密度较小，因此含藻水的混凝较为困难。通常可以通过化学预氧化，如臭氧、氯、高锰酸钾、高铁酸钾、过硫酸盐等，强化含藻水的混凝。但是在化学预氧化的过程中，藻细胞可能会受到不同程度的破坏，其中的胞内有机物会被释放，可能对后续的水处理过程产生不利影响。

6. 混凝剂种类与投加量的影响

由于不同种类的混凝剂其水解特性和适用的水质情况不完全相同，因此应根据原水水质情况优化选用适当的混凝剂种类。对于无机盐类混凝剂，要求形成能有效压缩双电层或产生强烈电中和作用的形态，对于有机高分子絮凝剂，则要求有适量的官能团和聚合结构，较大的分子量。一般情况下，混凝效果随混凝剂投量的增加而提高，但当混凝剂的用量达到一定值后，混凝效果达到顶峰，再增加混凝剂用量混凝效果反而下降，所以要控制混凝剂的最佳投量。理论上的最佳混凝剂投量是使混凝沉淀后的净水浊度最低，胶体滴定电荷与$\zeta$电位值都趋于零，但由于该投加量高，成本高，不经济不易控制，实际生产中的最佳混凝剂投量通常兼顾净化后水质达到国家标准并使混凝剂投量最低。

7. 混凝剂投加方式的影响

混凝剂的投加方式有干投和湿投两种。干投是指把固态混凝剂不经水溶直接投加到要处理的原水中。湿投是指将混凝剂先溶解配制成一定浓度的水溶液，然后再投加到要处理的原水中。由于固体混凝剂与液体混凝剂甚至不同浓度的液体混凝剂之间，其中能压缩双电层或具有电中和能力的混凝剂水解形态不完全一样，因此投加到水中后产生的混凝效果也不一样。对硫酸铝、三氯化铁不同浓度水溶液中水解产物及其混凝效果的研究结果表明，硫酸铝以稀溶液形式投加较好，而三氯化铁则以干投或浓溶液形式投加较好。如果除投加混凝剂之外还投加其他助凝剂，则各种药剂之间的投加先后顺序对混凝效果也有很大影响，必须通过模拟实验和实际生产实践确定适宜的投加方式和投加顺序。

8. 水力条件的影响

水力条件对混凝效果的影响是显著的，此处所指的水力条件包括水力强度和作用时间两方面的因素。投加混凝剂之后，混凝过程可以分为快速混合与絮凝反应两个阶段，但在实际水处理工艺中，两个阶段是连续不可分割的，在水力条件上也要求具有连续性。由于混凝剂投加到水中之后，其水解形态可能快速发生变化，通常快速混合阶段要使投入的混凝剂迅速均匀地分散到原水中，这样混凝剂能均匀地在水中水解聚合并使胶体颗粒脱稳凝集，快速混合要求有快速而剧烈的水力或机械搅拌作用，而且短时间内完成，一般在几秒至一分钟内完成，最多不超过2min。快速混合完成后，进入絮凝反应阶段，此时要使已脱稳的胶体颗粒通过异向絮凝和同向絮凝的方式逐渐增大成具有良好沉降性能的絮凝体，因此，絮凝反应阶段搅拌强度和水流速度应随着絮凝体的增大而逐渐降低，避免已聚集的絮凝体被打碎而影响混凝沉淀效果。同时，由于絮凝反应是一个絮凝体逐渐增长的慢速过程，如果混凝反应后需要絮凝体增长到足够大的颗粒尺寸通过沉淀去除，需要保证一定的絮凝作用时间，如果混凝反应后是采用气浮或直接过滤的工艺，则反应时间可以大大缩短。

## 3.5　混 凝 过 程

第 3.5 节内容视频讲解

水处理中混凝过程包括混凝剂的配制、计量、投加、快速混合、絮凝反应等环节，下面分别讨论。

### 3.5.1　混凝剂的配制

混凝剂的配制一般包括药剂溶解和溶液稀释两个步骤，或只需一步，根据具体情况而定。如液体混凝剂，可能只需加水稀释一步甚至连加水稀释都不需要而直接投加。对于固体混凝剂，配制过程至少需要溶解这一环节，通常溶解后配成较高浓度的储备液，投加前再加水稀释成一定的投加浓度。

药剂溶解需设置溶解池，溶解池大小规格决定于水厂生产规模和混凝剂种类，但设计和选用的一般原则是：溶药快速效率高、溶药彻底残渣少、操作方便易控制、坚固耐腐低能耗。一般大、中型水厂通常建造混凝土溶解池并配置搅拌装置，搅拌方式有水力搅拌、机械搅拌、压缩空气搅拌等。

水力搅拌溶解可分为两种方式：一是利用水厂压力水直接对药剂进行冲溶和淋溶，优点是节省机电设备，缺点是效率低，溶药不充分，仅适合于小型水厂和极易溶解的药剂；二是采用水力搅拌溶解装置，通过专设水泵，从溶解池抽水，再从底部送回，形成循环水力搅拌。第二种方式较第一种效率高，但溶解速度仍不够快。

机械搅拌是使用较多的搅拌方式，适用于各种规模的水厂和各种药剂的溶解，通常以电动机驱动桨板或涡轮搅动溶液，溶解效率高。搅拌机可根据需要自行设计，或直接选用某些定型产品。搅拌机在溶解池上的设置有旁入式和中心式两种，对于尺寸较小的溶解池可选用旁入式，对于大尺寸的溶解池则通常选用中心式。图 3-9 为机械搅拌溶解池示意图。

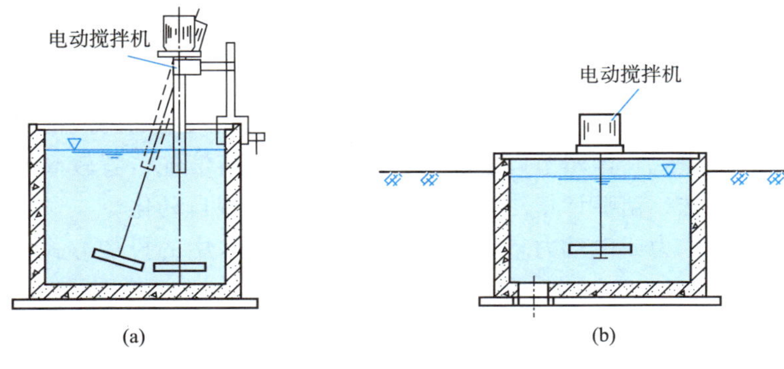


图 3-9　机械搅拌溶解池示意图

(a)旁入式；(b)中心式

压缩空气搅拌溶解一般是在溶解池底部设置环形穿孔布气管，由空压机供给压缩空气通过布气管通入对溶液进行搅拌。压缩空气搅拌的优点是没有与溶液直接接触的机械设备，便于维修，但与机械搅拌相比，动力消耗较大，溶解速度较慢。压缩空气搅拌适用于各种规模的水厂和各种药剂的溶解，若水处理厂附近有其他工厂提供的气源则更好，否则需要专设空气压缩机或鼓风机。

值得注意的是，对于某些有特殊性质的药剂，可能需要特殊的溶解装置。如三氯化铁腐蚀性强，且溶解过程中大量放热，需要特别注意；骨胶在溶解过程中需先以水热蒸溶再搅拌溶解。

溶液稀释是将已溶解好的混凝剂浓溶液稀释成生产投加时所需要的浓度，通常直接在溶液池中进行，溶液池至少需两个交替使用。为了保证溶液稀释过程中混合均匀，与溶解池一样需要设置搅拌装置。

### 3.5.2　混凝剂的计量

混凝剂投加到原水中之前，必须对其进行准确计量，并且要能根据原水或处理后水质变化情况适时调整投药量，保证稳定良好的混凝效果。

计量设备多种多样，应根据实际情况来选用。常用的计量设备有计量泵、转子流量计、电磁流量计、孔口、苗嘴等。其中孔口和苗嘴计量仅适用于人工控制，而计量泵、转子流量计和电磁流量计等易于实现自动控制，也可用于人工控制。

为了保证混凝药剂投加准确而且易于实现自动控制，计量泵是首选的计量投加装置。

### 3.5.3　混凝剂的投加

混凝剂的投加方式有多种分类，按混凝剂的状态分固体投加（干投）和溶液投加（湿投）两种；按混凝剂投加到原水中的位置有泵前投加和泵后投加之分；在溶液投加中按药液加注到原水中的动力来源有重力投加和压力投加之分。

固体投加方式需要专门的干投机，而且要求固体药剂颗粒细小而且均匀，易溶于水，投加到水中后能迅速溶解。

泵前投加是指将药剂投加到原水泵的吸水管或吸水喇叭口处，此种投加方式安全可靠，可借助水泵进行混凝剂快速混合，一般适用于取水泵房离水处理厂较近的情况。

溶液投加在我国普遍使用。对于溶液投加，重力投加和压力投加都有采用，下面分别进行介绍。

重力投加是指利用混凝剂溶液的重力，是混凝剂溶液从较高的溶液池自动流向并加注到原水中的一种投加方式，虽然节省了动力，但仅适合于溶液池位置较高的情况，这种投加方式常与孔口计量法、苗嘴计量法等配合使用，难以实现自动化。

压力投加是利用水力或电动力来将混凝药液加注到原水中的投加方式，有水射器投加和泵投加。

水射器投加是利用高压水通过水射器喷嘴和喉管之间形成的真空抽吸作用将药液吸入，借助水的余压将药液加注到原水中，设备简单、使用方便，对溶液池高度无特殊要求，但水射器效率较低且易磨损。

泵投加是利用泵将电能转变成动能将药液加注到原水中的一种投加方法，根据所选泵类型不同有计量泵(柱塞泵或隔膜泵)投加和离心泵投加两种。离心泵投加需要配置相应的计量设施，计量泵投加则不用另配计量装置，并可通过改变计量泵冲程和（或）变频调速来改变药液的投加量，很适合于混凝剂投加自动控制系统。目前新建和改建水厂已大多数采用计量泵投加方式。

### 3.5.4　混凝剂投加量自动控制

混凝剂投加量与处理后水质密切相关，同时也与水厂制水经济成本紧密相连，通常需要使混凝剂投加量处于经济合理状态，即处于最佳投加量。混凝剂最佳投加量有两种含义，一种是指处理后水质达到最优时的混凝剂投加量，是某一理想状态值；另一种是指达到某一特定水质指标时的最小混凝剂投加量，这在生产中更具有实际意义。由于影响混凝效果的因素复杂多样，某些因素(如水质、水量)的波动势必影响混凝效果，在水厂生产运行中如何根据这些变化因素及时准确地调整混凝剂的投加量，使之适应这些因素的变化而保持混凝效果稳定、保持处理后水质稳定，一直是水处理技术人员研究的目标。

我国大多数水厂一直是根据实验室的混凝搅拌试验来确定混凝剂最佳投加量，然后在实际生产中根据原水变化因素进行人工调节，往往试验结果与生产运行结果不一致，而且人工手动调节通常有滞后、误差大、水质波动大等缺点。随着对处理后水质要求越来越高，为了达到提高混凝效果、保障处理后水质、节省混凝剂药耗的目的，混凝剂投加量自动控制技术逐渐得到发展并在水处理厂逐步推广应用。

自 20 世纪 60 年代以来，我国就开始了混凝剂投加量自动控制方面的研究，特别是 90 年代初引进一大批国外的检测、自控和投药设备以来，促进了国内水厂自动控制研究的发展，混凝剂投加量自动控制方面也开展了大量的研究和开发工作，使我国的混凝剂自动控制投加技术水平有了很大提高。归纳起来，混凝剂投加量自动控制的主要方法有以下几种。

1. 流动电流检测(SCD)法

流动电流检测法原理是从胶体颗粒稳定的本质出发，通过在线测定胶体扩散层中反离子在外力作用下随着流体运动(胶粒固定不动)而产生的电流，此电流与胶体 $\zeta$ 电位有正相关关系，而 $\zeta$ 电位与投加混凝剂的量有负相关关系。因此，混凝后胶体 $\zeta$ 电位变化反映了胶体脱稳程度，混凝后流动电流变化也同样反映了胶体脱稳程度，从而可以通过测定投加混凝剂快速混合后水的流动电流变化情况，判断混凝剂投加量是否适当，然后通过控制执行单元来调节混凝剂投加量。可以看出，流动电流检测法是通过检测电解质使胶体凝聚过程中电学特性参数的变化来实现混凝剂的投加控制的。

流动电流混凝剂投加量控制系统主要包括流动电流检测器、控制器和执行装置三部分。流动电流检测器是整套系统的核心部分，由检测水样的传感器和信号放大处理器组成。图 3-10 是流动电流传感器结构示意图。

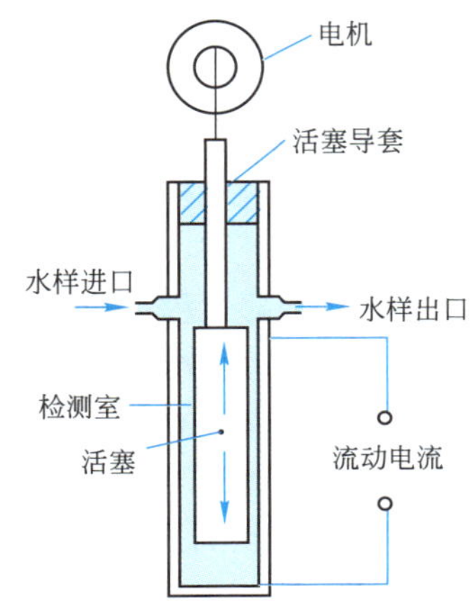

图 3-10　SCD 传感器结构示意图

传感器由圆筒形检测室、可以在圆筒内作往复运动的活塞及一个环形电极组成。当被测水样进入活塞与圆筒之间的环形空间后，水中胶体颗粒附着于活塞表面和圆筒内壁，形成一层非常薄的胶体颗粒膜，如果活塞静止不动，这层胶体颗粒膜也静止不动，胶体颗粒的双电层中反离子也静止不动，当活塞在电机驱动下作往复运动时，环形空间中的水也作往复流动，其双电层中反离子也一起运动，从而在活塞与圆筒之间的环形空间的壁表面上产生交变电流，此电流即为流动电流，由检测室两端环形电极收集送给信号放大处理器。信号经放大处理后传输给控制器，控制器将检测值与设定值比较后发出改变投药量的信号给执行装置(如计量泵)，最后由执行装置调节混凝剂投加量。设定值通常是在安装调试过程中根据沉淀池出水浊度要求设定的，即当沉淀池出水浊度达到预期要求时，相对应的流动电流检测值便作为控制系统设定值。当原水水质在一定范围内发生变化时，自控系统就围绕设定值进行调控，使沉淀池出水浊度始终保持在预定要求范围。但当原水水质有了大幅度变化或传感器用久而受污染时，应对原先的设定值进行适当调整。

流动电流自控投药技术的优点是控制因子单一、投资较低、操作简便，对于以压缩双电层和吸附电中和为主的混凝过程，控制精度较高，其不足之处在于对以吸附架桥为主的高分子(特别是非离子型或阴离子型絮凝剂)絮凝过程，控制效果不理想。

2. 透光率脉动检测法

透光率脉动检测法的原理是利用光电原理检测水中絮凝颗粒尺寸和数量变化从而达到混凝在线连续控制的一种新技术。当一束光线透过流动的水样并照射到光电检测器时，便产生电流成为输出信号。透光率与水中悬浮颗粒浓度有关，从而由光电检测器输出的电流也与水中悬浮颗粒浓度有关。如果光线照射的水样体积很小，水中悬浮颗粒数也很少，则水中颗粒数的随机变化便表现得明显，从而引起透光率的波动，此时输出电流值可看成由两部分组成，一部分为平均值，一部分为脉动值(瞬时脉冲波动值)。絮凝前，由于胶体颗粒凝聚脱稳后尺寸还未增大，进入光照体积的水中颗粒数量多而小，其脉动值很小；絮凝后，颗粒尺寸增大而数量减少，脉动值增大。将输出的脉动值与平均值之比称为相对脉动值，则相对脉动值的大小便反映了颗粒絮凝程度，是透光率脉动检测技术的特性参数。絮凝越充分，相对脉动值越大，由此，可根据投药混凝后水相对脉动值的变化与沉淀池出水浊度之间的关系，确定一个可使沉淀池出水浊度达到要求的相对脉动值作为控制过程的设定值，如果在线检测的相对脉动值偏离设定值，则控制器发出改变投药量的信号给执行装置(如计量泵)，最后由执行装置调节混凝剂投加量，使检测值向设定值接近，从而使沉淀池出水浊度始终保持在预定要求范围。

透光率脉动检测法的优点是控制因子单一、操作简便，不受原水水质限制，适用于给水处理和污水处理；不受混凝作用机理限制，适用于压缩双电层、吸附电中和机理以及吸附架桥机理的混凝过程；不受混凝剂品种限制，适用于无机混凝剂和有机高分子混凝剂。

3. 絮凝颗粒影像检测控制法

絮凝颗粒影像检测控制法是由絮凝体图像采集传感器获得絮凝体图像数据，输入计算机进行图像处理，并根据絮凝体图像判断混凝药剂投加量是否适当，然后反馈给投药控制单元调节混凝剂投量的一种自动控制投药方法。图像采集传感器通常安装在絮凝池出口水流较稳定处，水样经取样窗由高分辨CCD摄像头摄像，由LED发光管照明以获得清晰的絮凝体图像。絮凝颗粒影像检测控制法目前还是一种比较新的控制混凝剂投加量的方法，已在少数水厂得到应用。

**数学模型法** 数学模型法是以原水水质参数(如浊度、水温、pH、碱度、氨氮、溶解氧、COD等)和原水流量等影响混凝效果的主要参数作为前馈值，以处理后水质参数(通常为沉淀后水浊度)作为后馈值，建立起相关的数学模型，编写出程序再通过控制单元和执行单元来实现自动调节混凝药剂投加量的一种自动控制加药方法。早期仅考虑原水水质和水量参数称为前馈法，目前则同时考虑原水参数和处理后水质参数形成闭环控制。建立数学模型需要前期大量可靠的生产运行数据，数学模型建立后往往只适用于特定原水条件，而且需要多种在线水质监测仪表，投资大，因此，数学模型法一直难以推广应用。

**现场模拟试验法** 现场模拟试验法是在生产现场建造一套小型装置模拟水厂水处理构筑物的实际生产运行条件，找出模拟试验装置出水与生产构筑物出水之间的水质和加药量的关系，从而得出实际生产混凝药剂的最佳投药量的一种自控投药方法。常用的有模拟沉淀法和模拟滤池法两种。当原水浊度较低时，常用模拟滤池法，当原水浊度较高时，常用模拟沉淀法或模拟沉淀法与模拟滤池法并用。模拟沉淀法是在水厂絮凝池后设一模拟小型沉淀池，连续测定沉淀池出水浊度以判断投药量是否适当，然后反馈于生产进行投药量的调控。模拟滤池法是模拟水厂混凝沉淀过滤全部净水工艺的一种方法，连续监测滤后水浊度并判断投药量是否适当，然后反馈给生产投药控制单元来进行投药量调控。现场模拟试验法大大缩短了由实验室模拟实验带来的反馈控制滞后的时间，其运行关键是模拟装置与实际生产水处理构筑物之间的相关程度。

### 3.5.5 快速混合

快速混合的目的是使胶体颗粒凝聚脱稳，根据混凝凝聚机理，在混合过程中，必须使混凝剂水解产物中具有压缩双电层和吸附电中和作用的高价正离子等有效成分迅速均匀地与水中胶体颗粒接触产生凝聚作用，而像铝盐和铁盐混凝剂的水解反应速度非常快，如形成单氢氧化物所需时间约为 $10^{-10}$s，形成聚合物也只需 $10^{-2}$s，超过水解反应时间后，水解产物自身将会聚合产生沉淀物，压缩双电层和吸附电中和作用效能降低。胶体颗粒吸附水解产物所需时间也很短，对铝盐约为 $10^{-4}$s，对分子量为几百万的高分子聚合物，形成吸附的时间也仅为 1s 到数秒，因此，从理论分析得出结论，混合过程需要强烈、快速、短时。在尽可能短的时间内使混凝剂均匀分散到原水中，是混合过程追求的目标。

### 3.5.6 絮凝反应

经过快速混合脱稳后的胶体颗粒已产生初步凝聚现象，颗粒尺寸可达 5$\mu$m 以上，比水分子大得多，已失去了胶体的特性，不再有布朗运动，但又不能达到完全靠重力沉降的尺寸(如粒径 0.6mm 以上)，絮凝反应的目的就是要创造促使细小颗粒有效碰撞逐渐增长成大颗粒最终使颗粒能重力沉降，实现固液分离。

既然脱稳颗粒的布朗运动已经不存在，因此，絮凝反应中异向絮凝所起的作用微乎其微，主要靠人为创造适当的水力条件促进同向絮凝。要完成有效的同向絮凝，需要满足两个条件：(1)要使细小颗粒之间产生速度梯度，这有两层含义，各细小颗粒之间运动速度有差异，当后面速度快者追赶上前面速度较慢者时，才能发生有效碰撞而絮凝，同时整个絮凝池中颗粒运动速度必须由快到慢逐级递减，才能保证已经发生有效碰撞而絮凝增大的颗粒不会破碎，保证絮凝效果。(2)要有足够的反应时间，使颗粒逐渐增长到可以重力沉降的颗粒尺寸。根据资料，絮凝 30s，颗粒尺寸可增长到 40μm；絮凝 1min 时，颗粒尺寸可增长到 80μm；絮凝 5min，颗粒尺寸 0.3mm；絮凝 10min，颗粒尺寸约 0.5mm；絮凝 25～35min 颗粒尺寸达到 0.6mm。也就是说，大约需要絮凝反应 20～30min 后，颗粒尺寸才能增大到可以靠重力沉降的尺寸，通过沉淀实现固液分离。

对于不同类型的混凝剂，或者不同水质条件下(如水温、pH、含有机物等)形成的絮凝体颗粒密度是不一样的，对应的靠重力沉降的颗粒尺寸也就不一样。絮凝体较松散时，絮凝体颗粒尺寸较大时才能达到重力沉降，相反，若形成的絮凝体颗粒较密实，则较小的絮凝体颗粒尺寸就可达到重力沉降。因此，需要促使脱稳的胶体颗粒通过絮凝反应过程增长成密实而颗粒尺寸较大的絮凝体。

以上各种因素是絮凝反应设施及工艺设计需要首先考虑的。

## 3.6　混凝设施

第 3.6 节内容视频讲解

根据前文对混凝的定义，混凝过程可分为凝聚和絮凝两个阶段，与之对应，将水处理工艺中的混凝设施也分为两种，将与凝聚相对应的设施称为混合设施，将与絮凝对应的设施称为絮凝设施。

### 3.6.1　混合设施

根据快速混合的原理，实际生产中设计开发了各种各样的混合设施，主要可以分为以下四类：水力混合、水泵混合、管式混合、机械混合。

1. 水力混合

水力混合是建设专用的不同形式的构筑物来达到特定的水力条件以完成药剂与原水的混合。有平流的穿孔板式混合池、竖流的涡流式混合池和来回流动的隔板式混合池等，虽然构造简单，但难以适应水质、水量等条件的变化，占地面积较大，目前已很少采用。

2. 水泵混合

水泵混合是将混凝药剂投加到原水泵之前吸水管或吸水喇叭口处，利用水泵叶轮高速旋转产生的涡流而达到混合目的的一种混合方式。水泵混合效果好，不需另建混合设施，节省动力，适合于大、中、小型水厂，曾是我国许多水厂常用的混合方式。在以下情况下，不宜采用水泵混合：一种情况是当所用混凝药剂具有较强的腐蚀性时，长期运行可能对水泵叶轮有腐蚀作用；另一种情况是当取水泵房离水厂处理构筑物较远时，水泵混合后的原水中胶体颗粒已经脱稳，在长距离输水管道中可能过早形成絮凝体，已形成的絮凝体若在管道中破碎，很难重新聚集，不利于后续的絮凝反应，若管道中流速很低时，还可能发生絮凝体沉积在管中的现象。

3. 管式混合

管式混合是利用从原水泵后到絮凝反应设施之间的这一段压水管使药剂与原水混合的一种混合方式。管式混合已发展出很多混合器形式，主要原理是在管道中增加一些各种结构的能改变水流水力条件的附件，从而产生不同的混合效果。

最简单的管式混合是将药剂加入到原水泵后压水管中，仅借助管中水流进行混合，此时管中流速应不小于 1m/s，投药点后管内水头损失应不小于 0.3～0.4m，投药点至末端出口距离应不小于 50 倍管道直径，否则混合效果较差。在管道中增设孔板、文丘里管等可以提高混合效果，但总的来讲，此类管道混合方式简单易行，无需另建混合设施，但随管中水量、流速等变化而使混合效果波动较大，影响后续处理效果。

目前使用较为广泛的管式混合器是管道静态混合器，如图 3-11(a)所示。其原理是在管道内设置多节按一定角度交叉的固定叶片，使水流经多次分流，同时产生涡旋反向旋转及交叉流动，达到混合的目的。这种混合器能同时产生分流、交流和涡旋三种混合作用，混合快速均匀效果好，构造简单，无活动部件，安装方便。

另一种管式混合器是扩散混合器，如图 3-11(b)所示。其结构原理是在管式孔板混合器前加上一个锥形配药帽，药剂和水流冲到锥形帽后扩散形成剧烈紊流，从而使混凝药剂与原水快速混合。其设计参数为：锥形帽的夹角 90°，锥形帽顺水流方向的投影面积为进水管总截面积的 1/4，孔板开孔面积为进水管总面积的 3/4，混合器管节长度 $L$ 应不小于 500mm，混合器直径在 DN200～DN1200 范围内。孔板处流速一般采用 1.0～2.0m/s，混合时间为 2～3s，$G$ 值为 700～1000$s^{-1}$。

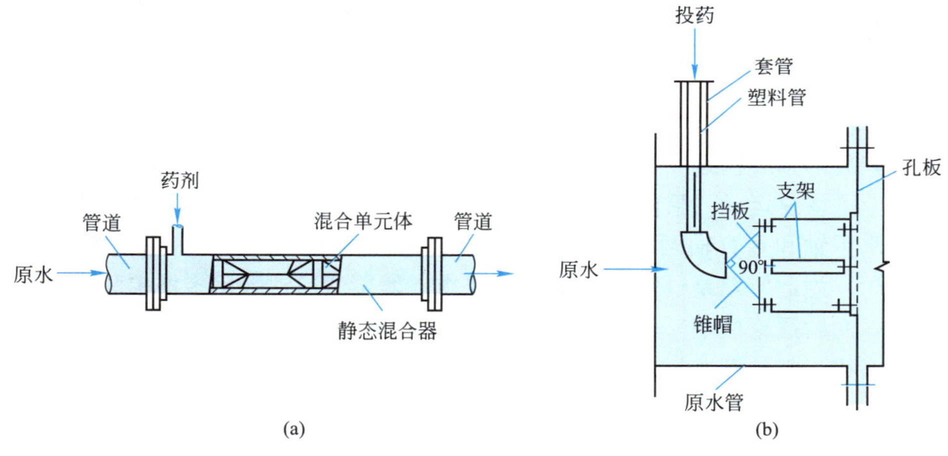


图 3-11　管式混合器示意图

(a)管道静态混合器；(b)扩散混合器

由于管式混合器的混合效果受管内流速影响较大，在此基础上又发展出外加动力管式混合器、水泵提升扩散管式混合器等。

4. 机械混合

机械混合是建一混合池并在混合池内安装搅拌装置，以电动机驱动搅拌装置使药剂与原水混合的一种混合方式，如图 3-12 所示。搅拌器可采用桨板式、螺旋桨式、推进式等多种形式。桨板式结构简单，加工制造容易，但效能比推进式低；推进式则相反，效能较高，但制造较复杂。搅拌器一般采用立式安装，为避免水流同

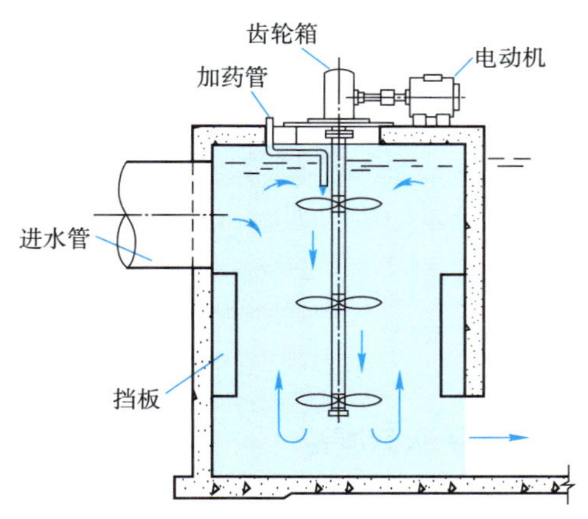


图 3-12　机械搅拌混合池示意图

步旋转而降低混合效果，可将搅拌器轴心适当偏离混合池中心。机械搅拌混合池的优点是可以在要求的时间内达到需要的搅拌强度，满足快速均匀的混合要求，而且不受水量水质变化的影响，适用于各种规模的水厂，混合池可根据工艺要求采用单格或多格串联，缺点是增加了机械设备成本并增加了相应的机电维修工作量。

### 3.6.2　絮凝设施

根据前文所述絮凝机理，开发研究了各种絮凝反应设施，但主要可分为两大类，即水力絮凝反应设施和机械絮凝反应设施。

水力絮凝反应设施是改变不同的絮凝构筑物结构，利用水流自身能量，通过流动过程中的阻力将能量传递给絮凝体，使其增加颗粒接触碰撞和吸附机会，反映在絮凝过程中产生一定的水头损失。我国在水力絮凝池方面的研究水平较高，开发的水力絮凝反应设施种类很多，主要有隔板絮凝池、折板絮凝池、栅条(网格)絮凝池和穿孔旋流絮凝池等。

机械絮凝反应设施是通过电机或其他动力带动叶片进行搅拌，使水流产生一定的速度梯度，并将能量传递给絮凝体，增加其颗粒接触碰撞和黏附机会。机械絮凝反应设施主要分为水平轴搅拌絮凝池和垂直轴搅拌絮凝池。

1. 机械絮凝池

机械絮凝池是利用电动机经减速装置驱动搅拌器使水中絮凝体由于存在不同速度梯度而产生同向絮凝的絮凝构筑物，水流的动能来源于搅拌机的功率输入。搅拌器叶片可以做旋转运动或上下往复运动，目前我国常采用旋转运动方式的搅拌叶片。根据搅拌轴的安装位置，又分水平轴和垂直轴两种形式，水平轴式通常用于大型水厂，垂直轴式一般用于中、小型水厂。为适应絮凝过程 $G$ 值变化的要求，絮凝池通常采用多格串联，第一格内搅拌强度最大，而后逐格减小，从而速度梯度 $G$ 值也相应由大到小。搅拌强度决定于搅拌器转速和桨板面积，由计算决定。

图 3-13 为机械絮凝池示意图。

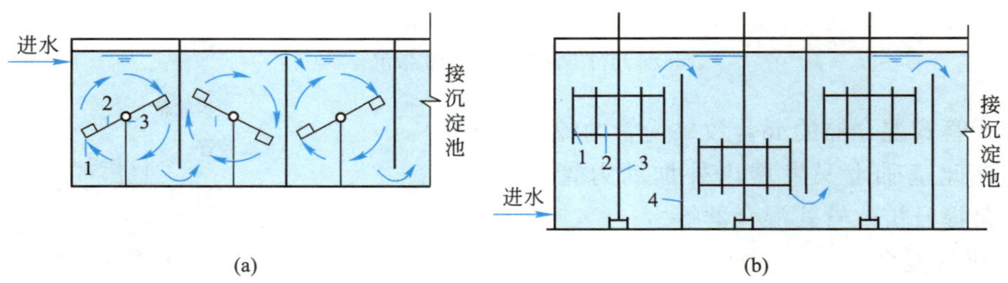


图 3-13　机械絮凝池示意图

(a)水平轴式；(b)垂直轴式

1—桨板；2—叶轮；3—旋转轴；4—隔墙

2. 隔板絮凝池

隔板絮凝池是指经快速混合后的水在隔板之间流动，由于水在隔板间流动存在阻力，从而使絮凝体发生同向絮凝作用的水处理构筑物。根据水流方向不同有水平隔板絮凝池

(水流水平流动)和垂直隔板絮凝池(水流上下流动)，其中水平隔板絮凝池是最早而且较普遍应用的一种絮凝池。水平隔板絮凝池又有多种形式，水流来回往复前进的称为往复式隔板絮凝池，其特点是在转折处消耗较大能量，絮凝颗粒碰撞机会增加，但容易引起絮凝体破碎。为克服往复式隔板絮凝池的以上不足，发展了回转式隔板絮凝池，把 180°急剧转折改为 90°转折，通常由池中间进水，逐渐回流转向外侧，其最高水位在絮凝池中间，其特点是避免了絮凝体破碎，但减少了颗粒碰撞机会，影响了絮凝速度。此后又出现了往复式隔板与回转式隔板相结合的絮凝池，即开始为往复式絮凝池以增加颗粒的碰撞机会，后段为回转式絮凝池以避免已经长大的絮凝体再破碎。

图 3-14 为水平隔板絮凝池示意图。

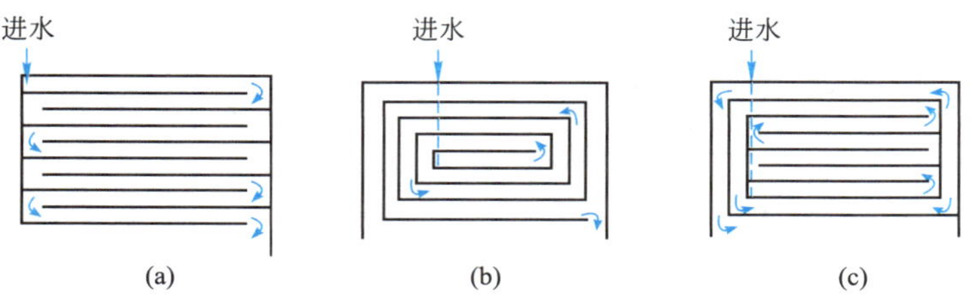


图 3-14　水平隔板絮凝池示意图(平面)

(a)往复式；(b)回转式；(c)往复—回转组合式

3. 折板絮凝池

折板絮凝池是在隔板絮凝池基础上发展而来的。将隔板絮凝池中的平直隔板改变成间距较小的具有一定角度的折板以产生更多的微涡旋，增加絮凝体颗粒碰撞的机会。按照水流方向可将折板絮凝池分为竖流式和平流式两种，目前采用较多的是竖流式。根据折板布置方式不同又可分为同波折板和异波折板两种形式，如图 3-15 所示。同波折板是将折板波峰对波谷平行安装，水的流速变化比较平稳；异波折板是将折板波峰相对而波峰与波谷交错安装，水的流速时而在两波谷处变小，时而在两波峰处变大，从而产生紊动有利于絮凝体颗粒碰撞。

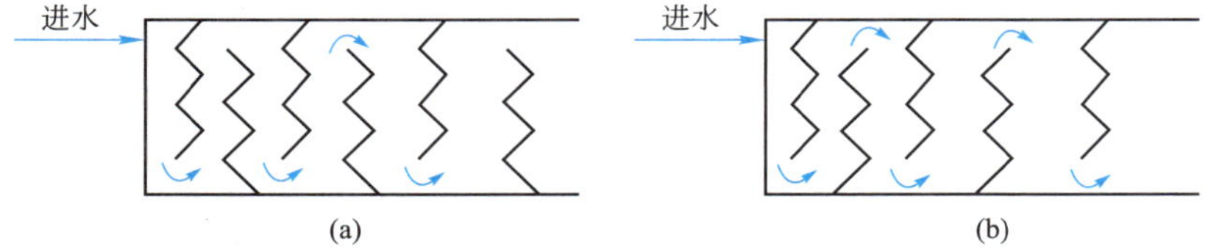


图 3-15　垂直折板絮凝池示意图(剖面)

(a)同波折板；(b)异波折板

按水流通过折板间隙数，又分为单通道和多通道。单通道是指水流沿二折板间不断循序前行，水流速度逐渐变小。多通道是指将絮凝池分若干格子，每一个格内安装若干折板，水流沿着格子依次上、下流动。在每一个格子内，水流平行通过若干个由折板构成的并联通道，然后流入下一格。无论单通道或多通道，同波、异波折板均可组合应用，还可前面采用异波、中部采用同波、后面采用平板三种组合有利于絮凝体逐步成长而不易破碎。

与隔板絮凝池相比，折板絮凝池可以缩短总絮凝时间，絮凝效果良好。

4. 栅条(网格)絮凝池

栅条(网格)絮凝池是在水流前进方向间隔一定距离(通常 0.6～0.7m)的过水断面上设置栅条或网格，通过水流经栅条或网格的能量消耗，产生更多的微涡旋，来完成絮凝的一类絮凝池，如图 3-16 所示。一般由上下翻越多格竖井组成，各竖井之间的隔墙上、下交错开孔。每个竖井安装若干层网格或栅条，可在絮凝前段采用较密的栅条或网格，中段设置较疏散的栅条或网格，末段可不设置网格，这样可较好地控制絮凝过程中速度梯度的变化。栅条或网格可用扁钢、铸铁、水泥预制件或木材等材质。

栅条(网格)絮凝池能耗均匀，絮凝颗粒碰撞机会一致，可以提高絮凝效率，缩短絮凝时间，但也存在末端池底积泥、网格上滋生藻类、堵塞网眼等现象。

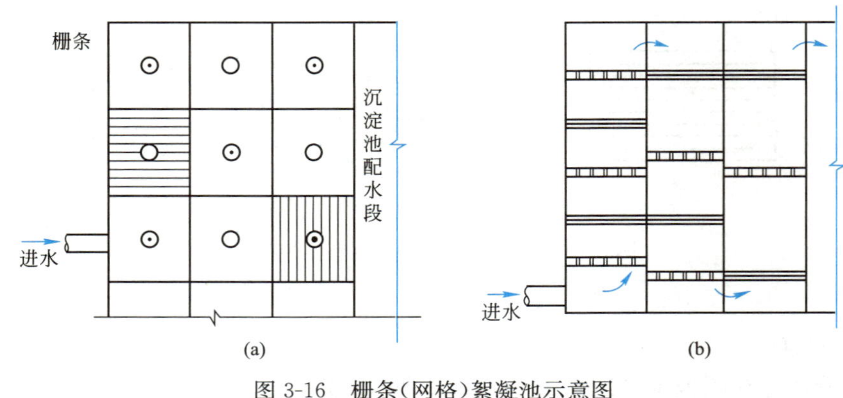


图 3-16 栅条(网格)絮凝池示意图

(a)平面；(b)剖面

5. 穿孔旋流絮凝池

穿孔旋流絮凝池是利用进水口水流的较高流速，通过控制进水水流与池壁的角度形成旋流运动以提高颗粒碰撞机会从而完成絮凝过程的一类絮凝池。通常采用多格串联的形式，水流相继通过对角交错开孔的多格孔口旋流池，第一格孔口尺寸最小，流速最大，水流在池内旋转速度也是最大。而后孔口尺寸逐格增大，流速逐格减小，速度梯度 $G$ 值也相应逐格减小以适应絮凝体的成长。一般起点孔口流速宜取 0.6～1.0m/s，末端孔口流速宜取 0.2～0.3m/s，絮凝时间 15～25min。穿孔旋流絮凝池结构简单，但絮凝效果较差，已较少使用。

6. 其他形式的絮凝池

除了上述已较成熟而常用的絮凝池之外，有关絮凝池的研究仍在不断发展，不断有新的絮凝池形式出现，如以波形板为填料的波形板絮凝池，采用搅拌器前后摇摆推动水流的摇摆式搅拌机械絮凝池，通过粗砂介质强化颗粒碰撞提高絮凝效率的接触式絮凝池，以及结合多种絮凝池优点的组合式絮凝池等。

## 3.7 混凝试验

在什么样的条件下能够产生混凝作用，这一问题可以在理论上进行阐述，但实际应用过程中在什么样的 pH 范围以及加入多少药剂比较好，到目前为止尚无理论上的确定方法。因此，对于将要处理的水来说，各净水厂必须事先确定最佳的混凝条件。这种最佳混凝条件的确定多采用烧杯搅拌混凝试验的方法。

正确的混凝试验方法应该是确定混凝剂的最佳投加量以及合适的混凝 pH。其原因如前所述，铝盐等混凝剂在不同的 pH 时其性质有很大的变化，同时由于水中杂质的性质和数量不同，混凝剂投量和 pH 也有较大幅度的变化。无视这些而一味加大混凝剂投加量，不仅会导致污泥量的增加，甚至有时会使混凝效果恶化。为了确定最佳混凝条件，通常要进行反复的烧杯搅拌混凝试验。

综上所述，混凝试验是水处理生产中根据不同原水水质和水厂工艺条件对混凝剂混凝效果进行比较和评价、对混凝工艺参数进行优化的一种方法和手段，是选用混凝剂和确定混凝剂投加量的最主要方法。

### 3.7.1 混凝试验的目的

混凝试验的目的在于评价特定原水水质和水厂工艺条件下的混凝过程，指导实际水处理厂的生产运行和管理。一般在以下情形下需要进行混凝试验：需要比较多种混凝剂对特定原水的混凝处理效果；需要确定某种混凝药剂的最佳投加量；需要优化生产中快速混合条件参数；需要优化生产处理工艺中的絮凝条件参数；进行快速混合、絮凝反应、沉淀之间的优化组合等。

### 3.7.2 混凝试验的技术要求

为了保证混凝试验具有重复性、重现性和可比性，要求混凝试验所用试验设备和仪器及操作严格规范，按照相关标准进行。

1. 对混凝试验搅拌器的技术要求

通常采用可同时搅拌多个搅拌杯的多联搅拌器来进行混凝试验。搅拌器装置底部应有观察絮凝体的照明装置且照明装置不会引起水样温度升高，搅拌器应带有加注混凝药剂的加药试管和试管支架，能手动或自动完成对各个搅拌杯同时加注药剂。搅拌桨宜采用无级调速或不少于 5 挡的调速，转速应能控制且有指示，精度在±2%以内，当一个或多个搅拌桨停止或启动搅拌时，应不影响其他搅拌桨的转速，搅拌产生的速度梯度 $G$ 值应在 $1000 \sim 20s^{-1}$ 的范围内可调。搅拌时间应能控制且有指示，精度控制在±1%以内。搅拌桨叶的材质应具有化学稳定性和耐腐蚀性，对试验不产生不利影响，各个桨叶材质相同且均匀、形状和尺寸也应相同。各桨叶轴中心线应竖直，各桨叶在搅拌杯中的几何位置应相同，即桨叶上缘距水面、边缘距杯壁、下缘距杯底的距离应相同。在搅拌试验过程中，桨叶应全部淹没入水中，桨叶能自由提升或放下，整套装置应保持平稳，转动时桨叶不能摇摆颤动或扭曲，同时防止搅拌杯有横向移位。

2. 对搅拌杯的技术要求

搅拌杯材质应具有化学稳定性、耐腐蚀、对试验不产生不利影响；各搅拌杯材质、尺寸、形状应相同，如采用透明的有机玻璃或塑料或玻璃，有效容积不小于 1000mL；应在相同位置设取样口，杯壁上有体积刻度且误差应小于 2%。

3. 对其他方面的技术要求

温度计测量偏差应小于±1℃，浊度仪灵敏度高，水质检验方法应符合相应的国家标准。原水水样和测定水样取样时应准确量取，量取体积误差应小于 2%。混凝药剂通常应使用分析纯试剂，混凝药液均用普通蒸馏水配制后投加，应用移液管或刻度吸管准确量取后加到投药试管中。药液浓度用质量/体积百分比表示，所用药液放置时间不宜超过 8h。

### 3.7.3　混凝试验的方法

混凝试验通常可分为以下几个阶段，即准备、混凝沉淀、测定与数据记录、混凝效果的总体评价。

1. 准备

准备阶段通常首先要对原水的某些简单易测的水质指标进行测定，如水温、pH、浊度、色度等，某些测定步骤稍复杂的指标可以在混凝试验结束后与处理后水样一起测定。用量筒量取原水水样倒入搅拌杯中，将搅拌杯放置于搅拌器的设定位置，并把搅拌桨放入搅拌杯，对准中心位置。根据试验需要计算好各搅拌杯的加药量，用移液管或刻度吸管将相应量的药液加注到与各搅拌杯对应的试管内，为保证加到各搅拌杯中的药液体积一致，需要在药液体积少的各试管中补加适量蒸馏水使各加药试管中药液体积相等并摇匀。设定搅拌器的各试验参数：设定快速混合、絮凝反应的搅拌转速和时间，根据前文所讲，混合阶段的速度梯度 $G$ 值一般设在 $1000 \sim 500 s^{-1}$，时间在 2min 以内，絮凝阶段的 $G$ 值一般设在 $100 \sim 20 s^{-1}$，时间为 5～20min，絮凝 $G$ 值应逐时递减。同时需要设定沉淀时间。

2. 混凝沉淀

准备工作完成以后，先启动搅拌器开始搅拌，稍等片刻待搅拌器转速稳定后，转动加药试管架，迅速将混凝药剂同步加注到搅拌杯中，注意观察混合及絮凝过程中絮凝体的形成速度及大小等混凝现象并做记录。絮凝反应完成后开始记录沉淀时间，注意观察沉淀过程中絮凝体与水的分离状况并做记录。

3. 测定与数据记录

达到预设沉淀时间后，需要从搅拌杯中取水样测定 pH、浊度、色度、COD 等水质指标并记录测定结果，取样前应从取样口先排掉少许水样再取样测定。在进行多个搅拌杯混凝效果比较时，为了避免取样时间差对各搅拌杯水样测定结果(特别是浊度)的影响，应尽量缩短各搅拌杯取样的时间差，操作尽可能平行一致。

4. 混凝效果的总体评价

混凝试验完成后，需对所试验的各种混凝剂或同一混凝剂不同投加量的混凝效果进行总体讨论、评价及描述。给出优化的混凝剂投加量和混凝条件参数。

### 3.7.4　混凝试验对实际水厂混凝工艺的模拟

建立实验室混凝试验与实际生产工艺的相关性，对指导生产运行和管理是很有意义的。要建立实验室搅拌混凝试验与生产工艺的相关性，通常包括三方面的参数需要确定：需根据水厂实际混合过程中的速度梯度来确定实验室混合搅拌转速和搅拌时间；需根据水厂实际絮凝池结构来确定实验室絮凝搅拌转速、时间及搅拌速度分挡；需根据水厂实际沉淀池沉淀效果来确定与之对应的实验室混凝试验的沉淀时间。

1. 实验室混合搅拌转速和搅拌时间的确定

首先要测定水厂混合过程中的速度梯度，并计算出实验室混合试验所需混合搅拌转速，然后取水厂混合末端的混合后水样，立即置于搅拌器设定位置，将絮凝速度梯度设为某一定值(在100～20$s^{-1}$范围内)，搅拌时间设为某一定值(在5～10min范围内)，絮凝反应完成后静置沉淀5min后取样测定水的浊度并记录数据。再取一组相同量的原水置于搅拌器的设定位置，按前面计算出的结果设定混合搅拌转速，各杯设定不同的混合搅拌时间，各杯按照第一组试验设定絮凝反应搅拌转速和时间，启动搅拌器，并在各试验搅拌杯中加入与实际生产相同的混凝剂，完成絮凝反应后，各杯均静置沉淀5min，取样测定水的浊度。该组试验结果中，若某一杯的沉后水浊度与水厂混合后水样试验所得沉后水浊度相同或相近，则该搅拌杯的混合搅拌转速和时间即为模拟实际水厂试验的混合参数。若未找到与水厂水样试验所得沉后水浊度相同或相近者，改变混合时间重复试验直至找到为止。

2. 实验室絮凝反应搅拌转速、时间及搅拌速度分挡的确定

首先测定水厂絮凝池第一挡的速度梯度，计算第一挡絮凝搅拌速度，然后在絮凝池第一挡末端取水样，立即置于搅拌器上设定位置，用比第一挡转速小的转速搅拌絮凝反应5min，静置沉淀5min后取水样测定沉淀后浊度。再取一组原水水样置于搅拌器设定位置，按上文确定的混合搅拌转速和搅拌时间设定混合参数，按计算出的第一挡絮凝搅拌速度设置第一挡搅拌速度，各杯设置不同的搅拌时间，用比第一挡转速小的转速(与取混凝池第一挡末端水絮凝反应时数值相同)搅拌絮凝反应5min，静置沉淀5min后取水样测定沉淀后浊度。找到沉淀后水浊度与取混凝池第一挡末端水絮凝反应时测得浊度相同或相近的一杯，其絮凝反应转速和时间即为模拟水厂实际絮凝的搅拌试验中絮凝反应第一挡的搅拌转速和时间。若找不到浊度与取混凝池第一挡末端水絮凝反应时相同的试验杯，可调整絮凝搅拌时间重复试验直到找到为止。

重复以上试验，用相似的方法确定搅拌试验中絮凝反应第二挡、第三挡的模拟絮凝搅拌转速和时间。

3. 实验室混凝试验的沉淀时间的确定

首先测定水厂沉淀池出水浊度，然后取一组原水样置于搅拌器设定位置，按上文确定的混合搅拌转速和搅拌时间设定混合参数，按上文确定的絮凝反应搅拌转速、时间及搅拌速度分挡设定絮凝参数，启动搅拌器并加入与实际生产相同的混凝剂，搅拌至设定时间后分别测定不同静置沉淀时间后水的浊度，找到某一杯水样的沉淀后水浊度与水厂沉淀池出水浊度相同或相近，则该搅拌杯对应的沉淀时间即可作为模拟生产试验的沉淀时间。

### 3.7.5 连续动态混凝试验

在传统杯罐混凝试验的基础上，近年来人们开始尝试采用连续动态混凝试验装置进行混凝试验，研制模拟水厂处理工艺的混凝试验装置，相当于一个微缩的小型自动化水厂，通过计算机编程控制实现水量计量、药剂投加、取样分析、工艺参数调整等自动控制，提高了混凝试验的自动化程度并实现了对水厂工艺的快速动态模拟。

## 【习题】

1. 折板絮凝池总水头损失0.15m，停留时间15min，水温20℃($\mu=1.0\times10^{-3}$Pa·s)。试计算平均$G$值及$GT$值，并判断是否满足絮凝要求。

2. 原水碱度0.12mmol/L(以CaO计)，硫酸铝(含$Al_2O_3$ 16%)投加量30mg/L。若剩余碱度需0.35mmol/L，计算每日处理2万t水所需纯石灰(CaO)量。

# 第 4 章 沉 淀

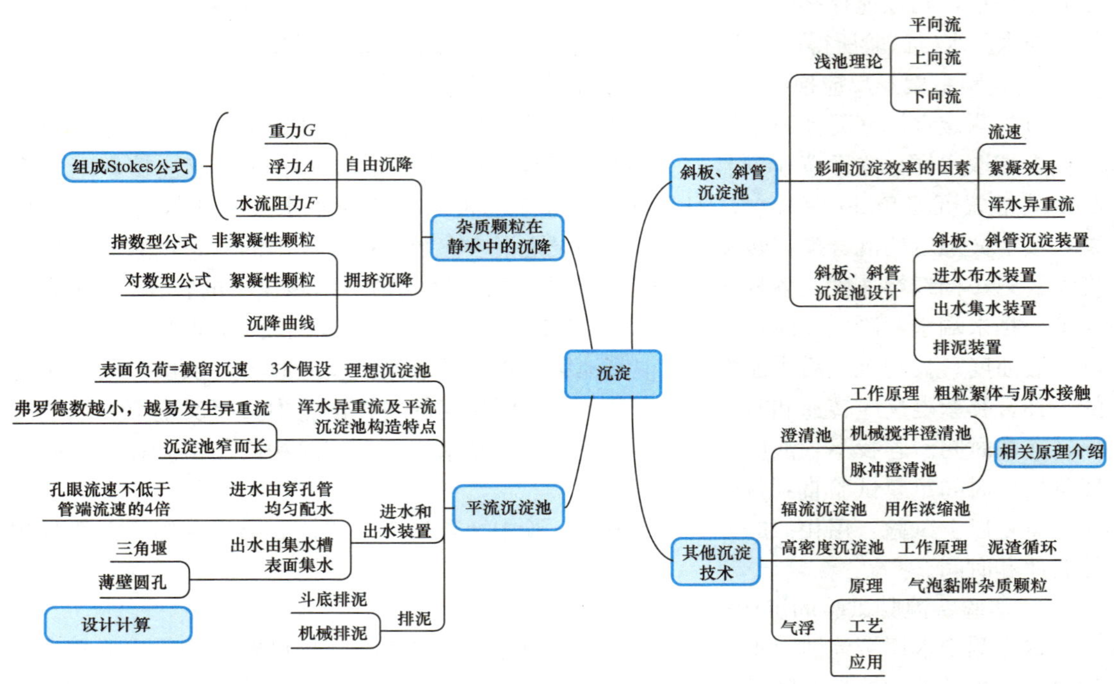


## 4.1 杂质颗粒在静水中的沉降

第 4.1 节内容视频讲解

### 4.1.1 杂质颗粒在水中的自由沉降

沉淀是去除水中颗粒杂质的主要方法之一。颗粒杂质能否在沉淀池中沉淀下来，主要取决于颗粒杂质的沉淀速度及其在池内的沉淀条件。下面先讨论颗粒杂质在水中的沉淀速度。

A
G
F

图 4-1 水中颗粒沉降时受的力

用一个玻璃杯盛一杯清水，然后向杯内投一颗砂粒。若这颗砂粒投入水中时的速度为零，那么可以看到砂粒开始时下沉的速度越来越快，即作加速运动，但沉速增大至一定数值后便不再变化，接着便以此沉速作等速沉降运动。从砂粒开始沉淀起到它开始以等速度沉降为止，这段时间一般都很短，例如，直径为 1mm 的粗砂(相对密度为 2.7)在 15℃的水中下沉，这段时间才约为 0.09s，下沉距离约 4.7mm。所以，下面只讨论杂质颗粒作等速沉降的问题。

在水中作沉降运动的颗粒杂质，将受下列三种力的作用(图 4-1)。

(1) 重力 $G$。若杂质颗粒为球形，其粒径为 $d$，颗粒的体积为$\frac{1}{6}\pi d^3$，密度为 $\rho$，则重力为：

$$G=\frac{1}{6}\pi d^3\rho g$$

式中 $g$——重力加速度。

(2) 浮力 $A$，其值等于与颗粒等体积的水重：

$$A=\frac{1}{6}\pi d^3\rho_0 g$$

式中 $\rho_0$——水的密度。

(3) 颗粒作沉降运动时受到的水流阻力 $F$，其值与颗粒在运动方向的投影面积$\frac{1}{4}\pi d^2$以及动压$\frac{1}{2}\rho_0 u^2$有关，$u$ 为颗粒与水的相对运动速度(即沉淀速度)，则：

$$F=\eta\cdot\frac{1}{4}\pi d^2\cdot\frac{1}{2}\rho_0 u^2=\frac{1}{8}\eta\pi d^2\rho_0 u^2$$

式中 $\eta$——阻力系数。

当颗粒作等速度运动时，作用于颗粒上所有的力应处于平衡状态，即有：

$$G-A-F=0$$

将前面诸式代入上式，得颗粒的沉淀速度：

$$u=\sqrt{\frac{4g}{3\eta}\cdot\frac{(\rho-\rho_0)}{\rho_0}\cdot d} \tag{4-1}$$

实验表明，阻力系数是雷诺数的函数，可写为：

$$\eta=f(Re) \tag{4-2}$$

$$Re=\frac{\rho_0 du}{\mu} \tag{4-3}$$

式中 $Re$——雷诺数；

$\mu$——水的动力黏滞系数。

图 4-2 为 $\eta=f(Re)$的实验曲线，由图可见，当 $Re<1$ 时，$\eta=f(Re)$在对数坐标线上为一直线，且直线倾角为 45°，它表明 $\eta$ 与 $Re$ 有简单的反比例关系。

$$\eta=\frac{24}{Re} \tag{4-4}$$

图中 $\eta$ 与 $Re$ 有直线关系的区段，称为层流区。将式(4-3)、式(4-4)代入式(4-1)，得层流区的沉淀速度计算公式，称为斯托克斯(Stokes)公式：

$$u=\frac{1}{18}\cdot\frac{(\rho-\rho_0)g}{\mu}\cdot d^2 \tag{4-5}$$

由图 4-2 可见，当 $Re>1000$ 时，曲线为水平状，即 $\eta$ 与 $Re$ 无关，为紊流区。

$$\eta=C \tag{4-6}$$

式中 $C$ 为常数。在 $Re=1000\sim25000$，对于球形颗粒，可近似取 $C=0.4$，代入式(4-1)，得式(4-7)，称为牛顿(Newton)公式：

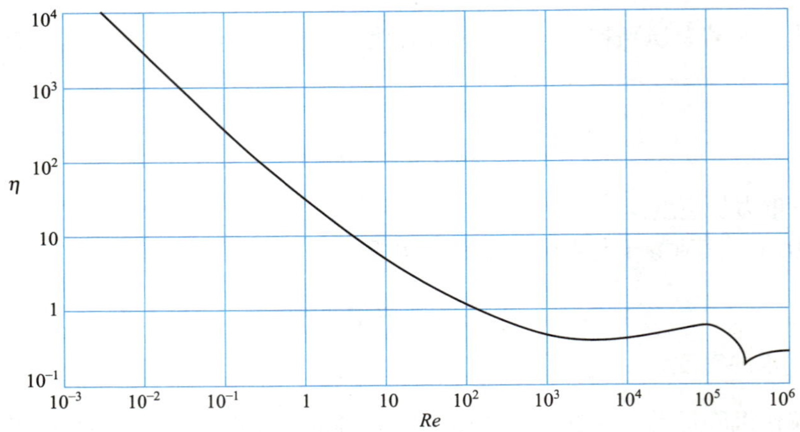


图 4-2　$\eta=f(Re)$的实验曲线

$$u=\sqrt{\frac{10}{3}\cdot\frac{(\rho-\rho_0)}{\rho_0}\cdot gd} \tag{4-7}$$

介于层流区和紊流区之间的区段($Re=1\sim1000$)为过渡区。由图 4-2 可见，曲线的斜率在过渡区是不断变化的，$\eta$ 与 $Re$ 的关系可用下式表示：

$$u=\frac{B}{Re^s} \tag{4-8}$$

式中　$B$——常数；

$s$——指数，其值介于 0 和 1 之间；$s=1$ 即为层流区的关系式；$s=0$ 即为紊流区的关系式。

为简化计，可按曲线在过渡区的平均斜率 $s=0.5$ 进行计算：

$$\eta=\frac{10}{Re^{0.5}} \tag{4-9}$$

以此式代入式(4-1)，可得颗粒在过渡区的沉速计算式，称为阿连(Allen)公式：

$$u=\left[\frac{4}{225}\cdot\frac{(\rho-\rho_0)^2}{\rho_0}\cdot\frac{g^2}{\mu}\right]^{\frac{1}{3}}\cdot d \tag{4-10}$$

在水处理领域里，被去除的颗粒沉速大多远小于 0.1mm 泥砂颗粒的沉速，即约 7mm/s，而 0.1mm 颗粒在水中的沉降仍属于层流状态，所以层流区的斯托克斯公式对水处理特别重要。由式(4-5)可见，在层流状态下颗粒的沉速 $u$ 与粒径 $d$ 的平方成正比，与水的黏滞系数 $\mu$ 成反比，即颗粒越粗，水温越高，其沉速也越快。此外，颗粒沉速 $u$ 还与密度差($\rho-\rho_0$)成正比，所以泥砂颗粒的密度差较大，沉速较快；藻类等的密度差很小，沉速较慢，只在颗粒足够大时沉速才较快。

**【例 4-1】** 试计算粒径为 0.1mm 的砂粒在 20℃的水中的沉降速度。

**【解】** 先用斯托克斯公式(4-5)进行计算，式中 $d=0.1\text{mm}=1\times10^{-4}\text{m}$；砂的密度$\rho=2650\text{kg/m}^3$；水的密度 $\rho_0=1000\text{kg/m}^3$；20℃水的动力黏滞系数 $\mu=1\times10^{-3}\text{N}\cdot\text{s/m}^2$；重力加速度 $g=9.81\text{m/s}^2$，代入式（4-5）：

$$u=\frac{1}{18}\times\frac{(2650-1000)\times9.81}{1\times10^{-3}}\times(1\times10^{-4})^2\approx0.009\text{m/s}=9\text{mm/s}$$

核算雷诺数：

$$Re=\frac{\rho_0 ud}{\mu}=\frac{1000\times 0.009\times 1\times 10^{-4}}{1\times 10^{-3}}=0.9,\quad 0.9<1$$

砂粒的沉降状态为层流，故采用斯托克斯公式计算砂的沉速是正确的。

斯托克斯公式的一个实际应用，是用来测定细小颗粒杂质的粒径。因为细小颗粒杂质的粒径($d<0.1$mm)直接测量十分困难，特别是杂质颗粒的形状又很不规则，更增加了测量的困难程度，所以实际中一般都不去直接测量细粒杂质的尺寸，而是测量杂质颗粒的沉速，然后用斯托克斯公式推算出颗粒的粒径，这就是颗粒粒径的沉降分析法，这种方法在土壤和泥砂的分析中应用甚广。在水处理中常常对颗粒沉降速度更感兴趣，所以常以颗粒沉速作为颗粒尺寸的代表。

### 4.1.2　杂质颗粒在水中的拥挤沉降

当水中有大量颗粒在有限的水体中沉降时，由于颗粒相互之间会产生影响，致使颗粒沉速较自由沉降时小，这种现象称为拥挤沉降现象。若一个颗粒自由沉降时的沉速为 $u_0$，拥挤沉降时的沉速为 $u$，则两者的比值为：

$$\beta=\frac{u}{u_0} \tag{4-11}$$

式中，$\beta$ 称为沉速减低系数，其值小于 1。

一个颗粒真正的自由沉降只有当它单独处于无限的水体中才能得到。但是，实际上都把与自由沉降相差不大的沉降过程看作是自由沉降过程。有人认为，当水中颗粒的体积浓度不超过 0.2%时，可以看作是自由沉降。

一般认为，拥挤沉降中的沉速减低系数 $\beta$ 仅和颗粒的体积浓度 $C_v$ 有关，即：

$$\beta=f(C_v) \tag{4-12}$$

对于非絮凝性颗粒，以下的指数型公式与试验资料吻合程度较好，故常被采用：

$$\beta=m^n \tag{4-13}$$

式中　$n$——指数；

$m$——单位体积水中孔隙所占比例，称为孔隙度。

显然

$$m=1-C_v \tag{4-14}$$

对于絮凝颗粒，以下的对数型公式与试验资料吻合程度较好，故常被采用：

$$\lg\beta=-KC_v \tag{4-15}$$

式中 $K$ 为系数，此式在 $C_v$ 为 0～25%时适用。当体积浓度再大时，絮凝颗粒会相互联结成网状构造，从而使 $\beta=f(C_v)$的关系遭到破坏。

在较高的颗粒体积浓度和粒径分布比较均匀情况下，拥挤沉降过程中会在上部的澄清水和下部浑水之间出现明显的界面，这种现象有时被称作界面沉降。清、浑水之间的界面称为浑液面。将浑水注入一个玻璃筒中，进行静水沉淀，可以看到浑液面将缓慢下沉。若以浑液面的高度 $H$ 为纵轴，以沉淀时间 $t$ 为横轴，可以绘出浑液面的沉降过程线，如图 4-3 所示，由图可见，浑液面的沉降过程线的前段为一倾斜的直线，表明浑液面是等速沉降的，直线的斜率即为浑液面的沉速。浑液面沉降过程线的后段为一斜率逐渐减小的曲线，表明水中的悬浮物进入了淤积浓缩阶段。由直线段转入曲线段的分界点，称为临界点（又称压密点）。若于沉降某时刻测定悬浮物浓度沿深度方向的变化，会发现浑液面下有一个浓度变化较小的沉降层，一般称为等浓度层；筒底出现一个浓度很高的淤积层；在沉降层和淤积层之间有一个比较薄的过渡层。随着沉淀时间增长，浑液面不断下沉，沉降层不断减小，淤积层不断增厚，过渡层不断上移，直到沉降层消失，浑水中的悬浮物开始全部进入淤积状态；随着时间进一步延长，沉降曲线逐渐趋于平缓，并最后变为一水平线，这时浑液面的高度便为水中悬浮物最终的淤积高度 $H_{\infty}$。

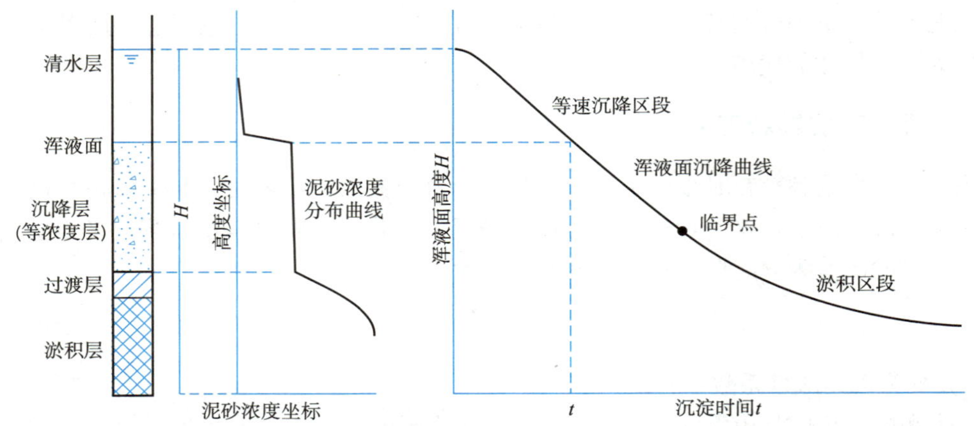


图 4-3　浑液面的沉降曲线

沉淀开始时 $t=0$，浑液面从水面开始沉降，浑液面起始高度为 $H_0$，于 $t$ 时刻浑液面沉降到高度为 $H$ 的位置，则浑液面的沉速 $u$ 为：

$$u=\frac{H_0-H}{t} \tag{4-16}$$

水中悬浮物的界面沉降在黄河高浊度水沉淀、澄清池中悬浮泥渣层沉降、污水活性污泥浓缩以及矿浆水浓缩等的水处理过程中都会出现。

第 4.2 节内容视频讲解

## 4.2　平流沉淀池

### 4.2.1　理想沉淀池理论

平流沉淀池是实际中应用较多的一种池型。平流式沉淀池是一个矩形的池子，水由一端流入，由另一端流出，水在池内以很小的流速缓慢流动，水中的颗粒杂质便会在池中沉淀下来，从而达到去除水中颗粒杂质的目的。

为了研究颗粒杂质在沉淀池被沉淀去除的规律性，便提出了理想沉淀池的概念。一般平流沉淀池（图 4-4）前部为进水区，后部为出水区，下部为沉泥区，中部为沉淀区。中部沉淀区若符合以下假定，称为理想沉淀区：

（1）进水均匀地分布于沉淀区的始端，并以相同的流速水平地流向末端；

（2）进水中颗粒杂质均匀地分布于沉淀区始端，并在沉淀区内进行着等速自由沉降；

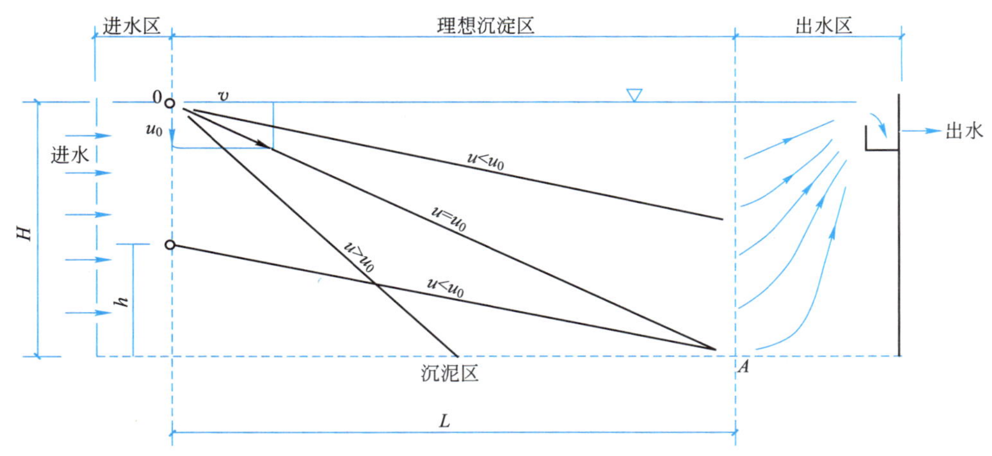


图 4-4　颗粒在理想沉淀区中的沉淀

(3) 凡能沉降至沉淀区底的颗粒杂质便认为已被除去，不再重新悬浮进入水中。

设理想沉淀区的深度为 $H$，长度为 $L$，宽度为 $B$，进入沉淀区的水流量为 $Q$，则沉淀区水流流速为：

$$v=\frac{Q}{H\cdot B} \tag{4-17}$$

现在先来考察由均一粒径组成的颗粒杂质在理想沉淀池中的沉淀情况。设杂质颗粒的沉速为 $u_0$，它一面以流速 $v$ 随水流作水平运动，一面又进行等速沉降，故其运动轨迹为一倾斜的直线，当颗粒的直线轨迹能与池底相交时即被除去。显然，在沉淀区始端位于水表面的颗粒将处于最不利位置，如果这个颗粒的运动轨迹线 $OA$ 恰与池底末端 $A$ 相交，那么这一粒径的杂质颗粒恰能全部沉淀下来。所以，这一恰能在池中沉淀下来的颗粒沉速 $u_0$，称为截留沉速。

在沉淀池的设计中表面负荷是一个重要的工艺参数，所谓表面负荷是指单位沉淀面积上承受的水流量，即：

$$q=\frac{Q}{BL} \tag{4-18}$$

由图 4-4 可知，按具有截留沉速 $u_0$ 的颗粒沉降轨迹线 $OA$，可找出颗粒沉降速度三角形与沉淀区几何三角形有相似关系，即：

$$\frac{u_0}{v}=\frac{H}{L} \tag{4-19}$$

将式(4-17)和式(4-19)代入式(4-18)，得：

$$q=\frac{v\cdot HB}{BL}=v\cdot\frac{H}{L}=v\cdot\frac{u_0}{v}=u_0 \tag{4-20}$$

即对于理想沉淀区，表面负荷与截留沉速相等。

现在来考察均一粒径杂质颗粒的沉速 $u$ 与截留沉速 $u_0$ 不同时的情况。当 $u>u_0$ 时，杂质颗粒在理想池中的沉降轨迹线应该是一条比 $OA$ 更陡的直线，所以它们无疑能全部沉淀下来。当 $u<u_0$ 时，杂质颗粒的沉降轨迹线应是一条比 $OA$ 平缓的直线，如图 4-4 所

示，显然，在沉淀区始端，只有位于池底以上 $h$ 高度以下的颗粒才能沉淀下来，所以沉淀效率 $\eta$ 应等于比值 $h/H$。沉速为 $u_0$ 的颗粒由水面沉至池底的时间是 $t_0=H/u_0$，沉速为 $u$ 的颗粒由 $h$ 高度处沉至池底的时间也是 $t_0=h/u$，故有 $H/u_0=h/u$，所以 $u<u_0$ 的颗粒的沉淀效率为：

$$\eta=h/H=u/u_0 \tag{4-21}$$

即沉速小于 $u_0$ 的颗粒杂质在池中只能部分地沉淀下来，其沉淀效率等于其沉速与截留沉速的比值。

若将水中颗粒杂质划分为许多微小组分，各组分的颗粒沉速为 $u_1>u_2>\cdots>u_n$，各组分的质量在总质量中所占比例相应为 $\Delta P_1$，$\Delta P_2$，…，$\Delta P_n$。设颗粒沉速 $u_i\geqslant u_0$，这些颗粒将全部沉淀下来，它们在总量中所占比例为 $\sum_1^i \Delta P_j$，其沉淀效率 $\eta_1$ 为：

$$\eta_1=\sum\Delta P_j \quad (j=1,\ \cdots,\ i) \tag{4-22}$$

对于颗粒沉速 $u_1<u_0$ 的情况，$\Delta P_i$ 只能部分沉淀下来，沉淀效率 $\eta_i$ 按式(4-21)计算；以 $\Delta P_i$ 与沉淀效率 $\eta_i$ 相乘，得沉下部分在总量中所占比例 $\frac{u_i}{u_0}\cdot\Delta P_i$；将 $u_i<u_0$ 的所有组分相加，得沉速小于 $u_0$ 的各组分的总沉淀量在总量中所占比例，即沉淀效率 $\eta_2$：

$$\eta_2=\sum_{i+1}^{n}\frac{u_j}{u_0}\cdot\Delta P_j=\frac{1}{u_0}\sum_{i+1}^{n}u_j\cdot\Delta P_j \tag{4-23}$$

所以水中颗粒杂质在沉淀区中的总沉淀效率为：

$$\eta=\eta_1+\eta_2=\sum_1^i\Delta P_j+\frac{1}{u_0}\sum_{i+1}^{n}u_j\cdot\Delta P_j \tag{4-24}$$

由式(4-24)可见，理想沉淀区的沉淀效率只与截留沉速有关，亦即水在沉淀区中的沉淀效率只与表面负荷有关，而与其他工艺参数(如沉淀时间、池深、水流速度等)无关。当处理水量一定时，沉淀效率只与沉淀池的表面积有关，即沉淀池表面积越大，沉淀效率越高。这一理论早在1904年由哈真(Hazen)提出，对沉淀技术的发展起了重要作用。

上述结论很重要，因为它阐明了表面负荷是决定沉淀池沉淀效率的主要因素。当然，在实际生产中除了表面负荷外，其他许多因素对沉淀效率还是有影响的，例如，对于絮凝颗粒的沉淀池，池深对沉淀效果是有影响的，絮凝颗粒在沉降过程中粒径较大的颗粒沉淀较快，能追上颗粒较小沉速较慢的颗粒，从而能进一步聚结成粒径更大的颗粒，加大池深使颗粒有更多聚结机会，从而可使沉淀效率提高。

### 4.2.2　浑水异重流及平流沉淀池的构造特点

浑水进入沉淀池后，因水中颗粒杂质不断沉淀而逐渐变清，流出沉淀池的水中浑浊物质的含量已经很少。浑水和清水的密度是不同的。例如，有1L浑水，其中浑浊物质浓度为 $M$，浑浊物质的密度为 $\rho$，水的密度为 $\rho_0$，此1L水的质量应为水和浑浊物质质量之和。浑浊物质的体积为 $M/\rho$，水的体积为 $(1-M/\rho)$，浑水的密度 $\rho_m$ 为：

$$\rho_m=M+\left(1-\frac{M}{\rho}\right)\rho_0=\rho_0+\frac{\rho-\rho_0}{\rho}\cdot M \tag{4-25}$$

可见浑水的密度与浑浊物质浓度 $M$ 成正比，即进入沉淀池的浑水因浑浊物质浓度高，其密度要比流出沉淀池的清水的密度大。密度大的浑水进入沉淀池后，在重力作用下会潜入池的下部流动，形成所谓浑水异重流，有的也称其为密度流，如图 4-5 所示。浑水异重流是沉淀池中的基本现象之一，不过当进池浑水的浊质浓度高时异重流现象明显一些，进池浑水浊质浓度低时异重流现象不如浓度高时明显。此外，水的密度还与温度有关。进水温度较池内水温高时，进水有可能趋向池表流动，形成温度密度流。当进水温度较池水低时，则能加强浑水异重流的流态。

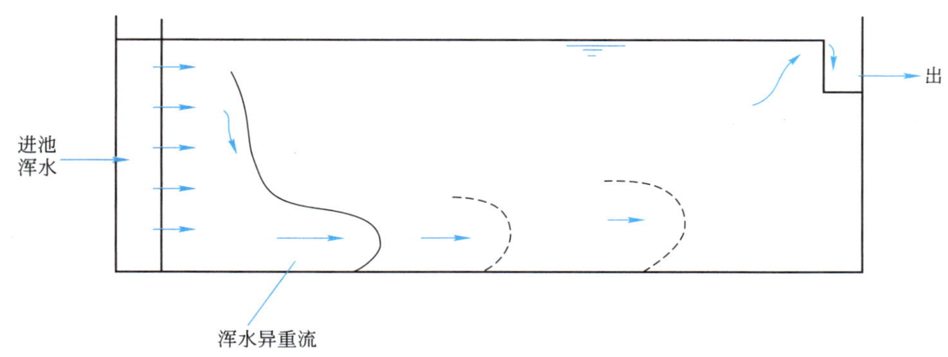


图 4-5 平流沉淀池中的浑水异重流

浑水异重流在浑浊的河水流入水库或湖泊时也常发生，所以水利工程学科对浑水异重流的运动规律有比较深入的研究。浑水异重流发生时，清、浑水交界面应能保持稳定而不相互混杂。埃施(EschR. E.)曾提出可用弗罗德数的一种表达方式 $Fr'$ 作为判别两种密度不同的水体是否能保持界面稳定的重要参数：

$$Fr'=\frac{v}{\sqrt{\dfrac{\Delta\rho}{\rho_m}gH}}=0.2\sim0.7 \tag{4-26}$$

式中 $v$——水流的流速；

$\rho_m$——浑水的密度；

$\Delta\rho$——池内浑水与清水的密度差；

$H$——池内水的深度。

$Fr'$ 的临界值为 0.2～0.7，如 $Fr'$ 值低于临界值，两种水体交界面能保持稳定；如 $Fr'$ 值高于临界值，则两种水体交界面不能保持稳定，即会相互混杂。由式（4-26）可知，池内水流流速越小，进池浑水中悬浮物浓度越高，$Fr'$ 值便越小，在沉淀池中发生浑水异重流的可能性便越大。

式(4-26)是发生典型的具有稳定交界面的浑水异重流的条件判别式。例如，取 $v=0.01\text{m/s}$；$H=4\text{m}$；$\rho_0=1000\text{kg/m}^3$；池内清水出流时的浊度常低于 5NTU，故其密度近似地取为 $1000\text{kg/m}^3$；水中悬浮物如为泥砂，其密度取为 $\rho=2700\text{kg/m}^3$；若取临界值为 0.2，按式(4-25)及式(4-26)可求出发生浑水异重流时进池浑水中泥砂的浓度为 $M=101\text{mg/L}$；若取临界值为 0.7，可求出 $M=8.2\text{mg/L}$。表 4-1 是在不同水平流速和不同临界值条件下求出的产生浑水异重流时的进池浑水泥砂浓度的界限值。

产生典型浑水异重流的进池浑水泥砂浓度界限值　　表 4-1

| 判别式的临界值 | 浑水泥砂浓度(mg/L) | | | |
|---|---|---|---|---|
| | 池内水平流速(mm/s) | | | |
| | 5 | 10 | 20 | 50 |
| 0.2 | 25 | 101 | 404 | 2525 |
| 0.4 | 6.3 | 25 | 101 | 631 |
| 0.7 | 2.1 | 8.2 | 33 | 206 |

注：池内水深 $H$=4m。

我国绝大部分水厂的平流沉淀池的水平流速为 10～20mm/s。以河水为水源的水厂，在一年的大部分季节里，其沉淀池进水浊度常超过表中的界限值，所以在平流沉淀池中浑水异重流的出现应是比较普遍的现象。

如图 4-5 所示，进池浑水形成异重流后，潜入池下部流动。在流动过程中，浑水异重流中的悬浮物不断沉淀，异重流中的悬浮物浓度不断减少，使其 $Fr'$ 值不断增大，一旦超过临界值，形成浑水异重流的因素便逐渐消失，从而使浑水异重流沿水流方向逐渐消散。

判别式(4-26)还可以用不同方式表示。假如进池浑水泥砂含量为 100mg/L，产生的密度差为 $6\times10^{-5}$kg/m$^3$；如进池浑水的水温为 20℃，较池内水温低 0.5℃，产生的密度差为 $10.5\times10^{-5}$kg/m$^3$。如上述两种因素同时出现，则密度差将加和，增大为 $16.5\times10^{-5}$kg/m$^3$。以$(\Delta\rho/\rho_m)\approx16.5\times10^{-5}$，代入式(4-26)，并取 $H=2R$，可得：

$$Fr=\frac{v^2}{gR}=2\times\frac{\Delta\rho}{\rho_m}Fr'^2=1.32\times10^{-5}\sim1.62\times10^{-4} \quad (4\text{-}27)$$

式中，$Fr$ 为常用的弗罗德数的另一表示方法，$R$ 为沉淀池中水流的水力半径。式(4-27)为在给定的条件下(泥砂浓度为 100mg/L，0.5℃温差；或泥砂浓度为 275mg/L)能否出现浑水异重流的判别式。一般文献中，要求在沉淀池设计中 $Fr$ 应大于 $1\times10^{-5}\sim1\times10^{-4}$，其根据即在于此。当给定条件不同时，式(4-27)中数值会有所不同。但它指出，增大 $Fr$ 值可以减轻浑水异重流的影响。

理想沉淀池理论只考虑水流对颗粒杂质的作用，而忽视了颗粒杂质对水流的反作用，即水中颗粒杂质增大了浑水的密度，从而使池内水流流态发生了变化，所以理想沉淀池理论是不完善的。沉淀池内浑水异重流的流态，补充了理想沉淀池理论的不足，使人们对沉淀池内的水流运动规律认识得更全面。

在浑水异重流的影响下，沉淀池内的水流状况与理想沉淀池会有较大的差别，在池内形成上清下浊的浓度分布。过去，曾有人没有注意到浑水异重流的影响，按照理想沉淀池概念，认为应在沉淀池进水断面上均匀布水，在出水断面上均匀集水，结果效果并不好。

当池内发生异重流时，即使用布水装置在进水断面上均匀布水，进池浑水还是会潜入池下部流动，所以在进水断面沿深度方向均匀布水对提高沉淀效果的作用并不大。重要的是，沿池宽度方向均匀布水对提高沉淀效果的作用更大。

当池内发生异重流时，在池内形成上清下浊的浓度分布，如由池末端出水断面上均匀集水，便会将池下部浊度较高水层的水引出，这在许多水厂中都能观察到。所以，为适应浑水异重流的特点，人们便开始从池表面集水，有的还将集水槽向池中部延伸，甚至达到池长 1/4 的距离，仍能集取到清澈的沉淀水。

由平流沉淀池末端表面集水时，常采用溢流堰或穿孔集水槽。以溢流堰长度除出水流量，称为出水单宽流量。出水单宽流量不宜过大，以免将池下层浊度较高的水引出。为了减小出水单宽流量，可增加溢流堰的长度，为此有的水厂在池后部水表面加设几排集水槽，效果很好。沉淀池出水溢流堰的单宽流量一般认为宜不超过 $250m^3/(m \cdot d)$。

除了浑水异重流外，影响池内水流的因素还有很多，例如，由温差引起的温度密度流；因进水布水不均和出水集水不均等原因引起的短流；因风浪引起的环流和不规则水流以及水流的紊动等，这些都会影响沉淀池的沉淀效果。池内水流的流态，可由雷诺数 $Re$ 来判别，$Re$ 的计算式如下：

$$Re=\frac{\rho v R}{\mu} \tag{4-28}$$

若取水的密度 $\rho=1000kg/m^3$，水平流速 $v=0.01m/s$，水力半径 $R=2m$，水的动力黏滞系数 $\mu=10.02\times10^{-4}N \cdot s/m^2$（水温 20℃），可求得池内水流的雷诺数 $Re=20000$。对明渠中的水流，雷诺数大于 500 即判定为紊流，所以平流沉淀池中的水流一般皆为紊流。紊流会降低池中杂质颗粒的沉淀效率。

上已述及，增大水流的弗罗德数可减小浑水异重流的影响，同时也可减小其他上述各种水流的不良影响，从而提高了所谓水流的稳定性。由弗罗德数公式可知，增大流速可提高水流的稳定性，所以现代平流沉淀池都采用较高的流速，一般为 10～20mm/s，最高可达 50mm/s。当然，提高流速应有一定限度，以免流速过大，水流紊动过强，使沉下的杂质重新被水流冲起，影响出水水质。减少沉淀池的水力半径 $R$，也可使 $Fr$ 增大，提高水流的稳定性。采用较小的水深，可使 $R$ 减小。现代平流沉淀池都采用自动排泥设备，所以在池底不会积存很厚的沉泥，不必设置过大的贮存沉泥的空间，故而也使采用较小池深成为可能。平流沉淀池的池深一般采用 2.5～3.5m。在平流沉淀池中设置多条导流墙，可增加水流断面的湿周，从而使 $R$ 减小。所以，现代平流沉淀池常具有窄而长的池型。

### 4.2.3　平流沉淀池的进水和出水装置

平流沉淀池的进水和出水装置对池内水流状态及沉淀效果都有重要影响。

对于混凝沉淀池，过去，絮凝池和沉淀池都是分别放置的，常由于两者之间的连接管道流速过大，甚至有跌水现象，使在絮凝池中形成的絮凝体被打碎，对沉淀效果影响很大。现在一般都将絮凝池和沉淀池设置在一起，直接衔接，并控制水由絮凝池进入沉淀池的流速不超过絮凝池末端流速，从而可避免絮凝体被打碎。

平流沉淀池的进水装置应使进池水尽量均匀地分布在池的断面上，特别是使水在池的宽度方向分布均匀，为此常设置穿孔配水管渠。水经穿孔管渠配水时，属复杂的多变流量水力学问题。下面以穿孔配水管为例考察其配水问题。

图 4-6 为一水平放置的穿孔配水管，管上配水孔眼均匀分布。水由管的一端流入，一边在管内向前流动，一边向管外配水，但配水并不均匀。造成穿孔管配水不均匀的原因，是由于管上各孔眼内外水压力差不相等的缘故。

水在穿孔管中沿程不断配出，流量和流速沿程不断减小。水在穿孔管中作减速流动时，一方面水流因摩擦损失而产生水头损失使静水压力减小，另一方面因水的流速逐渐减小，动能转变为势能而使静水压力增高。穿孔管内外水压差可写为：

$$H = H_0 - h_1 + h_v \tag{4-29}$$

式中 $H$——穿孔管末端孔眼内外水压力差；

$H_0$——穿孔管始端孔眼内外水压力差；

$h_1$——水在穿孔管中的水头损失；

$h_v$——因流速减小，水流的动能转变为势能所形成的静水压力。

由上式可见，当 $h_1 > h_v$ 时，管内外水压差将沿水流方向逐渐减小；当 $h_1 < h_v$ 时，水压差将沿水流方向逐渐增大。实验表明，穿孔管中水压差的变化，与穿孔管的构造尺寸有关：

当 $d < \left(\frac{L}{185}\right)^{0.8}$ 时，水压差沿程减小；

当 $d > \left(\frac{L}{185}\right)^{0.8}$ 时，水压差沿程增大；

上述 $d$ 为穿孔管的管径，以"m"计；$L$ 为穿孔管的长度，以"m"计。对沉淀池配水系统而言，因流量甚大，所以一般总是符合上述后一条件，即水压差将沿程增大，如图 4-6 所示。

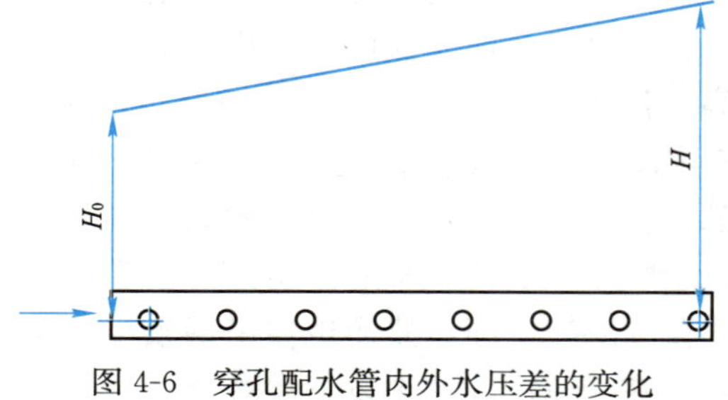

图 4-6 穿孔配水管内外水压差的变化

若将水压差的增值 ($h_v - h_1$) 以进水速度的函数形式表示，则式 (4-29) 可写为：

$$H = H_0 + \xi \frac{v^2}{2g} \tag{4-30}$$

式中 $v$——穿孔管始端流速，m/s；

$\xi$——系数。

穿孔管始端的水压差最小，故该处孔眼的流量亦为最小：

$$q_{0\min} = \mu f_0 \sqrt{2gH_0} \tag{4-31}$$

式中 $f_0$——单个孔眼的过水断面面积。

穿孔管末端的水压差最大，故该处的孔眼的流量亦为最大：

$$q_{0\max} = \mu f_0 \sqrt{2g\left(H_0 + \xi \frac{v^2}{2g}\right)} \tag{4-32}$$

孔眼流量的最大值和最小值的比值，可以表示穿孔管配水的均匀程度，并以符号 $\theta$ 表示，则有：

$$\frac{q_{\min}}{q_{\max}} = \frac{q_{0\min}}{q_{0\max}} = \sqrt{\frac{H_0}{H_0 + \xi \frac{v^2}{2g}}} \geqslant \theta \tag{4-33}$$

上式中的参数可表示如下：

$$H_0 = \frac{1}{\mu^2} \cdot \frac{v_0^2}{2g} \tag{4-34}$$

$$v_0 = \frac{Q}{\omega_0} \tag{4-35}$$

$$v=\frac{Q}{\omega} \tag{4-36}$$

式中　$Q$——穿孔管始端水的流量；

$v$——穿孔管始端水的流速；

$v_0$——穿孔管上孔眼的流速；

$\omega$——穿孔管的断面积；

$\omega_0$——穿孔管上孔眼的总面积；

$\mu$——孔眼的流量系数。

将式（4-34）～式（4-36）代入式（4-33）整理后得：

$$\left(\frac{v}{v_0}\right)^2=\left(\frac{\omega_0}{\omega}\right)^2\leqslant\lambda \tag{4-37}$$

或

$$\frac{v}{v_0}=\frac{\omega_0}{\omega}\leqslant\sqrt{\lambda} \tag{4-38}$$

式中

$$\lambda=\frac{1-\theta^2}{\xi\mu^2\theta^2} \tag{4-39}$$

式（4-37）或式（4-38）为单支穿孔管均匀配水的条件式，即为使穿孔管配水的均匀程度不小于 $\theta$，应使流速比 $v/v_0$ 或面积比 $\omega_0/\omega$ 不大于$\sqrt{\lambda}$值。如果取 $\theta=0.95$，$\mu=0.62$，$\xi=1$ 进行计算，可得 $\lambda=0.28$，或$\sqrt{\lambda}=0.53$。

上述关于穿孔管的均匀配水条件的推导并不十分精准，这是由于忽略了孔眼流量系数 $\mu$ 的变化。按照实验资料，在保证配水均匀性即 $q_{min}/q_{max}\geqslant 90\%$条件下，可按下式计算：

$$\frac{v}{v_0}=\frac{\omega_0}{\omega}\leqslant\frac{1}{4} \tag{4-40}$$

式（4-38）和式（4-40）表明，穿孔管配水的均匀性只与穿孔管的构造有关，而与管中的流量或流速无关。由式（4-40）可知，只要选取孔眼流速不低于管端流速的 4 倍，就能获得不小于 90%的配水均匀性。

对于其他形状的配水渠道，情况要比圆形配水管复杂，但上述结论对于其他形状配水也有重要的参考价值。例如，在设计沉淀池的矩形配水渠时，应使渠内进口水流最大流速比配水孔眼流速小数倍，从而使配水具有一定的均匀程度。

平流沉淀池的出水，一般都使用集水槽由池尾部表面集水。若沉淀池出水单宽流量过大，会将池下层浑水汲出，所以常使用指形槽以增加出水堰长度，减少单宽流量。出水指形槽的布局如图 4-7 所示。

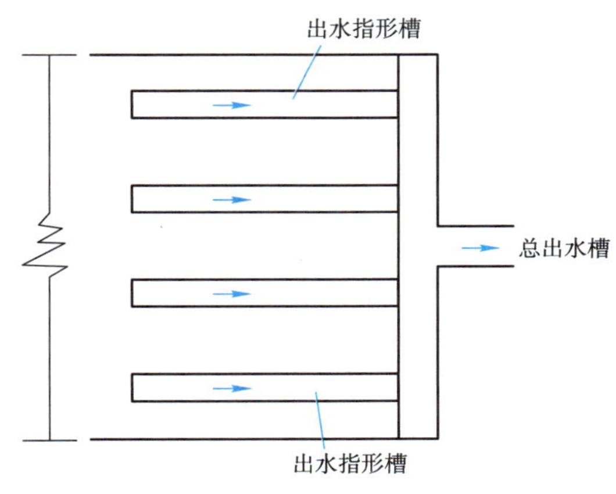


图 4-7　平流沉淀池的出水系统

出水指形槽两侧设出水堰或出水孔眼，池表面清水经溢流堰或孔眼跌入集水槽，集水槽内的水再跌入出水渠，经出水管流出池外。一般常用薄壁三角堰作出水堰，三角堰夹角为 90°，若过堰水自由跌落入集水槽，则可用下式计算一个三角堰的水流量：

$$Q_0 = 1.4H^{2.5} \tag{4-41}$$

式中　$Q_0$——过堰水流量，$m^3/s$；

$H$——堰上水头，m。

堰上水头常取为 0.04～0.06m，相应一个堰的过水流量为 0.42～1.24L/s。

一般也常采用薄壁圆孔集水，若孔眼出水自由跌落入集水槽，一个孔眼的流量可用下式计算：

$$Q_0 = \mu\omega\sqrt{2gH} \tag{4-42}$$

式中　$Q_0$——流过孔眼的水流量，$m^3/s$；

$\omega$——孔眼的面积，$m^2$；

$H$——孔眼中心以上的水深即水头，m；

$g$——重力加速度，$g=9.81m/s^2$；

$\mu$——流量系数，可取 $\mu=0.62$。

若取孔前水头 $H=0.05m$，孔眼直径 $d_0=20\sim30mm$，一个孔眼的水流量 $Q_0$ 约为 0.19～0.43L/s。

按照堰或孔的过水流量、沉淀池总的出水流量，并参考对单宽出水流量的限制，便可计算出出水槽长度及单位槽长上的三角堰数或孔眼数。

集水槽的水一般都自由跌落入出水渠，这样可减小集水槽的尺寸。集水槽的起端水深可参照槽末端临界水深公式计算：

$$H = 1.73H_K = 1.73\left(\frac{Q^2}{gB^2}\right)^{\frac{1}{3}} \tag{4-43}$$

式中　$H$——集水槽的起端水深，m；

$H_K$——集水槽末端的临界水深，m；

$Q$——集水槽末端的水流量，$m^3/s$；

$B$——集水槽的宽度，m；

$g$——重力加速度，$g=9.81m/s^2$。

为使出水堰或出水孔流出的水能自由跌落进入集水槽，出水堰或出水孔应设于集水槽水面之上。集水槽的出水进入出水渠后，经出水管流出池外，出水渠的尺寸和出水管的管径皆按常规方法计算，在此不再赘述。

### 4.2.4　平流沉淀池的排泥与设计

水中的悬浮物在平流沉淀池中沉淀下来以后，需要及时排出池外，特别是汛期水中悬浮物多时，沉淀下来的污泥量很大，如不及时排出，会影响沉淀池的工作。

平流沉淀池有斗底排泥和机械排泥等多种。斗底排泥，就是在平流沉淀池池底设置一个或多个斗形槽，平时将沉泥贮存其中，定期打开斗底的阀门将贮泥排出。一般斗形槽底坡都做成 45°倾角，常无法将积泥排尽，此外斗形槽会使沉淀池池深显著加大，使建设费用增加，所以现已不常采用，多用于小型设备中。

机械排泥是现今平流沉淀池采用最多的排泥方式。例如多口虹吸式吸泥机。该吸泥机是利用池内水位与池外排泥渠中水位差驱动虹吸管进行排泥。该吸泥机主要有刮泥板、吸泥口、吸泥管、排泥管等，将之成排地安装在桁架上，整个桁架架设在沉淀池池壁的轨道上，利用电机使桁架在轨道上来回行走，并连续地将池底积泥抽吸并排出池外。由于池底积泥不断被连续排出，所以池底不需设置贮泥空间，可使池深显著减小。当池内外水位差太小（不足 3m）时，也可用泵来抽吸池底积泥。

**【例 4-2】** 原水的最高浊度为 200NTU，经混凝后进入平流沉淀池的设计水量为 $50000m^3/d$。计算沉淀池的基本尺寸。

**【解】** 平流沉淀池共设 2 个，互为备用，每个沉淀池的设计水量为：

$$Q=\frac{50000}{2}=25000m^3/d=1042m^3/h$$

参考该水系水厂的运行经验，平流沉淀池的表面负荷取为 $q=1.8m^3/(m^2\cdot h)$ 或 0.5mm/s，则平流沉淀池的平面面积为：

$$A=\frac{Q}{q}=\frac{1042}{1.8}=578.9m^2$$

平流沉淀池采用移动桁架虹吸排泥，有效池深取为 $H=2.5m$；水在池中的停留时间 $T$ 为：

$$T=\frac{H}{q}=\frac{2.5}{1.8}\approx 1.4h$$

水在池中的水平流速取为 $v=10mm/s$，池长 $L$ 为：

$$L=vT=10\times 1.4\times 3600/1000=50.4m$$

设计取 $L=50m$。

平流沉淀池池宽 $B$ 为：

$$B=\frac{A}{L}=\frac{578.9}{50}=11.6m$$

考虑池中设置行车式排泥桁架的尺寸，池宽采用 12.0m。

上述平流沉淀池的基本尺寸比例：长宽比 $50/12\approx 4.2(>4)$ 长度与深度之比 $50/2.5=20(>10)$，都符合现行设计规范的要求。

沉淀池水面以上超高取为 0.5m，沉淀池总深度为 3.0m。平流沉淀池的平面布置如图 4-8 所示。

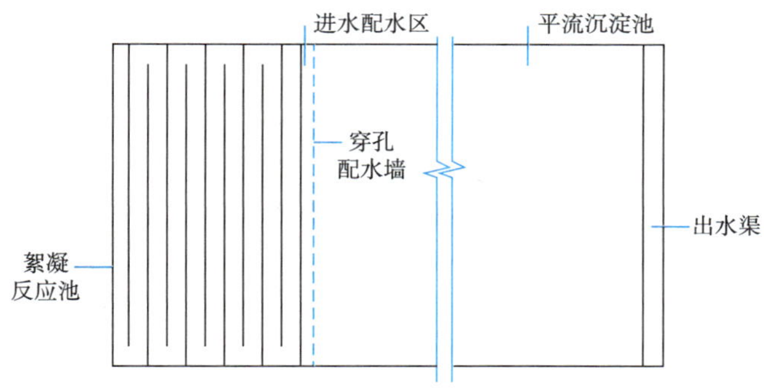

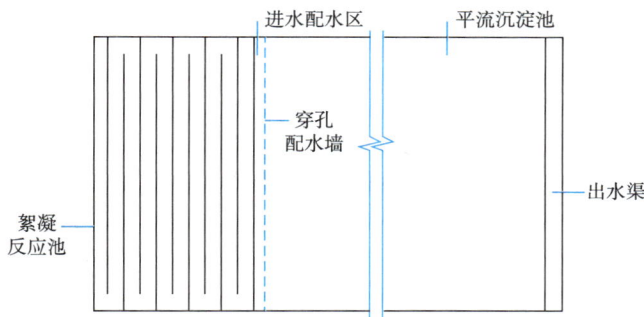

图 4-8　平流沉淀池的平面布置

校核池内水流的 $Fr$ 值。池内水流的水力半径为 $R=2.5\times12/(2.5\times2+12)=1.76\text{m}$；则：

$$Fr=\frac{v^2}{gR}=\frac{(10\times10^{-3})^2}{9.81\times1.76}=5.79\times10^{-6}$$

其值略低于 $1\times10^{-5}$，可以认为池内水的稳定性较低，当 $Fr$ 值低于临界值时，易发生浑水异重流或其他密度流。

池内水流的 $Re$ 值为：

$$Re=\frac{\rho vR}{\mu}=\frac{1000\times10\times10^{-3}\times1.76}{1\times10^{-3}}=17600$$

式中，$\rho=1000\text{kg/m}^3$，$\mu=1\times10^{-3}\text{N}\cdot\text{s/m}^2$，可知 $Re$ 远大于 500，即池内水流为紊流。

在设计中，正确选择沉淀池进出水的形式构造和工艺参数，特别是与池前絮凝反应池的衔接，以避免絮凝体破碎，对获得良好沉淀效果是十分重要的。在本例中，将沉淀池与絮凝反应池直接连接。

平流沉淀池由絮凝反应池直接进水，通过配水渠道经穿孔配水墙配水进入沉淀池。配水墙上设置直径为 0.1m 的圆孔。取过孔流速为 0.2m/s，不大于絮凝反应池末端流速，可保障絮凝体不被打碎。一个孔眼出水流量为：

$$Q_0=\frac{1}{4}\pi D^2v=\frac{1}{4}\times3.14\times0.1^2\times0.2=0.00157\text{m}^3/\text{s}$$

一个沉淀池的流量为 $0.289\text{m}^3/\text{s}$，需进水孔数为：

$$N=\frac{0.289}{0.00157}=184\text{ 个}$$

沉淀池进水配水墙宽度为 12m，高度为 2.5m，总面积 $30\text{m}^2$，每个孔占有面积为 $30/184=0.163\text{m}^2$，取孔轴心距为 0.4m，纵向 6 排，横向 30 排。共 180 个进水孔，均匀布置。

取进水配水渠渠宽为 2.0m，渠深 2.5m，过流断面积 $5.0\text{m}^2$，渠进水口流速为 $0.289/5=0.0578\text{m/s}$，与孔口流速之比为 $0.2/0.0578\approx3.5$。

沉淀池出水采用指形槽，指形集水槽共 8 个，槽中距为 1.5m。按现行规范，集水槽溢流率不宜超过 $300\text{m}^3/(\text{m}\cdot\text{d})$。一个沉淀池的处理水量为 $25000\text{m}^3/\text{d}$，需出水堰长为 $25000/300=83.3\text{m}$。设集水槽长为 $L$，两侧出水，出水槽出水总长为 $16L$，集水槽长不宜小于 $83.3/16=5.2\text{m}$。取槽长为 6.0m，出水堰总长为 96m，单宽流量为 $25000/96=260\text{m}^3/(\text{m}\cdot\text{d})$。

采用薄壁孔眼出水，按式(4-42)，取孔中心以上水头为 0.05m，孔眼直径 $d_0=20\text{mm}$，孔眼面积 $\omega=0.785\times d_0^2=0.000314\text{m}^2$，$\mu=0.62$，一个孔眼出水流量为：

$$q=\mu\omega\sqrt{2gH}=0.62\times0.000314\times\sqrt{2\times9.81\times0.05}=0.193\text{L/s}$$

1m 出水堰长度上共设置孔眼数 $260\times1000\times\frac{1}{86400}\times\frac{1}{0.193}=15.6$ 个，取 16 个，这时每个孔眼出水流量为 $q=0.188\text{L/s}$。孔眼中距为 0.0625m。

集水槽中水深按式(4-43)计算，槽末端水流量为槽两侧孔眼出水流量之和，一个集水槽共有孔眼 $12\times16=192$ 个，槽末端水流量为 $Q=192\times0.188\times10^{-3}=36.1\times10^{-3}\text{m}^3/\text{s}$。取槽宽 $B=0.3\text{m}$，则：

$$H=1.73\left(\frac{Q^2}{gB^2}\right)^{\frac{1}{3}}=1.73\times\left[\frac{(36.1\times10^{-3})^2}{9.81\times0.3^2}\right]^{\frac{1}{3}}\approx0.2\text{m}$$

取孔眼中心高于槽水面 0.05m，池内水面高于孔眼中心 0.05m，水槽顶高出池水面 0.1m，集水槽总高度为 0.4m。

集水槽出水直接跌水流入出水渠，为保证跌水通畅，出水渠水面宜低于水槽底，在此出水渠水面较集水槽底低 0.1m。

出水渠汇集了 8 个集水槽的水，总流量为 $8\times36.1\times10^{-3}m^3/s=288.8L/s$，取渠宽为 1.0m，渠中水流速按 0.6m/s 计算，渠内水深为 $\frac{288.8\times10^{-3}}{0.6\times1.0}=0.48m$，取 1.0m。两个沉淀池有单独出水管，管径 $DN=800mm$，流速 0.57m/s。

平流沉淀池总长为 53.0m（不包括池壁厚度），总高度为 3.0m（其中 0.5m 为超高）。

沉淀池进水浊度最高为 200NTU，出水浊度按相近水厂的资料取为 2NTU，混凝剂采用聚合氯化铝 PAC，$Al_2O_3$ 含量为 10%，最大投药量为 30mg/L。沉淀池最大沉泥量可按下式计算：

$$S=(1+x)Q(K_1C_0+K_2Df)\times10^{-6} \tag{4-44}$$

式中 $S$——沉淀池沉泥量，t/d；

$Q$——设计水量，$m^3/d$，在此 $Q=25000m^3/d$；

$x$——水厂自用水系数，在此取 $x=5\%$；

$C_0$——沉淀池最高进水浊度，NTU，$C_0=200NTU$；

$K_1$——浊度（NTU）与悬浮物浓度的换算系数，参照相近水厂的数据，取 $K_1=1.5$；

$D$——混凝剂投加量，mg/L；

$f$——混凝剂中有效成分的含量，$f=10\%$；

$K_2$——药剂产泥系数，$K_2=1.53$；

沉淀池出水浊度甚小，故忽略不计。

将以上数据代入，得最大沉泥量：

$$S=(1+0.05)\times25000\times(1.5\times200+1.53\times30\times0.1)\times10^{-6}\approx8t/d$$

排泥浓度按经验取 $m=1\%$，泥浆密度与水近似，故得泥水量 $Q_s=S/m=8/0.01=800m^3/d$。

排泥机械选用行车式多口虹吸吸泥机，行走速度 1m/min，往返 50m 池长行走一次需时 100min。在沉泥量最大时，每 4h 往返行走排泥一次，每天排泥 6 次，故排泥量为 $800/(6\times100)=1.33m^3/min=22.2L/s$。

在本例中，平流沉淀池与清水池合建。池旁设排泥渠，池内水面与池外水面高程差即为虹吸吸泥机作用水头，在此取为 4.0m。排泥时排泥渠内水流速度不宜小于 0.8m/s，以免发生沉积。

按以上工艺条件可向厂家订购行车式多口虹吸吸泥机。

## 4.3 斜板、斜管沉淀池

第 4.3 节内容视频讲解

### 4.3.1 斜板、斜管沉淀原理

自从哈真(Hazen)1904 年提出了理想沉淀池理论以后，数十年来，人们为了提高沉淀池的效率，曾做了种种努力。理想沉淀池原理的另一种推论是所谓浅池理论，即在保持截留沉

速 $u_0$ 和水平流速 $v$ 都不变的条件下，减小沉淀池的深度，就能相应地减少沉淀时间和缩短沉淀池的长度。例如，如图 4-9 所示，平流沉淀池的深度为 $H$，长度为 $L$，水在池中的沉淀时间为：$T=\frac{H}{u_0}=\frac{L}{v}$。若将池子分作两层，每层深度减少一半$\left(h=\frac{H}{2}\right)$，那么为去除沉速为 $u_0$ 颗粒，池长可减少一半$\left(l=\frac{L}{2}\right)$，相应地沉淀时间减少一半$\left(t=\frac{h}{u_0}=\frac{l}{v}=\frac{T}{2}\right)$。若将沉淀池分的层数进一步增多，每层深度相应减少，相应地池长和沉淀时间也按比例减少。可见多层沉淀池与平流沉淀池相比，由于大大缩短了沉淀时间以及沉淀池容积，使建筑费用大大降低，但由于保持了相同的截留沉速 $u_0$，所以仍具有与平流沉淀池相同的沉淀效率。因此，多层沉淀池与平流沉淀池相比，应该是一种高效能的沉淀构筑物。但是，多层沉淀池在生产中并没有得到推广，这主要是由于多层沉淀池的排泥困难，阻碍了它的发展。迄今，实际上只有少数水厂使用了 2～3 层的沉淀池，更多层次的沉淀池在生产中没有得到应用。直到 20 世纪 60 年代才终于实现了突破。博伊科特(Boycott)用试管进行血液沉降速度测定时，发现了将试管倾斜可使沉降加快的现象。此后，在胶体化学领域也进行了对倾斜容器内沉降现象的研究。水处理工作者根据这一发现，开发出了斜板、斜管沉淀设备，它既能大大增加沉淀池的层数，减少沉淀深度，又能自动进行排泥。

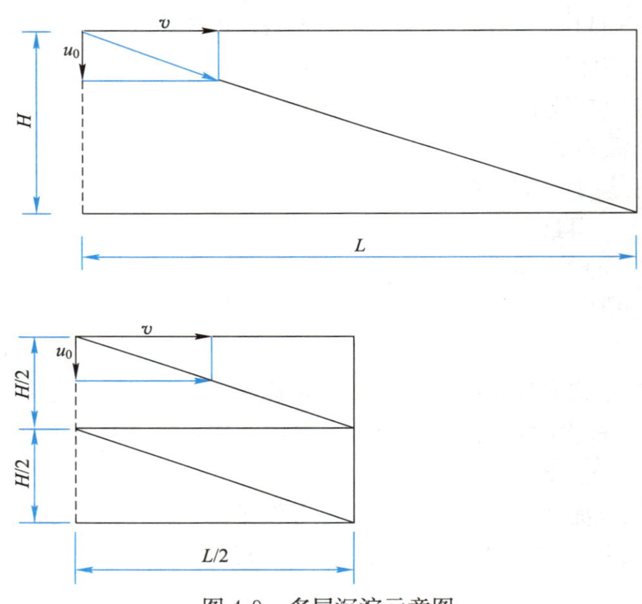


图 4-9　多层沉淀示意图

斜板沉淀设备由一系列倾斜的薄板构成，图 4-10 所示为平向流斜板沉淀设备，水在斜板间隙中水平流动，水中的杂质颗粒一面随水流动，一面进行沉降，其运动轨迹为一倾斜的直线，当颗粒沉至下面的斜板表面时便被沉淀下来；澄清的水流出斜板间隙，沉淀下来的泥渣沿斜板表面下滑而自动排除。若斜板的间隙宽为 $s$，斜板倾角为 $\theta$，则颗粒在斜板间隙中的沉降距离应为：

$$h=\frac{s}{\cos\theta} \tag{4-45}$$

所以，水在斜板间隙中的沉淀过程相似于在一个深度为 $h$ 的平流沉淀池中的沉淀过程。按照理想沉淀池理论，可按下式计算斜板的水平长度(即此平流沉淀池的长度)：

$$l'=\frac{v}{u_0}\cdot h \tag{4-46}$$

水在斜板中的沉淀时间为：

$$t=\frac{h}{u_0}=\frac{l'}{v} \tag{4-47}$$

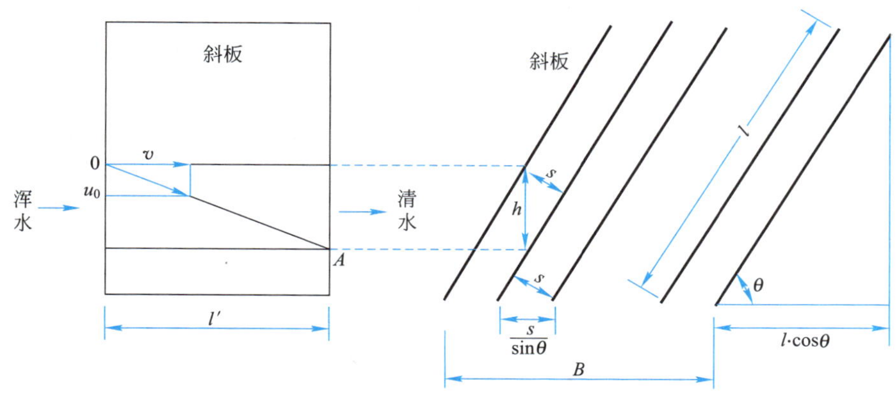


图 4-10　平向流斜板沉淀

一般斜板的间距都很小(常为数十毫米)，所以水在斜板中的沉淀时间只有几分钟。

斜板间的每一个间隙都是一个单元斜板沉淀池，其沉淀面积应为斜板在平面上的投影面积：

$$A_0=l\cdot l'\cdot\cos\theta \tag{4-48}$$

式中　$A_0$——单元斜板沉淀池的沉淀面积；

$l$——斜板的斜长。

一个单元斜板沉淀池所占宽度为 $s/\sin\theta$，忽略斜板的厚度，若池内设置斜板的总宽度为 $B$，则池内斜板总数为：

$$N=\frac{B}{s/\sin\theta}=\frac{B}{s}\cdot\sin\theta \tag{4-49}$$

池内斜板的总沉淀面积为：

$$A=NA_0=\frac{Bll'}{s}\cdot\sin\theta\cos\theta \tag{4-50}$$

设池内水的流量为 $Q$，斜板沉淀面积上的表面负荷为：

$$q_0=u_0=\frac{Q}{A}=\frac{Q}{Bl'}\cdot\frac{s}{l\sin\theta\cos\theta}=q\cdot\frac{1}{N_l} \tag{4-51}$$

式中 $Bl'$ 为斜板沉淀设备所占池平面面积，得池平面面积上的表面负荷

$$q=\frac{Q}{Bl'} \tag{4-52}$$

$l\cdot\cos\theta$ 是斜板长度在平面上的投影，除以单元斜板沉淀池所占宽度 $s/\sin\theta$，便是在斜板投影长度上排列的斜板单元数，它可设想为多层沉淀池的层数：

$$N_l=\frac{l\cos\theta}{s/\sin\theta}=\frac{l\sin\theta\cos\theta}{s} \tag{4-53}$$

如取 $l=1500\text{mm}$，$s=50\text{mm}$，$\theta=60°$，则 $N_l=13$。

将式(4-51)移项，得：

$$q=N_l \cdot q_0 \tag{4-54}$$

即斜板沉淀设备的表面负荷 $q$ 为平流沉淀池表面负荷 $q_0$ 的 $N_l$ 倍，所以斜板沉淀是一种高效的沉淀技术。

除了上述平向流斜板沉淀方式以外，还有上向流斜板沉淀和下向流斜板沉淀方式。

在上向流斜板沉淀中，水由下部沿斜板间隙上流，水中杂质颗粒一面随水以流速 $v$ 流动，一面以沉速 $u_0$ 下沉，其运动轨迹直线与斜板表面相交从而沉于板面上，澄清水向上流出斜板，沉泥则沿板面逆向下滑而自动排除(图 4-11)，所以，每个斜板间隙也是一个单元斜板沉淀池，由于速度三角形与斜板的几何三角形相似，故可写出下列关系式：

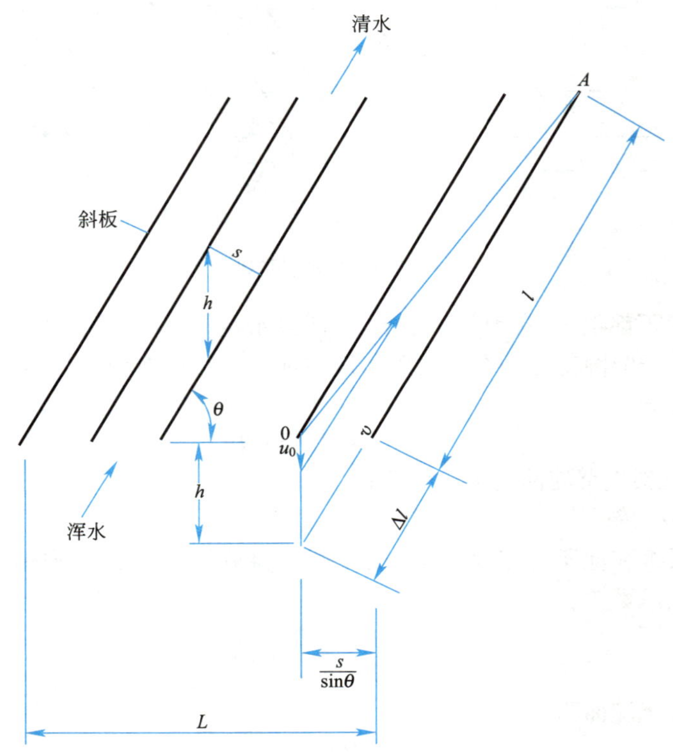


图 4-11　上向流斜板沉淀

$$\frac{l+\Delta l}{h}=\frac{v}{u_0} \tag{4-55}$$

比较此式与式(4-46)，可见水在上向流斜板中的沉淀，就相当于水在深度为 $h$ 和长度为 $(l+\Delta l)$ 的平流沉淀池中的沉淀过程，也能达到与平向流斜板沉淀装置相同的沉淀效果，所以也是一种高效的沉淀技术。

在上向流斜板间隙中设隔条，水流断面形状就成为矩形或方形，称为斜管。在生产中最常采用的斜管断面形状是正六边形，如图 4-12 所示，因为

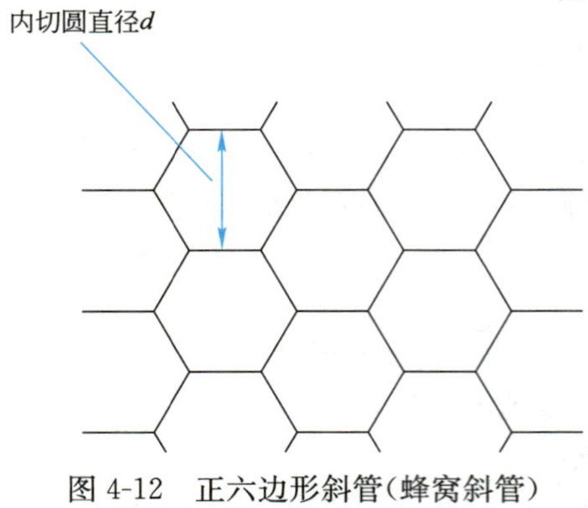

内切圆直径 $d$

图 4-12　正六边形斜管(蜂窝斜管)

由正六边形构成的斜管组件具有较好的力学性能，其壁厚较薄，用材较少。正六边形斜管又称为蜂窝斜管。此外，斜管断面的形状还有多种。在生产实际中，斜管比斜板应用得要普遍得多。

下向流斜板沉淀原理，与上向流斜板沉淀类似，在此不再赘述。

由式(4-50)可知，斜板、斜管的间距 $s$ 越小(正六边形斜管常用内切圆直径表示)，沉淀面积 $A$ 也便越大，沉淀效率应该越高。但实际上，斜板、斜管的间距不宜过小，因为在斜板、斜管的斜面上仍会有积泥，间距过小会使水流断面减小，积泥下滑时也会影响出水水质。此外，我国大多数地区沉淀构筑物都设于室外，在夏季阳光照射下，在上向流斜板、斜管出水口处会滋生水藻，严重时会使出口堵塞。平向流斜板间距多为50～100mm，斜板长度1500～2000mm；上向流斜板、斜管间距一般为25～35mm，斜板、斜管长度多为1000mm。

斜板、斜管的倾角，应使沉泥能自动下滑，其值与沉泥的性质及颗粒粗细相关。在城市自来水的混凝沉淀池中，斜板、斜管的倾角多采用60°。

### 4.3.2　影响斜板、斜管沉淀效率的因素

斜板、斜管沉淀设备与平流沉淀池比较，其雷诺数较低。对斜板沉淀按式(4-28)计算，取 $v=5\text{mm/s}=0.005\text{m/s}$，$R=s/2=40/2\text{mm}=0.02\text{m}$，其他数值同前，得 $Re=100$。对管道中的水流，$Re<2000$ 判定为层流，所以斜板沉淀中的水流一般为层流。蜂窝斜管的断面接近圆形，如近似按圆形计算，内切圆直径取为 $s$，其水力半径为 $R=s/4$，即比斜板还小，所以斜管中的水流也应为层流。杂质颗粒在层流中沉淀，不受水流紊动的干扰，这有利于提高沉淀效率。实际上，斜板、斜管中的层流，只发生在斜板、斜管的中部，而进口段和出口段因受进、出水的影响，仍存在着干扰。

斜板、斜管中水流的弗罗德数较大。按式(4-27)计算，参数同上，得斜板中水流的弗罗德数 $Fr=1.3\times10^{-4}$，蜂窝斜管中水流的 $Fr=2.6\times10^{-4}$。所以，斜板、斜管中水流的稳定性较好，这也有利于提高沉淀效率。

对于混凝沉淀，水在平流沉淀池中有较大的水深和较长的沉淀时间，絮凝体在池中能继续进行絮凝，从而使沉淀效果有一定程度的提高。相反地，水在斜板、斜管沉淀设备中，沉淀距离和沉淀时间都很小，从而絮凝体继续絮凝的作用很小。这就要求水在进入斜板、斜管沉淀池前应进行更充分的絮凝。

浑水异重流对斜板、斜管沉淀也是有影响的。对于平向流斜板沉淀，两个相邻斜板之间的间隙，构成一个斜板沉淀单元，斜板沉淀单元的过水断面近似一个倾斜的矩形，过水断面的厚度即为斜板之间的距离 $s$，过水断面的宽度为斜板的斜长 $l$。斜板单元的吃水深度为 $l\sin\theta$。沿水流方向做纵剖面，任意纵剖面都是一个深度为 $h$，长为 $l'$ 的沉淀池。按照理想沉淀池理论，进水在起始断面上均匀分布，则任意纵剖面上的出水水质应该是相同的。所以平向流斜板沉淀池都采用了在出水断面均匀集水的方法。但是在生产中却观察到，平向流斜板沉淀池的出水浊度沿深度方向是变化的，并且深度越大，出水浊度越高。例如，某大型水厂采用了新型的翼片式斜板，斜板安设总深度达3.6m，结果出水深度越大，出水浊度越高，最下部出水浊度比上部可高出数倍。这显然与浑水异重流有关。进入沉淀单元的浑水潜入下部流动，在沉淀单元里也形成上清下浑的浊度分布，从而使下部出水浊度比上层出水高。所以平向流斜板沉淀池的出水集水方式，如何适应浑水异重流的特点，是有待研

究的问题。平向流斜板沉淀池用于浊度较低的水的沉淀，可减少浑水异重流对沉淀效果的影响。

上向流斜板、斜管沉淀，最能适应浑水异重流特点，因为浊质浓度较高、密度较大的进水由下部进入斜板和斜管，沉淀后浊质浓度较低、密度较小的沉淀水，由上部流出，在沉淀单元中形成上清下浊的分布，构成了一个力学稳定的体系，浑水异重流不会对上向流斜板、斜管沉淀产生不利影响。所以，上向流斜板、斜管沉淀可用于悬浮物浓度很高的水(甚至高浊度水)的处理，是应用最广的一种斜板沉淀方式。

相反地，下向流斜板沉淀，浊质浓度较高、密度较大的进水由上部流入，沉淀后浊度较低、密度较小的沉淀水由下部流出，在沉淀单元中构成一个力学不稳定体系，当进水浊质浓度高时，在斜板沉淀单元中会发生浑水下潜现象，从而使下向流斜板沉淀过程遭到干扰和破坏。所以，下向流斜板沉淀只适宜用于浊度很低的水的沉淀。

### 4.3.3　斜板、斜管沉淀池设计

上向流斜板、斜管沉淀池在水的混凝沉淀中得到广泛应用。上向流斜板、斜管沉淀池由斜板、斜管沉淀装置、进水布水装置、出水集水装置和排泥装置四部分组成，如图 4-13 所示。

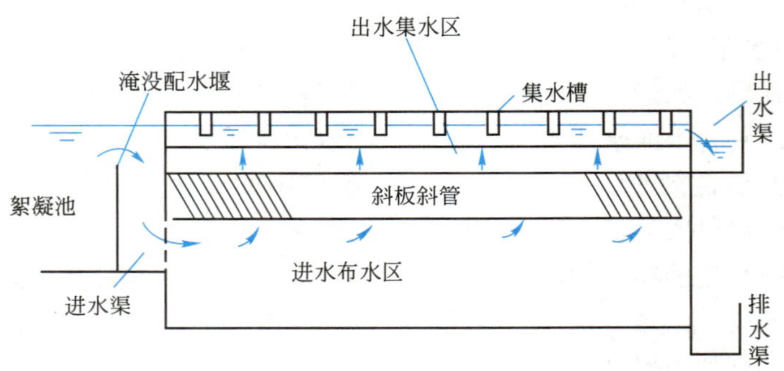


图 4-13　上向流斜板、斜管沉淀池

斜管要比斜板应用广泛得多，因为斜管壁薄、质量轻、强度高，一般用塑料板或不锈钢板粘接或压制，可做成组件，安装方便。

斜板、斜管沉淀装置下部为进水布水区，布水区的高度一般为 1～1.5m。布水区高度较大，有利于减小水的流速，且便于在斜板下面进行检修操作。为使布水均匀，布水区进口处设穿孔板或格栅等配水装置。

斜板、斜管的上部为清水区，其高度一般为 1m 左右，作为出水集水用。斜板、斜管沉淀池的上部集水是否均匀将直接影响各斜板、斜管之间配水的均匀性。一般常用穿孔集水槽或穿孔集水管集水，集水槽(管)的中距一般为 1～1.5m。

上向流斜板、斜管沉淀池的表面负荷很高，所以沉泥量也很大，需要有比较完善的排泥设备。一般常用机械吸泥或刮泥的方法进行自动排泥，使沉泥及时被排出，不致影响斜板、斜管的沉淀。此外，对中、小型设备，也可设置集泥斗。

上向流斜板、斜管沉淀池的总水深一般为 4m 左右，水在池中的总停留时间为 20min 左右。与平流沉淀池相比，水的停留时间已大为减少，不仅减少了池容积，并且也减少了占地面积，从而使建设费用降低。但是，水的停留时间减少，使池子的缓冲能力减小，要求更精心管理。

上向流斜板、斜管沉淀池的表面负荷，实际上并不像理论计算的那么大。因为与平流沉淀池相比，如上节所述，有许多不利于提高沉淀效率的因素，以及进水布水不均，出水集水不均，风浪对沉淀的干扰，斜管中沉泥下滑不畅，斜板、斜管出口滋生藻类造成的堵塞等，都不同程度地影响沉淀效率。根据大量生产经验，上向流斜板、斜管沉淀池的表面负荷，实际上约为平流沉淀池的4倍，虽然没有达到理论上预计的十几倍，但它仍然是常用的各种沉淀形式中最高的。应该说斜板、斜管沉淀技术确实是高效的，是非常成功的。

在生产中，上向流斜管沉淀池的表面负荷一般为2.0～2.5mm/s［$9m^3/(h \cdot m^2)$］。当原水为湖泊、水库中的低浊度水时，采用的表面负荷还要低一些。

平向流和下向流斜板沉淀池因用得不多，在此不再赘述。

**【例4-3】** 斜管沉淀池的设计水量为$15000m^3/d$，原水最高浊度为500NTU，采用混凝沉淀处理工艺。若采用斜板管沉淀装置，试选择斜板管形式及沉淀池的构造尺寸。

**【解】** 原水浊度比较高，宜选用上向流斜管沉淀装置，采用常用的蜂窝斜管，蜂窝斜管断面内切圆直径选为$s=35mm$，斜管倾角$\theta=60°$，管长$l=1000mm$。

按照同一水系的经验资料，取斜管净沉淀面积的表面负荷$q=9m^3/(h \cdot m^2)=2.5mm/s$，斜管的净沉淀面积为：

$$A'=\frac{15000/24}{9}=69.4m^2$$

取沉淀池的有效系数为$\varphi=0.95$，斜管部分的面积为：

$$A=\frac{A'}{\varphi}=\frac{69.4}{0.95}=73.1m^2$$

斜管部分平面尺寸：宽度6.0m，长12.0m，斜管内的流速为：

$$v=\frac{q}{\sin\theta}=\frac{2.5}{\sin 60°}=2.9mm/s$$

水在斜管内的沉淀时间为：

$$t=\frac{l}{v}=\frac{1000}{2.9}\times\frac{1}{60}=5.7min$$

若将蜂窝斜管近似看作圆管，则水力半径$R=s/4=35/4=8.75mm$；水温若为29℃，水的动力黏滞系数$\mu=1\times10^{-3}N \cdot s/m^2$；水的密度$\rho=1000kg/m^3$，则管中水流的雷诺数$Re$为：

$$Re=\frac{\rho vR}{\mu}=\frac{1000\times2.9\times10^{-3}\times8.75\times10^{-3}}{1\times10^{-3}}=25.4$$

所以管中水流为层流。

计算管中水流的费罗德数$Fr$：

$$Fr=\frac{v^2}{gR}=\frac{(2.9\times10^{-3})^2}{9.81\times8.75\times10^{-3}}=9.8\times10^{-5}$$

所以管中水流的稳定性较好。

取斜管下部进水配水区高度为1.8m，斜管上部清水集水区高度为1.0m，池壁超高为0.3m，斜管管件高为0.9m，故沉淀池的总高度为4.0m，水在池内的实际停留时间为25min。

沉淀池排泥采用行车式虹吸吸泥机，吸泥机的行车桁架由斜管两侧向下深入斜管下部，带动吸泥口、吸泥管、排泥管并沿池长方向来回运行，连续排除池底积泥。为使行车桁架深入池底并沿池长方向运动，在斜管两侧需设置宽 1m 左右的廊道。所以，沉淀池的总宽为 8m，如图 4-14 所示。

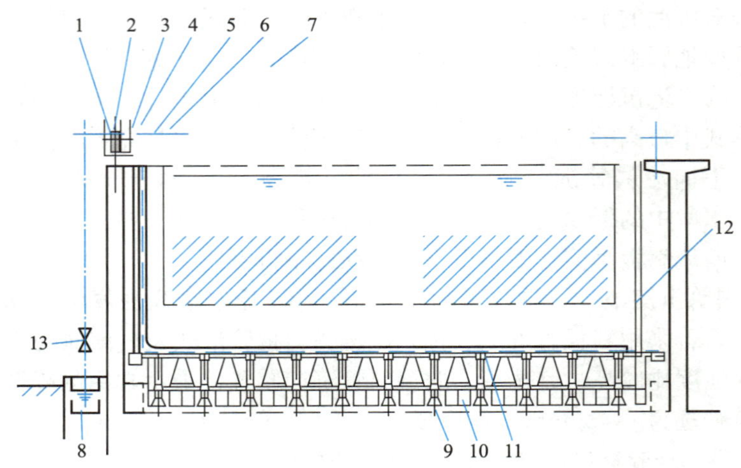


图 4-14　（机械排泥）上向流斜管沉淀池

1—钢轨；2—车轮；3—轴承装置；4—减速器；5—联轴器；6—电机；7—桁架钢架；8—排泥渠；9—排泥机吸口；10—集泥器；11—排泥机底架；12—排泥机垂直架；13—排泥管阀门

沉淀池进水采用穿孔墙配水。出水渠沿池长方向置于池中央，两侧设出水槽，槽两侧有淹没出水孔。出水槽轴距为 1.0m，出水渠每侧有 12 个出水槽。出水系统计算与平流沉淀池类似。

## 4.4　澄　清　池

第 4.4 节内容视频讲解

### 4.4.1　澄清池的工作原理

在絮凝过程中，当水中有两种直径相差很大的颗粒时，其絮凝速率可描述如下。粒径为 $d_1$ 的细颗粒，其颗粒浓度为 $n_1$；粒径为 $d_2$ 的粗颗粒，其颗粒浓度为 $n_2$。在速度梯度的作用下，两种颗粒每秒相碰撞的次数，即颗粒浓度降低的速率为：

$$-\frac{\mathrm{d}(n_1+n_2)}{\mathrm{d}t}=\alpha_0\cdot\frac{1}{6}\cdot n_1n_2(d_1+d_2)^3G \tag{4-56}$$

式中 $\alpha_0$ 为附着效率系数，由于 $d_1$ 远远小于 $d_2$，故有 $d_1+d_2\approx d_2$。如果细颗粒 $d_1$ 为原水中的颗粒，其颗粒浓度 $n_1$ 很大；而粗颗粒 $d_2$ 为池中的絮凝体，其颗粒浓度 $n_2$ 假定保持不变，并有 $n_1\gg n_2$，则上式可改写为：

$$-\frac{\mathrm{d}n_1}{\mathrm{d}t}=\alpha_0\frac{W_2}{\pi}Gn_1 \tag{4-57}$$

式中 $W_2=\left(\frac{1}{6}\pi d_2^3\right)\cdot n_2$ 为单位体积水中 $n_2$ 个直径为 $d_2$ 的絮凝体的总体积，即絮凝体的体积浓度。由式(4-57)可得：

$$n_t=n_1\mathrm{e}^{-\alpha_0\frac{W_2}{\pi}Gt}$$

式中 $n_t$ 为颗粒在 $t$ 时刻的颗粒浓度，其值与水中絮凝体的体积浓度有关，在给定 $Gt$ 值的条件下，随水中絮凝体体积浓度的增大而迅速减小。如果能在池内形成一个絮凝体体积浓度足够高的区域，使投药后的原水进入该区域与具有很高体积浓度的粗粒絮凝体接触，就能大大提高原水中细粒悬浮物的絮凝速率。澄清池就是按照这个原理设计出来的。

### 4.4.2　机械搅拌澄清池

机械搅拌澄清池属于泥渣循环型澄清池，其发明之初是为了实现将混合、絮凝、沉淀等处理过程集中在一座构筑物内的设想，构造如图 4-15 所示，池体为圆形，池中主要有第一絮凝区、第二絮凝区、泥水分离区和泥渣浓缩室几部分。在第一絮凝区中心上部，有转动的叶轮和桨板，可对水进行搅拌。原水加药后，由进水管送入池中三角形的环形配水槽，水由配水槽周边孔眼流入第一絮凝区内，在桨板的搅拌下与絮凝区内的泥渣(具有很高体积浓度的絮凝体)混合接触进行高速率的絮凝。桨板的转速为 5～15r/min，其搅拌强度足以使絮凝区内的泥渣产生悬浮回流，而不致沉淀。叶轮的出口位于第二絮凝区内，叶轮转动时可把第一絮凝区内的泥水提升送入第二絮凝区。泥水由下向上流经第二絮凝区，再向下流入泥水分离区。在泥水分离区上部，沉淀分离出的清水经集水槽收集，流出池外。剩余的泥水经泥水分离区下部的缝隙，再循环回流入第一絮凝区，回流泥水流量为进水流量的 3～5 倍。原水中悬浮物不断被沉淀截留于池内，为了使池内泥渣数量保持平衡，泥渣体积浓度维持在一个相对稳定的数值，在泥水分离区内设置一个或数个泥渣浓缩室，使多余的泥渣溢入其中浓缩脱水，再排出池外。

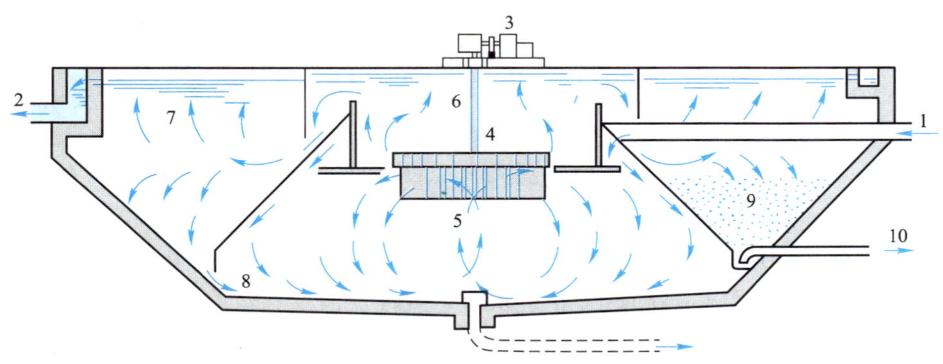


图 4-15　机械搅拌澄清池

1—原水入口；2—清水出口；3—搅拌装置；4—搅拌叶轮；5—第一絮凝区；6—第二絮凝区；7—分离区；8—泥渣回流；9—泥渣浓缩室；10—过剩泥渣排出

前已述及，澄清池内泥渣的体积浓度是提高原水中悬浮物颗粒的絮凝速率的决定性因素。一般，絮凝区内泥水所含悬浮物固体浓度为 3～15g/L，它比进池原水中悬浮物固体浓度要高得多。在实际工程中，测定池内泥水的固体浓度比较烦琐，所以一般都采用泥水的沉降比来控制泥渣的体积浓度，即由絮凝区取 100mL 水样，静置沉淀 5min，测得沉淀泥渣的毫升数，用百分数表示，便是其沉降比。一般，澄清池运行时常将沉降比控制在 15%～20%以下。

澄清池由于用泥渣加速了絮凝过程，使结成的絮凝体粗大，沉降速度增大，从而提高了其处理的表面负荷，一般上升流速可达 1.0～1.2mm/s，这比沉淀池的表面负荷要高。

此外，由于强化了絮凝过程，使沉淀水的浊度减小，水质提高。

澄清池在运行过程中，一方面原水中的悬浮物不断进入池中，另一方面又不断将生成的多余泥渣排出池外，从而使池内的泥渣不断得到更新。在池中新生成的泥渣，由于具有较大的表面积，所以具有比较高的活性；相反地，泥渣生成后会逐渐老化脱水，活性逐渐减小。对浊度较高的原水，进、出澄清池的悬浮物数量较大，池内的泥渣更新速度较快，所以泥渣的活性较高；对浊度低的原水，池内泥渣的更新速度较慢，泥渣活性降低。进池原水的浊度过低，会影响澄清池的处理效果。所以，澄清池不适用于浊度过低的原水。

机械搅拌澄清池的搅拌叶轮和桨板转速一般通过调速装置调节。通过叶轮提升可调节泥水流量，也可通过叶轮和第二絮凝区顶板间的缝隙大小(称为开启度)来调节。所以该类澄清池对于水量、水质变化的适应性较强，得到广泛应用。在有机械刮泥时，进水浊度可以在 500～3000NTU，短期内不超过 5000NTU，当超过 5000NTU 时应加设预沉池。其出水浊度一般不大于 5～10NTU。该类澄清池单位面积产水量较大，适用于大、中型水厂。

### 4.4.3　其他类型澄清池

有些中、小型水厂利用水射器的射流驱动使泥渣循环回流，被称为水力循环澄清池，这种澄清池由于絮凝区过小，絮凝过程进行得不完善，所以药耗较高，现今有时在中小型设备中采用。

将投药后的原水送入池的下部，自下而上流动，池中的泥渣会在上升水流的上托作用下形成悬浮层，原水流经悬浮泥渣层时得到净化，这便是悬浮泥渣澄清池。早期的悬浮泥渣澄清池都是均匀进水的。在这种连续流型澄清池中，由于流入池下部的原水中悬浮物浓度较低，故密度较小，而悬浮泥渣层中悬浮物浓度很高，故密度较大。在一个水流缓慢的池体中，下部水的密度小而上部水的密度大，将构成一个不稳定体系，有时会出现局部的高速股流穿过悬浮泥渣层，带出大量泥渣，使出水水质恶化的现象。

后来出现了脉冲澄清池，它采用周期性进水的方式，即在一个周期内（约为 1min），短时间大量进水使悬浮泥渣层上浮膨胀，然后停止进水，悬浮泥渣层便随之回落。虽然大量进水时会导致某些局部区域上升流速较大，悬浮泥渣层局部浓度减小，但进水时间较短，不会发展成上升股流。当随后停止进水时，悬浮泥渣层在沉降过程中浓度（即密度）不均匀的泥渣层会在重力作用下按密度大小重新调整位置，从而使泥渣层中的浓度趋于均匀，所以脉冲澄清池的悬浮泥渣层要比一般连续流悬浮澄清池稳定得多，所以出水水质也较好。这样，泥渣层周期性膨胀和沉降，泥渣层上界面不断上、下波动，所以被称为脉冲澄清池。图 4-16 为钟罩式脉冲澄清池示意图。

形成周期性进水的方法有多种。在国外，有的在池前设一密闭竖井，用真空泵抽吸形成真空，使均匀进池的原水被贮存于竖井中，然后突然放入空气破坏真空，使井中水在重力作用下大量流入池下部。当井中大部分水流出后，再启动真空泵抽吸，井中水便停止流入池下部而贮于井中，如此循环往复形成周期性进水。中华人民共和国成立初期引进该技术时，由于机械加工能力比较落后，大型机泵价高质差，所以开发出以水力作用原理形成周期性进水的钟罩式脉冲澄清池，在我国获得应用。

在选用各类澄清池时，应综合考虑原水水质条件和运转条件对于水量、水质、水温变化的适应程度以及运转的稳定性。

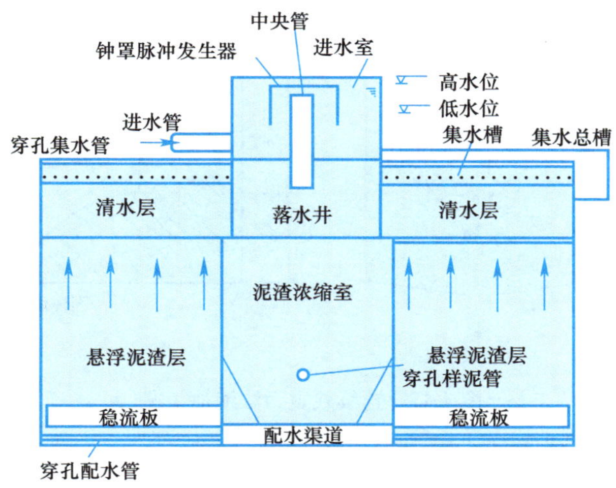


图 4-16　钟罩式脉冲澄清池示意图

## 4.5　辐流沉淀池

第 4.5～4.8 节内容视频讲解

辐流沉淀池为一个圆形的扁平池子，由池中心进水，水在池中沿半径方向向四周流动，水中的悬浮物同时沉到池底，沉淀后的水由池四周流出，如图 4-17 所示。辐流沉淀池中一般都设置旋转的刮泥机，可将沉至池底的泥用刮泥板刮到池中心的积泥坑，再经排泥管排出池外。由于辐流沉淀池的排泥性能良好，可将大量沉泥及时排出，保证沉淀过程的连续进行，所以特别适合用于悬浮物浓度高、沉淀泥量大的水的沉淀处理，如用作高浊度水沉淀池、污水处理厂第一沉淀池和第二沉淀池等。

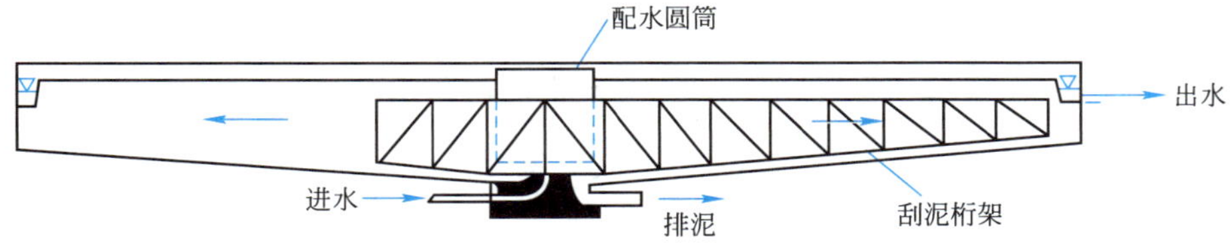


图 4-17　辐流沉淀池

辐流沉淀池的工作情况，可用图 4-18 来进行说明。高浓度浑水由池中心进入池中，进行沉淀，并在池中形成清水区、沉降区和浓缩区三个区。进池浑水的密度比沉淀后清水的密度大得多，所以将以密度流的形式潜入清水层下部，在沉降区内流动。沉淀后的清水，由池四周溢流堰流出，经渠道汇集后，流出池外。沉淀下来的淤泥，在浓缩区中逐渐浓缩脱水，最终由池底部排出。假设进池浑水的流量为 $Q_0$，浓度为 $C_0$；出流清水的流量为 $Q_{ef}$，浓度为 $C_{ef}$；排泥流量为 $Q_u$，浓度为 $C_u$，则按水量平衡的关系，有：

$$Q_0=Q_{ef}+Q_u \tag{4-58}$$

按泥量平衡的关系，有：

$$Q_0C_0=Q_{ef}C_{ef}+Q_uC_u \tag{4-59}$$

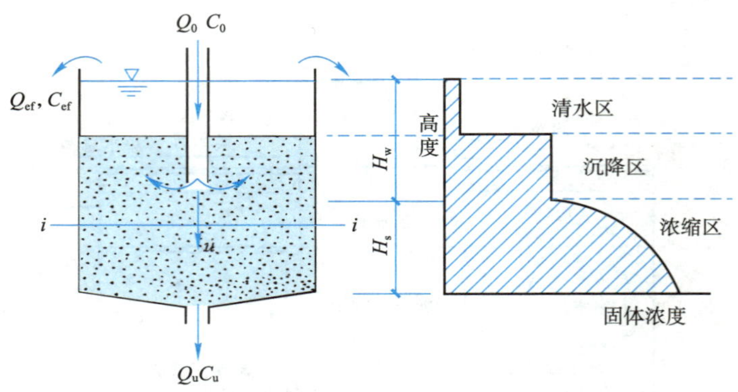


图 4-18　连续式重力浓缩池工况

$C_{ef}$ 一般很小，若忽略不计，则上式可改写为：

$$Q_0C_0=Q_uC_u \tag{4-60}$$

辐流沉淀池在工业上常用作浓缩池。关于浓缩池面积的计算有许多种理论，基本上都是以实际浑水的浑液面沉降曲线为依据进行的。有一种称为固体通量理论。所谓固体通量，就是单位时间通过单位面积的固体量。当浓缩池正常运行时，池内固体量处于动态平衡状态，单位时间进入浓缩池的固体量，等于排出浓缩池的固体量。通过浓缩池任一断面的固体通量，由两部分组成，一部分是浓缩池底部连续排泥形成的底流固体通量，另一部分是浑水沉降压密所形成的固体通量。

(1) 底流固体通量　设图 4-18 中断面 $i-i$ 处的固体浓度为 $C_i$，通过断面的底流固体通量为：

$$G_v=vC_i \tag{4-61}$$

式中　$G_v$——底流固体通量；

$v$——底流流速。若底部排泥流量为 $Q_u$，浓缩池断面积为 $A$，则 $v=Q_u/A$；

$C_i$——断面 $i-i$ 处的固体浓度。

由式(4-61)可见，当 $v$ 一定时，$G_v$ 与 $C_i$ 成正比，在图 4-19(b)中为直线 1。

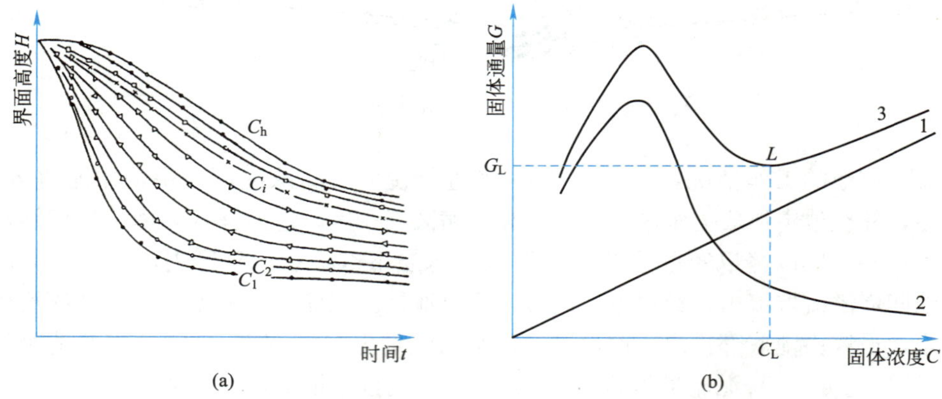


图 4-19　浓缩池中的固体通量

(a)浑液面静水沉降曲线；(b)固体通量随水中固体浓度的变化曲线

(2) 沉降压密固体通量　用不同固体浓度($C_1$、$C_2$、…、$C_i$、…、$C_n$)的水进行静水沉淀浓缩试验，作出浑液面沉降曲线(图 4-19a)，求出不同浓度水的界面沉速，设浓度为 $C_i$ 的界面沉速为 $u_i$，则沉淀压密固体通量为：

$$G_i = u_i C_i \tag{4-62}$$

式中　$G_i$——沉降压密固体通量；

$u_i$——固体浓度为 $C_i$ 时的界面沉速。

根据试验所得 $u_i$ 与 $C_i$ 的关系，可求得每一固体浓度的 $G_i$ 值，并在图 4-19(b)上绘出 $G_i$ 与 $C_i$ 的关系曲线，得曲线 2。

(3) 总固体通量　浓缩池中任一断面 $i-i$ 的总固体通量为 $G_v$ 和 $G_i$ 之和：

$$G = G_v + G_i \tag{4-63}$$

在图 4-19(b)中，在同一浓度下将曲线 1 和曲线 2 的纵坐标值叠加，得曲线 3，即为总固体通量 $G$ 与固体浓度 $C$ 的关系曲线。曲线 3 表征出连续式重力浓缩的工况。曲线 3 的最低点 $L$ 的横坐标为 $C_L$，纵坐标为 $G_L$，其意义是：在浓缩池的深度方向存在一个断面，其固体通量 $G_L$ 为最小，而其他断面的固体通量都大于 $G_L$，固体通量大于 $G_L$ 必通不过这一断面，所以浓度为 $C_L$ 的断面为控制断面，$G_L$ 被称作极限固体通量。因此，浓缩池的断面面积应按控制断面来设计，即：

$$A \geqslant \frac{Q_0 C_0}{G_L} \tag{4-64}$$

式中　$A$——浓缩池设计表面积；

$Q_0$——入池水的流量；

$C_0$——入池水的固体浓度。

若池面积小于上式的计算值，为超负荷工况，将会出现悬浮物固体在该控制浓度层($C_L$)中的积累，从而引起该浓度层的膨胀，这样浓缩池就不能正常工作了。固体通量理论得到普遍引用，可以认为具有经典性质。

根据试验所得 $u_i$ 与 $C_i$ 的关系，可求得每一固体浓度的 $G_i$ 值，并在图 4-19 (b) 上绘出 $G_i$ 与情况，有的在试验沉淀装置加装旋转的栅条搅拌设置，以获得更接近实际的静水沉淀浓缩曲线。

笔者和我国许多学者曾对高浊度水沉淀池进行过多年的试验研究，发现在超负荷工况下，并没有观察到如固体通量理论所预言的某控制浓度层($C_L$ 层：$C_0 < C_L < C_u$)膨胀的现象，这表明固体通量理论与实际并不相符，因而也是不完善的。相反地，在超负荷工况的试验中，却观察到了沉降区($C_0$)膨胀的现象，这表明对池面积起控制作用的是浑液面的沉速 $u$。当超负荷时，过大的进水流量进入沉降层，由于浑液面只能分离出一定量的清水($Au$)，同时只能沉入浓缩区一定量的泥($Au + Q_u$)$C_0$，多余的泥水便会在沉降区中积累，引起沉降区的膨胀。所以在我国采用的计算高浊度水沉淀池面积的条件式为：

$$A \geqslant \frac{Q_{ef}}{u} \tag{4-65}$$

或

$$A = \alpha \cdot \frac{Q_{ef}}{u} \tag{4-66}$$

式中 $u$ 为静水沉淀试验中浑液面的沉速，$\alpha$ 为安全系数，一般取 $\alpha = 1.3 \sim 1.35$。我国许多生产性辐流沉淀池按此条件计算，并运行多年，未发现有工作不正常的现象。

浓缩池的深度，一般由清水区、沉降区和浓缩区三部分的高度组成。浓缩池深度的计算，主要是计算浓缩区的高度，即浓缩区应能使悬浮物浓度由进水时的 $C_0$ 浓缩至排出时为 $C_u$。下面介绍一种计算方法。

此法仍根据浑水静水沉淀的浑液面沉降曲线来进行计算。该计算方法认为排泥浓度是浓缩时间的函数。

入流固体质量为 $Q_0C_0$，达到排泥浓度所需浓缩时间为 $t_u$，则浓缩区内的固体物总质量为 $Q_0C_0t_u$，液体总质量为 $\left(V_s-\dfrac{Q_0C_0t_u}{\rho_s}\right)\rho_w$，浓缩区内沉泥总质量等于固体物总质量加液体总质量：

$$V_s\rho_m=Q_0C_0t_u+\left(V_s-\frac{Q_0C_0t_u}{\rho_s}\right)\rho_w \tag{4-67}$$

式中　$\rho_w$——液体的密度，取 $1000\text{kg/m}^3$；

$\rho_m$——浓缩区中泥的平均密度，$\text{kg/m}^3$；

$\rho_s$——浓缩区中泥中固体物密度，$\text{kg/m}^3$；

$V_s$——浓缩区中泥体积，$\text{m}^3$。

由式(4-67)得：

$$V_s=\frac{Q_0C_0t_u(\rho_s-\rho_w)}{\rho_s(\rho_m-\rho_w)} \tag{4-68}$$

浓缩区中泥平均密度可用下式计算：

$$\rho_m=\frac{\rho_c+\rho_u}{2} \tag{4-69}$$

式中　$\rho_c$——压缩点时的泥密度，$\text{kg/m}^3$；

$\rho_u$——排泥浓度时的泥密度，$\text{kg/m}^3$。

所以浓缩区厚度为：

$$H_s=\frac{V_s}{A} \tag{4-70}$$

将式(4-68)代入式(4-70)得：

$$H_s=\frac{Q_0C_0t_u(\rho_s-\rho_w)}{\rho_s(\rho_m-\rho_w)A} \tag{4-71}$$

## 4.6　高密度沉淀池

高密度沉淀池是近年来研发出的一种高效沉淀装置。图 4-20 为高密度沉淀池的工艺原理图。原水与混凝剂在混合区中经机械搅拌混合，然后由下部进入絮凝区的导流筒，导流筒中有转动叶轮驱动水体向上流动，进行絮凝反应，水由导流筒上方流出进入筒外空间向下循环流动，循环回流的流量为进水流量的 8～10 倍。水在絮凝区经 10～15min 反应后，以较慢流速平稳地流向沉淀区。沉淀区的前段为进水区，其余部分为清水区。进水在流进沉淀区后便开始沉淀，然后在清水区向上进入上向流斜管沉淀装置进行进一步沉淀。水中浊质沉下进入池下部的污泥浓缩区，浓缩区中设有带栅条的刮泥桁架，栅条搅动能加速污泥的浓缩过程，刮泥桁架能不断将底部污泥刮向池中心的污泥坑，然后定期或连续排出池外。为了促进原水中浊质的凝聚，用螺杆式污泥泵由浓缩区连续抽送一部分污泥回流至絮凝池，回流污泥流量为进水流量的1.5%～3.5%，以对原水浊质进行接触凝聚。还可同时向水中投加助凝剂聚丙烯酰胺(PAM)，以提高絮凝效果。对于投药、混合、絮凝、污泥浓缩及污泥回流皆采用变频调速技术，以便处理过程能在最优条件下运行。此外再配置若干监测装置，以便了解工艺运行情况。

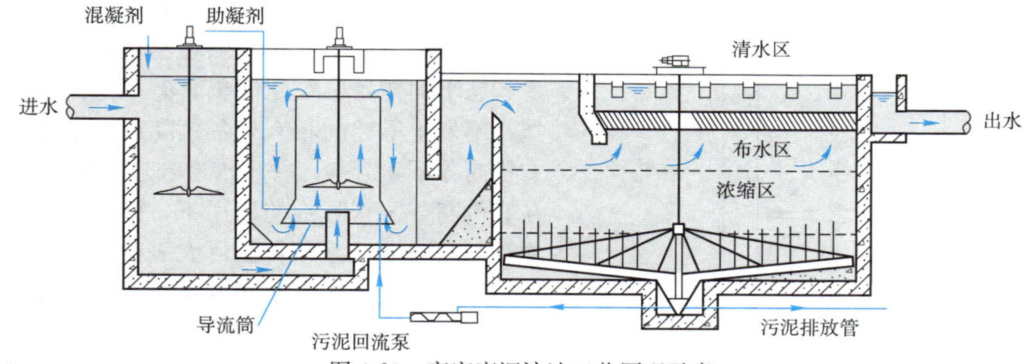

图4-20 高密度沉淀池工艺原理示意

上述高密度沉淀池事实上汇集了若干高效混凝沉淀技术，如向原水中投加混凝剂和助凝剂PAM，污泥回流使原水中浊质在高浓度泥渣表面进行接触凝聚，机械驱动和搅动水体进行絮凝反应，上向流斜管进行高效沉淀，在浓缩池中同时对污泥进行浓缩等。它与澄清池相比，澄清池是在体内进行泥渣回流，工艺过程难以优化和控制，而高密度沉淀池是在体外进行泥渣回流，而易于控制和优化。此外，它的絮凝反应进行得更为完善，絮凝体更大更密实，沉速更快，絮凝体区和沉淀区衔接的更合理，保护絮凝体不被破坏，且布水更加均匀，取得了优于其他常规技术的工艺性能。

高密度沉淀池用于城市饮用水处理厂，其出水浊度可低至1NTU左右；清水区斜管沉淀装置的表面负荷达15～23$m^3/(m^2 \cdot h)$（约为4～6mm/s），比普通沉淀池高得多；设备占地面积比平流池少50%；药耗较低，排泥浓度高，排泥水较少，有利于降低制水成本；对水质以及冲击负荷适应性能较强。由于其优异的工艺性能，高密度沉淀池在污水的深度处理中也得到越来越多地应用。

为进一步提高混凝沉淀池的效果，又出现了加砂沉淀技术，即向原水中投加细砂，可提高絮凝体密度，促进絮凝体成长。为此需增设细砂投加设备和砂泥分离设备，但这将使工艺复杂化。

## 4.7 水中造粒*

实验发现，在利用有机高分子絮凝剂的混凝过程中，由体系外部供给一定能量，在某些条件下就会生成密实的颗粒状絮凝体，称为水中造粒现象；将之用于工业，称为水中造粒法。

水中造粒技术已有悠久的历史。1904年，卡特莫尔(Cattermole)提出了先使金属矿物微细粉末悬浊液成酸性，再用脂肪酸作架桥物质以制取粒状物的方法。1922年，特伦特(Trent)提出以烃类的油作架桥物质，直接从煤粉悬浊液中得到粒状物的方法。

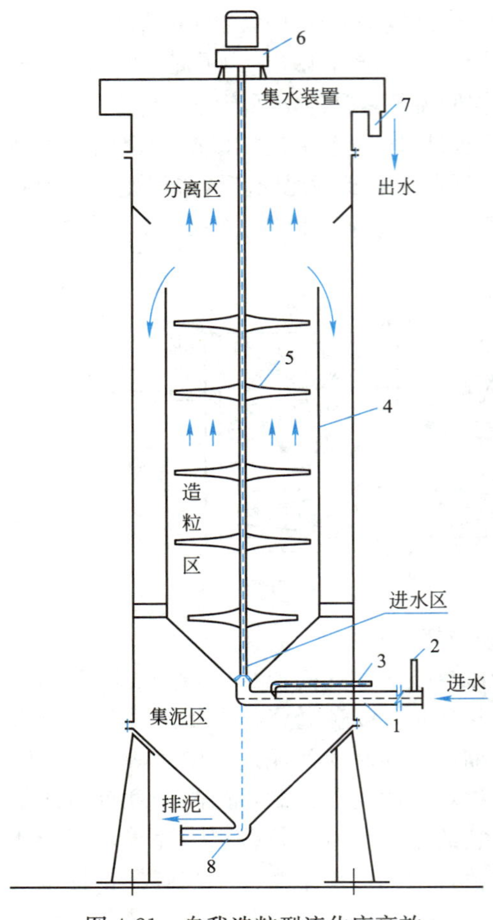


图 4-21　自我造粒型流化床高效固液分离设备示意图

1—进水管；2—无机盐混凝剂加注管；3—有机高分子絮凝剂加注管；4—造粒区；5—搅拌叶片；6—减速电机；7—出水管；8—排泥管

图 4-21 为自我造粒型流化床高效固液分离设备示意图。

常规絮凝的絮凝体形成过程，是一个脱稳颗粒间随机碰撞结合的过程，形成絮凝体结构松散内部空隙大、密度低、沉速低，需要较长的沉淀时间进行固液分离。

在水中造粒过程中，是首先向水中投加无机盐混凝剂，使水中微小颗粒物微脱稳，微脱稳状态下的初始颗粒之间仍具有一定的排斥势能，不发生早期的相互聚集。随后向水中投加有机高分子絮凝剂，并将水通入悬浮颗粒层中，在有机高分子絮凝剂的作用下，微脱稳的微小颗粒与高浓度悬浮颗粒层巨大表面积之间的结合力远大于微小颗粒之间的结合力，使微脱稳的微小颗粒在悬浮颗粒表面逐一附着，并成长为内部空隙小、密度大的絮凝体颗粒。悬浮颗粒层具有一定的水流剪切力，可防止生成松散的絮凝体，而只能生成密实的絮凝体，并使附着物在颗粒表面均匀分布。密实的絮凝体具有很高的沉速和良好的固液分离性能，水在反应器中的停留时间只有传统混凝—沉淀操作的 $\frac{1}{10}\sim\frac{1}{5}$，分离出水悬浮物浓度小于 5mg/L。悬浮液在固液分离的同时自动完成浓缩过程，以无机颗粒为主的体系，分离污泥含水率可达 80%～85%。颗粒流化床反应器适用于悬浮物含量高(1000～2000mg/L)的天然原水处理。

试验发现，在厌氧处理反应器中在一定条件下会生成厌氧颗粒污泥，它是厌氧微生物自固定化形成的一种结构紧密的污泥聚集体，它不必依赖惰性载体，而是可以自行成团形成颗粒。颗粒污泥大多为球形，粒径 0.3～5.0mm，相对密度 1.01～1.05，沉速 18～100m/h，具有良好的沉淀性能。颗粒污泥还是一个自我平衡的微生物生态系统，不同类型微生物种群组成共生或互生体系，有利于微生物生长的生理生化条件和有机物的降解，有利于微生物对营养的吸收，大大增强其活性等。在颗粒污泥基础上已开发出高效厌氧生物处理反应器。

## 4.8　气　浮

气浮是水处理中常用的一种方法，能够从液体中去除低密度固体或液体。由于气泡的密度比水小得多，所以能够在水中上浮；而水中的杂质颗粒，若密度较低或粒径很小，不论下沉或上浮速度都很慢。如果能将这些杂质颗粒黏附于气泡上，就能加快分离速度，在较短的时间里实现固液或液液分离，这称为气浮法。气浮与沉淀是相反的过程，但都遵循相同的规律，所以气浮颗粒上浮速度也可以用颗粒沉降速度公式进行计算。

## 4.8.1　原理

水中颗粒与气泡能否相互黏附，取决于它们的表面性质，即水、空气和固体三者表面张力的关系。若在一固体表面上滴一滴水，如图 4-22 所示，水会在固体表面形成一个弧形，水与固体交界点 $A$，实际上是水、空气和固体三相的交界点。若以 1 表示水、2 表示空气、3 表示固体，则两相之间的界面张力可分别表示为：$\sigma_{12}$ 为水与空气之间的界面张力，其方向为由 $A$ 沿液面切线的方向；$\sigma_{23}$ 为空气与固体之间的界面张力，其方向为由 $A$ 沿固体表面的方向(在图中向左)；$\sigma_{31}$ 为水与固体之间的界面张力，其方向为由 $A$ 沿固体表面的方向(在图中向右)；$\sigma_{12}$ 与 $\sigma_{31}$ 之间的夹角称为润湿角，以 $\theta$ 表示。当 $\theta<90°$，水滴在固体表面有较平坦的形状，此固体称为可被水润湿或亲水的，如图 4-22 所示；当 $\theta>90°$，则水滴与固体表面接触较少，此固体即称为不可被水润湿的或疏水的。

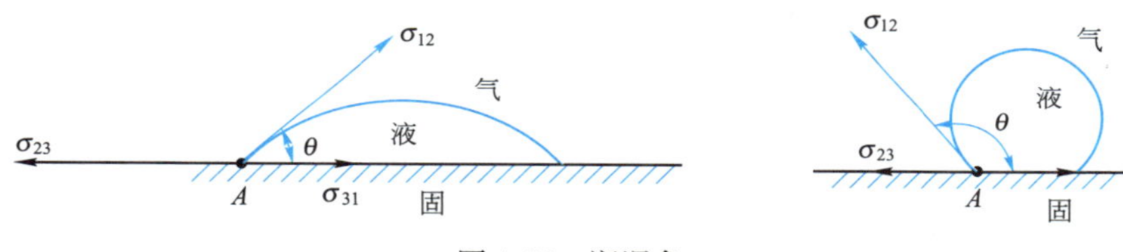


图 4-22　润湿角

由图 4-22 可见，三种张力在 $A$ 点处于平衡状态，即有以下关系：

$$\sigma_{23}=\sigma_{12}\cos\theta+\sigma_{31} \tag{4-72}$$

$$\cos\theta=\frac{\sigma_{23}-\sigma_{31}}{\sigma_{12}} \tag{4-73}$$

表面张力事实上是一种表面自由能。要把液体内部的分子移向表面来扩大表面积，就必须对抗液体内部的引力而做功，也就是说液体表面的分子比内部的分子具有较大的能量，即储备有表面自由能。表面自由能是一种位能，根据热力学原理，任一体系的总自由能都有自动趋向最小值的倾向。所以，气泡也具有表面自动缩小的趋势，这就涉及气泡的稳定性问题。

洁净的气泡本身具有自动降低表面自由能的倾向，即所谓气泡合并作用。由于这一作用的存在，表面张力大的洁净水中的气泡粒径常常不能达到气浮操作要求的极细分散度。此外，如果水中表面活性物质很少，则气泡壁表面由于缺少表面活性剂两亲分子吸附层的包裹，泡壁变薄，气泡浮升到水面以后，水分子很快蒸发，因而极易使气泡破灭，以致在水面上得不到稳定的气浮泡沫层。这样，即使气粒结合体(气浮体)在露出水面之前就已形成，而且也能够浮升到水面，但由于所形成的泡沫不够稳定，使已浮起的水中污物又脱落回到水中，从而使气浮效果降低。为了防止产生这些现象，当水中缺少表面活性物质时，需向水中投加起泡剂，以保证气浮操作中泡沫的稳定性。所谓起泡剂，大多数是由极性-非极性分子组成的表面活性剂。表面活性剂的分子一端具有极性基，易溶于水，伸向水中(因为水是强极性分子)；表面活性剂分子的另一端具有非极性基，为疏水基，伸入气泡。

由于同号电荷的相斥作用可防止气泡的兼并和破灭，因而增加了泡沫的稳定性。

气泡与水中固体颗粒的黏附直接与润湿作用有关。固体的疏水性越强，越难润湿，就越易于同气泡黏附；相反地，其亲水性越强，越易润湿，则越难同气泡黏附。各种不同固体颗粒有不同的疏水性，它们与气泡黏附的难易程度也各不相同。

对天然水源而言，水中的泥砂亲水性比较强，一般难于吸附在气泡上。此外，水中的泥砂和生成的气泡一般都带负电，由于同性电荷的相斥作用，也使它们难于相互黏附。对水进行混凝，可降低两者表面上的负电性，使气泡和泥砂相互易于黏附，可提高气浮效果。

### 4.8.2　气浮净水工艺

图4-23是常用于天然水源水的气浮处理工艺，称为回流式压力溶气气浮工艺。原水加入混凝剂经混合装置后，流入絮凝池，再流入气浮池，从气浮池出水中分流一部分水，经水泵加压后送入空气饱和器，同时空气加压后也被送入空气饱和器。空气饱和器为一承压罐体，其中装设一定厚度的填料，如阶梯环、拉西环等，水由填料层上部淋下，空气也由填料上部送入，与填料上的水膜接触，进而在压力下溶入水中，水中空气饱和度可达90%以上。饱和器中的压力一般为0.35～0.4MPa。如不在饱和器中装填料，水中空气饱和度只有装填料的60%～70%。

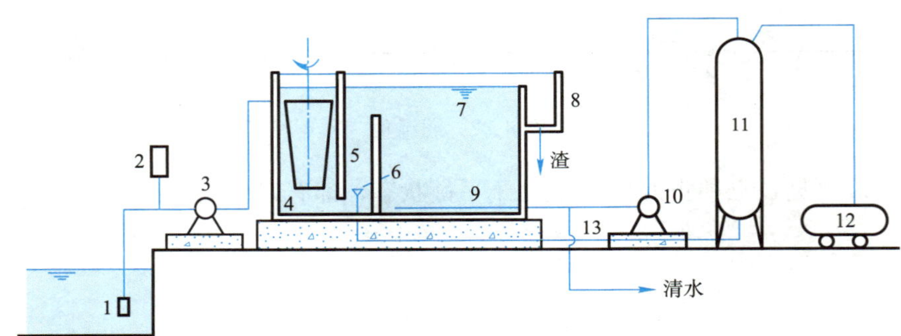


图4-23　回流式压力溶气气浮工艺

1—水泵吸水管；2—混凝剂加注槽；3—原水水泵；4—絮凝池；5—接触区；6—释放器；7—气浮池；8—排渣槽；9—出水集水管；10—回流水泵；11—空气饱和器；12—空气压缩机；13—溶气水回流管

将加压饱和的溶气水，送到气浮池前端入口处，经释放器释放。溶气水由释放器流出时，压力陡降至正常大气压。空气在水中的溶解度与压力有正比例关系。在加压下饱和的溶气水，压力陡降后便呈过饱和状态，水中的空气便会析出，形成微细气泡，气泡直径约20～100$\mu$m，能黏附于在絮凝池中形成的絮凝体上，使之迅速上浮。释放器的数量与安设位置，应使释放出来的气泡能与气浮池的进水充分混合，以便于气泡能均匀地黏附于水中的絮凝体上。

气浮作为给水工艺时，在处理富营养的含藻水以及低碱度的有色水方面有较好的效果，而对于浊度超过100NTU的原水则采用沉淀的形式更为合适。

气浮池的构造与沉淀池相似，只是黏附了气泡的絮凝体流入池中后向上浮升到水面，而澄清水则由池下部流出。浮升至水面的浮渣定期或连续用刮渣机排入浮渣室，再经排渣管排出池外。

用于溶气的回流水量，约为气浮池处理水量的6%～8%，气浮池的水深一般为2～

2.5m，表面负荷达 5～10$m^3/(m^2 \cdot h)$，水在气浮池中的理论停留时间一般为 10～20min。连续排渣时，耗水量约为处理水量的 2%；间歇排渣时，耗水量会少些，但排渣周期不宜过长（如不超过 24h），以免浮渣脱水给排渣造成困难。

空气饱和器的表面负荷一段为 12～100$m^3/(m^2 \cdot h)$；填料层厚度达 0.8m 时，可使溶气接近饱和，水与空气皆由填料层上部送入，溶气水由下部流出，填料层下应有足够水深以防止气泡随水流出。

由释放器释出的微气泡，在接触区与水中的絮凝体进行接触黏附。在水平式气浮池中，可在池前端设置接触区，接触区常是倒锥形，下部面积小，上升水流速约 20mm/s，上部面积大，上升水流速为 5～10mm/s，接触时间约为 2min。

在污水和废水中使用气浮法，有时还采用扩散板上微孔或轮叶曝气来形成气泡，以及电解生成气泡来进行气浮。扩散板和叶轮曝气可称为散气法，生成的气泡较大，气浮效率不是很高。

在污泥气浮浓缩中，由于污泥中含固体浓度很高，所以有时采用无回流的对全部污泥加压溶气的气浮工艺，具体情况将在第 17 章中介绍。

上述混合有微气体的水在气浮池中近似水平流动，并进行气水分离，几乎没有微气泡层对处理水的滤过作用，气浮池的表面负荷为 2～3m/h，可称为第一代溶气气浮。近年来研究者发现，气浮池表面一定厚度的气泡悬浮层对提高去除效率是非常有益的，通过增加气浮池的深度，使液流向下的角度达到 30°～40°，从而能在气浮池中形成一个比较厚的气泡悬浮层，通过气泡悬浮层对水的过滤作用，增加了气泡在絮凝体上的黏附性，提高了水处理效果，气浮池的表面负荷可增加到 5～7m/h，可称为第二代溶气气浮。20 世纪 90 年代出现的逆流式浮滤池和紊流气浮池，其表面负荷高达 25～40m/h，是气浮向高速高效方向的又一新发展。

## 【思考题】

1. 理想沉淀池应符合哪些条件，如何计算其沉淀效率？
2. 什么是平流沉淀池的异重流现象，在设计中如何控制异重流？
3. 影响平流沉淀池效果的主要因素有哪些？其纵向分格有何作用？

## 【习题】

1. 试计算粒径为 0.45mm 砂粒在 20℃水中的沉降速度（砂粒颗粒密度 $\rho$ 为 2650$kg/m^3$）。
2. 已知设计水量 4 万 $m^3/d$，请设计一个平流沉淀池或斜管（斜板）沉淀池，并讲述其优势和适用条件。

# 第5章　过　　滤

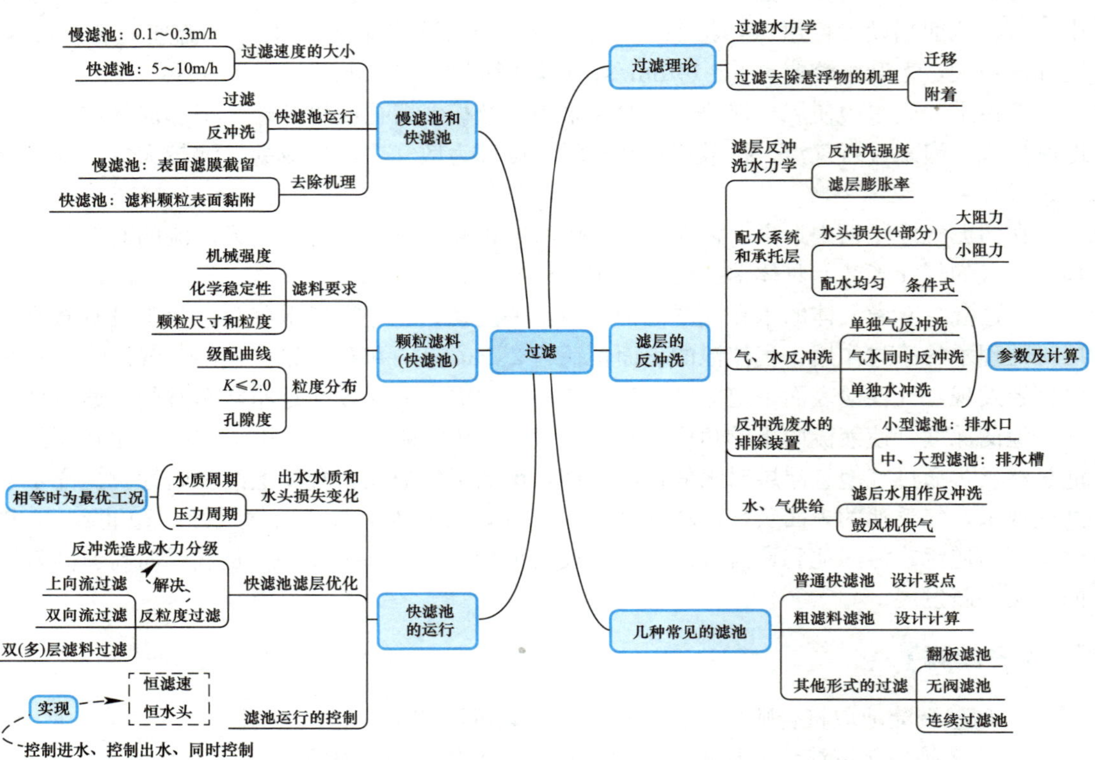


过滤的目的，有的用来去除水中的悬浮物，以获得浊度更低的水；有的是用来去掉污泥中的水，以获得含水量较低的污泥。本章主要涉及用于澄清水的过滤问题，而用于污泥脱水的过滤问题将在另外的章节中叙述。

用于澄清水的过滤，有颗粒材料过滤、粗滤、微滤及膜滤等。颗粒材料过滤，是使水通过由颗粒材料（如石英砂）构成的滤层，以截留水中悬浮物的方法。颗粒材料过滤在给水处理、污水深度处理以及工业废水处理中应用最广，所以将在本章中重点阐述。粗滤是以筛网或带孔眼的材料来截留水中较大的物体，被截留物体的尺寸在 100μm 以上。微滤是以更小的筛网（如微滤机）、多孔材料（如瓷棒滤芯）或在支撑结构上形成的滤饼，以截留 0.1～100μm 尺寸的杂质颗粒。粗滤和微滤将在本章作简要介绍。膜滤，是用人工合成的具有不同孔径的滤膜来过滤水，以截留水中的细小杂质，被截留的杂质尺寸因膜滤孔径不同而异。膜滤将在另外的章节中专门叙述。

## 5.1　慢滤池和快滤池

慢滤池是用于城市生活饮用水处理的最早的滤池形式。地面水经过长时间的自然沉淀以后，水的浊度可降至几个浊度单位至十几个浊度单位，再经慢滤池过滤，可获得浊度小于 1NTU 的滤过水，从而形成了一个简单的水处理工艺，如图 5-1 所示。

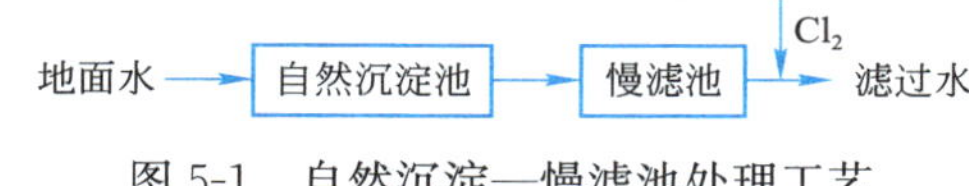


图 5-1　自然沉淀—慢滤池处理工艺

慢滤池的示意图如图 5-2 所示。慢滤池为一长方形池子，池内装有粒径为 0.3～1.0mm 的石英砂滤层，层厚约 1.0m；其下为支撑滤层的承托层，承托层由数层粒径由上向下逐渐增大的卵石层构成，粒径变化范围为 1～32mm，厚约 0.5m；承托层下为由沟渠构成的集水系统；滤层上部水深一般为 1.2～1.5m；所以滤池总深度为 3.5～4.0m。滤池工作时，将沉淀以后的水引入滤池上部，由上向下经滤层过滤，水中浊质被截留于滤层中，滤后的清水经下部集水系统收集后，引出池外。

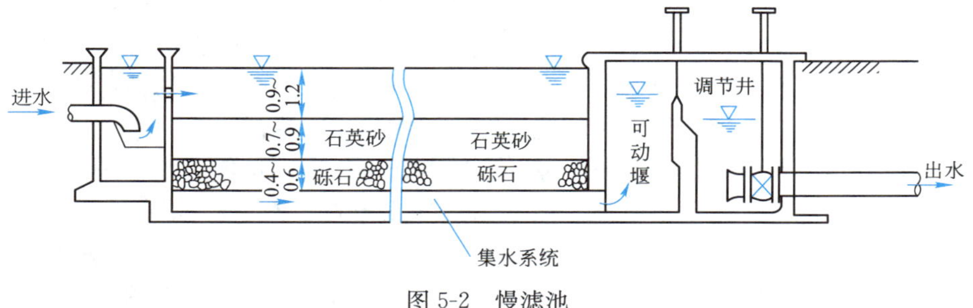


图 5-2　慢滤池

水在慢滤池中的过滤速度一般为 0.1～0.3m/h。在滤池中水的过滤速度定义为水的流量除以过滤面积，即：

$$v=\frac{Q}{A} \tag{5-1}$$

式中　$v$——过滤速度，m/h；

$Q$——过滤水的流量，$m^3/h$；

$A$——过滤面积，$m^2$。

由上可知，过滤速度并非水在滤层空隙中的真实流速，而实际上是滤池的表面负荷，具有速度的单位因次。

新投产的慢滤池出水浊度比较高，只有经过 1～2 星期以后，出水才逐渐变得清澈，这是由于在这段时间里在滤层表面形成了一层致密的滤膜，水经过滤膜过滤后才变得清澈。滤层表面的滤膜，是由被截留浊质，以及在其中的藻类、原生动物、细菌等微生物生长繁殖的结果。滤层表面生成滤膜的过程，称为滤层的成熟过程，所需要时间称为滤层的成熟期。

慢滤池过滤时，水中的浊质不断被截留在滤膜上，使滤膜阻力增大。当滤膜阻力增大到使滤速减小时，滤池就停止工作，用人工的方法将滤池表面含泥膜的砂层刮去 1～2cm，然后再进水过滤，这时滤层又要重新经历一个成熟期，不过这时的成熟期一般只有 2～3d，因为滤层中已经有了浊质和微生物的积累。滤层成熟后，可持续过滤工作一至数月。所以，慢滤池一年里需刮砂数次。刮砂是一件非常耗费人力的工作，再加上慢滤池滤速很低，占地面积过大，所以曾经逐渐被淘汰，被更先进的快滤池所取代。

自从20世纪70年代水源水被有机物污染的问题被提出以后，人们发现慢滤池在过滤过程中存在着生物净水作用，能使水中部分有机物以及氨氮等得到一定程度的去除，这使慢滤池又重新受到人们的重视。与此同时，人们又开发成功慢滤池的机械刮砂和洗砂技术，使慢滤池的作业实现了机械化和现代化。目前，对慢滤池生物净水作用以及新型慢滤池的研究，在国外仍是一个热点。

针对慢滤池滤速过低的问题，人们于是开发出了快滤池。快滤池是相对于慢滤池而言的。快滤池的滤速可达5～10m/h，即比慢滤池要高数十倍。未经混凝处理的水经快滤池过滤时，水中只有50%～80%的浊质能被去除，出水浊度一般达不到用户的要求；而经过混凝的水经快滤池过滤后，出水浊度可降至比较低的程度。所以，快滤池主要用来过滤经过混凝(或混凝沉淀)以后的水。混凝工艺用于水处理，为快滤池的开发提供了条件。快滤池的滤速要比慢滤池高数十倍，这就意味着滤层截留浊质的速率要高数十倍，所以快滤池的堵塞要比慢滤池快得多，其持续过滤时间也短得多，一般只有数十小时。滤层堵塞以后，需要找到一种能将滤层中积存的浊质迅速排除的方法，以便恢复滤层的过滤澄清性能，这就是用水自下而上对滤层进行冲洗的方法。将水均匀地分布于滤池底部，使其自下而上穿过滤层，当上升流速足够大时，就能使滤层中的滤料悬浮于上升水流之中，积存于滤料表面的浊质污泥在滤料相互碰撞摩擦及水流剪切力作用下迅速脱落下来，并被水流向上带走，进而排出池外。由于快滤池一般是采用使水流自上而下经滤层过滤的方式工作，所以自下而上对滤层进行冲洗习惯上又称为反冲洗。用反冲洗的方法排除滤层中的积泥，一般只需要几分钟的时间。所以，快滤池的运行主要包括过滤和反冲洗两个过程。快滤池的构造，如图5-3所示。池内有由滤料构成的滤层，滤层下部为承托层，用以支撑滤层；再下部为配水系统，其作用是在过滤时收集过滤水，在反冲洗时均匀分配反冲洗水；滤层上部为排水槽，用以均匀排除反冲洗废水。过滤时，由进水管向池内滤层上部引入滤前水，水由上向下经过滤层过滤，滤后水由下部配水系统汇集后，经出水管流出池外。过滤持续进行到滤层被堵塞，停止进水和出水，由反冲洗管向池内送入反冲洗水，经配水系统均匀分配后，由下向上对滤层进行冲洗，冲洗后的废水溢流入上部排水槽，再经排水管引出池

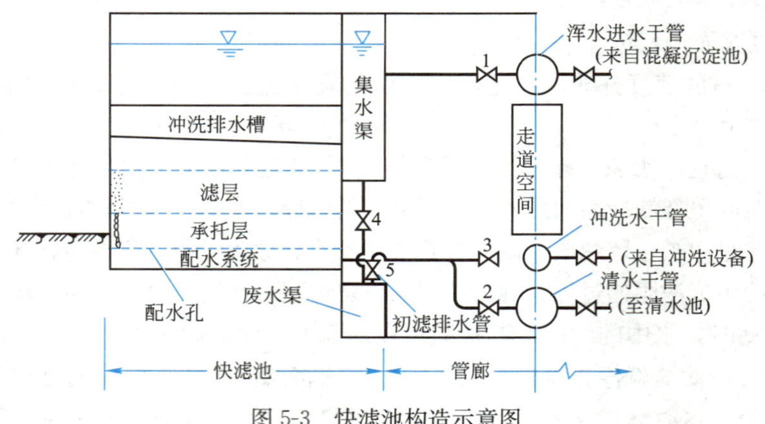


图5-3　快滤池构造示意图

外排入废水渠道。反冲洗结束后，停止供应反冲洗水并关闭排水阀，恢复进水和出水，重新开始过滤过程。快滤池的运行就是通过过滤—反冲洗—过滤—反冲洗……反复进行的。为了控制过滤和反冲洗的进行，在进水管、出水管、反冲洗管和排水管上都设有阀门。此外在下部出水管处还接出一个短管，称为初滤水管，用以排放过滤初期水质较差的初滤水。

慢滤池主要依靠在滤层表面生成的滤膜来截留水中的浊质，整个滤层主要只起支撑膜的作用。所以，在慢滤池中，被截留的浊质主要集中在滤层表层，过滤的水头损失也集中在滤层表层。快滤池则不同，它是依靠整个滤层来截留水中的浊质，被截留的浊质深入到滤层的内部。图 5-4 为过滤水的浊度沿滤层深度变化情况的一则实例，由图可见，水的浊度是沿滤层深度方向逐渐减少的，它表明水中的浊质是沿滤层深度方向不断地被去除的。

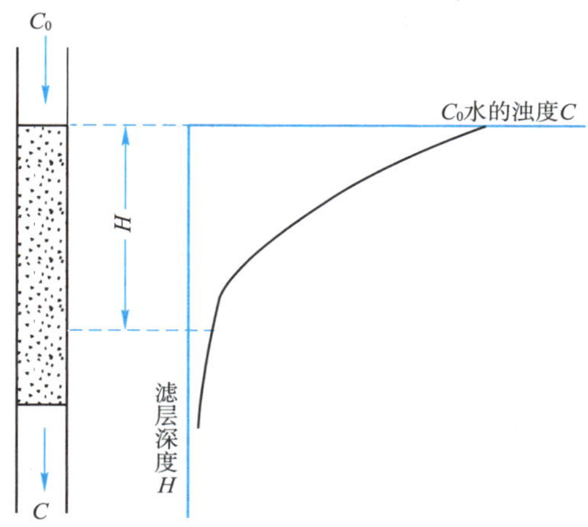

图 5-4　快滤池中水的浊度沿深度方向变化的情况

人们对快滤池的机理事实上有一个认识过程。起初人们认为慢滤池的澄清除浊主要是由于滤层表面致密滤膜上微孔的筛滤作用，并认为快滤池的除浊机理也是这样，所以也使用与慢滤池相同的较细的滤料。后来发现快滤池滤层表面一般并不生成滤膜，并且在不生成滤膜的情况下也能很好地去除浊质，特别是能去除比滤层孔隙小得多的浊质颗粒，所以用筛滤无法说明快滤池的除浊作用。现在人们认识到快滤池的除浊作用，主要是浊质颗粒在滤料表面上黏附的结果。按照这个观点，对除浊起主要作用的是滤料的表面积，而不是滤料的粒径。当水经滤层过滤时，水中浊质颗粒深入滤层内部不断黏附于滤料表面而被逐渐除去，从而出现水的浊度沿滤层方向不断减少的现象，所以快滤池是依靠整个滤层提供的滤料表面积来去除浊质的。

## 5.2　颗粒滤料

第 5.2 节内容视频讲解

快滤池使用的滤料都是颗粒状材料。滤料应满足以下基本要求：

（1）具有足够的机械强度。滤料在反冲洗过程中相互碰撞摩擦，会使颗粒变细变碎，所以使用机械强度不高的滤料，会增加滤料的损耗。

（2）具有良好的化学稳定性。滤料应不溶于水，否则不仅损耗大，而且还会造成对水质的污染。

（3）具有用户要求的颗粒尺寸和粒度组成。

石英砂是最常使用的滤料，具有足够的机械强度，在中性和酸性水中化学稳定性良好，且货源充足，价格便宜。但石英砂在碱性水中化学稳定性不佳，在对水中硅含量有严格要求的工业水处理中不宜使用。无烟煤是另一种常用的滤料，无烟煤的化学稳定性比较高，在酸性、中性和碱性水中都不溶解，其机械强度也能满足要求。无烟煤用作多层滤料滤层时，其密度不宜过大，并且滤料密度应比较均匀，否则会使不同种类滤层之间产生过度混杂。此外，在生产中使用的还有石榴石、大理石、磁铁矿、陶粒、聚苯乙烯等。

滤料的粒度分布常用级配曲线来表示。滤料的级配情况可通过筛分曲线获得。对滤料的筛分试验方法如下：称取洗净、烘干(105℃)的滤料 100g，置于一组筛中过滤，称量剩于每一筛盘上的滤料质量，然后按表 5-1 所列形式进行记录和计算。由于滤料总量为 100g，所以剩在每一筛盘上的滤料的克数，即为所占百分数(%)。通过该号筛的滤料所占百分数(%)，等于剩在小于该号筛的所有筛盘上滤料的百分数的总和。例如，表 5-1 中通过 1.0mm 筛孔的滤料所占百分数，应等于剩在 0.71mm、0.50mm 和 0.25mm 三个筛盘上和底盘上的滤料的百分数的总和，即 36.7+33.4+3.2+1.8=75.1(%)。若以筛孔径为横轴，以通过该筛孔径的滤料所占百分数(%)为纵轴作图，便可绘出滤料的筛分析曲线，如图 5-5 所示。与 10%对应的粒径称为有效粒径 $d_{10}$；与 50%对应的粒径为 $d_{50}$；与 80%对应的粒径为 $d_{80}$。$d_{80}$ 与 $d_{10}$ 的比值称为滤料的不均匀系数 $K=d_{80}/d_{10}$(有的主张以 $d_{60}$ 与 $d_{10}$ 的比值来表示不均匀系数)。一般常以 $d_{10}$(或 $d_{50}$)和 $K$ 来评价滤料的粒度特征。为使滤料比较均匀一些，希望 $K$ 不大于 2.0。

**滤料筛分结果**　　**表 5-1**

| 筛号 | 筛孔(mm) | 剩在筛上的砂重(g) | 通过该号筛的砂重 | |
|---|---|---|---|---|
| | | | 质量(g) | 百分数(%) |
| 12 | 1.68 | 0 | 100 | 100 |
| 14 | 1.41 | 1.5 | 98.5 | 98.5 |
| 16 | 1.19 | 5.6 | 92.9 | 92.9 |
| 18 | 1.00 | 17.8 | 75.1 | 75.1 |
| 25 | 0.71 | 36.7 | 38.4 | 38.4 |
| 35 | 0.50 | 33.4 | 5.0 | 5.0 |
| 60 | 0.25 | 3.2 | 1.8 | 1.8 |
| 底盘 | — | 1.8 | — | — |

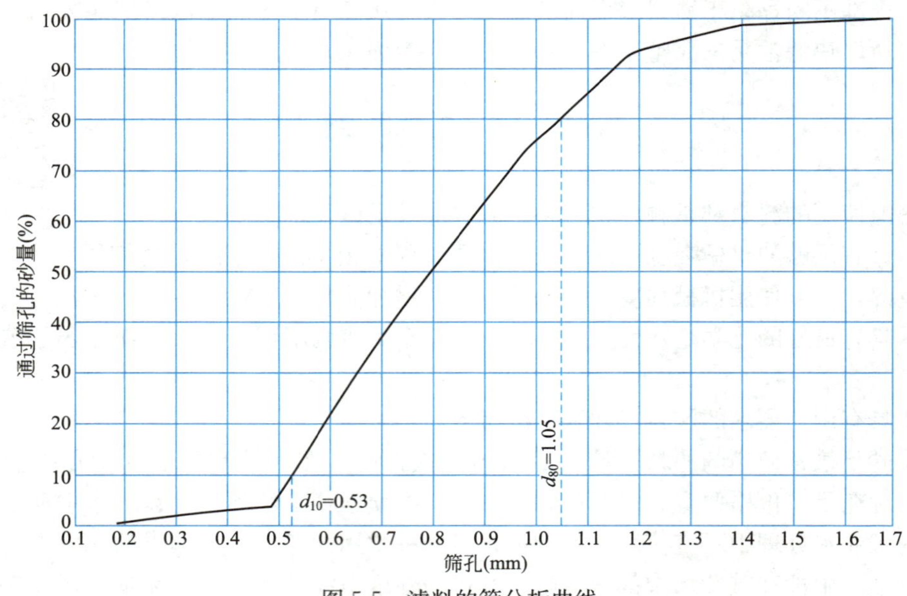


图 5-5　滤料的筛分析曲线

表 5-1 所列筛孔孔径，只是生产中的一种表示方法，并不能准确表示通过该筛孔滤料

的粒径，因为滤料形状不同，通过同一筛孔的滤料粒径也不同。一般滤料颗粒形状都是不规则的，所以常用其等体积球径来表示。滤料的等体积球径的求法如下：将筛好的筛盘取出，将筛盘上剩余的滤料全部倒掉，这时筛盘上尚有一些卡在筛孔中的滤料，拍打振动筛盘使卡在筛孔中的滤料通过筛孔漏下去，取 $n$ 粒漏下的滤料(通常取 1000 粒)称重得 $W$，1 颗滤料的平均质量为 $W/n$，滤料密度为 $\rho$，则 1 颗滤料的体积应为 $W/n\rho$。球体滤料的直径为 $d'$，则有：

$$\frac{\pi d'^3}{6}=\frac{W}{n\rho}$$

整理后，得等体积球径计算式为：

$$d'=\sqrt[3]{\frac{6W}{\pi n\rho}} \tag{5-2}$$

等体积球径表示恰能通过筛孔的该种滤料颗粒的尺寸。在科学研究中，滤料的等体积球径很有用。

现在，我国水处理厂大多向生产滤料的专业厂商直接购买滤料。购买时，可以对滤料的品种和粒度级配提出要求。用户可以从购来的滤料中抽样，通过筛分试验来评价滤料是否符合要求。有的水厂为了降低成本，也可以从附近滤料矿区或产地购买原砂，自行筛分以获得所需滤料，这时可根据原砂的筛分曲线(图 5-6)求出应筛除的部分：根据要求的 $d_{10}$ 及 $K_{80}$，求出 $d_{80}=K_{80}d_{10}$，在图横轴上找出 $d_{10}$ 和 $d_{80}$，作垂直线与筛分曲线相交，两点之间的曲线在新筛分出的滤料中应占 70%，由两个交点作横线与纵轴相交，把纵轴两交点之间的长度分成 7 等分，以 1 等分向下延长，得新的 0 点，以 2 等分向上延长得新的 100%，从而构成了新滤料的纵轴(百分率的单位)，再由纵轴新滤料的 0 与 100%两点作横线与筛分曲线相交，由交点引垂线与横轴相交，两交点对应的便是新滤料的最小粒径 $d_0$ 和最大粒径 $d_{100}$，以筛孔为 $d_0$ 和 $d_{100}$ 的两个筛子对原砂进行筛分，便可得所需滤料。

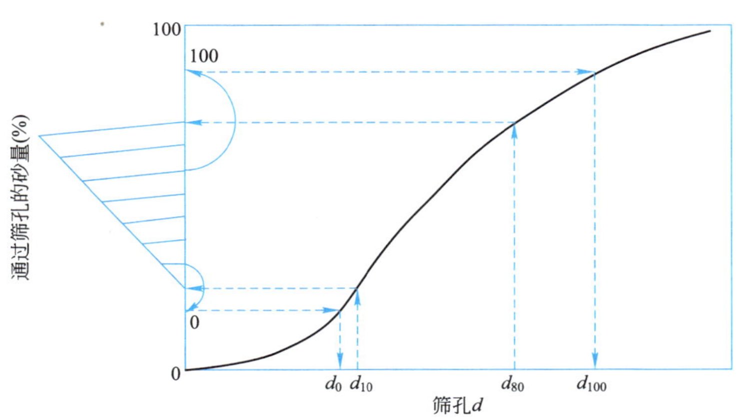


图 5-6　由原砂筛分曲线上求所需粒径分布的滤料的方法

在对矿物滤料(如无烟煤等)加工时，所用的粗、细两个筛盘的孔径便是滤料的最大粒径 $d_{max}$ 和最小粒径 $d_{min}$。在实用上，$d_{max}$ 和 $d_{min}$ 也是滤料粒度特征的重要指标。

前已叙及，滤料的表面积在快滤池除浊过程中起着重要作用，所以下面着重考察滤料表面积的若干特点。

首先，假定滤料为球形，且粒径都相等。设球形滤料的直径为 $d$，一颗滤料的体积为 $\frac{1}{6}\pi d^3$，一颗滤料的表面积为 $\pi d^2$。滤层体积是由滤料和滤料之间的空隙所组成。孔隙在滤层中所占比例，称为孔隙度，以 $m$ 表示。在单位体积的滤层中，滤料所占体积应为 $(1-m)$。相应的球形滤料颗粒数为$\frac{1-m}{\frac{1}{6}\pi d^3}$，所以滤料的总表面积为：

$$a=\pi d^2\times\frac{1-m}{\frac{1}{6}\pi d^3}=\frac{6(1-m)}{d} \tag{5-3}$$

其次，若滤料不是球形，其表面积将大于等体积的球形颗粒。非球形颗粒的表面积与等体积球形颗粒的表面积之比，称为颗粒的形状系数 $\alpha$。非球形颗粒的形状，还可以球形度系数 $\psi$ 来表示。颗粒的形状系数 $\alpha$ 与球形度系数 $\psi$ 互为倒数：

$$\alpha=\frac{1}{\psi} \tag{5-4}$$

常用滤料的形状系数如下：

球　　　　$\alpha=1.0$

河砂　　　$\alpha=1.17\sim1.30$

尖角石英砂　$\alpha=1.50\sim1.67$

无烟煤　　$\alpha=1.50\sim2.13$

单位体积滤层中非球形滤料的表面积为：

$$a=\frac{6\alpha(1-m)}{d} \tag{5-5}$$

单位体积滤层中滤料的表面积，称为滤料的比表面积。对于粒径相同的均匀滤料，比表面积与滤料粒径有反比例关系，即滤料越细，比表面积越大。

对于粒径不相等的非均匀滤料，可以看作是由许多粒径相同的均匀滤料所组成，每一均匀滤料组分，都可用式(5-5)进行计算，然后再按该组分所占权重加和：

$$a=\sum a_i\cdot\Delta P_i=\sum\frac{6\alpha(1-m)}{d_i}\cdot\Delta P_i \tag{5-6}$$

式中 $a_i$ 为粒径为 $d_i$ 的组分的比表面积；$\Delta P_i$ 为粒径 $d_i$ 的组分在滤料中所占权重。若将筛分曲线上相邻筛盘之间滤料近似地看作均匀滤料，则 $\Delta P_i$ 可由筛分曲线求得：

$$\Delta P_i=P_i-P_{i+1}$$

$P_i$ 为通过 $i$ 号筛盘的滤料的百分数；$P_{i+1}$ 为通过相邻的 $i+1$ 号筛盘的滤料的百分数；在此 $i$ 号筛盘的筛孔应大于 $i+1$ 号筛盘。

滤料的当量粒径的概念，在过滤工程技术中有重要意义。滤料的当量粒径是指一假想的均匀滤料的粒径，这个均匀滤料的比表面积与实际的不均匀滤料的比表面积相等。假设滤料的当量粒径为 $d_e$，可用式(5-5)表示其比表面积，其值应与用式(5-6)表示的不均匀滤料的比表面积相等，即：

$$\frac{6\alpha(1-m)}{d_e}=\sum\frac{6\alpha(1-m)}{d_i}\cdot\Delta P_i$$

整理后，得：

$$d_e=\frac{1}{\sum\frac{\Delta P_i}{d_i}} \tag{5-7}$$

单位面积过滤的水量，就是滤池的表面负荷或滤速。水中的悬浮物的去除与滤层中滤料的表面积有重要关系。单位面积滤层中滤料的表面积可计算如下：设滤层厚度为 $L$，单位面积滤层的体积为 $1\cdot L=L$，滤料的当量粒径为 $d_e$，滤层体积与滤料比表面积之积，即为单位面积滤层的滤料表面积：

$$a_L=L\cdot\frac{6\alpha(1-m)}{d_e}=6\alpha(1-m)\cdot\frac{L}{d_e} \tag{5-8}$$

由式可知，滤层滤料的表面积与比值 $L/d_e$ 有正比例关系，比值 $L/d_e$ 过小，即滤层滤料的表面积过小，将难以保证滤池的除浊效果，所以工程中常用比值 $L/d_e$ 作为滤层设计的一个控制指标。在城市自来水厂设计中 $L/d_e$ 一般为 800～1000。

滤层过滤时的水头损失，以及贮存被截留下来的悬浮物量等都与滤层的孔隙度有密切关系。滤层的孔隙度因滤料形状而异。对于形状接近球形的河砂，孔隙度约为 0.41；对于形状不规则的石英砂、无烟煤滤料等，孔隙度为 0.5～0.55。以上仅为一个平均数值，实际上滤层孔隙度还与滤料的级配、滤料粒径、滤池反冲洗后滤层由悬浮状态回落至固定状态的情况等因素有关。事实上，滤池每次反冲洗后，滤层的孔隙度都不同，因为每次反冲洗后滤料在滤层各部位的级配及排列都不可能完全相同。所以，滤层的孔隙度只能是一个平均值。

**【例 5-1】** 石英砂滤料的筛分结果如表 5-1 和图 5-5 所示。设计选用滤层厚度为 800mm。试求滤料的 $K_{80}$、当量粒径 $d_e$ 和滤层的 $L/d_e$ 值。

**【解】** 由图 5-5 的滤料筛分曲线可找出 $d_{10}=0.53$mm，$d_{80}=1.05$mm，由之求得滤料的不均匀系数为 $K_{80}=d_{80}/d_{10}=1.98$。

将表 5-1 中相邻两筛之间的滤料视为均匀粒径滤料，其粒径取两相邻筛孔孔径的平均值。滤料数为剩在筛上的滤料所占百分比。具体计算见表 5-2。

**计算过程**　　**表 5-2**

| 剩在筛上的滤料 $\Delta P_i$(%) | 上一筛孔孔径 (mm) | 下一筛孔孔径 (mm) | 滤料平均粒径 $d_i$(mm) | $\Delta P_i/d_i$ |
|---|---|---|---|---|
| 1.5 | 1.68 | 1.41 | 1.545 | 0.00971 |
| 5.6 | 1.41 | 1.19 | 1.300 | 0.04308 |
| 17.8 | 1.19 | 1.00 | 1.095 | 0.16256 |
| 36.7 | 1.00 | 0.71 | 0.855 | 0.42924 |
| 33.4 | 0.71 | 0.50 | 0.605 | 0.55207 |
| 3.2 | 0.50 | 0.25 | 0.375 | 0.08533 |
| 1.8 | 0.25 | 0.10 | 0.175 | 0.10286 |
| | | | | $\sum\Delta P_i/d_i=1.385$ |

由式(5-7)，得当量粒径 $d_e$：

$$d_e=1/(\sum\Delta P_i/d_i)=0.722\text{mm}$$

滤层厚度与粒径比为 $L/d_e=800/0.722=1108$，满足滤层要求。

第 5.3 节内容视频讲解

## 5.3　快滤池的运行

### 5.3.1　快滤池的出水水质和水头损失变化

快滤池的出水浊度在过滤过程是不断变化的，如图 5-7 所示。快滤池反冲洗结束后恢复过滤时，出水浊度较高，这部分出水称为初滤水，初滤水的延续时间，称为成熟期。初滤水浊度降至要求值后，便进入有效过滤期。在有效过滤期内，出水浊度一般都能保持在要求值以下。但不是完全不变，而是缓慢升高，直到出水浊度升高到等于要求值，这时到达泄漏点，相应浊度值称为泄漏浊度。滤池在泄漏点以后继续工作，出水浊度将超过泄漏值，已不符合用户要求。所以滤池工作到泄漏点时，应中止工作，进行滤层反冲洗。

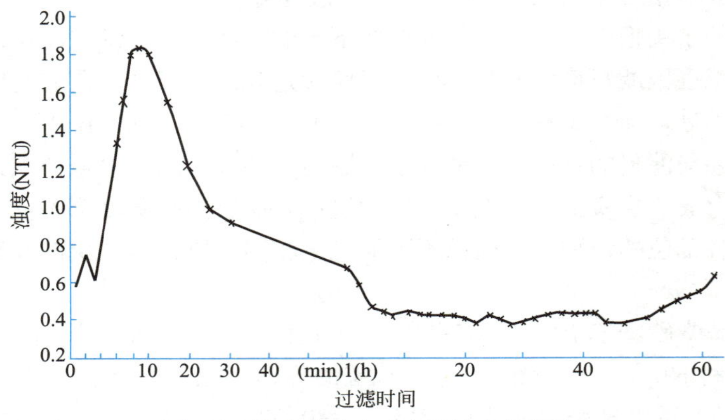


图 5-7　快滤池过滤时出水浊度的变化

《生活饮用水卫生标准》GB 5749—2022 要求城市自来水送至用户(龙头)浊度不得高于 1NTU，许多自来水厂要求滤池出水的浊度低于 0.5NTU 甚至 0.2NTU。要获得这样低浊度的滤出水，应使原水得到充分的混凝和沉淀，要使滤前水的浊度降到足够低的程度，并使滤池的性能处于最佳工作状态。

初滤水的浊度较高，是由于滤层反冲洗后残留在滤层中及滤层上部的反冲洗水浊度较高，开始过滤时浊度较高的残留水泄漏流入底部与底部的低浊度水掺混并随水出流所致。一般，初滤水的延续时间为 30min 左右，但是，若反冲洗进行得不彻底而致残留水中浊度很高，或要求的出水浊度非常低，初滤水的延续时间就会大大加长。排放初滤水会增加滤池的水量损耗，减少有效过滤水的水量。

在我国，有的水厂为了节水而不排放初滤水。在这种情况下，初滤水的水质对滤池出水是有影响的。近年来，为了提高初滤水的水质，缩短初滤水的延续时间，已经开展了对初滤水水质影响因素的研究。初滤水作为整个过滤周期的一个组成部分，应得到相应的重视。

滤池出水浊度的变化，可以通过滤层中浊度分布曲线的变化得到说明。

含悬浮物的水经滤层过滤，水中的悬浮物能附着于滤料表面，从而使过滤水中的浊质不断由水中分离出去，使水得到澄清。水中悬浮物的浓度越高，附着于滤料上的也越多，所以水中悬浮物浓度的降低也越快。当水流过的滤层越厚，水中悬浮物浓度也变得越低，浓度降低的速率也越小。所以，水中悬浮物浓度沿滤层深度方向的分布，应该是一条斜率逐渐减小的曲线，如图 5-8 所示。当水中能被去除的悬浮物基本被去除后，水的浊度便基本不再降低。能使水中悬浮物浓度不断减小的滤层，称为工作层。$t_1$ 为滤层开始过滤工作的情况。但是，在滤层中除了这种附着澄清过程外，还进行着另一过程，即脱落过程。这就是附着于滤料表面的悬浮物，在过滤水流的剪切力作用下会部分地由砂面脱落，继而再被下面的滤料截留。并且，附着于滤料上的悬浮物越多，自砂面脱落的数量也越多。当脱落数量与附着的数量相等时，滤层便达到饱和状态，此时滤层丧失澄清能力，这种滤层称为饱和层。一般，饱和层总是从滤层的表层开始的，其范围逐渐向下扩展，从而使工作层也逐渐下移，所以滤层中水的浊度分布曲线也相应地下移，如图 5-8 中曲线 $t_2$ 所示。当工作层移至滤层下缘时，滤池的出水浊度便开始升高，出现悬浮物穿透滤层的现象，即达到了泄漏点。滤池由开始进入有效过滤期到出水浊度达到泄漏值，称为水质周期。在有效过滤期里，滤池出水浊度不是完全不变的，因为在滤层工作层以下存在一个处于储备状态的滤层，水经过这层滤层过滤时，水的浊度仍会有稍许降低。随着工作层的下移，处于储备状态的滤层越来越薄，其对水中浊度的去除作用也越来越小，所以滤池出水浊度会逐渐略有升高。相反地，当工作层移至滤层下缘时，滤池出水浊度会比较快地升高，这和有效工作期内出水浊度的变化是不同的。由图 5-8 可知，滤池的水质周期与滤层厚度有关。当滤层厚度恰等于工作层时，只要滤层表面一出现饱和层，滤层中浊度分布曲线一开始下移，出水浊度就会升高达泄漏点，这时滤池的水质周期是最短的。当滤层厚度增加时，滤池的水质周期也会相应增长。

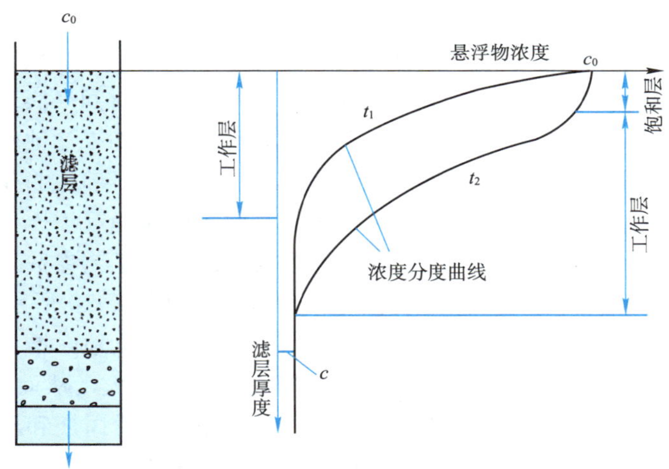


图 5-8 滤层中的悬浮物浓度分布曲线及其变化

当含悬浮物的水通过滤层作等速过滤时，因悬浮物不断被截留于滤层中，使滤层中的水头损失不断增加。实验表明，水在滤层中的水头损失随时间常呈直线关系变化，如图 5-9 所示。当开始过滤时，滤层是清洁的，水在滤层中的水头损失最小，称为初期水头损失 $h_0$。随着澄清过滤过程的进行，滤层的水头损失 $h$ 逐渐增加，当增至最大值时，便需对滤层进行反冲洗。这时滤池的过滤周期，称为压力周期。水在滤层中的水头损失允许达到的最大值，与滤池的过滤作用水头 $H$ 有关。滤池的过滤作用水头，是指滤前水的最高水位与滤后水水位(常为清水池水位)之差。如图 5-9 所示，水在滤池中的水头损失，除了在滤层中的损失以外，还有在其他构件(承托层、配水系统、管道、阀门等)中的水头损失 $h'$。滤池的过滤作用水头，扣除在其他构件的损失，便是滤层水头损失所能达到的最大值。显然，滤池的过滤作用水头越大，滤池的压力周期亦越长。普通快滤池常取过滤作用水头为 2.5～3m。

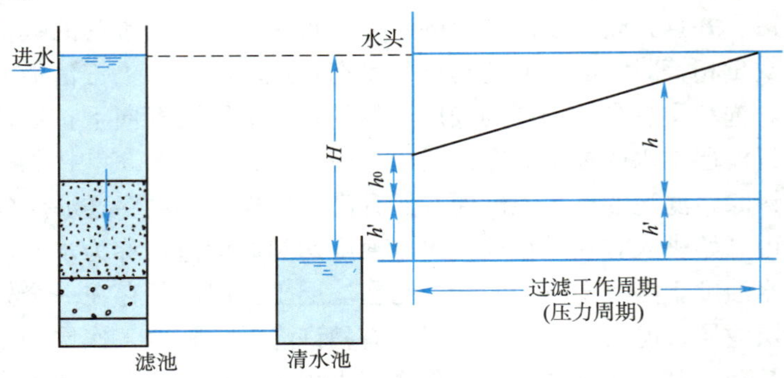


图 5-9　滤层中水头损失的变化

此外，滤池的压力周期还与滤层的厚度有关。在滤池作用水头一定的条件下，滤层越厚，滤层的初期水头损失便越大，滤池的压力周期便越短。

滤池的水质周期和压力周期还和其他许多因素有关，如滤料粒径、滤料性质、滤速、滤前水的悬浮物浓度、对滤后水浊度的要求，以及水中悬浮物的性质等。

滤池工作的经济性，与滤池过滤作用水头是否被充分利用有关。在建成的重力式滤池里，滤池的过滤作用水头都已确定，滤池过滤时不论水头损失是否达到最大值，都要耗费掉与作用水头相当的能量。所以充分利用作用水头，增长过滤时间，实现使滤池水头损失达到最大值的工作周期(压力周期)，在运行管理上是经济的。如果滤池作用水头未被充分利用，由于滤池出水水质恶化而提前结束过滤工作(达到水质周期)，将是不经济的。滤池的最优工作条件是使水质周期等于压力周期。为了做到这点，可以调整滤池的各种工艺参数。例如，调整滤层的厚度就是一种措施。如图 5-10 所示，增加滤层的厚度，可以增加水质周期。相反地，增加滤层厚度，水在滤层中的水头损失也相应增大，从而使压力周期缩短。如果用实验的方法能作出水质周期和压力周期与滤池厚度的关系曲线，那么两条曲线的交点便是滤池最优工作条件，对应的滤层厚度便是最适宜的厚度。所以，当水质周期小于压力周期时，只要适当增厚滤层，就能使滤池的工作更经济合理。在实际生产中，由于影响滤池工作周期的因素十分复杂，不可能在任何条件下都保持最优工作条件，所以为避免出现水质周期小于压力周期的现象，在滤池设计中宁肯采用水质周期大于压力周期的

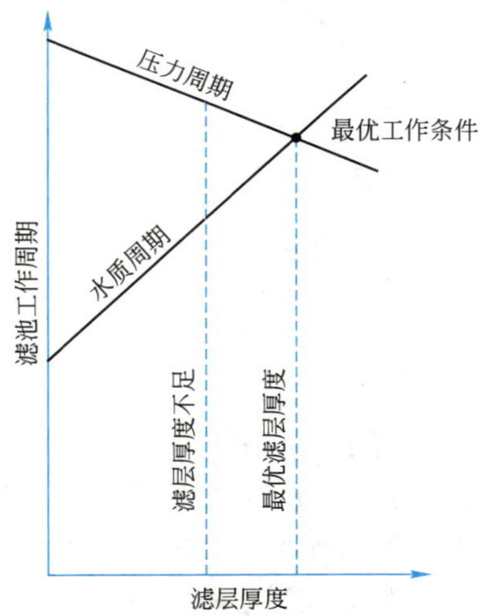


图 5-10　快滤池的最优工作条件

工作条件，即选取比图中最适宜厚度更厚一些的滤层。这样，在滤池水头损失达到最大值而结束工作以前，不会出现出水水质恶化的现象，这对滤池的运行管理也十分方便。

图 5-10 所示的最优工作点，是在一定的滤速条件下得到的，如果改变滤速，便会得到另一个最优工作点，使滤速采用一系列的值，可得相应的最优工作点，将点连成线，从而可以考察滤速与最优工作条件的关系。同样地，上述最优工作点是在一定的滤料粒径条件下得到的，如果使滤料粒径采用一系列不同的值，便会得到许多相应的最优工作点，将点连成线，从而可以考察最优工作条件与滤料粒径的关系。

### 5.3.2　快滤池滤层的优化

普通快滤池常用不均匀的石英砂为滤料构成的单层滤层。人们发现，不均匀滤料滤层在滤池反冲洗时会发生滤料的水力分级，即滤料的细组分会集中到滤层的上部，滤料粗组分会集中到滤层的下部，从而形成上细下粗的水力分级现象。当含悬浮物的水由上向下经滤层进行过滤时，将首先经过上部的细滤料滤层，然后再经过下部粗滤料滤层。在快滤池中，水中的悬浮物主要是靠在滤料表面黏附而得到去除的。由式(5-5)可知，滤料的比表面积与滤料的粒径成反比，即细滤料的比表面积要大于粗滤料，所以在悬浮物的浓度相同的条件下，上部的单位体积细滤料层将截留更多的悬浮物。其次，先流入上部细滤料层的水的悬浮物浓度要比流经下部粗滤料层的大，单位滤料表面积上截留的速率是与水中悬浮物浓度成正比的，所以上层细滤料层将截留更多的悬浮物。将上述两种因素结合起来，可知上部细滤料层截留的悬浮物要比下部粗滤料层多得多，而上部细滤料层的孔隙度与下部粗滤料层大致相同，所以上部细滤料层将很快地被堵塞，结果整个滤层的水头损失大部分集中在细滤料层，由于被堵塞的上部细滤料层中的水头损失增加得很快，滤池便过早地达到压力周期。

由于上部细滤料层被堵塞，使整个滤层的水头损失集中在滤池上部，还会造成过滤后期滤层中出现真空。如图 5-11 所示，对于清洁滤层，当水尚未开始过滤时，滤层处于静水头作用下，滤层内部各处的压力为该处的静水头，即为压力线 1；过滤开始后，水经清洁滤层过滤，在滤层中产生水头损失，所以滤层中的压力变化为压力线 2；过滤一定时间后，滤层逐渐被堵塞，水在滤层中的水头损失增大，滤层中的压力变化为压力线 3；当滤池过滤到上部细滤料滤层被严重堵塞时，水头损失急剧增大，滤层中的压力变化为压力线 4，这时就出现

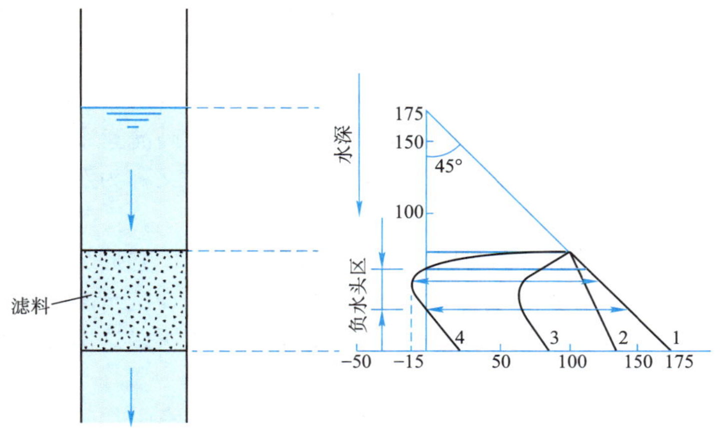


图 5-11　滤层中压力的变化

了部分滤层压力低于大气压，即出现真空的现象。由于出现真空，水中的溶解气体大量析出并在滤层中形成气泡，致使滤层过滤面积急剧减小，水头损失急剧增加，结果滤池的作用水头很快被用完，需要中止过滤进行滤池反冲洗。由图 5-11 可见，为使滤层中不致过早地出现真空，宜增大滤层上面的水层厚度。普通快滤池滤层上面的水层厚度一般采用 1.5～2.0m。

由不均匀滤料构成的单层滤层，由于反冲洗时的水力分级作用，形成了上部细、下部粗的滤层构造，结果上部细滤料层很快被堵塞，而下部粗滤料层没有充分发挥贮积被截留的悬浮物的作用。单位面积滤层在一个过滤周期里截留的悬浮物量，称为滤层的含污能力。显然不均匀滤料单层滤层的含污能力是不高的。从这个角度出发，理想的滤层构造应是沿过滤水流方向滤料的粒径由粗变细(图 5-12a)，这在我国习惯上又被称为反粒度过滤。使水首先进入粗滤料层，粗滤料的单位体积滤层的滤料比表面积较小，单位体积滤层中截留的杂质也较少，从而使滤层孔隙被堵塞得较慢，未被表层截留的杂质进入滤层深处而被截留，使被截留的杂质在滤层中的分布趋于均匀，从而滤层水头损失增长得较慢，滤池过滤周期增长，滤层含污能力增强。

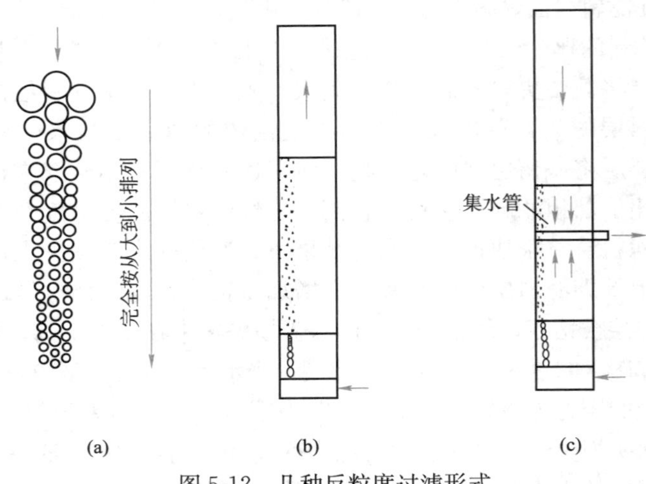


图 5-12　几种反粒度过滤形式

若使水由下向上经滤层过滤，水就能先通过粗滤料层，然后再流过细滤料层，从而可以实现反粒度过滤。这就是水的上向流过滤原理(图 5-12b)。上向流过滤的滤速不能过大，否则会引起滤层悬浮，从而丧失截留污物的能力。

若从滤层上、下两侧进水，从滤层中部出水，则滤层中集水装置以下为上向流过滤。由于进水加于滤层上、下两侧的压力保持平衡，所以即使在高滤速下滤层也不致悬浮。这种过滤方式把下向流过滤和上向流过滤组合起来工作，所以又称为双向流过滤(图 5-12c)。双向流过滤使滤层具有很高的含污能力。

上向流过滤和双向流过滤虽然滤层含污能力较强，但由于它们从滤池下部进水，会在滤池配水系统和承托层中大量积泥或被大块杂质堵塞，难于冲洗干净，加之滤池构造比较复杂，特别是双向流过滤的出水集水装置易于腐蚀和损坏，所以这两种过滤方式在我国未得到推广。

为减少水力分级作用给滤层带来的不利影响，在工程中有采用均匀滤料的。一般，滤料越不均匀，反冲洗时的水力分级现象便越明显。减小滤料的不均匀性，便能减低水力分级的程度。当滤料的不均匀系数 $K<1.4$ 时，水力分级便能降低到不明显的程度。

采用粗滤料，能减少水力分级给滤层带来的不利影响。因为单独用水反冲洗粗滤料滤层，需要很高的反冲洗强度，耗水量很大，为了节约用水，常采用空气辅助反冲洗的方法。当用空气辅助冲洗时，空气泡对滤层产生的强烈扰动，使滤层难于进行水力分级。粗滤料滤层单位体积表面积较小，截留的悬浮物也较少，从而上部滤层堵塞较慢，能使更多悬浮物进入滤层深部，使被截留污物在滤层中的分布比较均匀，从而可延长过滤周期，提高滤层的含污能力。采用粗滤料，为获得相同的过滤效果，应相应地加厚滤层，以保持滤层的厚径比 $\frac{L}{d}$ 不致减小。粗滤料的粒径一般为 0.9～1.5mm。

双层滤料过滤是利用两种相对密度不同的滤料构成滤层，上层为轻质的粗滤料(一般用无烟煤粒，相对密度 1.4～1.7)，下层为重质的细滤料(一般用石英砂，相对密度 2.6～2.7)，如果选择恰当的粒径配比，就可以使两滤层在反冲洗的水力分级作用下，保持各自状态而不发生显著混杂。当水由上向下过滤时，水首先通过粗滤料滤层，使水中大部分杂质截留其中，然后再通过细滤料滤层，截留水中剩余的杂质，从而使两滤层都能充分发挥作用，整个滤层的含污能力也得以提高。双层滤料过滤已在滤池中得到比较广泛的应用。

用三种相对密度不同的滤料，可构成三层滤料滤层，最上层为相对密度最小粒径最粗的滤料，中层为相对密度较小粒径较细的滤料，最下层为相对密度最大粒径最细的滤料。目前在生产中使用的有以无烟煤、石英砂和磁铁矿(相对密度 4.7)组成的三层滤料滤层。当水由上向下过滤时，水通过的滤层的粒径逐层由粗变细，所以三层滤料滤层的含污能力较双层滤料滤层又有提高。

多层滤料滤层中的每一层滤料，仍然为粒径不均一的滤料，它在反冲洗水流的水力分级作用下仍会形成上细下粗的构造，所以多层滤料滤层的粒度分布从整体上看虽然是上粗下细的，但对于每一层又是上细下粗的，所以多层滤料滤层的粒度分布仍是不够理想的。

为了获得良好的过滤效果，应使多层滤料滤层的厚径比不至过小。多层滤料滤层的厚径比，等于各滤料层厚径比之和：

$$\left(\frac{L}{d}\right)_{\mathrm{m}}=\sum_{i=1}^{n}\frac{L_i}{d_i} \tag{5-9}$$

式中 $(L/d)_{\mathrm{m}}$——多层滤料滤层的厚径比；

$L_i$——各滤料层的厚度，mm；

$d_i$——各滤料层的粒径，mm。

例如，普通滤池中使用的煤、砂双层滤料滤层，无烟煤滤料的粒径为 0.8～1.8mm(当量粒径取为 1.24mm)，石英砂滤料的粒径为 0.5～1.2mm(当量粒径为 0.8mm)，滤层厚度皆为 400mm，这种双层滤料滤层的厚径比为：

$$\left(\frac{L}{d}\right)_{\mathrm{m}}=\frac{400}{1.24}+\frac{400}{0.8}=823$$

从另一方面看，影响滤层含污能力的因素，也可以认为是滤层的孔隙尺寸和数量。对于颗粒形状相同的滤料，粗、细滤层的孔隙度大体相同，所以细滤料滤层中孔隙小而多，粗滤料滤层中孔隙大而少。多层滤料滤层的粒度分布不是连续变化的，如果使两层或三层滤料互相混杂，则下面细滤料可以部分地进入上面粗滤料的孔隙中去，从而使粗滤料滤层孔隙尺寸减小。如果选择恰当的粒径级配，并控制两种或三种滤料相互混杂，就有可能使滤层孔隙尺寸由上而下连续地减小，从而获得比较理想的滤层构造。这种滤层称为多种滤料混杂滤层。这种滤层由于粗、细滤料相互混杂，其孔隙度可能比均匀粒径的滤层要小，这是其缺点。多种滤料混杂滤层的设想虽然已经提出，但尚有待于进一步研究和实用化。但是，这种设想纠正了过去长期存在的多层滤料滤层的层间混杂肯定是有害的这样一种观念。

### 5.3.3　滤池运行的控制

滤池的运行，可以是恒滤速方式的，即滤池在整个过滤周期中滤速保持不变；也可以是变滤速方式的，即滤池在过滤周期中滤速是逐渐减小的，所以有时也称作减速过滤。

滤池的运行，可以在恒水头作用下工作，即过滤时池内滤上水位不变；也可以在变水头作用下工作，即过滤时池内水位是逐渐升高的。

对滤池的运行，可以控制进水，可以控制出水，也可以进、出水同时控制。

用控制进水流量的方法，可以实现滤池恒滤速变水头的运行方式。如在图 5-3 的滤池中，用溢流堰的方式进水，进水流量只和堰前水位有关，若堰前水位保持不变，则进水流量就能保持不变，就能使滤速保持恒定。在滤速不变情况下，滤层中的水头损失会在过滤过程中不断增大，使滤池内的水位不断升高，这就是恒滤速变水头过滤运行方式。

如果在滤池出水管上安装一个能使流量保持不变的滤速调节器，就可实现控制出水，保持滤速不变。滤速调节器是一种能控制流量的特种水力阀门，不论阀门前后的压差有多大变化，它都能保持通过阀门的流量不变。由于出水流量得到控制，就没有必要再控制进水了。将进水阀门完全打开，这时池内水位便将与其他滤池水位相同，在整个过滤周期中，保持基本恒定，这就是恒滤速恒水头过滤运行方式。前已述及，在恒速过滤情况下，水在滤层中的水头损失，于反冲洗后过滤开始时最小，在变水头过滤时相应池内水位最低，而在恒水头过滤时，多余水头便消耗在滤速调节器中。随着滤层被堵塞，水在滤层中的水头损失不断增大，相应地消耗在滤速调节器中的水头损失便不断减少，直至减少到最低值，之后滤速调节器前后的压差已不足以使其保持流量不变，即滤速开始减少，这时滤池便需要进行反冲洗了。

在恒水头过滤情况下，将滤池出水管上的滤速调节器去掉，对过滤流量不进行控制。这时，于反冲洗后的过滤初期，滤层最清洁，阻力最小，所以滤速将会最高。随着滤层被堵塞，阻力逐渐增大，滤速便会逐渐减小，直至滤速减少到设定的最低值，滤池便需要反冲洗了，这就是变滤速恒水头运行方式。在变速过滤时，如果初始滤速过高，会使滤后水的浊度增大，水质下降。

为了使初滤速不致过大，应了解对滤速的影响因素。在恒定水头作用下，滤池的滤速变化可用下式表示：

$$\frac{v}{v_0}=\left(1+\frac{t}{f}\right)^{1/2} \tag{5-10}$$

式中　$v_0$——初滤速；

$v$——$t$ 时刻的滤速；

$t$——过滤延续时间；

$f$——系数。

滤池在恒定水头下进行过滤，此水头将消耗在两个方面，一为在滤层中的水头损失，一为在其他部件(承托层、配水系统、出水管渠等)中的水头损失，即：

$$H=h+h'=sv+s'v^2 \tag{5-11}$$

式中　$H$——滤池的过滤水头；

$h$——水在滤层中的水头损失。由于水在滤层中一般属层流，故可写为：

$$h=sv \tag{5-12}$$

$v$——滤速；

$s$——滤层的水力阻抗；

$h'$——水在其他部件中的水头损失。水在其他部件中的流动一般属紊流，故：

$$h'=s'v^2 \tag{5-13}$$

$s'$——其他部件的水力阻抗，其值在过滤过程中保持不变。

开始过滤时($t=0$)，清洁滤层的水力阻抗最小($s=s_0$)，故滤速最大，为初滤速($v=v_0$)，这时有：

$$H=s_0v_0+s'v_0^2$$

由式中可求解出初滤速：

$$v_0=\sqrt{\frac{s_0}{2s'}+\frac{H}{s'}}-\frac{s_0}{2s'} \tag{5-14}$$

由上式可知，减小滤池的工作水头，可使初滤速减小。其次，增大其他部件的水力阻抗，可使初滤速减小，其中配水系统的水力阻抗影响很大。滤池的配水系统有大阻力和小阻力之分，大阻力配水系统的水力阻抗比较大，所以初滤速较小，有利于出水水质的提高；小阻力配水系统的水力阻抗很小，相应地初滤速很高。为了控制初滤速，可在滤池出水管上安设孔板等阻流装置，从而使 $s'$ 增大，使初滤速减小。一般，最高滤速不宜超出平均滤速的 1.5 倍，如超出该值，即使是大阻力配水系统也需加设阻流装置。

据研究，变速过滤与恒速过滤比较，产水量较大，过滤水质较好，这可能是由于在过滤周期后期，变速过滤的滤速较低，因而在管道和部件中的水头损失较小，在作用水头相同的条件下，提供给滤层的可资利用的水头较大。同样地，在过滤后期，恒速过滤出水浊度有所升高，而变速过滤由于滤速较低，因而出水水质较好。当然，另有研究表明，两者在产水量和出水水质方面基本相同。

## 5.4 过滤理论

第 5.4 节内容视频讲解

### 5.4.1 过滤水力学

水经清洁滤层时，将产生水头损失。在滤层中沿水流方向截出 $\Delta L$ 厚的一小段滤层，水在该滤层中产生 $\Delta H$ 的水头损失，如图 5-13 所示。水在该滤层中的单位水头损失为 $\Delta H/\Delta L$。水在清洁滤层中过滤，可以看作水在滤料形成的微细管道中的流动，其单位水头损失与水的流速 $u$、水力半径 $l$，以及水的流态有关，可写出下式：

$$\frac{\Delta H}{\Delta L}\cdot\rho g=\eta\cdot\frac{\rho u^2}{l} \tag{5-15}$$

式中　$\rho$——水的密度；

$g$——重力加速度；

$u$——水在滤料空隙中的实际流速，它与滤速的关系如下：

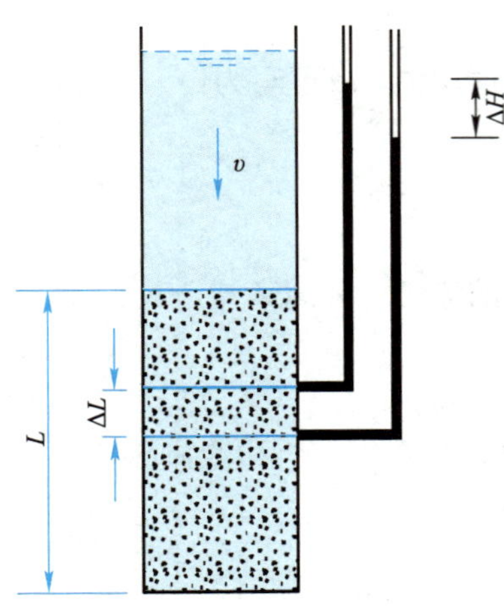


图 5-13　水的过滤

$$u=\frac{v}{m_0} \tag{5-16}$$

$m_0$ 为清洁滤层的孔隙度。

式中 $l$ 为滤层的水力半径，其值等于过水断面面积除以湿周。对于由均一粒径滤料组成的清洁滤层，沿水流方向截取两个截面，两截面上的滤料颗粒和孔隙的截面形状当然不会相互重合，但由于滤料颗粒数众多，可以认为两截面上的空隙截面积和湿周是相等的，这样就可以将滤层想象成柱状构造，即对于长、宽、高都为 1 的单位体积滤层，其截面上的空隙截面积（过水断面积）$a_1$ 在数值上就等于滤层的孔隙度 $m_0$（即 $m_0=a_1\cdot 1=a_1$）；其截面上的湿周 $f$ 在数值上就等于单位体积滤层滤料的总表面积（即 $a=f\cdot 1=f$），按式（5-5）有：

$$a_1=m_0 \tag{5-17}$$

$$f=\frac{6\alpha(1-m_0)}{d} \tag{5-18}$$

从而滤层的水力半径为：

$$l=\frac{a_1}{f}=\frac{d}{6\alpha}\cdot\frac{m_0}{1-m_0} \tag{5-19}$$

式中 $\eta$ 为阻力系数，其值与水的流态有关，可表示为雷诺数的函数：

$$\eta=f(Re) \tag{5-20}$$

$$Re=\frac{\rho ul}{\mu}=\frac{\rho}{\mu}\cdot\frac{v}{m_0}\cdot\frac{d}{6\alpha}\cdot\frac{m_0}{1-m_0} \tag{5-21}$$

式中 $\mu$ 为水的动力黏滞系数。

图 5-14 为清洁砂滤料的 $\eta=f(Re)$ 试验资料，由图可见 $\eta=f(Re)$ 在 $Re<2$ 时为一条直线，为层流区，可用下式表示：

$$\eta=\frac{5.1}{Re} \tag{5-22}$$

当 $Re=2\sim1000$，$\eta=f(Re)$ 为一曲线，即为过渡区。$Re>1000$，$\eta$ 为一常数，便是紊流区。

为了估算式（5-22）的适用范围，以 $Re=2$、$\mu=0.001\text{N}\cdot\text{s/m}^2$、$\alpha=1.25$、$d=0.0008\text{m}$（0.8mm）、$m_0=0.45$ 代入，得 $v\approx37\text{m/h}$。在绝大多数情况下，滤池的滤速都低于此值，所以一般阻力系数可按层流公式计算。

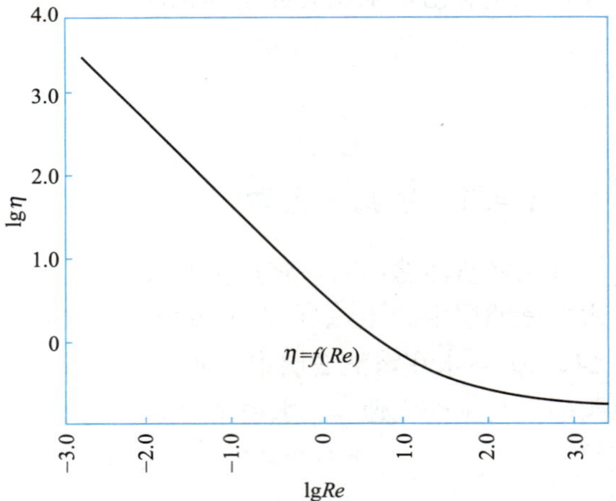


图 5-14　lg$\eta$ 对 lg$Re$ 的关系

将式（5-22）代入式（5-15）可得：

$$\Delta H=0.0187 \cdot \mu\alpha^{2} \cdot \frac{v}{d^{2}} \cdot \frac{(1-m_{0})^{2}}{m_{0}^{3}} \cdot \Delta L \tag{5-23}$$

对于整个滤层，由于滤料粒径从上到下是不同的，这时可将整个滤层分成若干个薄层，并认为每个薄层内的滤料粒径是均匀的，然后将各层的水头损失加起来，便得整个滤层的水头损失值，即：

$$H=\sum_{i=1}^{n} \Delta H_{i} \tag{5-24}$$

当滤层截留了一定的悬浮物后，悬浮物沉积在滤层里，使滤层的孔隙度减少，从而水在滤层中的水头损失便会增大。沉积在单位体积滤层中的悬浮物体积，称为比沉积量$\sigma$，所以这时滤层的孔隙度应为$m_0-\sigma$。滤层中悬浮物的比沉积量沿水流方向的分布是不均匀的，并且随时间不断变化。如果能知道$\sigma$沿水流方向的分布规律，也可以用将滤层分层然后再加和的方法求出滤层的水头损失，但迄今提出的各种$\sigma$分布规律尚未达到实用阶段。但由实验可知，在恒速过滤情况下，滤层水头损失随时间的变化基本上是一条直线，根据这一特点，曾提出若干经验的计算方法。

**【例 5-2】** 石英砂滤层的厚度为 800mm。滤层滤料的粒径组成如［例 5-1］所述。试计算滤速为 10m/h 时，清洁滤层的水头损失。

**【解】** 将滤层从上向下分为 7 个薄层，并认为每薄层中的滤料粒径是均匀的，其粒径为表中的平均粒径$d_i$，薄层厚度为$\Delta L_i=L \cdot \Delta P_i$。按式（5-23）计算各薄层的水头损失，再按式（5-24）计算整个滤层的水头损失：

$$H=\sum_{i=1}^{7} \Delta H_{i}=\sum_{i=1}^{7}\left(0.0187 \cdot \mu\alpha^{2} \cdot \frac{v}{d_{i}^{2}} \cdot \frac{(1-m_{0})^{2}}{m_{0}^{3}} \cdot \Delta L_{i}\right)$$

将公共项提出，并将相应数据代入，即$\mu=1\times10^{-3}\mathrm{N\cdot s/m^2}$，$\alpha\approx1.25$，$v=10\mathrm{m/h}=2.78\times10^{-3}\mathrm{m/s}$，$m_0=0.45$，$L=0.8\mathrm{m}$，得：

$$H=0.0187 \cdot \mu\alpha^{2} \cdot v \cdot \frac{(1-m_{0})^{2}}{m_{0}^{3}} \cdot L \cdot \sum_{i=1}^{7}\left(\frac{\Delta P_{i}}{d_{i}^{2}}\right)$$
$$=2.16\times10\times(58.8+22.8+91.3+50.2+14.8+3.3+0.6)=0.52\mathrm{m}$$

由上述计算可知，滤层上部粒径小于 0.5mm 的两薄层滤料，其质量只占 5%，但其水头损失却占到整个滤层的 34%（上式中前两项之和），并且由于处于滤层最上部，在过滤过程中截留的杂质最多，所以其水头损失增长最快，致压力周期急剧缩短，会显著影响滤池工作的经济性，所以应将滤料中小于 0.5mm 的细组分尽力筛除。

### 5.4.2 过滤去除悬浮物的机理

在滤层的孔隙内，悬浮颗粒如何会从水中运动到滤料表面，并附着在上面，这就是过滤的去除机理所研究的问题。悬浮颗粒必须经过迁移和附着两个过程才能完成去除的过程。

悬浮颗粒在滤层孔隙水流中的迁移是由于下列五种基本作用：(1)沉淀；(2)惯性；(3)截阻；(4)扩散；(5)动力效应。对一个颗粒来说，可能同时受几种作用，但占主导作用的只能是一种或两种，主要取决于粒度的大小。各种作用见图 5-15，相应的说明如下。

沉淀作用在 20 世纪初就提出来了。如上面所述，这是把滤料间的孔隙看作一个微型沉淀池。但后来的分析认为，只有当颗粒很接近滤料颗粒表面时(例如 20μm 以内)，由于

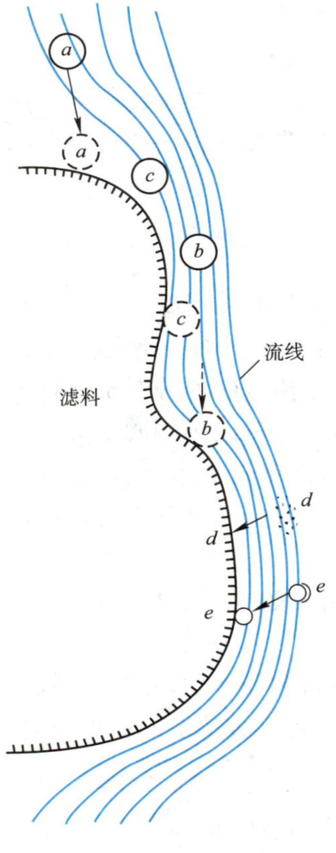


图 5-15　悬浮物向滤料表面的迁移机理

$a$—沉淀；$b$—惯性；$c$—截阻；$d$—扩散；$e$—动力效应

水流的速度很小，由重力所产生的沉速才足以影响颗粒物的运动，最后完成去除的作用。

惯性作用是指颗粒物由于本身的速度所具有的惯性力起的作用。当惯性力足够大，以致把它抛到滤料颗粒的表面上时，即完成了迁移的过程。

当悬浮颗粒物沿着一条流线运动，以致最后与滤料颗粒的表面接触时，这种俘获就称为截阻作用。

当滤层孔隙内存在悬浮颗粒物的浓度梯度，并使颗粒物扩散到滤料颗粒表面上时，俘获的机理就属于扩散的作用。

水流动力效应的概念说明如下：滤层中曲曲折折的水流由于通道是由无数多的形状极不规则的孔隙串联成的，这使每一个孔隙中的水流形成一个随时间变化的非均匀层流流场，在这流场中的颗粒物，将会在产生旋转运动的同时，并跨越流线做横向运动。形状不对称的颗粒，这种运动还会得到加强。孔隙中颗粒物的横向运动，使它能达到滤料颗粒表面，完成去除的作用。

对于小颗粒（如 $d<1\mu m$），主要是扩散作用，而惯性力、重力及水流作用可忽略，并且颗粒越小，扩散作用越大；相反地，对于较大颗粒（如 $d>1\mu m$）扩散作用已十分微弱，而惯性力、重力及水流开始起主要作用，并且颗粒越大，惯性力、重力及水流作用越大。如以迁移效率对颗粒直径作图（图 5-16），发现在颗粒直径 $1\mu m$ 左右时，迁移效率最低。

迁移是一个物理过程，而迁移到滤料表面的悬浮物能否附着于滤料表面，则是一个化学和物理化学问题。当用无机盐为混凝剂时，若范德华引力大于双电层的斥力，悬浮物就能附着于滤料表面。当用高分子化合物为絮凝剂时，依靠高分子物质的吸附架桥作用也能使悬浮物附着于滤料表面。悬浮物在滤料表面附着，也有一个附着效率问题。滤层对水中悬浮物的去除总效率，应等于迁移效率和附着效率之积。

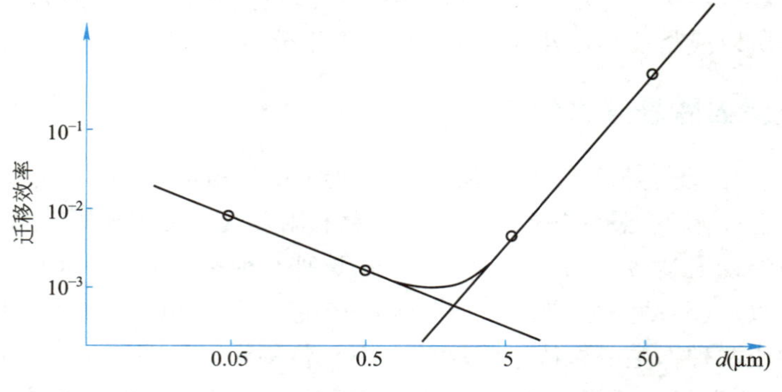


图 5-16　迁移效率与悬浮物颗粒直径的关系

# 5.5　滤层的反冲洗

第 5.5 节内容视频讲解

## 5.5.1　滤层反冲洗水力学

滤层在过滤过程中，逐渐被悬浮物堵塞，滤层的水头损失随之不断增长，当滤层的水头损失达到滤池的过滤作用水头时，或出水浊度达到穿透值时，过滤便告结束，这时需要对滤层进行冲洗，以清除聚集在滤层中的积泥。一般对滤层都是用反向水流自下而上进行冲洗的，即反冲洗。对过滤层进行反冲洗，一般都用滤后水。若滤层冲洗得好，滤层的初期水头损失便较小，可以获得较长的工作周期，是保证滤池经济有效工作的必要条件。特别是，如果滤层长期冲洗不净，污泥淤积其中，还会使滤层固结成块，严重影响过滤效果。

单独用水进行反冲洗是最简便的冲洗方法。生产实践表明，单独用水进行反冲洗，可以获得较好的冲洗效果，从而保证滤池长期正常工作。当然，若能辅以表面冲洗或压缩空气反冲洗效果则更好。

当用水对滤层进行反冲洗时，经滤层单位面积上流过的反冲洗水流量，称为反冲洗强度，可以下式表示：

$$q=\frac{Q}{A} \tag{5-25}$$

式中　$q$——滤层的反冲洗强度，$L/(s\cdot m^2)$；

$Q$——滤层的反冲洗水流量，L/s；

$A$——滤层的平面面积，$m^2$。

在如图 5-17 所示之玻璃管模型滤池中进行滤层的反冲洗试验，可以清楚地观察到反冲洗时的情况。模型滤池内装有厚度为 $L_0$ 的石英砂滤料，滤层下设有承托层。试验时，由滤池下部送入反冲洗水，水由下向上经过承托层和滤层，由池上部排出。当反冲洗强度 $q$ 增大到某一数值时，滤层开始松动，滤层表面略微有些上升，但滤料颗粒没有运动现象；再继续增大反冲洗强度 $q$，滤层表面继续升高，滤层表面颗粒开始轻微跳动；随着反冲洗强度 $q$ 的继续增大，滤层厚度相应地增大，滤料颗粒由上向下开始紊动；当反冲洗强度 $q$ 达到某一数值时，滤层全部处于悬浮状态，滤层上部颗粒紊动剧烈，下部颗粒紊动较弱，上、下部的滤料有对流交替现象；当反冲洗强度 $q$ 再增大时，悬浮滤层继续增厚，滤层表面界面的清晰程度随反冲洗强度 $q$ 的增大而降低；当反冲洗强度 $q$ 极度增大时，滤料将被上升水流冲出池外。

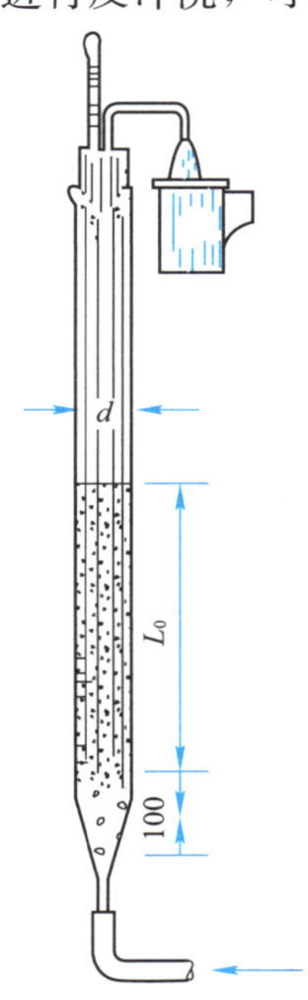


图 5-17　滤层反冲洗试验

在上述滤层的反冲洗过程中，滤层因部分或全部悬浮于上升水流中而使滤层厚度增大的现象，称为滤层的膨胀。滤层增厚的相对比率，称为滤层的膨胀率：

$$e=\frac{L-L_0}{L_0}\times 100\% \tag{5-26}$$

式中　$e$——滤层的膨胀率；

$L_0$——反冲洗前滤层的厚度；

$L$——反冲洗时滤层的厚度。

试验表明，对应于每一个反冲洗强度 $q$ 值，都有一个相应的滤层厚度和一个相应的滤层膨胀率 $e$。若把上述反冲洗试验中各相应的 $q$ 和 $e$ 值绘于图上，且以 $q$ 为横轴，$e$ 为纵轴，可得 $e$—$q$ 曲线，即滤层膨胀率与反冲洗强度的关系曲线。图 5-18 即为以各种粒径的均匀石英砂滤料进行反冲洗试验所得到的 $e$—$q$ 曲线。由图 5-18 可见，$e$—$q$ 曲线基本上是一条直线，只是在滤层刚刚开始膨胀时($e<5\%$)，$e$ 和 $q$ 不是直线关系。

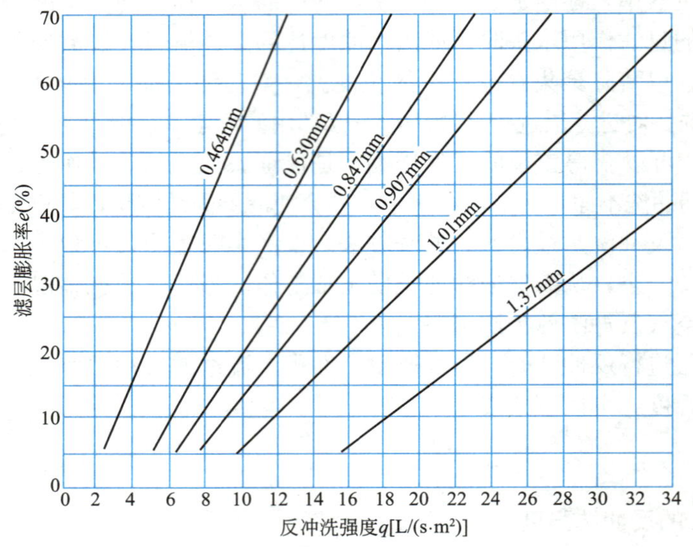


图 5-18　石英砂滤层的 $e$—$q$ 曲线

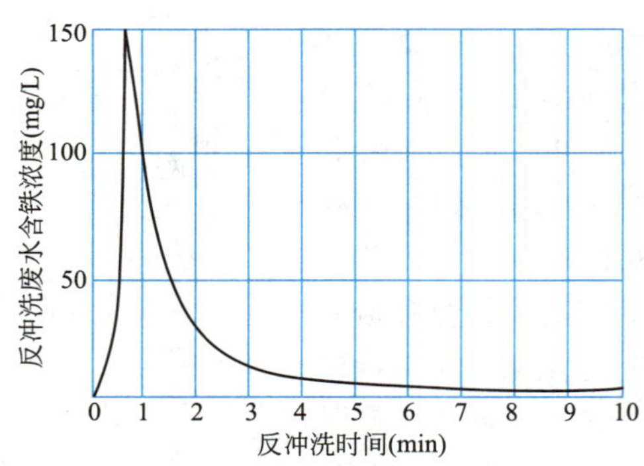


图 5-19　滤池反冲洗废水中铁浓度的变化

对于粒径不均匀的滤层，情况与上述粒径均匀的滤层基本相同。

在对滤层进行反冲洗的过程中，悬浮于水中的滤料相互碰撞摩擦，使附着于滤料颗粒表面的污泥迅速脱落下来，被冲洗水带出池外。这样，经过一定时间的反冲洗，过滤截留于滤层中的污泥便基本被清除干净。目前，生产中采用的反冲洗时间，一般为 5～15min。图 5-19 为滤池反冲洗废水铁浓度变化情况的实测曲线。本实验是用三氯化铁为混凝剂，被截留于滤层中的悬浮物也含有铁的絮凝体，所以可用测量反冲洗水中铁浓度的方法反映污泥的数量。由图 5-19 可见，反冲洗废水的铁浓度只在冲洗开始的 2～3min 内很高，冲洗 3～5min 以后冲洗废水的铁浓度便已迅速降低，再继续延长反冲洗时间，废水的铁浓度已不再有显著的变化。这说明滤层中过滤截留的污泥，在反冲洗最初的 3～5min 内已大部被排出。

当上升水流穿过滤料层时，将在滤层中产生水头损失。图 5-20 为滤层中水头损失随反冲洗强度的变化情况，由图可见，当反冲洗强度很小而滤层尚未膨胀时，与固定状态滤层的过滤情况相同，在层流状态下，滤层中的水头损失与反冲洗强度成正比；当反冲洗强度达极限值而使滤层开始膨胀时，滤层中水头损失的变化便趋于平缓；当反冲洗强度增大到使滤层全部处于悬浮状态时，滤层中的水头损失将趋于一稳定值。这时，悬浮滤层将处于动力平衡的状态，即所有作用于悬浮滤层上的力的总和应为零。作用于悬浮滤层上的力主要有下列两种：

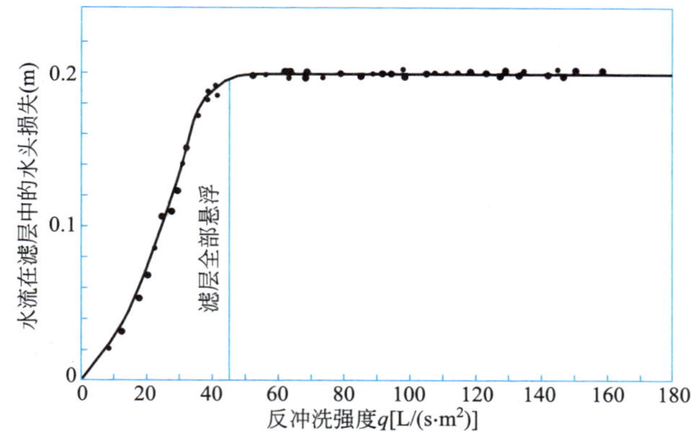


图 5-20 反冲洗时水流在滤层中水头损失的变化

（1）悬浮滤层的重力 $G$。对单位平面面积而言，其值等于滤层滤料在水中所受重力：

$$G=(\rho-\rho_0)gL_0(1-m_0) \tag{5-27}$$

式中 $G$——单位面积滤层的滤料在水中的重力；

$\rho$——滤料的密度；

$\rho_0$——水的密度；

$g$——重力加速度；

$L_0$——滤层膨胀前的厚度；

$m_0$——滤层膨胀前的孔隙度。

（2）水流作用于悬浮滤层上的力 $P$，对单位面积而言，其值等于在悬浮滤层上、下两界面的水的压力损失：

$$P=\rho_0 gh \tag{5-28}$$

式中 $h$——水流在悬浮滤层中的水头损失。其他符号意义同前。

上述作用于悬浮滤层上的两力大小相等，方向相反，处于平衡状态：

$$G=P \tag{5-29}$$

以式(5-27)和式(5-28)代入式(5-29)，得悬浮滤层中水头损失计算式：

$$h=\left(\frac{\rho}{\rho_0}-1\right)(1-m_0)L_0 \tag{5-30}$$

由此式可知，水在悬浮层中的水头损失，与反冲洗强度无关，其值在数量上等于单位面积滤层的滤料在水中所受重力。

滤层悬浮于上升水流中，还可以看作是水通过滤层过滤的过程，只是该滤层的孔隙度要比固定滤层大。前已述及，水在滤层中的水头损失，与水过滤的流态有关。在实际生产中，当对石英砂滤层进行反冲洗时，一般已不处于层流区，而是过渡区。在过渡区里，图 5-14 中的 $\lg\eta$ 与 $\lg Re$ 的关系为一条曲线。若在一定 $Re$ 范围内用直线来代替 $\eta=f(Re)$ 曲线，则可使计算得到简化，这个直线关系可用下式表示：

$$\eta=\frac{A}{Re^{s}} \tag{5-31}$$

式中　$A$——系数；

　　$s$——指数，其值为 0～1。

过渡区内，在一定雷诺数范围内，以直线代替 $\eta=f(Re)$ 曲线进行近似计算，这种计算方法的精确度与选定的雷诺数范围大小有关。选定的雷诺数范围越大，直线与曲线之间差别也越大，计算的精确度便越差；相反地，选定的雷诺数范围越小，直线与曲线之间的差别也越小，计算的精确度便越高。

敏茨（Mintz）在 $Re=0.9\sim35.5$ 内以直线代替 $\eta=f(Re)$ 曲线，得到的参数值为 $s=0.7$，$A=3.73$，即：$\eta=\frac{3.73}{Re^{0.7}}$。

关于雷诺数范围的选择，应以生产实际范围为准。取石英砂滤料粒径 $d=1.5$mm，反冲洗强度 $q=30\text{L}/(\text{s}\cdot\text{m}^2)$，可得 $Re\approx16$，选作雷诺数范围的上限值；取 $d=0.45$mm，$q=6\text{L}/(\text{s}\cdot\text{m}^2)$，可得 $Re\approx1$，选作雷诺数范围的下限值。生产中实用的石英砂滤料粒径和滤层反冲洗强度一般都不超出上述范围，所以选取雷诺数范围 $Re=1\sim16$，应该能够将生产实用情况皆包括在内。

笔者根据自己的实验资料，对石英砂滤料在 $Re=1\sim16$ 范围内，得出 $s=0.75$，$A=5.2$。即：

$$\eta=\frac{5.2}{Re^{0.75}} \tag{5-32}$$

将式(5-32)代入式(5-15)，并用式(5-30)消掉水头损失项，整理后得石英砂滤层的反冲洗计算公式：

$$q=0.034\,\frac{(\rho-\rho_0)^{0.8}d^{1.4}}{\mu^{0.6}}\cdot F(e,\ m_0) \tag{5-33}$$

$$F(e,\ m_0)=\frac{(m_0+e)^{2.4}}{(1-m_0)^{0.6}(1+e)^{1.8}} \tag{5-34}$$

式中的参数符号意义同前。由于该式所取 $Re$ 范围比敏茨小，所以精度应该更高。

由式可知，滤层反冲洗强度与滤层的膨胀率有关，根据要求的滤层膨胀率，按式(5-33)即可求出所需的反冲洗强度。反冲洗强度与滤料粒径正相关，而与水的黏滞系数成负相关关系，即滤料颗粒越粗，水温越高，所需反冲洗强度也越大。由式可知，当滤层膨胀率 $e=0$ 时，相应的 $q$ 即为该粒径滤料的起始悬浮反冲洗强度。

实验表明，式(5-33)也适用于无烟煤滤料，故也可用于无烟煤滤层的反冲洗计算。

**【例 5-3】** 已知石英砂滤料粒径为 0.5～1.2mm，当量粒径为 0.8mm，静止滤层的孔隙度为 0.41，滤层厚度为 800mm，水温 20℃。为使滤层具有膨胀率 $e=40\%$，需要多大的反冲洗强度？反冲洗水穿过悬浮滤层时的水头损失为多少？

**【解】** 为简化计算，将当量粒径作为滤料的计算粒径 $d=0.8$mm。石英砂的密度 $\rho=2650\text{kg/m}^3$，水的密度 $\rho_0=1000\text{kg/m}^3$，滤层的膨胀率 $e=0.4$，水的动力黏滞系数 $\mu=1\times10^{-3}\text{N}\cdot\text{s/m}^2$，按式(5-33)和式(5-34)计算所需反冲洗强度：

$$q=0.034\cdot\frac{(\rho-\rho_0)^{0.8}d^{1.4}}{\mu^{0.6}}\cdot\frac{(m_0+e)^{2.4}}{(1-m_0)^{0.6}\cdot(1+e)^{1.8}}$$

$$=0.034\times\frac{(2650-1000)^{0.8}\cdot 0.0008^{1.4}}{(1\times10^{-3})^{0.6}}\times\frac{(0.41+0.4)^{2.4}}{(1-0.41)^{0.6}\times(1+0.4)^{1.8}}$$

$$=0.0168\text{m/s}=16.8\text{L/(s}\cdot\text{m}^2)$$

计算滤层最粗石英砂滤料 $d=1.2$mm 的起始悬浮反冲洗强度，设 $e=0$，按式(5-33)和式(5-34)：

$$q=0.034\cdot\frac{(\rho-\rho_0)^{0.8}d^{1.4}}{\mu^{0.6}}\cdot\frac{(m_0+e)^{2.4}}{(1-m_0)^{0.6}\cdot(1+e)^{1.8}}$$

$$=0.034\times\frac{(2650-1000)^{0.8}\cdot 0.0012^{1.4}}{(1\times10^{-3})^{0.6}}\times\frac{(0.41+0)^{2.4}}{(1-0.41)^{0.6}\times(1+0)^{1.8}}$$

$$=0.0106\text{m/s}=10.6\text{L/(s}\cdot\text{m}^2)$$

反冲洗水在悬浮滤层中的水头损失，按式(5-30)：

$$h=\left(\frac{\rho}{\rho_0}-1\right)\cdot(1-m_0)\cdot L_0=\left(\frac{2650}{1000}-1\right)\times(1-0.41)\times0.8=0.78\text{m}$$

使滤层具有40%膨胀率所需反冲洗强度[16.8L/(s·m$^2$)]大于滤层最粗滤料的起始悬浮反冲洗强度，表明滤层已全部悬浮，故按式(5-30)计算水在悬浮滤层中的水头损失是正确的。

滤层反冲洗情况的好坏，对滤池工作效果有重大影响。滤池反冲洗耗水量，是滤池工作的一个基本技术经济参数。用最少量的水，获得最好的冲洗效果，称为滤层反冲洗的最优工况，是滤池设计和运行的目标之一。使滤层经常处于最优条件下反冲洗，不仅可以节水、节能，还能提高滤池出水水质，增大滤池含污能力，提高滤速，延长过滤周期，意义是很大的。

关于滤层的最优反冲洗条件，一直存在着几种不同的理论。一种理论认为，反冲洗时，悬浮滤层中滤料颗粒的相互碰撞摩擦，是使污物由滤料表面脱落的主要原因，所以与滤料最大碰撞速率对应的为滤层最优反冲洗条件，这称为颗粒碰撞理论。

另一种理论认为，悬浮滤层中水流的剪切应力是使污物脱落的主要原因，所以与最大剪切应力对应的为滤层的最优反冲洗条件，称为水流剪切理论。

不论对于颗粒碰撞理论还是水流剪切理论，其在最优值附近也能获得接近最优值的效率，可称为反冲洗高效区。笔者将上述两种理论与国内外实验资料对比，发现实验数据都落在两种理论高效区（90%）的重叠部分，这表明颗粒碰撞和水流剪切两者在滤层反冲洗中都起重要作用，即反冲洗使污物从滤料表面脱落，是两者综合作用的结果，在两者高效区重叠部分内进行反冲洗，应能获得最好的冲洗效果。

滤池中多层滤料滤层的结构得以实现，是以反冲洗时各滤层互不混杂为条件的。由相对密度不同的滤料组成的滤层，能够在反冲洗时互不混杂而保持各自的分层状态，是由于水力分级作用的结果。这种在上升水流中使滤料分层的现象，称为水力分级现象。实验表明，相对密度不同的滤料，只在一定的粒径配比条件下，才能使各滤层在反冲洗时不致混杂而保持分层状态。

有一种理论认为，在上升水流中引起水力分级的主要因素是悬浮颗粒层的相对密度 $\rho'_{\text{m}}$，以下式表示：

$$\rho'_{\text{m}}=(\rho-\rho_0)(1-m) \tag{5-35}$$

相对密度不同的滤料，在上升水流中将按其形成悬浮颗粒层的相对密度的大小进行水力分级，相对密度较大的滤料将位于下部，相对密度较小的滤料将位于上部。当两种滤料悬浮层的相对密度相同时，两种滤料完全混杂。

这个理论正确地提出了引起水力分级的主要原因——悬浮滤层的相对密度。

对于多层滤料滤层，每一层滤料都是由不均匀的颗粒组成的，它们反冲洗时在水力分级作用下，都会形成上细下粗的构造，所以在多层滤料滤层的交界面上，都是上层滤料最大粒径的颗粒（$d_{1\max}$）与下层滤料最小粒径的颗粒（$d_{2\min}$）接触，要使其不产生严重混杂，应选择好粒径比：$d_{1\max}/d_{2\min}$。

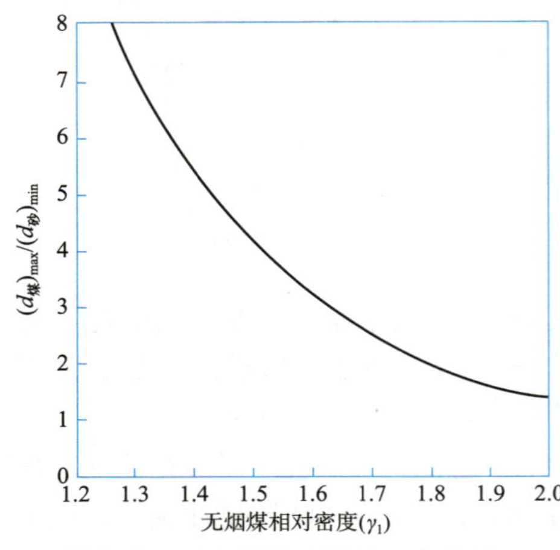


图 5-21　无烟煤和石英砂最大粒径比与无烟煤相对密度的关系

图 5-21 是根据上述理论推算出的煤、砂滤层不产生严重混杂的粒径比。例如，对于密度为 $1.5t/m^3$ 的无烟煤和密度为 $2.65t/m^3$ 的石英砂，在常规反冲洗强度条件下，不产生严重混杂的粒径比为 $(d_{煤})_{\max}/(d_{砂})_{\min}=4.1$，实际采用时应不超过此值。

### 5.5.2　滤池的配水系统和承托层

滤池的配水系统在滤池过滤时，能将过滤的水聚集起来引出池外，在滤池反冲洗时，能将反冲洗水均匀分布于整个滤池平面面积上。由于滤池的反冲洗水的流量要比过滤水的流量大得多，并且对分布反冲洗水的均匀程度的要求也更高，所以滤池的配水系统一般都按反冲洗的要求进行设计。

滤池的配水系统可以按不同的原理工作，以达到均匀分布反冲洗水的目的。图 5-22 为滤池在反冲洗时的水流情况。反冲洗水进入滤池后，可以按任意路线穿过滤层，图中所示即为任意两条路线。反冲洗水在池内的任一路线上的水头损失都由下列四部分组成：

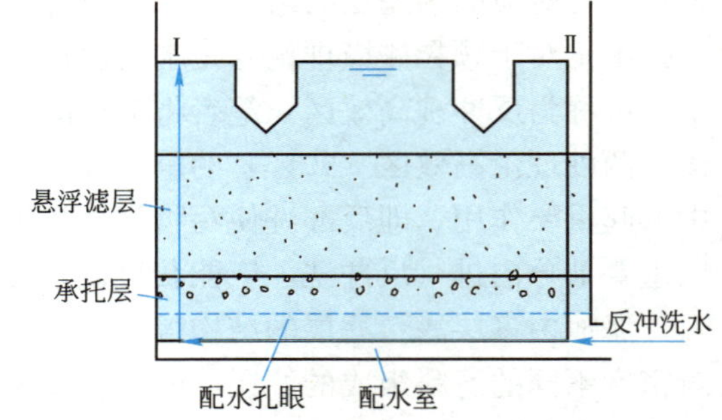


图 5-22　滤池反冲洗时水流示意

1. 水在配水系统内的水头损失 $h_1$。若取单位面积滤池来考虑，则：

$$h_1=s_1q^2 \tag{5-36}$$

式中　$s_1$——配水系统内的水力阻抗；

$q$——滤池的反冲洗强度。

2. 水从配水系统孔眼中流出时的水头损失 $h_2$；

$$h_2=s_2q^2 \tag{5-37}$$

式中　$s_2$——配水孔眼的水力阻抗。

3. 水在承托层中的水头损失 $h_3$；

$$h_3=s_3q^2 \tag{5-38}$$

式中　$s_3$——承托层的水力阻抗。

4. 水在悬浮滤层中的水头损失 $h_4$，按下式进行计算：

$$h_4=\left(\frac{\rho}{\rho_0}-1\right)(1-m_0)L_0=\left(\frac{\rho}{\rho_0}-1\right)(1-m)L \tag{5-39}$$

水经第Ⅰ条路线和第Ⅱ条路线流过时的总水头损失分别为：

$$H_{\mathrm{I}}=h'_1+h'_2+h'_3+h'_4$$

$$H_{\mathrm{II}}=h''_1+h''_2+h''_3+h''_4$$

由于反冲洗水的各条路线都具有同一进、出口压力，所以各条路线的总水头损失应相等

$$H_{\mathrm{I}}=H_{\mathrm{II}}$$

或

$$h'_1+h'_2+h'_3+h'_4=h''_1+h''_2+h''_3+h''_4$$

假定 $h'_4$ 与 $h''_4$ 相等，再将式(5-36)、式(5-37)、式(5-38)代入上式：

$$s'_1q_{\mathrm{I}}^2+s'_2q_{\mathrm{I}}^2+s'_3q_{\mathrm{I}}^2=s''_1q_{\mathrm{II}}^2+s''_2q_{\mathrm{II}}^2+s''_3q_{\mathrm{II}}^2$$

整理后得：

$$\frac{q_{\mathrm{I}}}{q_{\mathrm{II}}}=\sqrt{\frac{s''_1+s''_2+s''_3}{s'_1+s'_2+s'_3}} \tag{5-40}$$

反冲洗水的任意两条路线在配水系统中所走的路程是不同的，故 $s'_1$ 和 $s''_1$ 必不相等；水流流出配水孔眼时，如出流条件相同，可使 $s'_2$ 和 $s''_2$ 基本相等；两条路线上的水流经过承托层的情况不可能完全相同，但它们之间的差别不是很大，可以认为 $s'_3$ 和 $s''_3$ 相近。综上所述，主要由于两条路线上的水流在配水系统中的阻抗不同，致使 $q_{\mathrm{I}}$ 和 $q_{\mathrm{II}}$ 也不相等，所以滤池的反冲洗强度在滤池平面上的分布是不均匀的。

反冲洗水在池中分布的均匀程度，常以池中反冲洗强度的最小值和最大值的比值来表示，并要求此比值不小于0.9～0.95：

$$\frac{q_{\min}}{q_{\max}}\geqslant 0.9\sim 0.95$$

式中 $q_{\min}$ 和 $q_{\max}$ 为反冲洗强度的最小值和最大值。为达到上述均匀分布反冲洗水的要求，可采用两个途径：

(1) 加大水力阻抗 $s_2$，使 $s_1$ 和 $s_2$ 相比甚小，则式中阻抗比便能趋近于1，从而使流量比 $q_{\mathrm{I}}/q_{\mathrm{II}}$ 也接近于1。所以，只要选择适当的 $s_2$ 值，就能满足 $q_{\min}/q_{\max}$ 不小于0.9～0.95的要求。按这种原理设计出来的配水系统，称为大阻力配水系统。

(2) 尽量减小水力阻抗 $s_1$，使 $s_1$ 与 $(s_2+s_3)$ 相比甚小，也能使阻抗比趋近于1，从而使 $q_{\mathrm{I}}/q_{\mathrm{II}}$ 也接近于1。按这种原理设计出来的配水系统，称为小阻力配水系统。

一般，快滤池都是通过孔眼或缝隙向池内配水。滤池面积 $A$ 与反冲洗强度 $q$ 的乘积 $qA$，等于孔眼总面积 $\omega_0$ 与孔眼流速 $v_0$ 的乘积 $v_0\omega_0$，即都等于滤池的反冲洗流量 $Q$，$Q_0=qA=v_0\omega_0$，整理得：$P=\dfrac{\omega_0}{A}=\dfrac{q}{v_0}$，式中 $P$ 为配水系统的开孔比，即孔眼总面积与池面积之比。若上式中采用常规单位因次，则可写成：

$$P=\frac{q}{10v_0}\% \tag{5-41}$$

式中　$P$——配水系统的开孔比，%；

$q$——滤池的反冲洗强度，$\mathrm{L/(s\cdot m^2)}$；

$v_0$——孔眼流速，m/s。

在大阻力配水系统的设计中，加大配水孔眼的水力阻抗 $s_2$，可通过减小孔眼总面积的方法进行控制。减小孔眼总面积，就能增大孔眼流速，从而增大孔眼的水头损失，所以孔

眼流速是决定孔眼水头损失的主要因子。在工程中，大阻力配水系统的孔眼流速常选为5～6m/s，小阻力配水系统的孔眼流速为1m/s左右，孔眼流速为2～3m/s可认为是中阻力配水系统。

在小阻力配水系统设计中，为减少配水系统内水力阻抗$s_1$，可减小向孔眼配水的渠道的渠首水的流速。按照配水渠变流量配水的条件式（4-40），为使配水比较均匀，应使渠端进水流速不大于孔眼流速的$\frac{1}{4}$。

大阻力配水系统能定量地控制反冲洗水分布的均匀程度，工作比较可靠，但是水头损失较大，是一个缺点。相反地，小阻力配水系统虽然分布水的均匀程度较差，但反冲洗时消耗的水头损失很小，为滤池实现反冲洗提供了便利条件，常用于中、小型设备。

孔板是一种小阻力配水系统，它在滤池底部配水板上均匀布置许多孔眼，孔眼直径为4～10mm，开孔比常为1%左右，孔眼流速一般为1～2m/s。

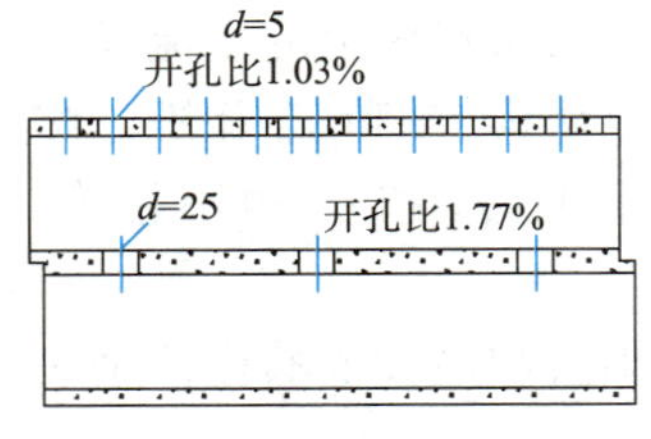

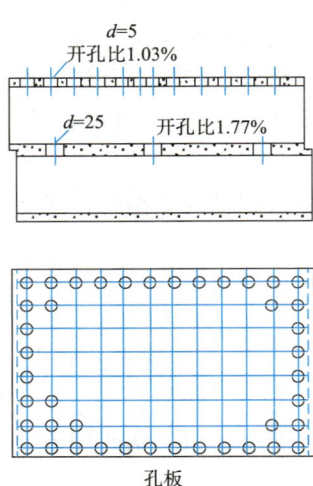

图5-23　孔板小阻力配水系统

图5-23所示为一种预制的孔板砌块，顶部有孔径为5mm孔眼，孔板下部为配水渠。

滤池的承托层位于滤层之下，配水系统之上，一方面起支撑滤料层的作用，以防止滤料泄漏，另一方面还起配水的作用，使配水系统流出的反冲洗水能均匀地分布到整个滤层的底部，所以承托层的构成，与配水系统的形式有关。

对于孔板小阻力配水系统，如果滤层是由0.5～1.2mm的石英砂组成，常用卵石（或砾石）做承托层，卵石分数层设置，由上向下各层的粒层和厚度为：

颗粒直径　2～4mm：厚度　100mm；

颗粒直径　4～8mm：厚度　100mm；

颗粒直径　8～16mm：厚度　100mm；

颗粒直径　16～32mm：厚度　100mm。

承托层在滤池反冲洗时，应能保持其稳定性。小阻力配水系统的孔流速为1m/s左右，具有一定的冲刷力，承托层卵石应不能被冲动，所以最下层采用16～32mm的卵石是必要的。此外，承托层材料的密度，应不小于滤料的密度，才能保证承托层的稳定性。假如承托层材料的密度小于滤料，当滤池反冲洗时，可能会出现承托层松动的现象（如水中携带的气泡经过时），承托层颗粒的松动可以看作是瞬间的悬浮，形成的悬浮层的密度就可能小于滤料悬浮层，从而在水力分级作用下会出现滤料下移的现象，导致滤料泄漏。例如，对于由无烟煤、石英砂和磁铁矿组成的三层滤料滤层，最下层的是密度最大的磁铁矿滤料，所以承托层也应由磁铁矿砾构成；由于磁铁矿滤料的粒径为0.25～0.5mm，承托层最上层磁铁矿的砾粒径宜为1～2mm，以下仍为2～4mm，4～8mm，8～16mm，16～32mm共5层。

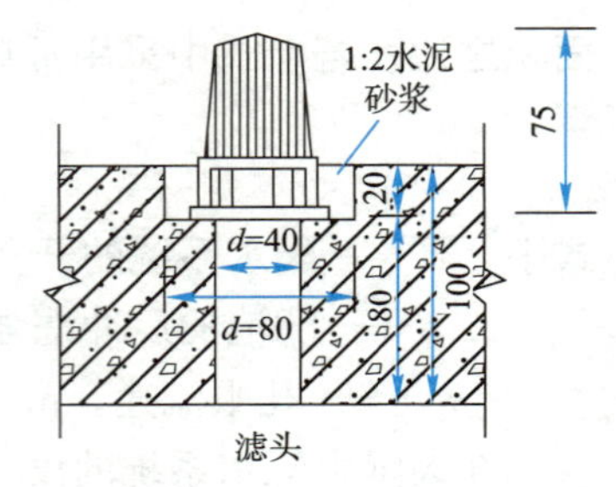


图5-24　配水滤头

用滤头（图5-24）配水是一种常用的小阻力配水系统，滤头缝隙宽为0.25～0.4mm，一个滤头的缝隙面积为100～

$200mm^2$，每 $1m^2$ 池面上布置 40～60 个滤头，开孔比为 0.5%～1.0%，在常规反冲洗强度下，缝隙流速 1～2m/s。

如果设计时使向滤头配水的渠道的渠首进水流速不大于缝隙流速的$\frac{1}{4}$，并且又增大配水孔眼（缝隙）流速，就能提高配水的均匀可靠性。

对于滤头配水系统，由于滤头缝隙宽度一般为 0.25～0.4mm，常较滤料粒径小，可阻止滤料泄漏，所以滤头上不必再设置承托层，从而可使滤池高度减小。也有人认为在滤头上再设 50mm 厚的 2～4mm 的承托层，可使过滤集水和反冲洗配水更均匀。

穿孔管配水系统是快滤池中常用的一种大阻力配水系统。它由干管和支管组成，支管上有向下或倾斜的小孔，管道上铺设数层砾石承托层，承托层上铺设滤料层，如图 5-25 所示。反冲洗时，水由干管配入各支管，再经支管上的孔眼向外配出，穿过砾石承托层进入滤层，对滤层进行自下而上的反冲洗。

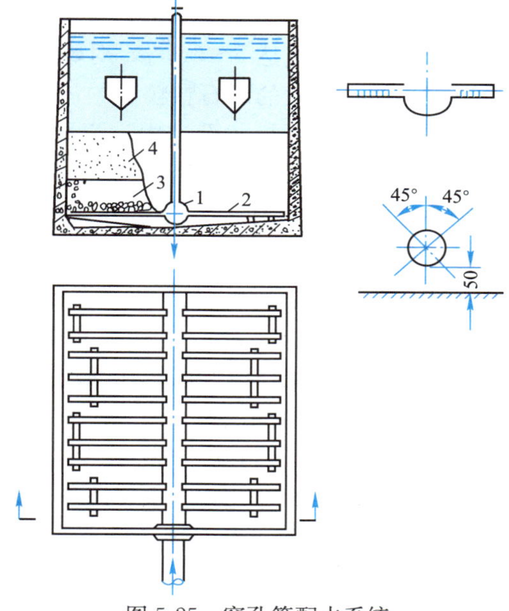


图 5-25　穿孔管配水系统

1—干管；2—支管；3—砾石承托层；4—滤层

在 4.2.3 中是关于单只穿孔管的情况。对于穿孔管配水系统，如果把配水干管也看作穿孔管，则也可用与单支穿孔管类似的方法来推导其均匀配水条件式。

按照上述原理，配水干管始端的内外水压力差 $H_0$ 最小，而位于干管末端的穿孔配水支管末端孔眼的水压力差 $H$ 最大，可写为：

$$H = H_0 + \zeta_1 \frac{v_1^2}{2g} + \zeta_2 \frac{v_2^2}{2g} \tag{5-42}$$

式中　$v_1$——在配水干管始端水的流速，$v_1 = \frac{Q}{\omega_1}$；

$Q$——配水干管始端水的流量；

$\omega_1$——配水干管的断面积；

$v_2$——在穿孔配水支管始端水的流速；

$$v_2 = \frac{Q}{N\omega_2}; \tag{5-43}$$

$\omega_2$——配水支管的断面积；

$N$——配水支管的数目；

$\zeta_1$ 和 $\zeta_2$——与配水干管和配水支管对应的系数。

式中 $H_0$ 按式（4-34）计算；孔眼流速 $v_0$ 按式（4-35）计算；$\omega_0$ 为整个配水系统孔眼的总面积。

配水系统配水的均匀程度可以孔眼最小流量与最大流量之比表示：

$$\frac{q_{min}}{q_{max}} = \frac{q_{0min}}{q_{0max}} = \sqrt{\frac{H_0}{H}} = \sqrt{\frac{H_0}{H_0 + \zeta_1 \frac{v_1^2}{2g} + \zeta_2 \frac{v_2^2}{2g}}} \geqslant \theta \tag{5-44}$$

将有关诸式代入式（5-44）并整理之，可得穿孔管配水系统均匀配水的条件式：

$$\left(\frac{v_1}{v_0}\right)^2+\left(\frac{v_2}{v_0}\right)^2=\left(\frac{\omega_0}{\omega_1}\right)^2+\left(\frac{\omega_0}{N\omega_2}\right)^2\geqslant\lambda \tag{5-45}$$

这个条件式也是不够精确的，所以在实际的设计中常采用经验公式或经验数据进行计算。式（5-46）即为一经验公式。在 $q_{min}/q_{max}\geqslant90\%$条件下，配水均匀性的条件式为：

$$\left(\frac{v_1}{v_0}\right)^2+1.25\left(\frac{v_2}{v_0}\right)^2=\left(\frac{\omega_0}{\omega_1}\right)^2+1.25\left(\frac{\omega_0}{N\omega_2}\right)^2\leqslant\frac{1}{4} \tag{5-46}$$

穿孔管大阻力配水系统可取孔眼流速 $v_0=5\sim6$m/s，$v_1=1.5\sim2$m/s，$v_2=1.5\sim2$m/s，并用式（5-46）校核。

对于穿孔管大阻力配水系统，如滤料也是 0.5～1.2mm 石英砂，滤料层下也要设置 2～4mm，4～8mm，8～16mm，16～32mm 和 32～64mm 砾石，这是由于大阻力配水系统的孔眼出水流速达 5～6m/s，对砾石的冲击力很大，为使承托层能确保持续稳定，故在最下层采用了更大的砾石颗粒。

在滤池配水系统的设计中，习惯上常以开孔比 $P$ 作为主要指标，这是值得商榷的，因为式（5-41）中的三个参数，反冲洗强度 $q$ 是按滤层冲洗的要求确定的，这在配水系统的设计中已是一个确定值。剩下的 $v_0$ 和 $P$，只要选定一个，另一个就可被求出。孔眼流速 $v_0$ 是决定水头损失 $h_2$ 的主要因子，选定适宜的 $v_0$ 值就能保证配水系统在大阻力条件下工作。相反地，由于滤池功能、滤料种类和粒径、冲洗方式等不同，$q$ 可在 4～25L/(s·m$^2$) 范围内变化。如首先选定 $P$ 值，则 $v_0$ 值便随 $q$ 值的不同而异，就不一定能保证配水系统在设计要求的条件下工作。所以，在滤池配水系统的设计中，首先选定 $v_0$ 值是很重要的。

**【例 5-4】**　快滤池长 8m、宽 6m，内装石英砂滤料，粒径 0.5～1.2mm，滤层反冲洗强度为$q=14$L/(s·m$^2$)。试进行大阻力穿孔管配水系统的计算。

**【解】**　大阻力穿孔管配水系统的计算，可按下述步骤进行：

1. 选取配水管上孔眼流速 $v_0=6$m/s；

2. 滤池平面面积为 $A=8\times6=48$m$^2$。滤池反冲洗水流量为 $Q=q\cdot A=14\times48=672$L/s；

3. 配水系统开孔比为 $P=\frac{q}{10v_0}\%=\frac{14}{10\times6}\%=0.23\%$；

配水系统上孔眼总面积 $\omega_0=A\cdot P=48\times0.23\%=0.11$m$^2$$=1.1\times10^5$mm$^2$；

选取孔眼直径为 $d=10$mm，一个孔眼面积为 $\omega=78.5$mm$^2$；

则配水系统上孔眼总数 $n_0=\frac{\omega_0}{\omega}=1401$ 个；

4. 选取配水干管中水的流速为 $v_1=1.5$m/s；按流量选定管径为 $D_1=800$mm，管中实际流速为 $v_1=1.33$m/s；干管沿池长度方向铺设，干管长为 8m；

5. 选取支管中距为 0.25m；支管数目为 $N=2\times8/0.25=64$ 根；

支管接于干管顶部，呈丁字形连接，每根支管长度为 3m；

每根支管水的流量为 $Q'=Q/N=672/64=0.0105$m$^3$/s；取支管内水流速 $v_2=2$m/s；选定管径为 $D_2=80$mm，管中水实际流速为 $v_2=2.1$m/s；

6. 每根支管上的孔数 $n_0/N=22$ 个，孔眼中距为 3/22=0.136m，取为 0.14m；支管上孔眼向下与垂线呈 45°角交错排列；

7. 校核配水均匀性，按式（5-46）计算：

$$\left(\frac{v_1}{v_0}\right)^2+1.25\left(\frac{v_2}{v_0}\right)^2=\left(\frac{1.33}{6}\right)^2+1.25\left(\frac{2.1}{6}\right)^2=0.202$$

其值小于$\frac{1}{4}$，即该配水系统的配水均匀性不小于90%；

8. 水在配水系统中的水头损失为

$$h=\frac{1}{\mu^2}\cdot\frac{v_0^2}{2g}=\frac{1}{0.62^2}\times\frac{6^2}{2\times9.81}=4.77\text{m}$$

用水对滤层进行反冲洗，如果每次冲洗下来的污泥量能与冲洗前过滤黏附在滤料上的污泥量相同，冲洗后滤料就能保持清洁状态，并长期持续工作下去。如果每次冲洗下来的污泥量小于过滤黏附量，污泥就会在滤料上积累，时间一长就会形成所谓的泥球，滤层的含泥量会越来越大，滤层的截污能力会降低。这种现象常发生在温度较高，水中有机物较多，水的含藻量较大以及滤层中微生物比较活跃的时期。一般滤层表面泥球较多，下部较少，这是因为滤层表面截污较多，且滤料较细。当单独用水反冲洗不能达到冲洗要求时，可辅以表面冲洗的方法，以提高冲洗效果。表面冲洗就是在滤层上方安设管道系统，将压力水通入管中，经管上的小孔或管嘴高速喷出，用高速水流冲刷滤层表面，将泥球打碎，再用水进行反冲洗。这种方法虽然有效，但在我国应用不多。

### 5.5.3　滤层的气、水反冲洗

在我国应用较多的是在用水进行反冲洗的过程中辅以空气冲洗的方法。过去采用管道布气系统，即在滤池下部配水系统上面安设穿孔管布气系统。空气经鼓风机压缩后，用专用管道送入池内布气系统，空气经管上小孔流出均匀分布在滤池平面上，由下向上穿过滤层，由于空气泡运动速度快，上浮速度可达0.2～0.3m/s，所以可在滤层中产生强烈扰动，从而可提高冲洗效果。现在，穿孔管布气系统已较少采用。目前采用较多的是用长柄滤头布水布气的方法。

图5-26所示为长柄滤头的构造图。长柄滤头安设在滤池下部的配水板上。滤帽上有0.25～0.4mm的缝隙，和用于配水的滤头相同。滤杆上部有1～3个小孔，下部有一条直缝。当同时向配水板下部的底部空间送入空气和水时，在底部空间里上部为气，形成气垫，下部为水。气垫厚度与空气流量有关，当空气流量较小时，全部空气可经滤杆上部小孔流入滤杆，气垫便较薄；当空气流量较大，全部空气已不能由滤杆上部小孔流入滤头时，气垫会增厚，直至水面降至滤杆下部直缝，使部分空气由直缝流入滤杆。送入的水经滤杆下部管端及部分直缝流入滤杆。流入滤杆的空气和水在滤杆中混合，再向上经滤帽缝隙喷出，自下而上对滤层进行反冲洗。这是同时进行配水和配气的情况。当停止进水时，长柄滤头可单独配气，当停止进气时也可单独配水。一般每$1\text{m}^2$池面积上布置50～60个滤头。

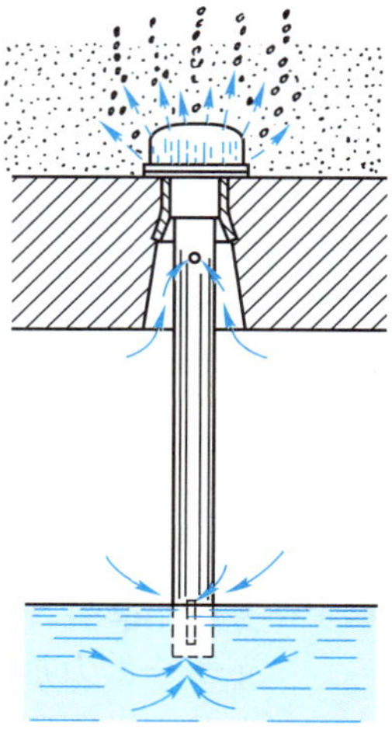

图5-26　气水反冲洗长柄滤头

对滤层进行气、水反冲洗，可以有多种形式，可以先用气单独冲，再用水单独冲；可以先用气冲，再气水同时冲，再单独用水冲；可先用气水同时冲，再单独用水冲。

两个相邻滤头一般间距为 150mm 左右。实验观察到，当单独用气进行反冲洗时，在滤头上方滤层中的气量很大，而滤头之间滤层中的气量较小，有的地方甚至没有气泡通过，所以气泡对滤层各部位的扰动程度是不同的。实验还观察到，当大量气泡通过滤头上方的滤层时会带动滤料向上移动，相应地四周的滤料会向滤头移动以行填补，即滤料有循环移动的现象，但移动速度很慢，在一次气反冲洗的时间里，移动的距离有限，只有多次气冲后才能使之循环一次。但滤料每循环一次，就能得到一次比较彻底的冲洗，所以能提高反冲洗的效果。

当气、水同时反冲洗时，若水的反冲洗强度能使滤层处于悬浮状态，滤层中滤料的移动速度就能大大加快，在一次反冲洗过程中能进行多次循环，从而大大提高冲洗效果。在实际生产中常采用 2～8L/(s・m$^2$)的水反冲洗强度，这时滤层虽没有悬浮，但滤料之间的摩擦力已大为减少，从而也使滤料的移动速度较单独气反冲洗时要快得多，由于滤料循环速度加快，所以冲洗效果也好于单独气冲。

气、水同时反冲洗时，滤料能被上升气泡带动抛离滤层，易于产生滤料流失，所以比较适宜用于粗滤料滤层。单独用气反冲洗，不会导致滤料流失，所以常用于细滤料滤层和轻质滤料滤层。

气反冲洗以后，尚需单独用水进行反冲洗，这是由于气冲洗下来的污物需要用水反冲洗将其带走。此外，气冲会在滤层中残留一些气泡，也需要用水反冲洗将之去除。

常用的气水反冲洗强度和时间如下：

| | | |
|---|---|---|
| 单独气反冲洗 | 气反冲洗强度 10～20L/(s・m$^2$) | 冲洗时间　3～10min |
| 气水同时反冲洗 | 气反冲洗强度 10～20L/(s・m$^2$)<br>水反冲洗强度 2～8L/(s・m$^2$) | 冲洗时间　6～7min |
| 单独水反冲洗 | 水反冲洗强度 4～8L/(s・m$^2$) | 冲洗时间　4～6min |

虽然空气辅助反冲洗已使用得越来越多，但其水力计算问题却研究得很少。水和气在长柄滤头中的水头损失，是一个比较复杂的流体力学问题，使设计计算遇到不少困难。本文介绍刘俊新提出的计算方法。

(1) 当单独用水反冲洗时，长柄滤头的水头损失由水在长柄滤杆中的水头损失和水在滤头中的水头损失两部分组成：

$$h = h_1 + h_2 \tag{5-47}$$

式中　$h$——水在长柄滤头中的总水头损失，m；

$h_1$——水在长柄滤杆中的水头损失，m；$h_1$ 由滤杆中沿程损失和局部损失组成：

$$h_1 = \left(\lambda \frac{L}{D} + s_1 + s_2\right) \cdot \frac{v^2}{2g} \tag{5-48}$$

式中　$v$——滤杆中的水的流速，m/s；

$g$——重力加速度，m/s$^2$；

$\lambda$——沿程阻力系数；

$L$——滤杆的长度，m；

$D$——滤杆的内径，m；

$s_1$——滤杆两端进口和出口的局部阻力系数；

$s_2$——滤杆上缝隙的局部阻力系数。

根据用于试验的十几种长柄滤头的试验资料，式中的系数值可取为 $\lambda=0.043$，$s_1=1.70$，$s_2=0.0038f$（$f$ 为滤头杆上缝隙的面积，$mm^2$）；滤杆的 $L/D$ 值一般为 10～20，平均可取为 $L/D=15$；滤杆上缝隙面积一般为 50～130$mm^2$，平均可取为 $s=86mm^2$，将以上数值代入式（5-48），可得近似计算式：

$$h_1=2.7\cdot\frac{v^2}{2g} \tag{5-49}$$

$h_2$——水在滤帽中水头损失，m；$h_2$ 可按下式计算：

$$h_2=s_3\cdot\frac{v_0^2}{2g} \tag{5-50}$$

式中 $v_0$——水在缝隙中的流速，m/s；

$s_3$——滤帽缝隙的阻力系数，按试验其值可取为 $s_3=0.036$。

所以，长柄滤头的水头损失 $h$ 为：

$$h=2.7\cdot\frac{v^2}{2g}+0.036\cdot\frac{v_0^2}{2g} \tag{5-51}$$

（2）当单独用气反冲洗时，气在长柄滤头中的水头损失可由安装在长柄滤头的隔离板上、下两个水位管（板下为 1 号，板上为 2 号）测出。设两水位测压管中的水位差为 $\Delta H$。气反冲洗前水是静止的，$\Delta H=0$。

当开始向隔板下部送入空气时，空气先聚集在隔板下并形成气层，接着气层不断增厚，气层下面的水面不断下降；当水面降至滤杆上的小孔时，空气开始经小孔流入滤杆，并在小孔以上的滤杆中形成气水混合液，这时可以观察到 1 号测压管中的水位突然下降，两测压管的水位差出现负值，如图 5-27 所示。若空气流量较小，当流进隔板下配气室的气流量与经小孔流走的气流量相等时，水面便停止下降并稳定于一定位置，形成一个稳定的气层厚度。若空气流量很大，水面会一直下降到滤杆下部的缝隙处，这时，空气开始经缝隙流入滤杆，并在缝隙以上的滤杆中形成气水混合液，这时 1 号测压管中的水位又一次突然下降，使测压管水位差的负值显著增大，如图 5-27 所示，由图可见，当空气只经小孔流入滤杆时，水位差负值基本上与空气流量无关；当空气同时经小孔和滤杆下缝隙流入滤杆时，水位差负值随空气流量增大而增大。从设计角度考虑，1 号测压管水位表示配气室水的压力，其值在气反冲洗以前最大，气反冲洗以后减小。所以，刚开始向配气室送气时需要克服的压力最大，为最不利情况。

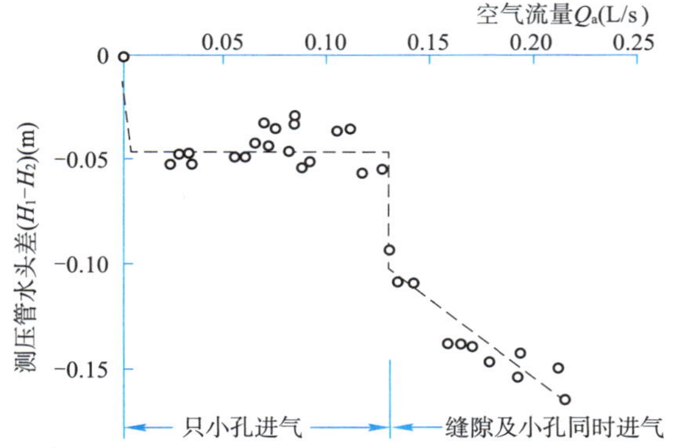

图 5-27 单独用气反冲洗时测压管水头差的变化

为了在滤池下部配气室内分布空气，要求气层具有一定厚度。当空气只经小孔流入时，空气流过小孔会产生一定的水头损失，其值恰等于水面位于小孔以下的距离，从而就可求出气层的厚度。空气流经小孔的水头损失，根据试验可知与空气在小孔中的流速有关，可按下式计算：

$$h=a\cdot v_0^b \tag{5-52}$$

式中 $h$——空气流经小孔的水头损失，m；

$v_0$——空气流过小孔的速度，m/s；

$a$、$b$——经验系数；当 $v_0<20$m/s 时，$a=2.1\times10^{-3}$，$b=1$；当 $v_0>20$m/s 时，$a=1.05\times10^{-4}$，$b=2$。

（3）当同时用水和气反冲洗时，长柄滤头的水头损失可以看作由单独水反冲洗的水头损失和附加水头损失两部分组成：

$$h=h_1+h_2 \tag{5-53}$$

式中　$h$——长柄滤头的水头损失，m；

$h_1$——单独水冲洗时长柄滤头的水头损失，m；

$h_2$——附加水头损失，m；可按下式计算：

$$h_2=(0.19v_1+0.01)v_2^2 \tag{5-54}$$

式中　$v_1$——单独用水反冲洗时，滤杆中水的流速，m/s；

$v_2$——单独用气反冲洗时，滤杆中气的流速，m/s。

气水反冲洗时，滤池反冲洗的总水头损失，可由下式计算：

$$\sum h=h_1+h_2+h_3 \tag{5-55}$$

式中　$\sum h$——滤池反冲洗的总水头损失，m；

$h_1$——配水（配气）系统中的水头损失，m；

$h_2$——滤池承托层中的水头损失，m；

$h_3$——滤料层中的水头损失。

表 5-3 为对砂滤层进行气、水反冲洗时总水头损失的实测值。

**对砂滤层进行气、水反冲洗时的总水头损失（m）**　　**表 5-3**

| 气反冲洗强度（L/(s·m²)） | 水反冲洗强度［L/(s·m²)］ | | | |
|---|---|---|---|---|
| | 0 | 3 | 6 | 9 |
| 0 | — | 0.50 | 0.75 | 0.71 |
| 5 | −0.03 | 0.70 | 0.70 | 0.70 |
| 7 | −0.03 | 0.70 | 0.70 | 0.70 |
| 9 | −0.03 | 0.69 | 0.69 | 0.68 |
| 12 | −0.03 | 0.69 | 0.68 | 0.67 |
| 15 | −0.03 | 0.68 | 0.66 | 0.65 |

由表 5-3 可知，当气反冲洗强度为零时，就是单独用水反冲洗时的情况。这时，当反冲洗强度较小［如 3L/（s·m²)］滤层尚未完全悬浮时，总水头损失与反冲洗强度大致呈直线关系；当水的反冲洗强度使滤层全部悬浮时，水在滤层中的水头损失就大致趋于一定值，如图 5-20 所示。当水反冲洗强度为零时，就是单独用气反冲洗时的情况，这时出现总水头损失为负值（在此约为−0.03m）的现象，这是由于单独用气反冲洗时，滤层内是气水混合液，其相对密度小于 1，所以就出现了滤层上下测压管水位差呈负值的现象。

当用气、水同时对滤层进行反冲洗时，当水的反冲洗强度使滤层全部悬浮以后［在此水反冲洗强度大于 5L/(s·m²)］，总水头损失大体上为一定值，并且气、水同时反冲洗时滤层中水头损失都比单独水冲洗时略小。虽然气水同时反冲洗时，在长柄滤头中的水头损失比单独用水反冲洗时略大，但在悬浮滤层中由于大量空气混杂其中使悬浮滤层的密度下降，结果总水头损失反而比单独水反冲洗时略小。

所以，从设计角度，气、水同时反冲洗滤层的总水头损失可按单独用水反冲洗时计算。

单独用气反冲洗时，对于长柄滤头，空气刚送入底部空间，将以同样的反冲洗强度排开底部空间的水，水经滤头进入滤层，将使滤层瞬间悬浮，所以，也应按单独水反冲洗时的总水头损失计算。

长柄滤头布气的均匀性，与滤头安装的水平精度有关。当空气只经小孔流入时，小孔位于水面以上的高度，就是空气经小孔的作用水头，如小孔安装高度差别很大，流经小孔的空气流速和流量差别也会很大，布气的均匀性就较差。此外，布气气层的厚度越小，小孔安装不平所造成的误差越大，布气的不均匀性也越大。所以，为使布气气层的厚度足够的大，宜采用较大的孔眼流速，一般孔眼流速为 30～40m/s，相应气层厚度为 0.1～0.2m。当空气经小孔和滤杆末端缝隙流入时，如滤杆安装不平时，滤杆末端缝隙上沿高程也不同，结果在同一水平面条件下，缝隙位置较高的进气面积较大，进气量也较多，位置较低的进气面积较小，进气量也较少，造成布气不均。所以长柄滤头常要求安装高程精度达到数毫米（如 2mm），以保证布气均匀。

### 5.5.4 反冲洗废水的排除装置

滤池进行反冲洗时，反冲洗水穿过悬浮滤层，挟带大量污泥，需要及时迅速地排出池外。为在滤池平面上均匀地收集和排除反冲洗废水，滤层上需设置反冲洗水排除装置。

对于小型滤池，可在池中心设一排水口来收集和排除反冲洗废水。排水口的直径一般不小于反冲洗水排除管管径的 2 倍。排水口边缘距滤层表面的距离，应较膨胀后的滤层表面为高，其值可用下式计算：

$$H=eL_0+(0.25\sim0.3) \tag{5-56}$$

式中 $H$——排水口边缘距滤层表面的高度，m；

$L_0$——反冲洗前滤层的厚度，m；

$e$——滤层的膨胀率；

0.25～0.3——排水口边缘高出膨胀滤层表面的距离，m。

对于大、中型重力式滤池，一般都在滤层上设置排水槽，如图 5-28 所示，以收集和排除反冲洗废水。排水槽用钢板或钢筋混凝土制成，其槽底的坡度一般为 0～0.02 。由于反冲洗是向槽里跌水出流，不断冲刷槽底，所以槽底坡度小至零，也不会沉积杂质。

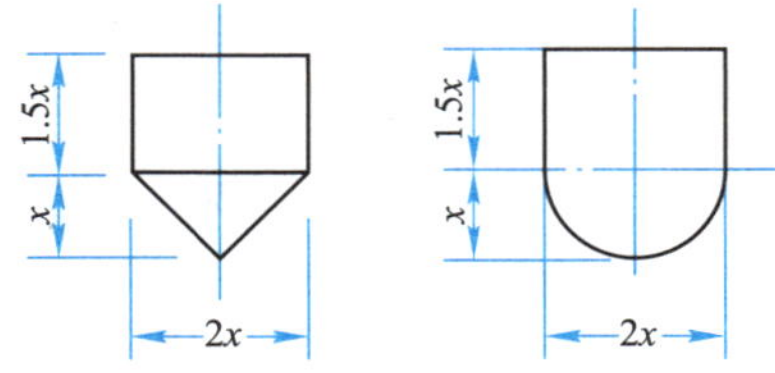


图 5-28 排水槽的断面形状

当排水槽向排水渠自由跌水出流时，排水槽所需过水断面面积可按下式计算：

$$\omega=1.73\sqrt[3]{\frac{Q^2B}{g}} \tag{5-57}$$

式中 $\omega$——排水槽所需过水断面面积，$m^2$；

$Q$——排水槽的排水流量，$m^3/s$；

$B$——排水槽的宽度，m；

$g$——重力加速度，$g=9.81m/s^2$。

按上式求得的排水槽尺寸，槽高宜另加 0.05m，使冲洗废水流入排水槽时能自由跌水出流。

对于标准五角形排水槽，$B=2x$，$\omega=4x^2$，$x$ 为模数。考虑到排水槽宜自由跌水出流，选取 $\omega=3.5x^2$，可按式(5-57)计算：

$$3.5x^2=1.73\sqrt[3]{\frac{Q^2 \cdot 2x}{g}}$$

$$x=0.475Q^{0.4} \tag{5-58}$$

池中可设置数个排水槽，各排水槽中心距离不大于 2.5m，排水槽的总平面面积一般不超过滤池面积的 30%。

为了不使滤料因冲洗水在排水槽之间的流速增大而被带出池外，排水槽宜设置在膨胀后的滤层表面以上，所以排水槽边缘距滤层表面的高度可按下式计算：

$$H=eL_0+2.5x(\mathrm{m}) \tag{5-59}$$

式中 $2.5x$ 为五角形排水槽的高度。

接在排水槽后的排水渠道的水面标高，应不高于排水槽底的标高，以保证排水槽出流水能自由跌落。

### 5.5.5　反冲洗水的供给和空气的供给

1. 反冲洗水的供给

滤池一般都用滤后水进行反冲洗。

滤池所需反冲洗水的流量，等于反冲洗强度 $q$ 与滤池面积 $A$ 的乘积：

$$Q=qA \tag{5-60}$$

反冲洗水的总水头损失为：

$$\sum h=h_1+h_2+h_3+h_4 \tag{5-61}$$

式中　$\sum h$——反冲洗水的总水头损失，m；

$h_1$——反冲洗水在输送管道中的水头损失(包括沿程水头损失和局部水头损失)，m；

$h_2$——反冲洗水在配水系统中的水头损失，m；

$h_3$——反冲洗水在承托层中的水头损失，m，可按以下经验公式计算：

$$h_3=0.022qL \tag{5-62}$$

式中　$q$——反冲洗强度，L/(s·m²)；

$L$——承托层的厚度，m。

$h_4$——反冲洗水在悬浮滤层中的水头损失。

若反冲洗水用水泵供给时（图 5-29），水泵的扬程可按下式计算：

$$H=H_0+\sum h+h_b \tag{5-63}$$

式中　$H$——反冲洗水泵的扬程；

$H_0$——几何给水高，其值等于滤池排水口或排水槽顶与吸水井中最低水位的标高差；

$h_b$——备用水头，取 1.5～2.0m。

若反冲洗水由水箱供应时（图 5-29），水箱的容积一般按冲洗一个滤池所需水量的 1.5 倍计算：

$$W=\frac{1.5qAt\times 60}{1000}=0.09qAt \tag{5-64}$$

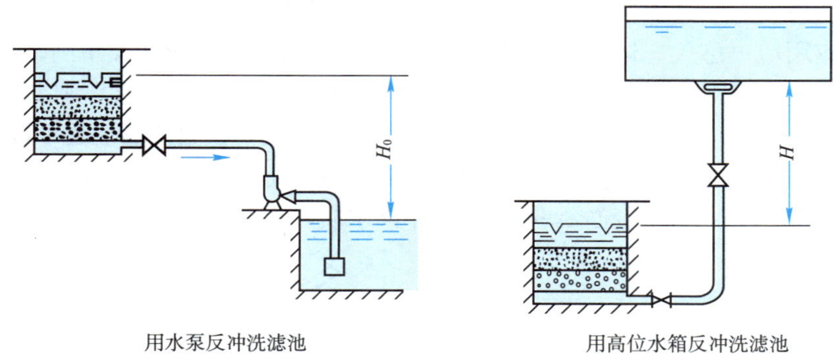


图 5-29　快滤池反冲洗水的供给方式

式中　$W$——冲洗水箱的容积，$m^3$；

$t$——反冲洗时间，min；

$q$——反冲洗强度，$L/(s \cdot m^2)$；

$A$——滤池的面积，$m^2$。

冲洗水箱的箱底距排水口或排水槽顶的高度为：

$$H = \sum h + h_b \tag{5-65}$$

2. 反冲洗空气的供给

滤池所需反冲洗气量，等于气反冲洗强度 $q'$ 与滤池面积的乘积：

$$Q' = Kq'A \tag{5-66}$$

式中　$Q'$——反冲洗气流量；

$q'$——气反冲洗强度；

$A$——滤池面积；

$K$——系数，一般取 $K=1.05 \sim 1.1$。

一般都用鼓风机为滤池气反冲洗供气。当采用长柄滤头反冲洗时，鼓风机出口风压，可按下式计算：

$$H_A = H_0' + \sum h' + h_b' \tag{5-67}$$

式中　$H_A$——鼓风机出口的风压；

$H_0'$——空气管道出口至空气溢出水面的水深；

$\sum h'$——反冲洗空气的总压力损失，$\sum h' = h_1' + h_2'$；

$h_1'$——输气管道中的压力损失；

$h_2'$——空气在长柄滤头、承托层和滤层中的压力损失；可按水在长柄滤头、承托层和滤层中的压力损失计算；

$h_b'$——富余压力。

# 5.6　几种常见的滤池

## 5.6.1　普通快滤池及其设计要点

最经典的快滤池构造如图 5-30 所示，在本章前几节中已经对普通快滤池的工作过程进行了详细叙述，为与其他形式区分，常被称为普通快滤池。普通快滤池也是最典型的过滤设施，其应用历史悠久，运行经验成熟。因其有 4 个阀门（进水阀、出水阀、反冲洗进水阀、排水阀），也称为四阀滤池。若将其进水阀和排水阀改为虹吸管，则变为双阀滤池。为强化反冲洗效果，节省反冲洗耗水而采用气水联合反冲洗，普通快滤池还可以增加一个反冲洗进气阀。普通快滤池运行方式灵活，对水量和水质变化的适应能力强，也适用于各种水量的污水处理，通过对其滤料粒径调整可适应不同水质，缺点是阀门较多，操作较为复杂。

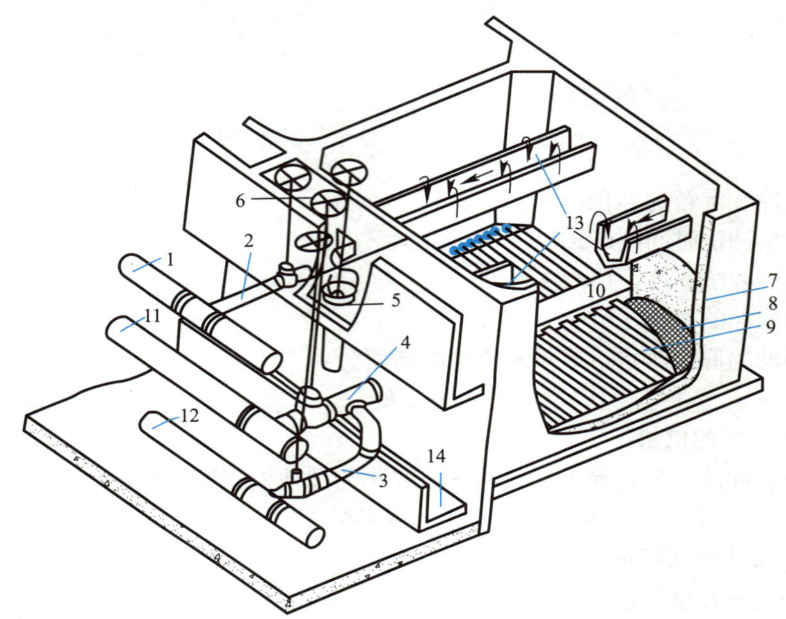


图 5-30　普通快滤池构造剖视图

1—进水总管；2—进水支管；3—清水支管；4—冲洗水支管；5—排水阀；
6—浑水渠；7—滤料层；8—承托层；9—配水支管；10—配水干管；
11—冲洗水总管；12—清水总管；13—冲洗排水槽；14—废水渠

普通快滤池由三部分组成：一是滤池本体，包括滤床（滤料层和承托层）、洗砂排水槽、排水渠、配水配气系统等；二是进出水管线，包括浑水进水管、清水出水管、冲洗进水管、冲洗排水管、冲洗进气管和初滤排水管，以及上述管线上的阀门；三是冲洗设备，包括冲洗水泵（或高位水塔）和冲洗风机。以下将对普通快滤池本体的设计要点进行介绍。

滤池的个数不得少于两个，滤池的分格数参见表 5-4。当滤池个数少于 5 个时，宜采用单行排列，反之可采用双行排列。当单个滤池面积大于 50m$^2$ 时，管廊中可设置中央集水渠。

**滤池格数和布置**　　**表 5-4**

| 水厂规模(m$^3$/h) | 滤池总面积(m$^2$) | 滤池个数 | 单格面积(m$^2$) |
|---|---|---|---|
| ＜240 | ＜30 | 2 | 10～15 |
| 240～480 | 30～60 | 2～3 | 15～20 |

续表

| 水厂规模($m^3/h$) | 滤池总面积($m^2$) | 滤池个数 | 单格面积($m^2$) |
|---|---|---|---|
| 480～800 | 60～100 | 3～4 | 20～25 |
| 800～1200 | 100～150 | 4～5 | 25～30 |
| 1200～2000 | 150～250 | 5～6 | 30～40 |
| 2000～3200 | 250～400 | 6～8 | 40～50 |
| 3200～4800 | 400～600 | 8～10 | 50～60 |

单个滤池的面积一般不大于$100m^2$。当面积小于或等于$30m^2$时长宽比为1∶1，当面积大于$30m^2$时长宽比为(1.25∶1)～(1.5∶1)，当采用旋转式表面冲洗时长宽比为(1.2∶1)～(1.3∶1)。

滤池的设计工作周期一般为12～24h。运转时应根据水头损失值和出水最高浊度确定，冲洗前的水头损失最大值一般为2.0～2.5m。

对于单层石英砂滤料滤池，饮用水的设计滤速一般采用8～10m/h，并按强制滤速10～12m/h校核。当对出水水质有较高要求时，滤速应适当降低。根据经验，当要求滤后水浊度为0.5NTU时，单层砂滤层设计滤速为4～6m/h；煤砂双层滤层的设计滤速为6～8m/h。滤料组成及设计滤速见表5-5。

**滤料组成及设计滤速　　表5-5**

| 滤料种类 | 滤料组成参数 | | | 正常滤速(m/h) | 强制滤速(m/h) |
|---|---|---|---|---|---|
| | 粒径(mm) | 不均匀系数 | 厚度(mm) | | |
| 单层粗砂滤料 | 石英砂 $d_{10}=0.8$ | <2.0 | 700 | 8～10 | 10～12 |
| 双层滤料 | 无烟煤 $d_{10}=1.0$ | <2.0 | 300～400 | 9～12 | 12～16 |
| | 石英砂 $d_{10}=0.8$ | <2.0 | 700 | | |

承托层可用卵石或碎石分层铺设。由上而下，第一层厚度100mm，粒径2～4mm；第二层厚度100mm，粒径4～8mm；第三层厚度100mm，粒径8～16mm；第四层顶面应高于配水孔眼100mm，粒径16～32mm。

滤池的超高一般采用0.3m，滤层上面水深一般为1.5～2.0m。

冲洗强度及冲洗时间一般按表5-6选取（水温每增减1℃，冲洗强度亦相应增减1%），有辅助冲洗时，可用低值。

**冲洗强度及时间　　表5-6**

| 类别 | 冲洗强度[L/(s·$m^2$)] | 膨胀率(%) | 冲洗时间(min) |
|---|---|---|---|
| 石英砂滤料过滤 | 8～10 | 30～40 | 7～5 |
| 双层滤料过滤 | 6.5～10 | 35～45 | 8～6 |

普通快滤池一般采用穿孔管式大阻力配水系统，其一般参数见表5-7。配水孔眼分设支管两侧，与垂直线呈45°，向下交错排列。配水干管直径大于300mm时，顶部加装管嘴或把干管埋入池底。

管式大阻力配水系统参数　　　　表 5-7

| 参数 | 数值 | 参数 | 数值 |
|---|---|---|---|
| 干管始端流速(m/s) | 1.0～1.5 | 支管下侧距池底之距(cm) | $D/2+50$ |
| 支管始端流速(m/s) | 1.5～2.0 | 支管长度与其直径之比值 | ≤60 |
| 支管孔眼流速(m/s) | 3～6 | 孔眼直径(mm) | 9～12 |
| 孔眼总面积与滤池面积之比(%) | 0.20～0.25 | 干管横截面应大于支管总横截面的倍数 | 0.75～1.0 |
| 支管中心距离(m) | 0.2～0.3 | | |

注：$D$ 为干管直径。

**【例 5-5】** 设计和计算水处理规模为 $1\times10^5\text{m}^3/\text{d}$ 的普通快滤池，水厂自用水量占设计规模的 5%。其设计滤速 $v=6\text{m/h}$；滤料采用石英砂，$d_{10}=0.5\text{mm}$、$K_{80}=1.5$；过滤周期 $T_n=24\text{h}$；冲洗总历时 $t=30\text{min}=0.5\text{h}$，有效冲洗历时 $t_0=6\text{min}=0.1\text{h}$。

**【解】** (1) 冲洗强度 $q$

可按以下经验公式计算：

$$q=\frac{43.2d_m^{1.45}(e+0.35)^{1.632}}{(1+e)\nu^{0.632}}$$

式中 $q$——冲洗强度，$\text{L}/(\text{s}\cdot\text{m}^2)$；

$d_m$——滤料平均粒径，mm；

$e$——滤层最大膨胀率，采用 $e=50\%$；

$\nu$——水的运动黏度，$\nu=1.14\text{mm}^2/\text{s}$(平均水温为 15℃)。

与 $d_{10}$ 对应的滤料不均匀系数 $K_{80}=1.5$，所以：

$$d_m=0.9K_{80}d_{10}=0.9\times1.5\times0.5=0.675\text{mm}$$

$$q=\frac{43.2\times0.675^{1.45}\times(0.5+0.35)^{1.632}}{(1+0.5)\times1.14^{0.632}}=12\text{L}/(\text{s}\cdot\text{m}^2)$$

(2) 计算水量 $Q$

$$Q=\alpha Q_n=1.05\times4167=4375\text{m}^3/\text{h}$$

(3) 滤池面积 $F$

滤池总面积 $F=Q/v=4375/6=729\text{m}^2$。

滤池个数 $N=12$ 个，呈双排布置。

单池面积 $f=F/N=729/12=60.8\text{m}^2$，设计采用 $60\text{m}^2$，每池平面尺寸采用 $B\cdot L=6.3\text{m}\times9.5\text{m}$，池的长宽比为 9.5/6.3=1.5/1。

(4) 单池冲洗流量 $q_冲$

$$q_冲=fq=60\times12=720\text{L/s}=0.72\text{m}^3/\text{s}$$

(5) 冲洗排水槽

1) 冲洗排水槽断面尺寸。两槽中心距 $a$ 采用 2.0m，排水槽个数为：

$$n_1=\frac{L}{a}=\frac{9.5}{2.0}=4.75\approx5\text{ 个}$$

槽长 $Z=B=6.3\text{m}$，槽内流速采用 0.6m/s。排水槽采用标准半圆形槽底断面形式，其末端断面模数为：

$$x=\sqrt{\frac{qla}{4570v}}=\sqrt{\frac{12\times6.3\times2.0}{4570\times0.6}}=0.23\text{m}$$

集水渠与排水槽的平面布置和槽的断面尺寸见图 5-31。

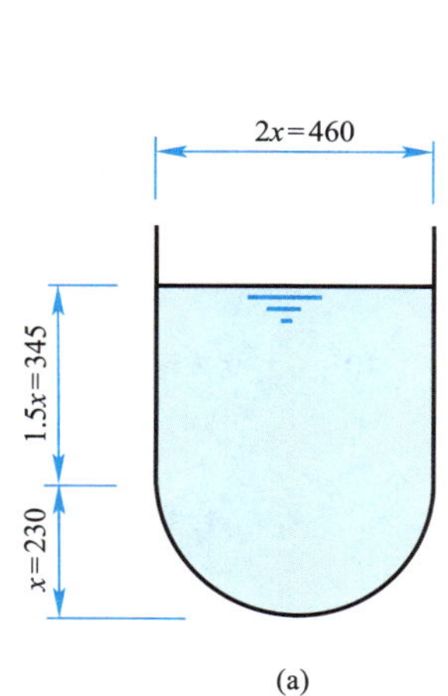


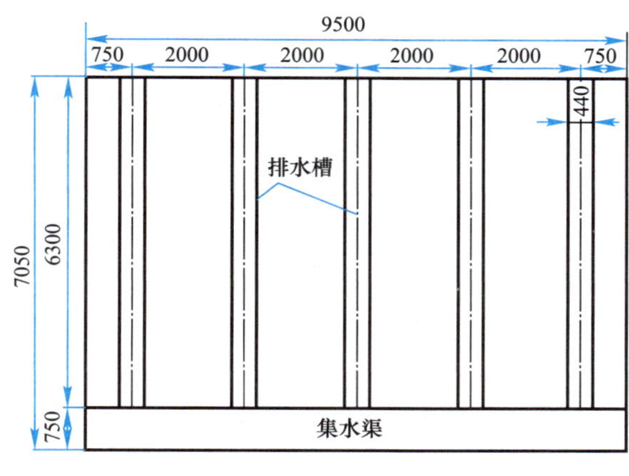


图 5-31　集水渠与排水槽的平面布置与断面

(a) 排水槽断面；(b) 集水渠与排水槽平面布置

2）冲洗排水槽设置高度。滤料层厚度采用 $H_n=0.7$m，排水槽底厚度采用 $\delta=0.05$m，槽顶位于滤层面以上的高度为：

$$H_e=eH_n+2.5x+\delta+0.075=0.5\times0.7+2.5\times0.23+0.05+0.075=1.05\text{m}$$

3）核算面积。排水槽平面总面积与过滤面积之比为：

$$5\times2xl/f=5\times2\times0.23\times6.3/60=0.24<0.25$$

（6）集水渠

集水渠采用矩形断面，渠宽采用 $b=0.75$m。

渠始端水深 $H_q$ 为：

$$H_q=0.81\left(\frac{fq}{1000b}\right)^{2/3}=0.81\times\left(\frac{60\times12}{1000\times0.75}\right)^{2/3}=0.79\text{m}$$

集水渠底低于排水槽底的高度 $H_m$ 为：

$$H_m=H_q+0.2=0.79+0.2=0.99\approx1.00\text{m}$$

（7）配水系统

配水系统采用大阻力配水系统，其配水干管采用方形断面暗渠结构。

1）配水干渠。干渠始端流速采用 $v_干=1.5$m/s；干渠始端流量 $Q_干=q_冲=0.72\text{m}^3/\text{s}$；干渠断面积为：

$$A=Q_干/v_干=0.72/1.5=0.48\text{m}^2$$

干渠断面尺寸采用 $0.7\times0.7=0.49\text{m}^2$，壁厚采用 $d'=0.1$m，干渠顶面开设配孔眼。

2）配水支管。支管中心距采用 $s=0.25$m，支管总数为：

$$n_2=2L/s=2\times9.5/0.25=2\times38=76\text{ 根}$$

支管流量为：

$$Q_支=Q_干/n_2=0.72/76=0.00947\text{m}^3/\text{s}$$

支管直径 $d_支$ 取 75mm，支管起端流速为：

$$v_支=\frac{4Q_支}{\pi d_支^2}=\frac{4\times0.00947}{3.14\times0.075^2}=2.14\text{m/s}$$

支管长度为：

$$l_1'=\frac{B-(0.7+2\times0.1)}{2}=\frac{6.3-0.9}{2}=2.7\text{m}$$

校核长径比为：$l_1'/d_{支}=2.7/0.075=36<60$

3）支管孔眼。孔眼总面积 $\Omega$ 与滤池面积 $f$ 的比值 $a$，采用 $a=0.24\%$，则：

$$\Omega=af=0.0024\times60=0.114\text{m}^2$$

孔径采用 $d_0=12\text{mm}=0.012\text{m}$，单孔面积为：

$$w=\pi d_0^2/4=3.14\times0.012^2/4=1.13\times10^{-4}\text{m}^2$$

孔眼总数为：

$$n_3=\Omega/w=0.144/1.13\times10^{-4}=1274\text{ 个}$$

每一支管孔眼数为：

$$n_4=n_3/n_2=1274/76=16.76\approx17\text{ 个}$$

孔眼中心距（分两排交错排列）为：

$$s_0=2l_1'/n_4=2\times2.7/17=0.32\text{m}$$

孔眼平均流速为：

$$v_0=\frac{qf}{1000n_2n_4\omega}=\frac{12\times60}{1000\times76\times17\times1.13\times10^{-4}}=4.93\text{m/s}$$

（8）冲洗水箱

容量 $V$ 为：

$$V=1.5\times(qft_0\times60)/1000=1.5\times12\times60\times6\times60/1000=389\text{m}^2$$

水箱为圆形，水深采用 3.5m，直径为：

$$D_{箱}=\sqrt{\frac{4V}{\pi h_{箱}}}=\sqrt{\frac{4\times389}{\pi\times3.5}}\approx12\text{m}$$

设置高度。水箱底至冲洗排水箱的高差 $\Delta H$，由下列几部分组成。

1）水箱与滤池间冲洗管道的水头损失 $h_1$。管道流量 $Q_{冲}=q_{冲}=0.72\text{m}^3/\text{s}$。

管径 $D_{冲}$ 采用 600mm，管长 $l_{冲}$ 约为 70m，查水力计算表得：$v_{冲}=2.55\text{m/s}$；$v_{冲}^2/(2g)=0.33\text{m}$，$1000i=13.5$。冲洗管管道上的主要配件及其局部阻力系数列于表 5-8，合计 $\sum\xi=7.38$。所以：

$$h_1=il_{冲}+\sum\xi v_{冲}{}^2/(2g)=13.5\times70\div1000+7.38\times0.33=3.39\text{m}$$

**冲洗管配件及阻力系数**　　**表 5-8**

| 配件名称 | 数量(个) | 局部阻力系数 | 配件名称 | 数量(个) | 局部阻力系数 |
|---|---|---|---|---|---|
| 水箱出口 | 1 | 0.50 | 文氏流量计 | 1 | 1.00 |
| 90°弯头 | 2 | 2×0.6=1.20 | 等径转弯流三通 | 3 | 3×1.5=4.50 |

2）配水系统水头损失 $h_2$ 为：

$$h_2=8v_{干}{}^2/(2g)+10v_{支}^2/(2\text{g})=8\times1.5^2\div19.62+10\times2.14^2\div19.62=3.28\text{m}$$

3）承托层水头损失 $h_3$。承托层厚度 $H_0$ 为 0.45m，水头损失为：

$$h_3=0.022H_0q=0.022\times0.45\times12=0.12\text{m}$$

4）滤料层水头损失 $h_4$ 为：

$$h_4=\left(\frac{\rho_2}{\rho_1}-1\right)(1-m_0)L_0=\left(\frac{2.65}{1}-1\right)\times(1-0.41)\times0.7=0.68\text{m}$$

式中　$\rho_2$——滤料的密度，t/m$^3$，石英砂为 2.65t/m$^3$；

$\rho_1$——水的密度，t/m$^3$，等于 1t/m$^3$；

$m_0$——滤料层膨胀前的孔隙率，石英砂为 0.41；

$L_0$——滤料层厚度，m，$L_0=0.7$m。

5）水箱底至冲洗排水箱的高差。备用水头 $h_5$ 取 1.5m，水箱底至冲洗排水箱的高差为：

$$\Delta H=h_1+h_2+h_3+h_4+h_5=3.39+3.28+0.12+0.68+1.5=8.97\approx9.0\text{m}$$

（9）管廊内的主干管渠。滤站内的 12 个滤池对称布置，每侧 6 个滤池。浑水进水、废水排出及过滤后清水引出均采用暗渠输送，冲洗水进水采用管道。主干管（渠）参数的计算结果列于表 5-9。

**主干管(渠)参数的计算结果**　　　　**表 5-9**

| 管渠名称 | 流量(m$^3$/s) | 流速(m/s) | 管渠截面积(m$^2$) | 管渠断面有效尺寸(m) |
|---|---|---|---|---|
| 浑水进水渠 | 1.22 | 1.0 | 1.22 | $b\cdot h=2.0\times0.61$ |
| 清水出水渠 | 1.22 | 1.2 | 1.02 | $b\cdot h=2.0\times0.51$ |
| 冲洗进水管 | 0.72 | 2.55 | 0.28 | $D_{冲}=0.60$ |
| 废水排水渠 | 0.72 | 1.2 | 0.60 | $b\cdot h=1.0\times0.60$ |

## 5.6.2　粗滤料滤池

下面介绍的是粗滤料滤池的一种形式，习惯上称为 V 型滤池，如图 5-32 所示。这种滤池平面为矩形，池中心设双层渠道，渠道上层用以排除反冲洗废水，渠道下层用以分配反冲洗水和压缩空气。渠道两侧为粗滤料滤层，滤料一般采用石英砂，粒径为 0.9～1.5mm，$d_{10}$ 为 0.95mm 左右，$K_{60}$ 为 1.2～1.5，滤层厚度为 0.9～1.5m。滤层下部为长柄滤头配水系统，上部为溢流堰，以便使反冲洗废水均匀地排入排水渠道。溢流堰顶做成 45°斜坡形，以便随水出流的滤料颗粒可以沉淀下来，减少流失。滤池的进水经池两侧的棱柱 V 形渠道流入，渠道下部有水平的配水孔，进水一方面经配水孔流入池内，另一方面经渠道上部流入。进水经滤层自上向下过滤，滤后的水由下部长柄滤头收集，流入滤板下部的底部空间，进入中心配水渠，最后经出水管流出池外。对滤层进行反冲洗时，关闭出水阀，并部分关闭进水阀，仍保持一定量的进水，同时打开排水阀，滤上水位随之降至溢流堰顶，这时打开反冲洗水阀和反冲洗空气阀，将水及压缩空气一起送入中心配水渠，渠中上部为空气，经渠上部的配气孔流入两侧的底部空间，渠下部为水，经渠下部的配水孔流入两侧的底部空间。空气和水在底部空间经长柄滤头均匀分布到滤层下部，自下而上对滤层同时进行气、水反冲洗。一般气反冲洗强度为 14～17L/(s·m$^2$)，水反冲洗强度为 4L/(s·m$^2$)左右，冲洗时间为 4～5min。反冲洗废水经上部溢流堰流入排水渠，同时进水经进水渠下部的小孔水平流入滤层上部，对废水进行横向扫洗，以加速上部污物的排除，横向扫洗强度为 1.4～2L/(s·m$^2$)。在进行气、水同时反冲洗时，由于气泡高速穿过滤层，常会携带少量滤料脱离滤层，被携滤料随后又会回落回滤层，为了防止被携滤料随水流失，溢流堰顶应高出滤层表面一定高度。气、水反冲洗结束后，尚需单纯用水反冲数分钟，以排除滤层中残留的废水和气泡。对滤层进行反冲洗时，由于滤料粒径较粗，水的反冲洗强度不足以使之悬浮，所以不致产生水力分级现象，从而使滤层过滤时不易被堵塞，过滤周期较长，含污能力较强。反冲洗结束后，关闭反冲洗水管和反冲洗压缩空气管上的阀门，以及排水阀门，开启进水阀和出水阀，滤池重新进入过滤工作状态。

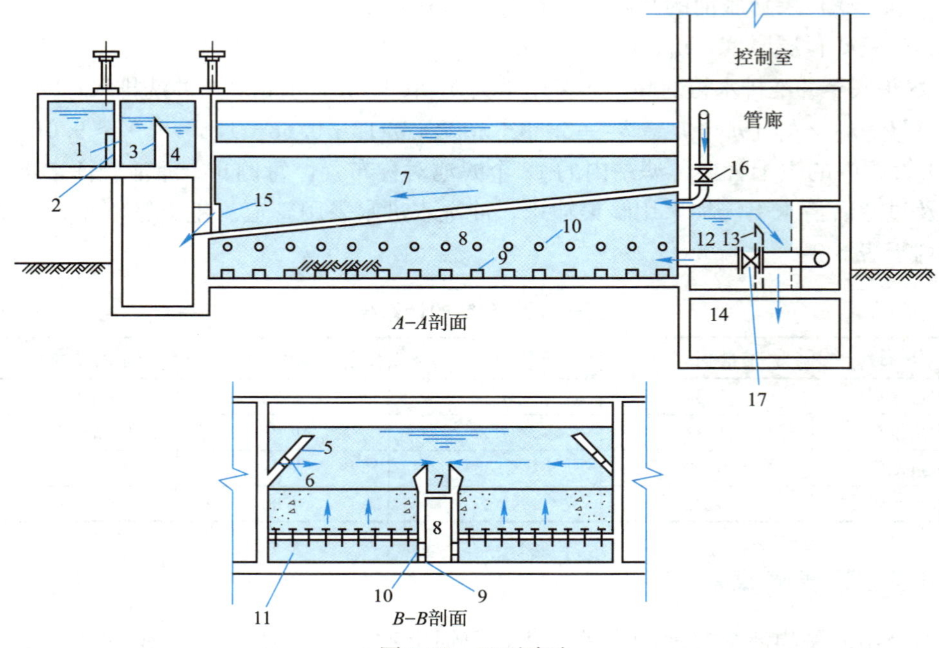


图 5-32　V 型滤池

1—进水气动隔膜阀；2—方孔；3—堰口；4—侧孔；5—V 形槽；6—小孔；7—排水渠；8—气、水分配渠；9—配水方孔；10—配气小孔；11—底部空间；12—水封井；13—出水堰；14—清水渠；15—排水阀；16—进气阀；17—冲洗水阀

**【例 5-6】** 设计和计算水处理规模 $8\times10^4 m^3/d$ 的 V 型滤池。水厂自用水占设计规模的 5%，设计滤速 $v$=8m/h，滤池工作周期 24h。后水冲洗强度 6L/(s·m²)，表面扫洗强度 1.5L/(s·m²)，当一格检修一格冲洗时，其他几格的强制滤速不大于 10m/h。

**【解】** (1) 单池格数和平面尺寸滤池总过滤水量为：

$$Q=\frac{80000\times1.05}{24}=3500m^3/h=0.972m^3/s$$

假定该座滤池分为 $n$ 格，滤池保持恒水头恒速过滤运行。设一格滤池的面积为 $A$，$n$ 格滤池过滤水量为 $8An$。当一格滤池检修一格滤池冲洗时，滤池工作格数减至 $n-2$，其过滤水量应为总水量减去一格冲洗滤池的表面扫洗水量，这时其滤速应不超过 10m/h，故有：

$$8An-qA\leqslant10(n-2)A$$

式中 $q$ 为滤池冲洗时表面扫洗强度 [$q$=1.5L/(s·m²)=5.4m/h]。将上式整理得：

$$n\geqslant7.3$$

取滤池格数为 8，对称双排布置，中间为管廊。

单池流量 $Q_2=\frac{3500}{8}=437.5m^3/h=0.1215m^3/s$。

设计滤速 $v$=8m/h，则单池过滤面积 $A=\frac{437.5}{8}=54.69m^2$。

取单池平面尺寸为 $L \times B = 8\text{m} \times (3.5+3.5)\text{m}$，实际过滤面积为 $56\text{m}^2$。正常过滤速度 $\frac{437.5}{56} = 7.81\text{m/h}$。

当一格检修一格冲洗时，其他几格的强制滤速为：

$$v' = \frac{7.81 \times 8A - 1.5 \times 3.6A}{(8-2)A} = 9.51\text{m/h}$$

（2）滤层和承托层　滤料粒径 0.95～1.35mm，厚 1200mm，不均匀系数 $K_{80} = 1.3 \sim 1.4$，正常过滤时，砂上水深 1.60m，承托层粒径 2～4mm，厚 50mm。

滤池高度：配水、配气及集水室高度取为 0.90m，滤板厚度 0.15m，承托层厚 0.05m。滤层厚 1.2m，砂上水深 1.6m，超高 0.5m，滤池总高度为 4.4m。

（3）滤池反冲洗系统　反冲洗时，8 格滤池中只有一格处于冲洗状态，所以水冲洗系统和气冲洗系统均按照单池冲洗所需的水量、气量计算。

1）冲洗强度和冲洗历时

① 单独气冲洗：气冲强度 $q_q = 15\text{L}/(\text{s} \cdot \text{m}^2)$ 即 $0.9\text{m}^3/(\text{m}^2 \cdot \text{min})$，历时 $t_0 = 2\text{min}$。

② 气水同时反冲洗：气冲强度 $q_q = 15\text{L}/(\text{s} \cdot \text{m}^2)$，水冲强度 $q_s = 4\text{L}/(\text{s} \cdot \text{m}^2)$，即 $14.4\text{m}^3/(\text{m}^2 \cdot \text{h})$，历时 $t_1 = 4\text{min}$。

③ 单独水冲洗：水冲强度 $q_s = 4\text{L}/(\text{s} \cdot \text{m}^2)$ 即 $14.4\text{m}^3/(\text{m}^2 \cdot \text{h})$，历时 $t_2 = 4\text{min}$。

④ 表面冲洗：表面扫洗强度 $q_b = 1.5\text{L}/(\text{s} \cdot \text{m}^2)$ 即 $5.4\text{m}^3/(\text{m}^2 \cdot \text{h})$，历时 $t_3 = 10\text{min}$。

2）冲洗流量：空气流量 $Q_q = 0.9 \times 56 = 50.4\text{m}^3/\text{min}$

反冲洗水量 $Q_s = 14.4 \times 56 = 806.4\text{m}^3/\text{h} = 0.224\text{m}^3/\text{s}$

表面扫洗水从单格滤池两单元的 V 形扫洗槽中进入，每条 V 形扫洗水流量：

$$Q_b = 5.4 \times 56/2 = 151.2\text{m}^3/\text{h} = 0.042\text{m}^3/\text{s}$$

（4）配水配气系统

1）滤头。选用带滤帽的长柄滤头，在滤板上按行列形式布置滤头，在 $1\text{m}^2$ 范围内，每行布置 7 个，每列布置 7 个，为 49 个/$\text{m}^2$，滤头中距为 0.14m。

2）配水配气总渠。反冲洗时，配水配气干渠的流量 $q_s = 0.224\text{m}^3/\text{s}$。

设计干渠宽度等于 0.8m，高 1.40m。气、水同时进入配水配气渠时，空气处于压缩状态。配水渠进口冲洗水流速小于 1.5m/s。

3）配水渠配水孔出口流速取 0.70m/s，配水孔出口面积 $A_1 = 0.32\text{m}^2$，单个方孔尺寸（长×高）为 0.10m×0.10m，则方孔数为：$N_k = \frac{0.32}{0.1 \times 0.1} = 32$ 个，配水配气干渠每侧方孔 16 个，中心间距 $\frac{8000}{16} = 500\text{mm}$。

4）配气孔置于配水孔上方，配水配气干渠每侧取 20 个，共 40 个，中心间距 0.40m。取配气孔直径 $d = 60\text{mm}$，则配气孔空气流速为 7.43m/s。

（5）排水系统　排水渠宽 0.80m，同配水配气干渠，流量 $Q_p = Q_s + Q_b = 0.224 + 0.084 = 0.308\text{m}^3/\text{s}$，起端水深 $h_1 = 0.43\text{m}$。

为使过堰水流自由跌落，堰顶至排水渠内最高水面落差为 0.2m。根据排水渠顶端高出砂面 0.50m 要求，排水渠起端深 1.20m，满足过堰水流自由跌落。

排水采用气动方闸门，闸板尺寸 500mm×500mm，过孔流速 1.232m/s。

反冲洗时，过堰单宽流量为后水冲洗流量与表面扫洗流量之和：

$$Q=\frac{(6+1.5)\times 3.5\times 1}{1000}=0.026\text{m}^3/(\text{s}\cdot\text{m})$$

堰上水深，如按薄壁堰计算：

$$Q=0.42\times\sqrt{2g}\times h^{\frac{3}{2}}$$

整理之

$$h=\left(\frac{Q}{1.86}\right)^{\frac{2}{3}}=\left(\frac{0.026}{1.86}\right)^{\frac{2}{3}}=0.058\text{m}$$

（6）V形槽

取扫洗孔过孔流速为 $v=2.0$m/s，按孔前作用水头 $h$ 计算式：

$$h=\frac{1}{\mu^2}\cdot\frac{v^2}{2g}$$

式中孔口流量系数取为 $\mu=0.97$，得 $h=0.217\text{m}\approx 0.22\text{m}$。

取扫洗孔中心低于反洗时池内最高水位面以下 0.1m，取扫洗孔孔径为 30mm，单孔流量：

$$q=\mu f\sqrt{2gh}=0.62\times 0.785\times 0.03^2\times\sqrt{2\times 9.81\times 0.22}=0.00091\text{m}^3/\text{s}=0.91\text{L/s}$$

单宽扫洗水流量为 1.5×3.5=5.25L/s，共需 5.77 个孔。取扫洗孔中心间距为 0.15m。

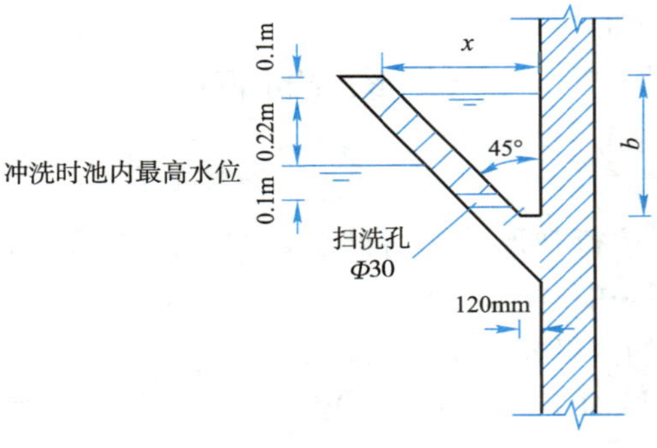


图 5-33　V形槽

V形槽尺寸如图 5-33 所示。V形槽槽高 $b=0.1+0.22+0.1+0.015=0.435$m，其中 0.015m 为扫洗孔半径。V形槽夹角取为 45°，则槽顶宽 $x=b+0.12=0.555$m，其中 0.12m 为扫洗孔位于槽底处孔前空间的出水空间。

（7）进水系统的管道和阀门，可按流速 1m/s 左右选定。冲洗水管道及阀门，可按流速 1.5～2.0m/s 选定。冲洗空气管道及闸门，可按流速 10m/s 左右选定。

在本例中，冲洗设备：

冲洗水泵选用两台 250TLW-400I，设于室内，从中央出水渠中取水。冲洗水泵参数如下：$Q=850\text{m}^3/\text{h}$，$H=13$m，$N=45$kW，$\eta=80\%$。

鼓风机选用 BE250 两台，一用一备。风机出口压力 0.039MPa，流量 52.6m³/min，转速 1300r/min，轴功率 48.6kW。

### 5.6.3　其他形式的过滤

粗滤料滤池属于快滤池的一种，快滤池还有许多种。压力滤池，是快滤池置于封闭的罐体内，依靠压力驱使水进行过滤，所以压力滤池的滤速较大，过滤周期较长。用无烟煤和石英砂组成双层滤料滤池，在生产中也得到广泛应用，双层滤料滤池由于按照反粒度过滤的概念进行工作，所以过滤周期也较长。如在双层滤料滤池中采用气、水反冲洗，轻质滤料——无烟煤容易流失，为了不让轻质滤料流失，发展出一种“翻板滤池”，这种滤池在静止滤料层上方设一排水口，排水口的启闭由“翻板”控制，在对滤料进行气、水反冲洗时，翻板关闭，反冲洗废水无法排出，故池内水位升高，直至最高位置，停止气水反冲洗，滤料便在水中沉降，待滤料沉降完毕，翻板开启，将滤料层以上废水排出；然后再关闭翻板，进行下次气水反冲洗，如此反复多次，直到滤层被冲洗干净，由于气水反冲洗时翻板关闭，所以避免了轻质滤料的流失。用有机高分子长纤维束作为过滤材料替代颗粒滤料，称为纤维过滤池，长纤维一般直径 50μm 左右，长度可超过 1m，由于纤维材料滤层表面积大孔隙率高，含污能力高，故可以很高的滤速过滤，滤速有时可达 50m/h。

上述以过滤—反冲洗—过滤—反冲洗模式工作的快滤池，在工作过程中都要启闭多个阀门。现在已经进入信息时代，现代快滤池都已实现了自动控制操作，特别是阀门启闭频繁的滤池，如翻板滤池就是在自控技术基础上发展起来的。所以，自控技术也为过滤技术的创新提供了一个广阔的发展空间。

在滤池发展过程中，也出现了依靠水力作用实现自动控制的快滤池，例如 20 世纪中叶的“无阀滤池”，它的作用原理就是利用虹吸作用驱动水流对滤池进行反冲洗。图 5-34 为一池体，在池体内外设一条虹吸管，池体内部的虹吸管为前端，管端设一滤层没于水面以下，池体外面的虹吸管为后段，管端设于下部排水井水面以下；以一定流量向虹吸管前段送入原水，原水向下经滤层过滤，滤后由池顶出水槽排出；进水在前段虹吸管中形式的水位与池中水位之差，便是过滤的水头损失；由于是恒量进水，随滤层被堵塞，水头损失增大，管中水位升高，直至虹吸管最高处，随之向虹吸管后段溢流，当溢流量足够大时，便能挟带管中空气将之排出，这时便在池内外水位差作用下形成虹吸，池内贮水由虹吸管前段向后段流动，并对滤层进行反冲洗；待滤层冲洗干净将虹吸破坏，停止反冲洗，恢复过滤，这样就实现了过滤—反冲洗—过滤—反冲洗的循环过程。无阀滤池的发明者还巧妙地利用水力作用原理，解决了加速虹吸形成、反冲洗流量控制、及时迅速破坏虹吸、防止进水挟带空气等问题，从而仅依靠水力作用就实现了滤池全自动控制。无阀滤池无运

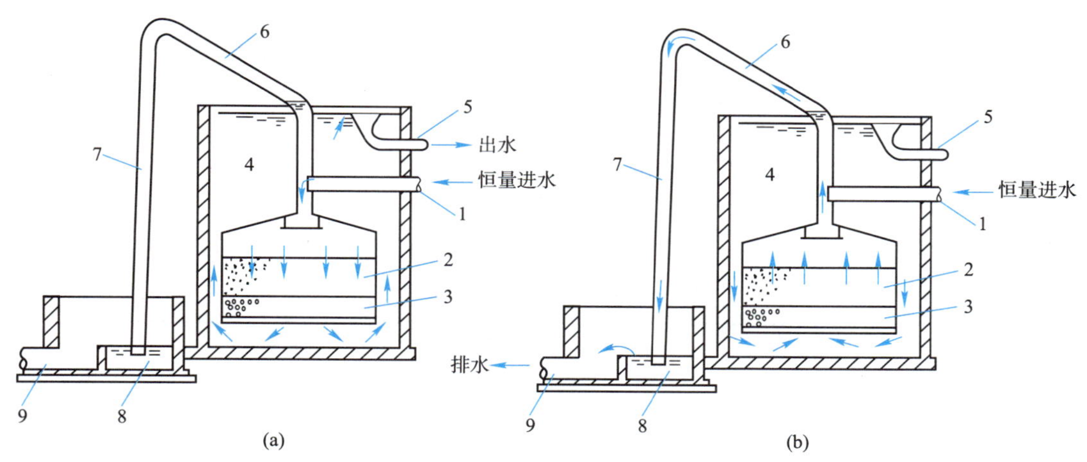


图 5-34　重力式无阀滤池工作原理图

（a）过滤；（b）反冲洗

1—进水管；2—滤层；3—承托层；4—冲洗水箱；5—出水管；6—虹吸管前段；7—虹吸管后段；8—水封井；9—排水管

动部件池无运动部件，不需电力供应，工作可靠，价格低廉，在国内外广泛用于工业及中小型水厂。无阀滤池可通过网上查询了解其构造及工作细节。在无阀滤池的启发下，相继出现了单阀滤池、虹吸滤池等水力作用控制滤池。

连续过滤池是又一种滤池，它能使过滤和洗砂同时连续进行。图 5-35 为一种已在国内得到应用的连续过滤滤池，它的下部有一锥形底，池中装有滤料，池中心有一洗砂管，管下端位于锥底处，管上端伸到池顶；原水由滤层下部送入，由下向上经滤层过滤，水中杂质被截留于滤层中，滤后清水由池上部的集水渠收集流出池外；向洗砂管下端送入压缩空气，空气与水在洗砂管中形成气水混合液，由于气水混合液密度远小于水，故在管内外压力差作用下驱使气水混合液经管道由下向上高速流动，并在管下端形成低压，将周围水和砂吸入洗砂管，在管中高速流体剪切力作用下将砂表面污物冲洗下来；气、水和砂在洗砂管上端出口处分离，砂回落至滤层，冲洗废水经专门的管渠收集后排出池外；由于滤层下部的滤料不断被吸走，滤层便渐渐下移，经过一定时间滤层中的滤料可被循环冲洗一次。所以，连续过滤滤池的特征是一边连续过滤一边连续对滤料进行清洗；连续过滤滤池可连续稳定地工作，操作简单，但由于滤层不断移动对出水水质有影响，故可用于对水质要求较低的工业用水或预处理过程。上述只是原理说明，在生产装置中还需解决进水布水、出水收集、冲洗废水收集排放，对洗后砂进一步清洗等问题，可通过网上查询了解细节。连续过滤滤池还有多种，不再赘述。

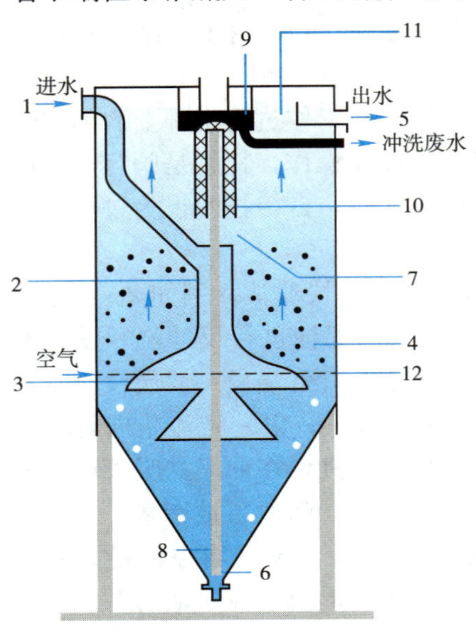


图 5-35　连续过滤滤池

1—原水进水；2—中心进水管；3—进水布水器；4—滤床；5—滤后水出水；6—脏砂；7—清洗后的清洁砂；8—气提输砂管；9—冲洗废水；10—滤砂清洗管；11—滤后清水；12—布气管

利用过滤介质上小孔的筛滤作用，将颗粒物截留除去，称为表面介质过滤。表面过滤介质种类很多，不同过滤介质筛除的颗粒物最小尺寸，可见表 5-10。

表面介质过滤在工业水处理中用的较多。

**表面介质过滤**　　**表 5-10**

| 类型 | 举例 | 截留的最小粒径（μm） | 类型 | 举例 | 截留的最小粒径（μm） |
|---|---|---|---|---|---|
| 边缘过滤器 | 金属丝缠管 | 5 | 滤筒（滤芯） | 纱绕线筒 | 2 |
| 刚性多孔介质 | 陶瓷和粗陶制品 | 1 | 非编织纤维板 | 毡 | 10 |
| | 烧结金属制品 | 3 | | 纤维素纸 | 5 |
| 金属板 | 多孔板 | 100 | | 玻璃砂纸 | 2 |
| | 金属丝编织板 | 5 | | 滤板 | 0.5 |
| 多孔塑料 | 塑料板、片等 | 3 | 预涂层 | 纤维预涂层 | 亚微米级 |
| 编织布 | 天然和人造纤维的布 | 10 | | 粉末预涂层 | 亚微米级 |

## 【思考题】

1. 思考快滤池中滤料较低的均匀系数有何意义。
2. 简要评述普通快滤池、无阀滤池、V型滤池及虹吸滤池的优缺点和适用条件。

## 【习题】

1. 某供水厂采用普通快滤池，以石英砂为滤料，密度为2.65g/$cm^3$，粒径为0.5～1.2mm，滤料的孔隙率$m$=0.41，滤层厚度1.0m，反冲洗强度15L/($m^2$·s)，请计算滤料在反冲洗时的水头损失。

2. 东北地区某自来水厂以河流为水源，水质水量受地下水影响较大，夏季浊度高，泥砂量大；冬季浊度低，但水中含有铁锰(铁浓度约0.5～0.9mg/L，锰浓度约0.1～0.3mg/L)。水厂采用普通快滤池，设置了无烟煤和石英砂双层滤料，运行时发现滤料流失现象严重，请分析可能有哪些原因，采取哪些措施可以避免或减少滤料流失。

# 第6章 吸 附

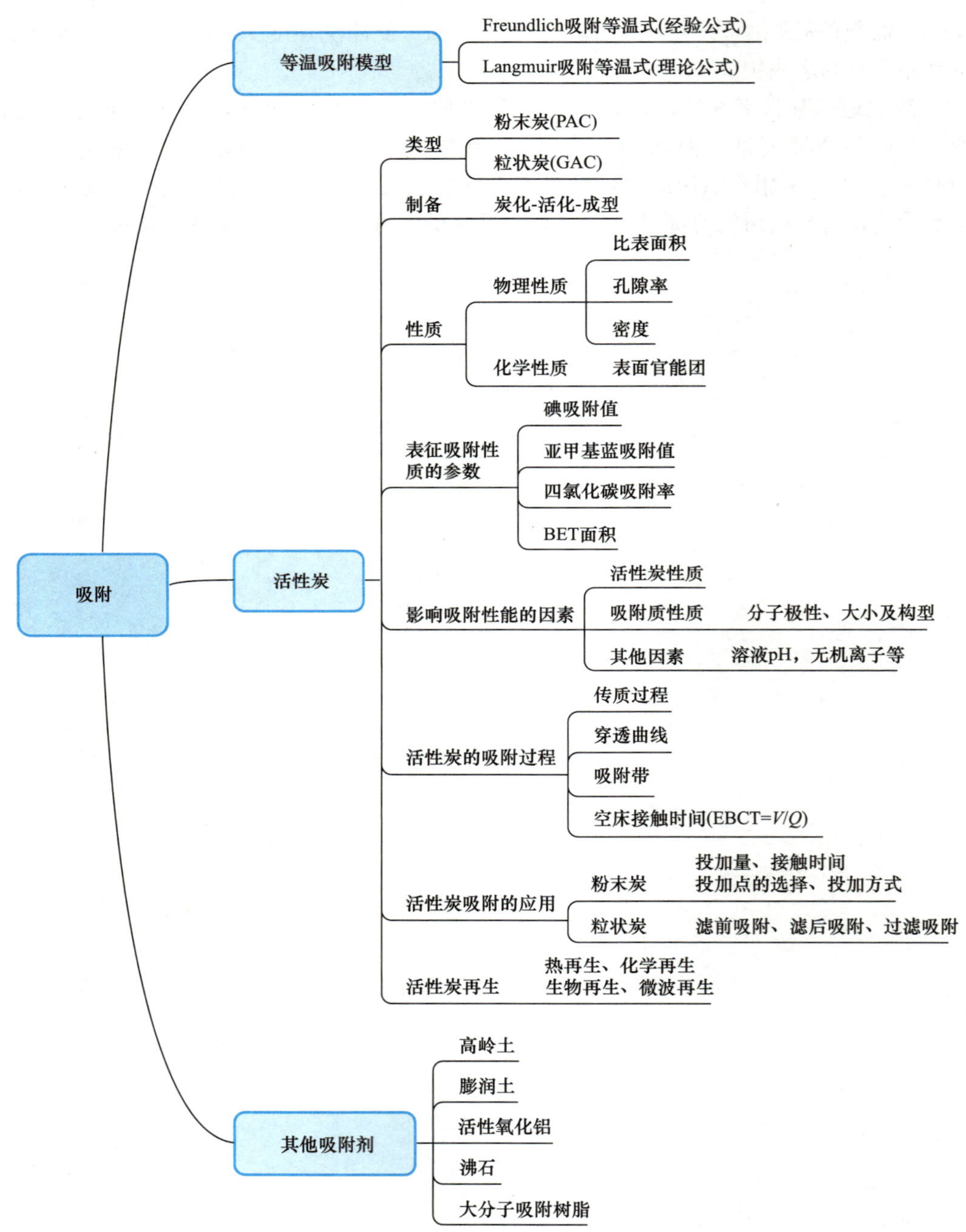

吸附
等温吸附模型
Freundlich吸附等温式(经验公式)
Langmuir吸附等温式(理论公式)
活性炭
类型
粉末炭(PAC)
粒状炭(GAC)
制备
炭化-活化-成型
性质
物理性质
比表面积
孔隙率
密度
化学性质
表面官能团
表征吸附性质的参数
碘吸附值
亚甲基蓝吸附值
四氯化碳吸附率
BET面积
影响吸附性能的因素
活性炭性质
吸附质性质
分子极性、大小及构型
其他因素
溶液pH，无机离子等
活性炭的吸附过程
传质过程
穿透曲线
吸附带
空床接触时间(EBCT=V/Q)
活性炭吸附的应用
粉末炭
投加量、接触时间
投加点的选择、投加方式
粒状炭
滤前吸附、滤后吸附、过滤吸附
活性炭再生
热再生、化学再生
生物再生、微波再生
其他吸附剂
高岭土
膨润土
活性氧化铝
沸石
大分子吸附树脂

第 6.1 节内容
视频讲解

## 6.1　吸附概述

### 6.1.1　吸附现象

在两相界面层中，某物质能够自动地发生富集的现象被称为吸附。例如，在一定条件下，在液—固或者气—固界面上，液体中的溶质或气体中的分子会自发地向固体表面富集。在苯酚溶液中投入洁净的活性炭颗粒，苯酚就会向活性炭表面聚集，或者说活性炭吸附了苯酚。在一个充满溴气的玻璃瓶中加入一些活性炭，可以看到气体的颜色慢慢褪去，说明溴气被活性炭表面吸附。通常，具有吸附能力的物质，如活性炭，称为吸附剂，被吸附在吸附剂表面的物质则称为吸附质。

吸附现象在生产和科研中应用广泛。如制糖业中活性炭的脱色，硅胶对气体的干燥等。在水和废水处理中，活性炭是一种用途广泛的吸附剂。

通常，固体由于表面自由能比较高，有吸附其他物质降低表面自由能的趋势。自由能降低的过程大多是自发过程，因此，吸附过程是一个自发过程。吸附可以用一个化学反应式表示：

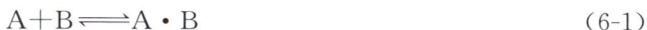

$$\mathrm{A}+\mathrm{B} \rightleftharpoons \mathrm{A}\cdot\mathrm{B} \tag{6-1}$$

这里 A 表示吸附质，B 表示吸附剂，A · B 表示吸附化合物。由于多种化学作用和物理化学作用，吸附质被吸附在吸附剂表面。这些作用包括氢键、偶极矩作用和范德华力，更强作用的吸附则可能来自于化学键力。与吸附相反的过程是脱附，即吸附在吸附剂表面的吸附质从吸附剂表面脱落。吸附和脱附的速度一般随着吸附质浓度的增加而增大。吸附反应是可逆的，就像许多化合物吸附在活性炭表面一样，吸附质在吸附剂表面的吸附和脱附同时发生。吸附刚开始时，吸附质在溶液中的浓度大，在吸附剂表面的浓度小，因此，吸附的速度大于脱附的速度。随着溶液中浓度的降低和吸附剂表面浓度的增加，吸附的速度不断降低，脱附的速度不断增大。吸附和脱附速度相等时，吸附过程达到平衡状态，吸附质将不会在吸附剂表面发生进一步积累。该过程在宏观上表现为溶液的浓度不再降低。

按照吸附的作用机理，吸附作用被分成两大类，即物理吸附和化学吸附。在吸附过程中通常会伴随着能量的变化，被称为吸附热。由于吸附机理的差别，物理作用和化学作用在吸附热、吸附速度以及吸附的选择性方面有所不同。物理吸附的作用力为分子间作用力，即范德华力，其吸附热比较低、吸附速度快而且没有选择性。而化学吸附的作用力为化学键力，其吸附热比较高，吸附速度根据化学键的类型不同而有较大的差别，并且吸附具有一定的选择性。

### 6.1.2　等温吸附模型

一种吸附剂的重要特性就是它所能吸附的吸附质的量。影响吸附剂吸附量的主要因素包括溶液浓度和温度。通常研究的是在恒温及吸附平衡状况下，单位吸附剂的吸附容量 $q_e$ 和平衡溶液浓度 $C_e$ 之间的关系曲线，称为吸附等温线。常见的几种吸附等温线如图 6-1 所示。对吸附等温线的描述有几种模型，这里介绍两个比较常用的模型，即 Freundlich 吸附等温式和 Langmuir 吸附等温式。

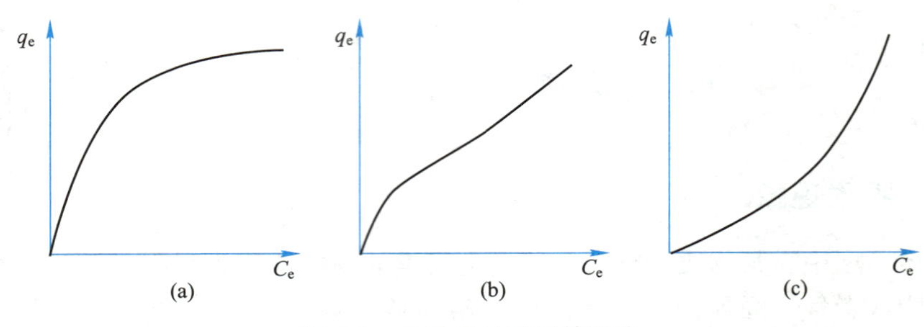


图 6-1　几种常见吸附等温线

1. Freundlich 吸附等温式

Freundlich 吸附等温式是一个经验公式，它能较准确地描述大多数吸附数据。该吸附等温式的表达形式为：

$$q_e = KC_e^{1/n} \tag{6-2}$$

对等式两边取对数可将等式线性化为：

$$\lg q_e = \lg K + \frac{1}{n}\lg C_e \tag{6-3}$$

式中　$q_e$——饱和吸附容量，单位为吸附质质量/吸附剂质量(mg/g)，或吸附质摩尔数/吸附剂质量(mmol/g)；

$C_e$——溶液平衡浓度，单位为吸附质质量/体积(mg/L)，或吸附质摩尔数/体积(mmol/L)。

$K$ 和 $1/n$ 是一个特定体系的常数，$1/n$ 无量纲，$K$ 的单位由 $q_e$ 和 $C_e$ 的单位确定。

尽管 Freundlich 吸附等温式是一个用来解释经验数据的公式，但后来 Halsey 和 Taylor (1947 年) 发展的吸附理论可以推导出 Freundlich 吸附等温式。

参数 $K$ 主要与吸附剂对吸附质的吸附容量有关，而 $1/n$ 是吸附力的函数。对于确定的 $C_e$ 和 $1/n$，$K$ 值越大吸附容量 $q_e$ 越大。对于确定的 $K$ 和 $C_e$，$1/n$ 值越大吸附作用越强。当 $1/n$ 值很小时，吸附容量几乎与 $C_e$ 无关，吸附等温线逼近水平线，这时 $q_e$ 几乎为常数。如果 $1/n$ 值大，则吸附作用力弱。$q_e$ 随着 $C_e$ 的微小改变而产生明显的改变。尽管 Freundlich 吸附等温式能够有效地处理大部分吸附数据，但是仍有许多不适用的情况。

通常某一种吸附剂对一种吸附质的吸附常数 $K$ 以及 $1/n$ 可以通过实验确定。如式(6-3)所示，对于一系列的吸附容量 $q_e$ 和平衡溶液浓度 $C_e$ 取对数所得到的 $\lg C_e$ 和 $\lg q_e$ 为线性关系，其斜率和截距分别为 $1/n$ 和 $\lg K$。

2. Langmuir 吸附等温式

Langmuir 吸附等温式是一个理论公式，形式如下：

$$q_e = q_{max}\frac{bC_e}{1+bC_e} \tag{6-4}$$

式中 $b$ 和 $q_{max}$ 是常数，$q_e$ 和 $C_e$ 分别为饱和吸附量和溶液的平衡浓度。常数 $q_{max}$ 与表面吸附的单分子表层浓度有关，且代表了当 $C_e$ 增加时 $q_e$ 的最大值。常数 $b$ 与表面吸附能量有关，当吸附力增大时 $b$ 值也增加。

该理论模型认为，吸附质在均匀固体表面形成单分子层的吸附层，吸附在固体表面的分子之间不存在作用力，吸附为动态平衡：

$$A+B \underset{k_2}{\overset{k_1}{\rightleftharpoons}} A \cdot B \tag{6-5}$$

设 $\theta$ 为某一平衡时刻吸附剂(如活性炭)表面被覆盖的百分比，$A$ 为总吸附位置数量。若吸附剂表面均匀，则被占用的吸附位置为 $A\theta$，空余的吸附位置为$A(1-\theta)$。由于被吸附的分子之间不存在作用力，那么吸附速度 $V_1$ 与吸附质的浓度及吸附空位成正比，脱附速度 $V_2$ 与吸附表面吸附质浓度成正比，即存在如下两式：

$$V_1=k_1CA(1-\theta) \tag{6-6}$$

$$V_2=k_2A\theta \tag{6-7}$$

同时，由于吸附达到平衡状态时：

$$V_1=V_2$$

联立式(6-6)和式(6-7)，则有：

$$\theta=\frac{bC_e}{1+bC_e} \tag{6-8}$$

其中 $b=k_1/k_2$。

设表面最大吸附量为 $q_{max}$，平衡时的吸附量为 $q_e$，由吸附量及吸附位对应关系得：

$$\theta=\frac{q_e}{q_{max}} \tag{6-9}$$

将式(6-9) 代入式(6-8)得式(6-4)。

在式(6-4)中，$q_{max}$ 和 $b$ 为对应于某一吸附过程的常数，这两个吸附常数的确定方式可以先将式(6-4)变形得到：

$$1/q_e=(1/q_{max}b)(1/C_e)+1/q_{max} \tag{6-10}$$

在通过试验获得一系列 $q_e$ 和 $C_e$ 数据的前提下，可以通过数学方法求得 $q_{max}$ 和 $b$。

### 6.1.3　吸附与水质净化处理

水中胶体、悬浮物等污染物易于被混凝、沉淀和过滤等工艺去除，但溶解性污染物成分则很难被传统工艺有效去除，是饮用水安全保障、污水深度处理与资源化利用的主要瓶颈问题。自然界中水、气、固界面存在各种各样的吸附行为，能够实现某一物质在界面上的累积富集。受此启发，水处理各个单元可通过利用这一吸附行为，实现水中溶解性微污染物的高效去除。本章介绍吸附现象及原理、活性炭吸附再生及应用、其他吸附剂，并对吸附行为进行详尽地评价、阐述。

## 6.2　活性炭吸附

第 6.2～6.5 节
内容视频讲解

### 6.2.1　活性炭的制备

活性炭(Activated Carbon，AC)一般有两种应用方式。一种为粉末炭(Powdered Activated Carbon，PAC)，即将活性炭制成粉末，直接投入水中吸附水中杂质；另一种是粒状炭(Granular Activated Carbon，GAC)，即将活性炭制成颗粒，当水经过活性炭滤池过滤时，水中某些杂质即被吸附在活性炭表面。

从20世纪上半叶以来，活性炭在给水处理中已经得到广泛应用。粉末活性炭对受污染水源水中的微量臭和味有机物具有良好的吸附性能，因此很早就被用于去除水中的臭和味。由美国自来水工程协会进行的一项研究表明，1986年美国600家大型水厂中29%使用粉末炭，主要用于臭和味的控制。粒状活性炭作为一种良好的生物载体，与臭氧氧化联用，可以有效地控制水中的难生物降解有机物。在废水处理方面，活性炭广泛应用于城市污水的三级处理、重金属废水处理、有机工业废水处理等。

任何碳质原料几乎都可以用来制造活性炭，包括木材、锯末、煤、泥炭、果壳、果核、沥青、皮革废物、纸厂废物等，天然煤和焦炭也是制造粒状活性炭的材料。原料中灰分含量是衡量其质量的重要因素，一般灰分含量越少越好。活性炭的制造可分为炭化及活化两步。炭化也称热解，是在隔绝空气条件下对原材料加热，一般温度在600℃以下。有时原材料先经无机盐溶液处理后再炭化。炭化有多种作用，其一是使原材料分解放出水汽、一氧化碳、二氧化碳及氢等气体；其二是使原材料分解成碎片，并重新集合成稳定的结构。这些碎片可能由一些微晶体组成，微晶体由两片以上的以六角晶格排列的片状结构碳原子堆积而成，但无固定的晶型。微晶体的大小与原材料成分和结构有关，并受炭化温度的影响，大致随炭化温度升高而增大。炭化后微晶边界原子上还附有一些残余的碳氢化合物。活化是在氧化剂的作用下，对炭化后的材料加热，以生产活性炭产品。在活化过程中，烧掉了炭化时吸附的碳氢化合物，把原有孔隙边上的碳原子烧掉，起到了扩大孔隙的作用，并把孔隙与孔隙之间的碳原子烧穿，从而使活性炭变成良好的多孔结构。当氧化过程的温度在800～900℃时，一般用水蒸气或二氧化碳为氧化剂；当氧化温度在600℃以下时，一般用空气做氧化剂。外观上活性炭呈黑色多孔颗粒状，化学稳定性好、可耐强酸及强碱，能经受水浸及高温等。

### 6.2.2　活性炭的性质

1. 物理性质

单位质量活性炭所具有的表面积称为比表面积($m^2/g$)，吸附剂和催化剂载体都希望具有大的比表面积。活性炭由于其独特的制造工艺拥有巨大的比表面积，因而具有良好的吸附性能。一般活性炭的比表面积可达到1000$m^2/g$以上，活性炭孔隙分类见表6-1。

**活性炭孔隙分类**　　**表6-1**

| 孔隙分类 | 微孔 | 中孔 | 大孔 |
|---|---|---|---|
| 半径尺寸分布(nm) | <2 | 2～100 | 100～1000 |

活性炭的重要特征是具有发达的孔隙结构。活性炭的孔隙可分为三类，即微孔、中孔和大孔。不同孔径的孔隙有利于吸附不同尺寸的分子。一般来说，活性炭的大孔和中孔可以被较大的吸附质所利用，而微孔可以被较小的吸附质所利用。各种孔隙分布如图6-2所示。

根据粒度大小可以将活性炭分为粒状炭和粉末炭。一般粉末炭的直径小于0.074mm（即200目），粒状炭的直径大于0.1mm（大于140目）。粉末炭颗粒小，与吸附质接触充分，因而吸附速度快，吸附效果好。然而粉末炭因其粒度太小而难以回收和再利用，粒状炭则有利于再生。粒度分布是活性炭的另一个特征参数。粒度分布对于粒状炭的性能有一定影响，一般粒径越小吸附速度越快。因此，在实际中应根据需要和试验确定活性炭的粒度大小。

目是一个长度单位，代表在 1 平方英寸上对应目数的方孔边长。由于有网丝的存在所以目数和对应的长度不完全成线性关系，但目数越高方孔边长越小。一般常使用的目数和长度的对应粗算方法：目数×孔径（微米数）=15000。实际目数和颗粒直径的对应值见表 6-2。

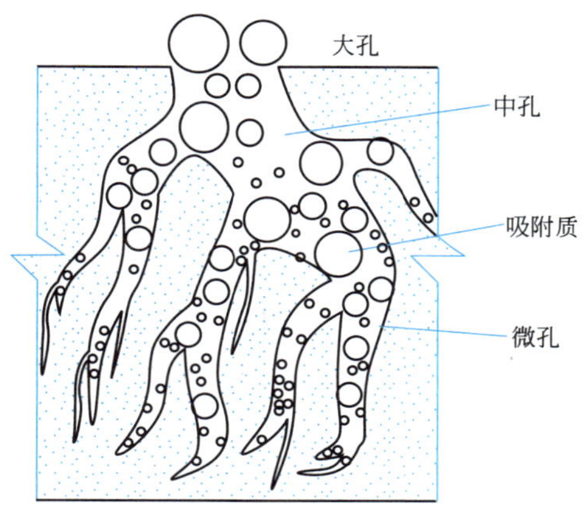

图 6-2　活性炭孔隙分布示意图

活性炭密度分为视密度、真密度、湿密度和床密度。视密度(或称为堆密度)是包括活性炭及堆放间隙在内的密度，典型的活性炭视密度范围在 350～500g/L；真密度是去除了堆放间隙后活性炭本身的密度；活性炭自身孔隙中充满水时测得的密度称为湿密度；湿密度将决定活性炭在反冲洗过程中的膨胀或者流化程度。粒状活性炭床反冲洗排干水后的床密度也是一个非常实用的参数，它将决定一个活性炭滤床或者反应器所需要的活性炭量。

**常用颗粒目数与颗粒直径对照表　　表 6-2**

| 目数（mesh） | 10 | 20 | 30 | 40 | 50 | 60 | 80 | 100 | 120 | 150 |
|---|---|---|---|---|---|---|---|---|---|---|
| 颗粒直径（$\mu$m） | 1700 | 830 | 550 | 380 | 270 | 250 | 180 | 150 | 120 | 106 |
| 目数（mesh） | 175 | 200 | 250 | 300 | 400 | 600 | 800 | 1000 | 2000 | 5000 |
| 颗粒直径（$\mu$m） | 86 | 75 | 58 | 48 | 38 | 23 | 18 | 13 | 6.5 | 2.6 |

强度对于粒状炭也很重要。在反冲洗、运输以及再生过程中，强度太小将会造成更多的损耗。由于强度不够造成的过度损耗会降低活性炭使用的经济性。

灰分一般表明了活性炭中无机成分的含量。一般优质活性炭的灰分比较低，在 5%～8%。

2. 化学性质

活性炭的化学性质一般是指活性炭的表面性质。在活性炭生产过程中，由于氧化及活化作用，在活性炭中形成了复杂的孔状结构，同时还在活性炭表面形成了复杂的含氧官能团以及碳氢化合物，包括羧基、酚羟基、醚类、酯以及环状过氧化物。这些官能团的存在及相对数量的多少，将决定活性炭的极性强弱以及吸附性能。从相似相溶原理看，具有弱极性、中性及非极性表面的活性炭对非极性的分子吸附能力比较强，而对极性分子以及离子的吸附能力比较弱。

一般把活性炭的表面氧化物分成酸性和碱性两大类，并按这种分类解释活性炭的吸附作用。酸性官能团有：羧基、酚羟基、醌型羧基、正内酯基、荧光型内酯基、羧酸酐基及环式过氧基等，其中羧基、内酯基及酚羟基被多次报道为主要酸性氧化物。对于碱性氧化物的说法有一些分歧。活性炭中氢和氧的存在对活性炭的吸附及其他特性有很大的影响。在炭化及活化的过程中，由于氢、氧与碳以化学键结合，使活性炭表面上形成各种有机官能团形式的氧化物及碳氢化合物，这些氧化物使活性炭与吸附质分子发生化学作用，显示出活性炭的选择吸附性。活性炭表面的这些氧化物主要是在活化和后处理(酸洗或碱洗）过程中产生的，活性炭在后处理时对酸、碱的吸附量，与活化温度有密切关系。因此，活性炭表面的氧化物成分主要受活化过程的影响。一般温度在 500℃以下用湿空气活化所制造的活性炭中，酸性氧化物占优势；而温度在 800～900℃时，用空气、蒸汽或二氧化碳为活化氧化剂所制造的活性炭中，碱性氧化物占优势；温度为 500～800℃时制造的活性炭则具有两性性质。

酸性氧化物使活性炭具有极性，因此倾向于吸附极性较强的化合物。特别应该注意的是那些类似羧基的基团，这些带极性的基团易于吸附带有极性的水，因而阻碍了从水溶液中吸附非极性物质。但当水中含有极性更强的物质时，由于酸性基团与它们间形成的氢键比和水之间所形成的氢键强，就可能置换水而被吸附。为了避免形成更多的类似羧基的基团，妨碍吸附非极性有机物，活化温度必须控制在 900℃附近。活性炭表面的金属离子部位带有正电荷，对那些带有过剩电子部位的分子有吸引力，可以提高活性炭吸附速率。

3. 吸附性质

通常用来表征活性炭吸附性质的参数有碘吸附值、亚甲基蓝吸附值、四氯化碳吸附率、BET 面积等。

（1）碘吸附值

碘吸附值是表征活性炭吸附性能的一个指标，碘的分子尺寸小，活性炭对其吸附容量能够反映活性炭的微孔结构。一般认为，碘吸附值高低与活性炭中微孔的多少有很好的关联性。其测试原理是称取一定量的活性炭样与配制好已知浓度的碘溶液充分振荡混合吸附后，用滴定法测定溶液中残留碘值，计算出每克活性炭样吸附碘的毫克数。

碘吸附值指标是测定活性炭吸附性能最常用的指标，具有测试仪器简单、快速、易操作等特点，是应用最广的活性炭吸附性能测试方法，在活性炭生产、科研中广泛应用，我国各种活性炭一般均用此指标表征活性炭的吸附性能。但碘吸附值的测试结果和采用的测试方法有关，中国、美国和日本的碘吸附值测试方法略有不同，测试结果也有差异，因此在报告碘吸附值测试结果时，应标注采用的检测方法。

（2）亚甲基蓝吸附值

亚甲基蓝吸附值也是表征活性炭吸附性能的一个指标，由于其分子直径较大，一般认为其主要吸附在孔径较大的孔内，其数值的高低主要表征活性炭中孔数量的多少。其测试原理是称取一定量的活性炭样与已知浓度的亚甲基蓝溶液充分混合吸收，利用分光光度计测试亚甲基蓝溶液浓度变化，计算出每克活性炭样吸附亚甲基蓝的毫克数。

亚甲基蓝吸附值是测定活性炭吸附性能的常用指标，主要表示活性炭液相吸附的能力，具有测试仪器简单、快速、易操作等特点，是应用最广的活性炭吸附能测试方法，在活性炭生产、科研中广泛应用。我国水处理用活性炭一般均用此指标表征活性炭的吸附性能，在美国活性炭检测方法中没有亚甲基蓝检测指标，在日本活性炭检测方法中有亚甲基蓝检测指标，但与中国的检测方法略有不同，使用此检测指标时应注意。

（3）四氯化碳吸附率

在一定的温度条件下将含有一定四氯化碳蒸气浓度的混合空气流连续不断地通过活性炭床层，通过 60min 后对活性炭进行称量，以后每隔 15min 称量一次，直至活性炭吸附饱和，将活性炭吸附饱和时所吸附的四氯化碳质量与活性炭样质量的百分比作为四氯化碳吸附率。

四氯化碳吸附率是测定活性炭吸附性能的常用指标，主要表示活性炭气相吸附的能力，具有测试仪器简单、快速、易操作等特点，是应用最广的活性炭吸附性能测试方法之一，在活性炭生产、科研中广泛应用。我国气相用活性炭一般均用此指标表征活性炭的吸附性能。

(4) BET 面积

BET (Brunauer-Emmet-Teller) 面积是一个理论上非常有用的参数，其物理意义是在活性炭表面饱和吸附一层氮气分子时氮气分子所占据的活性炭表面积。在假定活性炭表面覆盖一层氮分子并已知单位数量氮气分子所占表面积的情况下，可以根据氮气吸附量来确定 BET 面积。BET 面积是针对氮气分子而言的，在水处理中，许多吸附质的分子尺度远远大于氮气分子，因此，并不是所有 BET 面积都可以在水处理过程中得到应用。

另外还有一些参数用来评价活性炭的吸附性能，如糖蜜值、丹宁值、苯酚吸附值等。在应用活性炭过程中，如果能够结合应用中的相同或者相似条件，将目标污染物的等温吸附曲线测出来，所得到的参数是非常有用的。

### 6.2.3　影响活性炭吸附性能的因素

1. 活性炭的性质

活性炭本身的性质是影响活性炭吸附性能的最重要因素。这包括以上所列的活性炭的物理、化学以及吸附性质，不再赘述。

2. 吸附质的性质

吸附质和活性炭的性质共同决定了活性炭对这种吸附质的吸附性能。对活性炭性能影响比较大的是分子极性、分子大小及构型。过大的分子不可能进入活性炭小孔中。分子的疏水性越强越容易被吸附。分子的疏水性由分子的极性及其大小共同决定，同系物的疏水性随着分子量的增加而增大，因此相同条件下的平衡吸附量随之增加。但是，当分子量增大到一定程度后，平衡吸附量将会由于分子过大难以进入孔隙中而降低。根据相似相溶原理，分子的极性越大越不容易被吸附。由于分子构型造成的极性不同使大多数芳香族化合物在活性炭表面的吸附性能要好于脂肪族化合物。一般说来，活性炭对非极性分子、中性分子的吸附能力大于对极性分子的吸附能力。一些常见的易吸附和不易吸附的化合物见表 6-3。

**容易吸附和不易吸附的有机物**　　　　**表 6-3**

| 容易吸附的有机物 | 不易吸附的有机物 |
|---|---|
| 芳香族溶剂，如苯、甲苯、硝基苯等 | 低分子有机物，如酮、酸、醛 |
| 氯代芳香化合物，如氯酚 | 糖类，淀粉 |
| 多环芳香化合物 | 大分子有机物或者胶体 |
| 杀虫剂及除草剂，如莠去津 | 低分子脂肪化合物 |
| 氯代物，如四氯化碳、三氯乙烯、氯仿、溴仿等 | |
| 高分子烃类，如染料、汽油、胺类、腐殖质 | |

3. 其他因素

活性炭以及吸附质的性质决定着活性炭对吸附质的吸附性能，而其他一些外界因素将会通过影响它们的性质来影响活性炭对吸附质的吸附性能，这些外界因素包括溶液的 pH、无机离子组成以及含量、无机沉淀等。很多有机物质的存在形态受 pH 影响。当溶液 pH 大于有机物的 p$Ka$ 值时，有机物的某些基团会产生离解，这将造成有机物性质的改变。

对苯酚而言，当 $pH<6$ 时，苯酚很容易被活性炭吸附，而当 $pH>10$ 时，苯酚大部分电离为离子状态而从活性炭表面上脱附下来。无机物对有机物的吸附也会产生影响，研究结果表明，水中增加了 $CaCl_2$ 后，会由于腐殖酸与钙离子的交联与络合而使腐殖酸的吸附容量增大。而无机盐类，如铁、镁、钙等，在活性炭表面可能形成沉淀，这些沉淀往往会阻碍吸附的进一步发生。

4. 活性炭与水处理化学药剂的反应

活性炭是一种具有还原性的物质，因此在水处理过程中，活性炭常常和氧化性的物质，如氧、氯、二氧化氯、高锰酸盐反应。例如，活性炭与水中游离氯的反应可能是：

$$HClO+C^* \longrightarrow C^*O+H^+ +Cl^- \tag{6-11}$$

$$OCl^- +C^* \longrightarrow C^*O+Cl^- \tag{6-12}$$

这些反应有时可以被用于去除水中的余氯。例如在反渗透过程中，对游离氯敏感的反渗透膜之前常设活性炭滤柱，在去除有机物的同时保证进入的余氯浓度控制在安全范围之内。

### 6.2.4　竞争吸附*

活性炭对于单一组分溶液中溶质的吸附，可以用 Freundlich 吸附等温式或者 Langmuir 吸附等温式来描述。当溶液中存在两种或两种以上的溶质并用活性炭来吸附时，将会产生非常复杂的竞争吸附现象。

1. 两组分竞争吸附模型

研究竞争吸附的目的是探讨多种组分条件下各组分的平衡吸附量情况。多组分竞争吸附中最基本的是两组分竞争吸附，影响两组分竞争吸附的主要因素是初始浓度、平衡浓度、单组分的吸附参数(Freundlich 吸附等温式中的 $K$，$1/n$)。常用的两组分竞争吸附模型来自于对 Freundlich 吸附等温式修正的理想溶液吸附理论。该模型为如下两个等式：

$$C_{1\cdot 0}-q_1C_c-\frac{q_1}{q_1+q_2}\left(\frac{n_1q_1+n_2q_2}{n_1K_1}\right)^{n_1}=0 \tag{6-13}$$

$$C_{2\cdot 0}-q_2C_c-\frac{q_2}{q_1+q_2}\left(\frac{n_1q_1+n_2q_2}{n_2K_2}\right)^{n_2}=0 \tag{6-14}$$

其中，$q_1$ 和 $q_2$ 分别表示吸附平衡时两种化合物的吸附量，$C_{1\cdot 0}$ 和 $C_{2\cdot 0}$ 分别表示溶液中两种溶质各自的初始浓度。$K_i$ 和 $n_i$ 分别为各自的 Freundlich 参数，一般由单组分溶液条件下测得。$C_c$ 表示活性炭的投加量。这两个方程描述了两种吸附质的初始浓度、平衡吸附量及活性炭投量之间的关系。$C_{1\cdot 0}$、$C_{2\cdot 0}$、$K_i$、$n_i$ 以及 $C_c$ 为已知条件，如果根据式(6-13)、式(6-14)求出 $C_{1\cdot e}$ 和 $C_{2\cdot e}$，以及 $q_1$ 和 $q_2$，还需要如下两个等式：

$$q_1=(C_{1\cdot 0}-C_{1\cdot e})/C_c \tag{6-15}$$

$$q_2=(C_{2\cdot 0}-C_{2\cdot e})/C_c \tag{6-16}$$

其中 $C_{1\cdot e}$ 和 $C_{2\cdot e}$ 分别表示各自的平衡浓度。

联立式(6-13)～式(6-16)为方程组，其中有四个未知数，即所需要求得的 $C_{1\cdot e}$、$C_{2\cdot e}$、$q_1$、$q_2$，其余为已知数，包括 $C_{1\cdot 0}$、$C_{2\cdot 0}$、$K_1$、$n_1$、$K_2$、$n_2$、$C_c$。

2. 多组分竞争吸附模型

当溶液中的吸附质组分种类超过两种时，将式(6-13)、式(6-14)扩展得到如下等式：

$$C_{i\cdot 0}-q_iC_c-\frac{q_i}{\sum_{j=1}^{n}q_j}\left(\frac{\sum_{j=1}^{n}n_jq_j}{n_iK_i}\right)^{n_i}=0 \tag{6-17}$$

式中的参数如上所述。

同样的，式(6-17)实际上代表一组方程，其意义和解法类似于两组分的方程组式(6-13)和式(6-14)(还应该包含一组类似于吸附量与浓度的关系方程)，不过方程的个数应该是 $n$ 个。

3. 水中多组分竞争吸附模型的简化处理——EBC 模型

在水处理中，因为吸附质不但种类多，而且很难被分别确认，因此多组分竞争吸附模型作为一种理想模型很难在实际生产中应用。这一问题的解决来自于替代本底化合物模型。该模型的思想是把一种主要的目标污染物作为研究对象，而把其他复杂的多种组分作为一种化合物来看待，称为替代本底化合物(Equivalent Background Compound，EBC)。通过替代本底化合物的定义，多组分的竞争吸附可以转化为简单的二组分竞争体系。这样，只需要测定出目标化合物以及本底化合物的吸附参数和初始浓度，就可确定活性炭的吸附情况。其中需要注意的是，本底化合物的 $K$、$1/n$ 值往往随着不同化合物组成和不同活性炭的种类而不同。

### 6.2.5　活性炭吸附过程

1. 传质过程

活性炭的吸附是一个复杂的动力学过程，其中包括吸附质在主体溶液中的传质，吸附质在活性炭表面水膜中的传递，吸附质分子在孔内的扩散，以及最终在活性炭表面的吸附。

吸附质在主体溶液中的传质是使吸附质达到活性炭表面上的过程。这一过程可以通过机械混合或者分子扩散来实现。吸附质在活性炭表面水膜中的传质过程符合 Fick 第一定律，与浓度梯度以及液膜的厚度有关。梯度越大、液膜越薄，传质速度越快。吸附质穿过水膜，在到达吸附位置之前的过程，是吸附质在活性炭孔内扩散到吸附位置的过程。吸附质分子到达吸附位置之后，由于其与活性炭表面的作用产生吸附，吸附过程结束。这些连续过程中的最慢者，将会成为整个传质过程的控制步骤。在水处理过程中，通常有机物在水膜中的扩散或者在孔中的扩散是控制步骤。

2. 穿透曲线

对于粒状炭，当水连续地通过吸附装置时，随着时间的推移，出水中污染物质的浓度逐渐上升，这称为污染物的“穿透”现象；达到一定时间后，污染物浓度上升很快；当吸附装置达到饱和后，出水中污染物浓度几乎完全与进水相同，吸附装置失效。以时间为横坐标，以出水中污染物浓度为纵坐标，将出水中污染物浓度随时间变化作图，得到的曲线称为穿透曲线，如图 6-3 所示。图中 $C_A$ 为允许的污染物出水最高浓度，该点称为穿透点；$C_B$ 为进

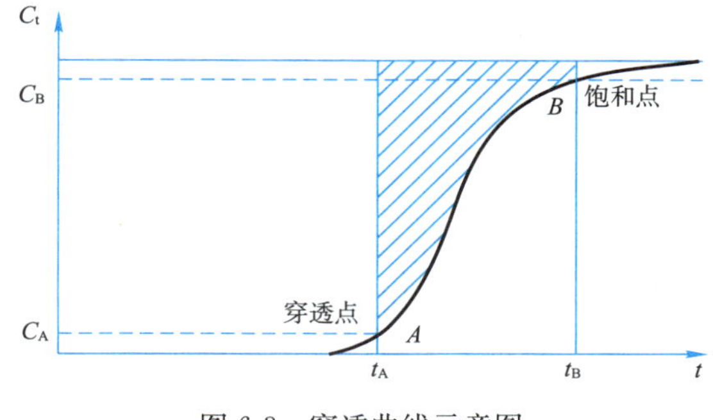


图 6-3　穿透曲线示意图

水浓度的90%，该点称为饱和点。累积通水量或者比通水量(通水量体积/活性炭体积)可作为吸附穿透曲线横坐标。其中比通水量更能够反映活性炭的吸附性能。

3. 吸附带

吸附带是活性炭层中的移动工作层，活性炭对污染物的吸附集中发生在该段中，该段前端(相对于水流方向)的活性炭可以看作未吸附的炭，而该段后端的活性炭都可以看作已经吸附饱和的炭。该段活性炭则被称为吸附带(Mass Transfer Zone，MTZ)。在吸附带中，活性炭的饱和程度从0到100%。当吸附装置开始过滤时，吸附带处于活性炭层上部；当表层吸附饱和后，吸附带逐渐下移；当吸附带移至活性炭层下沿时，出水浓度急剧增大，出水浓度增大到预定值时，炭层穿透。由于吸附带中炭不能被全部利用，所以吸附带的长度将影响整个活性炭层的使用率。

吸附速度越快、吸附带的长度越短、活性炭层的利用率越高。

吸附带长度$L_{MTZ}$的计算方法很多，但在实际中都只能用来进行估算。最常用的是Michaels及Weber的模型：

$$L_{MTZ}=Z\frac{V_E-V_B}{V_E-0.5(V_E-V_B)} \tag{6-18}$$

式中　$Z$——吸附柱高度，m；

$V_E$——滤柱完全耗尽时产水体积，L或$m^3$；

$V_B$——滤柱穿透时产水体积，L或$m^3$。

4. 空床接触时间

空床接触时间(Empty Bed Contact Time，EBCT)是吸附接触装置的重要参数，物理意义是在吸附装置中不加任何填料情况下过水的水力停留时间。其计算式为：

$$\text{EBCT}=\frac{V}{Q} \tag{6-19}$$

式中　$Q$——进水流量；

$V$——反应器的有效吸附体积。

由于$Q$已固定，EBCT的大小将决定于$V$的大小。在某处理水量下，空床接触时间将决定吸附装置的体积。从经济性上看，EBCT越小越好，然而从吸附效果上看，EBCT越大越好。

5. 临界穿透浓度及吸附柱临界深度

临界穿透浓度$C_{cri}$是指可以接受的污染物最大出水浓度。当出水浓度大于该值时，表明吸附装置已经失效，活性炭需要更换了。在定义临界穿透浓度的同时，也可以定义吸附柱的临界深度($L_{cri}$)，即运行一开始就导致出水浓度等于$C_{cri}$的吸附柱深度。一般来说，$C_{cri}$是由处理要求决定的。而$L_{cri}$则由相对应的$C_{cri}$确定。同时，$L_{cri}$和EBCT存在如下关系：

$$\frac{L_{cri}}{Q/A}=\text{EBCT} \tag{6-20}$$

式中　$A$——吸附柱截面积。

6. 活性炭的利用率(Carbon Usage Rate，CUR)

CUR被定义为单位处理水量所需要的活性炭质量，即

$$\text{CUR}=\frac{m_{GAC}}{Q_t} \tag{6-21}$$

式中　$m_{GAC}$——活性炭质量；

$Q_t$——所处理的总水量。

由于总吸附量：

$$Q_e = m_{GAC} \cdot q_e = Q_t \cdot (C_0 - C_e)$$

所以 CUR 又可以表示为：

$$CUR = m_{GAC}/Q_t = (C_0 - C_e)/q_e \tag{6-22}$$

一般增大 CUR 值有利于降低活性炭吸附装置的成本。

## 6.3　活性炭吸附的应用

### 6.3.1　活性炭的功能

在水和废水处理中，活性炭有着广泛的应用。在饮用水处理中，活性炭的功能可以表现为以下几方面。

1. 臭和味的去除

随着水源污染的加重，水中生物作用(如藻类)或者工业废水中的一些能够产生强烈臭及味的物质常常会进入原水，致使水中产生臭和味。为保证净水的感官指标，必须去除这些物质。活性炭吸附作为除臭除味的有效手段，已经在水处理过程中广泛使用。通常，粒状活性炭和粉末活性炭都能满足去除臭和味达到良好处理效果的目的。随着运行时间的延长，由于竞争吸附的作用，粒状活性炭吸附去除臭和味的容量会随着活性炭吸附的天然有机物量的增加而逐渐降低。

2. 总有机碳(Total Organic Carbon，TOC)的去除

一般水中有机物的含量可以用总有机碳(TOC)来衡量。活性炭对 TOC 有比较稳定的去除效果。由于吸附条件(包括活性炭种类，吸附时间，水力负荷)以及 TOC 组成物质和有机负荷的不同，活性炭对 TOC 的吸附容量不尽相同。有人认为，该值为 20%～30%。天然水中不同的本底天然有机物往往也会对 TOC 的去除产生竞争吸附影响。

3. 消毒副产物(Disinfection Byproducts，DBPs)前驱物的去除

自从大多数消毒副产物(DBPs)被确认为致癌物，或者被认为是可疑致癌物后，人们在不断寻求控制消毒副产物产生的有效方法，其中一种常用的方法就是对消毒副产物前驱物的去除。美国国家环保署推荐了三种优先考虑的控制消毒副产物的方法，其中包括活性炭吸附技术。一般认为，原水中的天然有机物(Natural Organic Matters，NOM)是主要的消毒副产物前驱物。大部分胶体状态的 NOM 会在混凝过程中被去除，剩余的 NOM 可以在氯化消毒以前通过活性炭吸附去除，这样就可以控制消毒副产物的生成。

4. 挥发性有机物(Volatile Organic Compounds，VOCs)的去除

挥发性有机物(VOC)包括的范围比较广，有的容易被活性炭吸附，如三氯乙烯和四氯乙烯；有的则较难被吸附，如氯仿和二氯乙烷等。粒状活性炭滤池可以直接用来去除受污染水中的 VOC。

5. 人工合成有机物(Synthetic Organic Chemicals，SOCs)的去除

近年来随着工农业的不断发展，许多合成有机物如除草剂、杀虫剂等开始出现在水源

水中。相当一部分合成有机物为致癌物、可疑致癌物或者内分泌干扰物质。活性炭可有效地降低合成有机物在饮用水中的浓度。

在城市污水与工业废水中，活性炭吸附也有广泛的应用。在城市污水处理中，常采用活性炭吸附作为深度处理的单元过程。在许多高浓度有机废水处理中，也采用活性炭吸附作为回用或者排放前的深度处理过程。活性炭由于对一些无机金属离子具有比较好的吸附性，因此也可以用在一些含有重金属离子的工业废水处理中。

### 6.3.2　粉末炭的应用

粉末炭由于粒度小、接触面积大，所以吸附速度快、吸附效果好。特别是在水质恶化的季节，应用粉末炭能够迅速去除水中的臭、味等。粉末炭投加所需要的基建费用比较低。与粒状炭相比，粉末炭的不足是再生困难，常常只使用一次，所以运行费用较高。粉末炭在应用过程中，需要考虑以下因素。

1. 投加量

粉末炭的投加量决定于特定粉末活性炭的吸附能力以及水质情况。在给水处理中吸附臭和味有机物时，通常的粉末炭投量范围是2～20mg/L。一般可以利用烧杯试验确定粉末炭的投加量。将待处理水样置于烧杯中，投加一定量的粉末炭，然后尽量模拟水厂中的接触时间、混合以及沉淀条件，在此基础上确定活性炭的除污效果。一般烧杯试验的结果在现场往往需要修正，粉末炭的投加量通常需要在实际生产中最后确定。例如，当水源受到硝基苯污染时，若采用粉末活性炭吸附水中的硝基苯，首先进行吸附等温线试验，通过作图确定 Freundlich 吸附等温式中的各个参数，对于原水中一定浓度的硝基苯，要求吸附后低于国家标准的限值，将各种条件代入吸附等温线后得到理论上所需的粉末活性炭投加量。

2. 接触时间

水中的有机物和粉末炭需要足够长的接触时间以保证吸附效果。对于不同类型化合物，采用粉末炭吸附所需要的接触时间是不同的。例如，水中大多数产生臭和味有机物的去除，一般需要15min的接触时间。然而，对于另外一些化合物，如MIB(二甲基异莰醇，2-methylisoborneol)，则需要更长的接触时间。

3. 投加点的选择

在水的处理中，通常需要认真选择粉末炭的投加点。常用的投加点可能在水厂的吸水口、快速混合器前、沉淀池出水处或者是滤池的进水处。这些投加点往往各有利弊，在选用的时候要认真斟酌。在取水构筑物处投加，可以得到足够长的接触时间以及良好的混合效果，但是活性炭的投加量比较大，因为很多可以通过混凝过程去除的有机物也会被吸附，所以运行费用较高。此外，在取水构筑物处投加粉末活性炭还有可能对输水管道的输水特性产生影响，因为活性炭有可能沉积在输水管道中，导致微生物滋生，影响进水水质。在快速混合器前投加粉末活性炭混合效果也很好，但是有可能由于混凝剂的包裹作用而降低了其吸附效率，同时，活性炭对于某些物质的吸附可能没有达到饱和，因而不能得到完全去除。在沉淀池出口或者滤池的入口投加可以有效地利用粉末炭的吸附容量，但是由于部分粉末炭的粒度过小可能会穿透滤池进入管网配水系统，这些活性炭会消耗余氯，也有可能与氯作用产生有害的副产物。在快速混合器之前新建一个带有搅拌装置的池体，并在该池中进行吸附，可以使粉末炭与水有良好的接触。还有多点投加方式应用比较广泛。据Graham等人1995年对99家使用PAC控制臭和味的水厂的调查结果，在快速混合阶段投加粉末炭约占一半(49%)，混凝反应阶段投加粉末炭占10%，沉淀前投加粉末炭占16%，沉淀阶段投加粉末炭占7%，滤池进水点投加粉末炭占10%，其中23%的厂家采用多点投加。有研究表明，应以絮凝池中絮凝体尺度发展到与分散的粉末活性炭颗粒尺度相近时(即刚刚形成微小絮凝体)的位置作为粉末活性炭最佳投加点。在该点投加粉末炭既可避免竞争吸附，又使絮凝体对粉末活性炭颗粒的包裹作用最小，可充分发挥粉末活性炭的吸附效率。

投加点的选择不仅要满足良好混合要求以及足够的接触时间，同时要尽量使水处理药剂对粉末炭的干扰作用最小，降低活性炭的投加量，节约费用。

4. 投加方式及设备

粉末炭有两种投加方法，即干投和湿投，一般湿投方法应用较多。

采用湿投法时，使用时间比较长的时候，通常将粉末活性炭与水混合成炭浆，然后由射流泵打入投加点。湿投法通常需要：炭浆的贮存池体、混合搅拌装置、粉末炭袋子的装卸装置、灰尘控制与收集装置、射流装置以及取样点和压力表。一般宜使投加装置距离投加点尽可能近。输送管道要充分考虑可能产生的堵塞问题。用于间歇投加的设备在停止运行前要充分冲洗，在停用期间要定时检修，以保证系统的完好。

5. 粉末炭应用的其他方式

Haberer工艺是一种有别于传统PAC应用方式的新工艺。这种方法的主要设备包括一个由聚苯乙烯小球为填料的压力容器状过滤器，在聚苯乙烯小球填料层的上方是一道阻拦格网，防止小球在水上向流时流走。底部为承托层。该工艺的操作分为三步：(1)预处理过程：将粉末炭与水混合自下而上用泵注入滤池中反复循环，直到粉末炭黏附在聚苯乙烯小球上为止；(2)过滤过程：原水上向流过滤，起到过滤及活性炭吸附的作用，直到表面上的粉末炭达到吸附饱和为止；(3)反冲洗过程：反冲洗水自上而下流过，反洗下来的粉末炭可回收再生或排掉。在该过程中，活性炭的停留时间长，吸附作用充分，因此活性炭的使用量比较低，同时，Haberer工艺能够有效地去除三氯甲烷(THM)前质及SOCs。

粉末炭还可以与一些其他技术联用。比如微滤或超滤和粉末炭联用，可以有效地发挥活性炭的吸附作用，将溶解性有机物去除，降低膜的污染，并通过膜将粉末炭分离。粉末炭和高锰酸钾联用，发挥氧化和吸附各自的作用，能够有效地去除臭和味、色度、浊度以及UV吸光度值。有研究表明，高锰酸钾预氧化具有强化粉末活性炭吸附效能的作用。例如，高锰酸钾可以强化粉末活性炭吸附酚类化合物。先投加高锰酸钾进行预氧化对粉末活性炭吸附酚类化合物的增强作用强于高锰酸钾与粉末炭同时投加或后投加高锰酸钾的情况。此外，高锰酸钾与活性炭作用过程中形成的新生态氧化锰对强化高锰酸钾除污具有催化作用。

粉末炭—活性污泥工艺(PACT)是一种比较成熟的工艺。该工艺将活性炭的吸附作用和现有的活性污泥过程相结合，能够降低难生物降解的有机物浓度以降低其毒性，在水质水量发生变化时提高系统的抗冲击负荷能力。该系统对色度和氨氮的去除效果都非常好。同时，后续的污泥沉降性能得到改善。图6-4所给出的是一个典型的PACT工艺流程图。

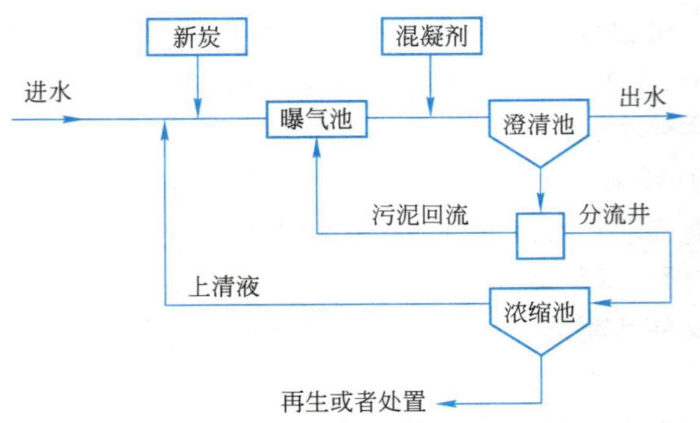

图 6-4　典型的 PACT 工艺流程图

## 6.3.3　粒状活性炭的应用

粒状活性炭吸附装置的构造类似滤池，只是用粒状炭作滤料。粒状炭层下部也设置卵石垫层和排水系统，以便定期反冲洗。当饮用水的原水受到比较严重的污染时需要长期使用活性炭；或者处理废水时，常常由于粒状炭易于再生而采用粒状活性炭滤池。粒状活性炭一般作为一个单元处理过程应用于水处理的某个环节。粒状炭的吸附，可以使用在三个位置，即滤前吸附、滤后吸附及过滤吸附，如图 6-5 所示。这三种方式往往具有不同的特点。放置在混凝沉淀以前的炭滤池，由于吸附量比较大，再生的频率比较高并需另设吸附滤池。在滤池后建吸附滤池，也需要增加基建投资。吸附/过滤装置，即由砂滤池改造而成的活性炭滤池也是一种常用的方式。砂滤池改造成的活性炭滤池可以用活性炭代替砂滤池上部部分滤砂，也可以用活性炭代替全部滤砂。但由于活性炭滤层中会逐渐滋生微生物，往往在滤层下部需设置一定厚度的砂层以防止生物穿透滤池。粒状活性炭和石英砂结合作为过滤兼吸附装置基建投资费用比较低，可以用于现有砂滤池改造。但它反冲洗的频率要比滤后吸附滤池大，跑炭量会由于反冲洗频繁而上升，同时操作的费用会由于活性炭的使用率降低而升高。

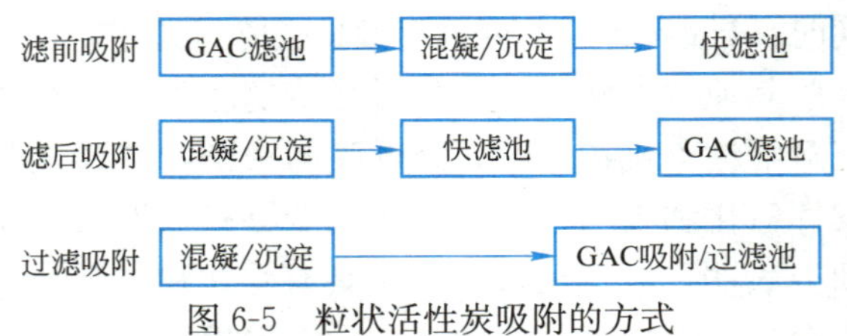

图 6-5　粒状活性炭吸附的方式

1. 吸附装置形式

粒状活性炭吸附装置的形式是多种多样的，具体可采用的形式可以根据不同的要求和目的进行选择。现将一些主要的形式介绍如下。

一般粒状活性炭吸附装置可以分为重力式和压力式。压力式过滤吸附装置的流速可以在一个比较大的范围内进行调节，同时压力过滤吸附装置可以在工厂预制，然后运抵现场。其不足是很难观察到过滤过程中粒状炭的变化情况，同时压力吸附装置的尺寸较小，往往不能处理比较大的水量，一般用于产水量比较小的情况。当水量比较大而且水量的变化不大时，比如在水厂中，往往采用的是重力式滤池。

从流程形式上，活性炭吸附器可以分为单个反应器和多个反应器。单个反应器中的活性炭使用率一般比较低。在这种运行方式下，当出水超出所需要的标准时，整个过滤装置中的活性炭都需要更换。但事实上并不是容器中的所有活性炭都已经达到饱和，因而导致了活性炭的使用率比较低。多个反应器同时使用则可以提高活性炭的使用率。

多个反应器的排列方式可以为并联和串联，如图 6-6 所示。对于串联系统，当前面炭床穿透以后，后面的炭床可以保证出水水质。当前面的炭床吸附容量完全饱和时，可以将其中的活性炭更换为新炭，然后安排在串联系统的最后。如此循环，既可以保证炭床中活性炭的吸附容量得到完全的应用，而且也可以保证出水的水质始终良好。对于并联，当一段炭床的出水穿透后，数个炭床出水的混合水水质仍然可能符合水质要求，这时穿透后的炭床仍可继续工作，直到混合水的水质不符合要求时为止，这样就使穿透炭床的活性炭利用率大为提高。

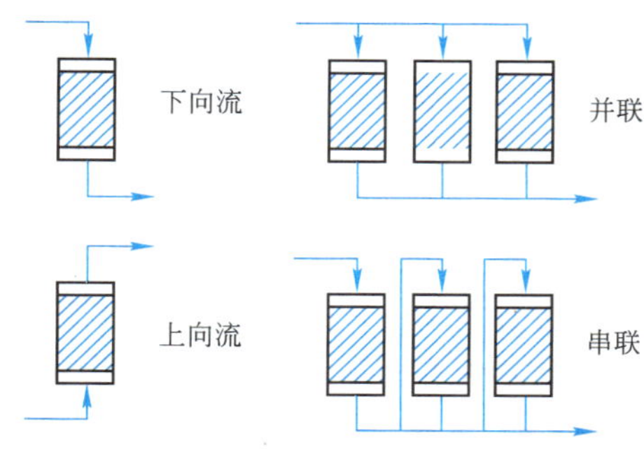

图 6-6　活性炭吸附装置布置方式

从水的流向上，活性炭滤池可以分为上向流和下向流两种。一般的膨胀床采用上向流方式，上向流滤池一般采用颗粒粒度小的悬浮颗粒活性炭床，有机物在活性炭上的传质速度快，对于提高水中有机物的去除效率和在活性炭上负载微生物都比较有利；重力式活性炭滤池及大部分压力过滤装置都采用下向流方式，易于运行管理，但所需的过滤水头较上向流大。

还有一种移动式活性炭吸附装置，这种装置采用上向流，水从底部流入，新鲜的活性炭从上方加入，吸附饱和的活性炭从底部取出，从而不断地更新活性炭。该种装置占地面积小、操作管理方便，比较适合于较大规模的污水处理。

2. 设计参数

粒状活性炭吸附滤池或其他吸附装置的设计过程，类似于快滤池的设计。这里比较重要的两个参数是空床接触时间(EBCT)和活性炭的利用率(CUR)。EBCT 将决定滤池的总体积从而影响建设投资，CUR 将决定活性炭的更换频率从而影响运行的费用。

对于 EBCT，采用的值为 5～25min；EBCT 越大，滤层越不容易穿透，同时 CUR 也得到了相应的提高。

活性炭的利用率(CUR)将决定活性炭更换和再生的频率。该值一般需要通过生产性试验才能确定。一种快速小柱试验(RSSCT)可以有效地模拟整个生产系统的状况，从而确定一些参数。但设计前的试验只能是一种估计性的计算。

粒状活性炭滤池的水力表面负荷概念和普通快滤池中水力负荷的概念是一致的，即为单位时间单位表面积上的产水量，一般称为滤速。活性炭滤池的水力负荷采用的范围是 5～24m/h，而最常用的范围是 5～15m/h。

对于活性炭滤池，反冲洗的参数需要由活性炭的参数确定，可由活性炭生产商提供。

炭床的深度等于 EBCT 与滤速的乘积。

### 6.3.4　活性炭纤维的应用*

活性炭纤维(Activated Carbon Fiber，ACF)近年来在水处理领域引起了越来越多的关注。

用来生产活性炭纤维的原料包括两部分，一部分是主料，或者称为原料，一部分为辅料，或者称为添加剂。可以作为活性炭纤维原料的包括聚丙烯腈、酚醛黏胶丝、沥青、聚乙酸乙烯等。一般的生产过程是，原料先经过处理使之纤维化。随后，含碳质的纤维在700～1000℃的温度下，在水蒸气或者二氧化碳的环境中进行活化。活化后即得到具有吸附性的活性炭纤维。添加剂的作用一般是优化或者强化活性炭纤维的生产过程或者是活性炭的性质，比如降低活化的温度，提高活性炭纤维的强度或者吸附容量等。

活性炭纤维具有许多粒状炭所没有的特点。活性炭纤维含碳量高，孔径分布窄，微孔发达，容易与吸附质接触。由于活性炭纤维的微孔发达，吸附质几乎可以只通过微孔到达吸附位置，这样，活性炭纤维吸附的动力学过程几乎不包括粒状炭吸附过程中通常为速度控制步骤的孔内扩散过程，所以吸附的速度比较快。有研究表明，在相同条件下，活性炭纤维对一些芳香族化合物的吸附系数是粒状活性炭对这些芳香族化合物的吸附系数5～10倍。活性炭纤维的导电性好，因此可以做成活性炭纤维电极。活性炭纤维再生比较容易，重复使用性好。一项用活性炭纤维处理洗衣废水的研究表明，在真空下加热即可恢复活性炭纤维的吸附性能，而且，活性炭纤维的吸附性能经过十次再生后才开始逐渐下降。还有报道称，一种原料为黏胶纤维的活性炭纤维，在对苯饱和蒸汽的吸附试验中，其吸附容量在反复吸脱过程中有所增加。除了纤维状以外，活性炭纤维制品可以加工成多种形式，如线状、纸状或者毡状，然后制成各种形式的过滤器。尽管活性炭纤维具有许多优点，目前活性炭纤维产品的价格还比较高。

由于其独特的性质，活性炭纤维在许多领域有着广泛的应用。这些用途包括溶剂的回收、空气的净化、水中脱氯、饮用水处理以及空气过滤等。

### 6.3.5　臭氧—生物活性炭技术的应用*

20世纪初，许多发达国家就已经开始将活性炭技术应用于水质净化，但由于活性炭在吸附饱和之后，需要经常性的物化再生，造成处理成本较高，限制了它的应用。20世纪60年代末，研究人员发现：长期运行的吸附滤池粒状炭的表面往往吸附有大量有机物，这成为微生物繁殖的基质，形成了生物膜，延长了活性炭的物化再生周期和炭柱使用寿命。通过进一步研究后，20世纪80年代，生物活性炭（Biological Activated Carbon，BAC）正式被确立为水处理新技术之一。BAC技术是利用具有巨大比表面及发达孔隙结构的PAC对水中有机物及溶解氧的强吸附特性，以及其作为载体可作为微生物集聚、繁殖、生长的良好场所，在适当的温度及营养条件下，同时发挥活性炭的物理吸附和微生物生物降解的水处理技术。

随着工艺的不断发展，BAC技术已经由最初的BAC滤池，扩展到曝气池粉末活性炭技术、流化床BAC技术和膨胀床BAC技术，在给水和污水处理中得到了应用。在国内，臭氧氧化与BAC过滤联用技术在饮用水的深度处理中得到了应用。

一般来讲，水处理使用的活性炭能比较有效地去除小分子有机物，难以去除大分子有机物，而水中有机污染物以大分子居多，所以活性炭微孔的表面面积将得不到充分的利用，势必缩短使用周期。但在活性炭前投加臭氧后，一方面氧化了部分有机物，另一方面使水中部分大分子有机物转化为小分子有机物，改变其分子结构形态，提供了有机物进入较小孔隙的可能性，从而达到水质深度净化的目的。人们对臭氧与活性炭联用技术去除水中腐殖酸和富里酸的研究结果也表明，原水中所含的高分子腐殖酸和富里酸不易被活性炭吸附，但经臭氧氧化分解后，变成了一些易被活性炭吸附的小分子物质，从而提高活性炭的吸附效能。

臭氧氧化在某种程度上改善了活性炭的吸附性能，而活性炭又可吸附未被臭氧氧化的有机物及一些中间产物，使臭氧和活性炭各自的作用得到更好的发挥。自从臭氧与生物活性炭联用技术在20世纪60年代发明以来，该技术已经在欧洲、美国、日本等发达国家广泛采用。运行结果表明，此工艺对氨氮（$NH_3$—N）和总有机碳（TOC）的去除比单独采用臭氧或活性炭处理要分别高出70%～80%和30%～75%。

在研究臭氧和活性炭联用时，研究人员发现，水中有机物与臭氧反应的生成物比原来的有机物更易于被微生物降解，活性炭长期在富氧条件下运行表面有生物膜形成，当臭氧处理后的水通过粒状活性炭滤层时，有机物在其上进行生物降解。在臭氧和粒状活性炭组合的情况下，粒状活性炭变成生物活性炭，对有机物产生吸附和生物降解的双重作用，使活性炭对水中溶解性有机物的吸附大大超过根据吸附等温线所预期的吸附负荷。在颗粒活性炭滤床中进行的生物氧化法也可有效地去除某些无机物。

在臭氧与生物活性炭联用工艺中，有时臭氧氧化所起到的作用不大。这有可能来自两个方面的原因，一是臭氧的浓度过低，二是大分子在氧化以前就容易被生物所降解。针对第一个原因，臭氧与生物活性炭联用工艺中常用臭氧浓度一般在0.5～1.0g臭氧/gDOC。

生物活性炭系统受温度影响很大，当夏季温度在25～35℃时，微生物活动非常活跃，但到冬季温度在8～12℃时，微生物数量显著减少，因而一般生物氧化在低温地区难以四季运行。在安徽省淮南市和黑龙江省哈尔滨市的地表水厂分别采用了臭氧催化氧化与上升流沸石活性炭滤池联用技术，保障了在原水低温和高氨氮条件下饮用水水质安全。通常情况下，生物活性炭出水中微生物数量高于进水，因此生物活性炭出水需要进行消毒。

生物活性炭是当前去除水中有机物的一种较为有效的深度处理方法。当然它也存在某些问题，如耗电量较大；在处理过程中会有各种代谢产物及微生物本身进入水中，这些产物包括内毒素、溶解性微生物代谢产物及未完全分解的有机物等，其中大多数物质的特性及其对人体健康的可能影响还知之甚少，尚需开展进一步的研究。

## 6.4 活性炭的再生

由于吸附容量有限，活性炭使用的时间是有限的。给水处理中的活性炭的使用时间稍微长一些，污水处理中使用的活性炭很快就会达到吸附饱和。不管是粒状炭还是粉末炭，当吸附达到一定程度后，活性炭的吸附性能开始下降，直到吸附达到饱和，此时活性炭就需要更换了。更换下来的大量活性炭如果被废弃，将会使运行费用增大，因此往往通过再生使其吸附性能得到恢复以达到重复利用的目的。所谓再生，即采用一些特殊的方法，可以是物理方法、化学方法、生物方法等，将吸附在活性炭表面的吸附质除去，恢复活性炭吸附能力。一般粉末炭由于颗粒太小难以再生，再生的一般都是粒状炭。

目前粒状活性炭的再生方法有热再生法、化学药剂再生法、化学氧化再生法、生物再生法、湿式氧化再生法、超声波再生法等。

热再生的原理是通过热分解的方法将吸附在活性炭孔隙中的吸附质去除掉。热再生法是目前技术比较成熟，应用最为广泛的再生方法。在再生过程中，往往采用不同的温度将不同的有机物去除。首先是干燥过程，温度一般控制在200℃左右，该过程同时可以去除容易挥发的有机物。当温度上升到200～500℃时，大部分挥发性有机物被挥发去除，同时一部分不稳定的物质转化为挥发性组分。当温度再升高时，不挥发性有机物被炭化残留在活性炭表面。最后，用水蒸气、惰性气体或者二氧化碳对活性炭进行活化。

活性炭的热再生可以在使用场所现场再生，也可以运至专门的再生地点再生。当每天需要热再生的活性炭量非常大，比如每天大于1t，现场再生在经济上是合理的；每天的再生量超过200kg，一般都运输到固定地点进行再生；过少的用量对于再生来说是不经济的，往往运到指定地点废弃。

热再生的主要设备是再生炉，附属的部分主要是进料系统、干燥或者脱水的设备。一个常见的再生流程示意图如图6-7所示。常见的再生炉的形式有转炉、流化床炉、多段炉。其中最常用的是多段炉。再生设备可以根据再生的要求选择。

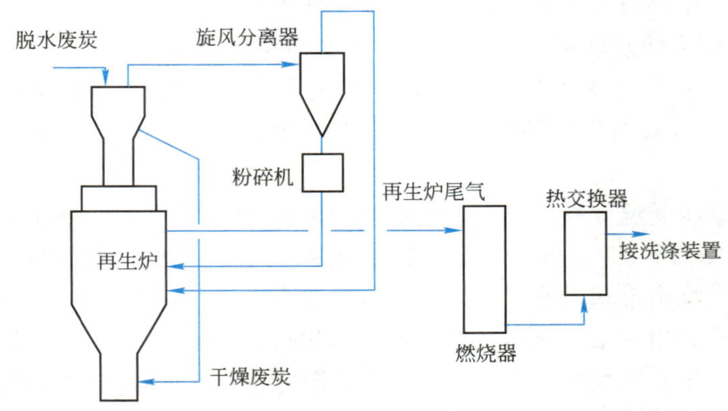


图6-7　活性炭再生装置示意图

一般对于特定活性炭存在最佳的再生温度。用于处理废水的活性炭，所吸附的有机物量可达炭重的40%，常用的再生温度为960℃。但用于给水处理的活性炭，吸附的有机物量只有炭重的7.6%～8.2%，用960℃则太高，这个温度可能使吸附挥发性有机物所需的微孔受到严重破坏，同时削弱大孔的结构，从而产生较大的损耗。540℃再生虽然无960℃的这些缺点，但由于温度低，粒状炭可能会活化不完全。因此850℃的再生温度可能是一个较好的折中再生温度。

活性炭再生中的活化时间和活化温度之间存在着一个近似平衡的关系，即活化所需要的温度越高，活化所需要的时间越短。活化时间过短，往往活化不完全，效果不好。活化时间过长，则再生的热损失率会太高。一般认为，活化的时间在20～40min为最佳。但是，活性炭所吸附的有机物种类和数量影响着活化时间。一般典型的活化时间为20～60min，但活化时间的范围可以很大，如5～125min。

再生炭的损失来自于两方面，即运输过程的损失和活化炉里的损失。一般炉中损失占大部分，但是运输系统如果设计不合理，将会造成运输过程的高损耗。每次再生的炭损耗约为7%～10%，即经过10～14次再生，需换用新炭。同时，随着热再生次数的增加，活性炭的机械强度会下降。

热再生过程中要注意尾气的控制。再生过程中一般采用除尘器和在尾部添加燃烧器以减少尾气的排放，因为在再生过程中产生的尾气往往会含有二噁英或者呋喃类物质，如不加控制可能会污染大气。

化学药剂再生法也是一类常用的再生方法。简单的化学药剂再生即用无机的酸或碱洗涤吸附饱和的活性炭，由于pH的差异造成有机物的脱附，达到再生活性炭的目的，同时还能够回收有用的吸附质。比如，吸附苯酚达到饱和的活性炭，用浓的NaOH溶液再生，洗脱得到的酚盐可以被回收。

有机溶剂萃取再生也是常用的活性炭再生方法，并能够回收有用物质。常利用的有机溶剂包括甲醇、乙醇、苯、丙酮、醚类等。再生所采用的有机溶剂往往对所吸附的物质具有比较强的亲和性，所以容易使之脱附。

化学药剂再生过程中活性炭损耗的比较少，而且可以回收一些有用的物质，再生速度也比较快。当存在两个或两个以上吸附装置时，如图6-8所示，可以一边吸附，一边脱附，操作十分方便。但在吸附过程中，由于物理吸附与化学吸附两个作用同时存在，所以药剂再生时，随再生次数的增加，再生炭的吸附性能降低较为明显，再生的效率比较低，例如NaOH溶液的再生效率通常低于70%。再生后的吸附装置往往需要补充一些新炭。同时所需脱附溶剂的专一性比较强，可以选择的余地比较窄。例如，少量的NaOH溶液可以很好地洗脱活性炭上吸附饱和的苯酚，但是对于饱和吸附邻甲酚的活性炭则需要大量的碱液。

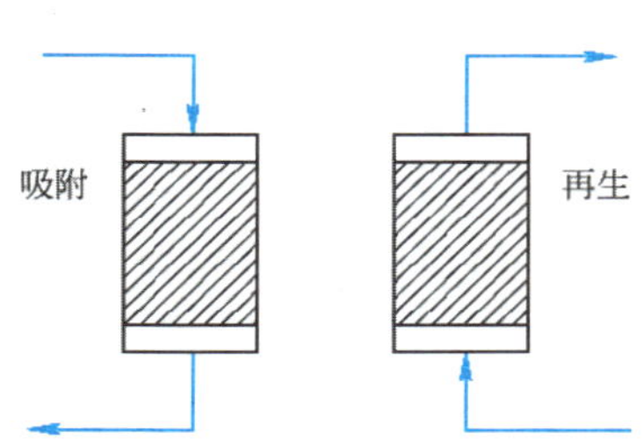

图6-8 溶剂交替再生过程流程图

氧化法再生技术中比较有代表性的方法是湿式氧化再生法。湿式氧化法再生活性炭是20世纪70年代发展起来的一种新工艺。它是在液相状态下，用空气中的氧在高温、高压下将吸附的有机物氧化的过程，所以一般用于粉状活性炭再生。这种再生工艺，是在连续的完全封闭的系统中进行的，因此操作要求较严格。同时，再生所使用的设备比较复杂。由于其再生机理主要是基于利用有机物和活性炭的氧化温度不同，所以选择适当的再生温度和再生压力，关系活性炭的再生效率与再生损失率。目前催化湿式氧化再生法已开始应用于粉状炭—活性污泥系统。近些年为了更有效地氧化分解活性污泥，进一步提高粉状炭的再生效果，在湿式氧化再生过程中，添加$Cu^{2+}$、$NH_4^+$等作为催化剂。

其余的可以用作再生氧化剂的包括高锰酸钾、过氧化氢、过硫酸盐、臭氧等。超临界流体技术是近些年来兴起的一种新技术。在超临界状态下，流体具有常态所不具有的性质。二氧化碳由于临界温度、临界压力比较低，常常是超临界萃取研究的主要对象。超临界状态下的二氧化碳对有机物具有良好的溶解性，而且黏度小，表面张力低，在活性炭孔中的传质扩散速度快。研究表明，采用超临界二氧化碳对吸附苯达到饱和的活性炭具有良好的再生效果，在较温和的条件下就可达到较理想的再生效率，并且经多次循环使用再生后，活性炭仍能保持较高的吸附性能。超临界流体再生活性炭技术目前基本上仍处于研究阶段。

电化学再生法是一种既可以用于粒状活性炭，也可以用于废弃粉末活性炭再生的新方法。该方法是将吸附饱和的活性炭置于电解质溶液中，然后加以直流电场，活性炭的吸附性能得到恢复。电化学再生过程是一个复杂的过程，其中包括电脱附、溶剂再生以及氧化过程等。活性炭被填充在两个电极之间，在直流电场作用下，活性炭一端呈阳极，另一端呈阴极，形成微电解槽，在活性炭的阴极部位和阳极部位可分别发生还原反应和氧化反应，吸附在活性炭上的物质大部分被氧化而分解，小部分因电场作用发生脱附。在特定条件下通过搅拌强化传质过程可以增大再生效率，使再生率达到 80%。

生物再生法是对吸附饱和的活性炭接种经过驯化培养的菌种，在微生物的作用下，吸附在活性炭上的有机物解吸并被微生物分解，从而使得饱和炭得到再生。由于脱附速度和微生物增长速度的限制，尤其是难降解物质的存在，使得活性炭不可能完全得到再生而且再生的速度很慢。但使用降解活性高的多种微生物，并加快增殖速度，有可能尽快使炭的吸附能力恢复到最大程度。有些有机物在好氧条件下降解比较慢或者是几乎不能降解。在这种情况下，厌氧条件下的再生是可以考虑的。因为在好氧条件下难以降解的有机物往往在厌氧条件下可以降解去除。同时厌氧再生不需要供氧的动力设施以及能量消耗，所以成本较好氧法低。研究结果表明，当苯酚吸附量为 137mg/L，经过 155h 厌氧再生，酚吸附量可以恢复至 74.5%，碘吸附值再生率达到 54.1%。生物法的优点是成本低，设备比较简单。但是需要的时间比较长，再生过程受温度影响比较大，而且再生的效率比较低。此外，在生物降解过程中，还有可能产生毒性更大的物质。

在超声波空化作用下水中可以形成瞬时的高温高压气泡，该过程已经在氧化分解有机物方面得到了比较深入的研究。超声波再生的特点是能量大多集中在活性炭表面的局部，能耗比较小，而且再生的设备较热再生设备简单得多，活性炭再生的损失小。超声再生同样可以回收一些有用的吸附质。但是需要注意的是，超声波再生的效率比较低。

高频脉冲再生活性炭也是一种活性炭再生方法，与高温再生所不同的是，高频脉冲法不需将活性炭先干燥，然后通过升温的方式来逐步去除挥发性及不挥发性有机物。其基本原理是将含水的活性炭直接放在再生炉中，对再生炉施加以交替的电磁场作用。吸附在活性炭表面上的有机物分子在活性炭的孔内随着电磁场的交替而不断运动，运动的分子温度不断升高，于是在孔隙内产生局部的高温状态，使有机物分子产生分解作用。该种方法的设备也比较简单，能量消耗比较低，现在正处于研究阶段。

再生过程引起活性炭性能的变化是多方面的。从吸附性能上来讲，多数的再生对吸附性能的恢复很难达到完全。热再生方式对吸附性能恢复得比较好，但是费用以及损耗比较大。其余的再生方法损耗比较小，但是普遍存在的问题是再生效率低，或者再生周期长。再生方法的选择是一个很复杂的问题，需要综合考虑技术性、经济性等因素。

## 6.5　水处理过程中的其他吸附剂*

除了活性炭之外，水处理过程中常用的吸附剂还有许多，如沸石、硅藻土、活性氧化铝、粉煤灰等，分别简述如下。

### 6.5.1　沸石

沸石是一类疏松的网架状铝硅酸盐矿物。沸石中含有移动性较大的阳离子和水分子，可进行阳离子交换。由于天然沸石所具有的离子交换和吸附性质，它可以被制成各种复合吸附剂或离子交换剂，用来处理含金属离子废水。但是天然沸石的吸附性能往往比较差，因为其孔道比较小，吸附量也比较小。沸石的骨架通常可以表示为如图 6-9 的结构。

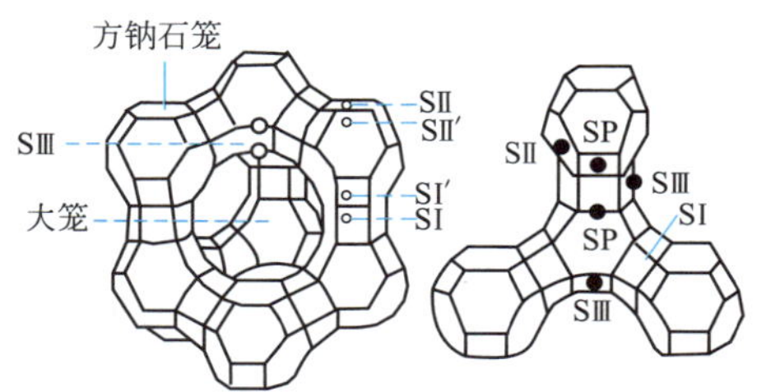

图 6-9　沸石骨架结构示意图

沸石分子筛的骨架是由硅氧（$SiO_2$）四面体和铝氧［$(AlO_2)^-$］四面体通过氧桥相互连接而形成的笼状(â 或 á 笼)结构单元。其中 A 型结构中，各结构单元之间通过 4 个氧原子相互联结，X 或 Y 型沸石结构中，各结构单元之间通过 6 个氧原子相互连接从而形成更大的空腔结构，称为超笼。A 型和 X 型沸石拥有较大孔体积和自由孔径的结构，其中 X 型沸石具有更大的孔容和孔径。在变压吸附过程中，气体主要在这些空腔（如超笼）中被吸附。X 型沸石典型的超笼状结构单元如图 6-9 所示。对 X 型沸石骨架中阳离子的位置，可划分为 SI(位于连接八面体笼的六边棱柱的中心)、SI′(位于八面体笼上六圆环中)、SⅡ(位于连接八面体笼外六圆环的超笼中)、SⅡ′(位于邻近六圆环的八面体笼中）和 SⅢ(位于邻近四圆环的超笼中)。

天然沸石由于其本身结构的局限使其应用受到限制，常用的是经人工处理的沸石。为改善天然沸石的吸附特性，将它的粉体和易燃性微粉按一定比例混合，在高温下灼烧成多孔质高强度沸石颗粒，从而拓宽了其孔洞和通道，不仅增大了沸石颗粒的表面积，而且还使水溶液在沸石颗粒中的渗透性更加顺畅，提高了它对金属离子的吸附性能。

有研究者对颗粒吸附剂适当处理后，就它对铜离子的吸附性能及有关影响因素进行了试验。结果表明，多孔天然沸石颗粒对铜离子有较强的吸附性。

除了吸附金属离子以外，沸石作为水处理吸附剂还可以有以下作用：

1. 有机污染物吸附剂

利用沸石的高选择性和吸附性能，开发出有机污染物吸附剂。沸石对有机物的吸附能力取决于有机物分子的极性和大小。由于沸石本身的结构以及性质，极性有机物分子更容易被吸附。含有极性基团的有机物分子能够与沸石表面发生强烈的吸附作用。微小的非极性分子可以直接进入沸石的空穴内。

2. 氨氮去除剂

沸石因具有对阳离子的选择性交换能力以及可再生能力可以被用来去除水中氨氮。

3. 作为离子交换剂使用

沸石具有优良的离子交换性能，因此可以用来作为硬水软化以及工业废水中重金属离子去除的离子交换剂。将天然沸石用食盐改性后可以作为优良的硬水软化离子交换剂。

4. 废水滤料

沸石表面粗糙、比表面积大、吸附能力强，属于天然轻质滤料，可以用来去除悬浮物、藻类等。

### 6.5.2　硅藻土

硅藻土是一种硅质沉积岩，主要由古代硅藻及一部分放线虫类硅质遗骸所组成。其化学成分可以用 $SiO_2 \cdot H_2O$ 表示。矿石组分中以硅藻为主，其次是水云母和高岭石。纯净的硅藻土一般呈白色、土状，含杂质时呈灰白、黄、灰绿直至黑色，有机质含量越高、湿度越大，颜色越深。大多数硅藻土质轻、多孔、固结差、易碎裂，手捏即成粉末。硅藻土的近似密度为干燥块状 320～640kg/$m^3$，干燥粉状 80～256kg/$m^3$。除氢氟酸以外，不溶于其他酸，但易溶于碱。硅藻土中的孔半径为 5～80$\mu$m，孔隙度为 0.43～0.87$m^3$/g。

由于硅藻土具有多孔性、低密度、比表面积大等特点，并且还具有相对不可压缩性和化学稳定性等特殊性质，而且价格低廉、资源丰富，因此被广泛地用于冶金、化工建材、石油、食品、环境保护等工业。

作为精滤剂，硅藻土广泛用于啤酒工业以及医药业的过滤过程。

在水处理领域，硅藻土大多用在废水处理领域，如处理造纸废水、印染废水、部分重金属离子废水。

用过的硅藻土，用水冲洗即可再生，恢复其吸附性能。

### 6.5.3　粉煤灰

粉煤灰是火力发电厂等燃煤锅炉排放出的废渣。我国年排放量约为 1.6 亿 t。粉煤灰是一种会对环境产生严重污染的工业固体废弃物。由于粉煤灰中含有大量以活性氧化物 $SiO_2$ 和 $Al_2O_3$ 为主的玻璃微珠，因此粉煤灰既具有很好的吸附性能，又是一个巨大的铝的二次资源宝库。所以，如何实现粉煤灰的综合利用、变废为宝的研究工作早已被人们所重视，并进行了较深入的研究。目前在利用粉煤灰开发制备各种新型水处理剂的研究已经取得了较大进展。

由于粉煤灰中含有许多形状不规则的玻璃状颗粒，这些颗粒中还含有不同数量的微小气泡和微小活性通道，因此粉煤灰表面呈多孔结构，其孔隙率一般为 60%～70%，比表面积较大，且其表面上的原子力都呈未饱和状态，使得粉煤灰具有较高的比表面能和较好的表面活性。此外，粉煤灰中含有少量沸石、活性炭等具有交换特性的微粒，又富含铝和硅等元素，这样就使得粉煤灰具有了很强的物理吸附和化学吸附性能。粉煤灰对于阳离子特别是重金属离子具有很好的吸附效果。

研究表明，粉煤灰对废水中 $Cr^{6+}$ 吸附速率与 $Cr^{6+}$ 浓度呈线性关系，$Cr^{6+}$ 的去除主要是粉煤灰的吸附作用。粉煤灰对于 $Hg^{2+}$ 的吸附效果甚至比活性炭优异。粉煤灰对阴离子的吸附以化学吸附为主，是一个放热过程，反应发生在阴离子与粉煤灰中高度活泼的活性 CaO、$Fe_2O_3$ 和 $Al_2O_3$ 颗粒间。粉煤灰的除磷和除氟等效果明显，符合 Langmuir 等温吸附方程。粉煤灰中的 $SiO_2$ 和具有弱酸性的 $Al_2O_3$ 及 $Fe_2O_3$ 可以与有机物羟基氧上的孤对电子形成很强的化学键，发生物理化学吸附。同时，粉煤灰具有较大的比表面积和静电吸附作用。粉煤灰还具有显著的去除 COD 和脱色效果。但粉煤灰有可能含有不同量的放射性成分，在使用后需要注意安全性评估和处置。

## 【习题】

1. 影响活性炭吸附能力的指标有哪些？如何评价活性炭对于特定污染物的吸附特性？通过哪些途径可以改进和提高活性炭对有机物的吸附性能？以苯酚为例进行讨论。

2. 2005 年 12 月，松花江上游吉林化工厂发生硝基苯污染事件，哈尔滨有两个水厂以松花江为水源，第三水厂和第四水厂。第三水厂采用的是混凝、斜管沉淀普通快滤池过滤和氯消毒工艺。第四水厂采用混凝、斜管沉淀、无阀滤池过滤、氯消毒工艺。你认为通过哪些方法可保障两个水厂的水质安全？请详细说明采取的步骤。

3. 自从 2005 年松花江重大污染事件之后，哈尔滨改用水库作为水源，但单一水源供水安全性难以保障，因此，需要开辟第二水源。经过系统监测和分析，认为松花江水质在不断改善，突发性污染减少，然而长期低浓度污染成为主要问题，微量有机污染物和低浓度的氨氮是主要污染物，因此计划建设 10 万 $m^3/d$ 规模水厂。以松花江水为水源，请讨论应该采用怎样的工艺，水质安全更可靠，请给出设计方案。

# 第 7 章　氧化还原与消毒

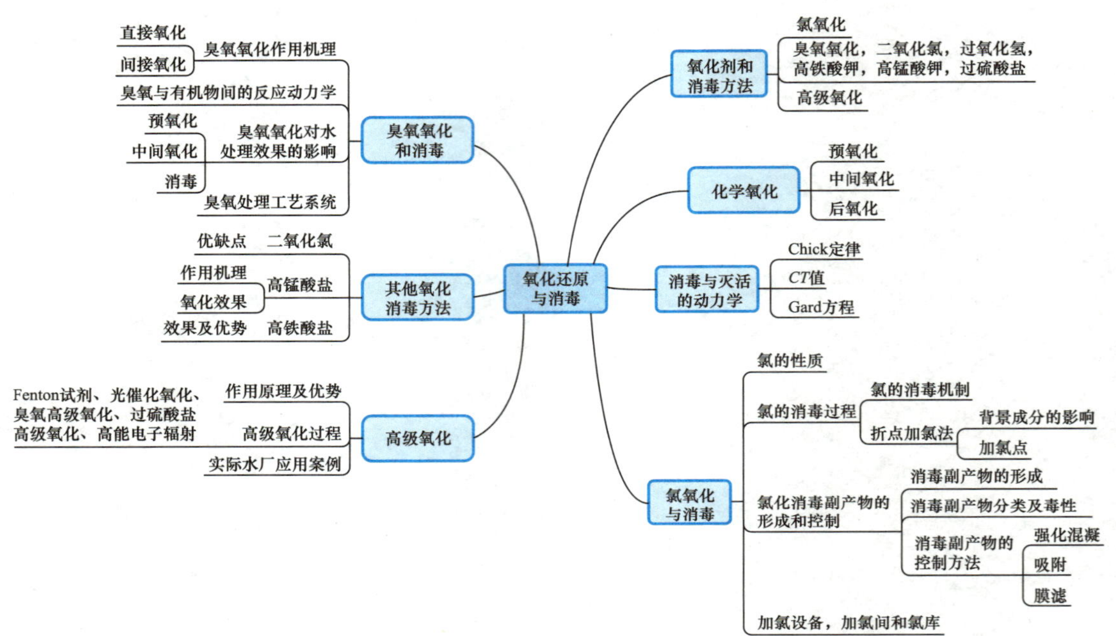


## 7.1　概　　述

第 7.1 节内容视频讲解

### 7.1.1　氧化剂和消毒方法

水中有毒、有害污染物严重威胁水生态系统和饮用水安全。氧化还原方法常被用于去除水中的致病微生物或有机与无机污染物等，以保障水的卫生安全。污染物的低毒性、无害化处理需要通过物质转化、分解来实现，而氧化还原过程能通过调控污染物分子间的电子转移来达到其形态转化的目的，有利于污染物的去除。氧化剂在水处理过程中可以与水中微生物如原生动物、浮游生物、藻类、细菌、病毒等作用，使之灭活或强化去除，该过程又被称为消毒过程；也可以与水中有机或无机污染物作用，使之分解破坏或转化成其他形态，降低其危害性或更易于被去除。常见的氧化剂有氯、臭氧、二氧化氯、过氧化氢、高锰酸盐、高铁酸盐、过硫酸盐等。

氯氧化与消毒是在水处理中应用最广的化学氧化方法，主要用于水的消毒，至今仍广泛地应用于给水、游泳池循环水和各种污水处理中。但由于氯具有很强的取代作用，在消毒过程中，同时还会与水中有机物进行取代反应，生成一些对人体健康具有潜在危害的卤代副产物(如三卤甲烷、卤乙酸等)，因此，目前氯主要用于最后消毒而不倾向用于预氧化。

臭氧是水处理中应用较早的氧化剂。臭氧有很强的杀菌作用，其杀菌能力约是氯消毒的几百倍。臭氧能够选择性地与水中带有不饱和键的多种有机污染物作用，使之部分降解为分子量更小的有机物或部分无机化。臭氧一般能够使水中有机物的可生化性提高，因而与生物活性炭结合使用能够显著地提高对水中有机物的综合去除效率。

二氧化氯是一种良好的消毒剂，其消毒能力比氯高几十倍。但二氧化氯需要现场制备，其主要消毒副产物是亚氯酸根，对红细胞有破坏作用，因而二氧化氯投加量不宜过大。

过氧化氢是一种强氧化剂，主要用于水与污水的高级氧化(如 Fenton 试剂，即 $Fe(Ⅱ)/H_2O_2$、$UV/H_2O_2$、$O_3/H_2O_2$ 等)。

高锰酸盐是一种强氧化剂，能够选择性地与水中有机物作用，破坏有机物的不饱和键。同时，高锰酸盐在氧化过程中产生的过渡态锰[如 Mn (Ⅲ)]具有很强的氧化作用，形成的新生态二氧化锰对水中微量污染物具有吸附、催化作用，可在一定程度上提高对水中多种有机污染物和重金属的去除。因而，高锰酸盐在水处理中有重要的应用潜力。

高铁酸盐的氧化还原电位比较高($E^0=2.20V$)，在氧化过程中也能够形成复杂的中间态成分，具有氧化、絮凝、吸附等多种作用。但高铁酸盐合成难度较大，目前已经研制出能够规模化生产的制备方法，是一种很具有研究开发潜力的氧化剂。

过硫酸盐分为单过硫酸盐和过二硫酸盐两种。过硫酸盐的氧化还原电位也比较高($E^0=2.0V$)，在一定条件下可形成硫酸根自由基，具有更强的氧化能力。

氧化还原过程能够与吸附、膜过滤等工艺结合强化去除水中难降解污染物，并能有效灭活病原微生物，保障水质的化学、生物安全性。

除了用化学方法消毒以外，还可用物理方法消毒，目前应用较多的是紫外线消毒。

本章介绍了氧化剂与消毒剂的种类、氧化还原机理与消毒效果。

### 7.1.2　化学氧化

按化学药剂在水处理过程中的投加点不同和产生的作用不同，可将氧化分为预氧化、中间氧化和后氧化，如图 7-1 所示。

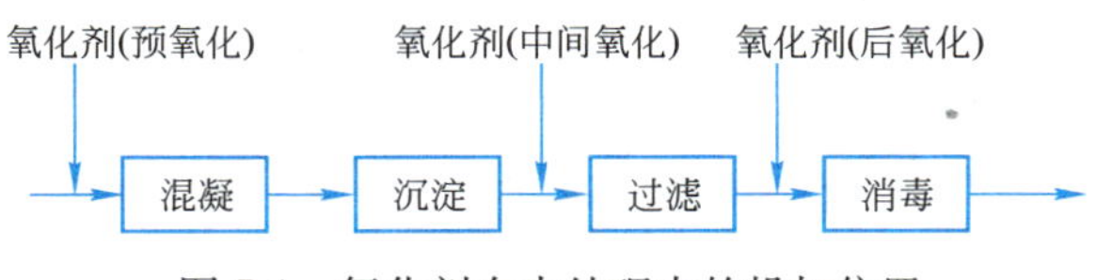


图 7-1　氧化剂在水处理中的投加位置

化学预氧化对水中藻类、浮游生物、色度、臭和味、有机物、铁锰等具有显著的去除作用，同时可破坏氯化消毒副产物前驱物。藻类和浮游生物的过量繁殖，将给水厂运行带来不利影响，如增加混凝剂的投量、阻塞滤池、缩短滤池运行周期等。氧化剂能使藻类或浮游生物灭活，不同程度地破坏藻体或浮游生物体，并释放出一部分胞内或胞外成分，有利于混凝。

色度是饮用水水质重要的控制指标之一，色度高的水将给人带来明显的感官不适。水中的发色物质一般主要是腐殖质，其大分子结构中含有一些不饱和键、芳香环及发色基团等。化学预氧化能破坏水中一些物质的不饱和键和发色基团，对后续工艺强化去除色度起到了重要的作用。

除臭、除味一直是饮用水处理的核心问题之一。臭和味是由水中各种有机与无机物质综合作用而表现出来的，包括土壤颗粒、腐烂的植物、微生物(浮游生物、细菌、真菌等)及各种无机盐(如氯根、硫化物、钙、铁和锰)、有机物和一些气体等。水中植物在某些微生物(如放线菌、蓝绿藻等)作用下所产生的微量有机物(如 MIB、土臭素等)也是臭和味的主要来源。化学预氧化、中间氧化和后氧化都对不同种类的臭和味物质具有一定的去除效果。但氧化剂在去除一部分臭和味的同时，还会与水中共存的其他有机物作用而产生新的臭和味。例如，臭氧与有机物作用产生一系列醛类化合物，使饮用水中带有一定程度的水果味；氯与水中酚类化合物作用产生带有刺激性气味的氯酚；二氧化氯在氧化过程中也会产生一些异味。高锰酸钾的除臭和味作用明显，无副作用。另外，高锰酸钾与某些药剂复合(高锰酸盐复合剂)能使臭和味的去除效果进一步提高，拓宽了臭和味的去除范围。

此外，由于未经混凝的原水成分很复杂，在预氧化过程中氧化剂会与水中多种成分作用，既能够氧化分解水中某些微量无机、有机污染物，也能将腐殖酸等大分子氧化，产生一些小分子有机物。同时预氧化能破坏有机物对胶体的保护作用，提高混凝效果。通常水处理中常用的氧化剂主要与水中有机物的不饱和键作用，生成相应的含氧有机中间产物。

几种预氧化剂能迅速地氧化水中游离态铁锰，但对地表水中的稳定性铁锰的氧化效果明显降低。高锰酸盐和高铁酸盐对地表水中铁锰的强化去除效果相对较好，并已经在生产中应用。几种氧化剂与水中铁锰的定量反应关系见表 7-1。

**几种常用氧化剂与 Fe(Ⅱ)和 Mn(Ⅱ)作用的定量关系　　表 7-1**

| 金属/氧化剂 | 反应 | 定量关系 |
|---|---|---|
| 1. Fe(Ⅱ) | | |
| $O_3(aq) \longrightarrow O_2$ | $2Fe^{2+}+O_3(aq)+5H_2O \longrightarrow 2Fe(OH)_3(s)+O_2(aq)+4H^+$ | 0.43mg $O_3$/mg Fe |
| $HOCl \longrightarrow Cl^-$ | $2Fe^{2+}+2HOCl+5H_2O \longrightarrow 2Fe(OH)_3(s)+2Cl^-+\frac{1}{2}O_2(aq)+6H^+$ | 0.64mg HOCl/mg Fe |
| $ClO_2 \longrightarrow ClO_2^-$ | $Fe^{2+}+ClO_2+3H_2O \longrightarrow Fe(OH)_3(s)+ClO_2^-+3H^+$ | 1.20mg $ClO_2$/mg Fe |
| $KMnO_4 \longrightarrow MnO_2$ | $3Fe^{2+}+MnO_4^-+7H_2O \longrightarrow 3Fe(OH)_3(s)+MnO_2+5H^+$ | 0.94mg $KMnO_4$/mg Fe |
| $K_2FeO_4 \longrightarrow Fe(OH)_3(s)$ | $3Fe^{2+}+K_2FeO_4+8H_2O \longrightarrow 4Fe(OH)_3(s)+2K^++4H^+$ | 1.18mg $K_2FeO_4$/mg Fe |
| 2. Mn(Ⅱ) | | |
| $O_3(aq) \longrightarrow O_2(aq)$ | $Mn^{2+}+O_3(aq)+H_2O \longrightarrow MnO_2(s)+O_2(aq)+2H^+$ | 0.88mg $O_3$/mg Mn |
| $HOCl \longrightarrow Cl^-$ | $Mn^{2+}+HOCl+H_2O \longrightarrow MnO_2(s)+Cl^-+3H^+$ | 1.30mg HOCl/mg Mn |
| $ClO_2 \longrightarrow ClO_2^-$ | $Mn^{2+}+2ClO_2+2H_2O \longrightarrow MnO_2(s)+2ClO_2^-+4H^+$ | 2.45mg $ClO_2$/mg Mn |
| $KMnO_4 \longrightarrow MnO_2$ | $3Mn^{2+}+2MnO_4^-+2H_2O \longrightarrow 5MnO_2(s)+4H^+$ | 1.92mg $KMnO_4$/mg Mn |
| $K_2FeO_4 \longrightarrow Fe(OH)_3(s)$ | $3Mn^{2+}+2K_2FeO_4+4H_2O \longrightarrow 2Fe(OH)_3(s)+3MnO_2(s)+2H^++4K^+$ | 2.40mg $K_2FeO_4$/mg Mn |

挥发性三卤甲烷(THMs)和难挥发性卤乙酸(HAAs)被认为是两大类主要氯化消毒副产物。此外，卤代酚、卤代腈、卤代酮、卤代醛、卤代硝基甲烷、3-氯-4(二氯甲基)-5-羟基-2(5H)-呋喃酮等多种难挥发性氯化消毒副产物也陆续从自来水中被检测出来。近年来，研究人员发现藻类及其代谢产物、污水中氨基酸和蛋白质等是含氮消毒副产物的重要前驱物质，由于其毒性大，对其控制引起人们高度关注。化学预氧化可破坏一部分氯化消毒副

产物的前驱物质，或使之转化成氯化消毒副产物生成势相对较低的中间产物。但氧化剂也有可能将水中某些有机物氧化，使另一部分前驱物质的卤代副产物生成势升高。在氧化过程中还有可能产生一些其他有机与无机副产物。预氧化对消毒副产物的影响及对水质的综合作用结果取决于氧化剂种类、投量、氧化条件、水中前驱物质种类与浓度、pH及水中共存的有机与无机物种类和浓度等多种因素。

总之，在预氧化过程中，氧化剂能与水中多种成分作用，提高对有害成分的去除效率，但在一定条件下也会产生某些副产物。各种氧化剂作为预处理药剂对给水处理效果的综合影响程度差别较大。表7-2为几种氧化剂预处理对水质综合影响情况的大体对比。

**几种主要氧化剂预处理对水质的综合影响**　　　**表7-2**

| 氧化剂 | 消毒 | 除微污染 | 除藻 | 除臭和味 | 控制氯化副产物 | 氧化助凝 | 除铁锰 | 主要氧化副产物 | 备注 |
|---|---|---|---|---|---|---|---|---|---|
| 臭氧 | √√√√√ | √√√√ | √√√√ | √√√√ | √√√√ | √√√ | √√ | 醛、醇、有机酸、$BrO_3^-$、Br-THMs | 有机物可生化性提高，AOC、BDOC升高，设备投资较大，运行管理较复杂，除色效果很好 |
| 高锰酸钾 | √√√ | √√√√ | √√√ | √√√ | √√√ | √√√√ | √√ | 水合$MnO_2$ | 对水质副作用小、副产物可被常规给水处理工艺去除。投资小、使用灵活，但要严格控制投量（防止过量造成水的色度增加） |
| 高锰酸盐复合药剂 | √√√√ | √√√√ | √√√√ | √√√√ | √√√√ | √√√√√ | √√√ | 水合$MnO_2$ | 利用强氧化性中间态成分氧化有机物，对水质副作用小，但要通过一定的设备控制投量 |
| 氯 | √√√√ | √ | √√√ | √ | — | √√ | √ | THMs与HAAs等多种氯化副产物 | 氯化消毒副产物对人体有害，有时产生新的臭和味 |
| 二氧化氯 | √√√√√ | √√√ | √√√ | √√√ | √√√√ | √√√ | √√√ | $ClO_2^-$、$ClO_3^-$ | 亚氯酸根对人体有害，破坏红细胞，因此投量不能过高 |
| 高铁酸盐 | √√√√√ | √√√√ | √√√√√ | √√√ | √√√√ | √√√√√ | √√√ | $Fe(OH)_3$ | 在水中作用迅速，需要特殊投加设备，对水质副作用小。副产物易于被去除 |

注：1. 表中列出在通常情况下的效果√—略有效果；√√——一般；√√√—较好；√√√√—良好；√√√√√—显著；
2. 氧化效果与水质和氧化剂投量有密切关系；
3. 需经过实验具体选择氧化剂，比较针对某原水水质特征的氧化作用效果；
4. 表中：THMs—三卤甲烷；HAAs—卤乙酸；AOC—生物可同化有机碳；BDOC—可生物降解溶解性有机碳。

中间氧化通常设在常规处理工艺的沉淀之后或过滤之后，作为水的深度处理手段，通过与颗粒活性炭或生物活性炭联用，利用活性炭的良好吸附性能和生物降解功能将氧化后形成的可生化性较高的小分子有机物、有毒有害中间产物及消毒副产物前驱物质等进一步去除。中间氧化大多采用臭氧作为氧化剂。

后氧化是保证饮用水卫生安全的最后一道屏障，其主要目的是消毒，即灭活水中致病微生物。水中消毒剂可分为4类：(1)氧化剂：通过氧化作用破坏有机体内的物质而达到灭活微生物的作用；(2)金、银等重金属离子：重金属一般能够使微生物体内的蛋白质失去活性，例如铜离子能灭活藻类；(3)一些物理方法杀灭微生物或者将微生物分离出来，如紫外线、超声波、辐射，还有加热法、冷冻法、机械过滤等；(4)阳离子表面活性剂，如季铵类与吡啶鎓[Pyridinium，指有机阳离子($C_5H_5NH^+$)化合物]。目前饮用水中常用的消毒剂为氧化剂类，其氧化还原电位见表7-3。

氧化剂类消毒剂及其标准(25℃)氧化还原电位($E^0$)　　表7-3

| 半反应(还原式) | $E^0$(V) | 半反应(还原式) | $E^0$(V) |
|---|---|---|---|
| $O_3+2H^++2e^-\longrightarrow O_2+H_2O$ | 2.07 | $HOI+H^++2e^-\longrightarrow I^-+H_2O$ | 0.99 |
| $HOCl+H^++2e^-\longrightarrow Cl^-+H_2O$ | 1.49 | $ClO_2(aq)+e^-\longrightarrow ClO_2^-$ | 0.95 |
| $Cl_2+2e^-\longrightarrow 2Cl^-$ | 1.36 | $OCl^-+H_2O+2e^-\longrightarrow Cl^-+2OH^-$ | 0.90 |
| $HOBr+H^++2e^-\longrightarrow Br^-+H_2O$ | 1.33 | $OBr^-+H_2O+2e^-\longrightarrow Br^-+2OH^-$ | 0.70 |
| $O_3+H_2O+2e^-\longrightarrow O_2+2OH^-$ | 1.24 | $I_2+2e^-\longrightarrow 2I^-$ | 0.54 |
| $ClO_2+e^-\longrightarrow ClO_2^-$ | 1.15 | $I_3^-+2e^-\longrightarrow 3I^-$ | 0.53 |
| $Br_2+2e^-\longrightarrow 2Br^-$ | 1.07 | $OI^-+H_2O+2e^-\longrightarrow I^-+2OH^-$ | 0.49 |

### 7.1.3　消毒与灭活

目前液氯仍是主要的消毒剂。氯消毒效果比较好，成本较低，可在管网中保持一定余量，存在的问题是氯与水中一些有机物作用产生对人体有害的副产物。因此，安全氯化消毒引起人们的普遍关注，在保证消毒效果的前提下控制氯化消毒副产物生成量。

衡量消毒剂的消毒效果一般要确定所使用的消毒剂对微生物的灭活速率，最终决定有效接触时间及投药量。

1. Chick定律

Chick定律表征消毒剂的生物灭活效率，它最早阐述了消毒过程中的规律，认为消毒过程类似于双分子化学反应，只不过反应物分别是消毒剂与微生物，可以用化学反应速率描述，其表达式为：

$$\ln(N/N_0)=-kt \tag{7-1}$$

式中　$N$——接触$t$时间后存活的微生物数量；

$N_0$——初始微生物数量；

$k$——速率常数，$s^{-1}$；

$t$——接触时间，s。

此后，Watson又提出了速率常数$k$与消毒剂浓度$C$的关系：

$$k=k'C^n \tag{7-2}$$

式中　$n$——微生物灭活的动力学系数；

$k'$——与消毒剂浓度无关的速率常数。

当$C$，$n$，$k'$均为定值时，在完全混合式系统中，消毒剂浓度恒定的理想情况下，消毒速率为定值，则在半对数坐标纸上作图应得一直线关系，但在实际情况中，试验数据在半对数坐标纸上并不总是直线关系，微生物的灭活率随着时间的变化呈现出不同情况的变化，其偏差可能是由多种因素造成的，如微生物种类，水的pH以及温度等因素的差异，以及由于水的流态而造成的消毒剂在水中的空间及时间分布的不均匀等因素。图7-2表示出几种典型的情况。图中纵坐标为$-\lg(N/N_0)$，横坐标为接触时间$t$，$N_0$为活生物体的初始密度，$N$ 为接触 $t$ 时间后存活的生物体密度，$N/N_0$ 为存活率，以百分数表示，$(N_0-N)/N_0$ 为灭活率。

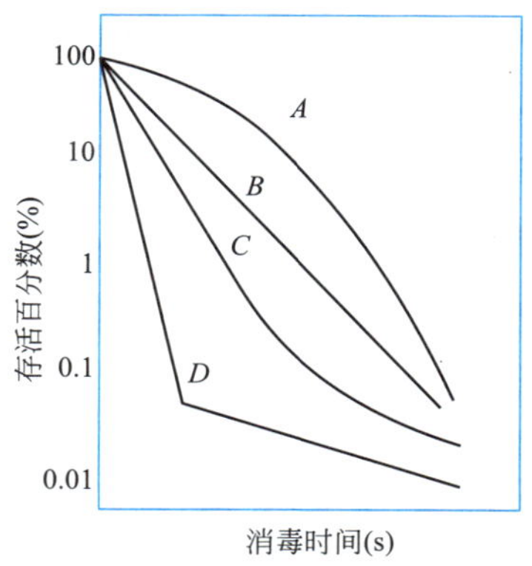


图 7-2　生物体经消毒的存活率类型

曲线 $A$ 代表灭活率在大部分时间内随接触时间的增加而增加，属于多细胞生物体的情况；曲线 $B$ 代表灭活率为常数的情况；曲线 $C$ 的灭活率随接触时间的增加而降低；曲线 $D$ 则出现两阶段不同的灭活率。

当灭活率为 90%时，存活率为 10%，相当于 $N/N_0$ 为 0.1，在图 7-2 的 $-\lg(N/N_0)$ 坐标相应为 1。同样，当灭活率为 99%、99.9%和 99.99%等数值时，$-\lg(N/N_0)$相应为 2、3 和 4 等整数，因此近年也常把这些百分数分别说成是 1-lg、2-lg、3-lg 和 4-lg 的去除率或灭活率。同样，$n$-lg 的去除率或灭活率则代表去除率或灭活率为$(1-10^{-n})\times 100\%$。

2. $CT$ 值

对于确定的消毒剂，影响消毒效果的因素可能有三个方面，即消毒剂的浓度 $C$，消毒剂与水的接触时间 $T$，以及水质本身的因素。

在一定的消毒效果条件下，消毒剂浓度 $C$ 与接触时间 $T$ 存在着一定关系，很显然消毒剂浓度越高，所需要的接触时间越短；消毒剂浓度越低，所需要的接触时间越长。为此，消毒剂浓度与接触时间的乘积 $CT$ 值，被认为与消毒的效果有很大关系。大多数饮用水处理规定某种消毒剂所允许的最小 $CT$ 值，以确保饮用水安全。

在 $CT$ 值中，消毒剂与水的接触时间 $T$ 被定义为水从消毒剂投加地点流到消毒剂剩余值被测量点所需要的时间。水流经不同形状的管道或者反应器的停留时间是不同的。由于短流的关系，清水池中部分消毒剂的停留时间低于水力停留时间。因此为了保证 90%的消毒剂能达到水力停留时间 $T$，测定在某时刻投加的消毒剂中首先从清水池出来 10%的量的停留时间是多少，即 $t_{10}$。一般实际的清水池 $t_{10}/T$ 为 0.1～1。表 7-4 根据清水池隔板设置不同列出了清水池 $t_{10}/T$ 范围。

**清水池 $t_{10}/T$ 范围**　　　　**表 7-4**

| 隔板条件 | $t_{10}/T$ | 隔板设置说明 |
|---|---|---|
| 无 | 0.1 | 无隔板，混合型，极低的长宽比，进出水流速很高 |
| 差 | 0.3 | 单个或多个无导流板的进口和出口，无池内隔板 |
| 一般 | 0.5 | 进口或出口处有导流板，少量池内隔板 |
| 好 | 0.7 | 进口穿孔导流板，折流式或穿孔式池内隔板，出口堰 |
| 理想推流 | 1.0 | 极高的长宽比，进口、出口穿孔导流板，折流式池内隔板 |

微生物在消毒过程中的灭活速率也可用 Gard 方程表示：

$$-\frac{\mathrm{d}N}{\mathrm{d}t}=\frac{kCN}{1+a(CT)} \tag{7-3}$$

式中　$k$——常数，$(\mathrm{mg/L})^{-1}\cdot\mathrm{min}^{-1}$；

$C$——消毒剂浓度，mg/L；

$T$——消毒剂接触时间，min；

$a$——常数，$(\mathrm{mg/L})^{-1} \cdot \mathrm{min}^{-1}$；

$N$——微生物浓度，个/mL。

对式(7-3)从 $t=0$ 到 $t=T$ 积分得：

$$\frac{N}{N_0}=\frac{1}{[1+a(CT)]^{k/a}} \tag{7-4}$$

$N_0$ 为 $t=0$ 时的生物浓度。令 $a=1/b$ 和 $k/a=kb=n$，使 $b$ 的单位与 $CT$ 完全一样得：

$$\frac{N}{N_0}=\left(1+\frac{CT}{b}\right)^{-n} \tag{7-5}$$

式(7-5)在双对数坐标纸上为一条斜率为 $-n$ 的直线。$\lg(1+CT/b)$ 与 $\lg(CT/b)$ 的值一般相差不大，故上式可进一步简化成：

$$\frac{N}{N_0}=\left(\frac{CT}{b}\right)^{-n} \tag{7-6}$$

式(7-6)称为 Collins-Selleck 灭活模型。由式(7-6)可知，$b$ 为 $N=N_0$ 时的 $CT$ 值，因此，当 $N<N_0$，即消毒剂起灭活作用时，$CT$ 值必须大于 $b$，换句话说，式(7-6)只适用于 $CT>b$ 的情况，$b$ 代表消毒的滞后现象。

根据消毒试验的数据，以 $-\lg(N/N_0)$ 为纵坐标，$\lg(CT)$ 为横坐标作图，可得一直线，其斜率为 $-n$，横轴的截距为 $\lg b$(如图 7-3 所示)。由所得的直线，可以根据所要求灭活的百分数求所需的 $CT$ 值。

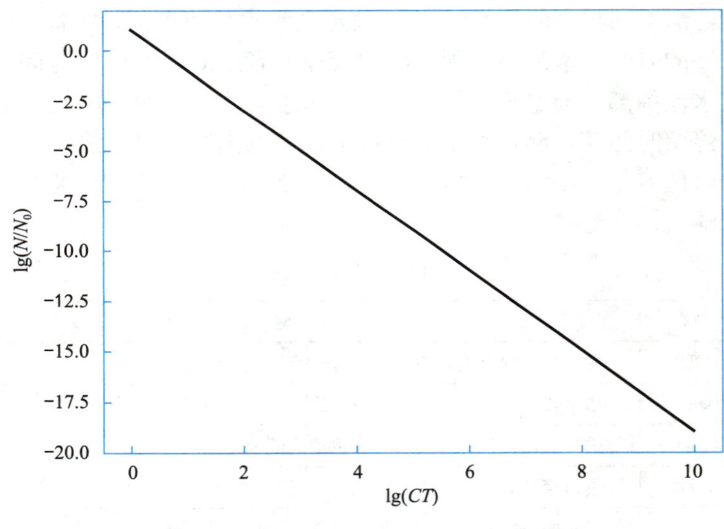


图 7-3　$-\lg(N/N_0)$ 与 $\lg(CT)$ 的关系图

由式(7-6)还可得知，当 $N/N_0$ 值固定，即灭活率 $(1-N/N_0)$ 给定后，$CT$ 值必然是一个常数。

对要灭活的微生物，根据所要达到的消毒效果(以细菌灭活率的对数下降值表示)及使用消毒剂的不同规定了不同的 $CT$ 值($\mathrm{mg \cdot min/L}$)(表 7-5 是对贾第鞭毛虫孢囊灭活的 $CT$ 值)。

**对贾第鞭毛虫孢囊灭活的 *CT* 值***（温度 10℃，pH6～9）　　**表 7-5**

| 消毒剂 | *CT* 值(mg·min/L) | | | | | |
|---|---|---|---|---|---|---|
| | 0.5-lg | 1-lg | 1.5-lg | 2-lg | 2.5-lg | 3-lg |
| 臭氧 | 0.23 | 0.48 | 0.72 | 0.95 | 1.2 | 1.43 |
| 二氧化氯 | 4 | 7.7 | 12 | 15 | 19 | 23 |
| 氯 | 17 | 35 | 52 | 69 | 87 | 104 |
| 氯氨 | 310 | 615 | 930 | 1230 | 1540 | 1850 |

*$C$：消毒剂的浓度，$T$：消毒剂与水的接触时间。

## 7.2　氯氧化与消毒

第 7.2～7.4 节
内容视频讲解

### 7.2.1　氯的性质

氯气是一种黄色气体，有刺激性，密度为 3.2kg/m$^3$，极易被压缩成琥珀色的液氯。液氯常温常压下极易汽化，汽化时需要吸热，常采用淋水管喷水供能。氯气容易溶解于水，在 20℃和 98kPa 时，溶解度为 7160mg/L。

当氯溶解在水中时，很快会发生下列两个反应。

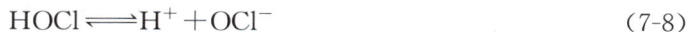

$$Cl_2 + H_2O \rightleftharpoons HOCl + HCl \tag{7-7}$$

$$HOCl \rightleftharpoons H^+ + OCl^- \tag{7-8}$$

通常认为，起消毒作用的主要是 HOCl。反应(7-7)及反应(7-8)会受到温度和 pH 的影响，其平衡常数为：

$$K_i = \frac{[H^+][OCl^-]}{[HOCl]} \tag{7-9}$$

表 7-6 列出了不同温度下次氯酸离解平衡常数。

**不同温度下次氯酸离解平衡常数**　　**表 7-6**

| 温度(℃) | 0 | 5 | 10 | 15 | 20 | 25 |
|---|---|---|---|---|---|---|
| $K_i \times 10^{-8}$(mol/L) | 2.0 | 2.3 | 2.6 | 3.0 | 3.3 | 3.7 |

因此，HOCl 与 OCl$^-$ 的相对比例取决于温度与 pH。图 7-4 给出了三个温度下 HOCl 所占的比例。HOCl 浓度随 pH 和温度而变化，氯消毒效果也会受到温度和 pH 的影响。

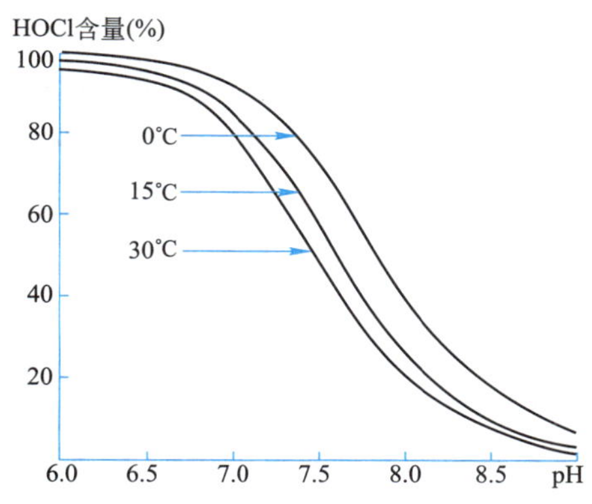


图 7-4　HOCl 含量与 pH 的关系

### 7.2.2　氯消毒过程

1. 氯消毒机理

一般认为，氯消毒过程中主要通过次氯酸 HOCl 起消毒作用。当 HOCl 分子到达细菌内部时，与有机体发生氧化作用而使细菌死亡。OCl$^-$ 虽然也具有氧化性，但由于静电斥力难以接近带负电的细菌，因而在消毒过程中作用有限。生产实践表明，pH 越低则消毒作用越强，从而证明了 HOCl 是起消毒作用的主要成分。

由于在很多受污染的地表水源中含有一定的氨氮，氨氮是指水中游离态氨中的氮与铵离子中的氮之和，氯加入含有氨氮的水中后会产生如下反应：

$$NH_3 + HOCl \rightleftharpoons NH_2Cl + H_2O \tag{7-10}$$

$$NH_2Cl + HOCl \rightleftharpoons NHCl_2 + H_2O \tag{7-11}$$

$$NHCl_2 + HOCl \rightleftharpoons NCl_3 + H_2O \tag{7-12}$$

因此，在水中同时存在次氯酸（HOCl）、一氯胺（$NH_2Cl$）、二氯胺（$NHCl_2$）和三氯胺（$NCl_3$），这些反应的平衡状态以及物质含量比例取决于氯与氨的相对浓度、pH 和温度。

在各组分占不同比例的混合物中，氯胺消毒效果有不同的表现。简单地说，主要的消毒作用来自于次氯酸，氯胺的消毒作用来自于上述反应中维持平衡所不断释放出来的次氯酸。因此，氯胺的消毒效果慢而持续。有实验证明，用氯消毒，5min 内可杀灭细菌达 99%以上；而用氯胺时，相同条件下，5min 内仅达 60%，需要将水与氯胺的接触时间延长到十几小时，才能达到 99%以上的灭菌效果。当水中所含的氯以氯胺形式存在时，称为化合性氯。为此，可以将氯消毒分为两大类：自由性氯消毒（即 $Cl_2$、HOCl 与 $OCl^-$）和化合性氯消毒。自由性氯的消毒效果比化合性氯高得多，但是自由性氯消毒的持续性不如化合性氯。化合性氯的持续消毒效果好，但是却会产生臭和味，因为二氯胺和三氯胺会产生臭和味。三种氯胺中以二氯胺的消毒效果最好。但氯胺消毒也有一定弊端，包含：易腐蚀管道，消毒副产物多。

2. 折点加氯法

水中加氯量，可以分为两部分，即需氯量和余氯。需氯量指用于灭活水中微生物、氧化有机物和无机还原性物质等所消耗的氯。当水中余氯为自由性氯时，消毒过程迅速，并能同时除臭和脱色，但有氯味；当余氯为化合性氯时，消毒作用缓慢但持久，氯味较轻。

加氯量与剩余氯量之间的关系如下：

(1) 理想状况下，水中不存在消耗氯的微生物、有机物和还原性物质时，这时所有加入水中的氯都不被消耗，即加氯量等于剩余氯量，如图 7-5 中所示的虚线①。

(2) 天然水中存在着微生物、有机物以及还原性无机物质。投氯后，有一部分氯被消耗（即需氯量）。氯的投加量减去消耗量即得到余氯，如图 7-5 中的实线②。

在实际生产中，往往会由于水中含有大量可以与氯反应的物质使加氯量、余氯（包括化合性以及游离性余氯）的关系变得非常复杂。在生产中为了控制加氯量，往往需要测量加氯量和余氯量之间的关系，如图 7-5 所示的实线②，特别是当水中主要含有氨和氮化合物时。

当起始的需氯量 $OA$ 满足以后（图 7-6），随着加氯量增加，剩余氯也增加（曲线 $AH$ 段）。超过 $H$ 点加氯量后，虽然加氯量增加，余氯量反而下降，如 $HB$ 段，$H$ 点称为峰点。此后随着加氯量的增加，余氯量又上升，如 $BC$ 段，$B$ 点称为折点。

图 7-6 中，$AHBC$ 与斜虚线间的纵坐标值 $b$ 表示需氯量；曲线 $AHBC$ 的纵坐标值 $a$ 表示余氯量。曲线可分 4 个区域：

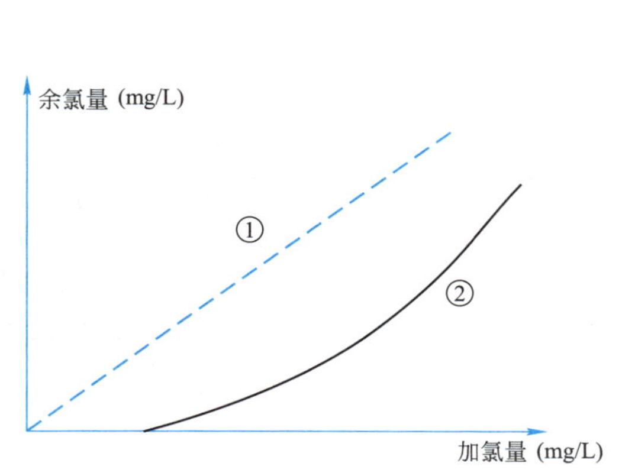


图 7-5　加氯量与余氯量关系图

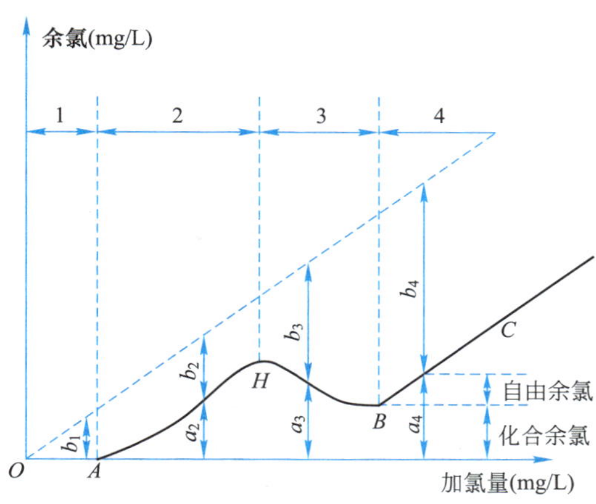


图 7-6　折点加氯示意图

在第一区域，即 $OA$ 段，表示水中杂质把氯耗尽，余氯量为零，需氯量为 $b_1$，氯被杂质消耗，因此消毒效果不能保证。

在第二区域，即曲线 $AH$。加氯后，氯与氨发生反应，有余氯存在，所以有一定消毒效果，但余氯为化合性氯，其主要成分为一氯胺。

在第三区域，即 $HB$ 段，仍然产生化合性余氯，加氯量继续增加，开始发生下列氧化还原反应：

$$2NH_2Cl + HOCl \longrightarrow N_2\uparrow + 3HCl + H_2O \tag{7-13}$$

反应结果使氯胺被氧化成一些不起消毒作用的化合物，余氯反而逐渐减少，最后到达折点 $B$。

第四区域，即曲线 $BC$ 段。至此，消耗氯的物质已经基本反应完全，余氯基本为自由性余氯。该区消毒效果最好。

从整个曲线看，到达峰点 $H$ 时，余氯最高，但这是化合性余氯而非自由性余氯。到达折点时，余氯最低。如继续加氯，余氯增加，此时所增加的氯是自由性余氯。加氯量超过折点需要量时称为折点氯化。

类似于图 7-6 所示，加氯点也可能有三种选择。但通常意义上的消毒，往往是在滤后出水加氯。由于消耗氯的物质已经大部分被去除，所以加氯量很少，效果也很好，是饮用水处理的最后一步。加氯点是设在滤池到清水池的管道上，或清水池的进口处，以保证充分混合。

当城市管网延伸很长，管网末梢的余氯难以保证时，需要在管网中途补充加氯。这样既能保证管网末梢的余氯，又不至于使水厂出水附近管网中的余氯过高。管网中途加氯的位置一般都设在加压泵站或水库泵站内。

上述曲线的测定，应结合生产实际进行。考虑消毒效果和经济性，当水中的氨含量比较少时，可以将加氯量控制在折点以后。当水中氨含量比较高时，加氯量可以控制在折点以前。加氯实践表明：当原水游离氨在 0.3mg/L 以下时，通常加氯量控制在折点后；原水游离氨在 0.5mg/L 以上时，峰点以前的化合性余氯量已够消毒，加氯量可控制在峰点前以节约加氯量；原水游离氨在 0.3～0.5mg/L 范围内，加氯量难以掌握，如控制在峰点前，往往化合性余氯减少，有时达不到要求；控制在折点后则不经济。

### 7.2.3　氯化消毒副产物(DBPs)的形成及控制

水中消毒副产物在 500 种以上，其中大多数浓度只是 μg/L 级，而且很多尚未鉴定出来。三卤甲烷(THMs)和卤乙酸(HAAs)被认为是氯化消毒过程中形成的两大类主要消毒副产物。THMs 是一类挥发性有机物，通式为 $CHX_3$，其中 X 为卤素。水中的 THMs 对人类的健康会产生重大的影响，部分消毒副产物已被证明为致癌物质，或者为可疑致癌物。THMs 是在水处理的过程中氯与 THMs 的前驱物质反应所产生的。THMs 的前驱物质多为天然有机物，如腐殖质。氯仿($CHCl_3$)被认为主要来自于氯与腐殖质的分解产物如酰基化合物的反应，可能的形成机理如下：

$$R-\overset{\overset{O}{\|}}{C}-CH_3 \overset{OH^-}{\rightleftharpoons} R-\overset{\overset{O^-}{|}}{C}=CH_2 + H^+ \tag{7-14}$$

$$R-\overset{\overset{O^-}{|}}{C}=CH_2 + HOCl \longrightarrow R-\overset{\overset{O}{\|}}{C}-CH_2Cl + OH^- \tag{7-15}$$

$$R-\overset{\overset{O}{\|}}{C}-CH_2Cl \overset{OH^-}{\rightleftharpoons} R-\overset{\overset{O^-}{|}}{C}=CHCl + H^+ \tag{7-16}$$

$$R-\overset{\overset{O^-}{|}}{C}=CHCl + HOCl \longrightarrow R-\overset{\overset{O}{\|}}{C}-CHCl_2 + OH^- \tag{7-17}$$

$$R-\overset{\overset{O}{\|}}{C}-CHCl_2 \overset{OH^-}{\rightleftharpoons} R-\overset{\overset{O^-}{|}}{C}=CCl_2 + H^+ \tag{7-18}$$

$$R-\overset{\overset{O^-}{|}}{C}=CCl_2 + HOCl \longrightarrow R-\overset{\overset{O}{\|}}{C}-CCl_3 + OH^- \tag{7-19}$$

$$R-\overset{\overset{O}{\|}}{C}-CCl_3 + H_2O \xrightarrow{OH^-} R-\overset{\overset{O}{\|}}{C}-OH + CHCl_3 \tag{7-20}$$

水中的其他三卤甲烷，如 $CHCl_2Br$、$CHBr_3$ 和 $CHCl_2I$ 的形成机理与 $CHCl_3$ 类似。

HAAs 是比 THMs 致癌风险更高的难挥发性卤代有机副产物，包含有一氯乙酸、二氯乙酸、三氯乙酸、一溴乙酸、二溴乙酸等。HAAs 的前驱物质也是水中的腐殖酸和富里酸等天然大分子物质，其中腐殖酸氯化后的 HAAs 产率要高于富里酸。另外，当水中含有溴化物时，随着 $Br^-$ 和 $Cl_2$ 浓度比值的增加，溴代卤乙酸的种类和浓度都有所增加，而相应的二氯乙酸和三氯乙酸生成量下降，即 HAAs 在水中的分布向着溴代卤乙酸的方向转移。溴代卤乙酸的致癌风险性比氯代卤乙酸高很多，因此在消毒时要控制溴代卤乙酸的生成。目前，含氮消毒副产物被检测出来，主要有卤乙腈、卤代硝基甲烷、亚硝胺类副产物。藻类、蛋白类、氨基酸类等含氮成分均是该类消毒副产物的前驱物质。

消毒副产物的分类及毒性比较总结如下。

首先，根据是否含氮可以分为含碳消毒副产物(C-DBPs)和含氮消毒副产物(N-DBPs)；其中 N-DBPs 毒性更强。C-DBPs 包含卤代甲烷、卤乙酸、卤代酮、卤代醛等；N-DBPs 包含卤乙腈，卤代氰，卤代呋喃、卤代酰胺、卤代硝基甲烷、亚硝胺类。

其次，根据是否含有卤素可以分为卤代 DBPs 和非卤代 DBPs；通常卤代 DBPs 毒性更强。卤代 DBPs 包含卤代甲烷、卤乙酸、卤代酮、卤代醛、卤乙腈、卤代氰、卤代呋喃、卤代硝基甲烷、卤代醌等。非卤代 DBPs 包含非卤代的醛、酮、羧酸、亚硝胺类等。卤代消毒副产物中，毒性排序依次为：氯代消毒副产物＜溴代消毒副产物＜碘代消毒副产物。

此外，新型 DBPs 毒性往往高于常规 DBPs。常规 DBPs 包含卤代甲烷、卤乙酸、溴酸盐、亚氯酸盐。新型 DBPs 包含卤乙腈、卤代氰、卤代呋喃、卤代酰胺、卤代醛、卤代硝基甲烷、亚硝胺类、氯酸盐、碘酸盐等。

目前控制水中氯化消毒副产物的技术主要有三种，即强化混凝、粒状活性炭吸附及膜过滤。

1. 强化混凝

目前已经被美国环保署定为第一阶段控制氯化消毒副产物的主要方法。所谓强化混凝，即通过某些手段强化传统混凝工艺对天然有机物(即 DBPs 前驱物)的去除，从而控制后续消毒过程中氯化消毒副产物的生成量。强化混凝的方法有很多，过量投加混凝剂可以起到一定的效果，因为去除 TOC 的最优混凝剂投量一般要高于去除浊度的最优混凝剂投量。混凝剂的选择以及混凝过程中条件的控制，可以使混凝过程对天然有机物的去除达到最优。大多数学者的试验证明，铁盐对天然有机物的去除优于铝盐。同时，对混凝过程中的 pH 进行调节，可以使混凝过程对 TOC 的去除率得到提高。此外，高分子助凝剂可以强化混凝，但也是重要的消毒副产物前驱物质。

2. 粒状活性炭吸附

活性炭吸附同样是一种控制氯化消毒副产物的有效方法。通常，混凝过程可以有效地去除分子量相对较大的天然有机物，但对于分子量相对较小的有机物去除效果较差，剩余的这部分有机物也会导致后续消毒过程中氯化消毒副产物浓度增高。活性炭具有优良的吸附性能，活性炭吸附滤池可以有效地去除没有被混凝沉淀所去除的天然有机物和小分子有机物，从而能够达到通过去除氯化消毒副产物前驱物质来控制其生成量的目的。

3. 膜滤

膜技术是一种新兴的水处理技术。水依靠外界作用力通过膜层，污染物被留在膜的另一侧，从而达到了净水目的。选择合适的滤膜，可以截留天然有机物，也能达到控制氯化消毒副产物的目的。

一些其他方法也可以用来降低 THMs 的生成，如氯胺消毒。图 7-7 为加氯量、余氯及氯仿生成浓度的关系曲线，随着加氯量增加，形成的氯仿量也相应增加。在加氯量低于氨氮的 5 倍时，即在峰点以前，氯仿浓度较低；峰点以后，氯仿浓度逐步上升，同样的余氯量，自由性余氯的氯仿生成量比氯胺高得多。故当原水中有氨氮存在，或加入氨采用峰点前的氯胺消毒能保证水的细菌指标达标时，可采用氯胺消毒，以降低氯仿生成量。但氯胺消毒会引起含氮消毒副产物浓度升高。值得注意的是，采用有机膜处理时，氧化剂也可能与膜发生反应，使膜释放一些高分子物质，这些物质也有可能成为消毒副产物前驱物。

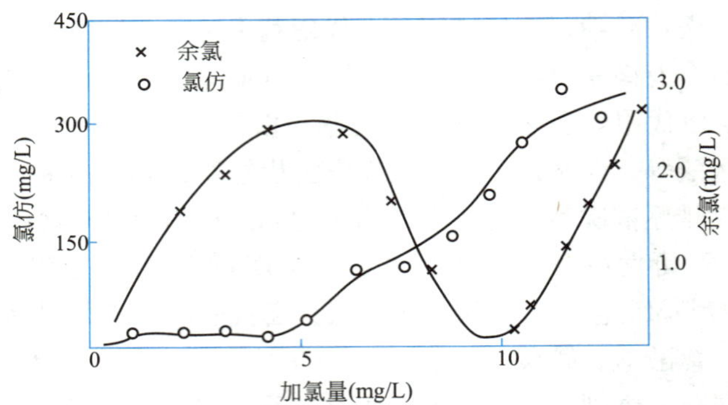


图 7-7　氯胺消毒时加氯量、余氯与氯仿生成量关系

### 7.2.4　加氯设备、加氯间和氯库

人工操作的加氯设备主要包括加氯机(手动)、氯瓶和校核氯瓶重量的磅秤(校核氯重)等。近年来，自来水厂的加氯自动化发展很快，特别是新建的大、中型水厂，大多数采用自动检测和自动加氯技术，因此，加氯设备除了加氯机(自动)和氯瓶外，还相应设置了自动检测(如余氯自动连续检测)和自动控制装置。加氯机是安全、准确地将来自氯瓶的氯输送到加氯点的设备。手动加氯机往往存在加氯量调节滞后、余氯不稳定等缺点，影响水质。自动加氯机配以相应的自动检测和自动控制设备，能随着流量、氯压等变化自动调节加氯量，保证了制水质量。加氯机形式很多，可根据加氯量大小、操作要求等选用。氯瓶是一种储氯的钢制压力容器。干燥氯气或液态氯对钢瓶无腐蚀作用，但遇水或受潮则会严重腐蚀金属，故必须严格防止水或潮湿空气进入氯瓶。氯瓶内保持一定的余压也是为了防止潮气进入氯瓶。

但是，实际运行中发现，正压加氯会出现多处漏氯和加氯不稳定问题，致使加氯机运转不正常，严重影响余氯合格率，且设备腐蚀较快，经常跑氯，既污染环境，又威胁人身安全。目前，国内外普遍采用真空加氯机，真空加氯可以保证系统不产生正压，从而减轻漏氯和加氯不稳定问题。液氯气化过程需要吸热，因此需要通过水喷淋和设置蒸发器等措施提供液氯气化所需要的热量。

除加氯机漏氯外，氯气气源间也有可能发生漏氯。气源间有三处可能出现漏氯：(1)阀门泄漏。气源间大小阀门经过长时间使用，会有杂质沉积，致使关闭不严。真空调节阀前是正压操作，易出现漏点；(2)氯气瓶针形阀慢性泄漏；(3)氯气瓶表体泄漏。此泄漏最为危险，在几分钟内就能使瓶内氯气大量泄出，虽然这种情况很少发生，一旦发生，后果严重。

为了解决气源间因氯气泄漏造成对环境的污染和对人体的危害问题，可在气源间设置氯气吸收装置。氯气吸收系统是将泄漏至厂房的氯气，用风机送入吸收系统，经化学物质吸收而转化为其他物质，避免氯气直接排入大气，污染环境。碱性吸收剂有 NaOH、$Na_2CO_3$、$Ca(OH)_2$ 等，但经常选用的吸收剂为碱性强、吸收率高的 NaOH。NaOH 与 $Cl_2$ 的反应式如下：

$$2NaOH+Cl_2 \longrightarrow NaClO+NaCl+H_2O \tag{7-21}$$

氯气吸收需要备有足够量的氢氧化钠，避免氯气过量而逸出到空气中。氯气吸收系统可分为正压氯吸收系统和负压氯吸收系统两种，如图 7-8 和图 7-9 所示。

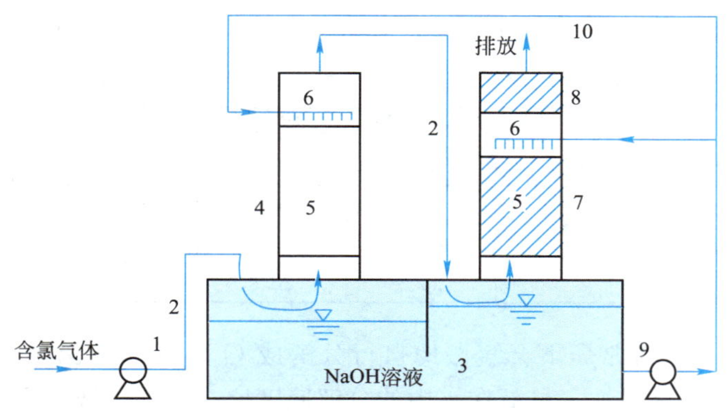


图7-8　正压氯气吸收装置

1—离心空气泵；2—气体管道；3—碱液槽；4—一级吸收塔；5—填料；6—喷淋装置；7—二级吸收塔；8—除雾装置；9—碱液泵；10—碱液管道

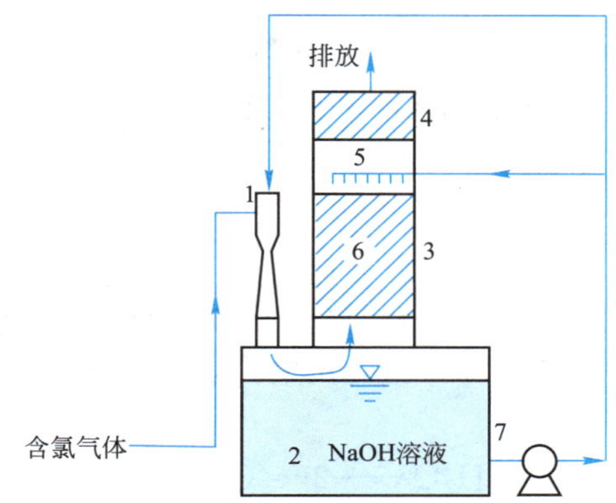


图7-9　负压氯气吸收装置

1—文丘里管；2—碱液槽；3—吸收塔；4—除雾器；5—喷淋装置；6—填料；7—碱液泵

加氯间是安置加氯设备的操作间。氯库是储备氯瓶的仓库。加氯间和氯库的设计要点请参阅设计规范和有关手册。

# 7.3　臭氧氧化与消毒

## 7.3.1　臭氧的物理化学性质

臭氧($O_3$)是氧的同素异形体，由3个氧原子组成，3个氧原子呈三角形排列，其夹角为116.8°，两个O—O键长为127.8pm±0.3pm，其结构如图7-10所示。

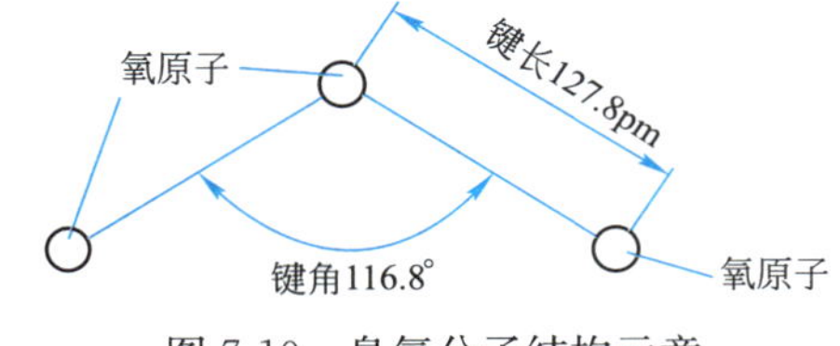


图7-10　臭氧分子结构示意

纯净的$O_3$常温常压下为淡蓝色气体，液态呈深蓝色。密度为2.143kg/m$^3$(0℃，760mmHg)，与空气的密度比为1.657。浓度很低时有清新气味，浓度高时则有强烈的漂白粉味，有毒且有腐蚀性。在标准压力和温度下，臭氧在水中的溶解度比氧气大 10 倍，比空气大 25 倍，其溶解度见表 7-7。

**臭氧、氧气、空气在水中的溶解度**(气体分压 0.1MPa)　　**表 7-7**

| 气体种类 | 密度(g/L)(0℃，101325Pa) | $\varphi$(溶解度)(mL/L) | | | |
|---|---|---|---|---|---|
| | | 0℃ | 10℃ | 20℃ | 30℃ |
| $O_3$ | 2.143 | 641 | 520 | 368 | 233 |
| $O_2$ | 1.429 | 49.3 | 38.4 | 31.4 | 26.7 |
| 空气 | 1.293 | 28.8 | 22.6 | 18.7 | 16.1 |

臭氧极不稳定，常温常压下会缓慢地自行分解成 $O_2$，同时放出大量的热量。当浓度在 25%以上时，很容易爆炸。臭氧在水中的分解速度比在空气中快得多，水中 $O_3$ 浓度为 3mg/L 时，常温常压下，其半衰期仅为 5～10min。在水中臭氧分解反应为：

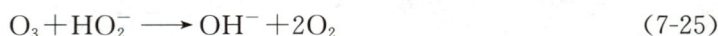

$$O_3 + H_2O \longrightarrow H_3O^+ + OH^- \tag{7-22}$$

$$H_3O^+ + 3OH^- \longrightarrow 2H_2O + O_2 \tag{7-23}$$

$$O_3 + OH^- \longrightarrow HO_2^- + O_2 \tag{7-24}$$

$$O_3 + HO_2^- \longrightarrow OH^- + 2O_2 \tag{7-25}$$

### 7.3.2　臭氧氧化作用机理

1. 臭氧与无机物作用

臭氧能氧化大部分无机物，在臭氧预氧化中，臭氧可有效地将水中溶解性铁、锰等无机离子转化成难溶解性氧化物而从水中沉淀出来，从而在混凝沉淀与过滤过程中得以有效地去除。

$$2Fe^{2+} + O_3(aq) + 5H_2O \longrightarrow 2Fe(OH)_3(s) + O_2(aq) + 4H^+ \tag{7-26}$$

$$Mn^{2+} + O_3(aq) + H_2O \longrightarrow MnO_2(s) + O_2(aq) + 2H^+ \tag{7-27}$$

另外，水中氨氮也可被臭氧缓慢地氧化成硝酸根离子，但是，臭氧对氨的去除效果不如氯，通常为了去除氨氮，需要大剂量投加臭氧并需要较长的反应时间。臭氧也能将水中硫化氢氧化成硫酸根，从而去除其臭和味。常规水处理对氰化物的去除效果不大，而臭氧则能很容易地将氰化物氧化成毒性约为其 1/100 的氰酸盐。反应式如下：

$$CN^- + O_3 \longrightarrow CNO^- + O_2 \tag{7-28}$$

2. 臭氧与有机物作用机理

臭氧与有机污染物间的作用主要有两种途径：一种是臭氧分子与有机污染物间的直接氧化作用，它是缓慢且有明显选择性的反应；另一种是臭氧被分解后产生羟基自由基(·OH)，间接地与水中有机污染物作用，这一反应相当快，且选择性差。

臭氧与水中有机污染物间的直接氧化作用主要有两种方式：一种是偶极加成反应；另一种是亲电取代反应。

由于臭氧具有偶极结构，臭氧分子与含不饱和键的有机物可以进行加成反应，首先生成某过氧化物，其在水中会进一步分解成含羰基的化合物(如醛或酮)及某过渡态中间产物，随后很快生成羟基过氧化物，并进一步分解成羰基化合物和过氧化氢。

亲电取代反应主要发生在有机污染物分子结构中电子云密度较大的部分，特别是芳香类化合物。带有供电子基的芳香类化合物(如含有—OH、—$CH_3$、—$NH_2$、—OC 等)，在邻对位碳原子上的电子云密度较大，因而这些碳原子很容易与臭氧发生反应，如与苯酚反应的速度常数 $k=(1300\pm300)\mathrm{L/(mol\cdot s)}$。但带有吸电子基的芳香类化合物（如含有—COOH、—$NO_2$、—Cl 等基团）难以与臭氧发生反应，如其与氯苯的反应速度常数为 $k=(0.75\pm0.2)\mathrm{L/(mol\cdot s)}$，与硝基苯的反应速度常数为 $k=(0.09\pm0.02)\mathrm{L/(mol\cdot s)}$。在此情况下，臭氧首先与钝化程度最低的间位碳原子作用，先形成带邻对位羟基的中间产物，随后可进一步被氧化生成醌式化合物，最后生成含有羰基或羧基的脂肪类化合物。对于高稳定性的有机污染物如农药和卤代有机污染物等，需要采用高级氧化方法。

### 7.3.3　臭氧与有机污染物间反应动力学*

臭氧与有机污染物间的反应速度是判定其除污染效能的一个重要指标。基于臭氧与有机污染物同时具有两种反应途径，对水中某一种有机污染物 $M_i$，其与臭氧间的反应可写成：

$$O_3+M_i \begin{cases} \xrightarrow{k_{1i}} \text{臭氧直接氧化产物} \\ \xrightarrow{k_{2i}} \cdot\mathrm{OH}(\text{链反应引发}) \end{cases}$$

$$\cdot\mathrm{OH}+M_i \begin{cases} \xrightarrow{k_{3i}} \text{自由基氧化产物} \\ \xrightarrow{k_{4i}} \mathrm{OH_2}(\text{链反应增殖}) \end{cases}$$

则臭氧与有机污染物间的反应动力学方程可写成：

$$-\frac{\mathrm{d}[M_i]}{\mathrm{d}t}=(k_{1i}+k_{2i})[O_3][M_i]+(k_{3i}+k_{4i})[\cdot\mathrm{OH}][M_i] \tag{7-29}$$

其中，$[O_3]$ 和 $[M_i]$ 分别为水中臭氧浓度和有机污染物浓度。

自由基（·OH）是臭氧与水中 $OH^-$、有机污染物或某些无机物等引发剂（Initiators）作用而生成的，其生成浓度与水中臭氧浓度成正比：

$$[\cdot\mathrm{OH}]=\Psi[O_3] \tag{7-30}$$

式中

$$\Psi=\frac{\sum_i k_{2i}[M_i]+2k_i[OH^-]}{\sum_i k_{si}[s_i]}$$

其中，$k_i$ 是引发步骤的速度常数（臭氧分解），$s_i$ 和 $k_{si}$ 分别代表自由基捕获剂的浓度和速度常数。

因而，令 $k_i'=k_{1i}+k_{2i}$；$k_i''=k_{3i}+k_{4i}$。对于水中某一种有机污染物，其与臭氧间的反应动力学方程可写成：

$$-\frac{\mathrm{d}[M_i]}{\mathrm{d}t}=(k_i'+k_i''\Psi)[O_3][M_i]=k_i[O_3][M_i] \tag{7-31}$$

其中，$k_i$ 为表观反应速度常数，其数值与溶液 pH、水温等因素有关。

在一定条件下，有机污染物的分解速度分别与水中臭氧浓度和有机污染物浓度成正比。在臭氧氧化过程中，只有表观速度常数大于 $10^3(\mathrm{mol/L})^{-1}\cdot\mathrm{s}^{-1}$ 的有机污染物才能在给水处理工艺条件下被有效地去除。如果表观速度常数很小、所需的氧化时间过长，在实际给水处理厂中难以达到理想的除污染效果。

### 7.3.4　臭氧预氧化对水处理效果的影响

臭氧预氧化能有效地灭活水中各种细菌、病毒、孢子及一些致病微生物，并能去除水中大部分的铁锰、臭和味、色度和藻类物质，对水处理效果的影响主要表现为：除藻除嗅、控制氯化消毒副产物、氧化助凝以及生成其他一些氧化副产物等。

1. 除藻除嗅

臭氧预氧化具有良好的除藻、杀菌、除臭作用。常规给水处理工艺本身具有一定的除藻效率。通过微滤、气浮及双层滤料过滤等方法可以提高除藻效率。臭氧预氧化可以进一步提高上述工艺的除藻效果，据报道，臭氧投量为 2mg/L 时能够使某滤层的除藻效率提高 10%～20%。臭氧预氧化也可以破坏水中的浮游生物、抑制其生长繁殖，它能够与构成细胞的各种成分作用，使其被氧化破坏，例如，臭氧能与蛋白质很快地反应，由于细胞膜上含有多种蛋白质成分，因而细胞膜是臭氧进攻的主要对象。剩余的臭氧进入到细胞内部后还能很快地与细胞质和染色体作用，因为核酸(主要是鸟嘌呤和胸腺嘧啶)能很快地被臭氧分解。

由 $S^{2-}$、$Mn^{2+}$、$Fe^{2+}$ 等无机物质所产生的臭和味很容易被臭氧预氧化去除。一部分由有机物质所产生的臭和味也可以被臭氧预氧化去除，但如果水中的臭和味物质是含饱和键的有机物，则臭氧预氧化的除臭和味作用效果会较差。在去除水中霉臭和味物质 2，3，4-三氯苯甲醚、2-异丙基-3-甲氧基吡嗪、2-异丁基-3-甲氧基吡嗪、土霉素和 2-甲基-异 2-莰醇中，2-甲基-异 2-莰醇最难氧化，其次为土霉素、2，3，4-三氯苯甲醚和两种吡嗪化合物，对于这些稳定性臭和味物质的去除需要借助臭氧高级氧化技术。

2. 控制氯化消毒副产物的作用

(1) 臭氧预氧化对三卤甲烷(THMs)的控制作用

三卤甲烷是主要的挥发性氯化消毒副产物。臭氧预氧化可以破坏水中部分三卤甲烷前驱物质。当水中重碳酸盐含量较高时，臭氧预氧化对卤仿生成势(THMFP)的降低幅度相对较大；当水中重碳酸盐含量相对较低时，臭氧预氧化对 THMFP 的降低幅度相对较小。这是因为在自由基捕获剂存在下(如重碳酸盐)，臭氧分子对卤仿前驱物质的氧化破坏更具有选择性，从而使某些卤仿前驱物质分子中的活性点破坏，使之在后续氯化消毒过程中卤仿生成量降低。

当水中含有溴离子($Br^-$)时，尤其在臭氧投量较高时，臭氧预氧化可使水中溴代三卤甲烷的浓度升高。因为臭氧可以将水中溴离子($Br^-$)氧化成次溴酸(HOBr)，后者与水中有机物反应生成溴代三卤甲烷(Br-THM)。

$$O_3 + Br^- \longrightarrow O_2 + BrO^- \tag{7-32}$$

$$BrO^- + O_3 \longrightarrow (O_2 + BrOO^-) \longrightarrow Br^- + 2O_2 \tag{7-33}$$

$$BrO^- + 2O_3 \longrightarrow BrO_3^- + 2O_2 \tag{7-34}$$

$$BrO^- + H^+ \longrightarrow HBrO \begin{cases} \nearrow M \longrightarrow CHBr_3 \\ \searrow NH_3 \longrightarrow NH_2Br \end{cases} \tag{7-35}$$

因此，有溴离子存在时，臭氧在降低了一部分 THMs 的同时，会使 THMs 的组成向着溴代三卤甲烷浓度增多的方向转移。当水中［$O_3$］/［TOC］比值较低时，溴代三卤甲烷浓度升高现象不明显，因为臭氧更易于被有机物消耗。

（2）臭氧预氧化对其他氯化消毒副产物的作用

臭氧能有效地降低三氯乙酸（TCAA）、二氯乙腈（DCAN）等难挥发性卤代有机物的生成势，但对二氯乙酸（DCAA）的生成势无任何影响，而 1，1，1-三氯乙酮的生成势（TCACFP）则有所升高。

pH 对臭氧氧化其他几种氯化消毒副产物前驱物质的影响类似于卤仿生成势（THMFP）的情况。在低 pH 条件下或水中重碳酸根浓度较高条件下，臭氧预氧化对总有机卤（TOX）的去除率明显提高，进一步说明臭氧分子直接氧化对氯化消毒副产物的控制效果明显优于自由基氧化。但对于水中一些在氯化过程中反应速度较慢的副产物前驱物质，采用自由基氧化能够有效地降低后续氯化消毒过程中的副产物生成量。

3. 氧化助凝作用

臭氧的氧化助凝作用是指臭氧预氧化所产生的有助于提高后续混凝、沉淀（或气浮）、过滤、直接过滤等工艺效率的物理化学现象，有时可把臭氧看作具微絮凝作用。有机物对胶体产生严重保护作用，使之稳定性显著提高，难于脱稳，是目前混凝过程中存在的主要问题。一般认为，胶体稳定性的增加是由于大分子天然有机物在无机胶体颗粒表面形成有机保护层，造成空间位阻或双电层排斥作用，导致混凝过程中混凝剂投量显著提高。预氧化能够破坏有机物对胶体的保护作用，从而促进混凝，减少混凝剂投量，提高滤速及减小滤池反冲洗用水量。最早应用于生产的促进混凝的技术是预氯化，但在预氯化过程中会生成一系列对人体健康危害较大的卤代有机物，因此在饮用水处理中的应用逐渐受到限制，而被臭氧取代。一般用后续处理工艺的除浊效果、TOC 去除效果及过滤过程中水头损失增长速度等指标来衡量臭氧的助凝效果。

4. 臭氧氧化副产物

臭氧预氧化把水中的大分子物质转化成分子量相对较小的物质，生成一些有机酸、醇、醛等（例如乙酸、甲醇、甲醛等），提高了水中有机物的可生化性，增加了出水中的 AOC 和 BDOC 含量等，导致管网细菌的二次繁殖。

### 7.3.5　臭氧中间氧化

在常规净水工艺的沉后或滤前投加臭氧，可以氧化常规工艺难以去除的微量有机污染物，同时将大分子有机物分解成可生物降解的小分子有机物，增加出厂水中生物可同化有机碳（细菌繁殖的营养成分）的浓度（表 7-8），因此有必要在使用臭氧的后续流程中加入某种形式的除有机物工艺。臭氧也不可能将三卤甲烷前驱物彻底氧化破坏，只是增强了其可生化性，对水中已形成的三卤甲烷几乎没有作用，一般要经过吸附工艺去除。

**预臭氧化对水中有机物可生化性的影响**　　**表 7-8**

| 采用的可生化性指标 | 水处理厂 | 可生化性指标大小 | | 增长率(%) |
|---|---|---|---|---|
| | | 臭氧化前 | 臭氧化后 | |
| AOC | 荷兰 Kralingen | 0.025 | 0.173 | 692 |
| AOC | 荷兰 Weesperkarspel | 0.012 | 0.108 | 900 |

续表

| 采用的可生化性指标 | 水处理厂 | 可生化性指标大小 | | 增长率(%) |
|---|---|---|---|---|
| | | 臭氧化前 | 臭氧化后 | |
| BDOC | 法国 Chhoisy-le-Roi | 0.41 | 0.71 | 173 |
| BDOC | 法国 Neuilly-sur-Marne | 0.32 | 0.56 | 175 |
| BDOC | 法国 Chhoisy-le-Roi | 0.46 | 0.70 | 152 |

注：AOC—生物可同化有机碳(Assimilable Organic Carbon)(mgC/L)，BDOC—可生物降解溶解性有机碳(Biodegradable Dissolved Organic Carbon)(mgC/L)。

一般认为单独使用臭氧是不适宜的，应增加消除中间产物的过滤/吸附设施，因此，人们开发了臭氧一生物活性炭联用技术。它是将臭氧化学氧化、活性炭物理化学吸附、生物氧化降解合为一体的除污染工艺。

预氧化对于后续的吸附工艺有重要影响。臭氧预氧化分解水中的有机物，同时使难生物降解的有机物断链、开环，形成小分子溶解性有机物，降低生物活性炭滤池的有机负荷，避免当水中大分子有机物含量较多时活性炭的吸附表面加速饱和而得不到充分利用；同时，活性炭表面吸附的大量有机物又为微生物提供了良好的生存环境，臭氧预氧化还起到充氧作用，在有丰富的溶解氧情况下，微生物以有机物为养料生存与繁殖，使活性炭表面得以再生，从而具有继续吸附有机物的能力，大大地延长了活性炭的使用周期。

通常经过臭氧一生物活性炭处理后的水，三氯甲烷前驱物浓度已大为降低，因此再经最终氯消毒后较少生成三氯甲烷等副产物。臭氧化副产物等致突变物也可通过活性炭吸附去除，保证出水安全、优质，并减少后续消毒投氯量。

将活性炭过滤后的水直接作为处理工艺出水，从活性炭层泄漏出的微炭粒和微生物会影响最终出水水质，并需要对活性炭层进行较频繁的反冲洗。若在其后接二次混凝及砂滤，可将活性炭过滤出水中含有的微小炭粒和从活性炭颗粒表面脱落下来的生物膜去除，还可去除铁、锰，并且保证管网系统中水的生物稳定性，使管网中细菌繁殖的风险减到最小。

臭氧—生物活性炭处理系统的缺点是工艺环节较多，运行操作较为复杂，系统运行控制和管理维修要求严格，一般活性炭 2～3 年后即失去吸附能力，需要再生，再生设备费用高。

臭氧—生物活性炭联用技术也存在一定的局限性，对于一些高稳定性、难降解的有机物，如某些有机农药、卤代有机物和硝基化合物等，臭氧对它们的氧化能力很低，有些根本不与臭氧反应，因而在活性炭滤层中也难于被微生物降解；臭氧化过程中也会形成一些不能进一步氧化的副产物。

### 7.3.6　臭氧消毒

臭氧具有很高的氧化电位，容易通过微生物细胞膜扩散，并能通过氧化微生物细胞的有机物或破坏有机体链状结构而导致细胞死亡，因此，臭氧能够用于消毒，经臭氧消毒的水中病毒可在瞬间失去活性，细菌和病原菌也会被消灭，游动的壳体幼虫在很短时间内也会被彻底消除。用臭氧代替氯来对水进行消毒，其消毒效果更佳，且剂量小、作用快，使消毒后水的致突变活性降低，并不会产生三氯甲烷等有害物质，同时也可改善水的口感和感官性能，对一些病毒，臭氧的灭活作用也远远高于氯。据有关资料介绍，通过臭氧与其他消毒剂比较，消毒效果强弱顺序如下：臭氧＞二氧化氯＞氯＞氯胺。而从消毒后水的致突变活性看，则氯＞氯胺＞二氧化氯＞臭氧，由此可显示出采用臭氧消毒的优点。

影响臭氧消毒效果的主要因素有温度、pH 及细菌存在形态(是附着在其他成分上还是游离状态)及共存物质的种类与特性等。一般温度升高，消毒效果提高。温度每升高 10℃，消毒速度会提高 2～3 倍。水的浊度、色度对消毒灭菌效果有很大影响，并且有相当一部分臭氧被水中的背景物质(无机物和有机物)氧化分解。

饮用水投加臭氧剂量一般为 0.2～1.5mg/L。一般按空气中的臭氧全部传入水中计算，但实际能够溶解的臭氧约只有 60%～90%。臭氧是在接触室中进行混合与扩散的。当最小接触时间为 4～10min 时，水中约有 0.4mg/L 的剩余臭氧，可达到满意的消毒效果。实践中，当从臭氧接触室出水中的臭氧浓度为 0.1mg/L 时，消毒即已有效。但由于臭氧在管网中不能保持余量，因此臭氧消毒不能独立地作为城市供水系统的消毒手段，可以与氯联合使用，臭氧消毒后投加少量氯，在管网中保持一定余氯量发挥持续消毒的作用。

### 7.3.7　臭氧处理工艺系统

臭氧处理工艺主要由以下几部分组成：(1)臭氧发生系统；(2)接触反应系统；(3)尾气处理系统。

(1) 臭氧发生系统

臭氧发生系统包括气体的预处理、臭氧发生器、供电设备、电气控制及监测设备等。

根据目前的技术水平，臭氧的生产原料有空气、纯氧气、液氧三种。在 20 世纪 80 年代，生产中常使用干燥空气制取臭氧，获得的臭氧浓度一般在 1%～3%，能耗较大。纯氧一般由变压吸附法或负压吸附法现场制取，通常用于臭氧应用规模较大的场合。液氧一般应用于中小规模(臭氧量＜50kg/h)。但随着臭氧发生技术的进步，如高频陶瓷沿面放电技术的使用，原料气已逐渐向纯氧气方向转化，能耗也有大幅度降低。

1) 空气的净化

进入臭氧发生器的空气，必须经过净化，除去空气中的杂质和水分。

为了防止润滑油污染空气，堵塞干燥剂，宜采用无油润滑的空压机。从空压机出来的空气，经 $CaCl_2$ 盐水冷冻液预冷，使空气温度降至 5～10℃，减少含湿量，然后经旋风分离器除去大颗粒杂质及一部分水分，再经瓷环过滤器去除细小杂质和水分，然后经硅胶干燥器及分子筛干燥器，进一步去除水分，达到一定的干燥度。由于硅胶和分子筛会产生一定的粉尘，空气经过干燥后，需再次进行过滤。除瓷环和脱脂棉外，空气过滤器的填料也可以采用纱布、毛毡、活性面料和泡沫塑料等。干燥剂还可用活性氧化铝等，干燥剂吸湿饱和后，必须活化再生，将吸附的水分解吸。

2) 臭氧的制备

氧气在电子、原子能射线、等离子体和紫外线等的作用下将分解成氧原子，这种氧原子极不稳定，具有较高的能量，能很快与氧气结合成三个氧原子的臭氧。电解稀硫酸和过氯酸时，含氧基团向阳极聚集、分解、合成，也能产生臭氧。因此，臭氧发生的方法大致有以下几种：无声放电法、放射法、紫外线法、等离子体法和电解法等。

(2) 臭氧接触反应系统

臭氧接触反应系统通过一定方式使臭氧气体扩散到液体中，并使之与液体全面接触和完成预期反应。这一过程是通过臭氧接触反应设备来完成的。臭氧接触反应系统一般分为两种：①以纯氧或富氧空气为原料气的闭路系统；②以空气或富氧空气为原料气的开路系统。开路系统将用过的废气排放掉。闭路系统与之相反，废气又返回到臭氧制取设备，提高原料气的含氧率，降低生产成本。但在废气循环回用过程中，含氮量将越来越高，一般用两个内装分子筛的压力转换氮分离器交替工作来降低含氮量，高压时吸附氮气，低压时释放氮气。

(3) 尾气处理

如前所述，臭氧对生物体有破坏作用，吸入人体会对气管与肺部有害，当臭氧浓度大于 0.1mg/L 时，人们就能嗅到异常的臭和味，浓度超过 1mg/L 就无法忍受了。而从臭氧接触反应器排出的尾气浓度一般为 500～3000mg/L。因此尾气直接排放将对周围环境造成污染，危害健康，还会影响植物生长，甚至使树木和庄稼枯萎。所以要通过人为破坏的方法将接触反应设备排出的剩余臭氧气体分解成对环境无害的氧气。尾气处理方法有：活性炭吸收法、化学吸收法、催化分解法和燃烧法。目前多使用热分解法和霍加拉特剂催化分解法。几种方法的特性比较列于表 7-9 中。

**臭氧尾气吸收方法比较**　　**表 7-9**

| 处理方法 | 工艺条件 | 优缺点 |
| --- | --- | --- |
| 燃烧法(热分解法) | 加热到高于 270℃ | 简单、可靠、需要消耗能量 |
| 活性炭吸附法 | 固定床吸收柱 | 适于低浓度臭氧、浓度高时易爆炸 |
| 催化分解法 | 霍加拉特剂固定床 | 发热、分解快、简单、怕受潮 |
| 化学吸收法 | 还原剂碱液吸收 | 费用比较高 |

## 7.4　其他氧化与消毒方法

### 7.4.1　二氧化氯氧化与消毒

1. 二氧化氯的物理化学性质

二氧化氯是一种绿色气体，沸点 11℃，凝固点 −59℃，相对密度 2.4，具有与氯一样的臭和味，比氯更刺激，毒性更大。二氧化氯易溶于水，在室温、4kPa 分压下溶解度为 2.9g/L。不与水发生反应，在水中的溶解度是氯的 5 倍。二氧化氯在常温条件下即能压缩成液体，并很容易挥发，在光线照射下将发生光化学分解，生成 $ClO_2^-$ 与 $ClO_3^-$。

二氧化氯是一种易于爆炸的气体，温度升高、暴露在光线下或与某些有机物接触摩擦，都可能引起爆炸；液体二氧化氯比气体更容易爆炸。当空气中的 $ClO_2$ 浓度大于 10% 或水溶液中 $ClO_2$ 浓度大于 30% 时都将发生爆炸，所以工业上常使用空气或惰性气体稀释二氧化氯，使其浓度小于8%～10%。

由于二氧化氯具有易挥发、易爆炸等特性，故不易贮存，应采取现场制备和使用。二氧化氯溶液须置于阴凉避光处，严格密封，在微酸化条件下可抑制它的歧化，从而提高其稳定性。

2. 二氧化氯的氧化性

二氧化氯分子中有19个价电子，1个未成对的价电子，这个价电子可以在氯和两个氧原子之间跳来跳去，因此它本身就像是一个游离基，Cl—O键表现出明显的双键特征，这种特殊的分子结构决定了它具有强氧化性。O—Cl—O键的键角为117.5°，键长为$1.47\times10^{-10}$m，二氧化氯中的氯以正四价态存在，其活性为氯的2.5倍，即氯气的有效氯含量为100%，而二氧化氯的有效氯含量为263%，其计算公式如下：

$$ClO_2+4H^+\longrightarrow Cl^-+2H_2O-5e \tag{7-36}$$

$$(5\times35.5/67.5)\times100=263\%$$

$$Cl_2+H_2O\longrightarrow HOCl+HCl-2e \tag{7-37}$$

$$(2\times35.5/71)\times100=100\%$$

二氧化氯在水中通常不发生水解，也不以二聚或多聚形态存在，这使得二氧化氯在水中的扩散速率比氯快，渗透能力比氯强，特别是在低浓度时更为突出。

在通常水处理条件下，$ClO_2$只经历单电子转移被还原成$ClO_2^-$，反应如下：

$$ClO_2+e\longrightarrow ClO_2^- \qquad E^0=0.95V \tag{7-38}$$

$$ClO_2^-+2H_2O+4e\longrightarrow Cl^-+4OH^- \qquad E^0=0.78V \tag{7-39}$$

在酸性较强的条件下，$ClO_2$具有很强的氧化性，反应如下：

$$ClO_2+4H^++5e\longrightarrow Cl^-+2H_2O \qquad E^0=1.95V \tag{7-40}$$

并进一步生成氯酸，释放氧，氧化、降解水中的带色基团和其他有机污染物；在弱酸性条件下，二氧化氯不是分解污染物而是直接反应。因此，pH对处理效果影响很大。

3. 二氧化氯预氧化

二氧化氯一般与水中的有机物选择性作用，可去除水中的还原性酸根和金属离子，能氧化不饱和键和芳香化合物的侧链。将水中有机物降解为以含氧基团为主的产物，无氯代物生成。水中的黄霉素、腐殖酸也可被氧化降解。二氧化氯可将致癌物苯并芘氧化成无致癌活性的醌式结构。二氧化氯预氧化的优点是氯化消毒副产物的浓度显著降低。但二氧化氯与水中还原性成分作用也会产生一系列副产物(亚氯酸盐和氯酸盐)，毒理试验结果表明，亚氯酸根能破坏血细胞，引起溶血性贫血。

4. 二氧化氯的消毒作用

关于二氧化氯消毒机理，目前有很多解释。一般认为，二氧化氯在与微生物接触时通过一系列过程起到消毒作用：首先附着在细胞壁上，然后穿过细胞壁与含巯基的酶反应而使细菌死亡。二氧化氯具有广谱杀菌性，除对一般的细菌有灭杀作用外，对大肠杆菌、异养菌、铁细菌、硫酸盐还原菌、脊髓灰质炎病毒、肝炎病毒、兰伯氏贾第鞭毛虫孢囊、尖刺贾第鞭毛虫孢囊等也有很好的灭杀作用。它对一般的细菌和很多病毒的杀灭作用强于氯，且其消毒效果受pH的影响不大。当pH=6.5时，氯的灭菌效果比二氧化氯好，随pH提高，二氧化氯的灭菌效果很快超过氯，当pH=8.5时，要达到99%以上的埃希氏大肠菌杀灭率，二氧化氯只需要0.25mg/L和15s接触时间，而相同时间下，氯需要

0.75mg/L。二氧化氯消毒的另一显著优点是它几乎不与水中的有机物作用而生成有害的卤代有机物，有机副产物主要包括低分子量的乙醛和羧酸，含量大大低于臭氧氧化过程。并且二氧化氯消毒的成本虽高于氯但却低于臭氧。这些优点使得二氧化氯成为最值得考虑的消毒剂之一。

5. 二氧化氯的制备

液态二氧化氯极不稳定，光照、机械碰撞或接触有机物都会发生爆炸，故而在水处理中，通常现场制取二氧化氯使用。

$ClO_2$ 制取的方法较多，但在给水处理中，制取方法主要有两种：

(1) 用亚氯酸钠($NaClO_2$)和氯($Cl_2$)制取，反应如下：

$$Cl_2+H_2O \longrightarrow HOCl+HCl \tag{7-41}$$

$$HOCl+HCl+2NaClO_2 \longrightarrow 2ClO_2+2NaCl+H_2O \tag{7-42}$$

$$Cl_2+2NaClO_2 \longrightarrow 2ClO_2+2NaCl \tag{7-43}$$

根据反应式(7-43)，理论上 1mol 氯和 2mol 亚氯酸钠反应可生成 2mol 二氧化氯。但实际应用时，为了加快反应速度，投氯量往往超过化学计量的理论值，这样，产品中就往往含有部分自由氯。

(2) 用酸与亚氯酸钠反应制取，反应如下：

$$5NaClO_2+4HCl \longrightarrow 4ClO_2+5NaCl+2H_2O \tag{7-44}$$

$$10NaClO_2+5H_2SO_4 \longrightarrow 8ClO_2+5Na_2SO_4+4H_2O+2HCl \tag{7-45}$$

在用硫酸制备二氧化氯时，需注意硫酸不能与固态 $NaClO_2$ 接触，否则会发生爆炸。此外，尚需注意两种反应物的浓度控制，浓度过高，反应激烈也会发生爆炸。这种制取方法中不会存在游离氯，故投入水中不会产生 THMs。

以上两种 $ClO_2$ 制取方法各有优缺点。采用强酸与亚氯酸钠制取 $ClO_2$，方法简便，产品中无游离氯，但 $NaClO_2$ 转化为 $ClO_2$ 的理论转化率仅为 80%，即 5mol 的 $NaClO_2$ 产生 4mol 的 $ClO_2$。采用氯与亚氯酸钠制取 $ClO_2$，1mol 的 $NaClO_2$ 可产生 1mol 的 $ClO_2$，理论转化率为 100%。由于 $NaClO_2$ 价格高，采用氯制取 $ClO_2$ 在经济上应占优势。当然，在选用生产设备时，还应考虑其他各种因素，如设备的性能、价格等。

此外，还有两种方法可以用来现场制取二氧化氯：

(3) 用次氯酸钠制取，反应如下：

$$NaOCl+HCl \longrightarrow NaCl+HOCl \tag{7-46}$$

$$HCl+HOCl+2NaClO_2 \longrightarrow 2ClO_2+2NaCl+H_2O \tag{7-47}$$

$$NaOCl+2HCl+2NaClO_2 \longrightarrow 2ClO_2+3NaCl+H_2O \tag{7-48}$$

(4) 用电解食盐溶液制取 $ClO_2$、$Cl_2$、$O_3$ 等多种强氧化剂混合气体。

### 7.4.2 高锰酸盐氧化

高锰酸盐主要有高锰酸钾、高锰酸钠和高锰酸钙等，其中高锰酸钾应用最为广泛。高锰酸钾易于和其他药剂复合使用，形成高锰酸钾(或高锰酸盐)复合剂，发挥多功能的净水作用。

1. 高锰酸钾的物理化学性质

高锰酸钾是锰的重要化合物之一，化学式为 $KMnO_4$，暗黑色菱柱状闪光晶体，易溶于水，其水溶液呈紫红色，具有很强的氧化性，遇还原剂时反应产物视溶液的酸碱性而有差异，固体相对密度 2.7，加热到 200℃以上分解放出氧气。

高锰酸钾属于过渡金属氧化物。锰元素在水溶液中能以数种氧化还原状态存在，各种形态的锰可通过氧化还原电化学作用相互转化。锰在水中的形态主要有 Mn(Ⅱ)、Mn(Ⅲ)、Mn(Ⅳ)、Mn(Ⅴ)、Mn(Ⅵ)、Mn(Ⅶ)等化合物。相应的标准摩尔自由焓分别为 Mn(Ⅱ)(水溶液)：－54.4kcal；Mn(Ⅲ)(水溶液)：－19.6kcal；$MnO_2$(化合物)：－111.1kcal；$MnO_4^{2-}$(水溶液)：－120.4kcal；$MnO_4^-$(水溶液)：－107.4kcal。通过试验测定与计算得出锰的各种形态化合物间半反应的电极电位见表 7-10。

**锰的各种形态化合物间半反应的电极电位　　表 7-10**

| 半反应 | $E^0$(V) | 半反应 | $E^0$(V) |
|---|---|---|---|
| $Mn^{2+}+2e=Mn$ | －1.18 | $MnO_2+2H_2O+2e=Mn(OH)_2+2OH^-$ | －0.05 |
| $Mn^{3+}+e=Mn^{2+}$ | ＋1.51 | $MnO_4^-+4H^++3e=MnO_2+2H_2O$ | ＋1.69 |
| $MnO_2+4H^++2e=Mn^{2+}+2H_2O$ | ＋1.23 | $MnO_4^{2-}+2H_2O+2e=MnO_2+4OH^-$ | ＋0.60 |
| $MnO_4^-+8H^++5e=Mn^{2+}+4H_2O$ | ＋1.51 | $MnO_4^{2-}+4H^++2e=MnO_2+2H_2O$ | ＋2.26 |
| $MnO_4^-+e=MnO_4^{2-}$ | ＋0.56 | | |

高锰酸钾在水溶液中反应较复杂，受多种因素影响(其中 pH 是主要影响因素之一)。

2. 高锰酸钾去除有机物的作用机理

高锰酸钾与水中有机物间的作用很复杂，既有高锰酸钾与有机物间的直接氧化作用；也有高锰酸钾在反应过程中形成的新生态水合二氧化锰对微量有机污染物的吸附与催化作用；同时还有高锰酸钾在反应过程中原位产生的高活性中间价态锰的氧化作用。高锰酸钾在酸性条件下具有较强的氧化能力，在此条件下高锰酸钾具有较高的氧化还原电位(pH＝0 时 $E^0$＝1.69V)，但在中性 pH 条件下氧化还原电位相对较低(pH＝7.0 时 $E^0$＝1.14V)，因而长期以来普遍认为高锰酸钾在通常在给水处理条件下(中性 pH)难以有较强的除污染能力。在碱性条件下一般认为有某种自由基生成，因而氧化能力有所提高。

高锰酸钾在中性 pH 条件下对地表水中有机物进行氧化的特有中间产物是新生态水合二氧化锰。由于其具有巨大的比表面积和很高的活性，能通过吸附与催化等作用提高对水中微量有机污染物的去除效率。新生态水合二氧化锰表面羟基能够与有机污染物通过氢键等作用力结合，因而提高了除微污染效率。此外，高锰酸钾与水中少量还原性成分作用产生的高活性中间价态锰［如 Mn(Ⅲ)、Mn(Ⅴ)等］能够在某些络合剂的作用下稳定性得到一定程度的提高，因而其强氧化能力能够得到有效的利用，所以也对高锰酸钾除微污染起着重要的促进作用。相反，当水中不存在络合稳定剂时，这些高活性物种会发生歧化或自分解反应，因而其氧化除污染能力不易得到有效的利用。最近，利用光谱、电化学等多种分析手段已经成功检测到高锰酸钾氧化过程中有高活性 Mn(Ⅲ)生成。Mn(Ⅲ)在水中不稳定，会迅速歧化分解生成 $MnO_2$ 和 Mn(Ⅱ)，而水中一些络合剂(如：磷酸、焦磷酸、硫化物、EDTA、草酸等)能够显著提高 Mn(Ⅲ) 和 Mn(Ⅴ)的稳定性，因此能够强化分解水中多种有机污染物。

研究发现，高锰酸钾在反应过程中产生的新生态二氧化锰还能在中性 pH 条件或弱碱性条件下十分有效地去除水中多种重金属，如铅、镉、砷等，操作简便，易于实施。

3. 高锰酸钾预氧化控制氯化消毒副产物及助凝作用

高锰酸钾预氧化能够破坏水中氯化消毒副产物前驱物质，从而降低氯化消毒副产物生成量。高锰酸钾预氧化能够降低氯仿的主要前驱物质(间苯二酚)的氯仿生成势，随着高锰酸钾投量增加，氯仿生成势的下降幅度增大。对于其他的氯仿前驱物质，如邻苯二酚、对苯二酚、单宁酸、腐殖酸等也有类似的规律。但对于苯酚而言，预氧化使氯仿生成势略有升高，但氯酚的生成量则有显著的降低。这说明高锰酸钾能够破坏氯酚的前驱物质，但产生的中间产物有可能部分地转化为氯仿的前驱物质。

由于高锰酸盐在氧化过程中生成的新生态水合二氧化锰等中间态产物具有很高的活性，能够通过吸附作用促进絮凝体的成长，可有效地吸附水中微小的胶体颗粒，形成以新生态水合二氧化锰为核心的密实絮凝体，因而高锰酸钾(及高锰酸盐复合药剂)对多种地表水表现出不同程度的助凝作用。

高锰酸钾(及高锰酸盐复合药剂)对地表水的助凝效果与水质有关，对于稳定难处理水质，助凝效果更加明显。高锰酸钾助凝一般在很小的投量下即可取得良好的效果，但对于某特定水质存在着一最优投量范围。这是由于少量的高锰酸钾即可达到强化脱稳的目的，同时形成以新生态水合二氧化锰为核心的絮凝体。过量的高锰酸钾氧化一方面有可能导致水中高锰酸钾过剩，水的色度升高；另一方面水中过量的二氧化锰也会使浊度升高。对于某种特定地表水，高锰酸盐复合药剂的最优投量范围取决于水中有机物浓度和还原性物质成分。可通过静态烧杯搅拌试验确定最优投量，对于一般地表水，投量在 0.2～1.0mg/L 范围即可取得较明显的助凝作用。

高锰酸钾及其复合剂可以显著地提高地表水中锰的去除效果。地表水中的锰一般与腐殖质络合，稳定性大幅度提高，空气中的氧很难氧化络合态的锰，即使采用氯也很难氧化络合态的锰，高锰酸钾及其复合剂可以高效地氧化络合态锰，将其转化成高价态锰氧化物，同时新生态水合二氧化锰对水中锰具有吸附作用，因此，在工程应用中实际需要的氧化剂低于计量关系需要的量。

研究结果表明，高锰酸盐预氧化与生物活性炭组合可有效地强化对水中氨氮和有机物的去除，是一种经济简便的氧化与生物组合的处理工艺，比较适合于现有水厂的挖潜改造，是一种经济适用地提高水质的方法。

## 7.5　高级氧化概述*

近年来具有更强氧化能力的高级氧化工艺(Advanced Oxidation Processes，简称 AOPs)逐渐得到了人们的重视，以期进行更高效、更彻底的氧化。

### 7.5.1　高级氧化工艺(AOPs)简介

Glaze 于 1987 年提出了普遍公认的高级氧化的定义：即任何以产生羟基自由基(・OH)为目的的过程均是高级氧化工艺。・OH 是目前已知可在水处理中应用的最强的氧化剂，它的标准氧化还原电位高达2.80V。目前，大多数成功地应用于水处理中的高级氧化过程都是以·OH为主要氧化成分。由于·OH具有极强的氧化性，这使它可以与绝大多数有机物和无机物在水中迅速反应，反应时间一般以微秒计。另外，·OH与有机物的反应具有很低的选择性，它与有机物氧化反应的速率常数大多在$10^8$～$10^{10}$(mol/L)$^{-1}$·s$^{-1}$，而直接氧化反应的速度常数大多在1～$10^3$(mol/L)$^{-1}$·s$^{-1}$。因而，许多与臭氧分子反应缓慢的有机物，都可与·OH以很快的速率反应，见表7-11。

高级氧化的另一特点是氧化效率高，对有机物的氧化彻底。当有诸如羧酸类自由基反应促进剂时，往往少量的羟基自由基即可以引发一系列化学反应，可以将大量的有机物氧化。同时由于羟基自由基具有很强的氧化性，多数有机物可被彻底氧化成二氧化碳和水。

**水中·OH与有机物反应速度常数**(22～25℃)　　**表7-11**

| 溶质 | $K$((mol/L)$^{-1}$·s$^{-1}$)·$10^{-7}$ | 溶质 | $K$((mol/L)$^{-1}$·s$^{-1}$)·$10^{-7}$ |
|---|---|---|---|
| 苯 | 670 | 叔丁醇 | 370 |
| 氯苯 | 620 | 甲酸离子 | 280 |
| 硝基苯 | 220 | 乙酸离子 | 7 |
| 苯甲酸离子 | 560 | 草酸离子 | 1 |
| 环己烷 | 880 | 过氧化氢 | 3.5 |
| 甲醇 | 42 | 碳酸氢根离子 | 1.5 |
| 乙醇 | 185 | 碳酸根离子 | 20 |
| *n*-丁醇 | 7 | 脲 | <0.07 |

由此可见，高级氧化工艺的主要目的是利用·OH的强氧化性，保证高效、彻底地氧化水中的微污染有机物。它的关键环节是如何高效、低能耗地产生·OH。

目前，有很多过程可以诱发羟基自由基反应，如氧化还原过程中，或者在外界能量的作用下，常常都会产生羟基自由基。

臭氧高级氧化技术是高级氧化技术中的一种，它是利用臭氧在不同的催化剂作用下产生·OH的一种高级氧化工艺。臭氧溶解于水中后，会自分解形成·OH，但单纯由$O_3$自分解产生的·OH量很少，必须通过某些方式加速$O_3$分解才能产生一定量·OH。研究发现，·OH可由臭氧与γ-辐射、UV及$H_2O_2$等联合产生。近年来，又发现了一些新的·OH发生技术，如$O_3$与$TiO_2$、ZnO、CdS等硫族半导体，UV与Fenton试剂，$O_3$与超声波，$O_3$与还原性的金属[如Mn(Ⅱ)]或一些过渡金属氧化物等联合使用。目前在水处理中应用较多的臭氧高级氧化技术是臭氧和紫外线($O_3$/UV)联用，臭氧和过氧化氢($O_3$/$H_2O_2$)联用及光化学催化氧化($O_3$/UV/$TiO_2$)等。近年来，臭氧/金属氧化物等高级氧化技术已经在北京、嘉兴、淮南、大连等给水深度处理工程中应用。臭氧与过硫酸盐联用可同时产生羟基自由基和硫酸根自由基，大幅度地拓宽除污染范围，对不同类型的有机污染物具有显著的分解效果，是一种新型的高级氧化技术，在给水深度处理和污水深度处理中具有重要应用前景。

### 7.5.2　紫外线技术*

紫外线是指波长从10～400nm的电磁波，在波谱中位于X射线与可见光之间。紫外线针对于有机物、微生物等不同处理对象可能分别具有氧化、还原和消毒功能。紫外线杀菌是通过紫外线的照射，破坏及改变微生物遗传物质 DNA（脱氧核糖核酸）结构，使其失去繁殖能力进而对其灭活。真正具有杀菌作用的是 UVC 紫外线，特别是 253.7nm 左右的紫外线。紫外消毒近年来在国外得到快速的发展，在欧美国家（如芬兰、美国等）得到了很好的反响和效果。国内许多企业和高校也对紫外消毒进行了深入的研究与应用，如天津泰达自来水公司与清华大学环境科学与工程系合作，在天津开发区净水厂三期工程中采用“紫外线＋氯”联合消毒工艺，保证出水达到国标要求。

本节将从多方面分析紫外消毒的优缺点以及存在的问题，并对其发展提出展望。紫外线杀菌消毒原理为：适当波长的紫外线能够破坏微生物机体细胞中的 DNA（脱氧核糖核酸）或 RNA（核糖核酸）的分子结构，进而造成生长性细胞死亡和（或）再生性细胞死亡，达到杀菌消毒的效果。经试验，紫外线杀菌的有效波长范围可分为四个不同的波段：UVA（400～315nm）、UVB（315～280nm）、UVC（280～200nm）和真空紫外线（200～100nm）。其中能透过臭氧保护层和云层到达地球表面的只有 UVA 和 UVB 部分。就杀菌速度而言，UVC 处于微生物吸收峰范围之内，可在 1s 之内通过破坏微生物的 DNA 结构杀死病毒和细菌；而 UVA 和 UVB 由于处于微生物吸收峰范围之外，杀菌速度很慢，往往需要数小时才能起到杀菌作用，在实际工程的数秒钟水力停留（照射）时间内，该部分实际上属于无效紫外部分。真空紫外光穿透能力极弱，灯管和套管需要采用极高透光率的石英，一般不用于水体中的杀菌消毒。因此，水处理工程中所说的紫外光消毒实则是指 UVC 消毒。

紫外光消毒技术是基于现代防疫学、医学和光动力学的基础上，利用特殊设计的高效率、高强度和长寿命的 UVC 波段紫外光照射流水，将水中各种细菌、病毒、寄生虫、水藻以及其他病原体直接杀死，达到消毒的目的。研究表明，紫外线主要是通过对微生物（细菌、病毒、芽孢等病原体）的辐射损伤和破坏核酸的功能使微生物致死，从而达到消毒的目的。紫外线对核酸的作用可导致键和链的断裂、股间交联和形成光化产物等，从而改变了 DNA 的生物活性，使微生物自身不能复制，这种紫外线损伤也是致死性损伤。

紫外消杀在水处理中的应用简述如下。大多数紫外线装置利用传统的低压紫外灯技术，也有一些大型水厂采用低压高强度紫外灯系统和中压高强度紫外灯系统。产生高强度的紫外线可使灯管数目减少 90％以上，这样可减少占地面积，节约安装和维修用度。此外，紫外线消毒法对水质较差的出水也适用。

紫外消杀的优点在于以下四点：(1) 紫外线消毒无需化学药品，不会产生 THMs 类消毒副产物；(2) 杀菌作用快，效果好；(3) 无臭味，无噪声，不影响水的口感；(4) 轻易操纵，治理简单，运行和维修用度低。

然而，紫外消杀技术也存在一定应用限制，如下所述。

(1) 紫外线消毒法不能提供剩余的消毒能力，当处理水离开反应器之后，一些被紫外线杀伤的微生物在光复活机制下会修复损伤的 DNA 分子，使细菌再生。因此，有必要进一步研究光复活的原理和条件，确定避免光复活发生的最小紫外线照射强度、时间或剂量。

(2) 水的色度、浊度、有机物和氨氮等会严重影响紫外线的消毒效果。所以在设计紫外线消毒工艺时，应尽可能把此工艺放在处理末端，并通过改变流速、优化灯管布置等来提高水与紫外线的接触面积和时间，使得被消毒物质充分暴露于紫外线中，以保证消毒效果。

(3) 石英套管外壁的清洗工作是运行和维修的关键。当污水流经紫外线消毒器时，其中有很多无机杂质会沉淀、粘附在套管外壁上。尤其当污水中有机物含量较高时更易形成污垢膜，而且微生物易生长形成生物膜，这些都会抑制紫外线的透射，影响消毒效果。因此，须根据不同的水质采用合适的防结垢措施和清洗装置，开发研制具有自动清洗功能的紫外线消毒器。

### 7.5.3　过氧化物高级氧化技术*

1. 过硫酸盐高级氧化技术

(1) 概述

过硫酸盐(Persulfate，PS)高级氧化工艺是近年来发展起来的以产生高氧化能力的硫酸根自由基($SO_4^{\cdot -}$)和羟基自由基(·OH)为主要活性物质降解污染物的新型高级氧化技术。

PS是过一硫酸盐(Peroxymonosulfate，PMS)和过二硫酸盐(Peroxydisulfate，PDS)的统称。PS作为一种常见的氧化剂，主要有钠盐、钾盐和铵盐。其中前两者使用较多。从结构角度来讲，PS属于过氧化氢的衍生物，其和过氧化氢在结构上相似，即都有O-O键。因此，PS高级氧化技术又称为类Fenton技术。由于具有与过氧化氢相似的结构，PS与过氧化氢在氧化能力上具有相似的性质。例如：两者都是强氧化剂，但是其本身氧化有机物污染物的能力有限，都需要通过活化的方式提升氧化能力。

(2) 活化方式

PS的常见活化方法包括：热活化、过渡金属离子活化、光活化、碱性条件活化。

1) 热活化

基本原理：$S_2O_8^{2-} \xrightarrow{热} 2SO_4^{\cdot -}$　(7-49)

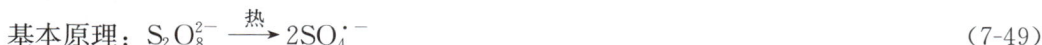

热活化的主要机理是通过热激发断裂O-O键，产生$SO_4^{\cdot -}$。热活化PS高级氧化技术已被应用于处理土壤即地下水的有机污染物。影响热活化PS降解污染物效率的主要因素有：温度，PS浓度，溶液pH和离子强度。

2) 过渡金属离子活化

基本原理(以$Fe^{2+}$为例)：$Fe^{2+}+S_2O_8^{2-} \longrightarrow Fe^{3+}+SO_4^{\cdot -}+SO_4^{2-}$　(7-50)

过渡金属离子活化PS方法在常温下即可分解PS。可活化PS的过渡金属离子包括$Fe^{2+}$、$Co^{2+}$、$Cu^{2+}$、$Ag^{+}$、$Mn^{2+}$、$Ru^{2+}$、$Ce^{3+}$等。特别的，通过像过渡金属离子/PS体系中投加络合剂(如：乙二胺四乙酸、氮三乙酸)，使螯合金属离子取代普通金属离子延长PS活化时间，可以有效提高体系降解污染物的能力。

3) 光活化

基本原理：$S_2O_8^{2-} \xrightarrow{hv} 2SO_4^{\cdot -}$　(7-51)

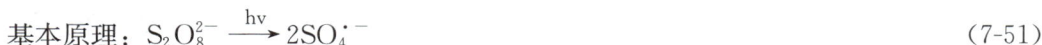

光活化PS的紫外光波长需要小于295nm。该方法适用于装有紫外消毒系统的饮用水厂。由于太阳光中的紫外约占5%，该方法还可以延伸到太阳光活化PS。这可以极大地降低使用PS高级氧化技术的经济成本，具有极大的应用发展潜力。

4) 碱性条件活化

一般来说，PS在pH<3时具有高的反应活性。有研究表明，在pH>10的碱性条件下PS会产生·OH来降解污染物。在实际应用中，碱性条件会腐蚀水厂设备或引起金属离子的析出。因此，碱性条件活化PS对仪器设备和操作条件的要求高。

(3) 展望

目前，过硫酸盐高级氧化技术是水处理领域的研究热点之一。但是人们对于其研究主要仅限于实验室的小试规模，其技术发展不够完善。同时，文献中对于PS高级氧化技术降解效果主要停留在提高去除污染物速率和“矿化”程度等指标，需要综合多方面指标来评判技术的好坏。此外，PS作为一种盐，高浓度的投放并不适用于饮用水厂。因此，开发低浓度PS高级氧化技术去除污染物是今后的发展方向之一。PS高级氧化技术与传统生物技术的结合也是一个具有挑战性的课题。

2. 过氧乙酸高级氧化技术

(1) 概述

过氧乙酸[Peracetic acid，PAA，$CH_3C(=O)OOH$]是一种有机过氧酸，可以由乙酸和过氧化氢在浓硫酸存在下反应制得[式(7-52)]。作为一种具有广谱杀菌能力的消毒剂，PAA与其他传统消毒剂相比，比臭氧更容易实施，比紫外线更加经济。最特别的是，相比于应用最多最广泛的氯消毒剂，PAA消毒过程中产生的消毒副产物要少得多。近几年，伴随着PAA在水处理消毒中应用越来越广泛，其作为高级氧化体系前驱氧化剂的潜力也越来越成为人们关注的焦点。

制备原理：$CH_3C(=O)OH+H_2O_2 \longrightarrow CH_3C(=O)OOH+H_2O$　　(7-52)

PAA本身可以直接降解污染物的数量和种类比较局限，为了提高其氧化效率，可采用活化处理的方式。与PS类似，PAA也具有O-O键结构。特别的，PAA的O-O键键能为159kJ/mol，远低于其他常见的氧化剂(如过一硫酸盐的键能为317kJ/mol，过氧化氢的键能为213kJ/mol)。这代表引入能量(紫外光或热能)或催化剂，PAA会比其他氧化剂更容易被活化。

PAA被活化后，O-O键均匀断裂会产生强氧化性自由基，即有机自由基($R\text{-}O^{\cdot-}$)和羟基自由基。其中，羟基自由基具有很高的氧化还原电位($E_0=1.9\sim2.7V$)，可以高效但非选择性地去除污染物。相比于羟基自由基，有机自由基具有更高的选择性，例如乙酰氧基自由基[$CH_3C(=O)O\cdot$]和乙酰基过氧自由基[$CH_3C(=O)OO\cdot$]可以选择性去除萘基化合物和磺胺类药物等新兴污染物。

(2) 活化方法

PAA的常见活化方法包括：紫外活化、热活化、过渡金属催化剂活化、碳基材料活化。

1) 紫外活化

在紫外光照射下，PAA的O-O键发生均匀断裂，生成$CH_3C(=O)O\cdot$和$\cdot OH$[式(7-53)]。这是紫外/PAA工艺反应过程中形成活性自由基的第一步，也是决定反应速度的第一步。后续会发生一系列自由基链反应[式(7-54)～式(7-58)]。最常用于活化PAA的紫外光波长是254nm，可由低压汞灯提供。

$$CH_3C(=O)OOH \xrightarrow{hv} CH_3C(=O)O\cdot+\cdot OH \tag{7-53}$$

$$CH_3C(=O)OOH+\cdot OH \longrightarrow CH_3C(=O)OO\cdot+H_2O \tag{7-54}$$

$$CH_3C(=O)OOH+CH_3C(=O)O\cdot \longrightarrow CH_3C(=O)OO\cdot+CH_3C(=O)OH \tag{7-55}$$

$$CH_3C(=O)O\cdot \longrightarrow CH_3\cdot+CO_2 \tag{7-56}$$

$$CH_3\cdot + O_2 \longrightarrow CH_3O_2\cdot \tag{7-57}$$

$$CH_3C(=O)O\cdot + \cdot OH \longrightarrow CH_3C(=O)OOH \tag{7-58}$$

2）热活化

因为 PAA 的 O-O 键键能很低，所以在中性条件下 O-O 键的均匀断裂在热力学上是可行的。热活化 PAA 既存在非自由基分解途径，也存在自由基分解途径。目前，已鉴定出的产物有 $CH_3C(=O)O\cdot$、$CH_3C(=O)OO\cdot$、$\cdot OH$ 和 $^1O_2$。

3）过渡金属催化剂活化

过渡金属催化剂可分为均相催化剂（如溶解在水中的过渡金属离子）和非均相催化剂（如金属氧化物）。可用于催化 PAA 的金属催化剂有 Co、Fe、Mn 和 Ag，其中，Co 表现出对 PAA 优越的催化效果，PAA 被 Co 活化会生成 $CH_3C(=O)O\cdot$ 和 $CH_3C(=O)OO\cdot$，不会生成 $\cdot OH$，这是与紫外/PAA 体系最大的区别[式(7-59)和式(7-60)]。

$$M^{n+} + CH_3C(=O)OOH \longrightarrow M^{(n+1)+} + CH_3C(=O)O\cdot + OH^- \tag{7-59}$$

$$M^{(n+1)+} + CH_3C(=O)OOH \longrightarrow M^{n+} + CH_3C(=O)OO\cdot + H^+ \tag{7-60}$$

式(7-59)和式(7-60)中 M 代表金属催化剂。

4）碳基材料活化

相比于过渡金属催化材料，非金属碳基催化剂因其优异的物理化学性能、优良的导电能力、相对较大的比表面积以及不存在二次污染（不存在金属浸出问题）而在高级氧化工艺应用中受到越来越多的关注。

区别于以自由基机制为主的 PAA 高级氧化体系，研究者发现碳材料/PAA 体系大部分以直接电子转移的非自由基机制主导。具体来说，碳材料凭借优良的导电性可以作为电子载体，PAA 作为电子受体，污染物作为电子给体。当 PAA 和污染物接触到碳材料表面的活性位点时，PAA 通过碳材料抽取污染物的电子，同时达到活化 PAA 和降解污染物的双重作用。相比于自由基机制，直接电子转移的非自由基机制选择性更高。以直接电子转移机制为主的碳材料/PAA 体系的降解效能会受到多方面因素影响，包括溶液 pH、碳基材料的等电点、污染物和氧化剂的解离常数等。

（3）展望

活化 PAA 可以得到高选择性的有机自由基，能够使一些无机自由基无法降解的污染物发生降解。因此，其在高级氧化技术中有很大的应用价值。此外，由于 PAA 是有机物，大量加入可能造成处理水体的总有机碳增加，因此相比于应用到饮用水厂，PAA 高级氧化技术更适合与生物技术结合用于污废水处理。目前文献对于 PAA 产生有机自由基的条件，降解机理和影响因素研究还不够透彻，所以更加深入地分析探讨、总结有机自由基在反应过程中的作用效果、反应机理和影响因素，形成科学系统的机制是推动 PAA 高级氧化技术发展的关键。

## 7.5.4　微纳米气泡技术*

1. 技术简介

在水处理工艺中，曝气装置是一种应用广泛的重要工艺设备，其主要功能是通过曝气装置向水体中补充空气或指定气体，以达到不同工艺的水环境需求。微纳米气泡技术作为一种全新的曝气技术，具有异于传统气泡的特性、显著的技术优势和广阔的应用前景，被广泛应用于各种环境工程领域。国内新兴企业和高校也对微纳米气泡技术进行了更为深入的研究与应用，如宁波筑鸿纳米科技有限公司、哈尔滨工业大学采用微纳米气泡技术进行河道及湖泊水生态治理以及工业园区污水深度处理。

微纳米气泡通常是指小于 100μm 的微小气泡，并被细分为直径大于 1μm 的微米气泡和直径小于 1μm 的纳米气泡。微纳米气泡较传统气泡具有更长的水中停留时间、更高的传质效率、更大的比表面积，同时还具有传统大气泡所不具备的高界面 ζ 电位、破灭时产生羟自由基的特性。

2. 技术特点与原理

(1) 微纳米气泡的特点

1) 比表面积大、传质效率高

微纳米气泡粒径很小，相同的气体体积具有更大的表面积，同时(根据拉普拉斯方程)气泡受表面张力影响具有更高的内部压力，从而加速了气体向液体的传质过程。

2) 水中停留时间长

根据斯托克斯方程，气泡上浮速度与气泡粒径成正比。直径 1mm 的气泡在水中上升的速度为 6m/min，直径 10μm 的气泡在水中的上升速度为 3mm/min，而直径达到纳米级别气泡的上升速度可以忽略，可长时间停留在水体中做布朗运动。

3) 界面 ζ 电位高

气泡界面 ζ 电位是指气泡表面吸附带电离子而形成的双电层，双电层之间的电势差即为气泡的 ζ 电位。当微纳米气泡在水中收缩时，电荷离子在非常狭小的气泡界面上得到了快速浓缩富集，表现为 ζ 电位的显著增加，到微纳米气泡破裂前在界面处可形成非常高的 ζ 电位值，而 ζ 电位是决定气泡界面吸附性能的重要因素。

4) 强氧化性

随着微纳米气泡逐渐收缩增压达到临界值，积聚在气泡表面的大量带电粒子会随气泡破灭释放化学能，产生超氧阴离子、过氧化氢、羟基自由基等活性物质，使微纳米气泡具有强氧化性。

(2) 微纳米气泡的产生原理

1) 射流式

利用高速液流通过狭窄流路产生的负压吸入气体，借助液流通过时急剧减压和急剧增压产生的剧烈冲击波使大气泡被粉碎形成微纳米气泡。

2) 回旋式

液体进入圆筒形成回旋液流，液流在圆筒内高速旋转可将气体从外部吸入，混合液流在高速回旋运动状态从圆筒出口释放，产生激烈的液体剪切流形成微气泡群，从而形成微纳米气泡。

3) 加压溶解式

加压溶气法是运用高压使气体过饱和地溶解在水中，随后降低压力使气体从水里释放出，产生 10～100μm 的微纳米气泡。加压溶气法的基建投资和能耗偏高。

4) 电解式

在电极正负极板产生微细气泡。这种发生方式产生的微气泡直径大多在 20～60μm，气泡尺寸的可控性好，但存在气泡量较少、电极消耗、能耗较高等缺点。

5）机械切割

利用高速旋转的叶轮产生负压吸入空气，并在泵腔内产生剧烈的湍流以及高压环境，借助叶轮的旋转剪切将气体切割成数十微米的微气泡。

3. 实际案例介绍

微纳米气泡技术与臭氧高级氧化技术耦合使用时，可以强化臭氧传质，大幅提高臭氧反应效率。在我国某化工园区采用臭氧微纳米气泡技术，对污水臭氧深度处理进行对照实验。使用微纳米气泡技术的实验组对污水处理 15min 即可稳定达标，而使用传统钛盘曝气工艺的对照组需投加臭氧 60min 方能达标，微纳米气泡技术使臭氧处理效率提升 300%（实验中，臭氧进气量为 1L/min，臭氧浓度为 130mg/L，15min 臭氧投加量为 1950mg，去除 COD 为 1050mg，O/C 为 1.86）。

此外，臭氧微纳米气泡也被使用于景观湖的生态治理。如在日本大阪阿倍野区的长池使用臭氧微纳米气泡技术，可大幅提升水质。使用前，大阪长池水体呈黄褐色，透明度低，并且散发异味，感官差。将臭氧微纳米气泡技术投入该湖的治理后，通过微纳米气泡技术将有机物、悬浮物吸附上浮打捞去除，从而实现了快速提高水体透明度并消除黑臭的效果。

### 7.5.5 其他常见的高级氧化过程*

1. Fenton 试剂反应

Fenton 反应即 $H_2O_2/Fe^{2+}$ 诱导产生羟基自由基的反应。这是应用最早的高级氧化反应。其诱导反应一般认为是式(7-61)：

$$Fe^{2+}+H_2O_2 \longrightarrow Fe^{3+}+\cdot OH+OH^- \tag{7-61}$$

有机脂肪酸可以通过如下述反应促进自由基形成：

$$RH+\cdot OH \longrightarrow R\cdot+H_2O \tag{7-62}$$

$$R\cdot+Fe^{3+} \longrightarrow R^{+}+Fe^{2+} \tag{7-63}$$

$$R^{+}+O_2 \longrightarrow ROO^{+} \longrightarrow CO_2+H_2O \tag{7-64}$$

最终可以通过下式终止自由基反应：

$$Fe^{2+}+\cdot OH \longrightarrow Fe^{3+}+OH^- \tag{7-65}$$

上述系列反应中，$\cdot HO$ 与有机物 RH 反应生成游离基 $R\cdot$，并进一步氧化生成 $CO_2$ 和 $H_2O$，从而使水中的 COD 大大降低。Fenton 试剂一般在酸性条件下使用（pH 为 3 左右），此条件有利于产生羟基自由基，强化分解有机污染物。水中的铁随后转化成 $Fe(OH)_3$ 胶体，具有凝聚、吸附性能，可除去水中部分悬浮物和杂质。最近人们发现，在 Fenton 高级氧化体系中引入羟胺，可以定向地还原铁，而基本不消耗羟基自由基，反应 pH 可以提高到近中性（pH 为 6），在显著提高除污染效率的同时大幅度降低了酸碱投量和铁投量，是一种新型的类 Fenton 高级氧化方法。

2. $UV/H_2O_2$ 过程

研究认为，过氧化氢溶液在 UV 的照射下，溶液中会产生羟基自由基。该过程可以用如下反应表示：

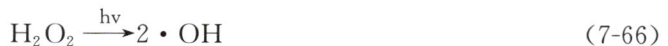

$$H_2O_2 \xrightarrow{hv} 2\cdot OH \tag{7-66}$$

影响 $UV/H_2O_2$ 氧化反应的因素有：$H_2O_2$ 浓度、有机物的初始浓度、紫外光强度和频率、溶液的 pH、反应温度和时间等。实验证明，$UV/H_2O_2$ 系统对有机污染物的质量浓度的适用范围很宽，为$(n\times10)\sim(n\times10^3)$mg/L($n=1\sim9$)，但从成本看，并不适合处理高浓度工业有机废水。

3. UV/$TiO_2$ 催化氧化

在低压汞灯产生的紫外线照射下，$O_3$ 与 $TiO_2$ 可以高效产生·OH，通过在原水中投加这样的光敏半导体材料，受激发后产生电子($e^-$)-空穴($h^+$)对。

$$TiO_2 \xrightarrow{hv} e^- + h^+ \tag{7-67}$$

在 $TiO_2$ 粒子表面，这些电子和空穴可与吸收的物质作用而产生 $O_2^-$ 和·OH。

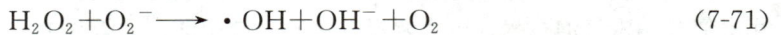

$$e^- + O_2 \longrightarrow O_2^- \tag{7-68}$$

$$O_2^- + H^+ \longrightarrow HO_2\cdot \tag{7-69}$$

$$2HO_2\cdot \longrightarrow O_2 + H_2O_2 \tag{7-70}$$

$$H_2O_2 + O_2^- \longrightarrow \cdot OH + OH^- + O_2 \tag{7-71}$$

$$h^+ + H_2O \longrightarrow \cdot OH + H^+ \tag{7-72}$$

$$h^+ + OH^- \longrightarrow \cdot OH \tag{7-73}$$

$$\cdot OH + 有机物 \longrightarrow CO_2 + H_2O \tag{7-74}$$

$$h^+ + 有机物 \longrightarrow CO_2 + H_2O \tag{7-75}$$

由于 $TiO_2$ 光催化过程固有的复杂性，有关光催化反应器的模拟、设计、放大等方面的研究开展得很不充分。国内目前光催化降解技术主要用在实验室小水量的水处理研究，尚处于基础研究阶段。

4. 臭氧高级氧化过程

(1) $O_3$/UV 工艺

无论在气相还是在溶液中，臭氧都可以吸收紫外光，最大的吸收波长在 253.7nm。在紫外光的激发下，通过下面的反应可直接生成 $H_2O_2$：

$$O_3 + H_2O \xrightarrow{hv} O_2 + H_2O_2 \tag{7-76}$$

上述形成的过氧化氢可以发生光解，也可由臭氧分解而产生自由基：

$$H_2O_2 \underset{+H^+}{\overset{-H^+}{\rightleftharpoons}} HO_2^- \quad \begin{cases} (1)\ \xrightarrow{+hv} 2\cdot OH \\ (2)\ \xrightarrow{+O_3} HO_2 + O_3^- \longrightarrow \cdot OH \end{cases} \tag{7-77}$$

$H_2O_2$ 的光解速度十分缓慢，而 $O_3$ 被 $HO_2^-$ 分解的速度很快，所以在中性条件下，途径 2 是主要途径。该法对处理难氧化物质比较有效，能使氧化速度提高 $10\sim10^4$ 倍。

该技术对于低温低浊受污染水处理具有显著效果，已经在哈尔滨供排水集团有限责任公司哈西供水公司升级改造工程中应用（20 万 t/d 规模水厂)。

(2) $O_3/H_2O_2$ 工艺

过氧化氢是一种弱酸，在水中可隔离为过氧化氢负离子，即：

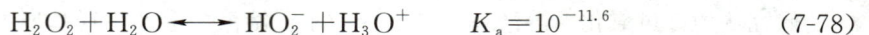

$$H_2O_2 + H_2O \longleftrightarrow HO_2^- + H_3O^+ \qquad K_a = 10^{-11.6} \tag{7-78}$$

过氧化氢分子与臭氧反应十分缓慢，然而，$HO_2^-$ 十分活泼，因此，臭氧被过氧化氢所分解的速率将随着溶液 pH 的升高而加快。$O_3$ 分子在水中也可以与氢氧根反应，形成 $HO_2^-$ 离子。

$$O_3 + OH^- \longrightarrow HO_2^- + O_2 \tag{7-79}$$

上述形成的 $HO_2^-$ 可继续与臭氧分子反应形成 · OH。

$$2O_3+3HO_2^- \longrightarrow O_2^- +3O_2+\cdot OH+OH^- \tag{7-80}$$

过氧化氢和臭氧反应生成羟基自由基的总反应式可以表示为：

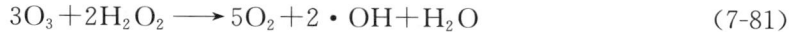

$$3O_3+2H_2O_2 \longrightarrow 5O_2+2\cdot OH+H_2O \tag{7-81}$$

(3) 臭氧催化氧化技术

臭氧在过渡金属离子($O_3$/Me)或过渡金属氧化物($O_3$/$Me_xO_y$)的催化作用下，对一些高稳定性有机污染物(如杀虫剂、除草剂及硝基苯和钛酸酯等)氧化效率会得到显著提高，该作用也被研究者归结为在催化剂的羟基化表面形成具有很强氧化能力的 · OH，从而强化分解高稳定性有机污染物，被认为是一种新型高级氧化方法。通过制备不同类型的催化剂可实现强化分解高稳定性有机污染物、深度氧化分解中间产物和控制氧化副产物的目的。目前，臭氧催化相关的催化氧化过程是高级氧化过程的一个研究热点。

5. 超声波高级氧化

超声波降解有机物的机理被认为主要来自于羟基自由基的作用，即高级氧化机理。一般认为超声的空化作用可导致水的解离及自由基的形成。目前有一种流行的热点模型，认为一定频率和振幅的超声波对水溶液进行辐射时，在声波的负压作用下产生空化气泡，随后在声波的正压作用下迅速崩溃。整个过程发生的时间很短，然而却可以产生瞬时的高温(实验测定值为 5000K)高压(估计为几百个大气压)。气泡中的高温高压水蒸气发生离解，可以写成如下方程式：

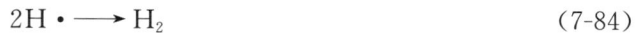

$$H_2O(\text{超声}) \longrightarrow \cdot OH+H\cdot \tag{7-82}$$

$$2\cdot OH \longrightarrow H_2O_2 \tag{7-83}$$

$$2H\cdot \longrightarrow H_2 \tag{7-84}$$

在超声波的作用下，过氧化氢扩散进入水中对有机物进行氧化。同时， · OH 可以直接把与它接触的有机物氧化，如下两式所示：

$$\cdot OH+\text{有机物} \longrightarrow \text{氧化产物} \tag{7-85}$$

$$H_2O_2+\text{有机物} \longrightarrow \text{氧化产物} \tag{7-86}$$

同时，声化学反应中还应该包括热解反应，即部分有机物在高温高压的气泡中发生热解转化。

6. 高能电子辐射

通过电子加速器产生的高能电子进入水中，由于高能电子的撞击以及能量的转换，将会发生一些有利于污染物降解的过程以及化学变化。在高能电子经过的轨迹中会形成电子激发态的离子或自由基。最初辐射离解的产物形成在独立的体积单元(称为径迹)内，所有的径迹通过膨胀扩散，部分离解的物质会重新化合，而另外一些则进入溶液主体，并在溶液中自由反应传递其能量。可能发生如下反应：

$$H_2O \longrightarrow [2.7]\cdot OH+[2.6]e_{(aq)}+[0.6]H\cdot+[0.7]H_2O_2+[2.6]H_3O^+ +[0.45]H_2 \tag{7-87}$$

由于 · OH 的存在，高级氧化过程成为高能电子流辐射降解污染物的主要机理。H · 也起到相当的作用。根据 Nickelson 和 Copper 的研究结果，在苯、甲苯和二甲苯(m—，o—)的混合溶液中，约 93%～97%苯，二甲苯(m—，o—)的去除来自于 · OH 的氧化作用。而 H · 对去除甲苯则起到了重要的作用，因为甲苯 16.1%去除来自于 H · 的作用。

## 【习题】

1. 哈尔滨市采用松花江水为水源，深圳市采用水库水为水源，两个城市的水厂均以氯为消毒手段，分析消毒效果有哪些不同的地方？深圳水源有时会发生富营养化，分析这个时期对消毒效果有何影响？如何在副产物生成量较低的情况下保证良好的消毒效果？哈尔滨以松花江为水源消毒时最不利的情况出现在哪种情况下？如何在取得良好消毒效果情况下控制消毒副产物生成量，请从预处理、强化常规处理、消毒方式选择、清水池构造等多方面分析。

2. 医院是防疫的前线，医院废水处理效果对于安全有效地从源头控制病毒传播至关重要。请查阅与分析目前医院废水处理中采用的主要消毒手段，查阅与分析医院废水消毒阶段氨氮的实际浓度范围，并指出现行消毒手段对于病毒灭活是否能够得到保障。如何强化医院废水消毒，确保对病毒的安全灭活(注：以肠道病毒为例进行分析讨论)。

# 第 8 章　离 子 交 换

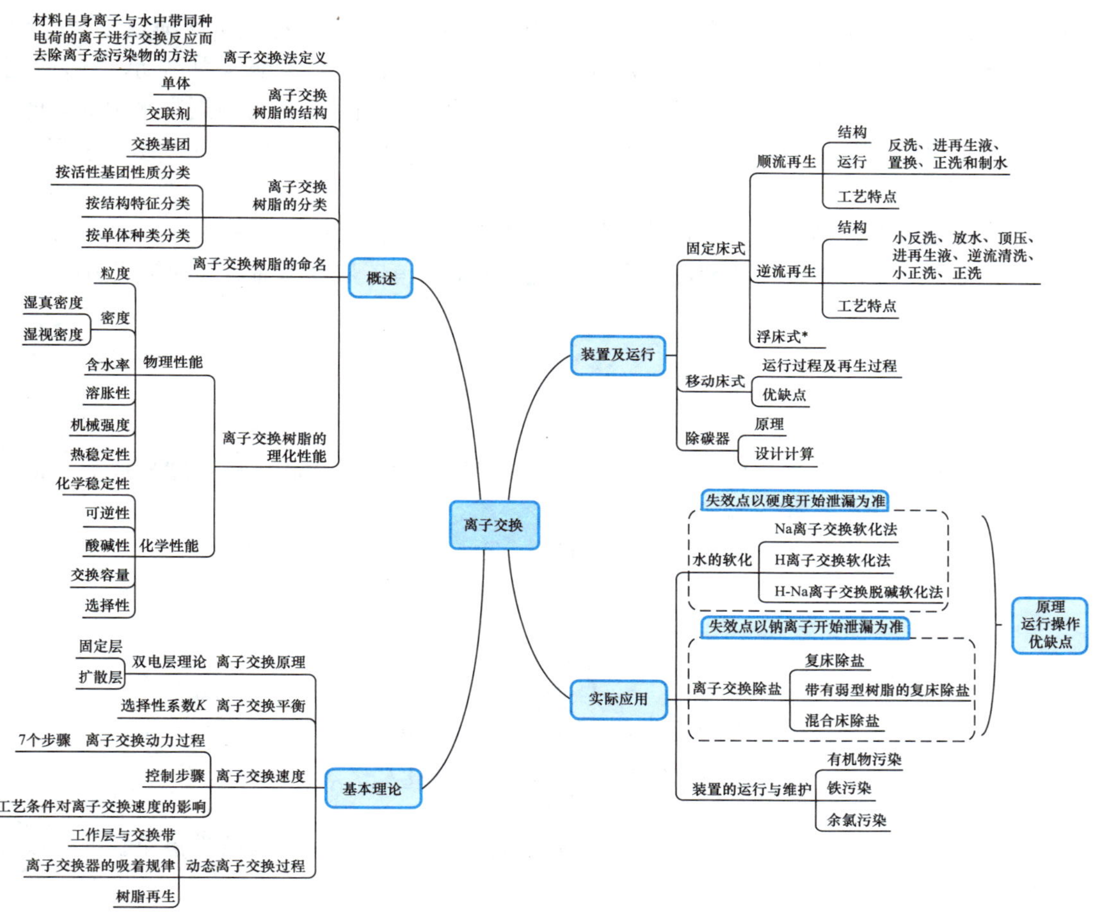


## 8.1　离子交换概述

水中存在溶解性的离子如汞、锌、镉、铬等重金属和硬度等难以去除的离子态污染物，影响水体感官程度及工业用水的安全性。汞、砷、铅等痕量重金属影响饮用水水质安全，高硬度水给工业锅炉、景观用水的使用带来结垢等问题，污水中高附加值离子态金属资源难于回收，并造成环境污染。

离子交换过程被广泛地用于去除水中呈离子态的成分。离子交换法是指某些材料能将本身具有的离子与水中带同种电荷的离子进行交换反应从而去除水中离子的方法，这些材料称离子交换剂。在离子交换技术被应用的初期，采用的只是天然的和无机质的交换剂，目前，普遍应用于水处理中的离子交换剂是人工合成的离子交换树脂。本章着重介绍了离子交换的原理与应用、离子交换树脂的结构与分类、离子交换系统的设计与运行。

### 8.1.1　离子交换树脂的结构

离子交换树脂的结构比较复杂，可主要分为两大部分：一部分是高分子骨架，它具有庞大的空间结构，是一种不溶于水的高分子化合物，这部分在交换反应中不发生变化，是树脂的支撑体，常用 R 代表；另一部分是可交换的活性基团，起提供可交换离子的作用。活性基团也是由两部分组成：一是固定部分，与骨架牢固结合，不能自由移动，称为固定离子；二是活动部分，遇水可以离解，并能在一定范围内自由移动，可与周围水中的其他带有相同电荷的离子进行交换反应，称为可交换离子。离子交换树脂可用下面物质制备而得。

1. 单体

单体指能聚合成高分子化合物的低分子有机物，是离子交换树脂的主要成分，也称为母体。例如在水处理中常用的苯乙烯系离子交换树脂的单体是苯乙烯，其结构式为：

$$C_6H_5-CH=CH_2$$

2. 交联剂

交联剂是形成聚合物的架桥物质，是固定树脂形状和增强树脂机械强度的成分。常用的交联剂是二乙烯苯，其结构式为：

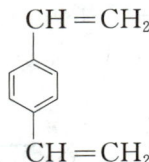

$$CH_2=CH-C_6H_4-CH=CH_2$$

交联剂在离子交换树脂内的百分含量称为交联度，用 DVB 表示。

$$交联度=\frac{树脂内交联剂的含量(g)}{树脂的量(g)}\times 100\%$$

交联度的大小对树脂的性能有很大影响，水处理中应用的离子交换树脂交联度一般在7%～12%。

3. 交换基团

交换基团是连接在单体上的具有活性离子的基团。它可以由有离解能力的低分子[如硫酸 $H_2SO_4$、有机胺 $N(CH_3)_3$ 等]通过化学反应引接到树脂内，也可由带有离解基团的低分子电解质(如甲基丙烯酸)直接聚合而引入到树脂中。

不同种类离子交换树脂的示意图如图 8-1 所示。

### 8.1.2　离子交换树脂的分类

1. 按活性基团性质分类

离子交换树脂根据交换基团不同，可分成两大类：凡与溶液中阳离子可进行交换反应的树脂，称为阳离子交换树脂，阳离子交换树脂可电离的离子是氢离子及金属离子；凡与溶液中阴离子进行反应的树脂，称为阴离子交换树脂，阴离子交换树脂可电离的离子是氢氧根离子和酸根离子。离子交换树脂和低分子酸碱一样，根据它的电离度不同，又将阳离子交换树脂分成强酸性树脂和弱酸性树脂；阴离子交换树脂又可分成强碱性树脂和弱碱性树脂。

2. 按结构特征分类

离子交换树脂随制造工艺不同内部可形成各种孔型结构，常见的产品有凝胶型、大孔型和均孔型树脂。凝胶型树脂孔径一般很小，所以它只能通过直径很小的离子，对直径较大的分子则易堵塞孔道而影响树脂的交换能力，特别是强碱阴离子交换树脂易受有机物污染。

大孔型树脂是在制造过程中加入了致孔剂，因而形成了大量的毛细孔道，可使直径较大的分子通行无阻，使离子交换反应的速度加快。大孔型交换树脂可以防止有机污染，常常用于去除含有腐殖酸、表面活性物质、木质素、酚等杂质的水处理过程。但是，因其交换能力比凝胶型树脂低和需较多的再生剂来充分恢复其交换能力等缺点，使装设离子交换设备的投资和运转费用增大。而且，这种树脂的价格也比较高，因而限制了其推广使用。

均孔型树脂的出现解决了大孔树脂应用中的问题。均孔型树脂制品的所有孔隙都有大致相近的尺寸，均在数百埃左右，因而它不仅保持了一般大孔型树脂的各种优点，而且还改善了大孔型树脂在交换容量和再生方面的一些缺点，实际上是一种改良型的大孔型树脂。

图 8-1　不同种类的离子交换树脂

3. 按单体种类分类

按合成树脂的单体种类不同，离子交换树脂还可分为苯乙烯系、丙烯酸系等。

### 8.1.3　离子交换树脂的命名

离子交换树脂产品的型号是根据国家标准《离子交换树脂命名系统和基本规范》GB/T 1631—2008 而制定的。

1. 名称

离子交换树脂的全名称由分类名称、骨架(或基团)名称以及基本名称依次排列组成。其中基本名称即为离子交换树脂。大孔型树脂在全名称前加“大孔”两字。分类属酸性的在基本名称前加“阳”字；分类属碱性的在基本名称前加“阴”字。

2. 型号

离子交换树脂产品的型号由三位阿拉伯数字组成：第一位数字代表产品分类，第二位数字代表骨架组成，第三位数字为顺序号，用以区别活性基团或交联剂的差异。代号数字的意义见表 8-1 和表 8-2。

**分类代号**(第一位数字)　　**表 8-1**

| 代号 | 0 | 1 | 2 | 3 | 4 | 5 | 6 |
|---|---|---|---|---|---|---|---|
| 活性基团 | 强酸性 | 弱酸性 | 强碱性 | 弱碱性 | 螯合性 | 两性 | 氧化还原性 |

**骨架代号**(第二位数字)　　**表 8-2**

| 代号 | 0 | 1 | 2 | 3 | 4 | 5 | 6 |
|---|---|---|---|---|---|---|---|
| 骨架类别 | 苯乙烯系 | 丙烯酸系 | 酚醛系 | 环氧系 | 乙烯吡啶系 | 脲醛系 | 氯乙烯系 |

凡属大孔型树脂，在型号前加“大”字的汉语拼音首位字母“D”；凡属凝胶型树脂，在型号前不加任何字母，交联度值可在型号后用“×”符号连接阿拉伯数字表示。

离子交换树脂型号图解如下：

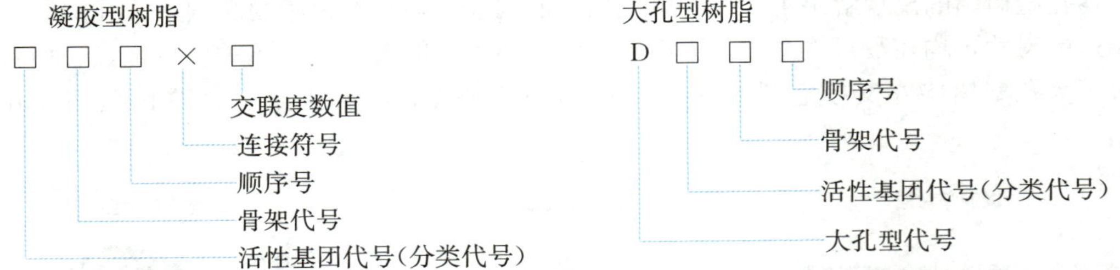


例如，常用的离子交换树脂强酸性苯乙烯系阳离子交换树脂，型号为 001×7；大孔型弱酸性丙烯酸系阳离子交换树脂，型号为 D111、D113 等。

### 8.1.4　离子交换树脂的理化性能

离子交换树脂性能分为物理性能和化学性能两个方面，其中包括的项目也较多，这里重点介绍几个指标。

1. 物理性能

(1) 粒度

粒度是表示离子交换树脂的粒径范围和不均匀程度的指标。粒度小的树脂交换速度快，但树脂层水流阻力大；粒度大的树脂交换速度慢，树脂水流阻力小。常用颗粒粒度为 0.3～1.2mm(相当于 50～16 目)。树脂颗粒大小不均匀时，反洗流速就难以控制，水流速度过大会冲走小颗粒树脂；流速过小，大颗粒树脂又不能松动。

(2) 密度

1) 湿真密度　指单位真体积(不包括树脂间的空隙)湿态离子交换树脂的质量(g/mL)。

$$湿真密度=\frac{湿树脂质量}{湿树脂的真实体积}g/mL$$

湿真密度与树脂在水中的沉降性有关，是影响其实际应用性能的一个指标。此数值一般在 1.04～1.30g/mL。阳树脂的湿真密度通常比阴树脂的大些。

2）湿视密度　指单位视体积（树脂及孔隙）湿态离子交换树脂的质量(g/mL)。

$$\text{湿视密度}=\frac{\text{湿树脂质量}}{\text{湿树脂的堆积体积}}\text{g/mL}$$

树脂的湿视密度是用来计算离子交换器中湿树脂的装载质量。离子交换树脂的湿视密度一般在0.60～0.85g/mL。

所谓湿态离子交换树脂，指的是吸收了平衡水量并除去外部游离水分后的树脂。

(3) 含水率

为了使交换离子在树脂颗粒内部自由移动，离子交换树脂颗粒的内部必须含有一定的水分。离子交换树脂的骨架空间充满着水，含水量指的是树脂含有的一定数量的化合水。此外，树脂中也有游离水和表面水，但是这种水并非化合水分，能用离心法、吸干法或抽滤法除掉，这种水分与树脂性能无关。

含水量通常以每克湿树脂(除去表面的水分后)所含水的百分数来表示，因此也称为含水率：

$$\text{含水率}=\frac{\text{湿树脂重}-\text{干树脂重}}{\text{湿树脂重}}\times 100\%$$

树脂含水率与交联度有密切关系，交联度越低，含水率越大。一般树脂交联度在7%左右时，含水率为45%～55%。凝胶型树脂，其含水率可反映树脂的孔隙率，即含水量越大，树脂的孔隙率越大。树脂在使用过程中，如含水率发生变化，说明树脂结构可能遭到破坏。

(4) 溶胀性

干树脂浸泡于水中，或树脂转型时体积都会发生变化，这种现象称为溶胀。

离子交换树脂的溶胀现象有两种：一种是绝对溶胀，它是不可逆的，如新树脂经溶胀后，再干燥其体积不能恢复原来的大小；另一种是相对溶胀(体积溶胀)，它是可逆的，如湿树脂由钠型转向氢型体积发生的变化。

(5) 机械强度

树脂的机械强度是指树脂在各种机械力作用下，抵抗破坏的能力，包括它的耐磨性、抗渗透冲击性等。在树脂的实际应用中，由于摩擦、挤压以及周期性转型使其体积胀缩等，都有可能造成树脂颗粒的破裂，从而影响树脂的使用寿命。

国际上规定采用磨后圆球率和渗磨圆球率来判断树脂的机械强度。此法是按规定称取一定量的湿树脂，放入装有瓷球的滚筒中滚磨，磨后的树脂圆球颗粒占样品总量的百分数即为树脂的磨后圆球率；若将树脂用酸、碱反复转型，然后用前述方法测得树脂的磨后圆球率，称为树脂的渗磨圆球率，该指标表示树脂的耐渗透压能力，目前一般用来评价大孔型树脂的机械强度。

影响树脂强度的因素包括树脂本身的因素和使用中的条件，如树脂的交联度、溶胀性、压力、水温及水中氧化剂等。在生产实践中，上述因素的出现和影响往往是错综复杂的，所以磨后圆球率的测定结果也有相对性。

(6) 热稳定性

各种树脂都有其允许使用温度，超过此温度范围，树脂或者热分解现象严重，或者交换容量受影响。一般盐型树脂比H型或OH型稳定，阳树脂可耐100℃或更高的温度，而对阴树脂来说，强碱性树脂可耐60℃，弱碱性树脂可耐80℃以上，树脂长期使用的温度应以不超过40℃为宜。树脂置于0℃以下时，会由于树脂内部结冰而胀碎。应注意的是，如环境温度低于或等于0℃时，应预防树脂颗粒因体积膨胀而破裂。

2. 化学性能

(1) 化学稳定性

离子交换树脂在酸、碱等化学物质的反复作用下，应保持必要的稳定性，不产生破裂、降解等现象，使树脂保持使用效果。一般阳树脂的稳定性优于阴树脂。高交联的树脂优于低交联的树脂。阳树脂中Na型优于H型，阴树脂中Cl型优于OH型。

(2) 可逆性

离子交换反应具有可逆性，这是离子交换树脂可用于水处理的重要性能。例如，H型树脂在除盐阶段的反应是：

$$2RH + Ca^{2+} \longrightarrow R_2Ca + 2H^+$$

除盐时，由于交换下来的$H^+$不断排走，使反应能不断向右进行。当交换树脂失效后，为了恢复其交换能力，可用酸进行再生，反应是：

$$R_2Ca + 2H^+ \longrightarrow 2RH + Ca^{2+}$$

再生时，由于$H^+$浓度大，交换出的$Ca^{2+}$不断排走，使反应不断向右进行。

(3) 酸碱性

离子交换树脂属于高分子电解质，它们在水中能发生电离。例如，H型树脂在水溶液中电离：

$$RSO_3H \rightleftharpoons RSO_3^- + H^+ \quad (电离度大) \tag{8-1}$$

$$RCOOH \rightleftharpoons RCOO^- + H^+ \quad (电离度小) \tag{8-2}$$

OH型树脂在水溶液中电离：

$$R\equiv NOH \rightleftharpoons R\equiv N^+ + OH^- \quad (电离度大) \tag{8-3}$$

$$R\equiv NHOH \rightleftharpoons R\equiv NH^+ + OH^- \quad (电离度小) \tag{8-4}$$

上述电离过程，可使水溶液的酸性或碱性由于离子交换树脂所带交换基团不同而不同。同时，它们酸碱性强弱也有差别。式(8-1)、式(8-3)因其电离度大，水溶液的酸(碱)性较强，而称为强酸(强碱)性树脂；式(8-2)、式(8-4)因其电离度小，水溶液酸(碱)性较弱，称为弱酸(弱碱)性树脂。由于它们酸(碱)性强弱不同，使得不同类型离子交换树脂有效地进行离子交换反应的pH范围也有所不同，见表8-3。

**各种类型树脂有效pH范围** **表8-3**

| 树脂类型 | 强酸性阳离子交换树脂 | 弱酸性阳离子交换树脂 | 强碱性阴离子交换树脂 | 弱碱性阴离子交换树脂 |
|---|---|---|---|---|
| 有效pH范围 | 1～14 | 6～14 | 1～12 | 0～7 |

(4) 离子交换树脂的交换容量

离子交换树脂在交换反应中也符合等物质量定律的要求，就是离子交换树脂所结合的离子和释放的离子的电化摩尔数(当量数)相等。因此，离子交换树脂的交换能力通常用单位质量或单位体积的树脂所能交换离子的摩尔数来表示，称为交换容量。

很明显，交换容量可有两种表示方法：

1）体积交换容量　指树脂在湿态下经反洗沉降后，每毫升树脂中能交换的离子的毫摩尔数，其单位用“mmol/mL”或“mol/$m^3$”表示，它表示了单位体积离子交换树脂的吸着能力。

2）质量交换容量　指每克干树脂所能交换的离子的毫摩尔数。其单位是“mmol/g”。

应该注意的是，在表示交换容量时，还应把离子交换树脂上可交换离子的形态阐述清楚。因为离子交换树脂的形态不同，其质量和体积也不同，为了统一起见，一般阳离子交换树脂以 Na 型为准(也有以 H 型的)，阴离子交换树脂以 Cl 型为准。必要时应标明其离子形态。

交换容量是离子交换树脂最重要的性能指标。树脂的交换容量常随离子交换反应的条件不同而改变。因此，交换容量又分全交换容量和工作交换容量。

1）全交换容量($E$)　指单位质量的离子交换树脂中全部离子交换基团的数量，此值决定于离子交换树脂内部组成，是一个固定常数。全交换容量可以通过滴定法测定，也可以通过理论计算得到。例如，对于交联度为 10%苯乙烯强酸性阳离子交换树脂，其单元结构$-CH(C_6H_4SO_3H)CH_2-$的分子量为 184.2，那么每 184.2g 树脂中含有 1mol 可以用于交换的 $H^+$，其全交换容量为：

$$\text{全交换容量}=\frac{1\times1000}{184.2}\times(1-10\%)=4.89\text{mmol/g}$$

由于受到运行条件的影响，很难使所有的交换容量都能发挥离子交换作用，所以在实际工作中还会用到工作交换容量的概念。

2)工作交换容量($E_G$)　它表示离子交换树脂在一定工作条件下所具有的交换能力。由于离子交换树脂是装在容器内，在湿态下工作，所以工作交换容量通常用体积交换容量表示。

工作交换容量不仅受树脂结构影响，还受溶液的组成、流速、温度、交换终点的控制以及再生剂和再生条件等因素影响。因此，工作交换容量是离子交换树脂实际交换能力的量度，在表示树脂的工作交换容量时，也必须指明工作条件、再生条件和终点控制标准。显然，工作交换容量不是常数，在不同的条件下，其数值可能相差很大，一般为全交换容量的 60%～70%。工作交换容量可在模拟离子交换树脂实际工作条件下测定，也可按下式计算：

$$\text{工作交换容量}=\frac{(C_{\text{进}}-C_{\text{出}})V_{\text{水}}}{V_{\text{树脂}}} \tag{8-5}$$

式中　$C_{\text{进}}$、$C_{\text{出}}$——分别为进水离子浓度和出水离子浓度，mmol/L；

$V_{\text{水}}$——周期制水量，$m^3$；

$V_{\text{树脂}}$——交换树脂的体积，$m^3$。

3）平衡交换容量($E_P$)　将离子交换树脂完全再生后，求出它和一定组成的水溶液作用到平衡状态时的交换容量，称为平衡交换容量。此指标表示在某种给定溶液中，离子交换树脂的最大交换容量。它略低于全交换容量，但高于工作交换容量。

（5）选择性

离子交换反应与溶液中离子浓度和离子种类的关系很大。在稀溶液中离子浓度相同的情况下，对不同种类的反离子，树脂的交换能力也不相同，这种性能称为树脂的选择性。

离子交换树脂对水中不同离子的选择性与树脂的交联度、交换基团、交换离子的性质、水中离子的浓度和水的温度等因素有关。一般优先交换电荷高的离子，相同电荷离子中优先交换原子序数大的、水合半径小的离子。树脂在常温、低浓度水溶液中，对常见离子的选择性交换次序如下：

强酸性阳离子交换树脂　$Fe^{3+}>Al^{3+}>Ca^{2+}>Mg^{2+}>K^{+}>Na^{+}>H^{+}$

弱酸性阳离子交换树脂　$H^{+}>Fe^{3+}>Al^{3+}>Ca^{2+}>Mg^{2+}>K^{+}>Na^{+}$

强碱性阴离子交换树脂　$SO_4^{2-}>NO_3^{-}>Cl^{-}>OH^{-}>F^{-}>HCO_3^{-}>HSiO_3^{-}$

弱碱性阴离子交换树脂　$OH^{-}>SO_4^{2-}>NO_3^{-}>Cl^{-}>F^{-}>HCO_3^{-}>HSiO_3^{-}$

## 8.2　离子交换基本理论

### 8.2.1　离子交换原理

在自然界中，离子交换现象很普遍，但发生这些现象的原因并不都一样，所以人们常常用不同的机理解释不同情况下的离子交换现象。

双电层理论认为：离子交换树脂分子上的可交换离子，是由许多活性基团在水中发生电离作用而形成的。当离子交换树脂遇水时，它的可交换离子在水分子的作用下有向水体中扩散的倾向，结果使树脂基体上留有与可交换离子符号相反的电荷，形成正电场或负电场，这样便因异性电荷的吸引力而抑制了可交换离子的进一步扩散。其结果是，在浓差扩散和静电引力两种相反力的作用下，形成了双电层式的结构。这里以磺酸型阳离子交换树脂为例加以说明。当将树脂浸泡于水中时，由于磺酸基团的水化与电离，产生了$-SO_3^-$ 和 $H^+$ 两种离子。因为$-SO_3^-$ 与高分子骨架有化学键相连接，所以它牢固地附在骨架的表面，形成了由负离子组成的内层。电离出的 $H^+$ 因受内层负离子的吸引力，不能远离高分子表面，只能排列在内层离子的外侧，形成外层离子，这样便形成了双电层式的结构，如图 8-2 所示。

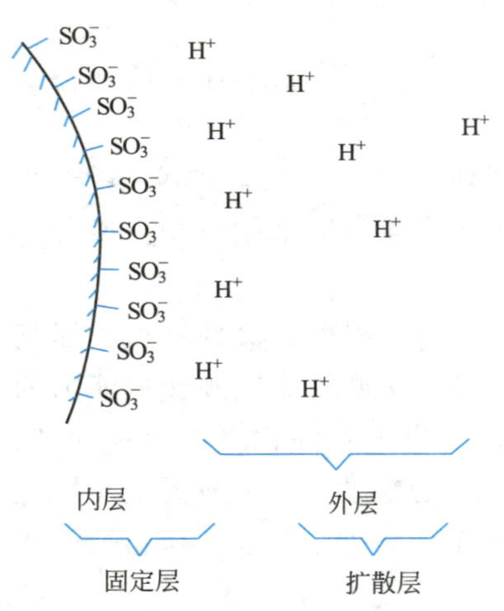

图 8-2　离子交换树脂的双电层结构

与胶体双电层的命名法一样，对于某种离子交换树脂，那些与其内层离子电性相同的离子称为该树脂的同离子，与内层离子电性相反的称为反离子。离子交换就是树脂中原有反离子与溶液中其他种反离子相互交换位置。

与胶体结构相近，离子交换树脂双电层中的许多外层离子，按其活动性的大小，也可分为固定层和扩散层。那些距内层离子较远的反离子，因为受内层离子的吸引力较小，受热运动的影响相对较大，所以会形成浓度自高分子表面向溶液中越来越小的扩散层。

当离子交换树脂遇到水溶液时，水中离子便会与双电层中反离子进行交换。由于扩散层中反离子在溶液中活动较自由，因此交换作用主要在此层反离子中进行。但也并不限于此，因动平衡关系，溶液中的反离子会先交换至扩散层，然后再与固定层中的反离子互相交换。显然，扩散层厚度越大，其中的反离子和水中离子的交换反应越难进行。

离子交换树脂双电层中扩散层的厚度与溶液中的离子浓度有关。当溶液中的离子浓度较大时，由于渗透压的关系，双电层中水分渗透至溶液中的倾向要比在稀溶液中的大。因此，增大溶液中离子浓度会减少扩散层的厚度，这种现象称为双电层的压缩。由此可知，在浓度很大的溶液中，离子交换比较容易。

离子交换树脂交换反应的可逆性，决定了离子交换理论要研究两个问题，一是在一定条件下离子交换反应的反应方向和反应限度，即离子交换平衡问题；二是离子交换速度问题。弄清楚反应的历程和达到平衡的时间，即离子交换两个问题，对于指导实际工作有重要的意义。

### 8.2.2　离子交换平衡

离子交换平衡是在一定温度下，经过一定时间，离子交换体系中固态的树脂相和溶液相之间的离子交换反应达到的平衡。离子交换平衡，同样服从等物质量规则和质量作用定律。

现以 H 型离子交换树脂在一定温度下，与一定浓度 NaCl 进行交换反应为例，加以讨论：

$$RH+Na^+ \rightleftharpoons RNa+H^+$$

当反应达到平衡时，根据质量作用规律，可得如下平衡常数表达式：

$$K=\frac{f_{RNa}[RNa]f_{H^+}[H^+]}{f_{RH}[RH]f_{Na^+}[Na^+]} \tag{8-6}$$

式中　[RNa]、[RH]、$[Na^+]$、$[H^+]$——分别为相应物质的摩尔浓度；

$f_{RNa}$、$f_{RH}$、$f_{Na^+}$、$f_{H^+}$——分别为相应物质的活度系数。

作为上式，它不能在实际中应用，因为 $K$ 值不仅要受吸附和解吸过程的影响，而且离子交换树脂中的离子活度系数现在也无法测定。此外，树脂的堆积体积和交联度、交换基团的性能及在树脂结构中所处位置、溶液的离子浓度和组成等，对离子交换反应都有一定影响，对 $K$ 值也有影响。

鉴于上述原因，可将上式改写成：

$$\frac{[RNa][H^+]}{[RH][Na^+]}=K\frac{f_{RH}f_{Na^+}}{f_{RNa}f_{H^+}}=K_H^{Na}$$

这里用 $K_H^{Na}$ 来代表 $K\dfrac{f_{RH}f_{Na^+}}{f_{RNa}f_{H^+}}$，称为选择性系数。

若以 A 型阳离子交换树脂与水中的一价阳离子 B 进行交换，设离子交换反应如下：

$$RA+B^+ \rightleftharpoons RB+A^+$$

当离子交换反应达到平衡时，则有：

$$K_A^B=\frac{[RB][A^+]}{[RA][B^+]} \tag{8-7}$$

式中　$K_A^B$——A 型树脂对 $B^+$ 的选择性系数；

[RB]、[RA]——分别为平衡时树脂相中 $B^+$ 和 $A^+$ 的浓度，mmol/L；

$[B^+]$、$[A^+]$——分别为平衡时水中 $B^+$ 和 $A^+$ 的浓度，mmol/L。

若将选择性系数表达式中的各浓度用各相中离子的分率表示，则其选择性系数可表示为：

$$K_A^B=\frac{y}{1-y}\cdot\frac{1-x}{x} \tag{8-8}$$

式中　$K_A^B$——A 型树脂对 B 离子的选择性系数；

$y$——平衡时，树脂相中 B 离子的分率，其值为 $y=[RB]/([RA]+[RB])$；

$x$——平衡时，水相中 B 离子的分率，其值为 $x=[B^+]/([A^+]+[B^+])$。

$K_A^B$ 只表示了离子交换平衡时各种离子间量的关系，没有更多的物理化学意义，而且会随溶液离子浓度和组成、树脂的堆积体积、交联度、交换基团的性质及在树脂结构中所处的位置等因素改变。所以，只能得出在一定条件下的值或近似值，但尽管如此，$K_A^B$ 值还是可以表明酸碱型或盐型离子交换树脂对溶液中不同种类离子交换能力的差别，因而具有一定的实际应用意义。

归纳起来 $K_A^B$ 有如下的意义：

当 $K_A^B=1$ 时，说明树脂对 A、B 两种离子的选择性相同，即无选择性；

当 $K_A^B>1$ 时，说明离子交换树脂对 B 离子的选择性比 A 大；

当 $K_A^B<1$ 时，说明 A 离子型树脂与溶液中 B 离子难以进行交换反应，即离子交换树脂对 B 离子选择性比 A 小。在这种情况下，可采用增大 B 离子浓度的方法使离子交换反应发生，树脂的再生过程就是利用这一原理。

所以，离子交换树脂的选择性系数越大，树脂的实际交换能力也越高，工作交换容量也相应增加。但是从再生方面来看则相反，选择性系数越大，再生交换容量就越低，即再生困难。因此，对强酸性阳树脂在实际应用中，设法提高再生交换容量是至关重要的。

当进行交换的离子价态不同时，设一价离子对两价离子进行交换，以强酸性 Na 型阳离子树脂对水中 $Ca^{2+}$ 进行交换为例，则其交换反应和选择性系数可表示如下：

$$2RNa+Ca^{2+}\rightleftharpoons R_2Ca+2Na^+$$

$$K_{Na}^{Ca}=\frac{[R_2Ca][Na^+]^2}{[RNa]^2[Ca^{2+}]} \tag{8-9}$$

式中　$K_{Na}^{Ca}$——Na 型树脂对 $Ca^{2+}$ 离子的选择系数；

$[R_2Ca]$、$[RNa]$——分别为平衡时树脂相中 $Ca^{2+}$ 和 $Na^+$ 浓度，mol/L；

$[Ca^{2+}]$、$[Na^+]$——分别为平衡时水中 $Ca^{2+}$ 和 $Na^+$ 的浓度，mol/L。

写成通式的形式为：

$$2RA+B^{2+}\rightleftharpoons R_2B+2A^+$$

则其选择性系数有：

$$K_A^B=\frac{C_0}{E}\cdot\frac{y}{(1-y)^2}\cdot\frac{(1-x)^2}{x} \tag{8-10}$$

式中　$E$——树脂的全交换容量；

$C_0$——液相中两种交换离子的总浓度(均按一价离子计)，mol/L。

$K_A^B$、$y$、$x$ 的意义同式(8-8)，各种离子浓度均以一价离子作为基本单元计。

由式(8-10)可见，不等价离子间交换时，其选择性系数还与树脂全交换容量 $E$ 和溶液中两种交换离子的总浓度 $C_0$ 有关。

由上述讨论可知，对于两种离子的交换，其离子交换的选择性系数是平衡时液相和树脂相中两种离子量比值的函数。以等价离子交换为例，因为其离子分率不同，则 $K_A^B$ 的值就会有所不同。如果以树脂相中 B 离子的分率为纵坐标，溶液相中 B 离子的分率为横坐标，根据不同的 $K_A^B$ 值，用式(8-8)作图，即可得到等价离子交换的平衡曲线，如图 8-3 所示。

由平衡曲线可以清楚地看出，当树脂相中 B 的离子分率 $y$ 相同时，$K_A^B$ 值越大，则溶液相中B的离子分率$x$越小，即水中的B离子的浓度越低，交换效果就越好。同样，上述讨论也适用于各种阴树脂对水中阴离子的交换。常见离子选择性系数列于表8-4。

从离子交换平衡曲线可以看出，树脂的除盐和再生实际上是离子平衡建立和移动的过程，随着旧的平衡不断被打破，新的平衡不断建立，水中B离子就越来越少。

运用离子交换平衡原理，可以计算出离子交换处理过程中的某些极限值，以回答某些过程是否可行的问题。例如，可以用来估算某些条件下树脂的极限工作交换容量；用已知成分的再生剂再生树脂时，所能达到的最大再生度；预测离子泄漏量与交换器出水端树脂层再生度的关系等。

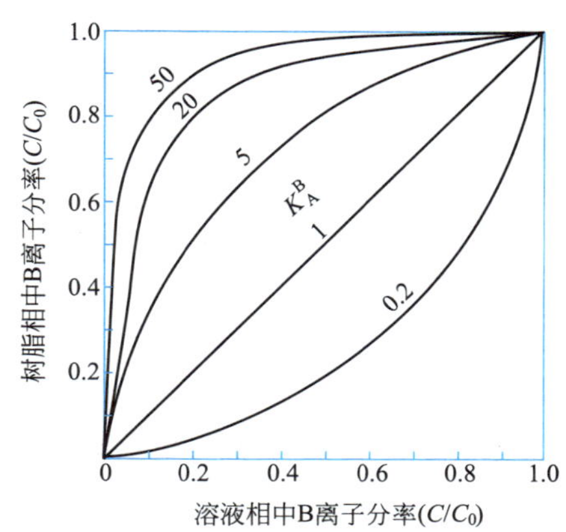


图8-3　等价离子交换的平衡曲线

**常见离子选择性系数**　　**表8-4**

| $K_H^{Li}$ | $K_H^{Na}$ | $K_H^{NH_4}$ | $K_H^{K}$ | $K_H^{Mg}$ | $K_H^{Ca}$ |
|---|---|---|---|---|---|
| 0.8 | 2.0 | 3.0 | 3.0 | 26 | 42 |
| $K_{Cl}^{NO_3}$ | $K_{Cl}^{HSO_4}$ | $K_{Cl}^{HCO_3}$ | $K_{Cl}^{SO_4}$ | $K_{Cl}^{CO_3}$ | $K_{OH}^{Cl}$ |
| 3.5～4.5 | 2～3.5 | 0.3～0.8 | 0.11～0.13 | 0.01～0.04 | 10～20 |

**【例8-1】** 用一定体积H型强酸性阳树脂与1.1mmol/L的NaCl溶液进行交换反应。如果出水控制$[Na^+]\leqslant 0.1$mmol/L时，则树脂中至少应有多少是H型？

**【解】** 因交换反应前$[Na^+]=1.1$mmol/L，交换后$[Na^+]=0.1$mmol/L，所以参加交换反应的$[Na^+]$为：

$$[Na^+]=1.1-0.1=1.0\text{mmol/L}=1.0\times10^{-3}\text{mol/L}$$

又因离子交换反应是等物质的量进行的，所以交换反应达到平衡时，$[H^+]=1.0\times10^{-3}$mol/L，由此可求得溶液中$Na^+$和$H^+$的分率：

$$X_{Na}=\frac{[Na^+]}{[Na^+]+[H^+]}=\frac{1.0\times10^{-4}}{1.0\times10^{-4}+1.0\times10^{-3}}=\frac{1}{11}=0.09$$

$$X_H=\frac{[H^+]}{[Na^+]+[H^+]}=\frac{1.0\times10^{-3}}{1.0\times10^{-4}+1.0\times10^{-3}}=\frac{10}{11}=0.91$$

根据式(8-8)可推导出下式：

$$\frac{\overline{X}_H}{1-\overline{X}_H}=\frac{1}{K_H^{Na}}\cdot\frac{X_H}{X_{Na}}=\frac{1}{2}\times\frac{0.91}{0.09}=5$$

其中$K_H^{Na}$取2。则$\overline{X}_H=0.85$。

即树脂中至少有85%为H型时，才能保证出水中$[Na^+]\leqslant 0.1$mmol/L。

### 8.2.3　离子交换速度

离子交换平衡，是在某种具体条件下离子交换能达到的极限情况。在实际应用中，水总是以一定速度流过树脂层，因此反应时间是有限的，不可能让离子交换达到完全平衡的状态。为此，研究离子交换速度有重要的实践意义。在离子交换的基础性研究中，绝大部分是对离子交换平衡的研究，对离子交换动力学理论研究得很少。

1. 离子交换动力过程

离子交换过程是在水中离子与离子交换树脂的可交换基团间进行的。树脂的可交换基团不仅处于树脂颗粒的表面，而且大量的是处在树脂颗粒的内部，当树脂与水接触时，可以想象在树脂颗粒表面形成一层不流动的水膜。因此，离子交换过程是比较复杂的，它不单单是离子间的位置交换，还有离子在水中和颗粒内部的扩散过程。离子交换速度实质上是表示水溶液中离子浓度改变的速度，即一种动力过程。

离子交换动力过程一般可分为 7 个步骤，以 RH 树脂与水中 $Na^+$ 离子的交换为例，这 7 个步骤如图 8-4 所示。

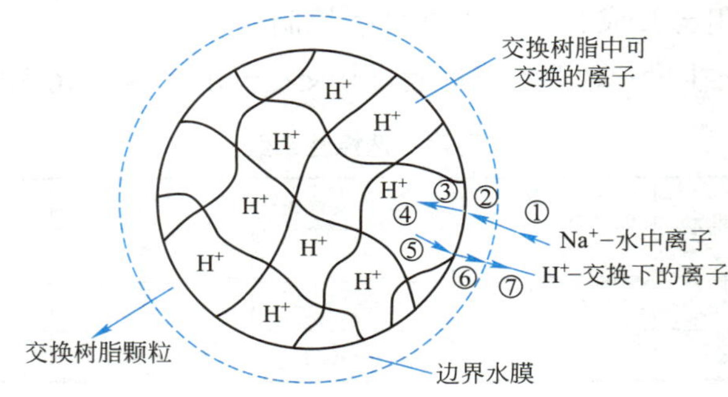


图 8-4　离子交换动力过程示意图

(1) $Na^+$ 离子在水溶液中向树脂颗粒表面的扩散；

(2) $Na^+$ 离子通过边界水膜的扩散；

(3) $Na^+$ 离子在树脂颗粒网孔中的扩散；

(4) $Na^+$ 离子和交换基团上的 $H^+$ 离子相互交换；

(5) 被交换下来的 $H^+$ 离子在树脂颗粒网孔中向颗粒表面扩散；

(6) $H^+$ 离子通过边界水膜的扩散；

(7) $H^+$ 离子从树脂表面向水溶液的扩散。

(5)、(6)、(7)三个步骤分别与(3)、(2)、(1)相似，只是被交换下来的 B 离子由树脂颗粒网孔中向水溶液中的扩散。(2)、(6)步是交换离子在边界水膜中的扩散，称为膜扩散；(3)、(5)步是交换离子在树脂颗粒内网孔中的扩散，称为颗粒扩散或内扩散。

2. 离子交换速度的控制步骤

由于离子交换必须相继地通过上述 7 个步骤才能完成，所以其中如有某一步骤的速度特别慢，则进行离子交换反应的整个时间中的大部分是消耗在这一步骤上，这个步骤称为速度控制步骤。

在前述的 7 个步骤中，(4)步属于离子间的化学反应，通常是很快的，它不是速度控制步骤。在水溶液中处于流动或搅拌的条件下，离子在主体溶液中的扩散通常也比较快。所以，实际运行着离子交换的速度控制步骤常常是膜扩散或者内扩散过程。此外，也可能有两种过程都影响交换速度的中间状态。

速度控制步骤，对体系中离子浓度的分布有很大影响。如果膜扩散是控制步骤，则离子的浓度梯度集中在树脂颗粒表面的水膜中，而在树脂颗粒内基本无浓度梯度，反之如内扩散是控制步骤，则离子的浓度梯度集中在树脂颗粒内，而膜中无浓度梯度。

此外，溶液温度高，能同时加快膜扩散和内扩散速度。大孔型树脂与凝胶型树脂的孔径相差悬殊，所以大孔型树脂的孔道扩散比凝胶型快得多，放射性元素测定证明，对于有同样交联度的两种树脂，大孔树脂的交换速度比凝胶型树脂快 10 倍。

3. 工艺条件对离子交换速度的影响*

离子交换速度受许多工艺条件的影响，若速度控制步骤不同，则各条件对交换速度的影响也不同。由于离子交换多数是在交换柱中进行的，这里将讨论离子交换柱运行工况对离子交换速度的影响。

（1）溶液浓度

水中离子浓度是影响扩散速度的重要因素，离子浓度越大，扩散速度越快。水中离子浓度对内扩散和膜扩散有不同程度的影响，当水中离子浓度较大，例如在 0.1mmol/L 以上时，膜扩散的速度已相当快，内扩散的速度却不能提高到与之相当的程度，这时交换速度主要受内扩散支配，即内扩散为控制步骤。这相当于水处理工艺中，树脂再生时的情况。若水中离子浓度较小，如在 0.003mmol/L 以下时，膜扩散的速度就变得相当慢，支配着交换速度，成为控制步骤，这相当于树脂运行时的情况。

（2）树脂的交联度

树脂交联度对离子交换速度的影响是：交联度越大，交换速度越慢。交联度对内扩散的影响比对膜扩散的影响大，因为它对树脂网孔的大小有很大影响；而对膜扩散，只是因为它影响树脂的溶胀率，而使颗粒外表面有所改变。

（3）树脂颗粒大小

当树脂颗粒减小时，不论是内扩散速度还是膜扩散速度都会加快。颗粒越小，它的比表面积越大，水膜的面积也就越大，所以膜扩散速度相应增加。内扩散速度受颗粒大小的影响更大，因为颗粒越小，离子在颗粒内的扩散距离会相应地缩短。因此，这两方面的因素都会加快离子交换速度。但颗粒也不宜太小，否则会增大水流过树脂层的阻力。

（4）流速与搅拌速度

树脂颗粒表面的水膜厚度，与水溶液的搅动或流动状况有关，水溶液扰动越激烈，水膜就越薄。因此，交换过程中提高水的流速或加强搅拌，可以加快膜扩散速度，但不影响内扩散。在离子交换器的运行中，提高水的流速不仅可以提高设备出力，还可以加快离子交换速度。但是，水的流速也不是越高越好，流速太大时，水流阻力也会迅速增加。

由于再生过程是内扩散控制，再生流速的增加并不能加快交换速度，却减少了再生液与树脂的接触时间。因此，再生过程多在较低的流速下进行。

（5）水温

提高水温能同时加快膜扩散速度和内扩散速度，因此提高水温对提高离子交换速度是有利的。但水温也不宜过高，因为水温过高会影响树脂的热稳定性，尤其是强碱性阴树脂。

### 8.2.4　动态离子交换过程

1. 工作层与交换带

为了简便起见，先研究水中只含有 $Na^+$ 通过 RH 型离子交换剂进行交换的情况。

当水从上部进入交换剂时，首先在表面层一定厚度的交换剂中与 $Na^+$ 进行交换。此层交换剂上 $H^+$ 很快被交换完，成为失效层。在继续进水时，水通过失效层时水质不变，离子交换进入下一个与失效层厚度相同的交换剂层中进行，即工作层，又称交换带。水经过这一层时，水中 $Na^+$ 和交换剂上的 $H^+$ 进行交换，水离开此层时，离子交换已达平衡，出水质量不变。工作层以下的交换剂层，称为尚未工作的交换剂层，如图 8-6(a)所示。当工作层在交换剂层中间移动时，出水质量基本不变。只有工作层的下缘移至与交换剂最底部重叠时，$Na^+$ 就会出现在出水中(称为穿透或泄漏)。当出水中泄漏的 $Na^+$ 达一定值时，整个交换剂失效，必须停止运行。所以最后一层离子交换容量未能充分发挥，只起保证出水质量的作用，为保护层。如果保护层厚度大，即交换带变宽，则交换柱的工作交换容量就小；反之，交换柱的工作交换容量就大。图 8-5 所示的就是两种不同保护层厚度下交换柱的工作交换容量的大小。影响交换柱保护层厚度(交换带宽度)的因素很多：在运行流速大、要求出水的水质好、树脂对要除去离子的亲合力小等条件下，保护层都要相对厚一些。此外，树脂的颗粒、水温等因素也都对保护层的厚度有一定的影响。

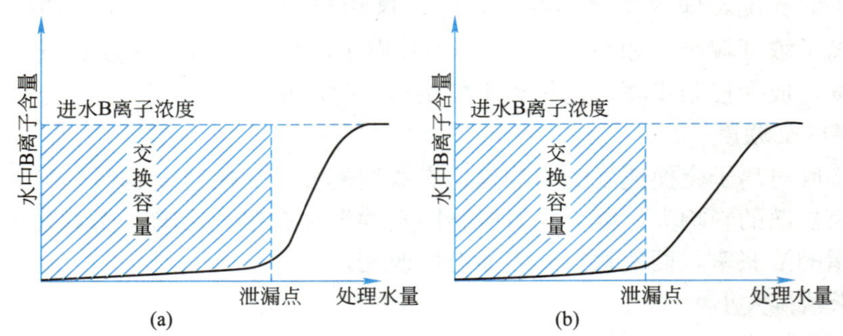


图 8-5　不同厚度保护层下交换柱的工作交换容量

(a)保护层薄的情况；(b)保护层厚的情况

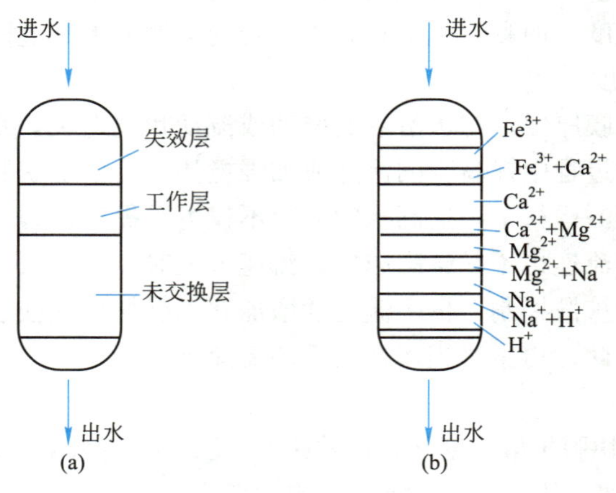


图 8-6　离子交换情况

(a)树脂的工作情况；(b)离子交换顺序示意图

2. 离子交换器的吸着规律

实际上，水中不只含有一种离子，而是含有多种阳离子，所以离子交换过程是很复杂的。

下面讨论含有 $Fe^{3+}$、$Ca^{2+}$、$Mg^{2+}$、$Na^{+}$ 离子的水，从上而下通过 $H^{+}$ 离子交换剂层的交换情况。

进水初期，由于交换剂是 H 型的，水中各种阳离子与 $H^{+}$ 离子交换剂进行离子交换遵循离子交换的规律。即从上而下交换剂吸着离子的顺序为 $Fe^{3+}$、$Ca^{2+}$、$Mg^{2+}$、$Na^{+}$。在继续进水时，水经过吸着 $Fe^{3+}$ 的交换剂层水质不变，进入吸着 $Ca^{2+}$ 层以后，离子交换就发生相互取代的过程。即水中 $Fe^{3+}$ 进入吸着 $Ca^{2+}$ 的交换剂层取代交换剂上 $Ca^{2+}$，使吸着 $Fe^{3+}$ 的交换层不断下移和扩大(增厚)，取代出的 $Ca^{2+}$ 与进水中 $Ca^{2+}$ 一起进入吸着 $Mg^{2+}$ 交换剂层取代交换剂上 $Mg^{2+}$，吸着 $Ca^{2+}$ 的交换剂层也不断下移和扩大，这样依次类推，直至出水 $Na^{+}$ 达一定值，停止运行。

在进水过程中，吸着 $Fe^{3+}$、$Ca^{2+}$、$Mg^{2+}$、$Na^{+}$ 的交换剂层的高度，相当于进水中四种离子浓度与总离子浓度的比值，但这四种交换剂层不是截然分开的，有程度不同的混合现象，最后，交换剂失效后的状况，如图 8-6(b)所示。

3. 失效树脂的再生

树脂失去继续交换水中欲去除离子的能力时称为失效，通常离子交换器运行至欲去除离子开始泄漏时，即认为失效。失效树脂需经再生，才能恢复其交换能力，恢复树脂交换能力的过程称再生。再生所用的化学药剂称为再生剂，根据离子交换树脂种类和离子交换目的的不同，再生剂有 NaCl、HCl(或 $H_2SO_4$)和 NaOH。

再生方式可分为顺流式、对流式、分流式和复床串联式再生，在这四种再生方式中，被处理水和再生液流动方向如图 8-7 所示。

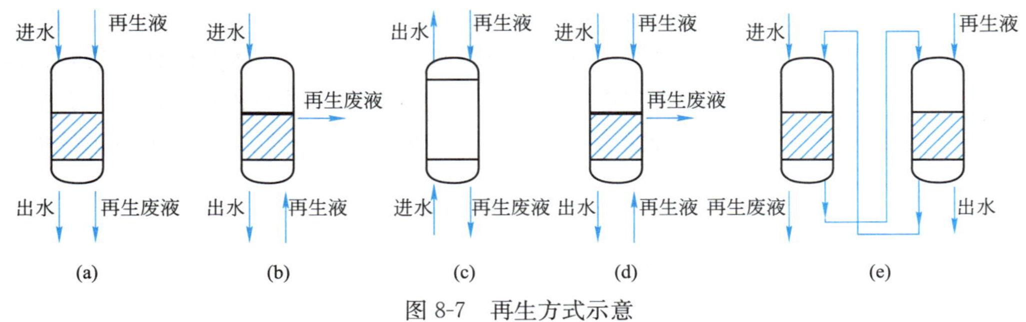


图 8-7　再生方式示意

(a)顺流式；(b)、(c)对流式；(d)分流式；(e)复床串联式

(1) 再生水平

再生水平是影响再生效果的最直接的因素，它是指再生单位体积树脂所用纯再生剂的量，通常用符号 $L$ 表示，单位为"g/L"或"$kg/m^3$"。增加再生剂量，可以提高树脂的再生度，但当再生剂量增加到一定程度后，再继续增加时，树脂的再生度增加却不多，采用过高的用量是不经济的，因此生产实际中树脂并不是彻底再生，最佳再生剂用量应通过试验确定。

(2) 再生剂耗量和比耗

生产上常用一些表示再生剂利用率的指标，这就是酸耗、碱耗和比耗。

酸(碱)耗是指恢复树脂 1mol 的交换容量消耗纯酸(碱)的克数。用 HCl 为再生剂，其理论酸耗为 36.5g/mol，以 NaOH 作为再生剂，其理论碱耗为 40g/mol。实际酸(碱)耗要比理论耗量大，实际耗量与理论耗量的比值称为再生剂的比耗。由于实际用量是超过理论耗量的，所以，再生剂比耗总是大于 1。

## 8.3　离子交换装置及运行操作

生产实践中，水的离子交换处理是在离子交换器中进行的。也有将装有离子交换剂的离子交换器称为离子交换床。离子交换装置的种类很多，一般可分为固定床式离子交换器和移动床式离子交换器两大类，而固定床离子交换器是在各领域用得最广泛的一种装置。

### 8.3.1　固定床式离子交换器

所谓固定床是指离子交换剂在一个设备中先后完成制水、再生等过程的装置。

固定床离子交换器按水和再生液的流动方向分为：顺流再生式、对流再生式(包括逆流再生离子交换器和浮床式离子交换器)和分流再生式。按交换器内树脂的状态又分为：单层(树脂)床、双层床、双室双层床、双室双层浮动床以及混合床。按设备的功能又分为：阳离子交换器(包括钠离子交换器和氢离子交换器)、阴离子交换器和混合离子交换器。本节主要对最常用的顺流和逆流再生离子交换器进行详细介绍，其他离子交换器作简要介绍。

1. 顺流再生离子交换器

顺流再生离子交换器是离子交换装置中应用最早的床型，运行时，水流自上而下通过树脂层；再生时，再生液也是自上而下通过树脂层，即水和再生液的流向是相同的。

(1) 顺流再生离子交换器的结构

顺流再生离子交换器的主体是一个密封的圆柱形压力容器，器体上设有树脂装卸口和用以观察树脂状态的观察孔。容器设有进水装置、排水装置和再生液分配装置。交换器中装有一定高度的树脂，树脂层上面留有一定的反洗空间，如图 8-8 所示。外部管路系统如图 8-9 所示。

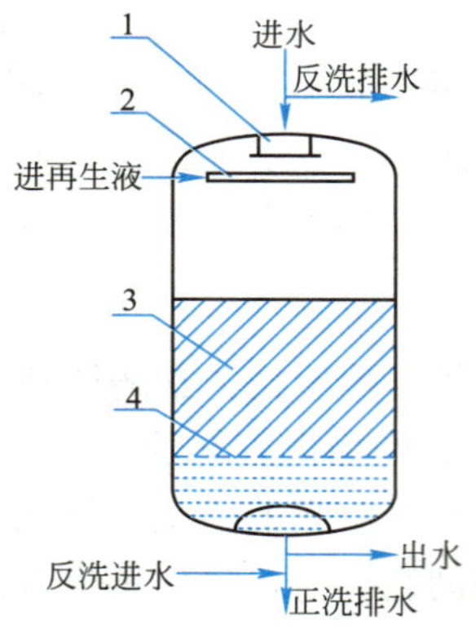


图 8-8　顺流再生离子交换器的内部结构

1—进水装置；2—再生液分配装置；3—树脂层；4—排水装置(水帽式或石英砂垫层式)

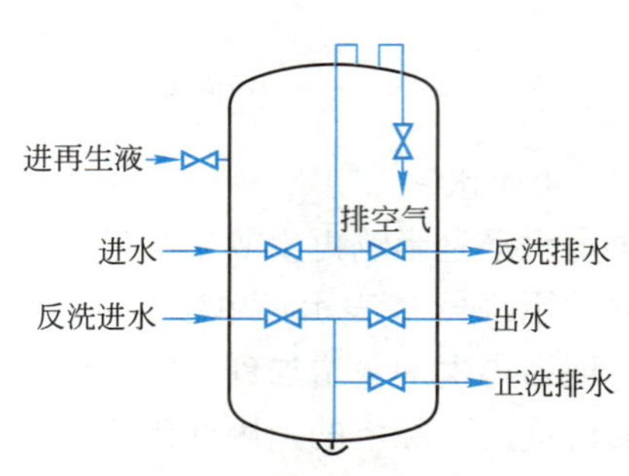


图 8-9　顺流再生离子交换器的管路系统

(2) 顺流再生离子交换器的运行

顺流再生离子交换器的运行通常分为五步，从交换器失效后算起为：反洗、进再生液、置换、正洗和制水。这五个步骤，组成交换器的一个运行循环，称运行周期。

1) 反洗　交换器中的树脂失效后，在进再生液之前，常先用水自下而上进行短时间的强烈反洗。反洗的目的是：松动树脂层；清除树脂上层中的悬浮物、碎粒；反洗要一直进行到排水不浑为止，一般需 10～15min。

2) 进再生液　先将交换器内的水放至树脂层以上约 100～200mm 处，然后使一定浓度的再生液以一定流速自上而下流过树脂层。

3) 置换　使水按再生液流过树脂的流程及流速通过交换器，这一过程称为置换，目的是使树脂层中仍有再生能力的再生液和其他部位残存的再生液得以充分利用。

4) 正洗　置换结束后，为了清除交换器内残留的再生产物，应用运行时的出水自上而下清洗树脂层，流速约 10～15m/h。正洗一直进行到出水水质合格为止。

5) 制水　正洗合格后即可投入制水。

(3) 顺流再生工艺特点

顺流再生离子交换器运行失效后、再生前和再生后的树脂层态如图 8-10 所示。

分析图 8-10(a)可知，当运行失效时，进水中离子依据树脂对它们的选择顺序依次沿水流方向分布，最下部树脂的交换容量未能得到充分利用，尚存在一部分 H 型树脂。顺流再生离子交换器再生前树脂需进行反洗，试验表明，经反洗后各离子型树脂在床层中基本呈均匀分布状态，如图 8-10(b)所示。再生时，由于再生液由上而下通过树脂层，故上部树脂首先接触新鲜再生液得到较充分再生，由上而下树脂的再生度逐渐降低，下部未得到再生的主要是 Ca、Mg 型树脂，也有少量 Na 型树脂，如图 8-10(c)所示。

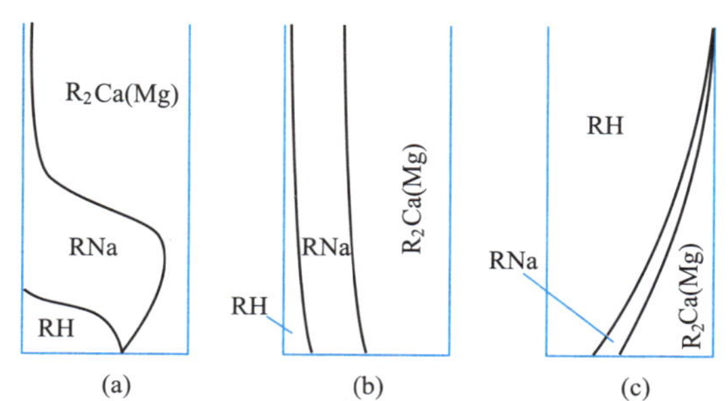


图 8-10　顺流再生氢离子交换器树脂层态
（横坐标表示树脂形态，纵坐标表示树脂层高）
(a)失效后；(b)反洗后；(c)再生后

在再生的初期，一部分被再生下来的高价离子流经下部树脂层时，会将下部树脂中的低价离子置换出来，使这部分树脂转为较难再生的高价离子型，底部未失效的 H 型树脂也会因再生产物通过而转成失效态，这就会使树脂再生困难，并多消耗再生剂。所以顺流再生工艺的再生效果差。

顺流再生离子交换器的设备结构简单，运行操作方便，工艺控制容易，对进水悬浮物含量要求不是很严格(悬浮物≤5mg/L)。

这种交换器通常适用于下述情况：①对经济性要求不高的小容量除盐装置；②原水水

质较好以及 $Na^+$ 值较低的水质；③采用弱酸树脂或弱碱树脂时。

2. 逆流再生离子交换器

为了克服顺流再生工艺出水端树脂再生度低的缺点，现在广泛采用逆流再生工艺，即运行时水流方向和再生时再生液流动方向相反的水处理工艺。

由于逆流再生工艺中再生液及置换水都是从下而上流动的，流速稍大时，就会发生和反洗那样使树脂层扰动的现象，使再生的层态被打乱，这通常称乱层。因此，在采用逆流再生工艺时，必须从设备结构和运行操作上采取措施，以防止溶液向上流动时发生树脂乱层。

(1) 逆流再生离子交换器的结构

逆流再生离子交换器的结构和管路系统和顺流再生离子交换器的结构类似，如图 8-11 和图 8-12 所示。与顺流再生离子交换器结构不同的地方是：在树脂层表面处设有中间排液装置以及在树脂层上面加设压脂层。

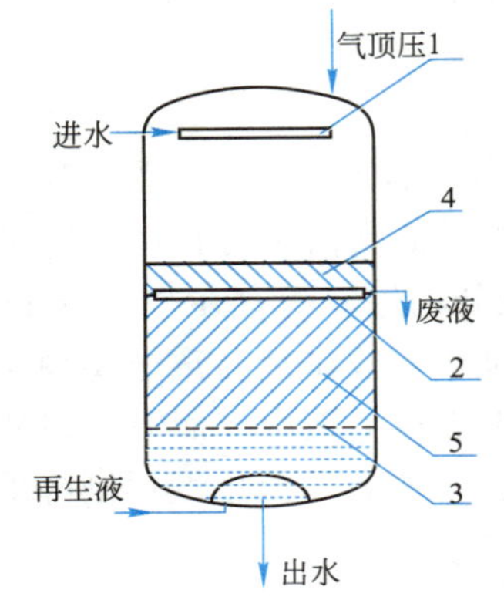


图 8-11　逆流再生离子交换器结构

1—进水装置；2—中间排液装置；3—排水装置；4—压脂层；5—树脂层

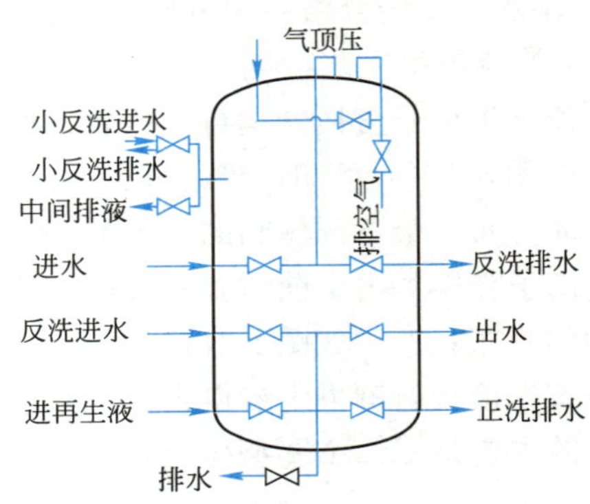


图 8-12　气顶压逆流再生离子交换器管路系统

1) 中间排液装置　该装置的作用主要是使向上流动的再生液和清洗水能均匀地从此装置排走，不会因为有水流流向树脂层上面的空间而扰动树脂层。其次它还兼作小反洗的进水装置和小正洗的排水装置。

2) 压脂层　设置压脂层的目的是在溶液向上流时树脂不乱层，但实际上压脂层所产生的压力很小，并不能靠自身起到压脂作用。压脂层真正的作用，一是过滤掉水中的悬浮物，使它不进入下部树脂层中，这样便于将其洗去而又不影响下部的树脂层态；二是可以使顶压空气或水通过压脂层均匀地作用于整个树脂层表面，从而起到防止树脂向上串动的作用。

(2) 逆流再生离子交换器的运行

在逆流再生离子交换器的运行操作中，制水过程和顺流式没有区别。再生操作随防止乱层措施的不同而异，下面以采用压缩空气预压防止乱层的方法为例说明其再生操作，如图 8-13 所示。

1) 小反洗　为了保持有利于再生的失效树脂层不乱，只对中间排液管上面的压脂层进行反洗，以冲洗掉运行时积聚在压脂层中的污物。

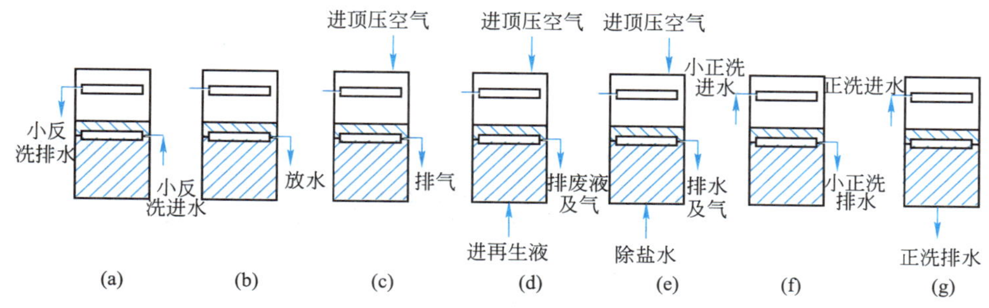


图 8-13 逆流再生操作过程示意图

(a)小反洗；(b)放水；(c)顶压；(d)进再生液；(e)逆流清洗；(f)小正洗；(g)正洗

2）放水　小反洗后，待树脂沉降下来以后，放掉中间排液装置以上的水。

3）顶压　从交换器顶部送入压缩空气，使气压维持在 0.03～0.05MPa。

4）进再生液　在顶压的情况下，将再生液送入交换器内，进行再生。

5）逆流清洗　当再生液进完后，继续用稀释再生剂的水进行清洗。

6）小正洗　此步用以除去再生后压脂层中部分残留的再生废液。

7）正洗　最后按一般运行方式用进水自上而下进行正洗，流速 10～15m/h，直到出水水质合格，即可投入运行。

交换器经过多周期运行后，下部树脂层也会受到一定程度的污染，因此必须定期地对整个树脂层进行大反洗。大反洗的周期应视进水的浊度而定，一般为 10～20 个周期。

逆流再生操作除采用压缩空气预压的方法外，还有水顶压的方法，水顶压法的操作与气顶压法基本相同。

(3) 工艺特点

逆流再生交换器运行失效后，各离子在树脂层中的分布规律与顺流再生交换器基本上是一致的，如图 8-14(a)所示，不同的是再生前的层态及再生后的层态。由于逆流再生离子交换器再生前仅对压脂层进行小反洗，所以树脂层仍保持着运行失效时的层态。这种层态对再生液由下而上通过树脂层的再生极为有利，由于再生液中的 $H^+$ 不是直接接触最难再生的 Ca 型树脂，而是先接触容易再生的 Na 型树脂并依次进行排代，这样就大大地提高了 H 型树脂的转换率，所以相同条件下，再生效果比顺流式好得多。由于出水端树脂的再生度最高[如图 8-14(b)所示]，所以运行时，可获得很好的出水水质。

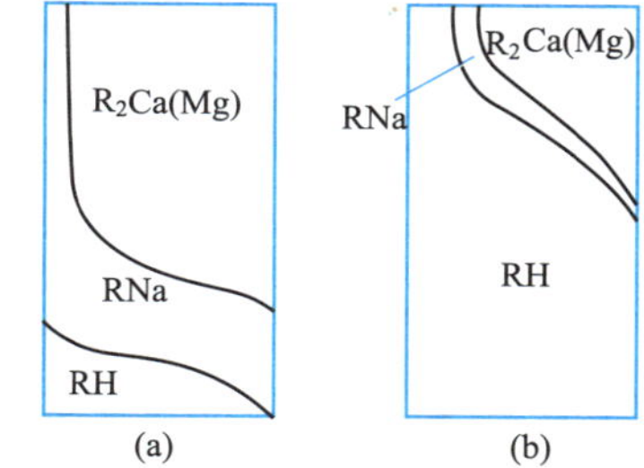


图 8-14 逆流再生 H 离子交换器树脂层态

(a)失效后(即再生前)；(b)再生后

与顺流再生相比，逆流再生工艺具有对水质适应性强、出水水质好、再生剂比耗低、自用水率低等优点。

(4) 无顶压逆流再生

如上所述，逆流再生离子交换器为了保持再生时树脂层稳定，必须采用空气顶压或水顶压，这不仅增加了一套顶压设备和系统，而且操作也比较麻烦。研究指出，如果将中间排液装置上的孔开得足够大，使这些孔的水流阻力较小，并且在中间排液装置以上仍装有一定厚度的压脂层，那么在无顶压情况下逆流再生操作时就不会出现水面超过压脂层的现象，因而树脂层就不会发生扰动，这就是无顶压逆流再生。

无顶压逆流再生的操作步骤与顶压再生操作步骤基本相同，只是不进行顶压。

(5) 分流再生离子交换器

分流再生离子交换器的结构和逆流再生离子交换器基本相似，只是将中间排液装置设置在树脂层表面下约 400～600mm 处，不设压脂层，分流再生流过上部的再生液可以起到顶压作用，所以无须另外用水或空气预压；中排管以上的树脂起到压脂层的作用，并且也能获得再生，所以交换器中树脂的交换容量利用率较高。

另外，由于再生液由交换器的上、下端进入，所以两端树脂都能够得到较好的再生，最下端树脂的再生度最高，从而保证了运行出水的水质。

3. 浮床式离子交换器*

采用浮动床水处理工艺的设备称浮动床式离子交换设备，也简称浮动床或浮床，它是对流再生离子交换器的另一种床型。

(1) 浮床式离子交换器的结构

浮床结构如图 8-15 所示。

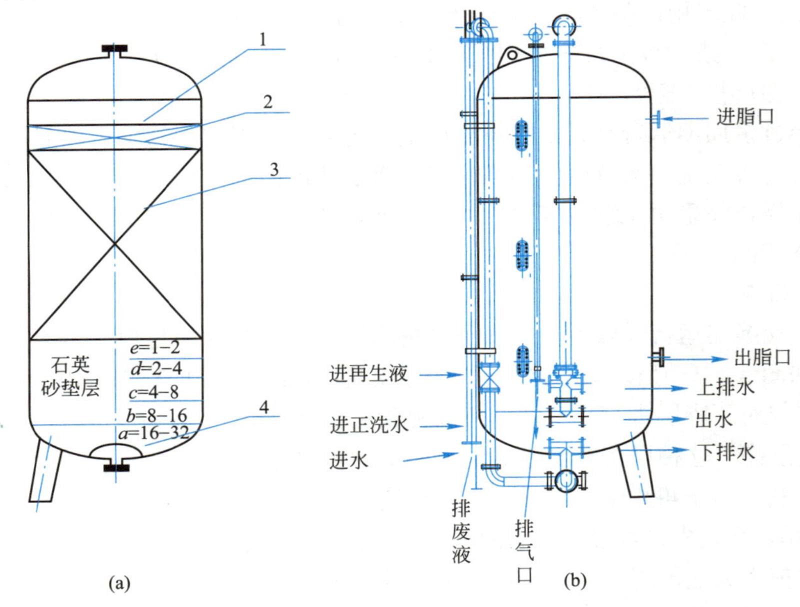


图 8-15　浮床结构图

(a)内部结构；(b)管路系统

1—上部出水装置；2—惰性树脂层；3—树脂层；4— 下部进水装置

1) 下部进水装置　下部进水装置起到分配进水和汇集再生液的作用。常用形式有穹形板石英砂垫层式、多孔板水帽式。大、中型设备用得最多的是穹形板石英砂垫层式，但当进水浊度较高时，会因截污过多，清洗困难。

2) 上部出水装置　上部出水装置起到收集处理好的水、分配再生液和清洗水的作用。常用形式有多孔板夹滤网式、多孔板水帽式和弧形支管式。大直径浮动床多采用多孔板水帽式和弧形支管式的出水装置，弧形支管式出水装置如图 8-16 所示，该装置的多孔支管外包 40～60 目的网，网内衬一层较粗(20 目)的起支撑作用的尼龙网或塑料窗纱。

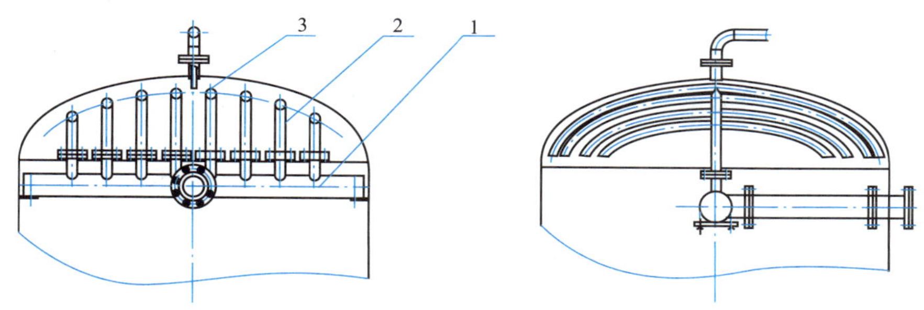


图 8-16　弧形支管式出水装置

1—母管；2—短管；3—弧形支管

多数浮动床以出水装置兼作再生液分配装置，但由于再生液流量比进水流量小得多，故这种方式难使再生液分配均匀。为此，通常在树脂层面以上填充厚度约 200mm、密度小于水、粒径为 1.0～1.5mm 的惰性树脂层，以改善再生液分布的均匀性。

3）树脂层和水垫层　运行过程中，树脂层在上部，水垫层在下部；再生过程中，树脂层在下部，水垫层在上部。树脂层起离子交换作用，为防止成床或落床时树脂乱层，浮动床内树脂基本上是装满的。水垫层的作用，是作为树脂层体积变化时的缓冲高度。水垫层不宜过厚，否则在成床或落床时，树脂会乱层，乱层会使浮床的运行周期变短；若水垫层厚度不足，则树脂层体积增大时会因没有足够的缓冲高度，而使树脂受压、破碎以及水流阻力增大。合理的水垫层厚度，应是树脂在最大体积状态时，以 0～50mm 为宜。

4）惰性树脂层　树脂层上部为惰性树脂层，其作用一是防止破碎的树脂堵塞出水装置的滤网或水帽的缝隙，二是提高液流分配的均匀性。惰性树脂层厚度一般为 200mm 左右。

5）倒 U 形排液管　浮动床再生时，如果废液直接由底部排除容易造成交换器内负压而漏入空气。由于交换器内树脂层以上空间很小，空气会进入上部树脂层并在那里集聚，使这里的树脂不能与再生液接触。为解决这一问题，常在再生液上加装倒 U 形排液管，并在倒 U 形管顶开孔通大气，以破坏可能造成的虹吸，倒 U 形管顶部应高出交换器上封头。

浮床运行时，细颗粒树脂和树脂碎粒位于交换器顶部，接近出水装置，易被水流带出，为了防止带出的树脂颗粒进入后续设备，应在出水管装设树脂捕捉器。

（2）运行操作

浮动床的运行是在整个树脂层被托起的状态下(称成床)进行的，离子交换反应是在水向上流动的过程中完成。树脂失效后，停止进水，使整个树脂层下落(称落床)，于是可进行自上而下的再生。

浮动床的运行过程为：制水→落床→进再生液→置换→下流清洗→成床→上流清洗，再转入制水。上述过程构成一个运行周期。

1）落床　当运行至出水水质达到失效标准时，停止制水，靠树脂本身重力从下部起逐层下落，在这一过程中同时还可起到疏松树脂层、排除气泡的作用。

2）进再生液　一般采用水射器输送。调整再生流速，开启再生计量箱出口阀门，调整再生液浓度，进行再生。

3）置换　待再生液进完后，关闭计量箱出口阀门，继续按再生流速和流向进行置换，置换水量约为树脂体积的 1.5～2 倍。

4）下流清洗　置换结束后，开清洗水阀门，调整流速至 10～15m/h 进行下流清洗，一般需 15～30min。

5）成床、上流清洗　进水以 20～30m/h 的较高流速将树脂层托起，并进行上流清洗，直至出水水质达到标准时，即可转入制水。

（3）树脂的体外清洗

由于浮动床内树脂是基本装满的，没有反洗空间，故无法进行体内反洗。当树脂需要反洗时，需将部分或全部树脂移至专用树脂清洗罐内进行清洗。经清洗后的树脂送回交换器后再进行下一个周期的运行。清洗周期取决于进水中悬浮物含量的多少和设备在工艺流程中的位置，一般是 10～20 个周期清洗一次。清洗方法有水力清洗法和气-水清洗法两种。清洗后的第一次再生，也应像逆流离子交换器那样增加 50％～100％的再生剂用量。

（4）工艺特点

1）浮动床成床时，其流速应突然增大，不宜缓慢上升，以使成床状态良好。在制水过程中，应保持足够的水流速度，不得过低，以避免出现树脂层下落的现象。为了防止低流速时树脂层下落，可在交换器出口设回流管；当系统压力较低时，可将部分出水回流到该级之前的水箱中。此外，浮动床制水周期中不宜停床，尤其是后半周期，否则会导致交换器提前失效。

2）由于浮动床制水和再生时的液流方向相反，与逆流再生离子交换器一样，可以获得较好的再生效果。

3）浮动床除了具有逆流再生工艺的优点之外，还具有水流过树脂层时压头损失小的特点。这是因为树脂层的压实程度较小，因而水流阻力也小，这也是浮动床可以高流速运行和树脂层可以较厚的原因。

4）浮动床体外清洗增加了设备和操作的复杂性，为了不使体外清洗次数过于频繁，因此对进水浊度要求严格，悬浮物最好小于 1mg/L。

4. 双层床和双室床*

（1）双层床

弱型树脂具有工作交换容量大、再生比耗低、易再生等特点，在原水含盐量很高时，往往与强型树脂联合应用，以提高离子交换除盐系统的运行经济性。为了简化设备，可以将强型树脂和弱型树脂分层装填在同一个交换器中，组成双层床的形式。装填弱酸性阳树脂和强酸性阳树脂的称阳双层床，装填弱碱性阴树脂和强碱性阴树脂的称阴双层床。

在双层床式的离子交换器中，通常是利用弱型树脂的密度比相应的强型树脂小的特点，使其处于上层，强型树脂处于下层。在交换器运行时，水的流向自上而下先通过弱型树脂层，后通过强型树脂层；而再生时，恰恰相反。为了使双层床中强型树脂和弱型树脂都能发挥它们的长处，需较好地分层。为此，对所用树脂的密度、颗粒大小都有一定要求。

（2）双室床

双层床中的弱、强两种树脂虽然由于密度的差异，能基本做到分层，但要做到完全分层是很困难的。双室双层床是将交换器分隔成上、下两室，强、弱树脂各处一室，强型树脂在下室，弱型树脂在上室，这样就避免了因树脂混层带来的问题。上、下两室间通常装有带双头水帽的隔板，以沟通上、下室的水流。

在此种设备中，由于强、弱型树脂各处一室，不会混层，所以，对树脂的密度、颗粒无特殊要求。双室床的运行和再生操作与双层床相同。

(3) 双室浮动床

在双室床中，如果将弱型树脂放在下室，强型树脂放在上室，运行时采用水自下而上的浮动床方式，则该设备称为双室浮动床。外部管路系统与普通浮动床相同。需另设专用的树脂清洗装置。

5. 固定床离子交换设备的设计计算

一般离子交换器都有定型产品，其主要尺寸、附属设备和树脂的装填高度都有相应的规定，在选择时可按如下步骤进行。

(1) 交换器直径的确定

交换器直径由处理水量和运行流速来确定，交换设备中的流速与进水中含盐量有关，应根据出水水质要求、运行经济性、生产班制等因素进行选用。

$$d=\sqrt{\frac{4Q_1}{\pi v}} \tag{8-11}$$

式中　$d$——单台设备的内径，m；

$Q_1$——单台设备的产水量，$m^3/h$；

$v$——运行流速，m/h。

交换器的设计流速 $v$ 应参照水处理设备设计手册进行选取，为保障系统安全、正常运行，复床除盐系统的离子交换设备宜不少于 2 台，当一台设备再生或检修时，另一台的供水量应能满足正常的供水和自用水要求。

(2) 一台设备一个周期离子交换容量 $E_c$(mmol)

$$E_c=Q_1C_0T \tag{8-12}$$

式中　$Q_1$——单台设备的产水量，L/h；

$C_0$——进水中需去除的(阴或阳)离子总含量，mmol/L，$C_0=\Sigma(1/2SO_4^{2-}+Cl^-+HCO_3^-+\cdots\cdots)$或$C_0=\Sigma(1/2Ca^{2+}+1/2Mg^{2+}+Na^++\cdots\cdots)$，即等于进水中总离子(阴或阳)含量减去出水泄漏量；

$T$——设备运行一个周期的工作时间(h)。

一般一级复床正常运行时间按每昼夜再生一次考虑，当进水水质最差时不多于两次。

(3) 交换器装载树脂高度($h_R$)

$$h_R=\frac{4E_c}{E_0(Qd^2)} \tag{8-13}$$

式中　$E_0$——树脂的工作交换容量，mmol/L。

树脂的工作交换容量一般根据其再生方式、原水的含盐量及其组成、再生剂种类及用量等来计算，也可以通过模拟试验求得。通常 001×7 苯乙烯系强酸阳离子交换树脂逆流再生工作交换容量在 700～1300mmol/L，201×7 苯乙烯系强碱阴离子交换树脂逆流再生工作交换容量在 200～400mmol/L。

由上式计算的树脂层高度一般不应小于 1.2m，正常应在 1.5～2.0m。

### 8.3.2　移动床离子交换器*

移动床离子交换器是指交换器中的离子交换树脂层在运行中是周期性移动的，即定期排出一部分已失效的树脂和补充等量再生好的树脂，被排出已失效的树脂在另一设备中进行再生。在移动床系统中，交换过程和再生过程是分别在不同设备中同时进行的，制水是连续的。

1. 运行过程及再生过程

运行过程如图 8-17 所示。

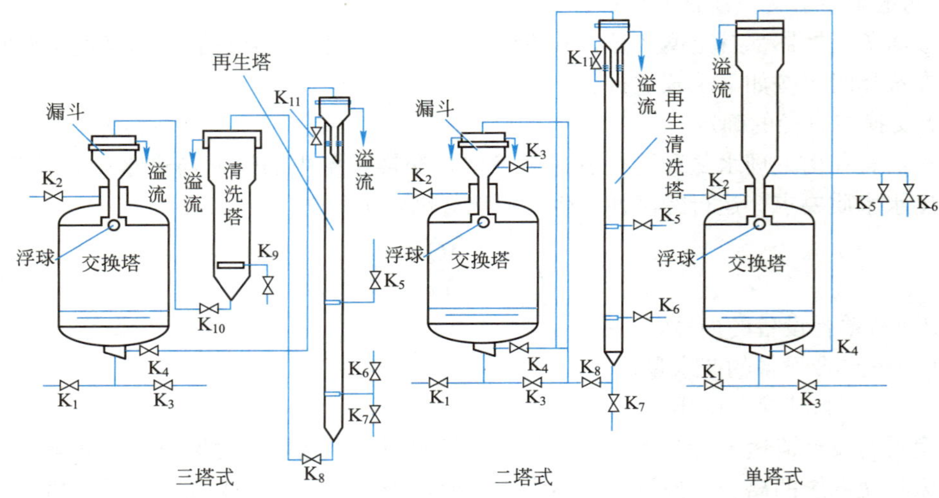


图 8-17　三种移动床的结构和管系

$K_1$—进水阀；$K_2$—出水阀；$K_3$—排水阀；$K_4$—失效树脂输出阀；$K_5$—进再生液阀；$K_6$—进置换水或清洗水阀；$K_7$—排水阀；$K_8$—再生后树脂输出阀；$K_9$—排水阀；$K_{10}$—清洗好树脂输出阀；$K_{11}$—连通阀

交换塔开始运行时，原水从塔下部进入交换塔，将配水装置以上的树脂托起，即为成床。成床后进行离子交换，处理后的水从出水管排出，并自动关闭浮球阀。

运行一段时间后，停止进水，并进行排水，使塔中压力下降，因而水向塔底方向流动，使整个树脂分层，即落床。与此同时，交换塔浮球阀自动打开，上部漏斗中新鲜树脂落入交换塔树脂层上面，同时排水过程中将失效树脂排出塔底部。即落床过程中同时完成新树脂补充和失效树脂排出。两次落床之间交换塔运行时间，称为移动床的一个大周期。

再生时，再生液在再生塔内由下而上流动进行再生，排出的再生废液经连通管进入上部漏斗，对漏斗中失效树脂进行预再生，这样充分利用再生剂，而后将再生液排出塔外。当再生进行一段时间后，停止进水和停止进再生液并进行排水泄压，使再生塔树脂层下落。与此同时，再生塔内浮球阀打开，使漏斗中失效树脂进入再生塔，而再生好的下部树脂落入再生塔的输送段，并依靠进水水流不断地将此树脂输送到清洗塔中。两次排放再生好的树脂的间隔时间即为一个小周期。交换塔一个大周期中排放出来的失效树脂分成几次再生的方式，称为多周期再生。若对一次输入的失效树脂进行一次再生，则称为单周期再生。

清洗过程在清洗塔内进行，清洗水由下而上流经树脂层，清洗好的树脂送至交换塔中。

2. 移动床的优缺点

移动床运行流速高，树脂用量少且利用率高，而且还具有占地面积小、能连续供水以及减少了设备备用量。其缺点主要有：(1)运行终点较难控制；(2)树脂移动频繁，损耗大；(3)阀门操作频繁，易发生故障，自动化要求较高；(4)对原水水质变化适应能力差，树脂层易发生乱层；(5)再生剂比耗高。

### 8.3.3　除碳器*

水经 H 离子交换器后，其中由 $HCO_3^-$ 转变成的游离 $CO_2$ 通常是用除碳器脱除。否则，尽管可以在 OH 交换器中被阴树脂交换除去，但增加了 OH 交换器的负担，碱耗增大。

1. 除 $CO_2$ 原理

水中碳酸化合物有下式的平衡关系：

$$H^+ + HCO_3^- \longleftrightarrow H_2CO_3 \longleftrightarrow CO_2 + H_2O$$

由上式可知，水中 $H^+$ 浓度越大，平衡越易向右移动。经 H 离子交换后的水呈强酸性，因此水中碳酸化合物几乎全部以游离 $CO_2$ 形式存在。

$CO_2$ 气体在水中的溶解度服从亨利定律，即在一定温度下气体在溶液中的溶解度与液面上该气体的分压成正比。所以，只要降低与水相接触的气体中 $CO_2$ 的分压，溶解于水中的游离 $CO_2$ 便会从水中解析出来，从而将水中游离 $CO_2$ 除去。除碳器就是根据这一原理设计的。

降低 $CO_2$ 气体分压的办法：一是在除碳器中鼓入空气，即大气式除碳；另一办法是从除碳器的上部抽真空，即为真空式除碳，其结构如图 8-18 和图 8-19 所示。

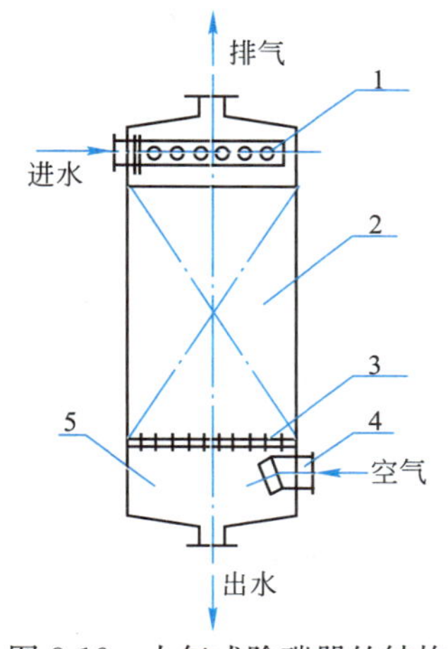


图 8-18　大气式除碳器的结构

1—布水装置；2—填料层；3—填料支撑；4—风机接口；5—风室

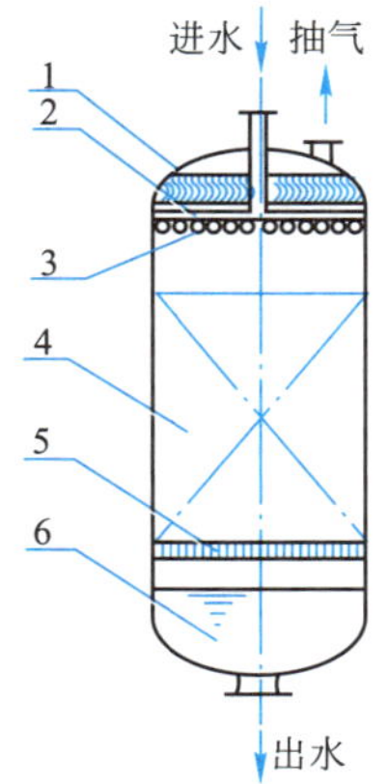


图 8-19　真空式除碳器结构

1—收水器；2—布水管；3—喷嘴；4—填料层；5—填料支撑；6—存水区

2. 除碳器的设计计算

以鼓风填料式为例，简要介绍除碳器的设计计算与选型。除碳器中填料的作用是将水分散成许多水滴、水膜或小股水流，用以增大水与空气的接触面积。过去常用磁环作填料，近几年已被塑料空心球代替，塑料空心球有很大的比表面积，规格有 Φ25、Φ38、Φ50、Φ75 等多种。

(1) 除碳器的有效直径 $d$(m)

$$d=\sqrt{\frac{4Q}{\pi q}}\quad (\mathrm{m}) \tag{8-14}$$

式中　$Q$——除碳器设计处理水量，$m^3/h$；

$q$——设计淋水密度，$m^3/(m^2 \cdot h)$，基准条件为 $q=60m^3/(m^2 \cdot h)$。

(2) 除碳器所需填料高度 $h_0$(m) 及填料总体积 $V_0$($m^3$)

$$h_0=\frac{G_c \cdot q}{K \cdot S \cdot Q \cdot \Delta C}\quad (\mathrm{m}) \tag{8-15}$$

$$V_0=\frac{G_c}{K \cdot \Delta C \cdot S}\quad (\mathrm{m^3}) \tag{8-16}$$

$$G_c=Q(C_{c1}-C_{c2})\times 10^{-3}\quad (\mathrm{kg/h}) \tag{8-17}$$

式中　$G_c$——设计所需脱除的 $CO_2$ 量，$m^3/h$；

$C_{c1}$——进水 $CO_2$ 浓度，mg/L；该值可按下式计算：

当进水水质分析有 $CO_2$ 值时：$C_{c1}=44H_z+M_{co_2}$　(mg/L)；

当进水水质分析无 $CO_2$ 值时：$C_{c1}=44H_z+0.268H_z^3$　(mg/L)；

$C_{c2}$——出水残余 $CO_2$ 浓度，mg/L，通常 $C_{c2}$ 按 5mg/L 计算；

$K$——除碳器的解析系数，$\frac{\mathrm{kg}}{\mathrm{h \cdot m^2 \cdot (kg/m^3)}}$或 m/h，即单位时间、单位接触面积、单位平均解析动力下去除 $CO_2$ 的量。该值主要与水温有关，由图 8-20 求出；

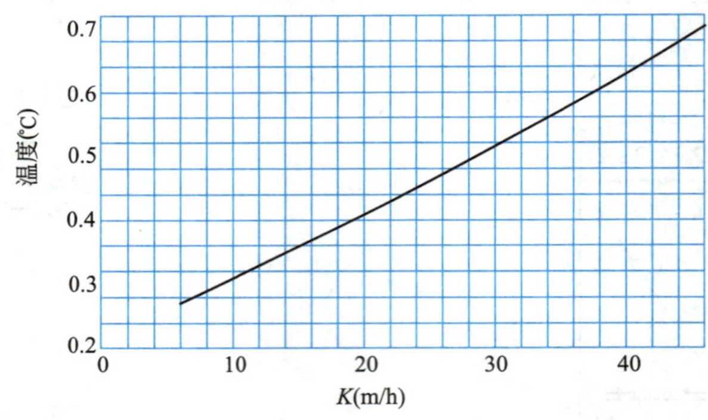


图 8-20　除碳器解析系数 $K$

注：使用条件为填料 25mm×25mm×3mm 的瓷质拉希环在淋水密度 $q=60m^3/(m^2 \cdot h)$。

$S$——单位体积填料所具有的工作表面积，$m^2/m^3$，由所选的填料品种和规格决定，例如：对于 25mm×25mm×3mm 的瓷质拉希环其 $S$ 值为 $204m^2/m^3$；

$\Delta C$——脱除 $CO_2$ 的平均解析推动力，$kg/m^3$，可近似表达为：

$$\Delta C=\frac{(C_{c1}-C_{c2})}{1.06\ln(C_{c1}/C_{c2})}\times 10^{-3}\quad (\mathrm{kg/m^3}) \tag{8-18}$$

$H_z$——进水碳酸盐碱度(mmol/L)；

$M_{CO_2}$——进水中游离 $CO_2$ 含量，mg/L。

由以上计算可见，除碳器直径由所需处理的水量决定，而除碳器所需填料的高度取决于进水 $CO_2$ 含量，其主要与原水碱度有关。

(3) 除碳器所需鼓风量 $W$($m^3$/h)及所需进风压力 $P_0$(kPa)：

$$W=(20\sim30)Q \quad (m^3/h) \tag{8-19}$$

式中 20～30 为除碳器的气水比经验数据，即每处理 $1m^3$ 水通常需 $20\sim30m^3$ 的空气。

$$P_0=\alpha h_0+0.4 \quad (kPa) \tag{8-20}$$

式中　0.4——塔内局部阻力总和的经验数值，kPa；

　　$\alpha$——单位填料高度的空气阻力，kPa/m。

$\alpha$ 随填料品种、淋水密度、气水比的不同而变化，25mm×25mm×3mm 的瓷质拉希环在 $q=60m^3/(m^2\cdot h)$、气水比 $20\sim30m^3/m^3$ 条件下，$\alpha$ 为 0.2～0.5kPa/m。

根据计算的风量和所需的风压选择合适的风机。

# 8.4　离子交换的应用

## 8.4.1　水的软化

离子交换软化水处理是利用阳离子交换树脂中可交换的阳离子(如 $Na^+$，$H^+$)把水中所含的钙、镁离子交换出来。这一过程称为水的软化过程，所得的水称之为软化水，在软化处理中，目前常用的有钠离子交换法、氢离子交换法和氢一钠离子交换法等。

1. 钠离子交换软化法

钠离子交换是最简单的也是最常用的一种软化方法，其去除水中暂时硬度和永久硬度的反应流程如图 8-21 所示。

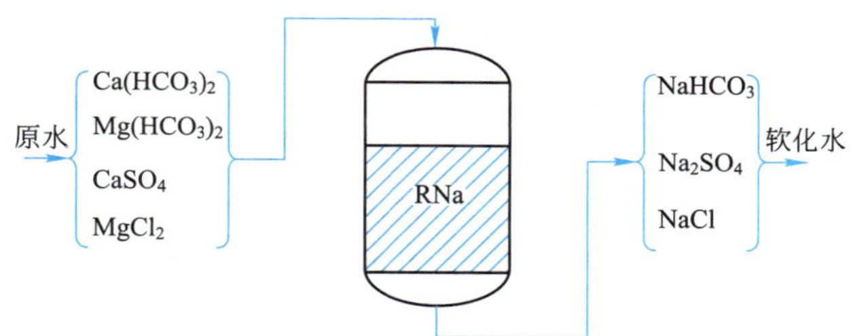


图 8-21　钠离子交换软化法示意图

由图 8-21 可见，水中 $Ca^{2+}$、$Mg^{2+}$ 被 RNa 型树脂中 $Na^+$ 置换出来以后，就存留在树脂中，使离子交换树脂由 RNa 型变成 $R_2Ca$ 或 $R_2Mg$ 型树脂。Na 离子交换软化法的优点是处理过程中不产生酸性水，再生剂为食盐，设备和防腐设施简单。经 Na 型离子交换后的水硬度可大大降低或基本消除，出水残留硬度可降至 0.03mmol/L 以下，水中碱度则基本不变，但交换后水中含盐量略有增加。

2. H 离子交换软化法

H 型强酸性阳离子交换树脂的软化反应如下：

$$2RH+Ca(HCO_3)_2 \longleftrightarrow R_2Ca+2CO_2+2H_2O$$

$$2RH+Mg(HCO_3)_2 \longleftrightarrow R_2Mg+2CO_2+2H_2O$$
$$2RH+CaCl_2 \longleftrightarrow R_2Ca+2HCl$$
$$2RH+MgSO_4 \longleftrightarrow R_2Mg+H_2SO_4$$
$$RH+NaCl \longleftrightarrow RNa+HCl$$

由上述反应可以看出，原水中碳酸盐硬度(暂时性硬度)在交换过程中形成碳酸，故除了软化外还能去除碱度。非碳酸盐硬度(永久性硬度)在交换过程中除软化外还生成相应的酸。其软化后的水实际上是稀酸溶液。由于 H 型树脂交换阳离子的顺序为 $Ca^{2+}>Mg^{2+}>Na^{+}$，故氢离子交换器在 $Na^{+}$ 开始泄漏后，如果继续运行，最终将导致 $Ca^{2+}$ 和 $Mg^{2+}$ 的泄漏，其整个运行过程如图 8-22 所示。图中 $a$ 点 $Na^{+}$ 开始泄漏，$b$ 点 $Ca^{2+}$、$Mg^{2+}$ 开始泄漏。由于 H 离子交换出水经常为酸性，一般总是和 Na 离子交换联合使用，或与其他措施(如加碱中和)相结合。

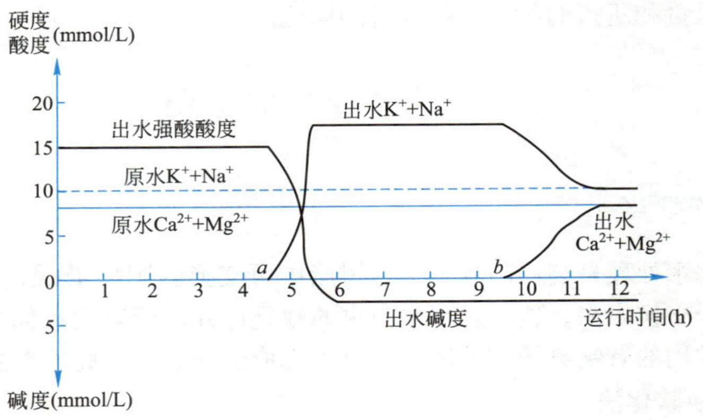


图 8-22　氢离子交换器出水全过程

3. H—Na 离子交换脱碱软化法

强酸性 H—Na 离子交换脱碱软化法的反应如下：

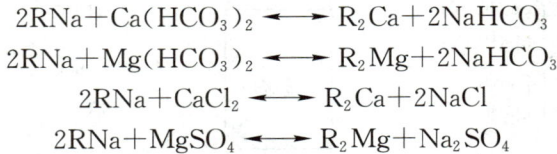

$$2RNa+Ca(HCO_3)_2 \longleftrightarrow R_2Ca+2NaHCO_3$$
$$2RNa+Mg(HCO_3)_2 \longleftrightarrow R_2Mg+2NaHCO_3$$
$$2RNa+CaCl_2 \longleftrightarrow R_2Ca+2NaCl$$
$$2RNa+MgSO_4 \longleftrightarrow R_2Mg+Na_2SO_4$$

由图 8-23 的反应过程不难看出，强酸性 H—Na 离子交换法中 H 型离子交换器出水含

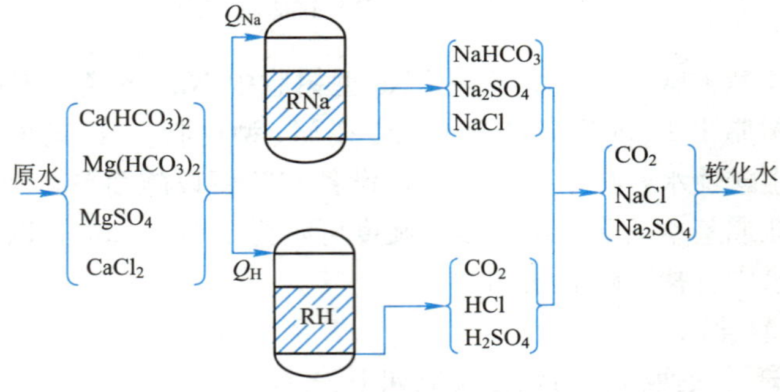


图 8-23　H—Na 并联离子交换脱碱软化示意

有游离酸，呈酸性，而 Na 离子交换器出水是含碱度的水，若将这两部分水相混合，则将发生如下的中和反应：

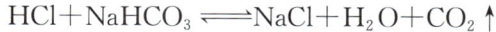

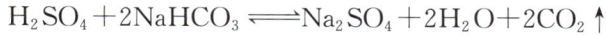

$$HCl + NaHCO_3 \rightleftharpoons NaCl + H_2O + CO_2 \uparrow$$

$$H_2SO_4 + 2NaHCO_3 \rightleftharpoons Na_2SO_4 + 2H_2O + 2CO_2 \uparrow$$

中和后产生的 $CO_2$ 可用除碳器去除。这样，既降低了碱度，又可除去硬度，使水的含盐量有所降低，这就是强酸性 H—Na 离子交换软化和脱碱联合水处理系统的原理。

(1) 强酸性 H—Na 并联离子交换软化的脱碱系统

如图 8-24 所示，进水分两部分：一部分流经 Na 离子交换器 2，一部分流经 H 离子交换器 1，排出 $CO_2$ 后的软水贮存在水箱 8 中。因 H 离子交换器用足量酸再生，故 H 离子交换器的出水呈酸性。为保证最后的出水不呈酸性并保留一定的残留碱度，必须根据进水水质，适当调整流经两个不同离子交换器的水量比例。

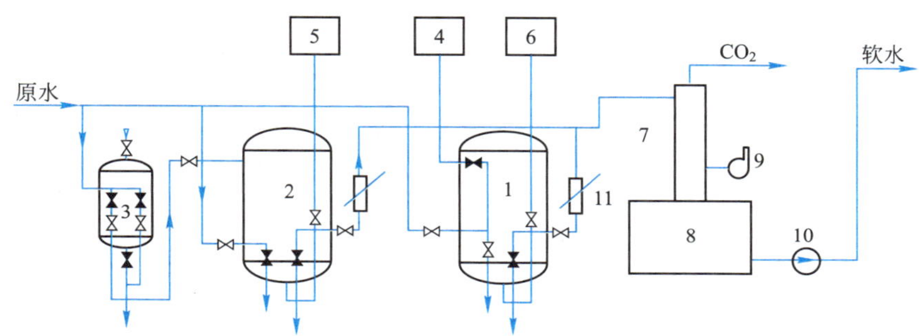


图 8-24　H—Na 并联离子交换软化和脱碱系统

1—氢型离子交换器；2—钠型离子交换器；3—盐溶解器；4—稀酸溶液箱；5、6—反洗水箱；7—除碳器；8—中间水箱；9—离心鼓风机；10—中间水泵；11—水流量表

并联系统的优点是：H 型离子交换器以控制出水漏钠为运行终点，出水碱度低，使水的残留碱度降低至 0.5mmol/L 左右，且可随水源水质变化而随时调整，设备费用低，投资少。

并联系统的缺点是：再生剂消耗量大，这是因交换器为一级软化的缘故。另外，运行控制要求高，否则出酸性水，致使供水系统腐蚀，H 型离子交换器及再生设备均需要采用耐酸材料进行覆盖层保护(如橡胶衬里)，防止设备腐蚀。

H—Na 并联运行的关键是原水的分配比例，原水的分配与原水水质及其处理要求有关。如果 H 离子交换器的运行终点是以漏 $Na^+$ 为控制标准，则整个运行期间出水呈酸性，其酸度等于原水强酸根($SO_4^{2-}$，$Cl^-$ 等)的电化摩尔浓度。考虑混合后的软化水应保持一定量的残留碱度，原水分配按下式计算：

$$Q_H A_s = Q_{Na} A - Q A_{残} \tag{8-21}$$

式中　$Q$——处理总水量，$m^3/h$；

$Q_H$、$Q_{Na}$——进入 H 离子交换器和 Na 离子交换器的水量，$m^3/h$；

$A_s$——原水中强酸根阴离子之和，mmol/L；

$A$——原水碱度，mmol/L；

$A_{残}$——混合后软化水的残留碱度，mmol/L，一般取 0.5～1.0mmol/L。

因 $Q_{Na}=Q-Q_H$ 代入上式后，得：

$$Q_H=\frac{A-A_{残}}{A+A_s}Q \quad (m^3/h) \tag{8-22}$$

$$Q_{Na}=\frac{A_s+A_{残}}{A+A_s}Q \quad (m^3/h) \tag{8-23}$$

(2) 强酸性 H—Na 串联离子交换软化和脱碱系统

如图 8-25 所示，进水也是分成两部分，一部分原水进入 H 型离子交换器，其出水直接与另一部分原水混合，经 H 型离子交换器后出水的酸度和原水中的碱度发生中和反应，中和反应所产生的 $CO_2$ 由除碳器去除，再经 Na 离子交换器，除去未经 H 型离子交换器的另一部分原水的硬度，其出水即为除硬脱碱了的软化水。

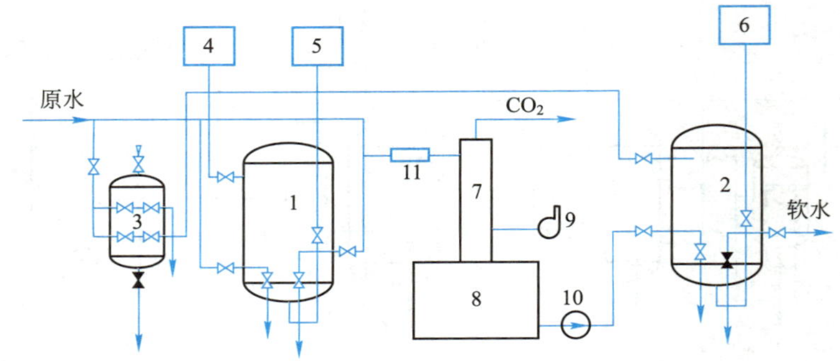


图 8-25　H—Na 串联离子交换软化和脱碱系统

1—氢型离子交换器；2—钠型离子交换器；3—盐溶解器；4—稀酸溶液箱；5、6—反洗水箱；7—除碳器；8—中间水箱；9—离心鼓风机；10—中间水泵；11—混合器

H—Na 串联离子交换软化的脱碱系统中，必须把除碳器安装在钠型离子交换器之前。否则，会使含有大量碳酸的水通过钠型离子交换器，而导致出水中又重新出现碱度。

此外，还有弱酸性 H—Na 串联离子交换脱碱软化系统等。

### 8.4.2　离子交换除盐

离子交换除盐是指把水中强电解质盐类的全部或大部分加以去除的处理过程。离子交换除盐过程可使水的含盐量低到几乎不含离子的纯净程度，即它可作为深度的化学除盐方法，同时它亦可作为部分化学除盐的方法。

离子交换除盐一般的方法是用阳离子氢交换、阴离子羟交换的复床法或者混床法进行，有各种不同的组合方式。

1. 复床除盐

原水只一次相继通过强酸 H 离子交换器和强碱 OH 离子交换器进行除盐的工艺称一级复床除盐。

图 8-26 所示为典型的一级复床，它由一个强酸 H 交换器、一个除碳器和一个强碱 OH 交换器串联而成。下面以此系统为例，介绍一级复床除盐原理、离子交换反应、水质

变化、运行监督、失效树脂的再生以及技术经济指标等。

(1) 除盐原理

原水在强酸 H 交换器中经 H 离子交换后，除去了水中所有的阳离子。被交换下来的 $H^+$ 与水中的阴离子结合成相应的酸，其中与 $HCO_3^-$ 结合生成的 $CO_2$ 连同水中原有的 $CO_2$ 在除碳器中被脱除。水进入强碱 OH 交换器后，以酸形式存在的阴离子与强碱阴树脂进行交换反应，除去水中所有的阴离子，从而将水中溶解盐类全部除去制得脱盐水。

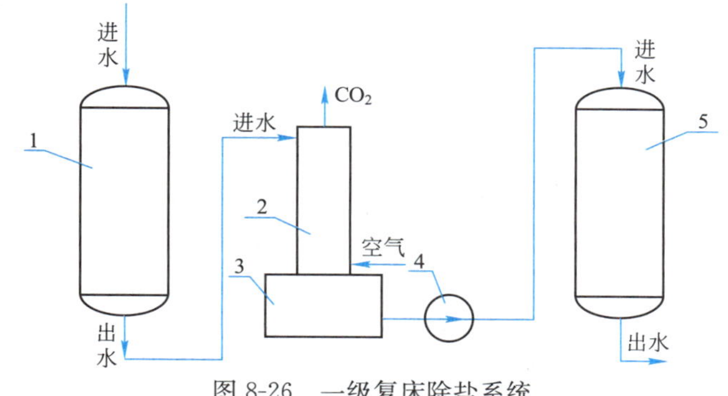


图 8-26　一级复床除盐系统

1—强酸 H 交换器；2—除碳器；3—中间水箱；4—中间水泵；5—强碱 OH 交换器

(2) 运行中的离子交换反应及水质变化

1) 除去水中阳离子的离子交换反应　在复床除盐系统中，强酸 H 离子交换器总是放在最前面，用以除去 $H^+$ 之外的所有阳离子。由前面所述的 H 离子交换反应可知，对于由 $Ca^{2+}$、$Mg^{2+}$、$Na^+$ 等阳离子和 $HCO_3^-$、$SO_4^{2-}$、$Cl^-$ 等阴离子组成的水，其交换反应既有离子交换，也有中和反应，显然水中碱度的存在有利于 H 离子交换反应的进行。

含有多种离子的水通过强酸性 H 型阳树脂层时，尽管通水初期水中阳离子都参与交换，但之后由于水中 $Ca^{2+}$、$Mg^{2+}$ 等高价离子已在水流的上游处被交换，并等量转为 $Na^+$，所以沿水流方向最前沿的离子交换仍是 H 型树脂与水中 $Na^+$ 的交换，即：

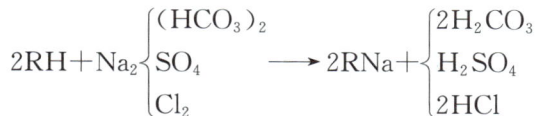

$$2RH + Na_2\begin{cases}(HCO_3)_2\\ SO_4\\ Cl_2\end{cases} \longrightarrow 2RNa + \begin{cases}2H_2CO_3\\ H_2SO_4\\ 2HCl\end{cases}$$

经 H 离子交换后，水中各种阳离子都被交换成 $H^+$，其中的碳酸盐转变成 $H_2CO_3$，中性盐转变成相应的强酸。在生产实践中，由于树脂并未完全被再生成 H 型，因此运行时出水中总还残留有少量阳离子。由于树脂对 $Na^+$ 的选择性最小，所以出水中残留的主要是 $Na^+$。

图 8-27 所示的是强酸 H 交换器从正洗开始到运行失效之后的出水水质变化情况。在稳定工况下，制水阶段($ab$)出水水质稳定，$Na^+$ 穿透($b$ 点)后，随出水 $Na^+$ 浓度升高，强酸酸度相应降低、电导率先略下降之后又上升。

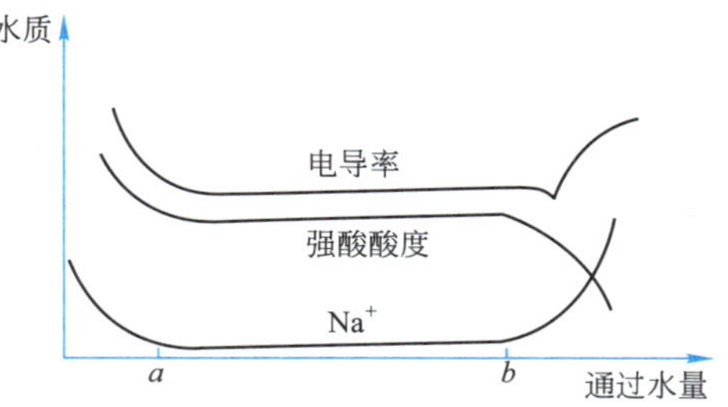


图 8-27　强酸 H 交换器出水水质变化

上述电导率的这种变化是因为尽管随 $Na^+$ 的

升高，$H^+$等量下降，但由于$Na^+$的导电能力低于$H^+$，所以共同作用的结果是水的电导率下降。当$H^+$降至与进水中$HCO_3^-$等量时，出水电导率最低。之后，由于交换产生的$H^+$不足以中和水中的$HCO_3^-$，所以随$Na^+$和$HCO_3^-$的升高，电导率又升高。因此，为了要除去水中$H^+$以外的所有阳离子，除盐系统中强酸 H 交换器必须在$Na^+$穿透时即停止运行，然后用酸溶液进行再生。

2）脱除$CO_2$　水经 H 离子交换后，阴离子转变成相应的酸，其中的$HCO_3^-$转变成了游离$CO_2$，连同进水中原有的游离$CO_2$，可很容易地由除碳器除掉，以减轻 OH 交换器的负担，这就是在除盐系统中设置除碳器的目的。经脱碳处理后，水中游离$CO_2$的含量一般都可降到 5mg/L 左右。

3）除去水中阴离子的离子交换反应　在一级复床除盐系统中，强碱 OH 离子交换器是用来除去水中$OH^-$以外所有阴离子的。强碱 OH 交换器总是设置在 H 交换器和除碳器之后，此时水中阴离子以酸的形式存在，因此强碱 OH 离子交换实质上是 OH 型树脂与水中无机酸根离子的交换，其交换反应为：

$$HCl + ROH \rightleftharpoons RCl + H_2O$$
$$H_2SO_4 + 2ROH \rightleftharpoons R_2SO_4 + 2H_2O$$
$$2ROH + 2H_2CO_3 \longrightarrow 2RHCO_3 + 2H_2O$$
$$2ROH + 2H_2SiO_3 \longrightarrow 2RHSiO_3 + 2H_2O \tag{8-24}$$

由于经 H 离子交换的出水中含有微量的$Na^+$，因此进入强碱 OH 离子交换器的水中除无机酸外，还有微量的钠盐，所以还有树脂与微量钠盐进行的可逆交换，其反应为：

$$ROH + Na\begin{cases}Cl\\HCO_3\\HSiO_3\end{cases} \longleftrightarrow R\begin{cases}Cl\\HCO_3\\HSiO_3\end{cases} + NaOH \tag{8-25}$$

强碱 OH 型树脂对水中常见阴离子的选择性顺序为

$$SO_4^{2-} > Cl^- > HCO_3^- > HSiO_3^-$$

由于强碱 OH 树脂对$HSiO_3^-$的选择性最弱，其泄漏的可能性最大。要提高强碱 OH 离子交换器的出水水质，就必须创造条件提高除硅效果，以减少出水中硅的泄漏，这些条件包括水质和再生两个方面。由上述知道，如果水中硅化合物呈$NaHSiO_3$形式，则用强碱 OH 型树脂是不能将其去除完全的，因为交换反应的生成物是强碱 NaOH，逆反应很强，如式(8-25)所示。如果进水中阳离子只有$H^+$，交换反应就像式(8-24)的中和反应那样生成电离度很小的水，故除硅较完全。因此，组织好强酸 H 交换器的运行，减少出水中$Na^+$泄漏量，即减少强碱 OH 交换器进水$Na^+$含量，就可提高除硅效果。

(3) 运行监督

运行监督的项目主要有流量、离子交换器进出口压力差、进水水质和出水水质。

1）流量和进出口压力差　离子交换器应在规定的流速范围内运行，流量大意味着流速高。离子交换器进出口压力差主要是由水通过树脂层的压力损失所决定的，水流速度越高、水温越低或树脂层越厚，则水通过树脂层的压力损失越大。在正常情况下，进出口压力差是有一定规律的。当进出口压力差有不正常升高时，往往是有树脂层积污过多、进气或析出沉淀（如硫酸再生时析出$CaSO_4$）等不正常情况发生。

2）进水水质　进水中悬浮物应尽可能在水的预处理中清除干净。进入除盐系统的水，其悬浮物浓度应小于 5mg/L（当 H 交换器为顺流再生时）或小于 2mg/L（当 H 交换器为逆流再生时）。此外，为了防止离子交换树脂氧化和被污染，还应满足以下一些条件：游离氯含量应在 0.1mg/L 以下，Fe 含量应在 0.3mg/L 以下，高锰酸钾耗氧量应在 2mg/L 以下。

3）出水水质　一般情况下强酸 H 交换器的出水中不会有硬度，仅有微量 $Na^+$。当交换器接近失效时，出水中 $Na^+$ 浓度增加，同时 $H^+$ 浓度降低，并呈现出水酸度和电导率下降以及 pH 上升的现象。

但用这三个指标来确定交换器是否失效是很不可靠的，因为当进水水质或混凝剂加入量变化时，这三个指标的值也将相应发生变化。可靠的方法还是监测出水 $Na^+$ 浓度。

强碱 OH 交换器一般用测定出水 $SiO_2$ 含量和电导率的方法对其出水水质进行监测。

2. 带有弱型树脂的复床除盐

在这种除盐系统中，除了使用强酸性阳离子交换树脂和强碱性阴离子交换树脂之外，还使用了弱酸性阳离子交换树脂和（或）弱碱性阴离子交换树脂。

在除盐系统中，强弱型树脂联合应用有多种组合方式，图 8-28 中所示的为常见的几种复床串联方式。图中 H 表示强酸 H 交换器，$H_W$ 表示弱酸 H 交换器，C 表示除碳器，OH 表示强碱 OH 交换器，$OH_W$ 表示弱碱 OH 交换器。

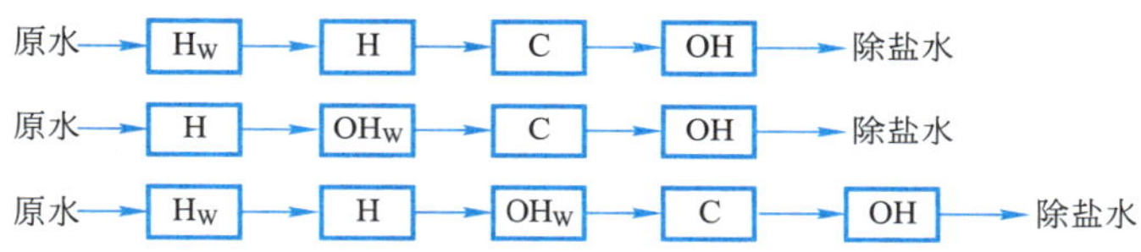


图 8-28　强弱型树脂联合应用的几种常见工艺流程

在上述流程中，强弱型树脂是复床形式。此外，还可以是双层床、双室双层床、双室双层浮动床的联合应用床型。

（1）弱酸性阳树脂的交换特性

弱酸性阳树脂的—COOH 基团对水中碳酸盐硬度有较强的交换能力，其交换反应为：

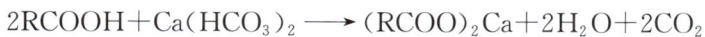

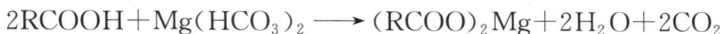

$$2RCOOH + Ca(HCO_3)_2 \longrightarrow (RCOO)_2Ca + 2H_2O + 2CO_2$$

$$2RCOOH + Mg(HCO_3)_2 \longrightarrow (RCOO)_2Mg + 2H_2O + 2CO_2$$

反应中产生了 $H_2O$ 并有 $CO_2$ 逸出，从而促进了树脂上可交换的 $H^+$ 继续离解，并和水中 $Ca^{2+}$、$Mg^{2+}$ 进行交换。

弱酸性阳树脂对水中的 $NaHCO_3$ 交换能力差。对水中非碳酸盐硬度和中性盐基本上无交换能力，这是因为交换反应产生的强酸抑制了树脂上可交换离子的电离。

经弱酸性阳离子 H 离子交换，可以在除去水中碳酸盐硬度的同时降低水中的碱度，含盐量也相应降低。含盐量降低程度与进水水质组成有关，进水碳酸盐硬度高者，含盐量降低的比例也大些；残留硬度与进水非碳酸盐硬度有关，进水非碳酸盐硬度大者，交换反应后残留的硬度也大。

弱酸性阳离子的交换能力与强酸性阳树脂比较虽有局限性，但其交换容量比强酸性阳树脂高得多（工作交换容量一般在 2000～2500mol/$m^3$，视水质条件可能更高）。此外，由

于它与 $H^+$ 的结合能力特别强，因而很容易再生。无论再生方式如何，都能达到较好的再生效果。

(2) 弱碱性阴树脂的交换特性

OH 型弱碱树脂只能与强酸阴离子起交换作用，对弱酸阴离子 $HCO_3^-$ 交换能力很弱，对更弱的 $HSiO_3^-$ 则无交换能力。而且由于树脂上的活性基团在水中离解能力很低，若水的 pH 较高，则水中 $OH^-$ 会抑制交换反应的进行，所以弱碱树脂对强酸阴离子的交换反应也只能在酸性溶液中进行，或者说只有这些阴离子呈酸状态时才能被交换。所以，用弱碱树脂处理水时，一般都是在 pH 较低的条件下进行的。

$$R-NH_3OH+HCl \longrightarrow R-NH_3Cl+H_2O$$

$$2R-NH_3OH+H_2SO_4 \longrightarrow (R-NH_3)_2SO_4+2H_2O$$

弱碱树脂具有较高的交换容量，但交换容量发挥的程度与运行时流速及水温有密切的关系，流速过高或水温过低都会使工作交换容量明显降低。

由于弱碱树脂在对阴离子的选择性顺序中，$OH^-$ 居于首位，所以这种树脂极容易用碱再生成 OH 型。另外，大孔型弱碱树脂具有抗有机物污染的能力，运行中吸着的有机物可以在再生时被洗脱下来。所以，若在强碱阴树脂之前设置大孔弱碱树脂，既可减轻强碱阴树脂的负担，又能减轻有机物污染。

(3) 联合应用的水质条件

强弱型树脂联合应用的优点，只有在一定的水质条件下才能得以发挥。根据弱型树脂的交换特性，强弱型阳离子联合应用使用的水质条件是，碳酸盐硬度较高(如大于 3mmol/L)；对于强弱型阴离子树脂的联合应用来说，则适用处理强酸阴离子含量较高(如大于 2mmol/L)或有机物含量较高的水。

3. 混合床除盐

所谓混合床就是将阴、阳树脂按一定比例均匀混合装在同一个离子交换器中，水通过混合床就能完成许多级阴、阳离子交换过程。混合床按再生方式分为内部再生和外部再生两种。这里对内部再生并由强酸性树脂和强碱性树脂组成的混合床进行简要介绍。

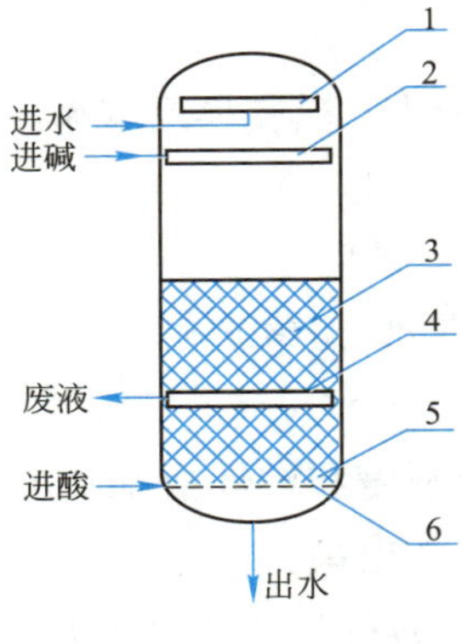

图 8-29　混合床结构示意图
1—进水装置；2—进碱装置；3—树脂层；4—中间排液装置；5—下部配水装置；6—进酸装置

(1) 除盐原理

混合床结构如图 8-29 所示。

混合床离子交换除盐，就是把阴、阳离子交换树脂放在同一个交换器中，在运行前，先把它们分别再生成 OH 型和 H 型，然后混合均匀。所以，混合床可以看作是由许多阴、阳树脂交错排列而组成的多级式复床。

在混合床中，由于运行时阴、阳树脂是相互混匀的，所以其阴、阳离子的交换反应几乎是同时进行的。或者说，水中阳离子交换和阴离子交换是多次交错进行的，因此经 H 离子交换所产生的 $H^+$ 和经 OH 离子交换所产生的 $OH^-$ 都不会累积起来，而是马上互相中和生成 $H_2O$，这就使交换反应进行得十分彻底，出水水质很好。其交换反应可用下式表示，即：

$$2RH+2R'OH+\left.\begin{matrix}Ca\\Mg\\Na_2\end{matrix}\right\}\left\{\begin{matrix}SO_4\\Cl_2\\(HCO_3)_2\\(HSiO_3)_2\end{matrix}\right.\longrightarrow R_2\left\{\begin{matrix}Ca\\Mg\\Na_2\end{matrix}\right.+R_2'\left\{\begin{matrix}SO_4\\Cl_2\\(HCO_3)_2\\(HSiO_3)_2\end{matrix}\right.+2H_2O$$

为了区分阳树脂和阴树脂的骨架，式中将阴树脂的骨架用 R′表示，以示区别。

混合床中树脂失效后，应先将两种树脂分离，然后分别进行再生和清洗。再生清洗后，再将两种树脂混合均匀，又投入运行。

(2) 混合床中树脂

为了便于混合床中阴、阳树脂分离，两种树脂的湿真密度差应大于 15%，为适应高流速运行的需要，混合床使用的树脂应该是机械强度高、颗粒大小均匀的。

确定混合床中阴、阳树脂比例的原则是使两种树脂同时失效，以获得树脂交换容量的最大利用率。由于不同树脂的工作交换容量不同，进水水质条件和对出水水质要求的差异，所以应根据具体情况确定混合床中阴、阳树脂的比例，一般来说，混合床中阳树脂的工作交换量为阴树脂的 2～3 倍。目前国内采用的混床的强碱阴树脂与强酸阳树脂的体积比通常为 2∶1。

(3) 运行操作

由于混床是将阴、阳树脂装在同一个离子交换器中运行的，所以在运行上有许多特殊的地方。下面讨论一个周期中各步操作。

1) 反洗分层　混合床除盐装置运行操作中的关键问题之一，就是如何将失效的阴阳树脂分开，以便分别通入再生液进行再生。在实际生产中，目前大多是用水力筛分法对阴阳树脂进行分层。由于阴树脂的密度较阳树脂的小，分层后阴树脂在上，阳树脂在下。

2) 再生　这里只介绍内部再生法，即树脂在离子交换器内进行再生的方法。根据进酸、进碱和清洗步骤的不同，可分为两步法和同时再生法，这里仅以两步法为例进行介绍。

两步法：指再生时酸、碱再生液不是同时进入交换器，而是分先后进入。它又分为碱液流过阴、阳树脂的两步法和碱、酸先后分别通过阴、阳树脂的两步法。

在大型装置中，一般采用后者，其操作过程如图 8-30 所示。

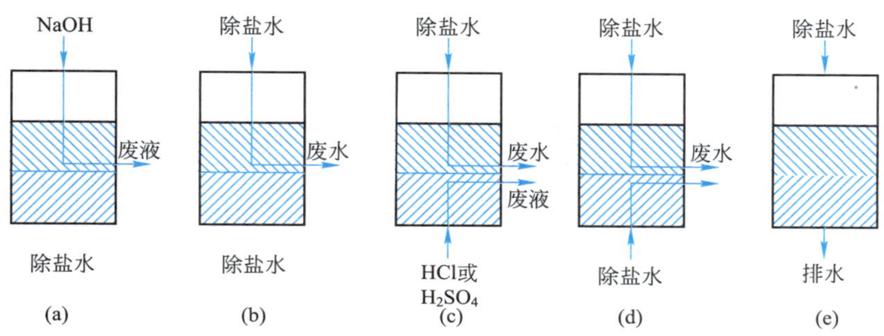


图 8-30　混合床两步再生法示意图

(a)阴树脂再生；(b)阴树脂清洗；(c)阳树脂再生，阴树脂清洗；(d)阴、阳树脂各自清洗；(e)正洗

其具体做法是在反洗分层后，放水至树脂表面上约 100mm 处，从上部送入碱液再生阴树脂，废液从阴、阳树脂分界处的中排管排出，接着按同样的流程清洗阴树脂，直至排水的 $OH^-$ 降至 0.5mmol/L 以下。然后，由底部进酸再生阳树脂，废液也由中排管排出。同时，为防止酸液进入已再生好的阴树脂层中，需继续自上部通以小流量的水清洗阴树脂。阳树脂的清洗流程也和再生时相同，清洗至排水的酸度降到 0.5mmol/L 以下为止。最后进行整体正洗，即从上部进水底部排水，直至出水电导率小于 1.5μS/cm 为止。在正洗过程中，有时为了提高正洗效果，可以进行一次 2～3min 的短时间反洗，以消除死角残液。

3）阴、阳树脂的混合　树脂经再生和清洗后，在投入运行前必须将分层的树脂重新混合均匀。通常用从底部通入经除油净化的压缩空气的办法搅拌混合。压缩空气压力一般采用 0.1～0.15MPa，流量为 2.0～3.0$m^3/(m^2 \cdot s)$。混合时间主要视树脂是否混合均匀为准，一般为 0.5～1.0min，时间过长会增加树脂磨损。

4）正洗　混合后的树脂，还要用除盐水以 10～20m/h 的流速正洗，直至出水合格。

5）制水　混合床的运行制水与普通固定床相同，只是它可以采用更高的流速，通常对凝胶型树脂可取 40～60m/h，如用大孔型树脂可高达 100m/h 以上。

混合床的运行失效标准，通常是按规定的失效水质标准来估算运行时间或产水量。此外，也有按进出口压力差控制的。

（4）混合床运行的特点

1）优点：出水水质优良；出水水质稳定；间断运行对出水水质影响较小；终点明显；混床设备较少。

2）缺点：树脂交换容量的利用率低；树脂损耗率大；再生操作复杂，需要的时间长；为保证出水水质，常需投入较多的再生剂。

4. 除盐系统的组成原则和方式

为了充分利用各种离子交换工艺的特点和各种离子交换设备的功能，在水处理应用中，常将它们组成各种除盐系统。

（1）除盐系统的组成原则

1）阳床在前，阴床在后。这是为了提高系统中强碱 OH 交换器的除硅效果和使弱碱 OH 交换能够顺利进行。同时，这样设置也比较经济，因为第一个交换器由于交换过程中反离子的影响，其交换能力不能得到充分发挥，而阳树脂交换容量大，而且价格比阴树脂便宜，所以，它放在前面比较合适。有利于用物理的方法去除水中的 $CO_2$。更主要的是，如果第一个是 OH 交换器，运行时可能会析出 $Mg(OH)_2$、$CaCO_3$ 沉淀物。生成的沉淀物会沉积在树脂颗粒表面，阻碍水和树脂的接触，影响交换器的正常运行。

2）要求除硅时，在系统中应设强碱 OH 交换器，因为只有强碱阴树脂才能起交换 $HSiO_3^-$ 的作用。对于除硅要求高的水应采用二级强碱 OH 交换器或带混合床的系统。

3）对水质要求高时，应在一级复床后设置混合床。

4）除碳器应设在 H 交换器之后、强碱 OH 交换器之前，这样可以有效地将水中 $HCO_3^-$ 以 $CO_2$ 形式除去，以减轻强碱 OH 交换器的负担和降低碱耗。

5）当原水碳酸盐硬度比较高时，在除盐系统中宜增设弱酸 H 交换器，弱酸 H 交换器应置于强酸 H 交换器之前。

6）当原水强酸阴离子含量较高时，在系统中宜增设弱碱 OH 交换器，利用弱碱树脂交换容量大、容易再生等特点，提高系统的经济性。弱碱OH交换器应放在强碱OH交换器之前。由于弱碱阴树脂对水中$CO_2$基本上不起交换作用，因此，它可置于除碳器之后也可置于除碳器之前。不过将其置于除碳器之前，对弱酸阴离子交换树脂交换容量发挥更为有利。

7）强弱树脂联合应用时，视情况可采用双层床、双室床、双室浮动床或浮床串联。

（2）复床除盐系统的组成方式

复床除盐系统的组合方式一般分为单元制和母管制。

1）单元制　图8-31(a)为组合方式是单元制的一级复床除盐工艺系统图。

该组合方式适用于进水离子比值稳定，交换器台数不多的情况。单元制系统中，通常OH交换器中的树脂的装入体积富余10%～15%，其目的是让H交换器先失效，这样泄漏的$Na^+$经过OH交换器后，在其出水中生成NaOH，导致出水电导率发生明显升高，便于运行重点监督。此时，只需监督复床除盐系统中OH交换器出水的电导率和$SiO_2$即可。当电导率或$SiO_2$显示失效时，H交换器和OH交换器同时停止运行，分别进行再生后，再投入运行。此组合方式易于自动控制，但系统中OH交换器中树脂的交换容量往往未能充分利用，故碱耗比较高。

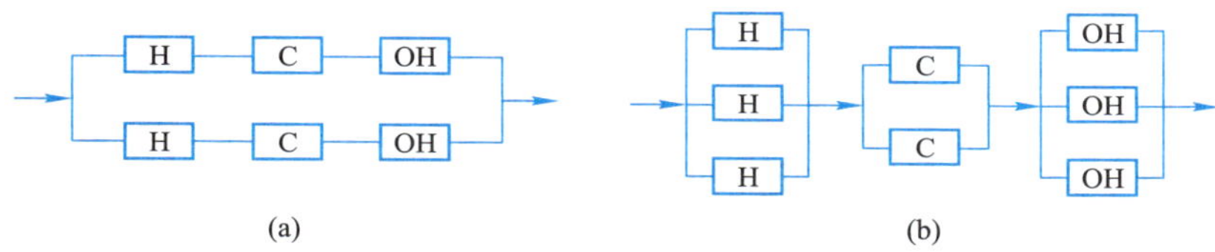


图8-31　复床系统的组合方式

(a)单元制；(b)母管制

2）母管制　图8-31(b)为组合方式是母管制的一级复床除盐工艺系统图。该组合方式适用于进水离子比值变化较大，交换器台数较多的情况。在此组合方式中阳、阴离子交换器分别监督，失效者从系统中解列出来进行再生，与此同时将已经再生好的备用交换器投入运行。该组合方式运行的灵活性较大。

### 8.4.3　装置的运行与维护

离子交换树脂在锅炉水处理、水的软化和除盐中得到广泛的应用，但在长期使用过程中会遇到氧化、污染和破碎等问题，使得出水水质变差、清洗水增加、离子交换树脂容量下降，应根据树脂种类和异常问题产生原因进行维护。

1. 有机物污染

天然水体中普遍存在腐殖酸、高分子化合物及多元有机羧酸等，带负电基团的有机分子和水中阴离子一样，也能与强碱性阴树脂发生交换反应，并紧紧吸附在交换基团上，使得阴离子交换树脂交换容量急剧下降、产水量减少、出水水质降低、清洗水量增加。

然而这些有机物采用通常的再生方法很难去除。可以用NaCl和NaOH的混合溶液处理被有机物污染的树脂，其中NaCl浓度一般为8%～10%，NaOH浓度一般为2%～4%，处理温度40～50℃。碱液和盐液使树脂循环地收缩、膨胀，起到了吞吐的物理作用，氯离子和有机物的交换则为化学作用。此方法可以起到延长树脂使用寿命的作用。

在应对含有有机物的水源水时，应注意预处理，如采用活性炭过滤等去除阴离子交换树脂进水前的有机物。

2. 铁污染

铁污染是钠型树脂最常见的污染。铁一般来源于水源水或再生剂，或钢制水处理设备受到了腐蚀。铁污染一般有两种情况，一种是以胶态或悬浮铁化物形式进入交换器，由于树脂的吸附，在其表面形成一层铁化物的覆盖层，而阻止水中离子和树脂进行有效接触；另一种是亚铁离子进入交换器与树脂发生交换反应，亚铁离子易被氧化成高价态化合物，沉积在树脂内部堵塞孔道。铁污染使得树脂工作交换容量变低，再生困难。

因此，当水源水中含铁量较高时，应进行除铁预处理后，再进入离子交换器，同时要采取有效的设备防腐措施，避免铁腐蚀产物对树脂的污染。当钠型树脂受到铁污染后，可采用 10%盐酸再生。

3. 余氯污染

当自来水作为水源水时，过高的余氯含量会导致树脂的结构破坏，使得树脂层阻力增大，出现短流，水质变差。这种污染不可逆，当水源水中余氯经常超标时，应在交换器前设置活性炭过滤器以去除水中余氯。

## 【思考题】

1. 简述氢离子交换脱碱软化法的相关反应、特点及其使用条件。

2. 分析典型复床除盐系统的工作原理，为何阴床设置在阳床之后，而不是阳床设置在阴床之后。

## 【习题】

1. 某用水单位原水水质硬度 $H_0$=4mmol/L，要求软化后剩余硬度不超过 0.03mmol/L；不需要除碱度，所需水量 100m$^3$/h。请设计一个软化系统，并确定软化床面积和树脂体积(可选用 001X7 树脂，湿视密度 0.8g/mL)。

2. 设计一套强酸性 H-Na 并联离子交换软化脱碱系统，说明其具体运行中需要注意的关键，标注主要构筑物名称及水流方向，不必列出阀门、反冲洗、水泵、鼓风机等配套设施。并根据下面条件计算进入 H 离子交换器 $Q_H$ 和 Na 离子交换器的水量 $Q_{Na}$(处理总水量 $Q$ 为 324m$^3$/h，原水中强酸根阴离子之和 $A_0$ 为 24.5mmol/L，原水碱度 $A_1$ 为 137.5mmol/L，混合后软化水残留碱度 $A_2$ 取 0.5mmol/L)。

# 第9章 膜 滤 技 术

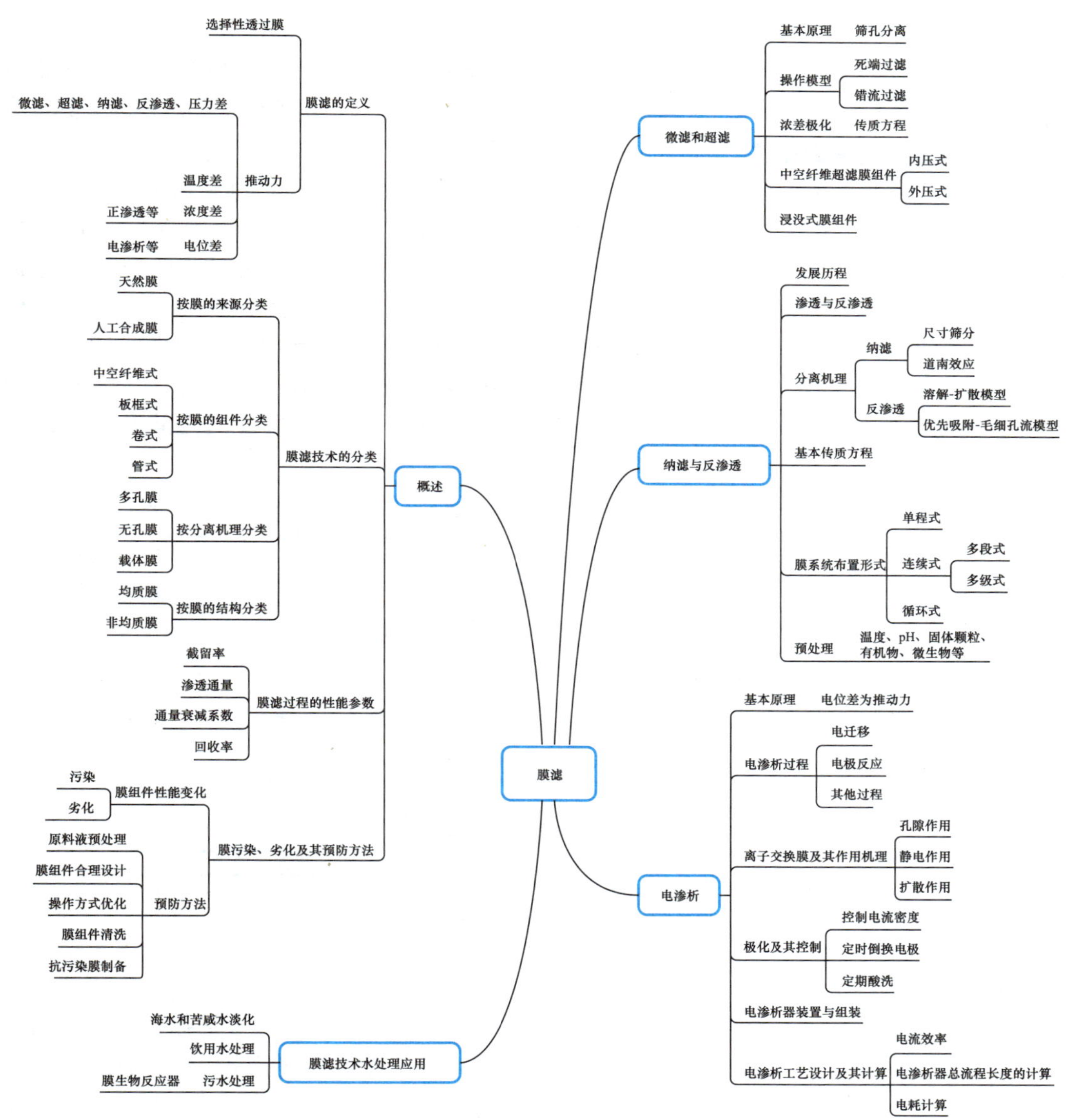
膜滤
概述
膜滤的定义
选择性透过膜
推动力
微滤、超滤、纳滤、反渗透、压力差
温度差
正渗透等
浓度差
电渗析等
电位差
膜滤技术的分类
按膜的来源分类
天然膜
人工合成膜
按膜的组件分类
中空纤维式
板框式
卷式
管式
按分离机理分类
多孔膜
无孔膜
载体膜
按膜的结构分类
均质膜
非均质膜
膜滤过程的性能参数
截留率
渗透通量
通量衰减系数
回收率
膜污染、劣化及其预防方法
膜组件性能变化
污染
劣化
预防方法
原料液预处理
膜组件合理设计
操作方式优化
膜组件清洗
抗污染膜制备
膜滤技术水处理应用
海水和苦咸水淡化
饮用水处理
污水处理
膜生物反应器
微滤和超滤
基本原理
筛孔分离
操作模型
死端过滤
错流过滤
浓差极化
传质方程
中空纤维超滤膜组件
内压式
外压式
浸没式膜组件
纳滤与反渗透
发展历程
渗透与反渗透
分离机理
纳滤
尺寸筛分
道南效应
反渗透
溶解-扩散模型
优先吸附-毛细孔流模型
基本传质方程
膜系统布置形式
单程式
连续式
多段式
多级式
循环式
预处理
温度、pH、固体颗粒、
有机物、微生物等
电渗析
基本原理
电位差为推动力
电渗析过程
电迁移
电极反应
其他过程
离子交换膜及其作用机理
孔隙作用
静电作用
扩散作用
极化及其控制
控制电流密度
定时倒换电极
定期酸洗
电渗析器装置与组装
电渗析工艺设计及其计算
电流效率
电渗析器总流程长度的计算
电耗计算

# 9.1 概　　述

## 9.1.1 膜滤的定义

膜广泛存在于自然界生物体内，实质上是一种分离介质，是两相分离的手段和物质选择性传递的屏障，如图 9-1 所示。膜既可以是固态的，也可以是液态或气态的；既可以是均质的，也可以是非均质的；既可以是中性的，也可以是带电的；既可以是对称的，也可以是非对称的。其厚度一般从几微米(甚至 0.1μm)到几毫米。

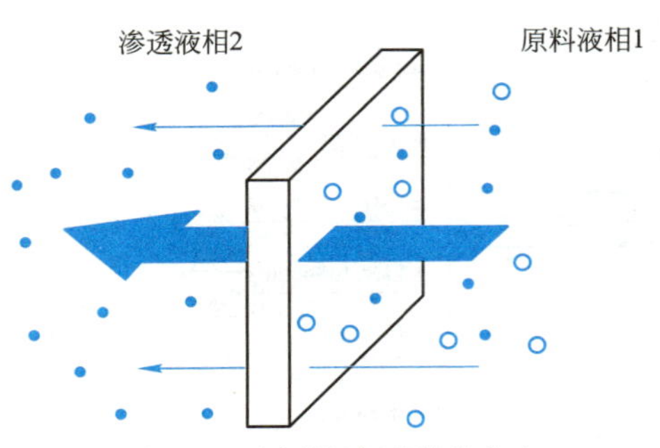


图 9-1　选择性渗透膜的定义

膜滤过程是以选择性透过膜为分离介质，在其两侧施加某种推动力，使原料侧组分选择性地透过膜，从而达到分离或提纯的目的。这种推动力可以是压力差、温度差、浓度差或电位差。在水处理领域中，广泛使用的推动力为压力差和电位差，其中压力驱动膜滤工艺主要有微滤、超滤、纳滤、反渗透等；电位差驱动膜滤工艺主要有电渗析等。压差驱动膜滤对水中的杂质去除范围如图 9-2 所示，在允许压差范围内，去除能力随膜孔径的减小而增大。

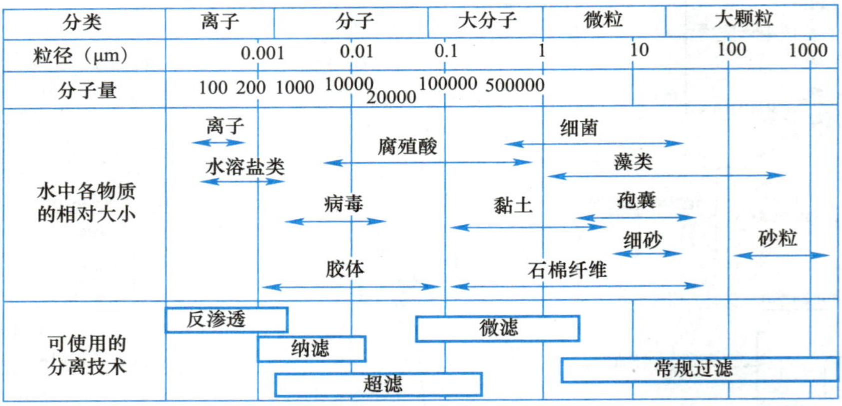

| 分类 | 离子、分子、大分子、微粒、大颗粒 |
| --- | --- |
| 粒径（μm） | 0.001　0.01　0.1　1　10　100　1000 |
| 分子量 | 100　200　1000　10000　20000　100000　500000 |
| 水中各物质的相对大小 | 离子、水溶盐类、腐殖酸、病毒、胶体、黏土、石棉纤维、细菌、藻类、孢囊、细砂、砂粒 |
| 可使用的分离技术 | 反渗透、纳滤、超滤、微滤、常规过滤 |

图 9-2　压差驱动膜滤去除杂质的范围

常规的混凝、沉淀、过滤工艺能够有效去除水中悬浮物和胶体成分，但对病原微生物的去除效果欠佳、生物安全性差。在消毒过程中，消毒剂（如氯）在灭活病原微生物的同时产生含氮、含碳等消毒副产物，对人体健康危害大。此外，氧化后水中可生物同化有机物（AOC）量增多，容易导致管网微生物的二次繁殖，增加了管网的生物风险。采用超滤和微滤膜的低压膜滤技术可有效去除水中微生物，采用纳滤和反渗透的高压膜技术还能够对水中离子和各类有机物质有良好的截留。膜技术与给水、污水常规处理工艺有机地结合，能够使其发挥各自优势，强化饮用水和污水处理。

### 9.1.2 膜滤技术的分类

膜分类一般有以下几种。

1. 按膜的来源分类

膜主要有天然膜(生物膜)和人工合成膜，人工合成膜按材料分为有机膜和无机膜。有机膜材料主要有纤维素、聚酰胺、聚砜、聚烯烃、氟树脂、聚碳酸酯、芳香杂环等。无机膜材料主要有陶瓷、玻璃、金属和碳等。

2. 按膜的组件分类

膜主要有中空纤维式、板框式、卷式和管式等。膜的面积越大，单位时间透过量就越多，因此，在实际应用中，膜都被制成一定形式的组件作为膜滤装置的分离单元。膜组件的形式均根据两种膜结构设计：平板膜和管式膜。板框式和卷式膜组件使用平板膜，管式和中空纤维式膜组件使用管式膜。管式和中空纤维式膜组件的区别是：膜管直径大于 10mm 称为管式膜组件；膜管直径小于 0.5mm 称为中空纤维式膜组件。一般情况下，板框式与管式膜组件装填密度小，处理量小；而卷式和中空纤维式膜组件装填密度大，处理量大。

3. 按分离机理分类

膜主要有多孔膜、无孔膜和载体膜。多孔膜是根据颗粒的大小进行分离，主要应用于超滤和微滤。无孔膜利用分离体系中各组分的溶解度或扩散系数的差异进行分离，主要应用于渗析。载体膜是利用膜上载体分子对溶液中某一成分的高度亲和性来实现不同组分的分离。

4. 按膜的结构分类

膜可分为均质膜和非均质膜，如图 9-3 所示。均质膜的化学成分是均匀的，包括微孔膜、无孔致密膜和带电膜。非均质膜主要有两种类型：非对称膜和复合膜。非对称膜的化学成分与均质微孔膜相似，但孔隙大小和孔隙率在横截面上存在差异。复合膜由极薄的表面层和较厚的多孔结构支撑层组成，表面层一般通过界面聚合、溶液涂层和等离子体聚合等方法制备，分离渗透性能完全由薄的表层决定，支撑层仅起支撑作用。

目前在水处理行业中已工业化应用的膜滤技术分类及基本特征见表 9-1。

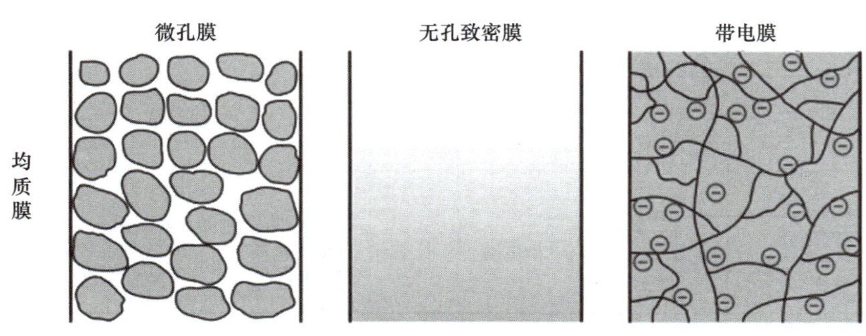


图 9-3 按膜的结构分类（一）

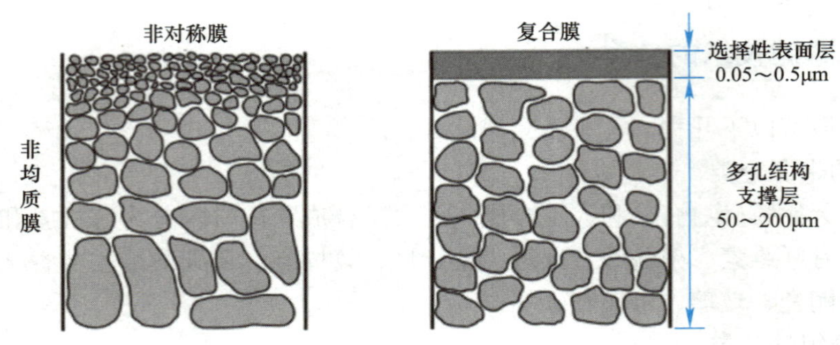


图 9-3　按膜的结构分类（二）

**膜滤技术分类及基本特征**　　**表 9-1**

| 膜滤过程 | 简图 | 推动力 | 分离机理 | 渗透物 | 截留物 | 膜结构 |
|---|---|---|---|---|---|---|
| 微滤 MF | 进水；滤液(水) | 压力差（0.01～0.2MPa） | 筛分 | 水、溶剂、溶解物 | 悬浮物、颗粒、纤维和细菌（0.08～10μm） | 对称和不对称多孔膜(孔径0.05～10μm) |
| 超滤 UF | 进水；浓缩液；滤液(水) | 压力差（0.1～0.5MPa） | 筛分 | 水、溶剂、离子和小分子（分子量＜1000） | 生化制品、胶体和大分子（分子量 1000～300000） | 不对称结构的多孔膜(孔径2～100nm) |
| 纳滤 NF | 进水；溶质(盐)；滤液(水) | 压力差（0.5～2.5MPa） | 筛分＋溶解/扩散 | 水和溶剂（分子量＜200） | 二价盐、糖和染料(分子量 200～1000) | 致密不对称膜和复合膜 |
| 反渗透 RO | 进水；溶质(盐)；滤液(水) | 压力差（1.0～10.0MPa） | 溶解/扩散 | 水和溶剂 | 小分子有机物（分子量＜200）和盐 | 致密不对称膜和复合膜 |
| 电渗析 ED | 浓水；出水；＋极；－极；阴离子交换膜；进水；阳离子交换膜 | 电位差 | 离子交换 | 电离离子 | 非解离和大分子物质 | 阴、阳离子交换膜 |
| 渗析 D | 进水；净水；扩散液；接受液 | 浓度差 | 扩散 | 离子、低分子量有机质、酸和碱 | 分子量大于1000 的溶解物和悬浮物 | 不对称膜和离子交换膜 |

## 9.1.3　膜滤过程的性能参数

膜滤过程的性能参数主要包括截留率、渗透通量和通量衰减系数等三个方面。

1. 截留率

表示膜脱除溶质或盐的性能，定义为：

$$R=\left(1-\frac{c_{\mathrm{p}}}{c_{\mathrm{w}}}\right)\times 100\% \tag{9-1}$$

而通常实际测定的是溶液的表观截留率，定义为：

$$R_{\mathrm{E}}=\left(1-\frac{c_{\mathrm{p}}}{c_{\mathrm{b}}}\right)\times 100\% \tag{9-2}$$

式(9-1)、式(9-2)中的 $c_{\mathrm{p}}$、$c_{\mathrm{w}}$、$c_{\mathrm{b}}$ 分别为膜的透过液浓度、在高压侧膜与溶液的界面浓度和被分离的主体溶液浓度。在实际应用中，膜的截留率总是小于100%，这是由于总有部分溶质穿透膜。截留率反映了该膜滤工艺分离溶液中组分的难易程度。

2. 渗透通量

通常用一定压力下单位膜面积上单位时间内物质的透过量 $J_{\mathrm{w}}$ 表示：

$$J_{\mathrm{w}}=\frac{V}{S\cdot t} \tag{9-3}$$

式中　$V$——透过液的容积，L或mL；

$S$——膜的有效面积，$m^2$ 或 $cm^2$；

$t$——运转时间，d或h。

在实验室范围 $J_{\mathrm{w}}$ 以 $mL/(cm^2\cdot h)$ 为单位，工业生产常以 $L/(m^2\cdot d)$ 为单位。渗透通量直接决定了膜滤设备的大小。

3. 通量衰减系数

膜的渗透通量由于过程的浓差极化、膜的压密及膜孔堵塞等原因将随时间延长而减少，可用下式表示：

$$J_{t}=J_{1}\cdot t^{m} \tag{9-4}$$

式中　$J_t$、$J_1$——分别为膜运转 $t$h 和1h后的渗透通量，$mL/(cm^2\cdot h)$；

$t$——运转时间，h；

$m$——衰减系数。

4. 回收率

在以错流过滤形式运行的膜装置中，原料液一部分垂直渗透过膜成为渗透液，另一部分沿膜表面平行流出成为浓缩液，渗透液与原料液流量的比值称为膜系统的回收率：

$$\zeta=\frac{Q_{\mathrm{p}}}{Q_{\mathrm{f}}}$$

式中　$Q_{\mathrm{p}}$——渗透液的流量，$m^3/h$；

$Q_{\mathrm{f}}$——原料液的流量，$m^3/h$。

### 9.1.4　膜污染、劣化及其预防方法

膜滤技术的核心部位是膜。性能良好的膜应具有如下特点：(1)良好的渗透性；(2)高效的选择性；(3)一定的化学稳定性和机械强度；(4)耐污染且使用寿命长；(5)易制备和加工；(6)抗压性。然而所有的膜在使用过程中都不可避免地会产生污染和劣化，主要表

现为出水水质变差或膜的渗透通量随时间而减少，从而使膜的使用寿命缩短，处理费用增加，所以有必要了解膜污染和劣化产生的原因，并掌握预防膜污染和劣化的技术。

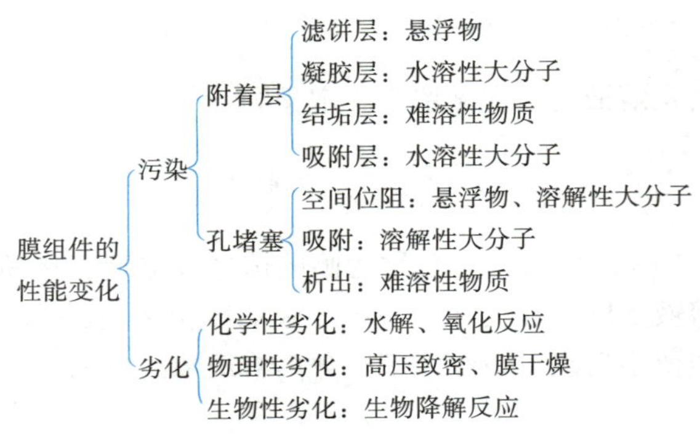


图 9-4　膜组件的性能变化分类及其产生原因

1. 膜污染和劣化的定义

膜污染是指膜在过滤过程中，水中的微粒、胶体粒子或溶质大分子与膜发生物理化学作用或机械作用而引起的在膜表面或膜孔内吸附、沉积造成膜孔径变小或堵塞等作用，使膜产生透过通量与分离特性不可逆变化的现象。膜的劣化是指膜自身的结构发生了不可逆变化。图 9-4 概括地列出了造成膜性能下降的原因。

对于膜污染来说，膜本身的结构并没有发生变化，只要通过适当的清洗就可以使膜的性能恢复或部分恢复到原来的状态。膜的劣化则是膜自身发生了不可逆的变化。因此要根据具体情况采用有效措施。在实际应用中，膜性能的变化常常是由两种或三种原因引起的。有时一种污染可以加快另一种污染的发生。对于这样复杂的实际应用体系应认真识别造成膜污染的原因，以便更好地消除影响，延长膜的使用寿命。

2. 膜污染、劣化对膜性能的影响

表 9-2 列出了膜组件性能随膜劣化所发生的变化。一般化学性劣化或生物性劣化会使膜孔径变大，膜的渗透通量增加，而截留率降低。当发生物理性劣化时，膜的渗透通量减少，但截留率反而升高，这是压密作用使膜的孔径减小而引起的。

**由于膜劣化引起的膜性能变化**　　**表 9-2**

| 劣化 | 原因 | 膜渗透通量 | 截留率 | 存在问题的膜 |
|---|---|---|---|---|
| 化学性劣化 | 水解反应<br>氧化反应 | 升高<br>升高 | 降低<br>降低 | 醋酸纤维素膜<br>各种高分子膜 |
| 物理性劣化 | 致密化<br>干燥 | 降低<br>降低 | 升高<br>升高 | 反渗透膜、纳滤膜<br>反渗透膜、超滤膜 |
| 生物性劣化 | 降解 | 升高 | 降低 | 醋酸纤维素膜 |

表 9-3 列出了膜组件性能随着膜污染所发生的变化。所有类型的膜污染都使膜渗透通量降低。其通量降低的主要原因有两个：一是浓差极化的影响，主要是膜表面局部溶质浓度增加引起边界层流体阻力增加（或局部渗透压增加），导致传质推动力下降而引起通量降低，这种影响是可逆的，通过降低料液浓度或改善膜面附近料液侧的流体力学条件，如提

高流速、采用湍流促进器和设计合理的流通结构等方法，可以减轻已经产生的浓差极化现象，使膜的分离特性得以部分恢复；另一种是膜表面吸附溶质（尤其是大分子）形成的膜污染，包括膜的孔道被大分子溶质堵塞引起膜过滤阻力增加，溶质在孔内壁吸附，膜面形成凝胶层增加传质阻力。

**由于膜污染引起的膜组件性能变化　　表9-3**

| 污染 | 原因 | 膜的渗透通量 | 截留率 | 存在问题的膜分离法 |
|---|---|---|---|---|
| 附着层 | 滤饼层 | 降低 | 升高 | 微滤、超滤、纳滤、反渗透 |
| | 凝胶层 | 降低 | 升高 | 微滤、超滤、纳滤、反渗透 |
| | 结垢层 | 降低 | 降低 | 反渗透 |
| | 吸附层 | 降低 | 升高/降低① | 超滤 |
| 膜孔堵塞 | 空间位阻 | 降低 | 升高 | 超滤 |
| | 吸附 | 降低 | 升高 | 超滤 |
| | 析出 | 降低 | 升高 | 超滤 |

①膜表面形成的吸附层对截留率的影响尚不清楚。

大分子溶质对膜的堵塞可以用淤塞指数(SDI)来衡量。淤塞指数又称污染指数(FI)，通过平均孔径为0.45μm的微孔滤膜测定。具体步骤是：用直径为47mm、平均孔径为0.45μm的微孔滤膜，在0.21MPa的压力下过滤水样，记录最初滤过500mL的水样所花费的时间$t_0$，继续过滤15min后，再记录滤过500mL水样所花费的时间$t_{15}$。用下式计算SDI(或FI)：

$$\text{SDI(或 FI)}=(1-t_0/t_{15})\times100/15 \tag{9-5}$$

在上述过滤过程中，凡是粒径大于0.45μm的微粒、胶体和细菌大多被截留在膜面上，引起透水速度下降，过滤同等体积水样所需时间延长，所以$t_0/t_{15}<1$。水中悬浮固体越多，$t_0/t_{15}$值越小，SDI越大；当水污染很严重时，$t_{15}\to+\infty$，SDI趋近极限值6.7；当水中杂质尺寸小于0.45μm时，$t_0\approx t_{15}$，SDI接近于0。

3. 膜污染和劣化的预防方法

(1) 原料液预处理

预处理是膜滤过程的一个重要环节，主要指在原料液过滤前向其中加入一种或几种物质，或去除一种或几种物质，使原料液的性质或溶质的特性发生变化。如通过调整料液的pH或加入抗氧化剂等防止膜的化学性劣化；通过预先除去或杀死料液中的微生物等防止膜的生物性劣化；利用混凝、沉淀去除水中的大颗粒物质；添加阻垢剂，如HCl和六偏磷酸钠及其他新型阻垢剂等。不同的膜滤过程，对预处理的要求差别很大，例如，两种形式的反渗透膜滤对预处理后的水质要求，见表9-4。

**反渗透对进水水质的要求　　表9-4**

| 项目 | 反渗透 | |
|---|---|---|
| | 卷式膜 | 中空纤维膜 |
| 浊度(NTU) | <0.5 | <0.3 |
| 色度(度) | 清 | 清 |
| 污染指数FI值 | 3～5 | <3 |

续表

| 项目 | 反渗透 | |
|---|---|---|
| | 卷式膜 | 中空纤维膜 |
| pH | 4～7 | 4～11 |
| 水温(℃) | 15～35 | 15～35 |
| 化学需氧量($mgO_2$/L) | <1.5 | <1.5 |
| 游离氯(mg/L) | 0.2～1.0 | 0 |
| 总铁(mg/L) | <0.05 | <0.05 |
| 锰(mg/L) | — | — |

(2) 膜组件的合理设计

膜分离过程中，膜组件内流体力学条件对防止膜的污染有重要作用。为改善膜面附近的传递条件，可设计不同形状的组件结构来增加流体的雷诺数，增加传质。

(3) 操作方式的优化

操作条件的优化可通过下列方式实现：控制初始渗透通量(先低压操作，然后逐渐增加到指定的压力)；增加进料流速以增大膜面料液流动速度；调节水温、加大分子速率、增加滤速等；采用反向操作模式、脉动流、鼓泡、振动膜组件、超声波处理等。

(4) 膜组件的清洗

膜组件的清洗大致分为化学清洗和物理清洗两大类型。化学清洗通常根据膜表面的附着层性质不同，选择不同的清洗方法。一般常用的清洗剂有：酸碱液，如稀 NaOH 溶液；表面活性剂，如 SDS、吐温 80、Triton、X-100(一种非离子型表面活性剂)等；氧化剂，如用氯配制的 200～400mg/L 活性氯；酶等。

物理清洗方法一般有：①水力清洗方法，降低操作压力，提高保留液循环量有利于增加其产生的剪切力从而提高渗透通量；②气—液脉冲，向膜过滤装置间隙中通入高压气体(空气或氮气)就形成气—液脉冲。气体脉冲使膜上的孔道膨胀，从而使污染物能被液体冲走；③反冲洗，用清洁的清洗液反向通过膜，除去沉积在纤维内壁上的污垢；④循环清洗，关闭渗滤液出口，利用进料液和渗滤液来清洗，由于料液在中空纤维内腔的流速高，因而流动压力较大。关闭渗滤液出口后，纤维间的压力大致等于纤维内压力的平均值，在中空纤维的进口段内压较高，产生滤液；在纤维的出口段外压较高，滤液反向流入纤维内腔，渗滤液在中空纤维内外作循环流动。返回的滤液流加上高速的料液流可以清除沉积的污垢。

(5) 抗污染膜的制备

膜的亲疏水性、荷电性会影响到膜与溶质间的相互作用大小。通常认为亲水膜及膜材料电荷与溶质荷电性相同的膜较耐污染，为了获得永久性耐污染膜，常在膜表面改性时引入亲水性基团，或用复合膜手段涂覆一层亲水性分离层，或用阴极喷镀法在膜表面镀一层碳膜，最近人们通过无机纳米粒子掺杂等方法改善膜的表面特性和孔隙结构，降低膜的不可逆污染，提高膜的抗压密性，同时降低膜阻力。

## 9.2　微滤和超滤

微滤和超滤都是在压差推动力作用下进行的筛孔分离过程。微滤属于精密过滤，可滤除粒径为 0.08～10μm 的微粒。而超滤的分离效果是分子级的，它可截留溶液中溶解的大分子溶质。

## 9.2.1　基本原理

微滤和超滤都是在静压差的推动力作用下进行的液相分离过程，从原理上说并没有本质上的差别，同为筛孔分离过程，微滤膜具有较大的孔径(0.1～5μm)，超滤膜具有较小的孔径(0.01～0.1μm)，微滤一般作为超滤的预处理。微滤和超滤的工作原理如图 9-5 所示。在一定的压力差作用下，原料液中水和小的溶质粒子从高压侧透过膜到低压侧，产生透过液，而原料液中大粒子组分被膜截留，使剩余滤液中的浓度增大成为浓缩液。通常用截留分子量区分微滤和超滤，其定义为膜截留 90%大分子溶质时的分子量。截留分子量在 500～500000Da 的膜分离过程称为超滤，截留分子量更大的膜分离过程称为微滤。

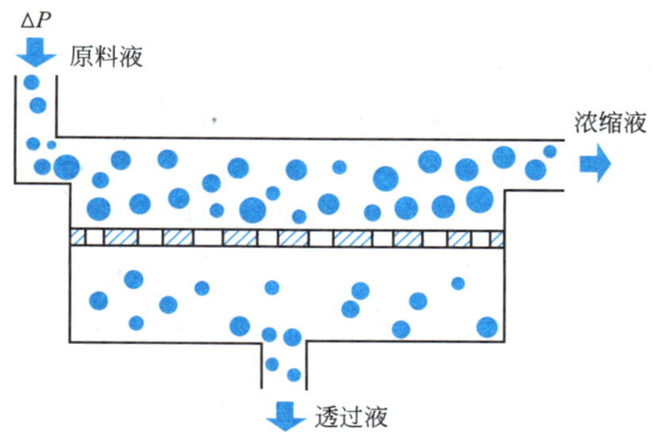


图 9-5　微滤和超滤工作原理

## 9.2.2　微滤和超滤的操作模型

微滤和超滤有两种操作模型：死端过滤和错流过滤。

1. 死端过滤

死端过滤，也称无流动过滤，操作过程如图 9-6(a)所示。在死端过滤时，水和小于膜孔径的溶质在压力差的驱动下透过膜，大于膜孔径的颗粒被截留，堆积在膜面上。随着操作时间的延长及压力的影响，颗粒在膜面的厚度逐渐增大，过滤阻力也越来越大，在压力不变的情况下，膜的渗透速率将下降。所以，死端过滤只能是间歇式的，必须周期性地停止运行并清洗膜表面的污染层或更换膜。

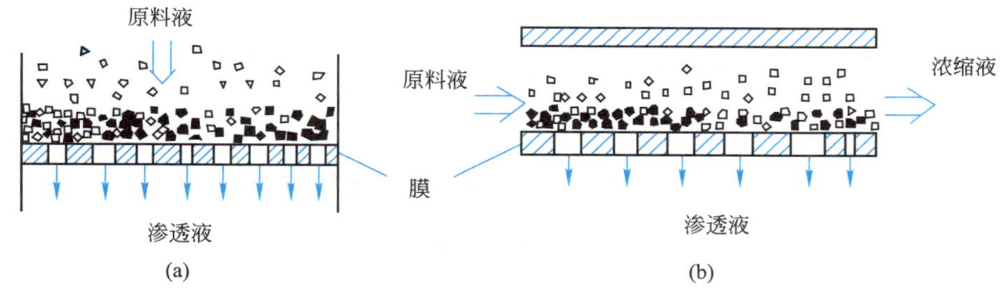


图 9-6　微滤膜操作模型

死端过滤操作简便易行，适于实验室等小规模场合，对于待截留物含量低于 0.1%的料液通常采用这种形式；待截留物含量在 0.1%～0.5%的料液则需要进行预处理；而对于待截留物含量超过 0.5%的料液通常采用错流过滤操作。

2. 错流过滤

错流过滤操作过程如图 9-6(b)所示。原料液沿膜表面平行流出浓缩液，而渗透液则沿垂直膜的方向流出。与死端过滤操作不同的是原料液流经膜表面时产生的高剪切力可使沉积在膜表面的颗粒返回主体流，从而被带出微滤膜组件，使该污染层不再无限增厚而保持在一个较薄的稳定水平。因此一旦污染层达到稳定，膜的渗透速率就将在较长的一段时间内保持在相对高的水平。错流操作对减少浓差极化和结垢是必要的。近年来微滤的错流操作技术发展很快，有代替死端过滤的趋势。

由于膜结构和分离目的不同，超滤有三种操作模型：重过滤、间歇错流过滤和连续错流过滤。

(1) 重过滤

重过滤主要用于大分子和小分子的分离，可分为连续式和间歇式两种。图 9-7 为连续式重过滤操作示意图，料液中含有不同分子量的溶质，通过不断地加入纯水以补充料液的体积，小分子组分逐渐地被滤出液带走，从而达到提纯大分子组分的目的。

重过滤操作设备简单、能耗低，可克服高浓度料液渗透速率低的缺点，能更好地去除渗透组分，但浓差极化和膜污染严重，尤其是在间歇操作中，膜易被污染。

(2) 间歇错流操作

超滤膜的间歇错流操作如图 9-8 所示。用泵将料液从贮罐送入超滤膜装置，通过此装置后再回到贮罐中。随着溶剂不断滤出，贮罐中料液的液面下降，溶液浓度升高。间歇错流操作具有操作简单、浓缩速度快、所需膜面积小等优点，但截留液循环时耗能较大。该种操作模型通常在实验室或小型处理工程中采用。

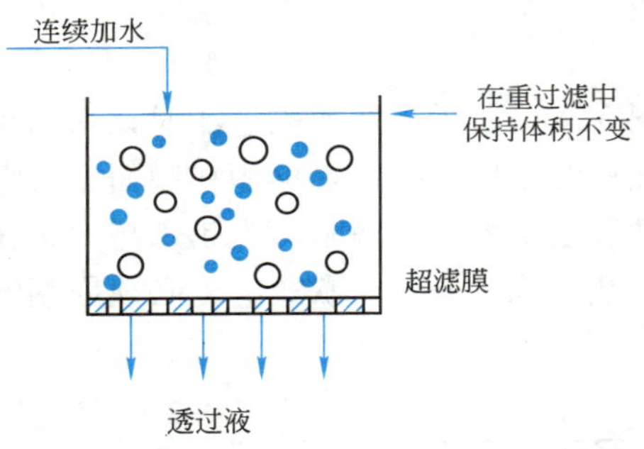


图 9-7　连续式重过滤操作示意图

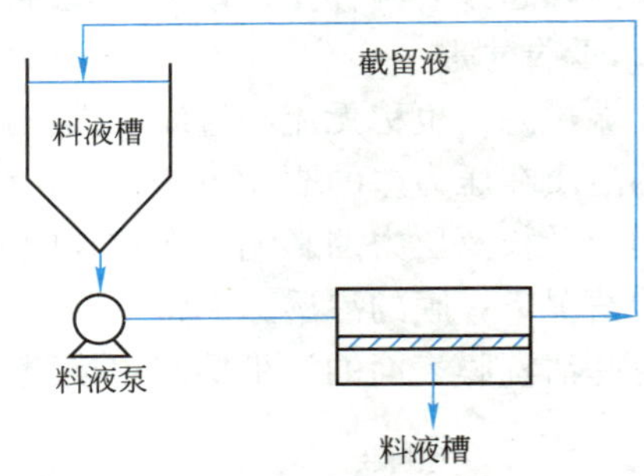


图 9-8　间歇错流操作示意图

(3) 连续错流操作

超滤膜的连续错流操作根据组件的配置分为单级和多级两类。图 9-9 所示为多级连续

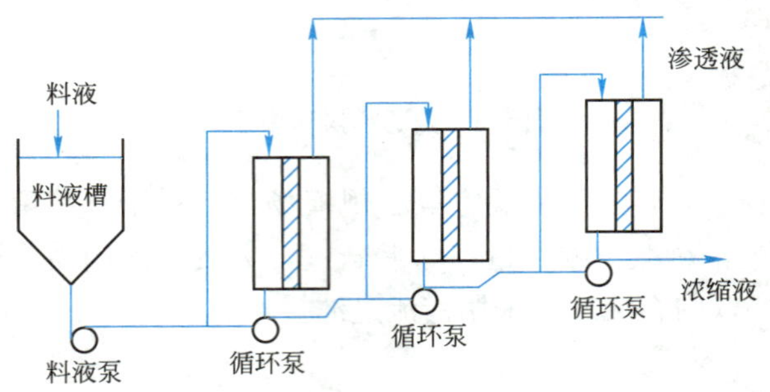


图 9-9　多级连续错流操作示意图

错流操作配置示意图，此种操作形式有利于提高分离效率，因为除最后一级在高浓度下操作渗透速率较低外，其他级操作的浓度不高，渗透速率相应较高。采用多级操作所需膜总面积小于单级操作，接近于间歇操作，而停留时间、所需贮槽体积均小于相应的间歇操作。

### 9.2.3　超滤过程中的浓差极化

在压力驱动膜滤过程中，由于膜的选择透过性，水和小分子溶质可透过膜，而大分子溶质则被膜所阻拦并不断累积在膜表面上，使溶质在膜面处的浓度 $C_m$ 高于溶质在主体溶液中的浓度 $C_b$。在浓度梯度作用下，溶质由膜表面向主体溶液反向扩散，形成边界层，使流体阻力与局部渗透压增加，从而导致水的透过通量下降，这种现象称为浓差极化。浓差极化导致膜的传质阻力增大，渗透通量减少，并改变膜的分离特性。由于进行超滤的溶液主要含有大分子，其在水中的扩散系数极小，导致超滤的浓差极化现象较为严重。

在稳定状态下，厚度为 $\delta_m$ 的边界层内剖面浓度是恒定的(图 9-10)。取厚度为 $dx$ 的微元体，可推导出一维传质微分方程

$$J_w \frac{dC}{dx} - D\frac{d^2C}{dx^2} = 0 \tag{9-6}$$

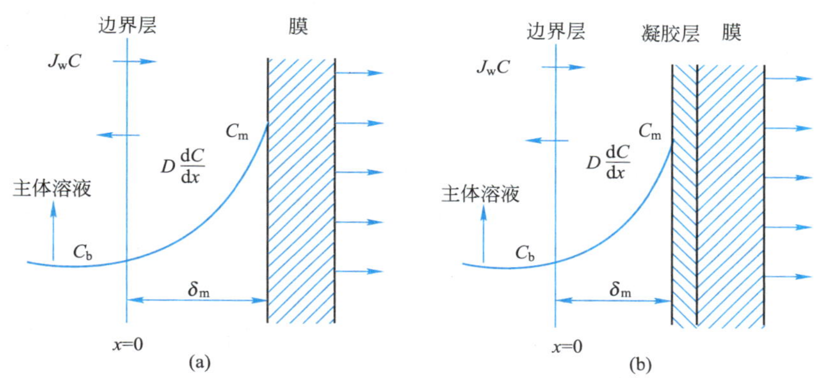


图 9-10　边界层内剖面

(a)膜面附近的溶质浓度分布；(b)浓差极化所形成的凝胶层

积分得

$$J_w C - D\frac{dC}{dx} = C_1 \tag{9-7}$$

式中　$C$——水中溶质浓度，$mg/cm^3$；

$D$——溶质在水中的扩散系数，$cm^2/s$；

$C_1$——积分常数；

$J_w$——水的透过通量，$cm^3/(cm^2 \cdot s)$。

在式(9-7)中，$J_wC$ 表示向着膜的溶质通量，$D\frac{dC}{dx}$表示由于扩散从膜面返回主体溶液的溶质通量，在稳态下其差值等于透过膜的溶质通量 $J_s$。因此，上式可改写成：

$$J_s = J_w C - D\frac{dC}{dx} \tag{9-8}$$

由 $J_s=C_f J_w$ 其中 $C_f$ 为滤过液的溶质浓度，单位“$mg/cm^3$”，代入得：

$$J_w dx = D\frac{dC}{C-C_f}$$

根据边界条件：$x=0$，$C=C_b$；$x=\delta_m$，$C=C_m$，积分得：

$$J_w=\frac{D}{\delta_m}\ln\frac{C_m-C_f}{C_b-C_f}$$

因 $C_f$ 值很小，上式可简化成：

$$J_w = K\ln\frac{C_m}{C_b} \tag{9-9}$$

式中 $K=D/\delta_m$，称为传质系数。由式可知，膜的渗透通量主要决定于边界层内的传质情况，但增大压力势必提高透过水通量，因而膜面的溶质浓度增大，$C_m/C_b$ 值亦增大，则浓差极化现象就越严重。在稳态下，$J_w$ 与 $C_m$ 之间总是保持着式(9-9)所表达的对数函数关系。另外，式中边界层厚度 $\delta_m$ 主要与流体动力学条件有关，当平行于膜面的水流速度较大时，$\delta_m$ 较小；而扩散系数 $D$ 则与溶质性质以及温度有关。在大分子溶液超滤过程中，由于 $C_m$ 值急剧增加，结果使极化模数即 $C_m/C_b$ 比值迅速增大。在某一压力差下，当 $C_m$ 值达到这种程度，以致大分子物质很快被压密成凝胶，此时膜面溶质浓度称为凝胶浓度，以 $C_g$ 表示。于是，式(9-9)相应地改写为：

$$J_w = K\ln\frac{C_g}{C_b} \tag{9-10}$$

在此情况下，$C_g$ 为一固定值，其值大小与该溶质在水中的溶解度有关，因而透过膜的水通量亦应为定值。若再加大压力，溶质反向扩散通量并不增加，在短时间内，虽然透过水通量有所提高，但随着凝胶层厚度的增大，所增加的压力很快被凝胶层阻力所抵消，透过水通量又恢复到原有的水平。因此，由式(9-10)可得出：

1) 一旦生成凝胶层，透过水通量并不随压力的升高而增加；

2) 透过水通量与进水溶质浓度 $C_b$ 的对数值呈直线关系减少；

3) 透过水通量还取决于某些与边界层厚度有关的流体力学条件。

总之，浓差极化使超滤和微滤的渗透通量下降，因此应采取相应的措施：(1)预先除去溶液中大颗粒；(2)增加料液流速以提高传质系数；(3)选择适当的操作压力；(4)对膜的表面进行改性；(5)定期对膜进行清洗。

### 9.2.4　中空纤维超滤膜组件

中空纤维超滤膜组件可分为内压式和外压式两种。

内压式膜组件在运行时，水由中空膜丝的内部向外渗透，膜丝外侧汇集的是产品水。内压式中空纤维超滤组件是将数根甚至上万根中空纤维丝平行地装入耐压容器中，两个端头用环氧树脂密封，露出中空纤维丝的空心，这样进水从容器的一端就可以进入纤维丝内，并从容器的另一端以浓水的形式排出。透过膜的产品水则在膜丝外侧汇集并引出外壳。图 9-11(a)为内压式中空纤维超滤组件运行示意图。内压式超滤的特点是膜丝内水的流动分布比较均匀，没有死角。因为外部流动的产品水，所以污垢不会在膜丝之间积累。

外压式是指原水在膜丝的外侧流动，膜丝管内腔汇集的是产品水。因为膜丝壁厚的影响，外压式的过滤面积比内压式的大。另外，外压式在反洗时由于水力分布均匀反洗效果更好。但进水在纤维束之间流动，截留的污物有可能分布不均匀，反洗时可能会留有死角。图 9-11(b)为外压式中空纤维超滤组件运行示意图。

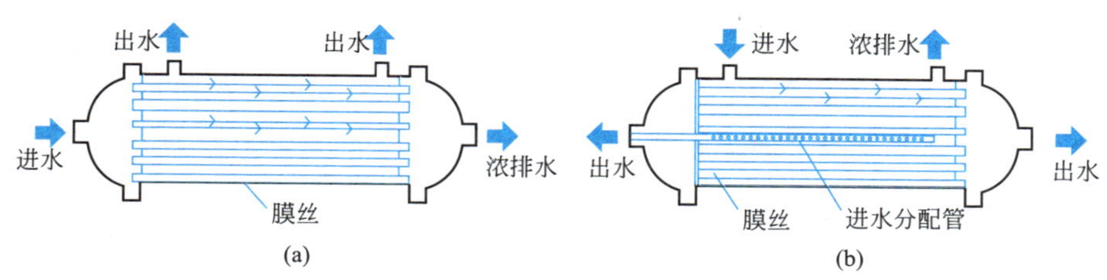


图 9-11 中空纤维超滤组件运行示意图
(a)内压式；(b)外压式

为了均匀布水，有些外压式超滤组件设有一只多孔中心管，作用是均匀地向纤维束布水。浓水从外壳排水口排出，透过膜的产品水则在纤维管内汇集并从组件的另一端引出。

### 9.2.5 浸没式膜组件

浸没式膜组件是将中空纤维膜或平板膜垂直浸入常压下的水箱中，水进入膜组件后采用虹吸或水泵抽吸提供压力差进行产水，是一种无膜压力容器的膜组件，同时膜组件得到简化，无需膜壳，具有低成本、低维护的特点。其浓差极化可通过组件底部鼓入空气来控制，使用过滤液和空气对膜进行间歇性反冲洗，当达到跨膜压差时，定期进行化学清洗。浸没式膜组件在微真空下运行，较低的操作压差可延长膜的使用寿命，降低更换成本、能源需求和污染潜力。

## 9.3 反渗透与纳滤

反渗透和纳滤用于将低分子量的溶质(如无机盐、葡萄糖、蔗糖等)从溶剂中分离出来。反渗透和纳滤的分离原理是相近的，其差别在于分离溶质的大小，反渗透需要使用流体阻力大的较致密性膜，因而需要较高的压力；纳滤所需的压力则介于反渗透与超滤之间，其孔径在纳米级范围内，有时也称纳滤膜为低压反渗透膜。

### 9.3.1 发展历程

渗透现象发现至今已有 200 多年的历史。1748 年，Abbe Nollet 在对动物体内薄膜的实验中发现了渗透现象。1855 年，Fick 用硝化纤维素制备出首个人工合成膜。1886 年，Van't Hoff 建立起稀溶液的渗透压理论。

进入 20 世纪，为满足未来的供水需求，在 1953 年开始研究反渗透技术用于海水淡化，早期的人工合成膜由于孔径较大而不适用。1959 年，Sourirajan 和 Loeb 制备出一种高通量、高截留率的醋酸纤维素膜，是反渗透膜材料发展历程中的一个里程碑。70 年代初，Cadotte 和 Rozelle 通过界面聚合反应，在合适的细孔基材(如聚砜超滤膜)的表面上沉积一层具有截盐特性的超薄聚酰胺材料，制备出第一张高脱盐率的非纤维素类反渗透复合膜(NS-100)，是反渗透膜材料发展历程中的又一个里程碑。

在对界面聚合过程中条件的不断优化后，Cadotte 在 1976 年开发出了一种对二价离子有着高截留率，而对一价离子有高渗透性的复合膜，并命名为 NS-300。而由于其对一价离子截留率相对较低，早期 NS-300 复合膜被认为是一种低性能的反渗透膜。直到 1984 年，Petersen 发现了其巨大应用潜力，将这种松散的 RO 膜命名为“纳滤膜”，并里程碑式地开发出第一款商业纳滤膜 NF-40。用 Petersen 的话说，这是“反渗透技术最迷人的延伸”。我国自 1965 年开始对反渗透的研究，自 80 年代末开始对纳滤的研究，对膜产品与膜组件开展了较为广泛的研发与应用，逐步接近国际先进水平。

经过 60 多年的研究、开发和产业化，纳滤和反渗透技术日渐成熟，被广泛的应用于饮用水生产、海水和苦咸水淡化、超纯水制备、水回用等领域。

### 9.3.2　渗透与反渗透

能够让溶液中一种或几种组分通过而其他组分不能通过的这种选择性膜称半透膜。用一选择性透过溶剂水的半透膜将纯水和咸水隔开，开始时两边液面等高，即两边等压、等温，则水分子将从纯水一侧通过膜向咸水一侧自发流动，结果使咸水一侧的液面上升，直至到达某一高度，这一现象称为渗透，如图 9-12(a)所示。

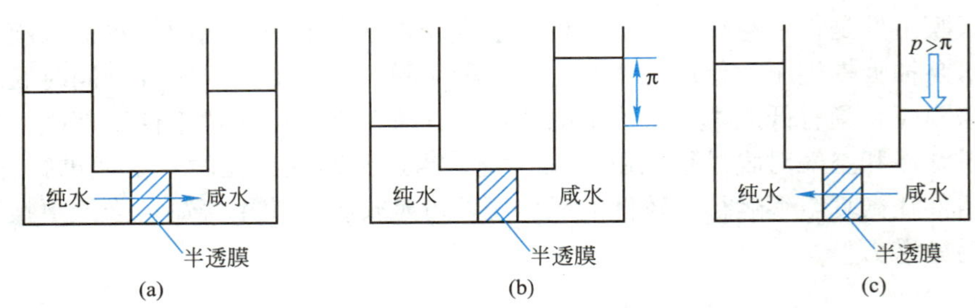


图 9-12　渗透与反渗透现象

(a)渗透；(b)渗透平衡；(c)反渗透

渗透的自发过程可由热力学原理解释，即：

$$\mu=\mu^0+RT\ln x \tag{9-11}$$

式中　$\mu$——在指定的温度、压力下咸水的化学位；

$\mu^0$——在指定的温度、压力下纯水的化学位；

$x$——咸水中水的摩尔分数；

$R$——气体常数，等于 8.314J/(mol·K)；

$T$——热力学温度，K。

由于 $x<1$，$\ln x$ 为负值，故 $\mu^0>\mu$，亦即纯水的化学位高于咸水中水的化学位，所以水分子便向化学位低的一侧渗透。由此可知，水的化学位的大小决定着质量的传递方向。

当两边的化学位相等时，渗透即达到动态平衡状态，水不再流入咸水一侧，这时半透膜两侧存在着一定的水位差或压力差，如图 9-12(b)所示，此即为在指定温度下的溶液(咸水)渗透压 π。渗透压是溶液的一个性质，与膜无关，可由修正的 Van't Hoff 方程式进行计算：

$$\pi = icRT \tag{9-12}$$

式中　$c$——溶液浓度，$mol/m^3$；

$\pi$——溶液渗透压，Pa；

$i$——校正系数，对于海水，$i$ 约等于 1.8。

例如，含盐量为 34.3‰的海水，浓度等于 $0.56\times10^3 mol/m^3$，其渗透压(25℃)为：

$$\pi = icRT = 1.8\times0.56\times10^3\times8.314\times298 = 2.5\times10^6 Pa = 2.5MPa$$

当在咸水一侧施加的压力 $p$ 大于该溶液的自然渗透压 $\pi$ 时，如图 9-12(c)所示，可迫使水反向渗透，此时，在高于渗透压的压力作用下，水压克服了化学位差，即渗透压，水分子从咸水一侧反向地通过膜透过到纯水一侧，此即反渗透。由此可知，发生反渗透的两个必要条件是：(1) 选择性透过溶剂的膜；(2) 膜两边的静压差必须大于其渗透压差。在实际的反渗透过程中膜两边的静压差还要克服透过膜的阻力。因此，在实际应用中需要的压力比理论值大得多。将半透膜用于海水淡化就是基于反渗透原理。

### 9.3.3　分离机理

目前国际上通用的纳滤与反渗透膜材料主要有醋酸纤维素膜和芳香族聚酰胺膜两大类。醋酸纤维素膜具有良好的成膜性能、廉价、耐游离氯、不易污染和不易结垢等优点，其缺点是应用 pH 范围小(4.0～6.5)、不抗压、易水解、性能衰减快；芳香族聚酰胺膜具有脱盐率高、通量大、应用 pH 范围广(4～11)、更耐生物降解等优点，但是易受氯氧化，在抗结垢和抗污染方面性能较差。

由于反渗透膜和纳滤膜结构与性能的复杂性、分离对象的多样性，其透过机理目前均没有公认的解释。反渗透膜主要有“溶解—扩散模型”和“优先吸附—毛细孔流动模型”，其中“优先吸附—毛细孔流动模型”常被引用。该理论以吉布斯吸附式为依据，认为膜表面优先吸附水分子而排斥盐分，因而在固—液界面上形成厚度为$(5\sim10)\times10^{-10}m$(1～2个水分子)的纯水层。在压力作用下，纯水层中的水分子便不断通过毛细管流过反渗透膜，形成脱盐过程。当毛细管孔径为纯水层的两倍时，可达到最大的纯水通过量，此时对应的毛细管孔径，称为膜的临界孔径。当孔隙大于临界孔径，透水性增大，但盐分容易从孔隙中透过，导致脱盐率下降。反之，若孔隙小于临界孔径，脱盐率增大，而透水性则下降。因此，在制膜时应获得最大数量的临界孔。

纳滤膜的分离机理主要包括尺寸筛分和道南效应，通常认为其对中性物质的分离主要由尺寸筛分效应决定，而对荷电物质的截留则由尺寸筛分效应和道南效应共同作用。常用的模型除了与反渗透通用的“优先吸附—毛细孔流动模型”和“溶解—扩散模型”外，主要还有“道南平衡模型”、“固定电荷模型”以及“空间电荷模型”等用以解释纳滤膜的脱盐过程，其中“道南平衡模型”最常被引用。该理论将 Donnan 提出的胶体化学中关于半透膜两侧电解质平衡浓度关系用于荷电膜脱盐过程，认为由于纳滤表面带电荷，带有荷电基团的纳滤膜在过滤盐溶液时，盐溶液中与膜电基团带电相反的离子在膜内的浓度大于其在主体溶液中的浓度，而同电性离子在膜内的浓度低于其在主体溶液中的浓度，由此形成道南电位差，阻止同电性离子从主体溶液向膜内扩散，为保持电中性，反离子同时被膜截留，这即是纳滤的选择性脱盐过程。

纳滤膜及其过滤过程有以下特点：

(1) 纳滤膜表面具有荷电性。目前常用的纳滤膜由于膜表面存在大量的羧基、亚氨基等负电基团，在中性和碱性条件下呈负电性。

(2) 纳滤膜对溶质具有选择性分离功能。由于纳滤膜通常存在电荷效应和筛分效应的共同作用，因此对不同价态离子及不同分子量的有机物表现出一定的选择性。例如，纳滤膜对二价离子的截留率在 95%以上，而对一价离子的截留率仅在 50%以上，因此能够被广泛应用于水的软化。

(3) 与反渗透相比，纳滤过程操作压力更低，渗透通量更高。纳滤相较于反渗透更为疏松，对离子和有机物的截留率都低于反渗透，离子和有机物更易于透过，因而膜两侧由溶质浓度差造的渗透压低于反渗透膜，因此过程的驱动压力较反渗透低很多，通常为 0.5～2.0MPa。

### 9.3.4　反渗透的基本传质方程(基于优先吸附—毛细孔流动模型)*

Sourirajan 于 1960 年在吉布斯吸附方程的基础上，提出了优先吸附—毛细孔流动机理，并与 Loeb 制成了具有高脱盐率、高透水量的非对称醋酸纤维素反渗透膜，加速了反渗透在工业中的应用。在此过程中，溶质为盐(主要是 NaCl)，溶剂为水。所用的膜是醋酸纤维素膜，其表面对水优先吸附，却排斥 $Na^+$ 离子和 $Cl^-$ 离子，这样在膜的活性层表面形成一层水的吸附层。界面溶质吸附量与溶液表面张力的关系可用吉布斯方程表示：

$$\Gamma=-\frac{1}{RT}\left(\frac{\partial\sigma}{\partial\ln a}\right) \tag{9-13}$$

式中　$\Gamma$——表面吸附量，$kg/m^2$；

$\sigma$——溶液与表面的界面张力，N/m；

$a$——溶液活度，$kmol/m^3$；

$R$——气体热力学常数，8.314J/(mol · K)；

$T$——绝对温度，K。

吸附纯水层的厚度与溶质和膜表面的物理化学性质有关，其厚度 $\Delta$ 可用下式计算：

$$\Delta=\frac{1000\gamma}{2RT}\left[\frac{\partial\sigma}{\partial(C\gamma)}\right] \tag{9-14}$$

式中　$\gamma$——溶液的活度系数；

$C$——溶液的质量浓度，mol/kg；

$\sigma$——溶液与膜表面的界面张力，N/m；

$R$——气体热力学常数，8.314J/(mol · K)；

$T$——绝对温度，K。

“优先吸附—毛细孔流动模型”机理如图 9-13 所示，其中最大分离临界孔径 $\varphi=2\Delta$。该过程包括：溶剂在压差作用下连续渗透通过膜孔；溶质在压力及浓度差作用下扩散通过膜孔；由于膜表面的浓差极化现象，溶质由边界层向流体主体扩散。这一过程可以用 Kimura-Sourirajan 提出的公式计算。

膜的纯水渗透常数：

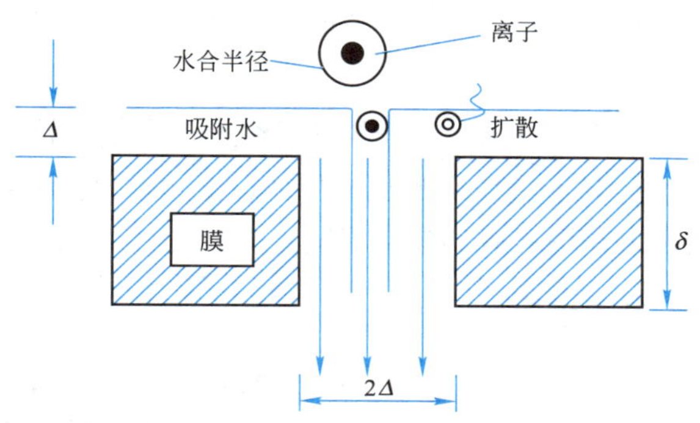


图 9-13　优先吸附—毛细孔流动模型示意图

$$B=\frac{[PWP]}{3600M_{W}\cdot S\cdot p} \tag{9-15}$$

式中　$B$——膜的纯水渗透常数，mol/(cm$^2$·s·MPa)；

$[PWP]$——膜面积为 $S$、压力为 $p$ 时纯水透过量，g/h；

$M_W$——水的相对分子质量；

$S$——膜面积，cm$^2$；

$p$——压力，MPa。

溶剂的渗透通量($J_w$)方程为：

$$J_w=B(\Delta p-\Delta\pi) \tag{9-16}$$

式中　$J_w$——透过通量，mol/(cm$^2$·s)；

$B$——膜的纯水渗透常数，mol/(cm$^2$·s·MPa)；

$\Delta p$——压差，MPa；

$\Delta\pi$——膜两边的渗透压差，MPa。

溶质的渗透速率($J_s$)方程为：

$$J_s=\frac{D_{AM}}{K\delta}(C_2X_{A2}-C_3X_{A3}) \tag{9-17}$$

式中　$J_s$——溶质透过膜的摩尔速率，mol/(cm$^2$·s)；

$K$——溶质在膜与溶液间的分配系数；

$D_{AM}$——溶质在膜相中的扩散系数，cm$^2$/s；

$X_{A2}$、$X_{A3}$——近膜表面和渗透液中溶质的摩尔分数；

$C_2$、$C_3$——溶液的摩尔浓度，mol/cm$^3$；

$\delta$——膜厚度，cm。

$\frac{D_{AM}}{K\mu}$为溶质渗透系数，纯水渗透常数 $B$ 是衡量膜孔隙度的一个物理量，其值与溶质无关。溶质渗透系数$\frac{D_{AM}}{K\mu}$的大小与溶质的性质、膜材料的性质及膜表面平均孔径有关。对于给定的膜，在给定的压力下，$\frac{D_{AM}}{K\mu}$与料液的浓度和流速无关，随温度的升高而增加。当膜的孔径很小时，在很宽的压力范围内，$\frac{D_{AM}}{K\mu}$的值几乎是个常量；当膜的孔径较大时，$\frac{D_{AM}}{K\mu}$的值则随压力的增加而趋于减小。在反渗透设计中只需知道$\frac{D_{AM}}{K\mu}$的总值即可，并且$\frac{D_{AM}}{K\mu}$的值可以通过事先选择适当的参考溶质来预测。例如，氯化钠是醋酸纤维素膜的参考溶质，甘油、葡萄糖可以作为芳香聚酰胺膜的参考溶质。

### 9.3.5　纳滤与反渗透装置

膜组件作为将膜组装成能付诸实际应用的最小基本单元，是纳滤和反渗透装置的主要部件。组件可呈现不同构型和尺寸，以适应不同的应用。根据膜的几何形状，目前纳滤和反渗透膜组件主要有板框式、管式、卷式和中空纤维式四种基本形式。

板框式膜组件是由隔板、膜、支撑板、膜的排列顺序多层交替重叠压紧制成的。隔板表面上有许多沟槽，在压力作用下，透过膜的淡化水在隔板内汇集并引出。板框式膜组件组装、操作较方便，但机械强度要求较高。

管式膜组件是把膜（例如纤维素酯）浇铸在直径为 0.32～2.54cm 的多孔支撑管上制成。这些支撑管由玻璃纤维、陶瓷、炭、多孔塑料及不锈钢制成，支撑管必须有足够强度承受进料压力。这些管子被挤压或铸入每一端的管板内，整个管束外围通过一个低压套管收集透过液。当高压进料进入管内腔，透过液通过膜和支撑管进入套管，通过透过液出口而流出。

卷式膜组件如图 9-14 所示，由片状膜围绕一开孔的聚氯乙烯或聚丙烯中心管卷绕制成。把导流隔网、膜和多孔支撑材料依次叠合，用粘合剂沿三边把两层膜粘结密封，另一开放边与中间淡水集水管连接，再卷绕一起构成膜组件。含盐水由一端流入导流隔网，从另一端流出，透过膜的淡化水沿多孔支撑材料流动，由中间集水管引出。

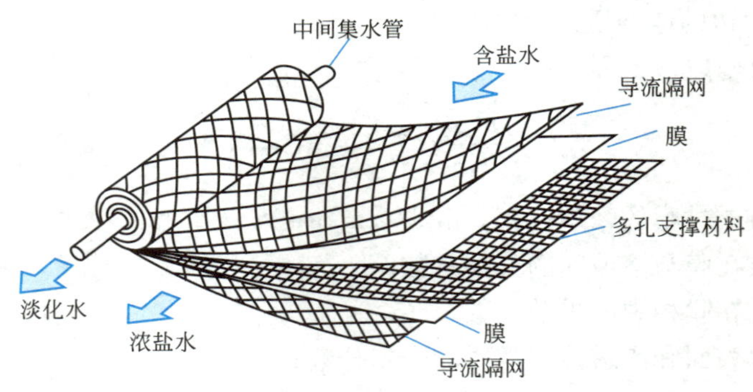


图 9-14　卷式膜组件示意图

中空纤维膜组件是把纤维定向平行放置于开孔的中心管上而成。纤维用一种特殊的环氧树脂封装，在其一端形成一管板。该管板被机械加工成中空纤维的开口端。透过纤维管壁的淡化水沿中心通道从开口端引出。该装置特点是，膜的装填密度最大而且不需外加支撑材料。不足之处是中空纤维的机械强度限制了最大操作压力。

板框式和管式膜组件是早期开发的两种结构形式，后续开发的卷式和中空纤维式膜组件由于其填充密度高、易规模化生产、造价低、可大规模应用等特点，是纳滤和反渗透水处理中主要的结构形式。

表 9-5 比较了各种形式反渗透器的主要性能。

**各种形式反渗透器的性能比较①**　　**表 9-5**

| 类型 | 膜装填密度 ($m^2/m^3$) | 操作压力 (MPa) | 透水率 [$m^3/(m^2 \cdot d)$] | 单位体积透水量 [$m^3/(m^3 \cdot d)$] |
|---|---|---|---|---|
| 板框式 | 492 | 5.5 | 1.02 | 501 |
| 管式(外径 1.27cm) | 328 | 5.5 | 1.02 | 334 |
| 卷式 | 656 | 5.5 | 1.02 | 668 |
| 中空纤维式 | 9180 | 2.8 | 0.073 | 668 |

① 原水 5000mgNaCl/L。脱盐率 92%～96%。

## 9.3.6　纳滤与反渗透系统布置形式

纳滤和反渗透系统布置的合理性对膜的寿命影响很大，如果布置不合理，则有可能造成某一组件的水通量很大，而另一组件的水通量很小，这样水通量大的组件膜污染速度很快，需要频繁清洗甚至更换组件，造成经济损失。以反渗透系统为例，通常其布置形式有：单程式、连续式和循环式等，其中连续式又分为多段式和多级式，如图 9-15 所示。在单程式系统中，原水经过一次反渗透器处理，水的回收率（淡化水流量与进水流量的比值）不高，工业应用较少。多段式系统是为充分提高水的回收率，增大脱盐率，将第一级浓缩液作为第二级的原料液，而第二级的浓缩液再作为下一级的原料液，浓缩液逐渐减少，此方法用于产水量大的场合。另外，为了保证液体的一定流速，同时控制浓差极化，膜组件数目应逐渐减少。多级式是为提高产水水质，将前一级产水作为下一级进水，末级产水就是装置的产水。循环式系统是让一部分浓水回流重新处理，因此产水量增大，但产水水质有所降低。

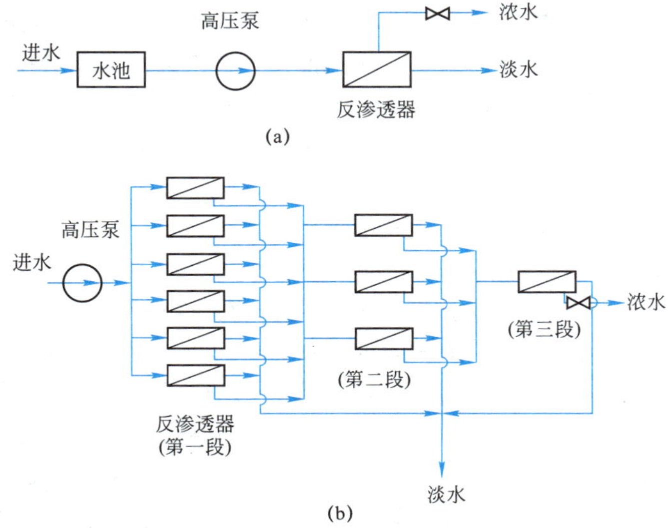


图 9-15　反渗透和纳滤系统布置形式（一）

(a) 单程式；(b) 多段式的连续式

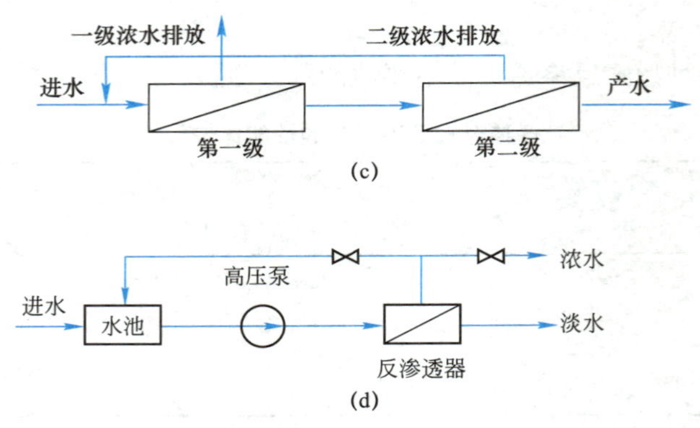


图 9-15　反渗透和纳滤系统布置形式（二）

(c) 多级式的连续式；(d) 循环式

### 9.3.7　纳滤与反渗透的预处理

为保证纳滤与反渗透装置的安全、稳定运行，原水进入装置前必须进行处理并符合装置的进水要求。这是因为纳滤膜与反渗透膜在使用过程中可能发生膜污染、浓差极化、结垢、微生物侵蚀、水解氧化、压密以及高温变质等问题。为了保证反渗透装置长期稳定运行，根据运行经验，对反渗透装置的进水水质作了较为严格的规定。不同的生产厂家、不同的膜材料和膜元件，对进水水质的要求有差异。纳滤装置与反渗透装置具有类似的进水预处理要求，以下以反渗透为例。

反渗透膜的过滤与前面所述的滤床过滤不同，滤床是全过滤方式，即过滤时原水全部通过滤层，当滤床失效后再用反洗的方法将截留的污物从滤层中除去，因而过滤与清洗两过程异步进行。反渗透膜过滤是错流过滤方式，即将原水中一部分水沿与膜垂直的方向透过膜，此时盐类及各种污染物被膜表面截留下来，并被沿与膜面平行方向流动的剩余的另一部分原水携带出反渗透装置，因此过滤过程与清洗过程同步进行。但这种同步清洗方式并不能完全将膜表面污染物除掉，随着时间的推移，残留的污染物会使膜组件污染加重，而且进水中污染物含量及水的回收率越高，膜污染越快。避免或减少膜组件污染的较好方式之一是设计经济有效的预处理系统，使进水污染物浓度降低到一个较低的水平，以满足反渗透装置的要求。

1. 温度调节

任何反渗透膜都有一个合适的使用温度范围，一般为 0～40℃。适当地提高水温，有利于降低水的黏度，增加膜的透过速度。通常在膜的允许使用温度范围内，水温每增加 1℃，水的透过速度约增加 2%；在高于膜的最高允许温度下使用，膜不仅变软后易压密，还会加快醋酸纤维素膜(CA 膜)的水解和降低碳酸钙的溶解度促其结垢。有时为了防止 $SiO_2$(硅酸)析出，也可以提高水温，增加其溶解度。膜材料不同，最高允许使用温度不同。一般，醋酸纤维素膜最高允许使用温度为 40℃，芳香聚酰胺膜和复合膜的最高允许使用温度为 45℃，有的医用全芳香聚酰胺膜(如 NTR-759HG)最高允许使用温度为 90℃。若水温超过最高允许温度时，应采取降温措施，如设置冷却装置。当水的温度太低时，应采取加热措施，如蒸汽加热、电加热等。

2. pH调节

反渗透膜必须在允许的pH范围内使用，否则可能造成膜的永久性破坏。例如醋酸纤维素(CA)膜在碱性和酸性溶液中都会发生水解，而丧失选择性透过能力。醋酸纤维素膜使用的pH范围比较窄，一般为5～6，聚酰胺(PA)膜使用的pH范围比较宽，一般为3～10，但不同的厂商规定其产品使用的pH范围存在一些差异。当原水需要加酸降低pH时，常用$H_2SO_4$，因为$SO_4^{2-}$不易透过膜，加之$H_2SO_4$比较便宜。但是，当水中的$Ba^{2+}$、$Ca^{2+}$和$Sr^{2+}$的浓度较高，经计算可能会生成$BaSO_4$、$CaSO_4$和$SrSO_4$沉淀物时，最好用HCl。加酸量根据碳酸盐的有关平衡计算。生产实际中，为了防止$CaCO_3$的析出，也需要往原水中加酸，降低水的pH。醋酸纤维素膜加酸后pH一般控制在5.5～6.2。一般天然水的pH为6～8，处于PA膜所要求的范围内，而高于CA膜所要求的值，故对于PA膜，原水加酸的目的是为了防止碳酸盐垢的生成，而对于CA膜，原水加酸的目的不仅是为了防止碳酸盐垢，而且是防止膜的水解。

3. 悬浮固体和胶体的去除

控制反渗透装置进水固体颗粒含量的指标之一是浊度，一般卷式组件要求进水浊度小于1NTU，最好达到0.2NTU，中空纤维组件要求进水浊度小于0.3NTU。在设计预处理系统时，应考虑不要让大于5μm的颗粒物质进入高压泵和反渗透装置，以避免高压泵的损害和膜组件的划伤而引起脱盐率下降。

一般卷式膜组件要求SDI＜5，中空纤维膜组件要求SDI＜3。

为了满足反渗透装置对进水浊度和SDI的要求，常在预处理系统中设置多层滤料过滤器、细砂过滤器和精密过滤器等深度过滤装置。多层滤料过滤器又称多介质过滤器。细砂过滤器常用粒径为0.3～0.5mm石英砂，层高为800～1000mm，滤速约为5m/h，精密过滤器常用滤元孔径为5μm过滤器(俗称5μ过滤器)，是预处理系统中的最后一道处理工序，对反渗透装置起保护作用，又称保安过滤器。

4. 可溶性硅酸的控制

大多数原水中含1～100mg/L的溶解性硅(常以$SiO_2$形式表示)。原水进入反渗透装置被浓缩之后，$SiO_2$有可能达到过饱和状态，聚合成不溶性胶态硅酸沉积在膜表面。浓水中允许的$SiO_2$含量取决于$SiO_2$的溶解度。$SiO_2$的溶解度随水温递增，在pH＝7的条件下，水温25℃和40℃时$SiO_2$的溶解度分别约为120mg/L和160mg/L；pH高的水$SiO_2$溶解度也高；当水中有共存金属氢氧化物时，$SiO_2$更易沉积。为了使$SiO_2$不在反渗透装置中沉积，一般要求浓水中$SiO_2$浓度小于其所在条件下的溶解度。浓水中$SiO_2$的浓度近似等于进水中$SiO_2$浓度与浓缩倍数的积，增加水的回收率，浓缩倍数随之增加，因而浓水中$SiO_2$浓度亦增加。因为在温度和pH一定的条件下，$SiO_2$的溶解度基本为一定值，所以为了保证浓水中$SiO_2$不沉积，允许的水回收率与进水$SiO_2$浓度存在着一定的制约关系。如果进水$SiO_2$浓度超过允许值，则应在预处理系统中考虑防止$SiO_2$沉积的措施，例如提高水温、提高pH、石灰软化原水和降低水的回收率等。

5. 碳酸钙垢的控制

反渗透膜过滤时，水中绝大部分盐类保留在浓水中，导致浓水含盐量上升，例如水的回收率为75%时，即进水经反渗透浓缩后其体积减小至原来的25%时，浓水中盐的浓度也大致增加至进水的4倍。盐类的这种浓缩是反渗透装置结垢的主要原因。反渗透装置结垢的物质主要是难溶盐。对于以苦咸水或海水作为水源的反渗透系统，有可能产生结垢的物质一般为 $CaCO_3$、$CaSO_4$、$BaSO_4$、$SrSO_4$、$SiO_2$ 和 $CaF_2$ 等。对于特定的水质和系统，这些物质是否结垢，视浓水中它的浓度积是否超过了该条件下的溶度积，如果超过而又没有采取任何防垢措施，则有可能结垢。

(1) 生成 $CaCO_3$ 原因

膜表面结 $CaCO_3$ 垢的主要原因是：反渗透膜对水中 $Ca^{2+}$ 和 $CO_3^{2-}$ 几乎不透过；对 $CO_2$ 的透过几乎为 100%。因此，当水被浓缩后，在膜的浓水侧 pH 增大，$Ca^{2+}$ 及 $CO_3^{2-}$ 浓度增加，而 pH 的增大又会促使水中 $HCO_3^-$ 电离出 $CO_3^{2-}$，有可能形成 $CaCO_3$ 垢。

(2) 防垢方法

可通过降低回收率和投加酸或阻垢剂的方法防止垢的生成。加入酸：加入的酸与 $CO_3^{2-}$ 作用生成 $CO_2$，降低了成垢阴离子 $CO_3^{2-}$ 的浓度。加入的酸一般选择硫酸或盐酸。因硫酸价廉且反渗透膜对硫酸根离子的去除率比氯离子高，故采用硫酸的较多。但经计算有生成 $CaSO_4$、$BaSO_4$、$SrSO_4$ 可能时，应选择盐酸。加入阻垢剂：阻垢剂通过络合、分散、歪曲晶格等综合作用，阻止微溶盐结晶，削弱附着物的附着力。

6. 铁锰沉积物的防止

Fe、Mn 和 Cu 等过渡金属有时会成为氧化反应的催化剂，它们存在时，会加快膜的氧化和衰老，故一般应尽量除去水中这些物质。胶态铁锰(如氢氧化铁和氧化锰)还可引起膜的堵塞。铁的允许浓度随 pH 和溶解氧量而有所不同，通常为 0.05～0.1mg/L。如果配水管使用了易腐蚀的钢管且进水中又有较充足的氧时，那么配水管铁的溶出会影响膜装置运行，这时应考虑管道防腐。

7. 微生物的灭活

水中有机物一般是微生物的生长底物，因此含有微生物和有机物的水进入反渗透装置后，由于水的浓缩，膜的浓水表面上的溶解有机物和微生物浓度同时增加，从而微生物繁殖加快，造成膜的生物污染。生物污染会严重影响膜性能，其表现特征主要是运行初期反渗透装置第一段的压差升高，慢慢第二段及整个后续段压差升高，严重时还可导致膜元件变形并发生机械损伤，同时水通量下降。由于生物黏物的黏度和附着力较大，因此若反渗透装置中发生了生物污染，一般很难除去，故在设计反渗透的预处理系统时应高度重视微生物的灭活问题。

对于醋酸纤维素膜，微生物(如细菌)的侵蚀会使醋酸纤维素高分子中的乙酰基破坏，引起膜脱盐率下降，因此要求对进水彻底杀菌。对于复合膜，虽然其不受细菌侵蚀，但细菌黏泥会造成膜元件污堵。

防止微生物侵蚀的通用方法是对原水进行杀菌处理。常用的杀菌剂为氯化物，如 $Cl_2$，此外还有 $H_2O_2$、$O_3$ 和 $KMnO_4$ 等。一般很少用紫外线杀菌，因为它没有残余消毒能力。加氯点尽可能安排在靠前工序中，以便有足够接触时间，使水在进入膜装置之前完成消毒过程。允许进入膜装置的水中余氯量视膜材料有所不同，当膜材料为醋酸纤维素时，要求有 0.2～1mg/L 的余氯量；当膜材料为复合膜(主要是芳香聚酰胺膜)时，加氯消毒后应除去残余氯，使余氯量为零。消除余氯的方法主要有两种：①还原法：将 $Na_2SO_3$ 或 $NaHSO_3$ 投加到原水中，进行脱氯；②吸附法：用活性炭可彻底除去余氯，脱氯会消耗一些活性炭。

8. 溶解性有机物的去除

有机物不仅是微生物的饵料，当其浓缩到一定程度后，还可以溶解有机膜材料，使膜性能劣化。水中有机物种类繁多，不同的有机物对反渗透膜的危害也不一样，因而在反渗透预处理系统设计时，很难给出一个定量指标，但如果水中总有机碳（TOC）的含量超过 2mg/L 时，则应引起足够的重视。

除去溶解性有机物的方法有投加氧化剂如 $Cl_2$、$NaClO_2$、$H_2O_2$、$O_3$ 和 $KMnO_4$ 等氧化有机物，或用活性炭吸附有机物。

除了精细的预处理措施和优化的膜系统设计，维持纳滤和反渗透装置长期稳定的运行，还需对膜进行定期清洗，以恢复受到污染和结垢影响的膜通量和截盐率。

同时，随着纳滤与反渗透工程的实施，会伴随着大量的浓水产生，其处置与资源化利用也值得广泛的关注。纳滤与反渗透的浓水根据原水水质的不同，通常含有高盐量或高有机质，预处理时引入的一些化学物质也会浓缩到浓水之中，如果处理处置不当，将会对地表水、地下水、土壤环境等造成危害。

纳滤反渗透浓水处理处置案例

## 9.4 电　渗　析

电渗析（ED）是在直流电场作用下，以电位差为推动力，利用离子交换膜的选择透过性（即阳膜理论上只允许阳离子通过，阴膜理论上只允许阴离子通过），使水中阴、阳离子作定向迁移，从而实现溶液的浓缩、淡化、精制和提纯。它具有耗能少、经济效益好、使用寿命长、装置设计与系统应用灵活、操作维修方便等特点，因此，越来越受到人们的广泛关注。

### 9.4.1 电渗析的基本原理

电渗析过程的原理如图 9-16 所示，该过程使用带可电离的活性基团膜从水溶液中去除离子。在阴极和阳极之间交替设置一系列阳离子交换膜和阴离子交换膜，并用特制的隔板将这两种膜隔开，隔板内有水流通道，当离子原料液（如氯化钠溶液）通过两张膜之间的腔室时，如果不施加直流电，则溶液不会发生任何变化；但当施加直流电时，带正电的钠离子会向阴极迁移，带负电的氯离子会向阳极迁移。阴离子不能通过带负电的膜，阳离子不能通过带正电的膜，这意味着，在每隔一个腔室中离子浓度会提高而在与之相邻的腔室中离子浓度会下降，从而形成交替排列的稀溶液（淡水）和浓溶液（浓水）。与此

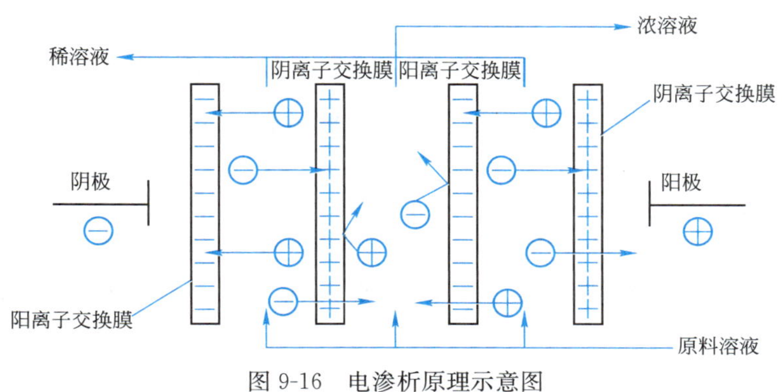


图 9-16　电渗析原理示意图

同时，在电极和溶液的界面上，通过氧化、还原反应，发生电子与离子之间的转换，即电极反应。在负极(阴极)处形成 $H_2$ 和 $OH^-$，而在正极(阳极)处形成 $Cl_2$ 和 $O_2$。发生的电极反应如下：

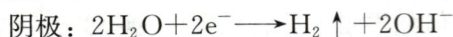

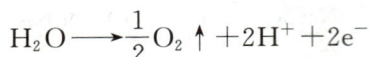

阴极：$2H_2O+2e^- \longrightarrow H_2\uparrow+2OH^-$

阳极：$2Cl^- \longrightarrow Cl_2\uparrow+2e^-$

$$H_2O \longrightarrow \frac{1}{2}O_2\uparrow+2H^++2e^-$$

所以，在阴极不断排出氢气，在阳极则不断有氧气或氯气放出。此时，阴极室溶液呈碱性，当水中有 $Ca^{2+}$、$Mg^{2+}$、$HCO_3^-$ 等离子时，会生成 $CaCO_3$ 和 $Mg(OH)_2$ 水垢，集结在阴极上，而阳极室则呈酸性，对电极造成强烈的腐蚀。

在电渗析过程中，电能的消耗主要用来克服电流通过溶液、膜时所受到的阻力以及进行电极反应。

### 9.4.2　电渗析过程

在电渗析过程中除了阴、阳离子在直流电的作用下发生电迁移和电极反应外，同时将有许多其他过程伴随发生(图 9-17)，这是由电解质溶液的性质、膜的性能以及运转条件所引起的，主要有：

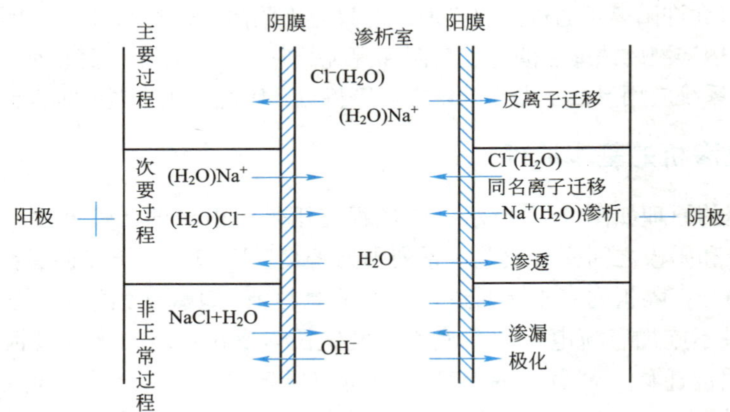


图 9-17　电渗析运行时发生的各种过程(以 NaCl 溶液为例)

1. 电解过程

电解质溶液在电场作用下，其阴离子向阳极方向迁移，在阳极界面上发生氧化反应；阳离子向阴极方向迁移，在阴极界面上发生还原反应。使原来的电解质分解为其他物质的过程称为电解过程，电渗析电极反应过程就是电解过程，这是电渗析工作必不可少的条件，以此引起离子透过膜的迁移。

2. 反离子迁移

反离子指与膜的固定活性基团所带电荷相反的离子，也称平衡离子。在直流电场的作用下，反离子透过膜的迁移是电渗析唯一需要的基本过程。一般简单定义的电渗析过程就是指反离子迁移过程。在这一过程中，离子迁移的方向与浓度梯度的方向相反，所以才能产生脱盐或浓缩效果。

3. 同名离子迁移

同名离子是指与膜的固定活性基团所带电荷相同的离子。由于许多原因离子交换膜不能100%地阻拦同名离子，使得部分阳离子透过阴膜，部分阴离子透过阳膜。同名离子迁移的方向与浓度梯度方向相同，降低电渗析过程的效率。

4. 电渗失水

反离子和同名离子的迁移实际上是水合离子的迁移。在反离子和同名离子迁移的同时，将携带一定数量水分迁移。这部分失水就是所谓的电渗失水。

5. 渗析

渗析又称浓差扩散，是指电解质离子透过膜的现象。膜两侧的浓度差是渗析的推动力。渗析方向与浓度梯度一致，因此会降低电渗析过程的效率，同时也伴有水的流失。

6. 渗透

渗透是指在渗透压的作用下水透过膜的现象。

7. 渗漏

当膜的两侧存在压力差时，溶液由压力大的一侧向压力小的一侧渗透的现象称为渗漏。它是一个物理过程，一般来说可以避免。

8. 极化

极化现象在电渗析过程中是一个非常重要的问题。简言之，极化是指在一定电压下迫使膜液界面上的水离解为 $H^+$ 与 $OH^-$ 的现象。将中性水离解为 $H^+$ 与 $OH^-$ 以后，会透过膜迁移，引起浓、淡水液流的中性紊乱，带来若干难以处理的问题。一般要求电渗析装置不宜在极化状态下运行。

上述过程可以分为主要过程、次要过程和非正常过程。电渗析运行时，同时发生着多种复杂过程，除了反离子迁移是电渗析的主要过程外，其他过程均会影响电渗析的除盐或浓缩效率，增加电耗。因此，在生产中必须选择理想的离子交换膜和最佳的操作条件，以消除或改善这些不良因素的影响。

### 9.4.3 离子交换膜及其作用机理

离子交换膜是电渗析器的重要组成部分，它是一种具有选择透过性能的高分子片状薄膜。按其选择透过性能，主要分为阳膜与阴膜；按其膜体结构，可分为异相膜、均相膜和半均相膜三种。其性能的优劣，决定了电渗析器的性能。因此实用的离子交换膜应具有以下的基本要求。

(1) 膜具有较高的选择透过性，一般要求迁移数在0.9以上；

(2) 膜的导电性能好，电阻低；

(3) 具有较好的化学稳定性和较高的机械强度；

(4) 水的电渗透量和离子的反扩散要低。

离子交换膜的选择性透过机理和离子在膜中的迁移历程可由膜的孔隙作用、静电作用和在外力作用下的定向扩散作用等说明。

1. 孔隙作用

膜具有孔隙结构，图9-18示出了磺酸型阳膜的孔隙结构。它是贯穿膜体内部的弯曲通道。这些孔隙作为离子通过膜的门户和通道，使被选择吸附的离子得以从膜的一侧到另

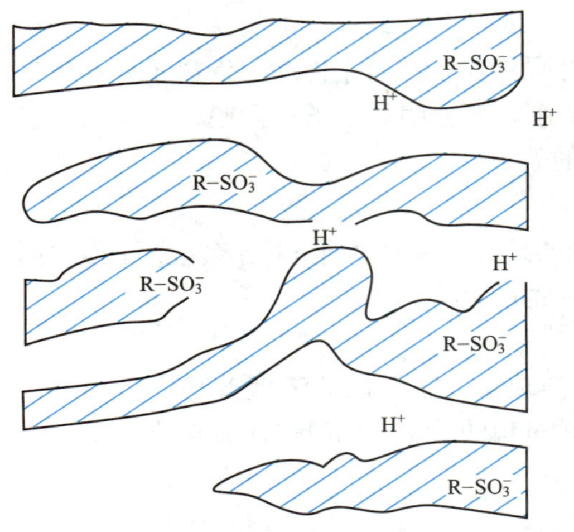


图 9-18　磺酸型阳膜的孔隙结构

一侧，这种作用称为孔隙作用。脱盐用的离子交换膜孔径多在几个 Å 至 20Å。像作为固体吸附剂的分子筛那样，因其本身具有均一的微孔结构，故能将大小不同体积的分子加以分离。所以，膜的孔隙作用又称“分筛效应”。显然，孔隙作用的强弱主要取决于孔隙的大小和均匀程度。

2. 静电作用

在膜的化学结构中，膜内部分布着带电荷的固定离子交换基因，也如图 9-18 所示。因此，膜内构成强烈的电场：阳膜产生负电场；阴膜产生正电场。根据静电效应原理，膜与带电离子将发生静电作用：同电性相斥，异电性相吸。静电作用的结果，阳膜只能选择吸附阳离子，阴膜只能选择吸附阴离子。它们分别排斥与各自电场性质相同的同名离子。对于双性膜，是因为它们同时存在正、负电场，对阴、阳离子选择透过能力就取决于正负电场之间强度的大小。

3. 扩散作用

膜对溶液中离子所具有的传质迁移能力，通常称之为扩散作用，或称溶解扩散作用。扩散作用依赖于膜内活性离子交换基和孔隙的存在，然而离子的定向迁移是外加电场力推动的结果。孔穴形成无数迂回曲折的通道，在通道口和内壁上分布有活性离子交换基因，对进入膜相的溶液离子继续进行鉴别选择。这种吸附—解吸—迁移的方式，就像接力赛那样，交替地一个传一个，直至把离子从膜的一端输送到另一端，这就是膜对溶解离子定向扩散作用的全过程。

## 9.4.4　极化及其控制

1. 极化

在电渗析过程中，由于膜内反离子的迁移数大于溶液中的迁移数，从而造成淡水隔室中在膜与溶液的界面处形成离子亏空现象，当操作电流密度增大到一定程度时，主体溶液内的离子不能迅速补充到膜的界面上，从而迫使水分子电离产生 $H^+$ 和 $OH^-$ 来负载电流，这就是电渗析的极化现象。使水分子产生离解反应时的操作电流密度称为极限电流密度。电流密度是指单位膜面积上通过的电流。

电渗析的极化现象对电渗析的运行有很大的影响，主要表现在：

(1) 极化时一部分电能消耗在水的电离与 $H^+$ 和 $OH^-$ 的迁移上，使电流效率下降。

(2) 正常运行时，淡水和浓水的 pH 为中性，极化时，$OH^-$ 透过阴膜进入浓水室，这时阳膜迁移过来的 $Mg^{2+}$、$Ca^{2+}$ 因受阴膜的阻挡，则在浓水侧的阴膜界面上与 $OH^-$ 发生反应：

$$Mg^{2+}+2OH^- \longrightarrow Mg(OH)_2\downarrow$$

$$Ca^{2+}+OH^-+HCO_3^- \longrightarrow CaCO_3\downarrow+H_2O$$

$Ca(OH)_2$、$Mg(OH)_2$、$CaCO_3$ 的沉淀会堵塞水流通道，增加水流阻力，增加电耗，影响出水水质、水量和电渗析器的安全运行。

(3) 由于沉淀、结垢的影响，使膜的性能发生了变化，导致膜易裂，机械强度下降，膜电阻增大，缩短了膜的使用寿命。

为了避免极化和结垢的影响，目前主要采取的措施有：

(1)控制工作电流密度在极限电流密度以下运行，以避免极化现象的产生，减缓水垢的生成。

(2)定时倒换电极，使浓、淡室随之相应变换，这样，阴膜两侧表面上的水垢，溶解与沉淀相互交替，处于不稳定状态(图 9-19)。

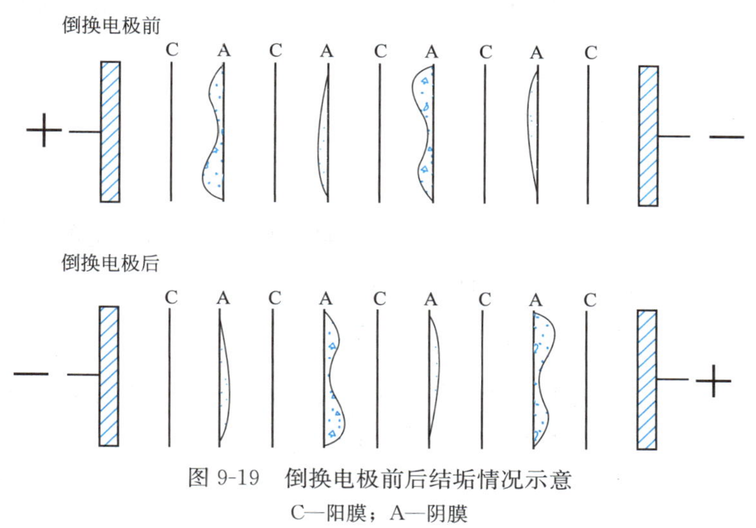


图 9-19　倒换电极前后结垢情况示意

C—阳膜；A—阴膜

(3)定期酸洗，电渗析在运行一段时间后，总会有少量的沉淀物生成，累积到一定程度时，用倒换电极也不能有效地去除，此时可用酸洗，视具体情况而定。

2. 极限电流密度的推导*

以阳膜淡室一侧为例(图 9-20)，膜表面存在着一层厚为 $\delta$ 的界面层(或称滞流层)。当电流密度为 $i$，阳离子在阳膜内的迁移数为 $\bar{t}_+$，其迁移量为 $\frac{i}{F}\bar{t}_+$，相当于单位时间、单位面积所迁移的物质的量。阳离子在溶液中的迁移数为 $t_+$，其迁移量为 $\frac{i}{F}t_+$，由于 $\frac{i}{F}\bar{t}_+ > \frac{i}{F}t_+$，造成膜表面处阳离子的亏空，使界面层两侧出现浓度差，从而产生了离子扩散的推动力。此时，离子迁移的亏空量由离子扩散的补充量来补偿。根据菲克定律，扩散物质的通量表示为：

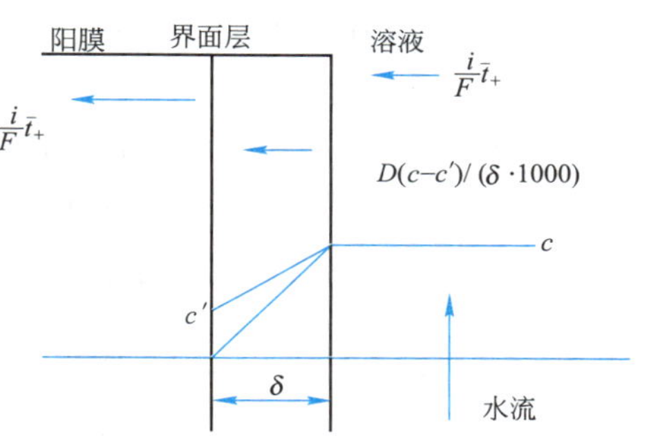


图 9-20　浓差极化示意图

$$\varphi = D(c-c')/\delta \cdot 1000$$

式中　$\varphi$——单位时间、单位面积通过的物质的量，mmol/(cm$^2$ · s)；

$D$——扩散系数，cm$^2$/s；

$c$、$c'$——分别表示界面层两侧溶液的浓度，mmol/L；

$\delta$——界面层厚度，cm。

当处于稳定状态时，离子的迁移与扩散之间存在着如下的平衡关系：

$$\frac{i}{F}(\bar{t}_{+}-t_{+})=D\ \frac{c-c'}{1000\delta}$$

式中　$i$——电流密度，mA/cm$^2$。

若逐渐增大 $i$ 值，则膜表面的离子浓度 $c'$ 必将逐渐降低，当 $i$ 达到某一数值时，$c'\rightarrow 0$。如若再提高 $i$ 值，由于离子扩散不及，在膜界面处引起水的离解，$H^+$ 离子透过阳膜来传递电流，这种膜界面现象称为浓差极化。此时，电流密度称为极限电流密度 $i_{\text{lim}}$，有：

$$i_{\text{lim}}=\frac{FD}{\bar{t}_{+}-t_{+}}\cdot\frac{c}{1000\delta}$$

实验表明，$\delta$ 值主要与水流速度有关，可由下式表示：

$$\delta=\frac{k}{v^n}$$

其中 $n$ 值为 0.3～0.9，$n$ 值越接近于 1，说明隔网造成水流紊乱的效果越好。系数 $k$ 与隔板形式及厚度等因素有关。将上面二式整理得：

$$i_{\text{lim}}=\frac{FD}{1000(\bar{t}_{+}-t_{+})k}cv^n$$

在水沿隔板流水道流动过程中，水的离子浓度逐渐降低。其变化规律系沿流向按指数关系分布，式中 $c$ 值一般采用对数平均值表示，即：

$$c=\frac{c_1-c_2}{2.3\lg\dfrac{c_1}{c_2}}$$

这样，极限电流密度与流速、平均浓度之间的关系最后可写成：

$$i_{\text{lim}}=Kcv^{\text{n}} \tag{9-18}$$

式中　$v$——淡水隔板流水道中的水流速度，cm/s；

$c$——淡室中水的对数平均离子浓度，mmol/L；

$K=\dfrac{FD}{1000(\bar{t}_{+}-t_{+})k}$，称为水力特性系数，主要与膜的性能、隔板形式与厚度、隔网形式、水的离子组成、水温等因素有关。

上式称为极限电流密度公式。在给定条件下，式中 $K$ 和 $n$ 值可通过试验确定。

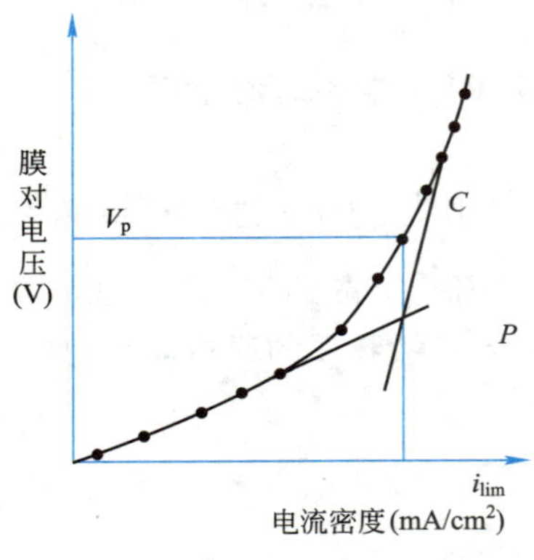

图 9-21　极限电流密度的确定

极限电流密度的测定，通常采用电压—电流法。其测定步骤为：(1)在进水浓度稳定的条件下，固定浓、淡水和极室水的流量与进口压力；(2)逐次提高操作电压，待工作稳定后，测定与其相应的电流值；(3)以膜对电压对电流密度作图，并从曲线两端分别通过各试验点作一直线，如图 9-21 所示，从两直线交点 $P$ 引垂线交曲线于 $C$，点 $C$ 的电流密度和膜对电压即为极限电流密度和与其相对应的膜对电压。这样，对应于每一流速 $v$，可得出相应的 $i_{\text{lim}}$ 值以及淡室中水的对数平均离子浓度 $c$ 值，再用图

解法即可确定 $K$ 和 $n$ 值。

### 9.4.5　电渗析器装置与组装

1. 电渗析器装置

电渗析器装置主要由电渗析器本体和辅助设备两部分组成。电渗析器本体包括压板、电极托板、电极、板框、阴膜、阳膜、浓水隔板、淡水隔板等部件。这些部件按一定顺序组装并压紧，组成一定形式的电渗析器。整个本体可以分为膜堆、极区、紧固装置等三部分，如图 9-22 所示。电渗析器的辅助设备指整流器、水泵、转子流量计等。

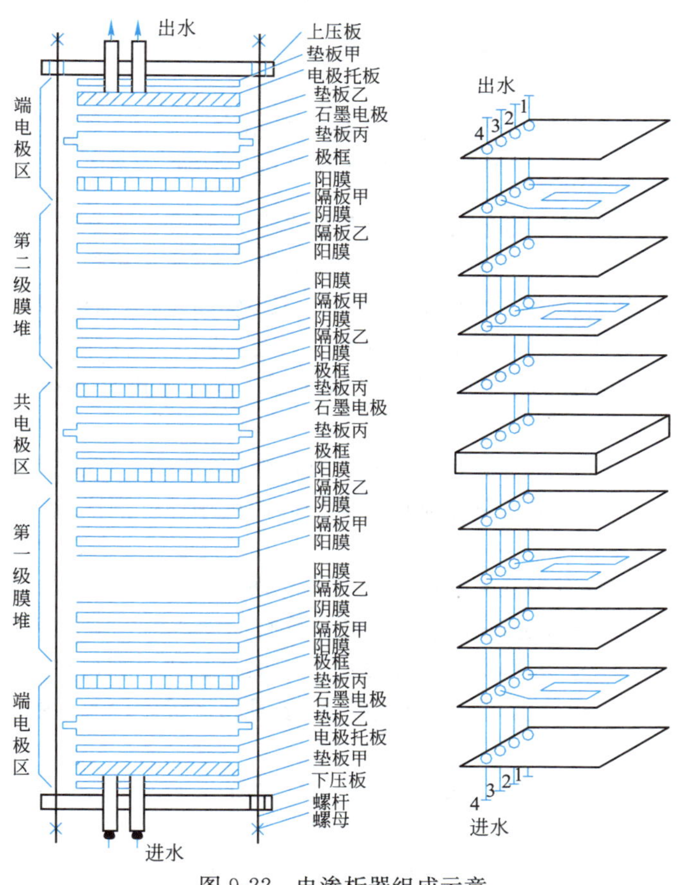


图 9-22　电渗析器组成示意
（含有共电极）

（1）膜堆　一对阴、阳极膜和一对浓、淡水隔板交替排列，组成最基本的脱盐单元，称为膜对。电极（包括共电极）之间由若干组膜对堆叠一起即为膜堆。隔板放在阴、阳膜之间，起着分隔和支撑阴、阳膜的作用，并形成水流通道，构成浓、淡室。隔板上有进出水孔、配水槽和集水槽、流水道及过水道。

隔板常和隔网配合粘接在一起使用，隔板材料有聚氯乙烯、聚丙烯、合成橡胶等。常用隔网有鱼鳞网、编织网、冲膜式网等。隔网起着搅拌作用，以增加液流的紊流程度。隔板流水道分为有回路式和无回路式两种，如图 9-23 所示。有回路式隔板流程长、流速高、电流效率高、一次除盐效果好，适用于流量较小而除盐率要求较高的场合。无回路式隔板流程短、流速低，要求隔网搅动作用强，水流分布均匀，适用于流量较大的除盐系统。

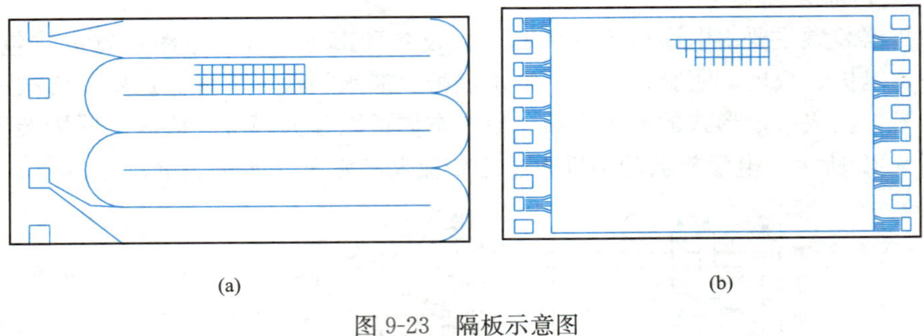


图 9-23　隔板示意图

(a)有回路式隔板；(b)无回路式隔板

(2) 极区　电渗析器两端的电极区连接直流电源，还设有原水进口，淡水、浓水出口以及极室水的通路。电极区由电极、极框、电极托板、橡胶垫板等组成。极框比浓、淡水隔板厚，内通极水，放置在电极与阳膜(紧靠阴、阳电极的膜均用抗腐蚀性较强的阳膜)之间，以防止膜贴到电极上，保证极室水流通畅，及时排除电极反应产物。电极应具有良好的化学稳定性、电化学稳定性、导电性、机械性等。常用电极材料有石墨、钛涂钌、铅、不锈钢等。

(3) 紧固装置　紧固装置用来把整个极区与膜堆均匀夹紧，使电渗析器在压力下运行时不致漏水。压板由槽钢加强的钢板制成，紧固时四周用螺杆锁紧或用压机锁紧。

2. 电渗析器的组装

电渗析器的组装方式有串联、并联和串联—并联相结合几种方式。常用术语“级”和“段”来说明。一对电极之间的膜堆称为一级，具有同向水流的并联膜堆称为一段。增加段数就等于增加脱盐流程，亦即提高脱盐效率。增加膜级数，则可提高水处理量。一台电渗析器的组装方式有一级一段、多级一段、一级多段和多级多段等(图 9-24)。

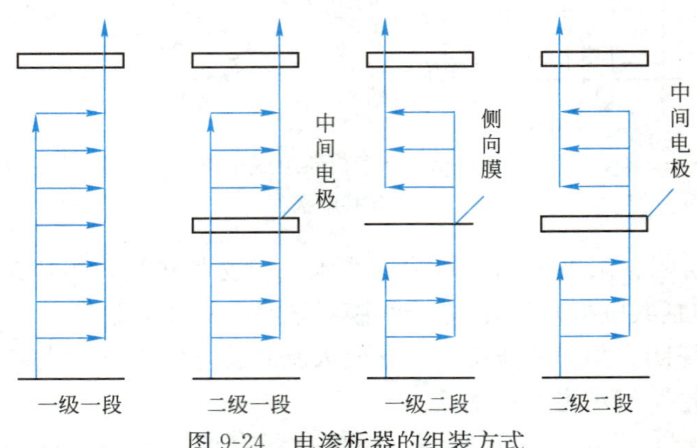


图 9-24　电渗析器的组装方式

一级一段是电渗析器的基本组装方式。可采用多台并联来增加产水量，亦可采用多台串联以提高除盐率。为了降低一级一段组装方式的操作电压，在膜堆中增设中间电极(共电极），即成为二级一段组装方式。对于小水量，可采用一级多段组装方式。

### 9.4.6 电渗析器工艺设计计算*

1. 电流效率

电渗析器用于水的淡化时，一个淡室（相当于一对膜）实际去除的盐量等于：

$$m_1=q(c_1-c_2)tM_B/1000(\mathrm{g}) \tag{9-19}$$

式中 $q$——一个淡室的出水量，L/s；

$c_1$、$c_2$——分别表示进、出水含盐量，计算时均以当量粒子作为基本单元，mmol/L；

$t$——通电时间，s；

$M_B$——物质的摩尔质量，以当量粒子作为基本单元，g/mol。

依据法拉第定律，应析出的盐量为：

$$m=\frac{ItM_B}{F}(\mathrm{g}) \tag{9-20}$$

式中 $I$——电流，A；

$F$——法拉第常数，等于96500C/mol。

电渗析器电流效率等于一个淡室实际去除的盐量与应析出的盐量之比，即：

$$\eta=\frac{m_1}{m}=\frac{q(c_1-c_2)F}{1000I}\times100\% \tag{9-21}$$

电流效率与膜对数无关，电压随膜对增加而增大，而电流则保持不变。

2. 电渗析器总流程长度的计算

电渗析器总流程长度即在给定条件下需要的脱盐流程长度。对于一级一段或多级一段组装的电渗析器，脱盐流程长度也就是隔板的流水道长度。

设隔板厚 $d$(cm)，隔板流水槽宽度为 $b$(cm)，隔板流水道长度为 $L$(cm)，膜的有效面积为 $bL$(cm$^2$)，则平均电流密度等于：

$$i=\frac{1000I}{bL}(\mathrm{mA/cm^2}) \tag{9-22}$$

一个淡室的流量可表示成：

$$q=\frac{dbv}{1000}(\mathrm{L/s}) \tag{9-23}$$

式中 $v$——隔板流水道中的水流速度，cm/s。

将式(9-21)、式(9-22)代入式(9-20)，得出所需要的脱盐流程长度为：

$$L=\frac{vd(c_1-c_2)F}{1000\eta i}(\mathrm{cm}) \tag{9-24}$$

将式(9-18)代入上式，得出在极限电流密度下的脱盐流程长度表达式：

$$L_{\mathrm{lim}}=\frac{2.3Fd\cdot v^{1-n}}{1000\eta K}\lg\frac{c_1}{c_2}(\mathrm{cm}) \tag{9-25}$$

电渗析器并联膜对数 $n_p$ 可由下式求出：

$$n_p=278\frac{Q}{dbv} \tag{9-26}$$

式中　$Q$——电渗析器淡水产量，$m^3/h$；

278——单位换算系数。

3. 电流、电压及电耗的计算

(1) 电流计算如下：

$$I=1000iA \tag{9-27}$$

式中　$I$——电流，A；

$A$——膜的有效面积，$cm^2$；

$i$——平均电流密度，$mA/cm^2$。

工作电流一般为极限电流的 70%左右。

(2) 电压计算如下：

$$U=U_j+U_m \tag{9-28}$$

式中　$U$——一级的总电压降，V；

$U_j$——极区电压降，V，约 15～20V；

$U_m$——膜堆电压降，V。

(3) 电耗计算如下：

电渗析器直流电耗：

$$W=\frac{UI}{Q}\times10^{-3}$$

考虑到整流器的效率($\eta_{整}$)，其耗电量为：

$$W=\frac{UI}{Q\eta_{整}}\times10^{-3}(kW\cdot h/m^3) \tag{9-29}$$

## 9.5　膜滤技术在水处理领域中的应用

随着水体污染的加剧以及人们对水质要求的提高，开发新的水处理技术与工艺已成为研究的热点。膜滤技术具有节能、高效、经济、适应性强、无二次污染等一系列优点而被广泛地应用于饮用水处理、海水与苦咸水淡化、工业给水处理、纯水及超纯水制备、废水处理、污水处理与回用等水处理领域。

### 9.5.1　在海水和苦咸水淡化中的应用

世界范围内的淡水资源匮乏已成为制约全球经济持续增长的因素之一，不少国家成立了专门机构，投入大量资金来研究海水与苦咸水淡化技术。目前，已经实用化的淡化技术有蒸发法(包括多级闪蒸 MSF、多效蒸发 MED 和压汽蒸馏 VC 等)和膜滤方法(主要有反渗透 RO 和电渗析 ED)。与蒸发法相比，膜滤法有投资少、能耗低、占地少、建造周期短、操作方便、易于自动控制、启动运行快等优点，因而发展迅速。中东不少国家用反渗透技术进行海水淡化，世界五大海水淡化工厂有四家在中东的沙特。我国分别在浙江省和辽宁省兴建了大型的海水反渗透淡化装置。国家海洋局杭州水处理技术开发中心开发的适用于苦咸水、海水淡化流动性作业的行业集装式水处理移动车已经在全国推广。我国利用纳滤进行高硬度海岛苦咸水软化已获得成功，并于 1997 年在山东省长岛南隍城建成 $144m^3/d$

高硬度海岛苦咸水软化示范工程，其中的技术关键是纳滤膜技术。整个系统连续运行正常，所产软化水达到国家规定的饮用水标准。

### 9.5.2　在饮用水处理中的应用

传统饮用水的生产流程为预氧化、混凝、沉淀、砂滤以及后加氯消毒。传统工艺虽然可以去除水中大部分悬浮物和细菌，但是存在难以杀灭抗氯性病原体、增加致癌物质三卤甲烷(THMs)形成可能性等一系列缺点。膜滤技术能有效克服传统水处理工艺的局限性，提供优质饮用水，不仅可以降低浊度，去除铁、锰化合物，而且还可以减少混凝剂用量，甚至不需投加混凝剂。其中，微滤和超滤均可使处理后水的浊度显著降低，超滤可截留部分有机物，而纳滤和反渗透则能够完全去除病毒和绝大部分有机物。

日本较早地开展了用膜过滤取代传统的混凝、沉淀和过滤的研究，膜过滤技术可极大简化饮用水处理的工艺流程，并通过实验证明膜过滤是一种很有前景的自来水生产方法。日本朝霞净水厂采用的处理工艺流程为：利根河水→超滤→杀菌→自来水。利根河水浊度为 5.2～405NTU，色度为 15～48 度，检测大肠杆菌为 70～100 个/mL，制得的自来水的浊度为 0～0.12NTU，色度为 1～5 度，大肠杆菌为 0。该工艺比常规方法制得的自来水的水质要好得多，而且电费和药剂费比传统方法节省 60%。该方法存在的问题是如何提高膜的寿命和寻找高效的清洗膜的方法。

随着对膜滤技术的研究与发展，如今我国也已实现超滤工艺的大规模化应用。2004 年我国建成投产了首座大型超滤膜水厂，截至 2020 年底，已投产的超滤膜水厂规模超过 1000t/d 的有 87 座，总规模超过 1000 万 t/d。纳滤技术也在我国城镇饮用水处理领域得到迅速发展，张家港、嘉兴等城市已建成 50 余座纳滤给水厂，总处理规模超过 250 万 t/d。

### 9.5.3　在污水处理中的应用——膜生物反应器

水处理专家将膜滤技术引入到废水生物处理系统中，开发了一种高效的水处理系统，即膜生物反应器(MBR)，它是膜组件与生物反应器相结合的一个生化反应系统，具有固液分离效果好、基建费用低、处理效率高、抗冲击负荷能力较强、出水水质好以及工艺流程简单、结构紧凑、运行管理简单方便、易于实现自动控制等一系列优点。目前主要有三种形式的膜生物反应器：即分置式、一体式和复合式。

1. 分置式 MBR

分置式 MBR 是指膜组件与生物反应器分开设置，相对独立，膜组件与生物反应器通过泵与管路相连接。分置式膜生物反应器的工艺流程如图 9-25 所示。

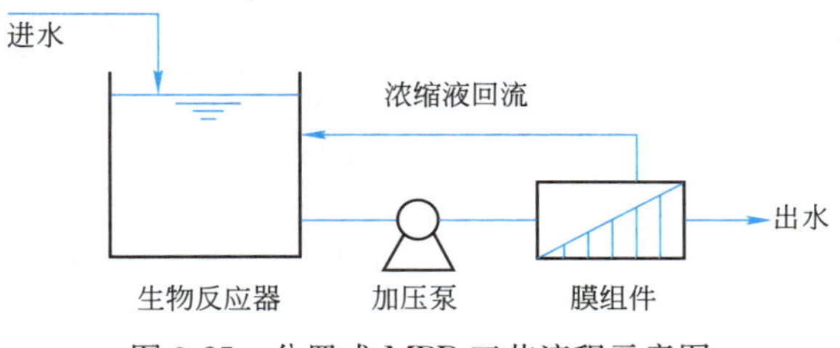


图 9-25　分置式 MBR 工艺流程示意图

分置式 MBR，有时也称为错流式 MBR，还有的资料称为横向流 MBR，通常都采用加压型过滤。加压泵从生物反应器抽水，压入膜组件中，膜滤后水排出系统，浓缩液回流至生物反应器。分置式膜生物反应器具有如下特点：膜组件和生物反应器各自分开，独立运行，因而相互干扰较小，易于调节控制；膜组件置于生物反应器之外，更易于清洗更换；膜组件在有压条件下工作，膜通量较大，且加压泵产生的工作压力在膜组件承受压力范围内可以进行调节，从而可根据需要增加膜的透水率；分置式膜生物反应器的动力消耗较大，但加压泵提供较高的压力，造成膜表面高速错流，延缓膜污染，这是其动力费用大的原因；生物反应器中的活性污泥始终都在加压泵的作用下进行循环，由于叶轮的高速旋转而产生的剪切力会使某些微生物菌体产生失活现象；分置式膜生物反应器和另外两种膜生物反应器相比，结构稍复杂，占地面积也稍大。

目前，已经规模化应用的膜生物反应器大多采为分置式，但其动力费用过高，每吨出水的能耗为 2～10kWh，约是传统活性污泥法能耗的 10～20 倍，因此能耗较低的一体式膜生物反应器的研究逐渐得到了人们的重视。

2. 一体式 MBR

一体式 MBR 是将膜组件直接安置在生物反应器内部，有时又称为淹没式 MBR（SMBR），依靠重力或水泵抽吸产生的负压或真空泵作为出水动力。一体式 MBR 工艺流程如图 9-26 所示。

一体式 MBR 的主要特点有：膜组件置于生物反应器之中，减少了处理系统的占地面积；用抽吸泵或真空泵抽吸出水，动力消耗费用远远低于分置式 MBR，资料表明一体式 MBR 每吨出水的动力消耗为 0.2～0.4kWh，约是分置式的 1/10。如果采用重力出水，则可完全节省这部分费用；一体式 MBR 不使用加压泵，因此可避免微生物菌体受到剪切而失活；膜组件浸没在生物反应器的混合液中，污染较快，而且清洗起来较为麻烦，需要将膜组件从反应器中取出；一体式 MBR 的膜通量低于分置式的。

为了有效防止一体式 MBR 的膜污染问题，人们研究了许多方法：在膜组件下方进行高强度的曝气，靠空气和水流的搅动来延缓膜污染；有时在反应器内设置中空轴，通过它的旋转带动轴上的膜也随之转动，在膜表面形成错流，防止其污染。

3. 复合式 MBR

复合式 MBR 从形式上看，也属于一体式 MBR，也是将膜组件置于生物反应器之中，通过重力或负压出水，所不同的是生物反应器的形式。复合式 MBR，是在生物反应器中安装填料，形成复合式处理系统，其工艺流程图如图 9-27 所示。

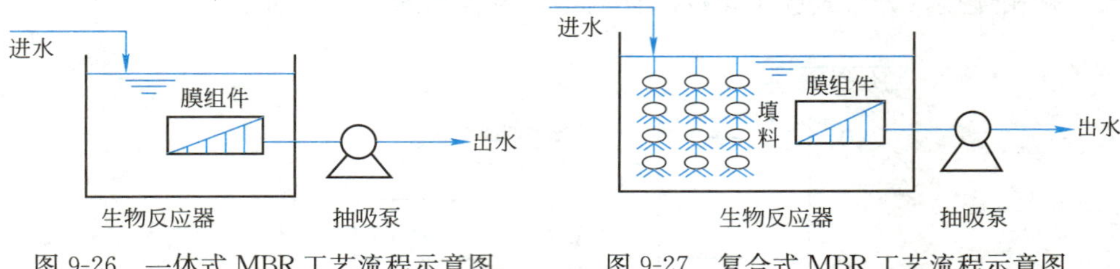


图 9-26　一体式 MBR 工艺流程示意图　　图 9-27　复合式 MBR 工艺流程示意图

在复合式 MBR 中安装填料的目的有两个：一是提高处理系统的抗冲击负荷，保证系统的处理效果；二是降低反应器中悬浮性活性污泥浓度，减小膜污染的程度，保证较高的膜通量。

20 世纪 90 年代以后 MBR 在国外已有应用实例。加拿大 Zenon 公司开发的膜生物反应器已在美国、德国、法国等国家应用。MBR 应用工程分布在中国、日本，其余主要分布在北美和欧洲。日本的 MBR 发展最快，早在 1983 年～1987 年，日本就有 13 家公司采用 MBR 工艺来处理大楼废水和粪便废水，处理后的水可作为非饮用水回用。

短中长流程膜滤案例

## 【思考题】

1. 思考超滤膜工艺可以设在净水工艺流程中的哪个位置及对应的水源水质适用条件。

2. 思考纳滤与反渗透浓水的潜在危害及处理方式优缺点。

3. 思考电渗析与离子交换技术有哪些异同。

## 【习题】

1. 东南地区某村镇水厂，以地下水为水源，受海水潮汐影响，地下水中硫酸盐和氯离子出现季节性超标问题，请以膜滤技术和离子交换法为基础，分别提出两套处理工艺，并从效能、操作、运行管理、造价和制水成本等多方面对比二者在应用过程中的优缺点。

2. 某市计划新建一座 10 万 $m^3/d$ 规模的给水处理厂，使用湖泊水作为水源水。然而，夏季水中平均藻类浓度达到 $1.0\times10^7$ 个/L 左右，浊度为 8～43NTU，$COD_{Mn}$ 为 2.5～4.0mg/L(以腐殖酸类物质为主)，氨氮为 0.4～0.8mg/L，硝酸盐氮为 5～9mg/L。请设计一套膜滤技术为核心的处理流程，结合原水水质特性简述工艺选择依据，并指出膜工艺设计中需要重点关注哪些关键工艺参数。

3. 南方某村镇水厂采用水库水为原水，水厂设计规模为 $3000m^3/d$，但月际变化较大，通常夏季供水需求量达到 3000～$3600m^3/d$，冬季供水需求量约为 1500～$2000m^3/d$，水量冲击负荷较大。原水水质特性如下：耗氧量(以 $COD_{Mn}$ 计)为 1～2mg/L，氨氮含量为 0.05～0.2mg/L，浊度为 0.5～2.0NTU，总大肠菌群数低于 20MPN/100mL，细菌总数低于 30～150CFU/mL。由于原水水质较好，拟采用直接超滤工艺，但可能存在铁、锰等季节性污染问题，请提出解决措施，并对工艺流程、原理、关键设计参数、突发性问题应对、运维、管理等进行分析和探讨。

# 第 10 章　水 的 冷 却*

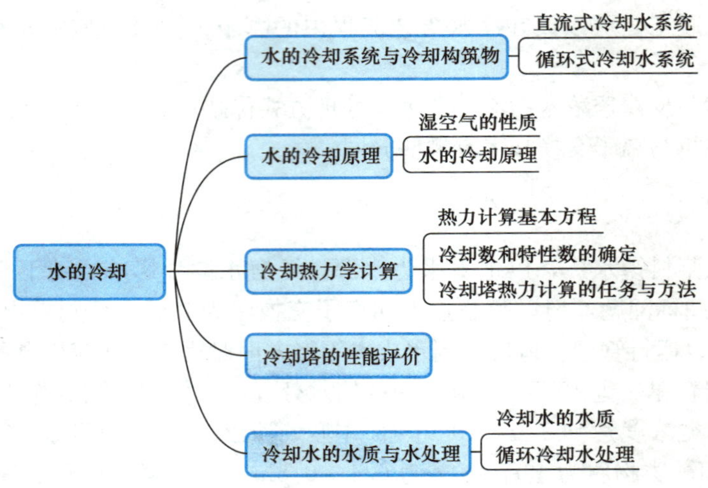


## 10.1　水的冷却系统与冷却构筑物

### 10.1.1　概述

在工业生产中，往往会产生热量积累，这种积累超过一定程度可能会造成对设备本身或产品质量的不良影响，甚至危及生产的安全；另外，生产中有时为了满足工艺的需要，要求在某一过程中产品温度(通常为气体和液体)下降到一定水平。这都要求用一种冷却介质来带走一部分热量。水的热容量大，来源广泛，便于获得，因此很多行业都采用水冷却系统。用水作为工艺冷却介质的系统称作冷却水系统。

工业用水的很大部分是冷却用水，冷却用水水量一般占工业用水的 70%～80%。水的冷却技术广泛应用于化工、电力、冶金、食品等诸多行业，在水资源日趋紧张的今天，掌握和发展水的冷却技术具有重大意义。

### 10.1.2　水的冷却系统

水的冷却系统常见的有直流式和循环式两种。

1. 直流式冷却水系统

在直流式冷却水系统中，冷却水仅仅经过换热设备一次就被排掉(图 10-1)，因此它的用水量很大。这种冷却水系统不需要其他冷却水构筑物，因此投资少，操作简便，但是冷却水的操作费用大，而且不符合当前节约水资源的要求，容易对所排入的水体造成热污染。这种系统(除了用海水的直流冷却水系统外)在国外已被淘汰，在国内一些中、小型老厂中仍有采用，随着国内各项节水政策的制定，将对这种系统进行技术改造。

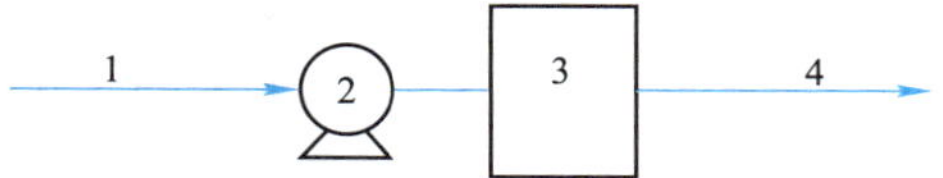


图 10-1　直流式冷却水系统
1—冷却水；2—冷却水泵；3—冷却工艺介质的换热器；4—热水

2. 循环式冷却水系统

循环式冷却水系统又分为封闭式和敞开式两种。封闭式冷却水系统又称为密闭式循环冷却水系统，此系统中，冷却水用过后不是马上排掉，而是持续循环回收再用。在这种循环中，冷却水不暴露在空气中，所以水量损失很少。水中各种矿物质和离子含量一般不发生大的变化，而冷却水的再冷却是在另一个热交换设备中用其他冷却介质进行的(图 10-2)。这种系统常用于发电机、内燃机或有特殊要求的单台换热设备中。

在敞开式循环冷却水系统中，冷却水用过后也不是立即排放掉，而是回收再循环利用。水的冷却是通过冷却塔等冷却构筑物来进行的，因此冷却水在循环时不断与空气接触，部分水还会被蒸发掉。因而，水中各种矿物质和离子的含量也不断被浓缩，为了维持各种矿物质和离子含量稳定在某一定值上，必须对系统补充一定量的冷却水(通常称补充水)，同时排出一定量的污水(通常称排污水)，其流程如图 10-3 所示。

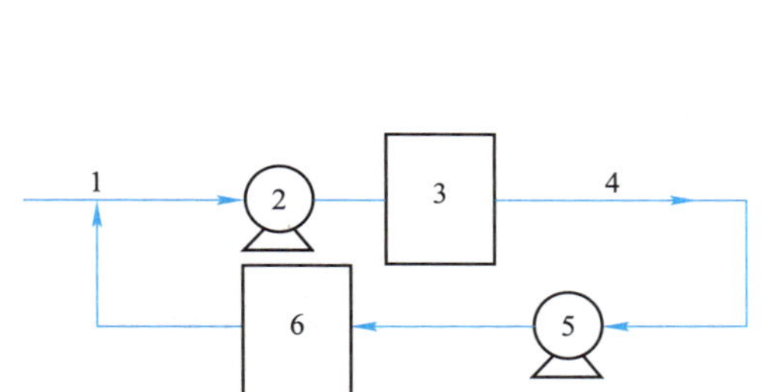


图 10-2　封闭式循环冷却水系统
1—冷却水；2—冷却水泵；3—冷却工艺介质的换热器；4—热水；5—热水泵；6—冷却水的冷却器

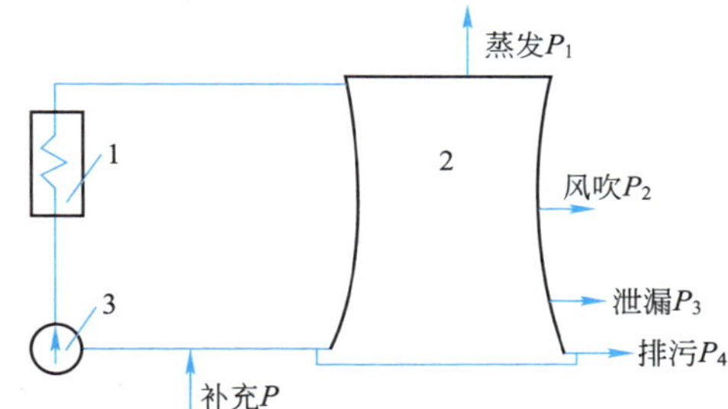


图 10-3　敞开式循环冷却水系统
1—冷却换热器；2—冷却塔系统；3—循环水泵

从节约水资源、环保和经济的角度，敞开式冷却水系统比较具有应用优势。本章中所说的冷却水系统一般指敞开式循环冷却水系统。

### 10.1.3　冷却构筑物

水的冷却构筑物包括水面冷却池、喷水冷却池和冷却塔，其中冷却塔是循环冷却水系统中的主要冷却构筑物。冷却塔根据循环水在塔内与空气是否直接接触，分干式冷却塔和湿式冷却塔。图 10-4 是一个抽风式逆流冷却塔(湿式)结构示意图。其冷却过程是热水从塔顶被喷洒成水滴或水膜向下流，与从塔底进入并向上流的冷空气进行热交换，二者在塔内进行混合，水在空气中蒸发或与空气进行的接触传热都会使水得到冷却。而干式冷却塔的冷却介质——空气在冷却翅管外，冷却水在翅管内，二者利用温差形成接触传热使水冷却，水不会蒸发到空气中，所以水冷却的极限是空气的温度。干式冷却塔造价高，冷却效率低，一般只在缺水地区使用；湿式冷却塔更为常用，本教材所介绍的冷却塔主要指湿式冷却塔。为了加快水的冷却速度，冷却塔一般都借助填料的作用，增加热水与空气接触的

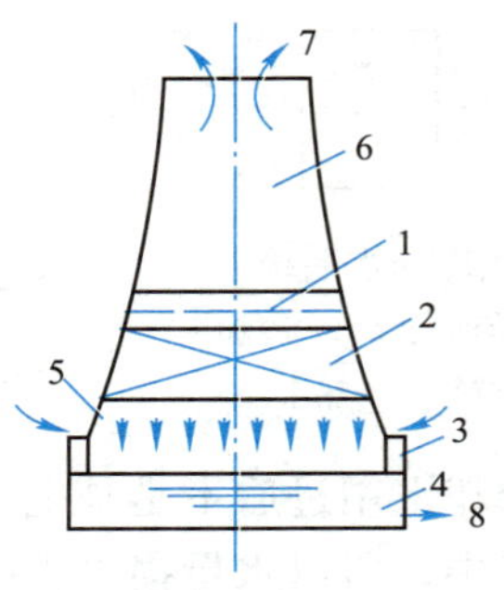

图 10-4　抽风式逆流冷却塔的结构示意图
1—配水系统；2—淋水填料；3—百叶窗；4—集水池；5—空气分配区；6—风筒；7—热空气和水蒸气；8—冷水

比表面积，同时采用抽风的方式加快空气流速。根据塔内通风方式的不同，冷却塔分为自然通风式和机械通风式两类。根据水气在塔中的流动方式不同，冷却塔分为逆流式和横流式两类。所谓逆流式即指水的流动方向与气的流动方向相反，而横流式则指在水气进行热量交换的区段气流是垂直于水流方向的。

冷却塔内的主要装置包括热水分配装置(配水系统、淋水填料)、通风及空气分配装置(风机、风筒、进风口)、集水池和除水器等。配水系统的作用主要是使水在淋水面积上均匀分配，提高冷却效率。配水系统主要有管式、槽式、池(盘)式三种形式。淋水填料的作用是使热水形成水滴或水膜，增大水和空气的接触面积，延长接触时间，是水被冷却的主要场所，是冷却塔的关键部分。淋水填料按照水被淋成冷却表面的形式分为：点滴式、薄膜式和点滴薄膜式三种。通风装置主要是风机和风筒，它们的作用是使塔内形成负压，外部空气得以进入塔内。空气分配装置主要是保证进塔的风速分布合理，为防止水滴溅出，有的塔进风口设置百叶窗。除水器主要用于分离回收夹带在空气中的雾状小水滴，以减少水量损失。集水池起贮存和调节水量的作用，有时还可以作为循环水泵的吸水井。

## 10.2　水的冷却原理

### 10.2.1　湿空气的性质

湿空气是干空气和水蒸气所组成的混合气体。空气中都含有一定量的水蒸气，是某种程度上的湿空气，湿空气的性质直接影响水的冷却效果。

1. 湿空气的压力

(1) 湿空气的总压力

就冷却塔而言，湿空气的总压力就是当地的大气压力 $P_X$，根据道尔顿分压定律其等于干空气分压力与水蒸气分压力之和，用下式表示：

$$P_X=P_0+P_V \tag{10-1}$$

式中　$P_X$——湿空气压力，即大气压力，$N/cm^2$；

$P_0$——干空气的分压力，$N/cm^2$；

$P_V$——水蒸气的分压力，$N/cm^2$。

干空气和水蒸气的分压力，可写成下列形式：

$$PV=RGT\cdot 10^{-4} \tag{10-2}$$

$$P=\frac{G}{V}RT\cdot 10^{-4}=\rho RT\cdot 10^{-4} \tag{10-3}$$

式中　$V$——气体体积，$m^3$；

$G$——气体质量，kg；

$\rho$——气体的密度，$kg/m^3$；

$R$——气体常数，J/(kg·k)；

$T$——气体绝对温度，K。

将式(10-3)分别用于干空气和水蒸气，则得

$$P_0=\rho_0 R_0 T\cdot 10^{-4} \tag{10-4}$$

$$P_V=\rho_V R_V T\cdot 10^{-4} \tag{10-5}$$

式中　$R_0$——干空气气体常数，取 287.14J/(kg·K)；

$R_V$——水蒸气气体常数，取 461.53J/(kg·K)；

$\rho_0$——干空气在其本身分压下的密度，$kg/m^3$；

$\rho_V$——水蒸气在其本身分压下的密度，$kg/m^3$。

(2) 饱和水蒸气分压力

湿空气在一定温度下含湿量有一个最大值，即此时吸纳水蒸气最多，这时湿空气称为饱和空气。饱和空气中的水蒸气分压力称为饱和蒸汽分压力，用 $P''_V$表示。湿空气在某一温度下的水蒸气分压力 $P_V$ 不会超过该温度条件下的饱和蒸汽分压力 $P''_V$。当空气温度 $t=0\sim100℃$，并在通常的气压范围内时，饱和蒸汽分压力 $P''_V$可用下列公式计算：

$$\lg P''_V=0.0141966-3.142305\left(\frac{10^3}{T}-\frac{10^3}{373.15}\right)+8.2\lg\left(\frac{373.15}{T}\right)-0.0024804(373.15-T) \tag{10-6}$$

式中　$P''_V$——饱和蒸汽分压力，atm；

$T$——绝对温度$(273.15+t)$，K；

$t$——空气的温度，℃。

从式(10-6)可知，饱和蒸汽分压力 $P''_V$只与空气温度有关，而与大气压无关。空气的温度越高，$P''_V$也越大。因此，在一定温度下已达饱和的空气，当温度升高时则成为不饱和空气；反之，不饱和的空气，当温度降到某一值时，又成为饱和的空气。

2. 湿度

湿度是空气中含水分子的浓度。它常用绝对湿度、相对湿度和含湿量来表示。

(1) 绝对湿度

$1m^3$ 湿空气中所含水蒸气的质量称为湿空气的绝对湿度，以 $\rho_V$ 表示。其数值等于水蒸气在其分压力 $P_V$、湿空气温度 $T$ 时的密度。由式(10-4)、式(10-5)可知

$$\rho_V=\frac{P_V\times10^4}{R_V T} \tag{10-7}$$

同样，饱和空气的绝对湿度 $\rho''_V$为

$$\rho''_V=\frac{P''_V\times10^4}{R_V T} \tag{10-8}$$

(2) 相对湿度

一定容积的湿空气在某一温度下，所含水蒸气的质量与同温度下达到饱和时所含水蒸气质量之比，称为该温度的相对湿度。相对湿度实际是湿空气的绝对湿度 $\rho_V$ 与同温度下的饱和湿度 $\rho''_V$之比。用 $\varphi$ 表示：

$$\varphi=\frac{\rho_V}{\rho''_V} \tag{10-9}$$

将式(10-7)、式(10-8)代入上式得

$$\varphi=\frac{P_V}{P''_V} \tag{10-10}$$

饱和空气的相对湿度是 1，其他情况下都小于 1。相对湿度表示湿空气接近饱和的程度。相对湿度越小，空气吸收水分的能力越强。

由式(10-1)及式(10-10)可以求出干空气分压力 $P_0$、饱和水蒸气分压力 $P''_V$ 及相对湿度的关系：

$$P_0=P_X-P_V=P_X-\varphi P''_V \tag{10-11}$$

相对湿度的计算公式为

$$\varphi=\frac{P''_\tau-0.000662P_X(t-\tau)}{P''_t} \tag{10-12}$$

式中　$t$、$\tau$——湿空气的干球温度、湿球温度，即采用干球温度计、湿球温度计测定的温度(见 10.2.2 节)，℃；

$P''_t$、$P''_\tau$——分别为温度 $t$、$\tau$ 的饱和水蒸气压力，kPa；

$P_X$——大气压力，kPa。

(3) 含湿量

1kg 干空气所含水蒸气的质量称为湿空气的含湿量，也称比湿，单位为“kg/kg 干空气”，用 $x$ 表示：

$$x=\frac{\rho_V}{\rho_0} \tag{10-13}$$

将式(10-4)、式(10-5)、式(10-1)、式(10-10)和气体常数代入式(10-13)得

$$x=\frac{R_0P_V}{R_VP_0}=\frac{287.14P_V}{461.53P_0}=0.622\frac{P_V}{P_0}=0.622\frac{P_V}{P_X-P_V}=0.622\frac{\varphi P''_V}{P_X-\varphi P''_V} \tag{10-14}$$

由式(10-14)可知，一定大气压力 $P_X$ 下，空气的含湿量 $x$ 随水蒸气的分压力 $P_V$ 增加而增大。

大气压 $P_X$ 一定时，使湿空气成为饱和空气的温度称露点。当空气低于露点温度时，水蒸气开始凝结。

在一定温度下，每千克干空气中最大可容纳的水蒸气量称为饱和含湿量，以 $x''$ 表示。由式(10-14)知，当 $\varphi=1.0$ 时，含湿量达最大值，此时含湿量即为饱和含湿量：

$$x''=0.622\frac{P''_V}{P_X-P''_V} \tag{10-15}$$

一定温度下，$x$ 值等于 $x''$ 的空气称为饱和空气，它不能再吸收水蒸气。如果 $x<x''$，则每千克干空气能吸收 $(x''-x)$kg 的水蒸气；$x''-x$ 越大，说明空气越干燥，吸湿能力越强，反之亦然。如已知含湿量 $x$，由式(10-14)、式(10-15)可求得 $P_V$ 和 $P''_V$：

$$\begin{aligned}P_V&=\frac{x}{0.622+x}P_X\\P''_V&=\frac{x}{0.622+x''}P_X\end{aligned} \tag{10-16}$$

3. 湿空气的密度

湿空气的密度 $\rho_X$ 等于每立方米湿空气中所含的干空气和水蒸气在其各自分压下的密度之和。

$$\rho_X=\rho_0+\rho_V(\mathrm{kg/m^3}) \tag{10-17}$$

按式(10-4)和式(10-5)代入式(10-17)之后，再利用式(10-10)和式(10-11)的关系得：

$$\rho_x=\frac{P_X-\varphi P''_V}{R_0 T}\cdot 10^4+\frac{\varphi P''_V}{R_V T}\cdot 10^4 \tag{10-18}$$

上式表明，湿空气的密度随大气压力的降低和温度的升高而减少。湿空气的密度可按式(10-18)计算，也可查有关图表。

4. 湿空气的比热

干空气 1kg、含湿量 $x$kg 的湿空气温度升高 1℃所需的热量，称为湿空气的比热，用 $C_X$ 表示，单位为“kJ/(kg·℃)”：

$$C_X=C_0+C_V x \tag{10-19}$$

式中　$C_0$——干空气的比热，kJ/(kg·℃)，在压力一定时，温度小于 100℃的情况下，约为 1.005kJ/(kg·℃)；

$C_V$——水蒸气的比热，kJ/(kg·℃)，约为 1.842kJ/(kg·℃)。

$x$——湿空气的含湿量，kg/kg 干空气。

以 $C_0$、$C_V$ 值代入得

$$C_X=1.005+1.842x\quad(\mathrm{kJ/(kg\cdot ℃)}) \tag{10-20}$$

在实际水蒸发冷却计算中，$C_X$ 一般取 1.05kJ/(kg·℃)。

5. 湿空气的焓

湿空气的焓数值等于 1kg 干空气和 $x$kg 水蒸气所含热量的总和。湿空气的焓用 $i_X$ 表示，单位为“kJ/kg”，故得

$$i_X=i_0+i_V x \tag{10-21}$$

式中　$i_0$——干空气的焓，kJ/kg；

$i_V$——水蒸气的焓，kJ/kg；

$x$——湿空气的含湿量，kg/kg 干空气。

计算热量时，要有计算基点，1963 年第六届国际水蒸气会议决定，在水蒸气的热量计算中，以温度为 0℃的水所含热量为零，因此，1kg 干空气在温度 $t$ 时的焓 $i_0$ 的值为 $C_0 t$，$C_0$ 为干空气的比热，为 1.005kJ/(kg·℃)。

水蒸气的焓由两部分组成：

(1) 1kg 0℃的水变成 1kg 0℃的水蒸气所吸收的热量，这一热量称为水的汽化热，用 $\lambda$ 表示，$\lambda=2500$kJ/kg。

(2) 1kg 0℃的水蒸气升高到 $t$℃时所需的热量，其值为 $C_V t$，即 1.842$t$kJ/(kg·℃)。故得

$$i_V=2500+1.842t \tag{10-22}$$

用 $i_0$ 和 $i_V$ 的表达式代入式(10-21)得

$$i_X=i_0+i_V x=1.005t+(2500+1.842t)x \tag{10-23}$$

上式经整理得

$$i_X = i_0 + i_V x = (1.005 + 1.842x)t + 2500x \tag{10-24}$$

以式(10-14)代入式(10-24)，得出

$$i_X = 0.24t + 0.622(597.3 + 0.44t)\frac{\varphi P''_V}{P_X - \varphi P''_V} \tag{10-25}$$

式中饱和蒸汽压力 $P''_V$ 为定值，说明湿空气含热量 $i_X$ 只是温度 $t$、相对湿度 $\varphi$ 和压力 $P_X$ 的函数，由于采用上式计算烦琐，可直接通过图 10-5 查出 $i_X$ 值。

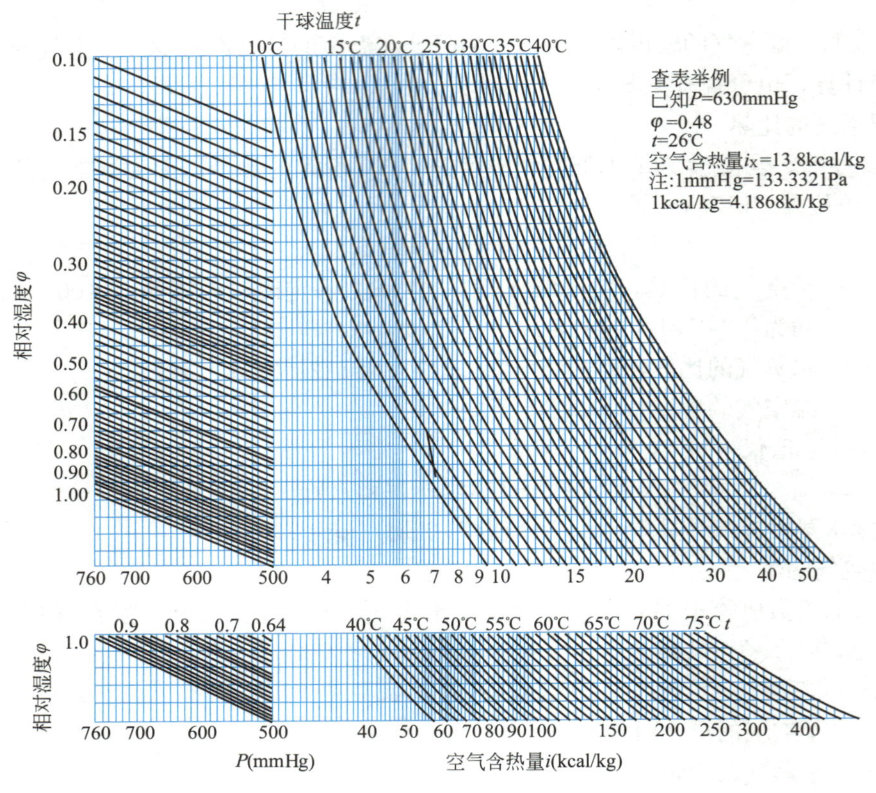


图 10-5　湿空气的含热量计算图

6. 湿空气的焓湿图

一般一个地区的气压 $P_x$ 变化很小，可看作定值。从式(10-25)可以看出，当空气压力 $P_X$ 固定时，含湿量 $x$、温度 $t$、相对湿度 $\varphi$、焓 $i$ 中只有两个独立变量，把湿空气的四个重要热力学参数都绘在同一张图上，这样的图称为焓湿图，如图 10-6 所示。图中在温度 $t$—含湿量 $x$ 的直角坐标图上，同时绘出相对湿度 $\varphi$ 和焓 $i$ 的等值线，图中的任何一点，都代表热焓 $i$、温度 $t$、含湿量 $x$ 和相对湿度 $\varphi$ 这 4 个参数所构成的一组固定数值，当 4 个参数中的两个数值给定后，其他两个参数的数值也就随之查出。

结合图 10-7，说明焓湿图的应用如下：

(1) 当温度 $t$ 固定，从图中看出，焓 $i$ 及相对湿度 $\varphi$ 均随 $x$ 的增、减而增、减，当 $\varphi$ 达到最大值 1.0 时，$x$ 和 $i$ 也都达到它们的最大值，此时对应的是该温度下的饱和含湿量和饱和焓。如 $\varphi=1$ 线上的 $B$ 点其对应的就是其饱和温度 $t_B$ 下的饱和含湿量 $x_B$、饱和焓 $i_B$。

图 10-6 湿空气的焓湿图

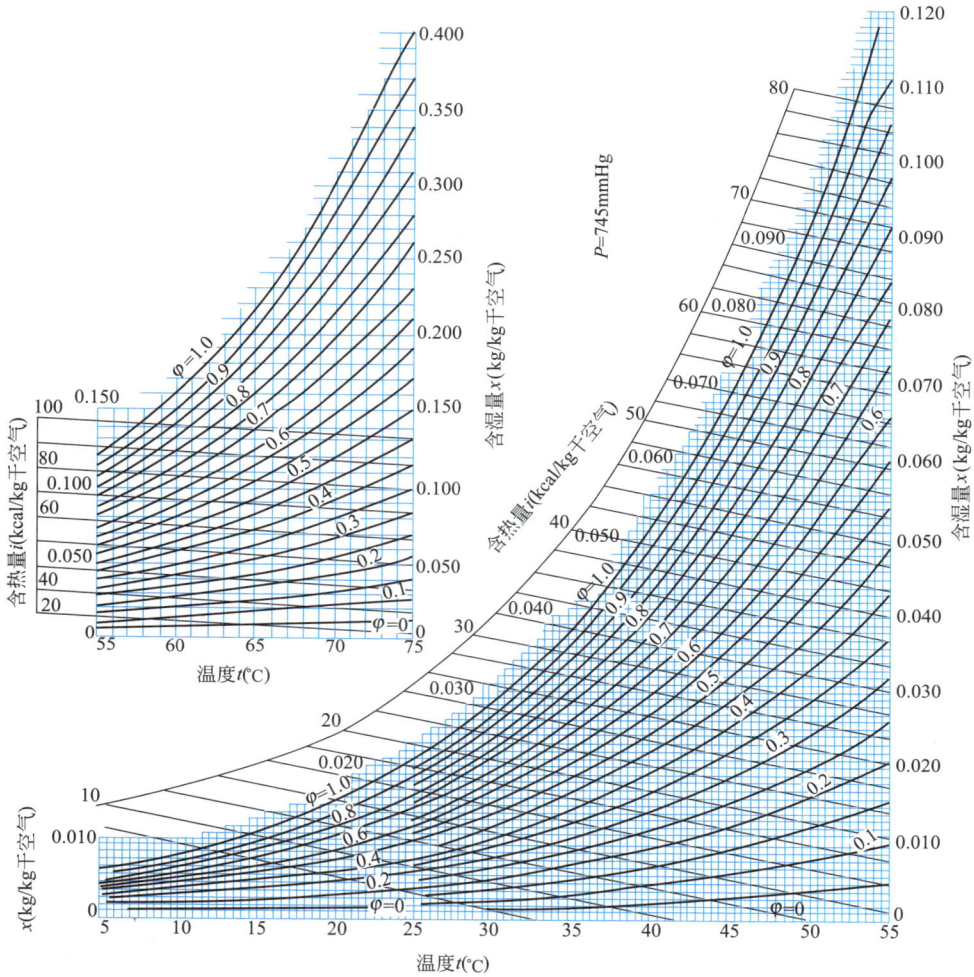

（2）当含湿量 $x$ 固定不变时，$x$ 将沿着平行于温度轴的方向移动，由图中看出，焓值 $i$ 是随温度的增、减而增、减的，但相对湿度 $\varphi$ 则随温度 $t$ 的降低而增加，$t$ 的升高而减小。当 $t$ 由 $t_C$ 降到与 $\varphi=1$ 的线相交的饱和温度 $t_B$，即 $E$ 移到 $B$ 点时，空气达到饱和，$t_B$ 进一步降低，空气中将不能容纳原来的含湿量 $x$，多余的部分将凝结成水。饱和温度 $t_B$ 即相当于含湿量 $x_B$ 的露点。

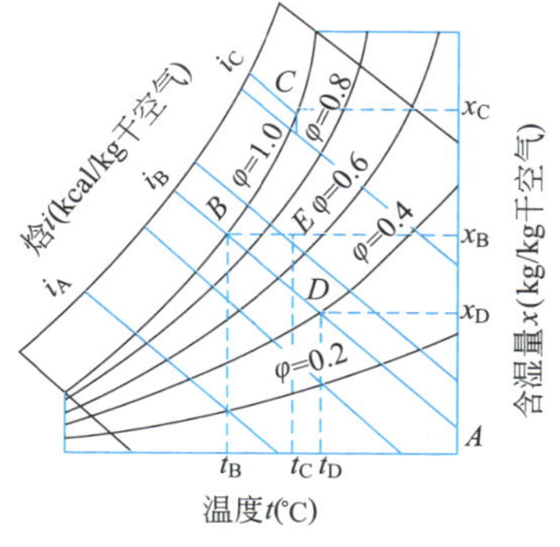


图 10-7 湿空气焓湿图的应用示意图

（3）当固定焓值 $i$ 不变，即相当于绝热条件下时，$i$ 将沿着图中等值线移动，如图中 $AB$ 线上 $D$ 点的情况。由图中看出，当 $i$ 沿着相对湿度 $\varphi$ 增加的方向移动时，含湿量 $x$ 将随之上升，但温度 $t$ 则随之下降；反之，当 $i$ 朝 $\varphi$ 减小的方向移动时，则为温度 $t$ 随之上升而含湿量随之下降。在 $i$ 等值线与 $\varphi=1.0$ 的交点 $B$ 处达到饱和点，并存在与之匹配的一个饱和温度 $t_B$ 值和一个饱和含湿量 $x_B$ 值。

(4) 相对湿度 $\varphi$ 固定不变时，焓 $i$、温度 $t$ 和含湿量 $x$ 将同时增大或同时减小。

### 10.2.2　水的冷却原理

循环冷却水的冷却是在冷却构筑物中以空气为冷却介质，由蒸发传热、接触传热和辐射传热三个过程共同作用的结果。除冷却池外，辐射传热对其他各种形式冷却塔的影响不大，一般可忽略不计。湿式冷却塔中空气与热水混合时，热水通过与空气间的接触传热和蒸发传热而使自身温度得到降低。

1. 空气—水的蒸发和接触传热过程

水与空气接触时，根据分子热运动学理论，水分子会向空气中不断逸出，空气中的水分子也会不断返回到水中。当两者达到平衡时，就认为这时空气中的水蒸气是饱和的。一般空气中水蒸气都是处于不饱和状态，这样当水与空气接触时，水就会向空气中蒸发，直到空气中水蒸气达到饱和时为止，这一过程会带走水自身热量，这就是蒸发传热。热会从高温物体传到低温物体，水与空气之间还会直接通过自身温度的差异进行传热，冷却塔中热水温度一般都高于空气温度，热会直接传到空气中，即接触传热。

如图 10-8 所示，认为水与空气的接触层很薄，水层为一个饱和蒸汽层，这个薄层的饱和水蒸气分压力为 $p''_V$，在空气中存在一个水蒸气主体压力 $p_V$，空气通常是不饱和的，$p''_V$ 永远大于 $p_V$，水中的水分子向空气中逸出，水通过蒸发传热得到冷却，饱和层的温度为 $t_i$，其两侧分别为水和空气的主体温度 $T$ 和 $t$。$t_i$ 可能大于、小于或等于 $t$。接触传热可能从水传向空气，也会从空气传向水。

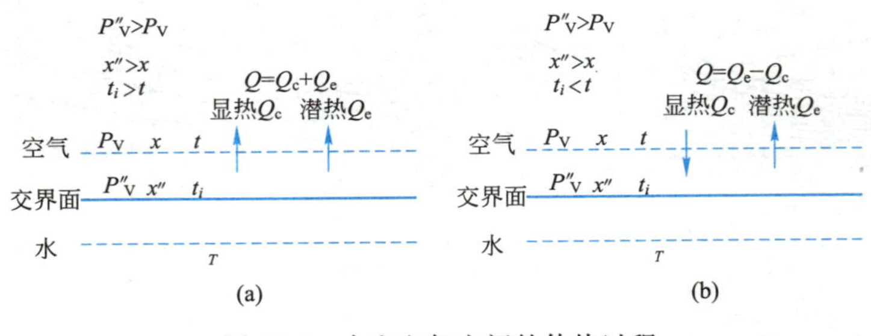


图 10-8　水和空气之间的传热过程

2. 传热量计算

(1) 蒸发传热量 $Q_e$

通过蒸发所产生的传热过程称为蒸发传热，其传热通量的推动力为蒸汽压力差 $P''_V-P_V$，$Q_e$ 也称潜热。故可表示为下列关系：

$$Q_e=\lambda k_p(P''_V-P_V) \tag{10-26}$$

式中　$Q_e$——蒸发传热通量，$W/m^2$；

$\lambda$——水的蒸发通量系数，kJ/kg；

$k_p$——压力传质系数，$kg/(m^2 \cdot h \cdot atm)$。

蒸汽压差 $P''_V-P_V$ 与含湿量差 $x''-x$ 间是相关的，同样，$Q_e$ 还可表示成含湿量 $x''-x$ 的关系，于是得出

$$Q_e=\lambda k_X(x''-x) \tag{10-27}$$

式中　$k_X$——质量传质系数，kg/(m$^2$ · h · kg)。

(2) 接触传热量 $Q_c$

温差 $t_i-t$ 是另一个传热的推动力，所传热量属于接触传热，$Q_c$ 也称显热，传热通量由下列公式计算：

$$Q_c=a(t_i-t) \tag{10-28}$$

式中　$Q_c$——接触传热通量，W/m$^2$；

$a$——传热系数，W/m$^2$。

(3) 总传热量 $Q$

蒸发传热 $Q_e$ 与接触传热 $Q_c$ 之和代表了从水传入空气的总传热通量 $Q$，即

$$Q=Q_e+Q_c=\lambda k_X(x''-x)+a(t_i-t) \tag{10-29}$$

$Q$ 也就是水所损失的热量，水损失热量后，水温 $T$ 将下降，从而得到冷却。

冷却塔运行过程中，其传热速率的主要影响因素有气水的界面面积、相对流速、接触时间以及冷却范围等。对冷却塔而言，为增加空气—水界面面积，通常在冷却塔内加填料，相对流速的大小通过强化通风来确定(一般采用风机或增加塔高)，而接触时间与塔的几何尺寸相关。

冷却塔的总传热量中，蒸发传热和接触传热在不同的季节所占的比例是不同的。在春、夏、秋三季中，水与空气的温差小，蒸发传热起主导作用，夏季最高时可达总传热量的 80%～90%；而在冬季，水与空气的温差较大，接触传热起主导作用，传热量可达总传热量的 50%以上，在寒冷地区，甚至可高达 70%。冷却设备的设计计算，以夏季不利条件考虑。

3. 湿球温度

假设冷却塔中的循环水初温 $t_i$ 大于 $t$，且空气是不饱和的，即 $x''>x$，水与空气接触初始，潜热与显热都大于 0，水得到冷却直到水温等于空气温度，这时显热为 0。但蒸发传热(即潜热)仍将继续，因为水面气膜的温度与水面相等，认为是饱和的，其含湿量 $x''>x$，也就存在蒸发的推动力，继续使水温降低，此时水温低于空气的温度，显热为负值，即有接触传热量从空气中传入水中，当水温继续降低，水向空气中的蒸发传热量与空气向水中的接触传热量相等时，这时水温便不会继续下降，此时循环水达到其冷却极限温度，用 $\tau$ 表示。

极限冷却温度通常用湿球温度计来测量，故称湿球温度，干球温度指用一般温度计所测得的气温。干球温度与湿球温度为设计冷却设备所需要的主要气象资料。

湿球温度的测定如图 10-9 所示。温度计的水银球包有湿布，空气与水银球不直接接触，气流不断通过温度计，空气的温度及含湿量分别为 $t$ 及 $x$，由于空气不是饱和的，当气流通过温度计时，湿布上必然会不断蒸发出微量的水蒸气，为气流所带走。由于空气是大量的，水蒸气是微量的，所以通过湿球温度计后的空气，其温度及含湿量可以认为不变，即仍然是 $t$ 及 $x$。这样包有湿布温度计所测得的温度，即为湿球温度 $\tau$。

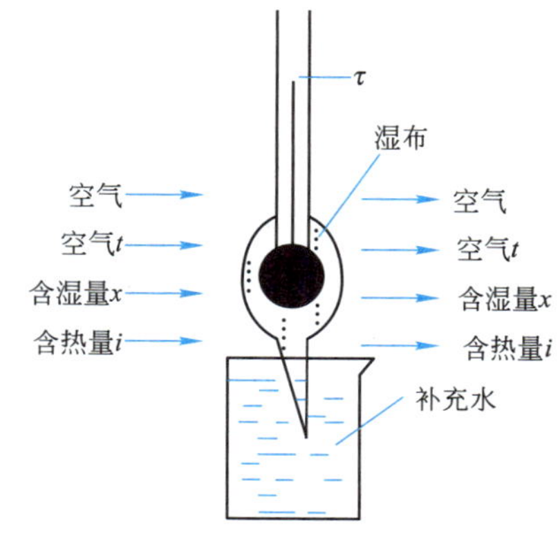


图 10-9　湿球温度的测定图

图 10-9 中，由于湿布上的水是不断蒸发的，所以必须不断补充水，而补充水的温度即为湿球温度 $\tau$。测试中要注意通风，避免有辐射传热，不要在阳光下直射。

湿球温度 $\tau$ 代表在当地气温条件下，水可能被冷却的最低温度，也是冷却设备出水温度的理论极限值。当要求冷却后的水温越接近湿球温度时，冷却任务就越困难，冷却设备的尺寸就会增大很多，因此冷却设备的出水温度一般较湿球温度高 3～5℃以上，湿球温度通过证明其值可近似地看作与绝热饱和温度相等。

## 10.3 冷却的热力学计算

本节以逆流冷却塔为例介绍冷却塔热力计算的基本原理。

### 10.3.1 热力计算基本方程

冷却塔中传质和传热同时进行，冷却塔热力计算的方法目前国内外用得较多的是焓差法，这里主要介绍焓差法。

下面以逆流冷却塔某一微段 d$z$ 进行分析(图 10-10)。

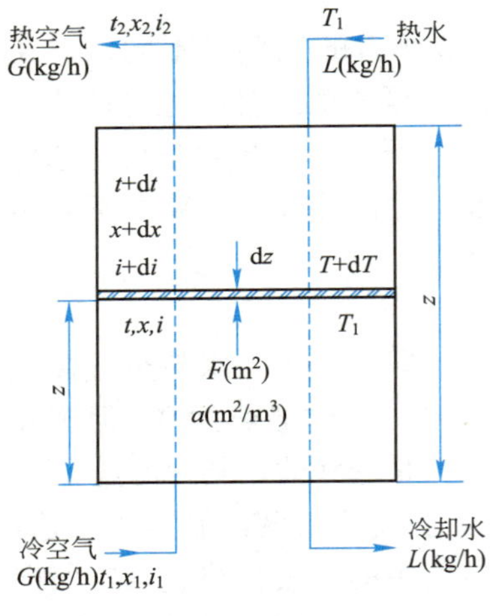

图 10-10 逆流冷却塔的工作参数

在塔高 $z$ 处的微元体积 d$V$ 内，传热量是蒸发传热和接触传热之和，由式(10-29)得出传热总量为

$$dQ=a(T-t)\alpha F dz+k_X\lambda(x''-x)\alpha F dz \quad (10\text{-}30)$$

式中 $a$——传热系数，W/m$^2$；

$\alpha$——填料比表面积，m$^2$/m$^3$；

$F$——塔的横截面积，m$^2$；

$k_X$——含湿量传质系数，kg/(m$^2$ · h · kg)。

$a/k_X=C_X$ 为 Lewis 比例系数，利用其上式可进一步简化写成：

$$\begin{aligned}dQ&=\left[\frac{a}{k_X}(T-t)+\lambda(x''-x)\right]k_X\alpha F dz=[(C_XT+\lambda x'')\\&\quad-(C_Xt+\lambda X)]k_X\alpha F dz\\&=(i''-i)k_X\alpha F dz\end{aligned}$$

以容积传质系数 $k_{XV}$kg/(m$^3$ · h · kg)代替 $k_Xa$，填料塔微元体积 d$V$ 代替 $F$d$z$，得

$$dQ=k_{XV}(i''-i)dV \quad (10\text{-}31)$$

$i''$和 $i$ 分别为饱和空气与微元内空气的焓，是冷却的推动力，式(10-31)简称焓差方程，为冷却塔计算的基本方程式。

对进出微元体积 d$V$ 的热量进行衡算，可得出出水的热量减少为

$$dQ=L_ZCT-[(L_Z-dL_{Ze})(T-dT)C] \quad (10\text{-}32)$$

式中 $L_Z$ 和 d$L_{Ze}$ 分别为塔高 $z$ 处的水流量和蒸发量，$C$ 为水的比热。略去上式右边乘积中的二阶乘积 d$L_{Ze}$ · d$T$，并假定 $L_Z=L$，则上式简化为

$$dQ=(LdT+TdL_{Ze})C \quad (10\text{-}33)$$

对逆流的空气来说，在通过体积微元后，其热量增加为

$$dQ=Gdi \quad (10\text{-}34)$$

由热量衡算关系可得

$$dQ=Gdi=(LdT+TdL_{Ze})C \tag{10-35}$$

$$dQ=Gdi=\frac{CLdT}{1-\dfrac{TdL_{Ze}C}{Gdi}} \tag{10-36}$$

$$dQ=Gdi=\frac{1}{K}CLdT \tag{10-37}$$

$$K=1-\frac{CTdL_{Ze}}{Gdi} \tag{10-38}$$

式(10-31)与式(10-37)的热量变化 dQ 相等，并分别在塔顶和塔底之间进行积分，则得两个积分式：

$$\int_0^v \frac{k_{XV}dV}{L}=\frac{C}{K}\int_{T_2}^{T_1}\frac{dT}{i''-i} \tag{10-39}$$

$$\int_0^v \frac{k_{XV}dV}{G}=\int_{i_1}^{i_2}\frac{di}{i''-i} \tag{10-40}$$

因上式的左边可以直接积分，故得

$$\frac{k_{XV}V}{L}=\frac{C}{K}\int_{T_2}^{T_1}\frac{dT}{i''-i} \tag{10-41}$$

$$\frac{k_{XV}V}{G}=\int_{i_1}^{i_2}\frac{di}{i''-i} \tag{10-42}$$

式(10-41)、式(10-42)的左边包含了冷却塔水和气的流量、填料的体积及其容积传质系数等具体冷却塔的数据，按左边计算得到的数代表了冷却塔结构、工作条件所能提供的冷却能力，称冷却塔的特性数；反之，只要给出冷却的要求，就能对式子的右边进行计算，并不需要知道任何塔的具体条件，按右边计算得到的数称为冷却数，代表了生产中对于冷却任务的要求；冷却塔的设计即在于使冷却塔的特性数与冷却数相等。

令 $N$、$N_i$ 分别表示式(10-41)和式(10-42)的右边，$N'$、$N'_i$分别表示式(10-41)和式(10-42)的左边，得：

$$N=\frac{C}{K}\int_{T_2}^{T_1}\frac{dT}{i''-i} \tag{10-43}$$

$$N_i=\int_{i_1}^{i_2}\frac{di}{i''-i} \tag{10-44}$$

$$N'=\frac{k_{XV}V}{L} \tag{10-45}$$

$$N'_i=\frac{k_{XV}V}{G} \tag{10-46}$$

$N$、$N_i$ 分别称温度积分冷却数和焓积分冷却数，$N'$、$N'_i$分别称按水量计算特性数和按空气量计算特性数。

## 10.3.2　冷却数和特性数的确定

1. 冷却数 $\frac{C}{K}\int_{T_2}^{T_1}\frac{\mathrm{d}T}{i''-i}$ 的计算

这里 $C$ 为水的比热，取 1kcal/(kg・℃)，$K$ 值由式(10-38)可求：

$$K=1-\frac{L_e T_2}{G(i_2-i_1)}=1-\frac{T_2 G(x_2-x_1)}{G(i_2-i_1)}=1-\frac{T_2}{\beta}$$

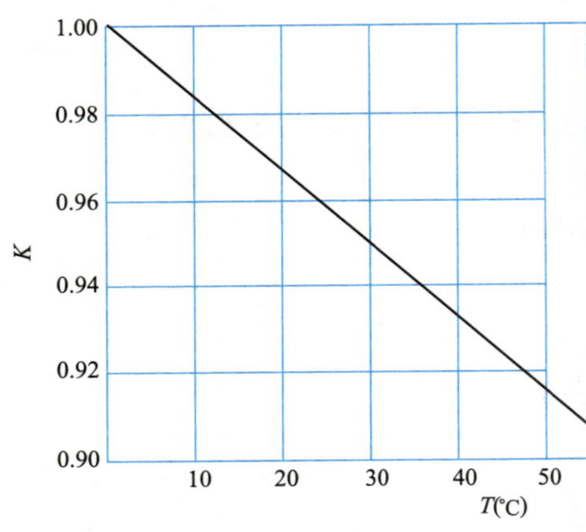


图 10-11　$T_2$—$K$ 曲线

式中　$\beta=\frac{i_2-i_1}{x_2-x_1}$，$K$ 值变化关系可由图 10-11 查得。

式 $\int_{T_2}^{T_1}\frac{\mathrm{d}T}{i''-i}$ 不能直接积分，可用梯形积分法近似计算，即在 $T_1$、$T_2$ 的区间内分成若干小区间，每段为 $\Delta t$，对应每个水温可以在焓湿图中查到，这样每个水温都可以求得 $\frac{1}{i''-i}$ 的值，将 $t$ 作为横坐标，$\frac{1}{i''-i}$ 作为纵坐标的点，以直线连接相邻的点形成一个以 $\Delta t$ 为高的梯形，这样梯形的面积之和就可以近似为 $\int_{T_2}^{T_1}\frac{\mathrm{d}T}{i''-i}$ 的值。

由于冷却塔内气水处于热平衡状态，即有下式成立

$$G\mathrm{d}i=\frac{1}{K}L\,\mathrm{d}T \tag{10-47}$$

式中符号同前，则有

$$\mathrm{d}i=\frac{L}{KG}\mathrm{d}T \tag{10-48}$$

假设在整个塔内该式成立，则有

$$i_2=i_1+\frac{L}{KG}(T_1-T_2) \tag{10-49}$$

式中 $T_1$，$T_2$ 分别为进水温度和出水温度。

由式(10-49)可以求得每个温度下的空气焓值，因 $K$ 值变化不大，以出塔温度 $T_2$ 为起点，以$L/KG$ 为斜率作一条直线，得到 $T$—$i$ 的关系称之为空气操作线，它近似表示了进入塔内的空气与热水进行热交换后的焓值变化规律。同时在同一图上将饱和焓曲线画出，这样可以查到在同一温度下得 $i$ 及 $i''$。

2. 特性数 $N'=\frac{k_{XV}V}{L}$ 的计算与气水比

容积传质系数 $k_{XV}$ 与塔结构、填料、空气条件、水力条件等因素有关，但在塔尺寸一定，填料一定时，其常用计算公式为：

$$k_{XV}=Ag^{m}q^{n} \tag{10-50}$$

式中 $g$——空气流量密度，kg/(m²·h)；

$q$——淋水密度，kg/(m²·h)；

$A$，$m$，$n$——实验常数。

3. 气水比的确定

冷却塔中冷却每千克热水到达预定温度需要空气的千克数称之为气水比，用 $\lambda$ 表示。

$$\lambda=\frac{G}{L} \tag{10-51}$$

式中符号同前。

在冷却数 $N$ 的计算中，$i$ 与 $\lambda$ 有关，所以冷却数 $N$ 与 $\lambda$ 有关，而特性数 $N'$ 也与 $\lambda$ 有关，因此可以通过先假设几个 $\lambda$，在同一张图上作出 $N$—$\lambda$ 及填料特性数 $N'$—$\lambda$ 两条曲线，如图 10-12 所示，两曲线的交点 $D$ 所对应的气水比即所求的气水比。$D$ 所对应的冷却数即设计气水比下的冷却数，$D$ 称为工作点。$\lambda$ 值选择范围见表 10-1。

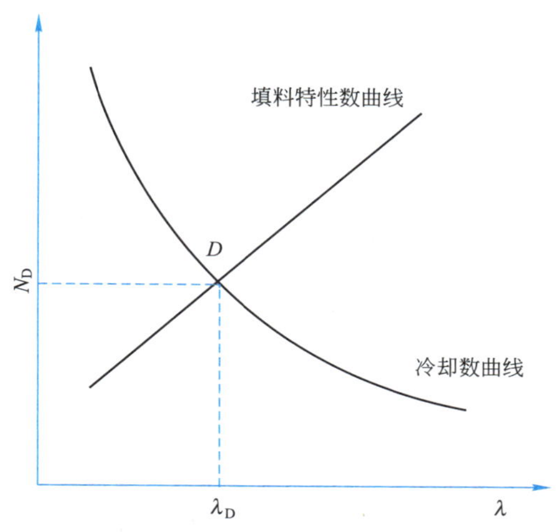


图 10-12 气水比及冷却数的确定

**λ 值选择范围** **表 10-1**

| $\Delta t$(℃) | 3 | 5 | 10 | 15 |
|---|---|---|---|---|
| $\lambda$ | 0.3～0.7 | 0.5～0.9 | 0.9～1.2 | 1.2～2.1 |

## 10.3.3 冷却塔热力计算的任务与方法

热力计算的任务有两种情况：一是已知冷却任务，如已知冷却水量$Q$(kg/h)，冷却水进、出口温度 $t_1$、$t_2$，气象参数($t$、$\tau$、$\varphi$、$P$)，通过热力计算要求确定冷却塔需要的空气量及冷却面积；二是校核已知冷却塔的塔型、结构尺寸、填料种类、风机等参数，在当地气象条件下，确定冷却塔出水能达到的水温，或根据出水水温确定能冷却的水量和空气量。

第一种情况其计算步骤如下：

首先假设不同的气水比 $\lambda$，由上节热力学计算方法，求相应的冷却数 $N$，然后选取填料，计算出相应的冷却数 $N'$，在同一张图上绘出冷却数曲线 $N$—$\lambda$ 及填料特性数 $N'$—$\lambda$ 两条曲线，求出工作点对应的冷却数与气水比 $\lambda_D$，再由此气水比 $\lambda_D$ 确定空气流量，进而求出塔的冷却面积。

第二种情况其计算步骤如下：

如空气量和水量给出，则可求出气水比 $\lambda$，由 $\lambda$ 填料特性数 $N'$—$\lambda$ 两条曲线上求出 $N'_D$、$\lambda_D$，假设不同出水水温为 $t_2$，其温差为 2～3℃，例如 30℃、32℃、34℃等，由已知的 $\lambda_D$，$t_1$、$\tau$ 及 $i$ 分别计算出 $t_2$ 对应的 $N$ 值，作 $t_2$—$N$ 曲线，$N$ 取 $N'_D$时在该曲线上对应的 $t_2$ 就是出水水温。

## 10.4　冷却塔的性能评价

冷却塔性能评价的目的，一是针对设计工况，即在设计的气象和热负荷条件下，对塔的冷却能力进行测定和评价，以提供更完整的资料，并对塔的合理运行提供依据；二是测定塔中某一部分的性能，如新填料在工业塔中的使用效果、配水设计方案中配水的均匀性、新收水器的性能、收口塔与扩口塔的性能差别等。

### 10.4.1　冷却塔性能测试

冷却塔的性能测试应在夏季接近设计的气象条件下进行。雨天和自然风速大于 3m/s 时不应进行测试。

1. 测量参数

(1) 环境参数：大气风速、风向、大气压力及干、湿球温度；

(2) 进塔空气的干、湿球温度；

(3) 冷却水量；

(4) 进、出塔水温；

(5) 机械通风冷却塔中风机配用的电动机功率，风机叶片安装角度，噪声；

(6) 进塔空气量；

(7) 出塔空气的干、湿球温度；

(8) 根据需要提出的测量参数。如淋水分布的均匀性；收水器的收水效率等。

各参数的测量应在工况稳定条件下进行，自然通风冷却塔每一工况的持续测量时间不小于 1h；机械通风冷却塔不小于半小时。

2. 测量仪表和测点位置

(1) 大气风速、风向的测量

测量位置选在距塔边缘 30～50m 处的开阔地带。自然塔沿塔周围选两处，机械通风塔选一处。

仪表可用带风向标的旋杯式风速风向仪。放在地面以上 2m 处。同时用福廷式或空盒式大气压力计测大气压力。

(2) 大气干、湿球温度的测量

宜优先选用标准百叶箱通风干湿表。温度表的最小分度不应大于 0.2℃，精度不低于 0.5 级。也可使用阿斯曼通风干湿表或表 10-2 中所列的其他干湿表。计算空气的水蒸气分压力时，用表 10-2 中所给的 $A$ 值。

**干湿表类型与 A 值**　　　　**表 10-2**

| 序号 | 湿度计类型 | 通风方式 | 通风速度(m/s) | $A(10^{-3}/℃)$ |
|---|---|---|---|---|
| 1 | 标准百叶箱通风干湿表 | 机械通风 | 3.5 | 0.667 |
| 2 | 阿斯曼通风干湿表 | 机械通风 | 2.5 | 0.662 |
| 3 | 百叶箱球状干湿表 | 自然通风 | 0.4 | 0.857 |
| 4 | 百叶箱柱状干湿表 | 自然通风 | 0.4 | 0.815 |
| 5 | 百叶箱球状干湿表 | 自然通风 | 0.8 | 0.7974 |

自然通风冷却塔周围宜设两个测点，距塔边缘 15～30m；机械通风冷却塔可设一个测点，距塔边缘 30～50m。测点位置在地面以上 1.5～2.0m。

(3) 进塔空气的干、湿球温度测量

测量仪见表 10-2。自然通风冷却塔可与测量大气干、湿球温度测点共用。机械通风冷却塔在进风口前 2～5m 处测。

(4) 冷却水量测量

冷却水量可在进水管上测量，小口径管可用毕托管、孔板等测量或用超声波流量计，大口径管道只能用超声波流量计。测点前后应保持仪器所要求的直管段。如无符合要求的压力管段，也可在塔的出水沟、渠处用流速仪或量水堰测量。

用毕托管测流量时，毕托管所测水流速度 $v$ 的计算公式为

$$v=\varphi_b\sqrt{2gh} \tag{10-52}$$

式中　$h$——水流的动水压力水头，m；

$g$——重力加速度，$m/s^2$；

$\varphi_b$——毕托管流速系数，经测定给出。

图 10-13 为上端封闭的倒 U 形比压计，上部为空气，下端左边接毕托管的全压；右边接毕托管的静压，式(10-52)中的 $h$ 如图 10-13 所示。

如果水流速度较高，$h$ 太大($v=4m/s$ 时，$h\approx0.8m$)，或用毕托管测量气流速度时，则应用图 10-14 所示的 U 形比压计，则式(10-52)变为式(10-53)：

$$v=\varphi_b\sqrt{2gh\left(\frac{\rho_2-\rho_1}{\rho_2}\right)} \tag{10-53}$$

式中　$\rho$——介质密度，$kg/m^3$。

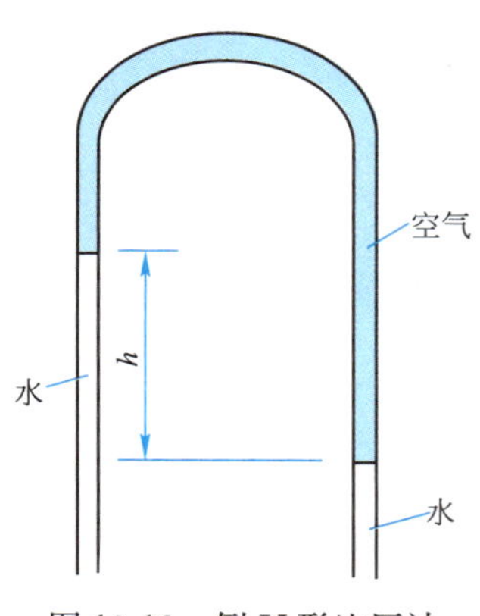

图 10-13　倒 U 形比压计

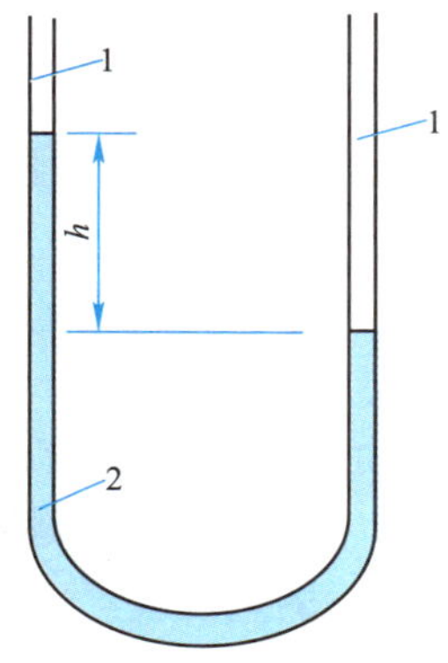

图 10-14　U 形管比压计

图 10-14 中上部“1”为被测流体，如被测流体为气流，则下部“2”的流体可用水；如被测者为水流，则下部可用四氯化碳或水银。

(5) 进、出塔水温测量

进塔水温在塔外进水管上或塔内配水竖井中测量，测量仪器用水银温度计或电阻式温度计，仪器精度不低于 0.2℃。

出塔水温在塔的出水管、沟内测量；机械通风冷却塔有时几座塔的集水池相互连通，

无法区分被测试塔的出水温度，则可在被测塔的集水池水面以上设置集水盘或集水槽。集水槽要求多于4条、等距布置，接水面积大于总淋水面积的15%，在集水盘或槽中测出水温度。在集水槽中测时应同时测出各槽的水量及水温，用加权平均确定水温，或将几个水槽用一横槽连接，在横槽出口测量水温。测量仪器与测进塔水温仪器相同。

在竖井内测得的水温比进水管上的值低，可加0.1℃的修正。

(6) 进塔空气量的测量

1) 自然通风冷却塔。自然通风冷却塔内风速测量可用旋桨式风速仪。测量断面可布置在塔筒喉部，或逆流式冷却塔的配水系统以上不低于4m处。测点布置在相互垂直的两个直径上，应不受塔内管槽的干扰。测点沿径向可等距分布或不等距分布，也可按等面积环布置测点，各等面积环的测点与塔中心的距离按下式计算：

$$R_{\mathrm{n}}=R\sqrt{\frac{2n-1}{2m}} \tag{10-54}$$

式中　$R_{\mathrm{n}}$——塔中心到各测点的距离，m；

$R$——测量断面塔(圆)的半径，m；

$n$——从塔中心算起的测点序号；

$m$——等面积环个数。

等面积环可取10～20个。此法也可用于前述的管道流量测量。用等面积环布点后，计算流量就可以简单一些。

2) 机械通风冷却塔。机械通风冷却塔的风量测点可布置在风机吸入侧的收缩段喉部断面。该处气流速度比较高，约10m/s以上，所以可用毕托管和微压计测量。测量也可在两个相互垂直的直径上按等面积环分布。有时在测量断面的中心部分，被风机座占据一部分圆面积，所以等面积环的划分不能用式(10-54)，需用下面的公式：

$$R_{\mathrm{n}}=\sqrt{R_0^2+\frac{2n-1}{2m}(R^2-R_0^2)} \tag{10-55}$$

式中　$R_0$——中心不过流的圆半径，m；

其余符号同式(10-54)。

当不允许在风机进口断面测量时，可用热球风速仪或旋桨式风速仪等在塔的进风口处测量。

(7) 出塔空气的干、湿球温度的测量

出塔空气的干、湿球温度的测量位置应和在塔内测量风量的位置相同，以便于加权计算出塔的空气热焓。测量仪表可用遥测通风干、湿温度计或多点电阻温度计。由于塔出口部分的空气大多是饱和或基本上是饱和的，所以只需测湿球温度$\tau_2$，干球温度$t_2=\tau_2$，也可认为相对湿度$\varphi=98\%$，由$\tau_2$计算出$t_2$。

(8) 塔内各部分阻力的测量

阻力测量方法与室内试验相同，用全压测头及微压计测出全压差，各测点单独测量。在机械通风冷却塔的风机吸入侧用毕托管测塔内风量的同时，用毕托管全压头测该点全压，然后计算塔的气流阻力。

(9) 塔的噪声测量

测噪声用精密声级计。

测点与塔边缘的水平距离应等于塔的直径，距地面高度 1.5m，对圆形塔，周围取三点平均；矩形塔，测点与塔体的水平距离取当量直径 $D_d$：

$$D_d = 1.13\sqrt{BL}\ (\mathrm{m}) \tag{10-56}$$

式中　$B$、$L$——塔宽及塔长，m。

风机出口的噪声测点处在风筒出口斜上方，一个出风口直径处，与水平呈 45°。距离大于 5m 时，取 5m。

噪声测量应在塔正常运行时进行，环境尽量保持安静。当环境噪声与冷却塔正常运行的噪声差不足 10dB(A)时，应对塔的噪声进行校正，校正曲线如图 10-15 所示。冷却塔的噪声即为所测到的总噪声减去校正值。或者参见声级计的使用说明书。

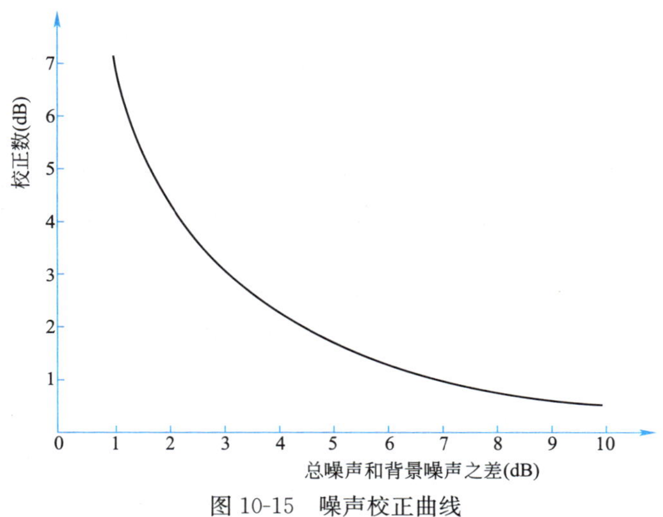


图 10-15　噪声校正曲线

国家标准中，对 700m$^3$/h 以下的玻璃纤维增强塑料冷却塔的噪声规定见表 10-3。评定标准以地面测定值为准，风机出口处测得的噪声值作对比用。表 10-3 中所指标准型塔的设计参数为：进塔水温 37℃，出塔水温 32℃，温差 5℃；湿球温度 27℃；大气压力 $9.94\times10^4$Pa。

**噪 声 指 标**　　　　**表 10-3**

| 冷却水量(m$^3$/h) | 配用电机(kW) | 噪声指标［dB(A)］ | |
|---|---|---|---|
| | | 标准型 | 低噪声型 |
| 8 | 0.66 | 66 | 56.0 |
| 15 | 0.75 | 67 | 57.5 |
| 30 | 1.5 | 68 | 59.0 |
| 50 | 2.2 | 68 | 60.5 |
| 75 | 3.0 | 68 | 62.0 |
| 100 | 4.0 | 69 | 63.5 |
| 150 | 5.5 | 70 | 65.0 |
| 200 | 7.5 | 71 | 66.0 |
| 300 | 11.0 | 72 | 67.0 |

续表

| 冷却水量($m^3$/h) | 配用电机(kW) | 噪声指标［dB(A)］ | |
|---|---|---|---|
| | | 标准型 | 低噪声型 |
| 400 | 15.0 | 72 | 68.5 |
| 500 | 18.5 | 73 | 70.0 |
| 700 | 30.0 | 73 | 71.5 |

## 10.4.2　冷却塔几个测量参数的讨论

前面介绍了冷却塔测试中一些参数的测试规定，以下对其中几个参数作一些讨论。

1. 进塔空气干、湿球温度的测量

自然通风冷却塔进塔空气干、湿球温度的测量位置，规定为距塔边缘 15～30m，在地面以上 1.5～2.0m。问题是在该位置测得的空气干、湿球温度能否代表进塔空气的干、湿球温度。

如果在塔进风口外的广大范围，空气的干、湿球温度都相同，则与测量位置关系不大；如果空气的干、湿球温度在地面附近沿高程有显著变化，则测点应布置在进气量 $G$ 的 $G/2$ 流面上，将更具代表性。

对容量小的塔，进风口高度比较低，按规定测量也许误差不大，对容量大的塔，进风口高度比较高，仍沿用规定，就值得商榷。现在有很多工业塔测试，立一个 15～20m 的竖杆，用以测量干、湿球温度沿高度的变化，看来是必要的。

2. 自然通风冷却塔的风量测定

在自然通风冷却塔内测量通风量是一项困难的工作，且难以取得满意的成果。在英国、美国标准均规定要测塔内风量，但有人认为塔内气流速度的测量结果是不可靠的，其目的不是用以计算塔的风量，而是用作计算填料以上空气温度加权平均的权来使用。

塔内风量不易测准有很多原因，大致是：塔内气流在整体上是稳定的，但在某一点上是不稳定的，时大时小，甚至会出现负值，这是由这种气流的特性所决定的；由于配水系统的阻碍，流动分布很不均匀；空气饱和，一般风速表不能适应，同时在风速表的叶轮上有水蒸气凝结，改变了叶轮转速和风速的关系等。有鉴于此，有人提出了将冷却塔的设计和原体测试紧密相连，绕过这些不易测准的参数的方法。原体测试系统和测试与设计相关不紧密是提高冷却塔设计水平的主要障碍。

在不测量塔内空气量的情况下，英国标准中用下述方法求出自然通风冷却塔在测试条件下的风量：

(1) 计算设计条件下塔外和填料上的空气密度差。利用热平衡公式，算出设计条件下塔内空气比焓 $i_2$，假设填料上的空气为饱和，则可算出塔内空气密度 $\rho_2$；进塔空气密度 $\rho_1$ 为已知，其差 $\Delta\rho_d$ 可得。

(2) 求测试时的空气量 $G$：

1) 假设测试的空气量为设计值，求塔内外的空气密度差。若测得的水量为设计水量的 0.9，则测试时的气水比为

$$\lambda_t=\frac{G}{Q}=\frac{1G_d}{0.9Q_d}=1.1\lambda_d \tag{10-57}$$

式中下标“t”表示测试；“d”表示设计。

测试时的进塔空气参数及水温差 $\Delta t$ 为已知，同上可求得这种情况下的塔内外空气密度差 $\Delta\rho_{t_1}$。

2）设测试空气量为设计值的 1.1 倍，求这时塔内外的空气密度差 $\Delta\rho_{t_2}$。计算方法同上。

3）决定测试条件下的空气量。

$$H_e g(\rho_1-\rho_2)=R\rho_m\frac{V_0^2}{2}$$

设塔的总阻力系数 $\xi$ 为常数；在进出塔水温不变时 $\rho_m$ 近似取为常数，则可得：

$$\Delta\rho=\rho_1-\rho_2=\Delta\rho_d\left(\frac{G}{G_d}\right)^2 \tag{10-58}$$

将上述结果画在图 10-16 上来图解测试条件下的塔通风量。由 $\Delta\rho_{t_1}$ 及 $\Delta\rho_{t_2}$ 得图中曲线 1；由式(10-58)得曲线 2，两线交点 $C$ 对应的横坐标为 $G_t/G_d$，即待求的测试风量和设计风量之比，则测试条件下的风量可得。

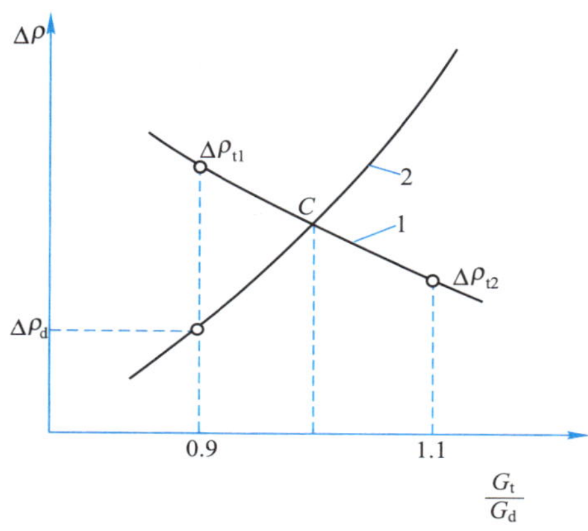


图 10-16 决定试验通气量

上述方法是基于以下的假设：

1）填料塔以上的空气是饱和的。这个假设在大多数条件下是正确或基本正确的。

2）假设塔的总阻力系数为常数，即气流 $Re$ 数已达到阻力平方区。这一假设不太正确：①室内的填料试验表明，其阻力大多不到阻力平方区；②雨区的阻力系数与塔内空气速度有关，但速度变化范围较小，影响不大。

3）$\rho_m$ 为常数。

3. 用热平衡计算塔内风量

在自然通风冷却塔收水器以上的空间，空气温度的稳定性及其分布的均匀程度，都比空气流速的情况好，所以可以利用出口的空气温度来计算塔的通风量，把测得的各点气流速度作为权，则计算出口平均温度的公式为：

$$\overline{t_2}=\left(\sum_{i=1}^{n}C_D v_i A_i \rho_i t_i\right)/C_D G \tag{10-59}$$

$$G=\sum_{i=1}^{n}n_i i_i A_i \tag{10-60}$$

式中 $A_i$——$i$ 点所代表的面积，$m^2$；

$C_D$——饱和空气比热，kJ/(kg·℃)；

$n$——整个塔面积上的分块数。

求得 $\overline{t_2}$ 后，认为空气是饱和的，则可求出出口空气的比焓 $i_2$。其他参数如空气的比焓 $i_1$、水量 $Q$、进水温度 $T_1$ 和出水温度 $T_2$ 均为已知，利用热平衡公式可求得塔内空气量 $G$ 为

$$G=\frac{CQ(T_1-T_2)}{i_2-i_1} \tag{10-61}$$

式(10-60)和式(10-61)空气量 $G$ 的差别在于，式(10-60)只是求式(10-61)过程的一部分；式(10-61)是用出口空气焓通过热平衡求出的。一般认为式(10-61)的精度高于式(10-60)。

4. 机械通风冷却塔的风量测定

机械通风冷却塔的风量是由风机提供的，速度比较稳定。根据以往的测量经验，在风机吸入侧收缩段的喉部断面用毕托管和微压计测塔的通风量是比较准确的，要注意毕托管容易堵塞，需经常通堵。当结构条件好时，在塔的进风口测风量也可以得到满意的结果。

在英、美标准中，机械通风冷却塔的风量也不直接测定，而是用测量风机配用的电机功率经计算求得。计算公式为

$$\left(\frac{Q}{G}\right)_{\mathrm{t}}=\frac{Q_{\mathrm{t}}}{Q_{\mathrm{d}}}\left(\frac{N_{\mathrm{d}}}{N_{\mathrm{t}}}\right)^{\frac{1}{3}}\left(\frac{Q}{G}\right)_{\mathrm{d}} \tag{10-62}$$

式中　$N_{\mathrm{t}}$——实测的风机配用电机功率；

$N_{\mathrm{d}}$——设计的风机配用电机功率；

其他符号同前。

### 10.4.3　冷却塔性能的评价

1. 冷却水温对比法

将冷却塔的实测水温差与同样条件下(与测试相同的气象参数、冷却水量、进塔水温)的设计水温差进行比较，即

$$\eta=\frac{\Delta T_{\mathrm{t}}}{\Delta T_{\mathrm{d}}}\times 100\% \tag{10-63}$$

式中　$\eta$——与设计相比实际达到的温降效果；

$\Delta T_{\mathrm{t}}$——实测冷却塔的水温降；

$\Delta T_{\mathrm{d}}$——设计的冷却塔水温降。

设计水温降的计算是将与试验条件相同的气象参数、冷却水量、进塔水温，代入设计程序，求出设计水温差。

测试工况一般不少于 3 个，将各工况的计算结果进行平均，即得该塔的实测温降效果。

对冷却水量小于 $1000\mathrm{m}^3/\mathrm{h}$ 的机械通风玻璃钢冷却塔，提出了一个简便的计算方法。该方法适用于进水温度 37℃，出水温度 32℃，进塔空气湿球温度为 27℃，大气压力 $9.94\times10^4\mathrm{Pa}$ 的标准设计工况。若测试时的工况和标准设计工况不同，则应进行换算修正，换算方法为：

(1) 将实测水温降换算为进塔水温 37℃时的水温降。换算公式为：

$$\Delta T_{\mathrm{B}}=\Delta T\left[1+\frac{T_1-\tau_1+45-\Delta T}{45(T_1-\tau_1)-\dfrac{\Delta T^2}{3}}(T_{\mathrm{B}}-T_1)\right] \tag{10-64}$$

式中　$\Delta T_{\mathrm{B}}$——进塔水温为 37℃时的水温降差，℃；

$\Delta T$——实测的水温降，℃；

$T_1$——实测的进水温度，℃；

$\tau_1$——实测的进塔空气湿球温度，℃；

$T_{\mathrm{B}}$——标准进水温度 37℃。

(2) 用图 10-17 将实测空气湿球温度化为标准工况 $\tau=27$℃时的塔水温降。

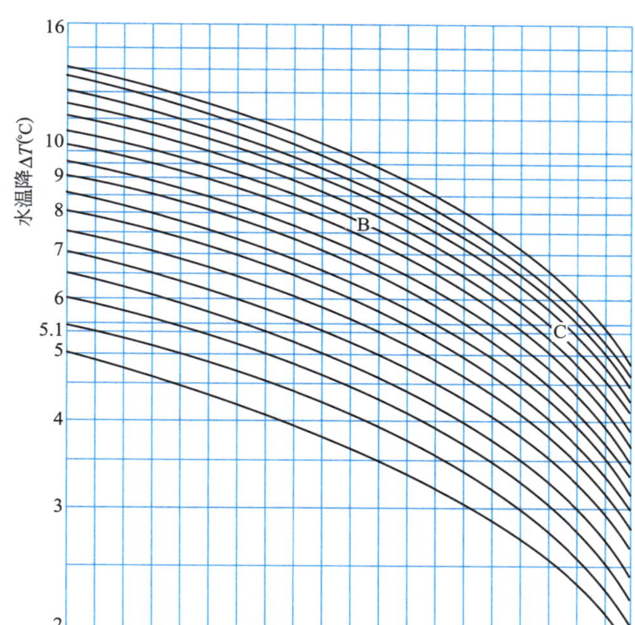


图 10-17　冷却塔 $\Delta T-\tau$ 曲线图

图解方法举例如下：设式(10-64)换算后的 $\Delta T_A=8$℃，实测的进塔空气湿球温度 $\tau=20$℃，在图中以横坐标 20℃和纵坐标 8℃得交点 $B$，过 $B$ 点作平行曲线与通过横坐标 27℃的垂线交于点 $C$，$C$ 点的纵坐标 $\Delta T_A$(5.4℃)，即为 $T_1=37$℃、$\tau_1=27$℃时的塔水温降。

(3) 评价。由式(10-63)得：

$$\eta=\frac{\Delta T_A}{5}\times 100\% \tag{10-65}$$

上式中 $\eta>90\%$即认为合格。

2. 冷却水量对比法

此法为将试验条件下的水量，修正到设计条件下的冷却水量，然后和设计冷却水量进行比较。其式为

$$\eta=\frac{Q_c}{Q_d}=\frac{G_t}{Q_d\lambda_c}\times 100\% \tag{10-66}$$

式中　$Q_c$——修正到设计条件下的冷却水量，$m^3/h$；

$Q_d$——设计冷却水量，$m^3/h$；

$G_t$——测试时的风量，$m^3/h$，也可以不是直接测得；

$\lambda_c$——修正到设计条件下的气水比。

$\lambda_c$ 值的计算程序如下：

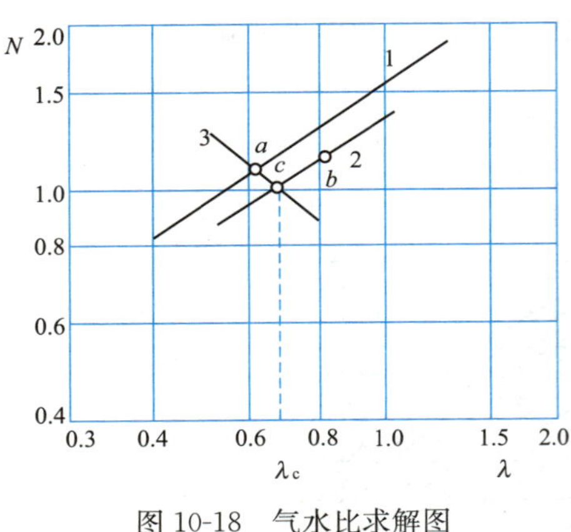

图 10-18 气水比求解图

(1) 计算出测试的冷却数 $N$。先将测试结果进行算术平均，再算出冷却数 $N$，在 $N-\lambda$ 关系图 10-18 上得到点 $b$。

(2) 将设计冷却塔时采用的特性曲线 1 画在图 10-18 上。

(3) 在同图上画出塔工作性能曲线 3。

$$N=\int_{T_2}^{T_1}\frac{c\mathrm{d}T}{i''-i} \tag{10-67}$$

(4) 设塔的实际运行特性曲线和设计特性曲线在图上平行，过点 $b$ 作线 2 平行于线 1，并交曲线 3 于点 $c$。点 $c$ 在塔的工作性能曲线 3 上，所以它满足塔的设计气象及水温参数，则 $c_c$ 为试验气水比。

(5) 代入式(10-66)，即可求得 $\eta$。

如果未给出塔的设计特性曲线 1，也可以选择两个以上不同气水比的试验点(最好能多些点以防止其偶然性)，算出相应冷却数。在图 10-18 中通过这些点做试验特性曲线。

3. 与塔的工作曲线 3 交于点 $c$，亦可求得 $c_c$。代入式(10-66)求 $\eta$。

式(10-66)中利用了关系 $c_c=G_t/Q_c$，实际应为 $c_c=G_c/Q_c$，$G_t\neq Q_c$，所以式(10-66)为近似式。当图 10-18 中 $b$、$c$ 两点较近时，$G_t\approx Q_c$，式(10-66)才较正确。所以考核试验工况条件应接近设计条件，否则式(10-66)误差较大。

一般认为式(10-63)和式(10-66)中 $\eta>95\%$时，达到设计要求。

## 10.5 冷却水的水质与水处理

### 10.5.1 冷却水的水质

1. 循环冷却系统中的盐类浓缩

循环水向大气中散发热量时会蒸发掉一部分水，所以会导致盐类的浓缩现象，盐类浓缩是冷却水处理中的一个重要概念。

(1) 循环水系统的水量平衡

图 10-3 所示为一个敞开式循环冷却水的流程，整个系统的循环水流量为 $Q$($m^3/h$)，但在循环过程中有蒸发、风吹、泄漏和排污 4 种不同形式的损失，进入系统的是补充水。由于冷却的需要，$Q$ 中有 $P_1\%$的流量以水蒸气的形式蒸发掉，这部分蒸发掉的水中不含盐分。在冷却塔喷洒过程中，有 $P_2\%$水量被风吹走。在管道和贮水系统有 $P_3\%$的流量渗漏掉。为了控制 $P_1\%$水量所引起的浓缩过程，必须人为地放掉 $P_4\%$的流量，称为排污水。由于在循环过程中，水量不断损耗，所以必然要不断补充新鲜水。补充水流量所占循环流量 $Q$ 的百分数 $P$ 即上述 4 项百分数之和。

(2) 浓缩过程及盐类浓缩倍数

补充水与循环水的含盐量是不同的。循环水中由于 $P_1\%$的水是以蒸汽形式散失的，其含盐量遗留在水中，使循环水的含盐量增大。设循环水的含盐量为$S_r$(mg/L)，补充水

的含盐量为 $S_m$(mg/L)，两者的比称为系统的浓缩倍数 $K$。

$$K=\frac{S_r}{S_m} \tag{10-68}$$

蒸发损失的百分数 $P_1$ 可以根据冷却塔蒸发水量进行计算，风吹损失百分数 $P_2$ 对一座给定的冷却塔来说，也是固定的，一般数值可查表，$P_3$ 可并入 $P_4$ 按排污量计算。

补充水的流量为 $Q(P_1+P_2+P_3+P_4)$($m^3/h$)，因此 $Q(P_1+P_2+P_3+P_4)S_m$ 代表了通过补充水进入循环水系统的含盐量(g/h)。在循环水的各种损耗当中，$P_1Q$ 水量不含盐分，其余水量的含盐量为 $KS_m$(mg/L)，故通过循环水损失的盐量为 $KQ(P_2+P_3+P_4)S_m$(g/h)。由于进入的盐量和漏失的盐量应该相等，故得：

$$Q(P_1+P_2+P_3+P_4)S_m=KQ(P_2+P_3+P_4)S_m$$

两边消去 $QS_m$，得到浓缩倍数计算公式：

$$K=\frac{P_1+P_2+P_3+P_4}{P_2+P_3+P_4}=\frac{P}{P-P_1} \tag{10-69}$$

从式(10-69)可以看出，在补充水百分数 $P$ 中，只有排污百分数 $P_4$ 是可以变化的，这说明，为了尽量减小补充水的流量以节约用水，只有通过尽量减少排污流量的办法才能达到，浓缩倍数 $K$ 的数值也必然因此增大。

在实际运行过程中用下列公式来计算浓缩倍数：

$$K=\frac{\text{循环水的 } Cl^- \text{ 浓度}}{\text{补充水的 } Cl^- \text{ 浓度}} \tag{10-70}$$

上式的依据为：当循环系统中 $Cl^-$ 仅仅从补充水进入，并无其他来源时，由于氯化物的溶解度很大，在系统中不会沉淀出来，系统中氯化物浓度在全部溶解盐类浓度中所占比例不会变化，故 $Cl^-$ 浓度与补充水的 $Cl^-$ 浓度之比也就代表了式(10-68)中的含盐量之比。但是，当由于处理药剂或其他原因，以致循环冷却系统中有其他 $Cl^-$ 来源，影响浓缩倍数的准确计算时，则应按浓缩系数的定义，改用在循环水中完全保持溶解状态而无其他来源的其他成分，按公式(10-68)的形式计算。$Mg^{2+}$ 或 $SiO_2$ 都是可选用的成分，但最好根据水质分析多选几种成分计算，以获得可靠的数据。

2. 循环冷却系统药剂浓度的降低规律

若对循环冷却水采用药剂处理，风吹、渗漏及排污过程中随着水量的损失会引起药剂的损失，在不考虑由于挥发以及与其他物质产生化学反应等情况所引起的药剂损失的情况下，药剂损失时间存在下列规律：

$$t=\frac{\ln(C_t/C_0)}{\ln(1-Q_b/V)} \tag{10-71}$$

式中 $V$——系统的水量总容积，$m^3$，

$Q_b$——循环水损失水流量，$m^3/h$；

$$Q_b=24\,(P_2+P_3+P_4)Q \tag{10-72}$$

$C_0$——药剂初始浓度，mg/L；

$C_t$——$t$ 天后的药剂浓度，mg/L。

将式(10-71)的分母展开成级数，略去 $Q_b/V$ 的高次方得近似值($-Q_b/V$)，并将分子改用普通对数形式，浓度从 $C_0$ 降低为 $C_t$ 的时间 $t$ 的近似公式：

$$t=\left(2.3\lg\frac{C_0}{C_t}\right)\frac{V}{Q_b} \tag{10-73}$$

式(10-73)对冷却水加药处理有重要的指导意义。

3. 循环冷却水的水质特点

敞开式循环冷却水系统最为常见，其水质特点与运行情况密切相关，它的水质情况也比较复杂。敞开式循环冷却水处理方法的原理也适用于其他循环冷却水系统。

循环水在运行中，水分的蒸发和散失会引起循环水含盐量的浓缩，并使某些盐类由于超过饱和浓度而沉淀出来，附着于设备和管道的内壁上，这种沉积物称之为水垢。水垢的大量析出会使热交换器热交换效率大大降低，也会使管道堵塞，对冷却水系统危害很大。循环水冷却过程中，冷却水与大气充分接触，冷却水中的溶解氧会增加，水中溶解氧增高后将促进与之接触的金属管材、设备等的腐蚀，同时冷却水盐类浓缩也使冷却水导电性增强，腐蚀速度加快。腐蚀会使冷却水系统使用寿命缩短，维修量增加，甚至威胁到安全生产。敞开式循环冷却水的温度、营养成分、溶解氧等条件也非常适合微生物的生长，微生物会产生黏性代谢物质，由微生物产生的垢称为黏垢，这些物质会附着在设备表面。同时大气中的多种杂质会不断通过冷却塔等敞开部分进入系统中，其中尘埃、泥砂、悬浮固体的沉淀会引起结垢，这种垢称为污垢。黏垢、污垢与水垢同样对冷却水系统危害很大。此外，在循环冷却水进行加药处理时，由于循环水处理药剂引起的化学反应产物，在水中还会增加新的沉淀物质。为表述方便，将循环水中的水垢、黏垢、污垢及其他沉淀物质统称为循环水的沉积物。

循环冷却水的处理问题可大致概括为对沉积物、金属腐蚀和微生物的控制。应该指出，沉积物、腐蚀和微生物三者间是互相影响和可以互相转化的。沉积物可引起腐蚀，为微生物生长创造条件；腐蚀产物能形成沉积物；微生物会引起沉积物和腐蚀的加重。这些关系必须在水处理中加以考虑。

### 10.5.2　循环冷却水处理

根据上节中介绍的冷却水特点，循环冷却水处理主要从沉积物控制、腐蚀控制、微生物控制三个主要方面入手。

1. 沉积物控制

循环水中的沉积物主要指水垢、黏垢、污垢。水垢主要成分是$CaCO_3$，污垢和黏垢主要是尘埃、泥砂、悬浮固体及微生物代谢产物。

(1) 控制水垢形成及析出

水垢的控制主要是指如何防止碳酸盐水垢等的形成及析出，主要有以下几种方法：

1) 排污

冷却水在冷却塔中会被脱出$CO_2$，引起碳酸盐含量增加，理论上各种水质都有其极限碳酸盐硬度，超过这个值碳酸钙就会从水中析出，因此，防垢的一种方法就是控制排污量，使得循环水中碳酸盐硬度始终小于此极限值。下面介绍排污量的估算方法。

为了使循环水中碳酸盐硬度始终小于此极限值，它的浓缩倍数的极限为

$$K=\frac{H'_T}{H_{T\cdot BU}} \tag{10-74}$$

式中　$H'_T$——循环水的碳酸盐硬度；

$H_{T\cdot BU}$——补充水的碳酸盐硬度。

由式(10-69)，最小排污率可按下式计算

$$P_4=\frac{P_1}{K-1}-(P_2-P_3) \tag{10-75}$$

用排污法解决结垢问题，无疑是一种最简单的措施。如果排污量不大，水源水量足以补充此损失量，而且在经济上也是合适的，则此法是可取的，否则应采用其他措施。

2）在冷却水中去除成垢的钙、镁等离子

从冷却水中去除钙离子的主要方法有以下两种：

① 离子交换法

采用的树脂多为钠型阳离子树脂。硬水通过交换树脂，去除 $Ca^{2+}$、$Mg^{2}$ 等，使水软化。

当原水浊度较高时，在离子交换前需经混凝、过滤等预处理，这就增加了其复杂性，要对其经济性进行分析。

② 石灰处理

补充水进入冷却水系统前，在预处理时投加石灰，能去除水中的碳酸氢钙，反应式为

$$CO_2+Ca(OH)_2 = CaCO_3+H_2O$$

$$Ca(HCO_3)_2+Ca(OH)_2 = 2CaCO_3+2H_2O$$

经石灰处理的水，由于碳酸盐硬度降低，可以减轻它在循环水系统中的结垢倾向。但经石灰处理的水，有时是碳酸钙的过饱和溶液，因此它在循环水系统中受热、蒸发和逗留的过程中，仍有可能出现碳酸钙沉淀。

为了消除石灰处理水的不稳定性，可以用添加少量酸液的办法，以保持水中钙离子和碳酸根离子呈现不饱和的状态，这称为水质再稳定处理。投加石灰所耗成本低，但灰尘大、劳动条件差。

③ 零排污

零排污指排污水经软化处理去除硬度和二氧化硅后再回到循环系统中，只需排除软化沉渣。零排污有两个办法，一个是把排污点设在来自换热器的管线上，热的排污水有利于软化过程，另一个是排污水与旁流水混合进行软化处理。旁流水指从循环流量中分出一部分流量来进行处理，该部分流量一般为总流量的 1%～5%，处理的目的主要是去除悬浮固体。

由于零排污的实施，现在国外的一些循环系统的浓缩倍数已达 25～50，某些甚至达到 100 以上。

3）循环水水质调整

① 加酸处理

常用的酸是硫酸，盐酸会带入氯离子，增加水的腐蚀性，硝酸则会带入硝酸根，促进硝化细菌的繁殖。其他酸如柠檬酸和氨基磺酸也可应用，但不普及。

硫酸与水中碳酸氢盐的反应为 $Ca(HCO_3)_2+H_2SO_4 = CaSO_4+2CO_2+2H_2O$。加酸量并不需要使水中的碳酸氢根完全中和，只要使留下的碳酸氢钙在运行中不结垢即可。为不致加酸过多，最好采用自动控制装置。

② 通 $CO_2$ 气体

有些工厂在生产过程中会产生多余的 $CO_2$ 气体，有的烟道气中也含有相当多的 $CO_2$

气体，如果将 $CO_2$ 气体或烟道气通入冷却水中，则可使下列平衡向左进行，从而稳定了重碳酸盐，反应式为 $Ca(HCO_3)_2 = CaCO_3 + CO_2 + H_2O$。

4）投加阻垢剂

在冷却水系统中或其他受热面上结垢都包括盐类结晶的作用，晶体形成的步骤会影响垢的形成，即形成过饱和溶液，生成晶核，晶核长大形成晶体。投加阻垢剂就是控制这些步骤中的一个或几个步骤，达到防垢的目的。阻垢剂主要可分为增溶、分散和结晶改良三类。增溶和分散都是使结垢成分处于溶解或分散悬浮状态，仍然保持在水中。结晶改良则是为了使结垢成分转化成泥渣。常用的阻垢剂有：

① 含有羧基和羟基的天然高分子物质，如丹宁、淀粉、木质素经过加工改良后的混合物，水解性好，分散度大，能吸附、螯合、分散成垢物质。

② 无机阻垢剂，以直链状的聚合磷酸盐为代表，它们在水中离解成的阴离子能与水中的钙、镁离子或其盐的粒子形成螯合环，或能吸附在碳酸钙的晶体上，阻止其长大。

③ 有机磷酸盐阻垢剂，其既具有很好的缓蚀性能又具有优异的阻垢性能，常用的有氨基三甲叉磷酸盐(ATMP)、乙二胺四甲叉磷酸盐(EDTMP)、二乙烯五甲叉磷酸盐(DETPMP)、羟基乙叉二磷酸盐(HEDP)，还有含硫、硅、羧基的有机磷酸盐。

④ 聚合羧基类阻垢剂，主要有聚丙烯酸盐、聚甲基丙烯酸盐、水解聚马来酸酐等，这些物质在投加量很低的情况下就有极佳的阻垢性能，生物降解性也好。

⑤ 共聚物类阻垢剂，这类物质主要由含有羧酸类单体和含有磺酸、酰胺、羟基、醚等不同单体共聚得到的水溶性共聚物或其盐。它们除了分散碳酸钙垢外，还可以分散锌盐垢、磷酸盐垢、金属氧化物、泥砂微粒等固态物质。常用的有马来酸与丙烯酸共聚物、丙烯酸/丙烯酸羟乙(丙)酯共聚物、丙烯酸/磺酸共聚物等。

5）物理处理技术

物理处理技术主要针对碳酸盐水垢为主的水质，优点是不产生环境污染问题，有磁化处理技术、电子除垢仪等。

(2) 污垢与黏垢的控制

污垢与黏垢的控制，上面提到的排污、旁路处理等方法同样适用，同时应该从源头入手，要尽量使冷却塔周围空气清洁，避免粉尘、砂土等杂物带进冷却塔，还可投加分散剂、表面活性剂等。由于这类污染物中的淤泥等与微生物、金属腐蚀等有关，所以，控制金属腐蚀和微生物生长也是其控制的主要内容。

2. 金属腐蚀控制

在冷却水系统中防止热交换器金属腐蚀的方法有阴极保护、牺牲阳极、涂层覆盖和缓蚀剂处理等办法，其中以缓蚀剂处理法最为常见并且效果显著。缓蚀的机理是在腐蚀电池的阳极或阴极部位覆盖一层保护膜，从而抑制了腐蚀过程。

缓蚀剂的分类方法有多种(表 10-4)，按成分可分为有机缓蚀剂和无机缓蚀剂两大类，无机缓蚀剂包括铬酸盐、磷酸盐、锌盐和正磷酸盐等，有机缓蚀剂包括胺化合物、磷酸盐、膦羧酸化合物、醛化物、咪唑、噻唑等杂环化合物。按所形成的膜不同有氧化物膜、沉淀膜和吸附膜 3 种类型。铬酸盐所形成的膜属于氧化物膜，磷酸盐、铝酸盐与锌酸盐等则形成沉淀膜，有机胺类缓蚀剂则形成吸附膜。按缓蚀剂抑制腐蚀的反应是阴极反应还是阳极反应可以分为阴极、阳极及两者兼有型缓蚀剂，在阳极形成保护膜的缓蚀剂称为阳极缓蚀剂，在阴极形成膜的则称阴极缓蚀剂。因为阳极是受腐蚀的极，如果缓蚀剂的剂量不够在系统中全部阳极部位形成膜的话，则无膜的阳极部位将由于受到全部腐蚀过程的集中侵蚀作用而迅速穿孔，情况甚至比不投加缓蚀剂还糟。在使用阳极缓蚀剂时必须特别注意缓蚀剂实际使用时有一个最佳剂量，使用前要经过严格的设计和科学实验。

**常用缓蚀剂的种类**　　**表 10-4**

| 无机缓蚀剂 | | 有机缓蚀剂 |
|---|---|---|
| 阳极缓蚀剂 | 阴极缓蚀剂 | |
| 铬酸盐<br>亚硝酸盐<br>钼酸盐<br>亚铁氯化物<br>硅酸盐<br>正磷酸盐<br>碳酸盐<br>钼酸盐 | 磷酸盐<br>锌盐<br>亚硫酸盐<br>重碳酸盐<br>三氧化二砷 | 有机胺、醛类<br>磷酸盐<br>杂环化合物<br>有机硫化合物<br>咪唑啉类<br>脂肪族羧基酸盐<br>可溶性油<br>带有烷基的邻苯二酚 |

（1）铬酸盐

常用的铬酸盐指铬酸钠 $Na_2CrO_4$、铬酸钾 $K_2CrO_4$、重铬酸钠 $Na_2Cr_2O_7$ 及重铬酸钾 $K_2Cr_2O_7$。起缓蚀作用的是阴离子。

铬酸盐具有阳极缓蚀剂及阴极缓蚀剂的双重性能。在相当高的剂量时，是一种很有效的钝化缓蚀剂，但在低剂量时，则起阴极缓蚀剂的作用。钝化剂的起始用量达 0.5～1g/L，并逐渐减到 0.2～0.25g/L 的正常运行浓度。铬酸盐使用的 pH 范围较广，在 6～11 内都适应，正常运行 pH 范围为 7.5～9.5。钝化剂有一个临界值用量，低于这个用量时，则有引起坑蚀的危险。

低剂量的铬酸盐虽然起阴极缓蚀剂的作用，但往往是和其他缓蚀剂配合使用，而不单独使用。单独使用时，剂量会过高。

铬酸盐起钝化作用的原理是由于在阳极部位形成一层掺有氧化铬的三氧化二铁保护膜，从而抑制了腐蚀过程。铬酸盐的阴极缓蚀作用则解释为吸附一层铬酸盐保护膜的作用，作为钝化剂使用时，铬酸盐对于铁、铜及铜合金、铝等金属都能起缓蚀作用。

（2）磷酸盐

磷酸盐指具有如下一类结构的化合物

$$MO-\left[O-\overset{\displaystyle O}{\underset{\displaystyle OM}{\overset{|}{\underset{|}{P}}}}\right]_n-OM$$

$n$ 平均值为 14～16。M 为 Na 或 K。

作为阻垢剂的聚磷酸盐，有很强的螯合能力，能与钙、镁、锌等二价离子形成稳定的螯合物。聚磷酸盐有阈限效应，缓蚀用量为 10～15mg/L(按 $PO_4^{3-}$ 计算)。pH 应该控制在 5～7 内。当循环水系统中有铜或者铜合金设备时，pH 应该取 6.7～7。聚磷酸钠是一种阴极缓蚀剂。缓蚀的机理目前认为是，聚磷酸根与水中钙离子缔合成一种带正电的胶体粒子，因而向腐蚀的阴极部位运动，并沉淀在阴极部位，起了阴极极化的作用。当这层沉积膜逐渐加厚时，腐蚀电流也就逐渐减弱，沉积也就缓慢下来，因而沉淀的厚度也就自动地控制住了。因此，在采用聚磷酸钠为缓蚀剂时，水中应该有一定浓度的 $Ca^{2+}$ 或 $Mg^{2+}$，而少量的铁离子也起了促进缓蚀作用。水中 $Ca^{2+}$ 浓度与聚磷酸钠浓度之比至少应为 0.2，最好能达 0.5。

聚磷酸盐是一种应用广，使用经验丰富的缓蚀剂，但值得注意的是聚磷酸盐会水解为正磷酸盐，从而使其浓度降低，尤其在高温条件下会加速，另外聚磷酸盐及其水解产物正磷酸盐都是微生物的营养成分，会引起微生物的生长，须注意控制微生物的生长。

(3) 有机胺类

用于冷却水系统中的有机胺类分子中一般含有一个憎水性的碳链（$C_8$～$C_{20}$）烷基和一个亲水性的氨基。亲水性的氨基易被吸附在金属表面形成单分子薄层吸附膜而起缓蚀作用。胺的使用浓度约为 20～100mg/L。由于这是靠吸附层来进行缓蚀，而吸附层在温度升高时容易被破坏，所以这类缓蚀剂应用时受温度的限制，一般不能超过 50℃，另外表面有油或污泥也会影响缓蚀层的形成，这是其应用的局限性。

(4) 复合缓蚀药剂

在现代的循环冷却水处理中，很少单用一种药剂来控制腐蚀过程，对循环水处理药剂的配方必须综合考虑腐蚀、结垢和微生物的控制，单一药剂是不能同时解决这些问题的，同时，利用两种药剂以上的配方，利用药剂间的协同作用可以减少剂量，不仅取得经济效益，还可以提高处理效果，因此目前出现了许多复合缓蚀剂，主要有锌/铬酸盐、锌/聚磷酸盐、聚磷酸盐/$PO_4$、锌/AMP、AMP/HEDP、聚磷酸盐/HEDP 等。

3. 生物污垢及其控制

(1) 生物污垢

循环冷却水系统中的微生物大体可分为藻类、细菌和真菌三大类。冷却水系统具备藻类繁殖的三个基本条件，即空气、阳光和水，藻类在构筑物上不断繁殖和脱落，易于在冷却水系统中形成污垢，危害很大。冷却水中的细菌有多种，按需氧情况分为好氧、厌氧和兼性细菌。冷却塔内的温度、营养物质也使细菌得以生长，细菌代谢会产生黏液，会导致黏垢的生成，而这类物质和水中的悬浮物黏合起来，会附着在金属表面。真菌没有叶绿素，不能进行光合作用，大部分菌体都寄存在植物的遗骸上，真菌大量繁殖时可以形成棉团状，附着于金属表面和管道上。上述微生物在冷却水系统大量繁殖，就会形成生物污垢，此垢会隔断化学药剂与金属的接触，使化学处理效果不能很好地发挥，同时会带来换热设备的垢下腐蚀，所以必须对生物生长繁殖加以有效控制。

(2) 杀生剂

添加杀生剂是控制微生物生长的主要方法之一。优良的冷却水杀生剂应具备以下条件：可杀死或抑制冷却水中所有的微生物，具有广谱性；不易与冷却水中其他杂质反应；不会引起木材腐蚀；能快速降解为无毒性的物质；经济性好。

由于这些要求，可用于冷却水杀菌剂的药品不多，一般人们把冷却水杀生剂分为氧化性杀生剂和非氧化性杀生剂。

1) 氧化性杀生剂

氧化性的杀菌剂是一种氧化剂，对水中可以氧化的物质都起氧化作用。由于氧化作用消耗了一部分杀菌剂，因此降低了它的杀菌效果。以下介绍常见的几种氧化性杀生剂。

① 氯

氯是冷却水处理中常用的杀菌剂。氯是一种强氧化剂，能穿透细胞壁，与细胞质反应，它对所有活的有机体都具有毒性，氯除本身具有强氧化性外，还可以在水中离解为次氯酸和盐酸，但当 pH 升高时，次氯酸会转化为次氯酸根离子，会使杀菌能力降低。以氯为主的微生物控制中，pH 在 6.5～7.5 最佳，pH<6.5 时，虽能提高氯的杀菌效果，但金属的腐蚀速度将增加。为杀死换热器中的微生物，系统中要保持一定量的余氯。在各种具体条件下，适宜的余氯量应通过实验确定。下面介绍一些冷却水加氯处理的一些经验参数。在直流冷却水处理中，以 0.5～2h 为一个加氯处理周期，在这个周期内保持余氯量为 0.3～0.8mg/L。在循环冷却水的处理中，余氯在热回水中的浓度，每天至少保持 0.5～1.0mg/L 的自由性余氯 1h。这些只是大致的情况，具体的投药量只能在具体生产条件下找出来，而污染严重的水，投药量必然要增加。

② 次氯酸盐

冷却水系统中常用的次氯酸盐有次氯酸钠、次氯酸钙和漂白粉。一般在冷却水用量较小的情况下，可以用次氯酸盐作为杀菌剂，这样可以避免为了防止氯气泄漏而采取的许多安全措施。近年来，次氯酸盐也常用来处理和剥离设备或管道中的黏垢，因此次氯酸盐也是一种黏垢剥离剂。

次氯酸盐在冷却水系统中能生成次氯酸和次氯酸根离子，它们的生成量是冷却水 pH 的函数，pH 降低，次氯酸的生成量增加，次氯酸根生成量减少；pH 升高，情况相反。次氯酸盐的杀菌效能和氯相似，使用中 pH 也是重要的控制参数。

③ 二氧化氯

用于冷却水杀菌时，二氧化氯与氯相比，有以下特点：二氧化氯的杀菌能力比氯强，且可杀死孢子和病毒；二氧化氯的杀菌性能与水的 pH 无很大关系，在 pH 为 6～10 范围内都有效；二氧化氯不与氨、大多数胺起反应，故即使水中有这些物质存在，也能保证它的杀菌能力，而且不像氯那样产生氯化有机物致癌物质；二氧化氯无论是液体还是气体都不稳定，运输时容易发生爆炸事故，因此，二氧化氯必须在现场制备和使用。

④ 臭氧

臭氧的化学性质活泼，具有强氧化性。它溶于水时可以杀死水中微生物，其杀菌能力强，速度快，近年来研究发现其还有阻垢和缓蚀作用。虽然如此，因制造臭氧的耗电量大，成本高，所以至今在冷却水处理系统中还没有广泛应用。

⑤ 溴及溴化物

以溴及溴化物代替氯主要是为适应碱性冷却水处理的需要，在碱性或高 pH 时，氯的杀菌能力降低。

目前可供冷却水处理的溴化物杀菌剂有卤化海因、活性溴化物等。

2) 非氧化性杀生剂

在某些情况下，非氧化性杀生剂比氧化性杀生剂更有效或更方便。在许多冷却水系统中常将二者联合使用。以下介绍几种常见的非氧化性杀生剂。

① 季铵盐

季铵盐类化合物很多，都可以用作杀菌剂。在循环水处理中，常用的有：

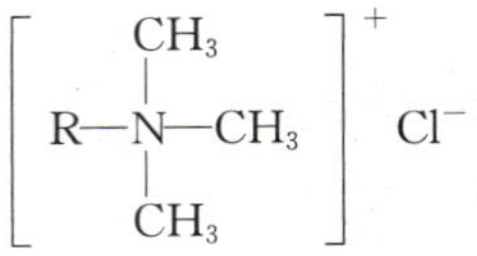

$$\left[\begin{array}{c} CH_3 \\ | \\ R—N—CH_3 \\ | \\ CH_3 \end{array}\right]^+ Cl^-$$

(R 代表 $C_{16}$～$C_{18}$ 的烷基)
烷基三甲基氯化铵

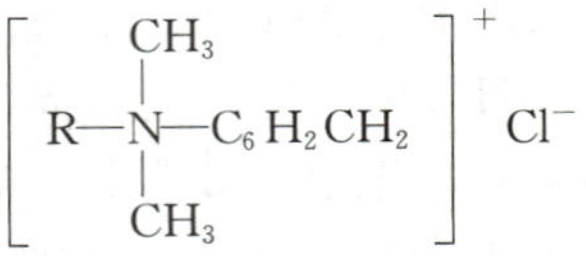

$$\left[\begin{array}{c} CH_3 \\ | \\ R—N—C_6H_2CH_2 \\ | \\ CH_3 \end{array}\right]^+ Cl^-$$

(R 代表 $C_{16}$～$C_{18}$ 的烷基)
烷基三甲基苄基氯化铵

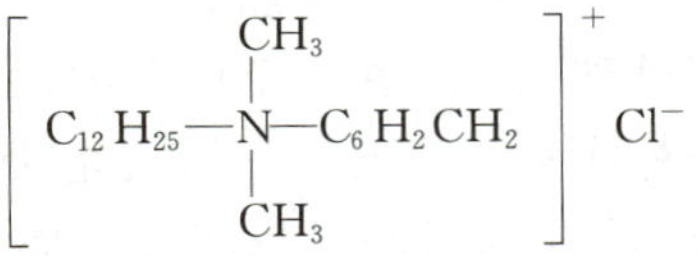

$$\left[\begin{array}{c} CH_3 \\ | \\ C_{12}H_{25}—N—C_6H_2CH_2 \\ | \\ CH_3 \end{array}\right]^+ Cl^-$$

十二烷基二甲基苄基氯化铵(新苯扎氯铵)

季铵盐是一种阳离子型的表面活性剂，具有渗透微生物内部的性质，而且容易吸附在带负电的微生物表面。微生物的生理过程由于受到季铵盐的干扰而发生变化，这是季铵盐杀菌的机理。由于季铵盐类具有渗透的性质，所以往往和其他杀菌剂同时使用以取得更好的杀菌效果，另外，在碱性 pH 范围，季铵盐类杀菌灭藻效果更佳。由于季铵盐具有表面活性，因此当水中含有大量灰尘、碎屑、油等杂质时，季铵盐会与这些物质相互吸附而降低其杀菌能力。当循环水中含盐量较高以及存在蛋白质及其他一些有机物等，也会降低季铵盐类的杀菌效果。季铵盐使用剂量往往比较高，而剂量高时会引起起泡的现象。

② 氯酚类

在循环水中常用的氯酚杀菌剂为三氯酚钠及五氯酚钠，其中五氯酚钠的应用最广泛。五氯酚钠为一种易溶解的稳定化合物，并与循环水中出现的大多数化学药品和杂质都不起反应。另外一些氯酚化合物，也可以在循环水中用作杀菌剂。用氯酚化合物作杀菌剂的剂量都比较高，一般达几十毫克每升。

把数种氯酚化合物和一些表面活性剂复合使用，组成复方杀菌剂，可以增加杀菌效果，因为表面活性剂降低了细胞壁缝隙的张力，从而增大了氯酚穿透细胞壁的速度，这样可以降低杀菌剂的用量。

## 【思考题】

1. 循环式冷却水系统与直流式冷却水系统的主要区别是什么?
2. 为什么湿球温度是冷却塔出水温度的极限值?
3. 循环冷却水系统中“浓缩倍数”的定义及其意义是什么?

# 第 11 章　腐蚀与结垢*

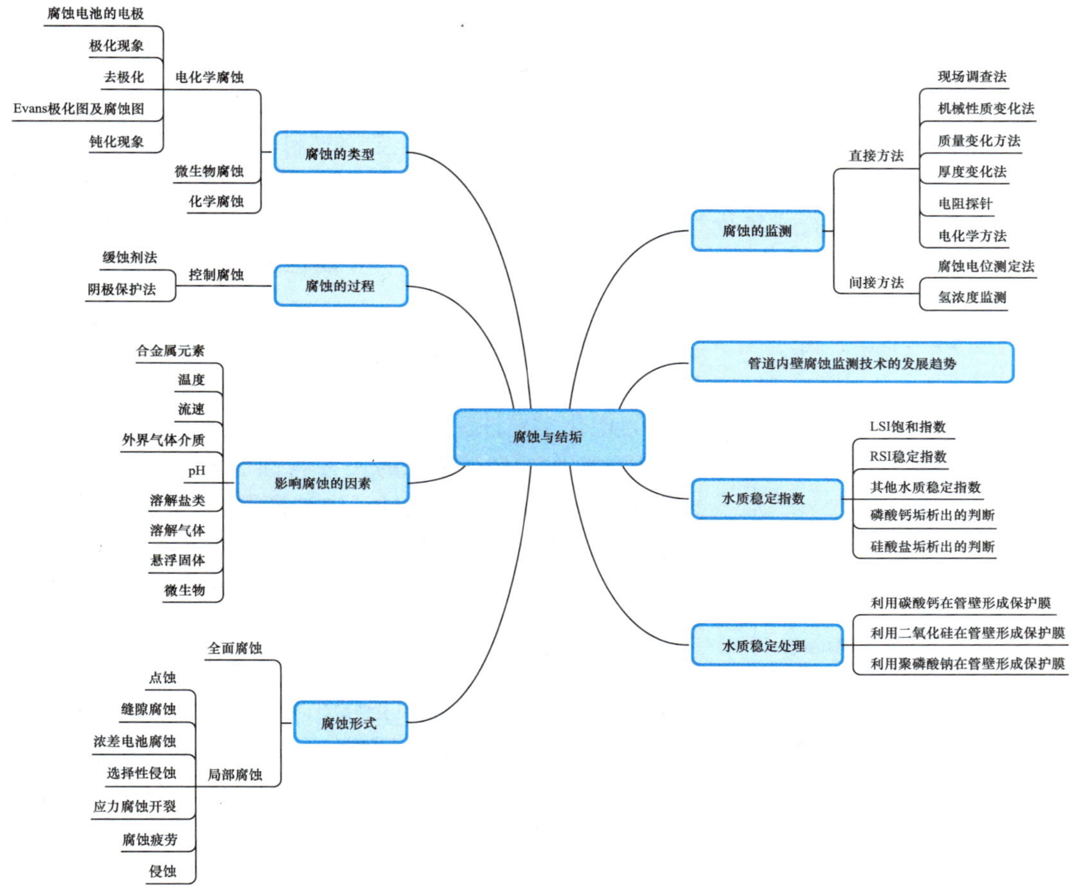


材料的腐蚀结垢给国民经济造成很大的损失，在给水排水工程领域也是如此。给水排水管道内壁的腐蚀、结垢使管道的输水能力下降，对饮用水系统来说还会出现水质下降的现象，对人的健康带来威胁。因此研究和控制水质的腐蚀和结垢对给水排水工程来说具有重大意义。

有的学者提出材料的腐蚀科学和技术为“工业生态学”(IE)的一部分，这是从可持续发展角度考虑的一种提法，因为其涉及材料和周围环境的相互作用，具有一定类似生命系统的随机和不断变化的属性。这也是 21 世纪可持续发展观念在腐蚀科学的延伸。

# 11.1　腐蚀的类型与过程

## 11.1.1　腐蚀的类型

所谓腐蚀就是由于与周围介质相互作用，材料(通常是金属)遭受破坏或材料性能恶化的过程。腐蚀也可以从以下几个方面定义：

(1) 由于材料与环境反应而引起的材料破坏或变质；

(2) 除了单纯机械破坏以外的材料的一切破坏；

(3) 从冶金的角度讲，腐蚀也可视为冶金的逆过程。

腐蚀的定义还可以扩展到陶瓷、塑料、橡胶和其他非金属材料。

腐蚀的分类有多种，一种是将腐蚀分为低温腐蚀和高温腐蚀，另一种是将腐蚀分为化学腐蚀(单纯由直接化合或氧化等化学作用引起的腐蚀，如金属和干燥气体接触时在金属表面上生成相应的化合物)和电化学腐蚀。在给水排水工程中腐蚀通常分为电化学腐蚀和微生物腐蚀两种。

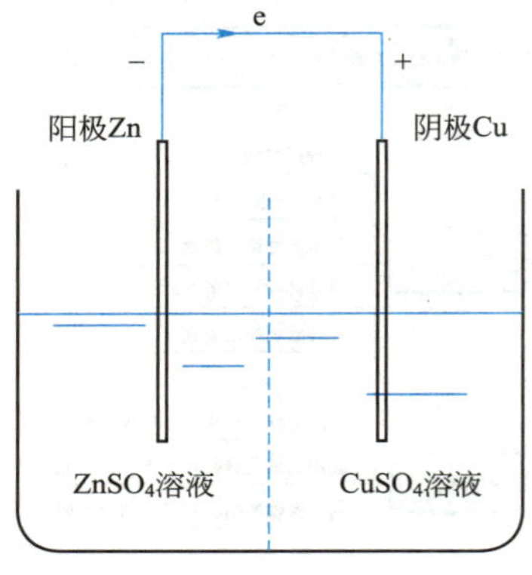


图 11-1　腐蚀原电池示意图

下面主要介绍电化学腐蚀和微生物腐蚀，并对金属与合金的化学腐蚀做简单介绍。

1. 电化学腐蚀

电化学腐蚀是很常见的一种腐蚀形式，经过一百多年的研究，人们提出了“腐蚀原电池模型”，腐蚀的过程就是原电池的工作过程。原电池的工作原理如下：

把一片锌片和一片铜片同时放入盛有稀硫酸的容器里，用导线将其连接起来，如图 11-1 所示。锌将溶于稀硫酸中产生锌离子(即产生了腐蚀现象)，所遗留的电子将使锌表面带负电，带负电的表面把带正电的锌离子吸引在附近，形成了双电层。铜片表面同样也出现一个双电层，但由于铜在水中电离的倾向极小，铜片上将吸附水中的铜离子而带正电荷。铜锌分别为正、负极，也是原电池的阴、阳极。原电池就是腐蚀电池，阳极是受到腐蚀的电极，阴极是产生沉淀物的电极。

电极反应如下：

$$Zn = Zn^{2+} + 2e^- \tag{11-1}$$

$$Cu^{2+} + 2e^- = Cu \tag{11-2}$$

总反应为

$$Zn + Cu^{2+} = Zn^{2+} + Cu \tag{11-3}$$

(1) 腐蚀电池的电极

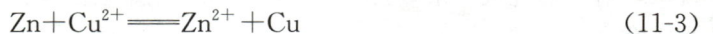

阳极发生的是氧化反应，即被腐蚀的电极，阴极发生的是还原反应。习惯上假定：电流方向为正极到负极，与电子的运动方向相反，因此在原电池中，阳极与负极对应，阴极与正极对应，但是在充电过程中则相反。

1) 电极电位

上述在阴阳极发生的电极反应导致在金属和溶液的界面上形成双电层，双电层两侧的电位差即为电极电位，也叫绝对电极电位，可以通过测量电池电动势的方法测出其相对电极电位。

2）标准电极电位

标准电极电位是指参加电极反应的物质都处于平衡状态(25℃，离子活度为 1，分压为 $1.0\times10^5$ Pa)时得到的电势。常用金属的标准电极电位可见附表 7。

（2）极化现象

电化学反应由于受到各种环境因素(物理因素和化学因素)的影响，而产生极化现象，也可以称为一种电化学反应的阻滞现象。所谓极化是指在接通原电池电路后出现电极电势偏离了理论电极电势值的现象。这种电极电势的偏差除了电阻引起的以外就是由于阴阳极的极化引起的。阴阳极的极化包括浓差极化和电化学极化。

1）浓差极化　浓差极化是由于离子扩散速率缓慢所引起的。在电解过程中，如果离子在电极上放电的速率较快而溶液中离子扩散速率较慢时，电极附近的离子浓度较溶液中其他部分的要小。在阴极上正离子被还原，当正离子浓度减小时，根据能斯特(Nernst)方程式可知，其电极电势代数值将减少；在阳极上负离子被氧化，当负离子浓度减小时，其电极电势代数值增大。总的结果使实际分解电压的数值增大。

2）电化学极化　电化学极化是由电解产物析出过程中某一步骤(如气泡的形成、原子结合成分子、离子的放电等)反应速率迟缓而引起的电极电势偏离平衡电势的现象。

（3）去极化

所谓去极化是指能消除或抑制原电池阳极或阴极极化的过程。能起到这种作用的物质叫作去极剂，也叫活化剂。

凡是在电极上能吸收电子的还原反应都能起到去极化作用。阴极去极化有如下几种类型：

1）阳离子还原反应

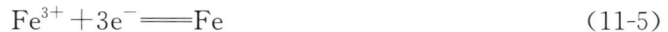

$$Cu^{2+}+2e^-=\!=\!=Cu \tag{11-4}$$

$$Fe^{3+}+3e^-=\!=\!=Fe \tag{11-5}$$

2）析氢反应

$$2H^++2e^-=\!=\!=H_2 \tag{11-6}$$

3）阴离子的还原反应

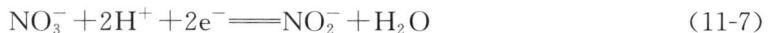

$$NO_3^-+2H^++2e^-=\!=\!=NO_2^-+H_2O \tag{11-7}$$

$$Cr_2O_7^{2-}+14H^++6e^-=\!=\!=2Cr^{3+}+7H_2O \tag{11-8}$$

4）中性分子的还原反应

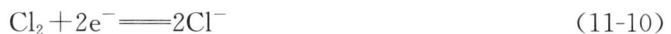

$$O_2+2H_2O+4e^-=\!=\!=4OH^- \tag{11-9}$$

$$Cl_2+2e^-=\!=\!=2Cl^- \tag{11-10}$$

5）不溶性膜或沉积物的还原反应

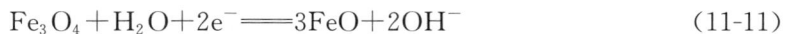

$$Fe_3O_4+H_2O+2e^-=\!=\!=3FeO+2OH^- \tag{11-11}$$

$$Fe(OH)_3+e^-=\!=\!=Fe(OH)_2+OH^- \tag{11-12}$$

在上述各类反应中，最重要最常见的两种阴极去极化反应是氢离子和氧分子阴极还原反应。铁、锌、铝等金属及其合金在稀的还原酸溶液中的腐蚀，其阴极过程主要是氢离子还原反应。锌、铁等金属及其合金在海水、潮湿大气、土壤和中性盐溶液中的腐蚀，其阴

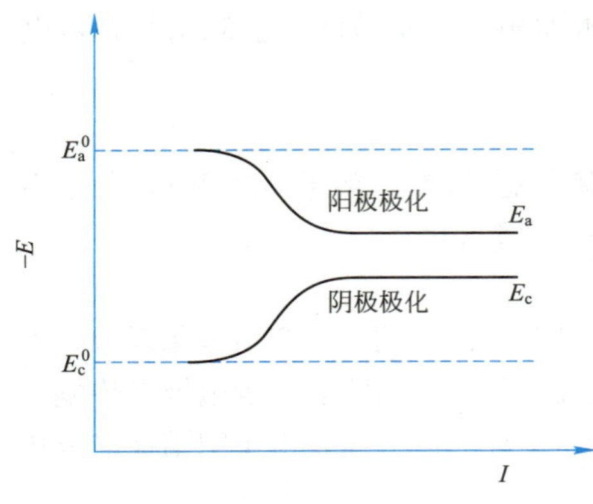


图 11-2　电极实际极化曲线

极过程主要是氧去极化反应。

(4) 伊文思(Evans)极化图及腐蚀图

在研究金属腐蚀时，常用图来分析腐蚀过程和腐蚀速度的相对大小，尤其在分析腐蚀速度的影响因素时，图显得很重要。表示电极电位与极化电流密度或极化电流强度之间关系的曲线称为极化曲线。极化曲线又分为阳极极化曲线和阴极极化曲线。

图 11-2 为实际极化曲线。

图 11-3、图 11-4 为伊文思极化图及腐蚀图。

图中把阴极极化曲线和阳极极化曲线用直线在一张图上简化地表示出来，其中 $PL$ 是阴极电位降曲线，$KL$ 是阳极极化曲线，$OM$ 是欧姆电位降曲线，$PN$ 是考虑欧姆电位降和阴极极化电位降的总曲线。伊文思(Evans)极化图中纵坐标代表电极电位 $E$，上端为负，下端为正，所以上端用 $-E$ 标出；横坐标表示电流强度 $I$。

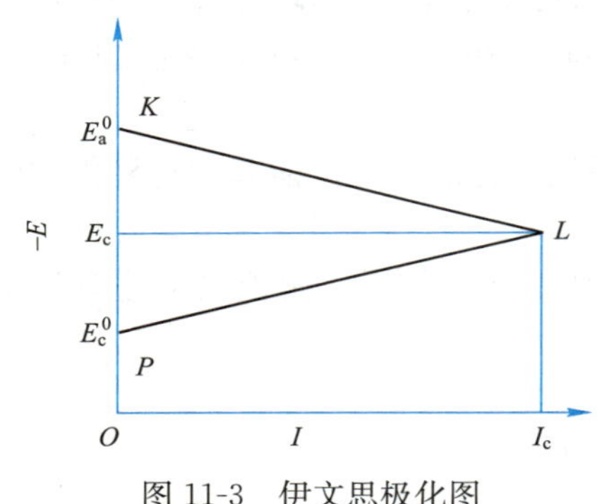


图 11-3　伊文思极化图

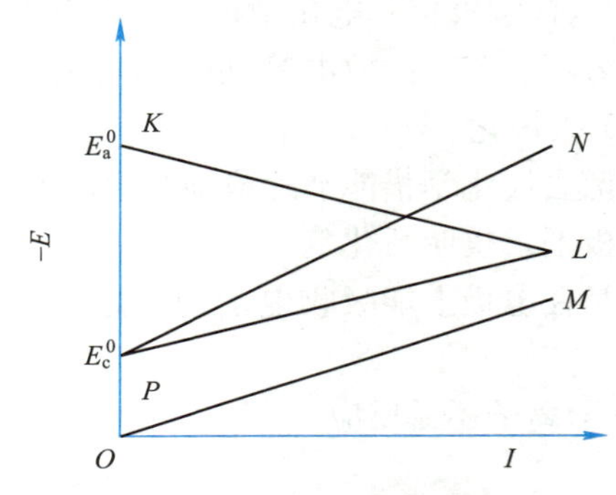


图 11-4　伊文思腐蚀图

当电流增加、电极电位移动不大时，表明电极受到的阻碍较小，即电极的极化率较小，极化率即极化曲线的斜率。阳极极化曲线 $KL$ 代表在电流强度趋于零的时候，电极电位为平衡电位 $E_a^0$，随着阳极溶解电流强度的增加，电极电位逐渐向正的方向移动。阴极极化曲线 $PL$ 则代表阴极还原反应在电流强度趋于零的时候电极电位处于平衡电位 $E_c^0$，随着电流强度的增加，阴极还原电位逐渐向负的方向移动。

腐蚀极化图是研究电化学腐蚀的重要工具，可以用来确定腐蚀控制因素，也可以用来分析腐蚀过程及影响因素等。

对单纯的金属腐蚀过程来说，阳极和阴极反应是一对共轭反应，阳极反应的速度等于阴极反应的速度，此时的极化电流强度相等，两条极化曲线交于 $L$ 点，此处对应的电位即为该金属的腐蚀电位 $E_c$。此时对应的电流密度为腐蚀电流密度 $I_c$。

为消除极化带来的测量误差，准确测定腐蚀电池的电极电位，通常以标准氢电极(SHE)为参比电极，测电极对 SHE 的相对电位，并假定标准氢电极的电极电位为零，然后用标准氢电极与另一电极组成电解池，即可测得该电极的电极电位。标准氢电极由浸没在氢离子($H^+$)活度等于 1 和氢气($H_2$)压力＝1atm＝0.101325MPa 溶液中带铂黑的铂片组成。

当用氢电极与锌电极组成电池时，发生下列反应：

$$Zn = Zn^{2+} + 2e^- \tag{11-13}$$

$$2H^+ + 2e^- = H_2 \tag{11-14}$$

总反应为

$$Zn + 2H^+ = Zn^{2+} + H_2 \tag{11-15}$$

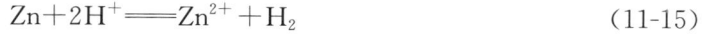

非标准状态下的电极电位可由能斯特(Nernst)方程得出，即

$$E = E^0 + \frac{RT}{zF}\ln\frac{[ox]}{[red]} \tag{11-16}$$

式中　$E$——电极还原单位(可参考附录 7)，V；

$E^0$——标准状态电极还原单位，V；

$R$——气体常数，8.314J/(K·mol)；

$T$——绝对温度，K；

$F$——法拉第常数，96485C/mol；

$[ox]$——氧化型；

$[red]$——还原型。

当以 25℃和其他常数代入并改用普通对数时，上式简化成

$$E = E^0 + \frac{0.059}{z}\lg\frac{[ox]}{[red]} \tag{11-17}$$

(5) 钝化现象

另外跟电化学腐蚀相关的还有一种现象，即金属的钝化现象，其定义为某些金属或合金在特殊环境条件下失去了化学活性，由活化态转为钝态，金属或合金钝化后具有的耐蚀性称为钝性。

引起金属钝化的因素有化学及电化学两种。化学因素引起的钝化，一般是由强氧化剂引起的，如硝酸、硝酸银、氯酸、氯酸钾、重铬酸钾、高锰酸钾以及氧等，另外有些非氧化性酸也能使金属钝化，如 Mg 在 HF 中的钝化，Fe 在 0.5mol/L 的 $H_2SO_4$ 溶液中，外加电流引起的钝化。钝化现象是金属活化极化的一种特殊情况，由于生成了表面膜或保护隔离层，金属在很大的氧化能力范围内是稳定的，在极强的氧化条件下，这类金属又失去了耐腐蚀性能。这种性质也被用来发展新的防腐方法。

多数钝化膜是由金属氧化物组成的。在一定条件下，铬酸盐、磷酸盐、硅酸盐及难溶的硫酸盐和氯化物也能形成具有保护性的成相膜。钝化膜与溶液的 pH、电极电位及阴离子性质、浓度有关。

人们普遍接受的钝化理论有以下两种。

1) 成相膜理论

该理论认为钝化金属的表面存在一层非常薄、致密且覆盖性能良好的三维固态产物膜。这种膜形成的独立相(成相膜)的厚度为 1～10nm。这些固相产物大多数为金属氧化物。此外，磷酸盐、铬酸盐、硅酸盐以及难溶的硫酸盐、卤化物等在一定条件下也可构成钝化膜。

2) 吸附理论

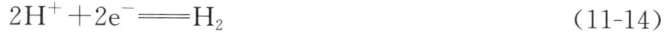

吸附理论认为，金属钝化并不需要生成成相的固态产物膜。只要在金属表面或部分表面上形成氧或含氧粒子的吸附层就够了，这种吸附层只有单分子层厚，可以是原子或分子

态氧，可以是 $OH^-$ 或 $O^-$。吸附层对金属或合金的活性阻滞有以下几种观点：

① 吸附氧饱和了表面金属的化学亲和力，使金属原子不再从晶格上移出，造成金属钝化；

② 含氧吸附层粒子占据了金属表面的反应活性点，如边缘等易于反应处，从而阻滞了金属的反应溶解；

③ 吸附改变了金属和电解质溶液之间的界面双电层结构，使金属阳极反应的活化能显著升高，从而降低了金属或合金的活性。

两种钝化理论在某种程度上都可以解释一些事实，都认为是在金属表面上形成了一层膜从而阻滞了金属或合金的溶解。区别在于成膜原因，吸附理论认为形成单分子层的二维吸附层导致钝化；成相膜理论认为要形成几个分子层厚的三维膜才能保护金属。实际上，金属在钝化过程中，在不同条件下，这两种理论可能分别起主导作用。

2. 微生物腐蚀

微生物腐蚀是由于微生物的生命活动直接或间接地对材料产生了腐蚀，这类微生物包括细菌也包括较大的藻类和原生动物。微生物腐蚀的本质原因是微生物参与了引起腐蚀的电化学反应。常见的如化工厂等的冷却水循环系统、热交换系统、污水处理管道、给水管道、热交换系统等都有微生物污染及腐蚀发生，腐蚀的材料也涉及金属和非金属。微生物对除钛合金之外的所有金属材料均有腐蚀。

生物是靠化学反应维持生存的，生物在代谢过程中会有以下几方面影响腐蚀：

(1) 直接影响阳极和阴极的反应；

(2) 影响表面保护膜；

(3) 形成腐蚀条件；

(4) 产生沉积物。

这些影响可以单独或同时存在，具体随环境和生物的种类不同而不同。

微生物按照在有氧或无氧条件下生存的能力而分类，需要氧才能进行代谢的称为好氧性微生物，反之，在缺氧或无氧环境中进行代谢的称为厌氧性微生物。

厌氧腐蚀是在厌氧条件下，一些厌氧菌利用氧化还原反应产生的能量进行生长，在此过程中使材料发生腐蚀。厌氧腐蚀的最典型例子是硫酸盐还原菌的腐蚀作用。硫酸盐还原菌的腐蚀过程如下：

阳极反应：

$$Fe \longrightarrow Fe^{2+} + 2e^- \tag{11-18}$$

阴极反应：

$$H_2O \longrightarrow H^+ + OH^- \tag{11-19}$$

$$2H^+ + 2e^- \longrightarrow H_2 \tag{11-20}$$

$$Fe^{2+} + S^{2-} \longrightarrow FeS \tag{11-21}$$

$$Fe^{2+} + 2OH^- \longrightarrow Fe(OH)_2 \tag{11-22}$$

硫酸盐还原反应中，六价的硫还原为两价的硫，在还原过程中起了去极化的作用，细菌得到能量。腐蚀的生成物为 FeS 和 $Fe(OH)_2$。

当水中有 $CO_2$ 时，$S^{2-}$ 和 Fe 的反应如下：

$$S^{2-} + 2H_2CO_3 \longrightarrow H_2S + 2HCO_3^- \tag{11-23}$$

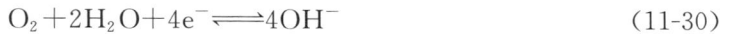

$$Fe^{2+} + H_2S \longrightarrow FeS + 2H^+ \tag{11-24}$$

整个反应过程由阴极去极化驱动，限制反应的因素是阴极上氢的消耗速度。由于甲烷菌、硫酸盐还原菌和乙酸菌在代谢过程中都需要氢进行代谢，这些菌在材料表面的生长在消耗电化学产生氢的同时对材料的腐蚀也起了促进作用。

由好氧菌引起的腐蚀，表现形式有两种：一是造成氧差电池引起的腐蚀。微生物附着处的氧相对缺乏而形成阳极，附近的表面上氧相对高的为阴极。电化学反应的结果是，金属在阳极溶解，电子迁移到阴极处与氧结合形成金属的氧化物及水化物。二是利用代谢产物引起的腐蚀。硫氧化菌能氧化元素硫、硫代硫酸盐、亚硫酸盐等，产生代谢产物硫酸，其腐蚀过程(以硫氧化菌为例)可以表示为：

$$4S + 6O_2 + 4H_2O = 4H_2SO_4 \tag{11-25}$$

硫酸离解：$H_2SO_4 \rightleftharpoons H^+ + HSO_4^-$　(11-26)

$$HSO_4^- \rightleftharpoons H^+ + SO_4^{2-} \tag{11-27}$$

金属阳极反应：$Me \rightleftharpoons Me^+ + e^-$　(11-28)

在酸性条件下，阴极氢还原：$2H^+ + 2e^- \rightleftharpoons H_2$　(11-29)

在中性或微碱性下，氧还原：

$$O_2 + 2H_2O + 4e^- \rightleftharpoons 4OH^- \tag{11-30}$$

腐蚀产物分别为：

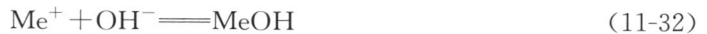

$$2Me^+ + SO_4^{2-} = Me_2SO_4 \tag{11-31}$$

$$Me^+ + OH^- = MeOH \tag{11-32}$$

微生物还可以对无机材料起到破坏的作用。硫酸盐还原菌释放的硫化氢被氧化成硫酸后对无机材料也可以产生腐蚀。另外真菌分泌的有机酸和微生物体外的多聚物都对水泥产生腐蚀作用。硫酸盐还原菌、硫氧化菌和硝化菌都会对无机材料造成腐蚀。

此外，硫酸盐还原菌和硫氧化菌可以循环发生作用。当雨季土壤潮湿并缺氧时，硫酸盐还原菌迅速生长，当干季空气渗透到土壤时，硫氧化菌又迅速生长。在一些地区，这种循环作用引起埋在地下的管线严重腐蚀。另外铁细菌能从水中吸收亚铁离子，将氢氧化铁或氢氧化亚铁沉淀到细胞壁附近，形成特征性的锈瘤结构，导致钢表面产生氧浓差电池，引发缝隙腐蚀。另外多数细菌产生二氧化碳，生成碳酸，也会使腐蚀性增强。

防止微生物腐蚀主要有以下几种方法：对理地钢结构应采用熔结环氧(FBE)、三层聚乙烯(3PE)或环氧煤沥青等专用防腐涂层，或采用混凝土包覆，以隔绝环境介质。此外，阴极保护系统(电位$\leqslant -850$mV vs. CSE)可与防腐涂层联合使用，协同抑制微生物腐蚀。对于循环水系统，需同时投加缓蚀剂和氧化性杀生剂(如 $ClO_2$)，并配合定期清管以消除生物膜。

另外诸如真菌、霉菌、水生物也可以引起腐蚀。这类生物吸收有机物并产生一定量的有机酸，对材料进行破坏。

3. 化学腐蚀

通常金属相对于其周围的气体是热不稳定的，根据气体成分和反应条件不同，将生成氧化物、硫化物、碳化物及氮化物等，或者生成这些产物的混合物。在室温时，金属或合金的这种不稳定性不严重，因为反应速度比较慢。但是随着温度的升高，反应速度加快，金属与环境介质中的气相或凝聚相物质发生化学反应而遭到破坏，这就是所谓的高温氧化，也称为高温腐蚀。在给水排水工程中这种情况不多见，而常见于化工、冶金、核反应堆及航空等领域。高温腐蚀的危害很严重，除了损坏金属，造成金属性能下降外，还会导致发生严重的事故。

### 11.1.2　腐蚀的过程

腐蚀的过程本质上是化学过程。以金属腐蚀为例，其腐蚀过程大多为腐蚀原电池的工作过程。

腐蚀原电池工作的基本过程为：

1. 阳极溶解过程：金属以离子形式溶解到溶液中，同时电子留在金属上。

以铁的腐蚀为例，阳极溶解的反应为：

$$Fe \longrightarrow Fe^{2+} + 2e^- \tag{11-33}$$

电流在阳极和阴极之间流动是通过电子导体和离子导体实现的，电子通过电子导体即金属从阳极迁移至阴极，溶液中的阳离子从阳极区迁移至阴极区，阴离子从阴极区向阳极区移动。从阳极迁移至阴极的电子被溶液中的氧化剂接受。

2. 阴极的反应为

$$H_2O + \frac{1}{2}O_2 + 2e^- \longrightarrow 2OH^- \tag{11-34}$$

阴极和阳极的产物发生下列反应：

$$Fe^{2+} + 2OH^- \longrightarrow Fe(OH)_2 \tag{11-35}$$

如果水中的溶解氧比较充足，$Fe(OH)_2$ 会进一步氧化，生成黄色的锈 FeOOH 或 $Fe_2O_3 \cdot H_2O$，而不是 $Fe(OH)_3$。如果水中的氧不充足，则 $Fe(OH)_2$ 进一步氧化为绿色的水合四氧化三铁或黑色的无水四氧化三铁。

其腐蚀过程如图 11-5 所示。

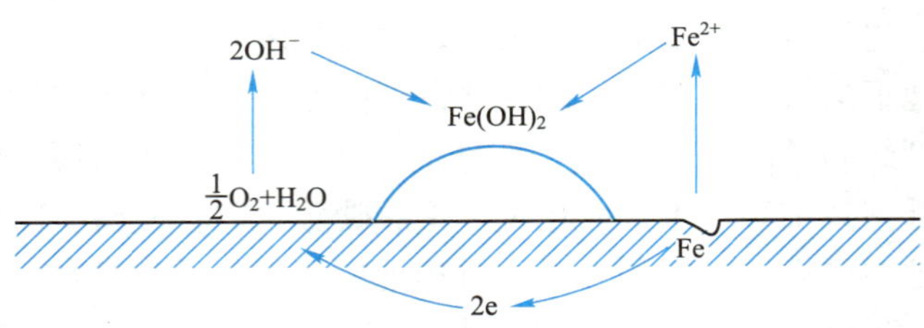


图 11-5　铁的腐蚀过程

由此可见，金属的腐蚀实际上就是金属的阳极溶解反应，因此，金属的腐蚀破坏仅出现在腐蚀电池中的阳极区，而腐蚀电池的阴极区是不腐蚀的。就简单的金属腐蚀来说，在金属的表面上同时等速地进行着一个阳极反应和一个阴极反应的现象称为电极反应的耦合。互相耦合的反应称为共轭反应，相应的腐蚀体系称为共轭体系。也就是没有考虑极化时的理想状态，此时金属表面没有电荷的积累，阳极反应释放出的电子恰好为阴极反应所消耗，两极的电极电位也不随时间变化而变化。

由上述可知，只要控制腐蚀过程中阳极反应和阴极反应中任意一个电极反应的速度，另一个电极反应的速度也会随之而受到控制，从而使整个腐蚀过程的速度受到控制。所以可以从以下几个方面控制腐蚀：

1. 缓蚀剂法

在腐蚀介质中，加入少量能降低腐蚀速率的物质以防止腐蚀，所加的物质称为缓蚀剂。缓蚀剂主要可分成无机缓蚀剂和有机缓蚀剂两大类。这部分内容已在第 10 章中述及。

2. 阴极保护法

所谓阴极保护法就是将被保护的金属作为腐蚀电池的阴极即原电池的正极或作为电解池的阴极而不受腐蚀。前者是牺牲阳极保护法，后者是外加电流法。

(1) 牺牲阳极保护法 即将较活泼的金属或其合金连接在被保护的金属上，使之形成原电池的方法。较活泼金属作为腐蚀电池的阳极而被腐蚀，被保护的金属则得到电子作为阴极而达到保护的目的。一般常用的牺牲阳极材料有铝合金、镁合金和锌合金等。牺牲阳极的表面积与被保护金属的表面积应有适当的比例，通常占被保护金属表面积的 1%～5%。

(2) 外加电流法 即在直流电源作用下，将被保护金属与另一附加电极形成电解池的方法。被保护金属作为电解池的阴极而达到保护的目的。常使用石墨或废钢作为阳极，阳极属耗材，需定期更换。

## 11.2　影响腐蚀的因素与腐蚀形式

### 11.2.1　影响腐蚀的因素

由于腐蚀是与周围介质相互作用使得材料遭受破坏或材料性能恶化的过程，因此，周围环境对材料的腐蚀影响很大，归纳起来主要有如下影响因素：

1. 合金元素

金属的氧化腐蚀过程主要受氧化膜离子晶体中离子空位和间隙离子的迁移所控制，因而可以加入适当的合金元素改变晶体缺陷，控制氧化速度。

此外不同金属或合金材料间如果彼此腐蚀电位相差较大，有可能形成一个大的腐蚀电池或发生电偶腐蚀。

2. 温度

随着温度的升高，金属氧化的热力学倾向减小，另外在高温下反应物质的扩散速度加快，氧化层出现的孔洞、裂缝等也加速了氧的渗透，因此大多数金属在高温下总的趋势是氧化，而且氧化速度增加的很大。很多氧化实验表明：氧化速度常数与温度之间符合阿雷尼乌斯(Arrhenius)方程：

$$\lg k = A - \frac{E}{2.303RT} \tag{11-36}$$

式中　$E$——氧化活化能，kJ/mol；

$R$——气体常数，J/(K·mol)；

$T$——开尔文温度，K；

$k$——反应速率常数；

$A$——指前因子。

可见，$\lg k$ 与 $T$ 的倒数呈线性关系，通过测量各个温度下的氧化速度 $K$，可以算出氧化活化能。对大多数金属及合金的氧化过程来说，$E$ 值通常为 21～210kJ/mol。

3. 流速

高流速促进腐蚀磨损，冲走起钝化作用的腐蚀产物；低流速增加沉积物，增加氧浓差腐蚀；降低缓蚀剂到达金属表面起保护膜作用。另外超高速的流体设备中，如离心泵的叶轮，还会引起空泡腐蚀。

4. 外界气体介质

在非金属化合物气态分子作用下的腐蚀环境中，金属合金的腐蚀特点表现在原始介质/金属界面内外同时产生不同的氧化产物。金属阳离子破坏了非金属化合物的极性共价键，并与其中的非金属阴离子组成金属化合物锈层，此时非金属化合物中另一非金属被还原，呈原子态存在于形成的外锈皮中，继续向金属原始表面扩散，进而融入金属，最后在金属深处形成内锈蚀物。

5. pH

酸溶性金属的氧化物在 pH 低时更易溶解，故腐蚀加重；两性金属的氧化物在低和高 pH 溶解，故在中间 pH 便于保护贵金属不腐蚀。另外 pH 对金属腐蚀速度的影响往往取决于该金属的氧化物在水中的溶解度对 pH 的依赖关系。

6. 溶解盐类

$Cl^-$、$SO_4^{2-}$ 能穿透钝化金属的氧化物保护膜，促进局部腐蚀。$Ca^{2+}$、$Mg^{2+}$ 和碱度可沉淀，产生保护层。此外，不同浓度、不同种类的酸也会产生不同的腐蚀效果，对于如盐酸等非氧化性酸，随着浓度的增加腐蚀会加剧，而对于如硝酸、浓硫酸等氧化性酸，随着浓度的增加，腐蚀速度有个最大值，当浓度达到一定值后，金属表面就会生成保护膜，使腐蚀速度下降。

另外，铁在稀碱溶液中的腐蚀产物为不易溶解的氢氧化物，对金属的腐蚀可以起到一定的抑制作用，但是，如果碱的浓度或温度升高，将使氢氧化物溶解生成铁酸盐，腐蚀速度又会增大。

在中性盐溶液中，腐蚀速度—浓度曲线上往往有一个最高点。

7. 溶解气体

(1) $CO_2$

$CO_2$ 溶解于水中，生成碳酸或碳酸氢盐，降低水的 pH，将有助于氢的析出和金属的溶解，促进腐蚀。

(2) $O_2$

$O_2$ 起阴极去极化作用，而缺 $O_2$ 处又能形成阳极区，促进金属腐蚀。一经除氧后水就没有腐蚀性了。当然在某些情况下，$O_2$ 也可以是钝化剂，使金属钝化，减缓腐蚀。

(3) $N_2$

$N_2$ 加重空蚀。

(4) $H_2S$

$H_2S$ 促进酸性侵害，形成沉积物。但是 $H_2S$ 对铝没有腐蚀。

(5) $Cl_2$

$Cl_2$ 促进酸性侵蚀，剥离缓蚀剂所形成的保护膜，但 $Cl_2$ 同时也是杀生剂，可以抑制微生物腐蚀。

8. 悬浮固体

悬浮固体能够形成沉淀物，促进氧浓差电池腐蚀。当流速较高时，这些悬浮物的颗粒对硬度较低的金属或合金产生磨损腐蚀。

9. 微生物

微生物促进酸腐蚀、氧浓差电池腐蚀、阴极去极化、原电池腐蚀。

### 11.2.2　腐蚀形式

金属腐蚀可分为全面腐蚀和局部腐蚀两大类。从工程技术上看，全面腐蚀相对局部腐蚀危险性小些，而局部腐蚀危险极大。从各类腐蚀失效事故统计来看，全面腐蚀占 17.8%，局部腐蚀占 82.2%（其中应力腐蚀断裂为 38%，点蚀为 25%，缝隙腐蚀为 2.2%，晶间腐蚀为 11.5%，选择腐蚀为 2%，焊缝腐蚀为 0.4%，磨蚀等其他腐蚀形式为 3.1%）。

1. 全面腐蚀(general corrosion)

全面腐蚀即腐蚀分布在整个金属表面上，一般属于微观电池腐蚀，如常说的铁生锈或金属的高温氧化。全面腐蚀可以为均匀腐蚀(uniform corrosion)也可以为非均匀腐蚀。均匀腐蚀也称均匀侵蚀(uniform attack)，指腐蚀均匀地分布在整个金属面上，因而腐蚀只是使整块金属面积上耗减同样的厚度，整块金属的厚度仍然保持均匀，故能够对其服务寿命做出较可靠的预测。如在冷却水系统中，碳钢换热器用盐酸、硝酸或硫酸等无机酸进行化学清洗时，如果没有在酸中添加缓蚀剂，碳钢会发生明显的全面腐蚀。又如在加酸调节 pH 的冷却水系统中，如果加酸过多，冷却水的 pH 降到很低时，碳钢设备也将发生明显的全面腐蚀。但是，均匀腐蚀的情况很少。

2. 局部腐蚀(localized corrosion)

局部腐蚀是与全面腐蚀相反的一种情况，指腐蚀集中在金属表面的某些部位。

(1) 点蚀(pitting)

点蚀是一种腐蚀集中在金属或者合金表面数十微米范围内且向纵深发展的腐蚀形式。点蚀表现为在金属表面出现麻点或许多小坑，故也称坑蚀。点蚀是由于金属表面形成很多高度活性的阳极部位所产生的。水中离子浓度差或氧气浓度差等都是这些阳极部位形成的原因。金属的高温部位，在冶金中原有的缺陷如表面的凹槽、刮痕和缝隙部位，也是形成阳极的部位。点蚀是一种极危险的腐蚀，因为它是一种局部但剧烈的腐蚀形态，点蚀严重的设备会在突然之间发生穿孔及泄漏，令人措手不及，而且点蚀的检查很困难，因为蚀孔小，又被腐蚀物或沉积物覆盖着。蚀孔通常向重力方向生长，一般蚀孔几个月或几年就能穿透金属，但在出现可以观察到的蚀孔前通常需要很长一段时间。

点蚀是金属溶解的一种特殊形式。蚀孔中金属的阳极溶解是一种自催化过程。如钢发生点蚀时，铁在蚀孔中溶解，生成 $Fe^{2+}$，使得蚀孔内产生过量的正电荷，使氯离子迁移到蚀孔内平衡电性，所以，蚀孔内会有高浓度的 $FeCl_2$，$FeCl_2$ 水解产生高浓度的 $H^+$ 和 $Cl^-$，结果使金属和合金溶解，而且这个自催化过程使反应过程加速。由于溶解氧在蚀孔内的浓度很低，所以溶解氧的阴极还原过程都是在蚀孔表面进行的，所以这部分表面称为腐蚀电池的阴极区而不被腐蚀。卤素离子与大多数点蚀有关，其中影响最大的还是氯离子、溴离子和次氯酸根离子。

点蚀的深度与阴极的大面积和活性阳极的小面积之比成正比例。点蚀的危害程度一般用点蚀系数(pitting factor)来表示。点蚀系数为点蚀坑的深度(以“mil”或“$\mu$m”为单位，1mil=1/1000 英寸，可取 1mil=25$\mu$m)与金属试样的平均腐蚀深度之比。平均腐蚀速率指材料在单位时间内的平均腐蚀深度，并以单位“mm/a”或“mpy(每年 mil 数)”表示。点蚀系数越大腐蚀越严重。

(2) 缝隙腐蚀(crevice corrosion)

缝隙腐蚀的腐蚀宽度一般在 0.025～0.1mm，通常发生在金属构件的连接部位，与点蚀不同的是，缝隙腐蚀可以发生在所有金属和合金上，且钝化金属及合金更容易发生。

(3) 浓差电池腐蚀(concentration-cell corrosion)

浓差电池腐蚀可能是最常见的一种腐蚀形式。水中各种溶解成分的浓度差都会使所接触的金属表面部位间形成腐蚀电池，其中最主要的是氧浓差电池腐蚀，如水线腐蚀(waterline corrosion)和垢下腐蚀(under-deposit corrosion)。在悬浮固体或腐蚀产物沉积所遮盖的金属部位，由于氧受到扩散阻力的影响，氧的浓度较附近无沉积物的部位低，使两个部位间产生电位差，形成了腐蚀电池，缺氧部位成为受腐蚀的阳极。

(4) 选择性侵蚀(selective leaching)

选择性侵蚀是合金出现腐蚀的一个类型，也叫选择性浸出。它指合金中某一种金属成分受选择性侵蚀作用而从合金基体中侵蚀出来。常见的有黄铜脱锌(dezincification)，黄铜因其中的锌受侵蚀的腐蚀现象，常见于冷却水黄铜管的脱锌，均匀型脱锌高发于高锌黄铜，而且总是发生在酸性介质中。局部脱锌似乎多发于低锌黄铜和中性、碱性或微酸性介质中。对于冷却水，一般是海水中容易发生均匀型脱锌，在淡水中容易产生局部型脱锌。黄铜脱锌的理论目前有两种：一种是由于锌比铜活泼，脱锌是黄铜表面层中的锌发生选择性溶解，而铜则还留在黄铜的表面层中；另一种是铜和锌一起溶解，之后锌离子留在溶液中，而铜则镀回到黄铜的基体上。

此外还有铜镍合金脱镍；铸铁石墨化(铸铁因其中的铁受侵蚀的腐蚀)；脱铝(青铜中的铝受侵蚀的腐蚀现象，也叫铜铝合金脱铝)等选择性侵蚀现象。

(5) 应力腐蚀开裂(stress corrosion cracking)

由机械的因素所产生的腐蚀现象，也称为应力腐蚀，也是局部腐蚀的一个大类。由于材料在环境中受的应力作用方式不同，腐蚀形式也不同，一般分为应力腐蚀、疲劳腐蚀、磨损腐蚀、湍流腐蚀、冲蚀等，在此类腐蚀中，受拉应力作用的应力腐蚀是危害最大的局部腐蚀形式之一，材料通常在没有明显预兆的情况下突然断裂。

应力腐蚀开裂是指金属材料在内部或外部应力和局部腐蚀侵蚀联合作用下产生开裂现象，有晶间开裂(intercrystalline crack)和穿晶开裂(transcrystalline crack)两种情况。应力腐蚀开裂一般发生在合金中，并与特殊的腐蚀介质联系在一起。例如，当碳钢在强碱性溶液中发生应力腐蚀开裂时即称为苛性脆化现象(caustic brittlement)，在硝酸盐溶液中发生应力腐蚀开裂时即称为硝酸脆化(nitrate brittlement)。应力腐蚀开裂的特点是，大部分表面实际上没有遭到破坏，只有一部分细裂纹穿透金属或者合金内部。应力腐蚀开裂能在常用的设计应力范围内发生，所以后果严重。

应力腐蚀开裂的主要变量是温度、溶液成分、金属及合金的成分、应力和金属结垢。这种腐蚀的裂纹外貌是脆性的机械断裂。应力可以有各种来源：外应力、残余应力、焊接应力以及腐蚀产物产生的应力。应力增大则腐蚀发生的时间缩短。

应力腐蚀开裂的发展可以分为三个阶段：

① 裂纹形成　腐蚀对裂纹的最初形成起主要作用，应力腐蚀开裂的裂纹常常是从蚀

孔底部开始的；

② 裂纹扩展　在裂纹的前沿存在高应力，而拉应力的作用对于撕裂保护膜很重要，裂纹端部保护膜受到破坏而不能修复使得裂纹继续扩展；

③ 开裂　裂纹扩展时，金属受力的截面积减小，单位截面上承受的拉应力增大，直至断裂。

（6）腐蚀疲劳（corrosion fatigue）

腐蚀疲劳是指当材料受到交变应力和腐蚀环境联合作用时所出现的脆性断裂。这种破坏要比单纯的交变应力或单纯的腐蚀作用所造成的破坏严重得多。在腐蚀疲劳的部位出现腐蚀纹，并逐渐发展成穿晶开裂，其危害仅次于应力腐蚀。

（7）侵蚀（erosion）

侵蚀是由于水的高流速所产生的金属腐蚀，分冲击湍流侵蚀和气蚀两类。当水流为紊动水流，特别是水流中含有大量的悬浮固体和溶解固体，或含有溶解或掺入的气体时，水流将损坏金属表面的氧化物钝化膜，并将金属磨损，出现马蹄形的坑，这种现象称为湍流腐蚀（impingement）。气蚀是由含有溶解或掺入了气体的水流引起的，并发生在高流速压力变化的条件下。当低压区所形成的气窝进入较高压力区时，由于气窝的塌陷会产生高达数百大气压的冲击压力，这种压力毁坏了金属表面的氧化膜，并把金属颗粒振落下来，这一现象称为气蚀（cavitation）。

### 11.2.3　腐蚀的监测

腐蚀监测的实践经验大部分来自化学、石油化学、炼油、动力等工业，并且已经在一些工业领域建立并得到应用。腐蚀监测可以分为直接方法和间接方法。

1. 直接方法

（1）现场调查法：这是最简单的腐蚀监测方法，它借助于一些观察工具对关注部位进行监测。在条件许可或必要的情况下，在产生腐蚀的部位取样，利用化学分析、金相分析以及各种电子光学微观分析方法进一步观察腐蚀破坏情况。在管道的腐蚀敏感部位的外壁上钻一些已知精确深度的小孔，使剩余深度等于腐蚀余量或为其一部分，当管道因腐蚀导致壁厚减薄至警戒孔时产生微小的渗漏，从而报警。这种方法是一种破坏性的方法，而且只能对局部位置进行观察，无法应用于海底长输管道的腐蚀监测。

（2）机械性质变化法：是一种物理试验方法。通过测定采样的拉伸强度、伸长率、硬度、断裂时间等参数，评定采样材料性能的变化。这种方法由于其操作不便、对试验器材的要求高且耗时长等缺点，实际工程中通常不采用。

（3）质量变化方法：包括腐蚀失重试片法和石英晶体微平衡技术。

① 腐蚀失重试片是一种直接暴露于腐蚀环境中的金属样片，该法的优点是可以同时进行几种材料的试验；可以提供如腐蚀率、腐蚀类型、腐蚀产物的情况以及焊接腐蚀和应力腐蚀等较多的信息和研究一些最普通的腐蚀形式；可以评价冶金因素对腐蚀形式和腐蚀速度的影响；此外，试验后的挂片还可以进行金相等方法的检验。评估包括简单的失重和局部腐蚀深度、氧化膜厚度测量和复杂的表面分析等，以确定表面腐蚀产物的组成和结构。该方法是被广泛使用的比较经济、简单的腐蚀检测方法，许多不同材料可以暴露在同一位置，并且可以根据试样获知确切的腐蚀类型。不过，此方法需要复杂的试验后分析，

无法实时监测；试验周期长，得到的结果往往是整个试验周期中产生腐蚀的总和，不适于现场使用；不能确定工艺参数短时间变化的腐蚀情况，而且试样的腐蚀行为不能真实地代表设备的腐蚀行为。因此，长期以来失重法只用于实验室或者暴露场的暴露试验。

② 石英晶体微平衡技术(QCM)：通过实时测量布置在腐蚀环境中的石英晶体质量的变化进行腐蚀监测，其分辨率可达 $10ng/cm^2$，可以测定几小时内大气腐蚀造成的质量变化，可以进行累积型测量和实时监测。

(4) 厚度变化法：是应用一些具有穿透性的元素测定关注部位的厚度变化的方法。

① 荧光化合物：荧光材料与铝合金腐蚀产生的铝离子结合或因腐蚀引起的环境中 pH 的变化而改变其光性能，通过检测传感材料的光性能变化，可以监测铝合金的腐蚀状况。早期用荧光物质进行腐蚀监测的是美国海军，研究的目的是寻找一种可以远距离探测舰船、飞机部件腐蚀的智能涂层材料。“美国海军航空作战中心(NAWC)飞机分布”材料实验室将开发智能化涂层材料进行腐蚀早期探测作为主要重点之一，从 1997 年开始研究利用荧光材料作为智能涂层进行腐蚀探测，目前已在荧光材料研制阶段取得了巨大进展。

② 光学纤维探测技术：由光源、探测器、传感元件和光纤维组成，因金属传感元件的腐蚀产物改变光线反射率，通过敏感的方法探测腐蚀。它具有径细、质轻、抗强电磁干扰、耐高温、集信息传输与传感一体、易于集成、可到达难以接近的待测区域等一系列优点，是一种智能型结构。

③ 声发射技术(Acousti Emission，简称 AE)：绝大多数材料都具有声发射特性，声发射技术就是用灵敏的仪器接收和处理声发射信号，通过对声发射源特征参数的分析和研究，推断出材料或结构内部活动缺陷的位置、状态变化程度和发展趋势。声发射信号是由材料缺陷本身发出的，对缺陷的变化极为敏感，而且声发射检测不受材料限制，可以长期连续地监视缺陷的安全性和超限报警。在腐蚀方面，声发射技术主要用于对设备的应力腐蚀破裂进行监测。

④ 电涡流法：是测量腐蚀量的非破坏性检测法之一。利用高频交变电流在探头的线圈中产生高频交变电场，当探头与覆盖层接触时，探头下面的导体产生电涡流，并对探头中线圈产生反馈作用，通过测量反馈作用的大小可导出覆盖层的厚度。就是使励磁线圈和测量线圈组为一体的探头沿热交换器管内壁移动，根据记录其输出结果就可以测量出管内存在的孔蚀或裂纹。

(5) 电阻探针(ER)

金属材料的电阻率主要受成分、加工工艺和温度等因素的影响，对确定的金属材料，其电阻率在一定温度下为定值，其电阻大小由几何尺寸决定。当金属材料发生均匀腐蚀时，根据其电阻变化可得到其腐蚀深度。根据这个原理生产出多种应用于不同系统的腐蚀探针，电阻腐蚀探针是较方便并可连续测量腐蚀的工具。1928 年，从第一次利用电阻法研究大气腐蚀起，20 世纪 60 年代在我国炼油系统已经广泛应用，这种方法不受腐蚀介质限制，在气相、液相、导电或不导电的介质中均可应用。测量时不必把试样取出，也不必清除腐蚀产物，因此可在生产过程中直接、连续地监测，具有灵敏、快速的优点。

(6) 电化学方法

电化学测试方法是一种比较好的无损检测方法，用于腐蚀监测的传感技术在 20 世纪 90 年代后期大多处于评价和开发阶段，没有一种主导技术，现有的许多电化学技术可以用于现场腐蚀监测。已用于腐蚀监测的电化学方法主要有电化学阻抗法(EIS)、线性极化法(LPR)、电化学噪声法(EN)、电化学调频法及光电化学法等。

电化学方法的主要优点是，能够快速响应，所得信息常常能与实验室中的背景研究直接联系，更有可能利用探测器来判断生产装置的腐蚀行为，增加了诊断的可靠性，有助于选择补救措施或控制系统。

① 电化学阻抗法(EIS)：电化学阻抗法是一种暂态电化学技术，属于交流信号测量的范畴，具有测量速度快，对研究对象表面状态干扰小的特点，它用小幅度交流信号扰动电解池，并观察体系在稳态时对扰动跟随的情况，同时测量电极的交流阻抗(交流阻抗谱)，进而计算电极的电化学参数。交流阻抗法非常适用低电导介质体系下的研究，可以通过交流阻抗谱分析得到不同频率范围内的极化电阻、双层电容、膜电阻、膜电容、缓蚀效率、反应机理等大量信息。因此，交流阻抗法在腐蚀科学中的应用主要集中在研究金属的腐蚀行为和腐蚀机理，研究涂层防护机理，研究和评定缓蚀剂，研究金属的阳极钝化和孔蚀行为等方面。最初测量电化学电阻采用交流电桥和李沙育方法等，这些方法既费时间又较烦琐，干扰影响也大。随着电子技术的发展，锁相技术和相关技术的仪器(如频率响应分析仪、锁相放大器等)被用于交流阻抗测试，它们的灵敏度高，测试方便，而且容易应用扫频信号实现频域阻抗图的自动测量。后来可以利用时频变换技术从暂态响应曲线得到电极系统的阻抗频谱，从而实现了在线测量，追踪电极表面状态的变化。

② 线性极化法(LPR)：极化阻抗或称线性极化技术，是工厂监测中测量腐蚀速度时广泛使用的技术之一。此种技术的测量简单迅速，可以对腐蚀速度进行有效的瞬时测量。当电流通过电极时引起电极电位移动的现象称为电极的极化。阳极的电极电位从原来的正电位向升高方向变化，阴极的电极电位从原来的负电位向减小方向变化。变化结果使腐蚀原电池两极之间的电位差(电动势)减小，腐蚀电流亦相应减小。电极极化作用对氧化反应与还原反应或对腐蚀电流的阻碍力与电阻具有相同量纲，称之为极化阻抗，其值越大，腐蚀电流越小。根据给腐蚀系统输入的电流脉冲 $\Delta I$ 是否稳定，极化法又可分为直流极化和交流极化法。

③ 电化学噪声法(EN)：电化学噪声技术是指腐蚀着的电极表面所出现的一种电位或电流随机自发波动的现象，这种波动称为电化学噪声。分析这些噪声谱不仅能给出腐蚀的过程，而且还可给出腐蚀的特点，如点蚀特征。它包括电化学电位噪声（EPN)以及电化学电流噪声（ECN)，反映了由于腐蚀发生引起腐蚀电位或电偶电流的微幅波动。电化学噪声法的优点是测量装置简单、不需要外来扰动，对被测体系没有干扰，可以采用数学方法进行分析，反映材料腐蚀真实状况，能精确确定初始点蚀及局部腐蚀趋势。但是，由于金属腐蚀过程中其本身的电学状态是随机波动的，其化学信号和腐蚀金属电极之间的关系迄今为止仍未建立完整的测试体系，因此不利于对金属腐蚀的监护和研究，其使用仍停留于实验室阶段。

④ 恒电量技术：恒电量测量方法是一种暂态测量技术，是将已知的小量电荷施加到金属电极上，根据金属体系在恒电量激励下的张弛过程，建立恒电量微扰下的物理模型并加以分析，解析获得多个电化学参数。它既可测定瞬时腐蚀率，又可把瞬时腐蚀率连续记录下来，进行图解积分得到平均腐蚀率。由于这种电化学暂态检测技术施加的电信号不仅微小，而且是瞬时的，测量的又是电位衰减变化，而电位衰减对工作电极面积大小不那么

敏感，因此就等量的扰动而言，它要比直流稳态线性极化电阻技术可以更快、更准确地测量瞬间腐蚀速度。

2. 间接方法

(1) 腐蚀电位测定法：是通过测定局部腐蚀的成长极限电位来判断设备有无发生局部腐蚀。在没发生局部腐蚀的环境，也可通过极化曲线推定腐蚀速度。由于该法具有操作和维修简单、响应速度快而适用于实时的自动控制等特点，它已成为电化学防腐蚀领域中的一种标准腐蚀诊断方法。

(2) 氢浓度监测：腐蚀过程能产生氢气，因为 $H_3O^+$ 在酸性溶液(或中性、碱性)中被还原为氢气，是金属腐蚀期间最主要的阴极反应之一。腐蚀反应产生的原子氢渗入金属，对设备有各种不同的破坏，最终的结果将导致设备的损坏。氢传感器能用来检测由腐蚀反应产生的氢。氢传感器目前主要有三种：压力型、真空型和电化学传感器。

### 11.2.4　管道内壁腐蚀监测技术的发展趋势

随着计算机技术特别是单片机技术应用的日益广泛和深入，腐蚀监测技术逐渐向智能化方向发展，以计算机技术为核心的智能化腐蚀监测仪逐渐成为腐蚀监测的重要发展方向。智能化腐蚀监测仪是以微处理器为核心，配置一定的硬件组成不同的模块，通过数据总线、控制总线、地址总线，采用传感器将检测得到的腐蚀信息转化为电信号，通过 A/D 和 D/A 转换成数字信号传输到微处理器进行试验控制、采集数据、计算出腐蚀量数据。国外管线中常采用的腐蚀监测技术有电化学噪声、电阻法和氢渗透等方法，实际应用中考虑对不同腐蚀状态的了解和腐蚀控制的需要，为了获得与实际腐蚀状况更符合的数据，常采用多种腐蚀监测技术联合监测，如在线使用 EN/LPR(电化学噪声/线性极化)、EN/LPR/HD (电化学噪声/线性极化/谐波分析)等联合探针进行实时监测，这样可获得全面腐蚀(均匀腐蚀)、局部腐蚀等多种信息。采用的腐蚀监测仪器一般是由测试仪器和微处理器组成的智能化腐蚀监测仪，它不仅能够测试、输出监测信号，还可以对监测信号进行存储、处理，满足动态的、快速的、多参数的、实时的测量和数据处理的需求。国外的一些企业沿着实时(Real-time)和在线(On-line)两个方向不断研制出了更新的监测仪器，在国内比较有市场影响力的腐蚀监测产品有英国的 eormonud 腐蚀监测产品、美国 Alabama Speeialty Products 公司的 Metal Sples 腐蚀监测系统和 Rollrback cosaco 公司的 RCS 腐蚀监测系统。

国内近年来出现了精度更高、适用面更广泛的、更容易操作的智能化便携式的腐蚀监测仪，主要有：CMB-1510B(弱极化法)、CCMW-9810(恒电量法)和能够用电阻探针、线性极化探针和氢探针等多种方法监测的 CMA-1000 腐蚀监测系统。但是，国内腐蚀监测技术在管道领域中的应用基本处于应用研究阶段，应用规模不大，目前的实际数据积累还不足以显示腐蚀监测的作用。

国外的管道腐蚀监测技术的发展不断融合新的理论、尝试先进技术，应用各种腐蚀监测技术联合进行实时监测，并开发完善腐蚀监测系统。在国内，无论腐蚀监测技术还是对腐蚀监测技术应用的认识还处于较低的水平，尤其是在管道内壁腐蚀监测技术上还需要深入研究。

## 11.3　水质稳定指数

结垢现象在给水排水管道中也常出现，其中碳酸钙是造成结垢的主要原因之一，除此之外还有磷酸钙垢及硅酸盐垢。这些水垢是否析出与水质条件有关，实际上在水—碳酸盐系统中表现为水的腐蚀性和结垢性：当水中的碳酸钙含量超过其饱和值时，就会出现碳酸钙沉淀(即结垢)；当水中的碳酸钙含量低于其饱和值时，则水对碳酸钙具有溶解的能力，能够将已经沉淀的碳酸钙溶解于水中。这种结垢型和腐蚀型的水都是不稳定的水。腐蚀型的水，对用混凝土或钢筋混凝土一类材料制成的管道来说，可从输水管壁中把碳酸钙溶解出来；对金属管来说，则是溶解掉原先沉积在金属表面的碳酸钙，从而使金属表面裸露在水溶液中，产生腐蚀过程。

下面对水垢析出的判断指数予以介绍。

### 11.3.1　LSI 饱和指数

碳酸盐溶解在水中达到饱和状态时存在着如下的平衡关系：

$$Ca(HCO_3)_2 \rightleftharpoons Ca^{2+} + 2HCO_3^- \quad (11\text{-}37)$$

$$HCO_3^- \rightleftharpoons H^+ + CO_3^{2-} \quad (11\text{-}38)$$

$$CaCO_3 \rightleftharpoons Ca^{2+} + CO_3^{2-} \quad (11\text{-}39)$$

从上述反应式可以看出，如果向水中加碱会使碳酸钙析出，如果碳酸钙在水中呈饱和状态，则上述反应处于平衡状态，重碳酸钙既不分解成碳酸钙，碳酸钙也不会继续溶解。此时水的 pH 称为饱和 pH，表示为 pHs。Langelier 推导出了计算 pHs 的公式，并以水的实际 pH 与 pHs 的差值来判断水垢的析出，这个差值被称为 Langelier 饱和指数，用 LSI (Langelier Saturation Index)表示，这是最早使用的鉴别水质稳定性的指数，其定义可以表示为：

$$LSI = pHa - pHs \quad (11\text{-}40)$$

式中 pHa 为水的实际 pH，pHs 为在同样温度下，原来的水—碳酸盐系统处于平衡状态时应具有 pH。

LSI 值与结垢的关系如下：

LSI>0：水中溶解 $CaCO_3$ 量超过饱和量，产生 $CaCO_3$ 沉淀，产生结垢；

LSI<0：水中溶解 $CaCO_3$ 量低于饱和量，溶解固相 $CaCO_3$，产生腐蚀；

LSI=0：水中溶解 $CaCO_3$ 量与固相 $CaCO_3$ 处于平衡状态，不腐蚀不结垢。

LSI>0 和 LSI<0 的水都是不稳定的水，而 LSI=0 时的水为稳定的水。水质稳定处理的目的即在于控制不稳定的水所产生的危害。

计算饱和 pH 即 pHs 的公式推导如下：

根据电中性原则和质量作用定律，中性碳酸盐水溶液中存在下列关系：

$$[AlK] + [H^+] = 2[CO_3^{2-}] + [HCO_3^-] + [OH^-] \quad (11\text{-}41)$$

$$[Ca^{2+}][CO_3^{2-}] = K'_S \quad (11\text{-}42)$$

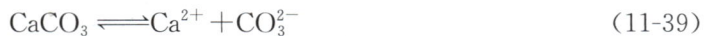

$$\frac{[H^+][CO_3^{2-}]}{[HCO_3^-]} = K'_2 \quad (11\text{-}43)$$

式中　AlK——以甲基橙为指示剂所测定的总碱度；

$K'_S$——碳酸钙的溶度积；

$K'_2$——碳酸的二级电离常数。

对上述各式进行简化合并整理后得：

$$pHs=pK_2-pK_S+pCa+p(AlK)+2.5\sqrt{\mu} \quad (11\text{-}44)$$

式中　$K_2$、$K_S$——以活度表示的碳酸二级电离常数和碳酸钙的溶度积；

$\mu$——离子强度。

另外还有人将上述计算饱和 pHs 的方法进行了简化，根据原水的 pH、AlK、钙硬度以及总溶解固体的化学分析值和水温，利用表 11-1 和式(11-45)可以计算出 pHs 值。

$$pHs=(9.7+A+B)-(C+D) \quad (11\text{-}45)$$

式中　$A$——总溶解固体；

$B$——温度系数；

$C$——钙硬度系数；

$D$——总碱度系数。

**系数对照表**　**表 11-1**

| 总溶解固体(mg/L) | $A$ | 温度(℃) | $B$ | 钙硬度或总碱度(以 $CaCO_3$ 计)(mg/L) | $C+D$ | 钙硬度或甲基橙碱度(以 $CaCO_3$ 计)(mg/L) | $C+D$ |
|---|---|---|---|---|---|---|---|
| 45 | 0.07 | 0 | 2.60 | 10 | 1.00 | 110 | 2.04 |
| 60 | 0.08 | 2 | 2.54 | 12 | 1.08 | 120 | 2.08 |
| 80 | 0.09 | 4 | 2.49 | 14 | 1.15 | 130 | 2.11 |
| 105 | 0.10 | 6 | 2.44 | 16 | 1.20 | 140 | 2.15 |
| 140 | 0.11 | 8 | 2.39 | 18 | 1.26 | 150 | 2.18 |
| 175 | 0.12 | 10 | 2.34 | 20 | 1.30 | 160 | 2.20 |
| 220 | 0.13 | 15 | 2.21 | 25 | 1.40 | 170 | 2.23 |
| 275 | 0.14 | 20 | 2.09 | 30 | 1.48 | 180 | 2.26 |
| 340 | 0.15 | 25 | 1.98 | 35 | 1.54 | 190 | 2.28 |
| 420 | 0.16 | 30 | 1.88 | 40 | 1.60 | 200 | 2.30 |
| 520 | 0.17 | 35 | 1.79 | 45 | 1.65 | 250 | 2.40 |
| 640 | 0.18 | 40 | 1.71 | 50 | 1.70 | 300 | 2.48 |
| 800 | 0.19 | 45 | 1.63 | 55 | 1.74 | 350 | 2.54 |
| 1000 | 0.20 | 50 | 1.55 | 60 | 1.78 | 400 | 2.60 |
| 1250 | 0.21 | 55 | 1.48 | 65 | 1.81 | 450 | 2.65 |
| 1650 | 0.22 | 60 | 1.40 | 70 | 1.85 | 500 | 2.70 |
| 2200 | 0.23 | 65 | 1.33 | 75 | 1.88 | 550 | 2.74 |
| 3100 | 0.24 | 70 | 1.27 | 80 | 1.90 | 600 | 2.78 |
| ≥4000 | 0.25 | 80 | 1.16 | 85 | 1.93 | 650 | 2.81 |
| ≤13000 | — | — | — | 90 | 1.95 | 700 | 2.85 |

续表

| 总溶解固体(mg/L) | $A$ | 温度(℃) | $B$ | 钙硬度或总碱度(以 $CaCO_3$ 计)(mg/L) | $C+D$ | 钙硬度或甲基橙碱度(以 $CaCO_3$ 计)(mg/L) | $C+D$ |
| --- | --- | --- | --- | --- | --- | --- | --- |
| — | — | — | — | 95 | 1.98 | 750 | 2.88 |
| — | — | — | — | 100 | 2.00 | 800 | 2.90 |
| — | — | — | — | 105 | 2.02 | 850 | 2.93 |
| — | — | — | — | — | — | 900 | 2.95 |

### 11.3.2　RSI 稳定指数

LSI 饱和指数在实际应用中可能出现错误判断的有两处，一是对同样的两个 LSI 值不能进行稳定性的比较。例如，75℃时 pHs 分别为 6.0 和 10.0 的两个水样，实际 pH 为 6.5 和 10.5，计算得 LSI 分别为+0.5 和+0.5，就 LSI 论则两者都是结垢性的，但只是第一个水样是结垢的，第二个水样实际是腐蚀性的；二是当 LSI 值在 0 附近时，容易得出与实际相反的结论。RSI 稳定指数(Ryznar stability index)是针对这些矛盾提出来的一个半经验性指数，其定义为

$$\mathrm{RSI}=2\mathrm{pHs}-\mathrm{pHa} \tag{11-46}$$

式中符号同前。可以看出，RSI 是利用 LSI 改变成的。RSI 的生产实际情况如图 11-6 所示。雷诺纳(Ryznar)通过试验提出了经验稳定指数 RSI 的范围：

RSI＜6　　结垢

RSI＝6　　不腐蚀不结垢

RSI＞6　　腐蚀

如果计算前面两个水样的 RSI 值则分别得+5.5 和+9.5，按上述范围即可对水质的稳定性加以区别，第一个水样是结垢型的，第二个水样是腐蚀型的。并得出与实际情况一致的结论。这一例子说明 RSI 在实际应用中的优点。

实践中往往同时用两个指数来判断水质的稳定性，使判断结果更趋于可靠。

### 11.3.3　其他水质稳定指数

在生产实践中，水质稳定往往是个经验问题，为了更好地对其定性和定量，许多研究人员进行了大量的研究，也提出了更加符合实际的一些经验指数，下面就介绍几个。

1. PSI 稳定指数

帕克瑞尔斯(Puckorius)在 1979 年认为水的碱度能比水的实测 pH 更正确地反映冷却水的腐蚀结垢倾向。经过对几百个冷却水系统做了研究后，他认为将稳定指数中水的实际测定 pHa 改为平衡 pHe 将会更切合生产实际，它实际是 RSI 的一个修改形式，定义为

$$\mathrm{PSI}=2\mathrm{pHs}-\mathrm{pHe} \tag{11-47}$$

pHe 为帕克瑞尔斯(Puckorius)根据多年循环冷却水实际数据得出的平衡 pH，用下面的公式计算：

$$\mathrm{pHe}=1.465\lg M+7.03 \tag{11-48}$$

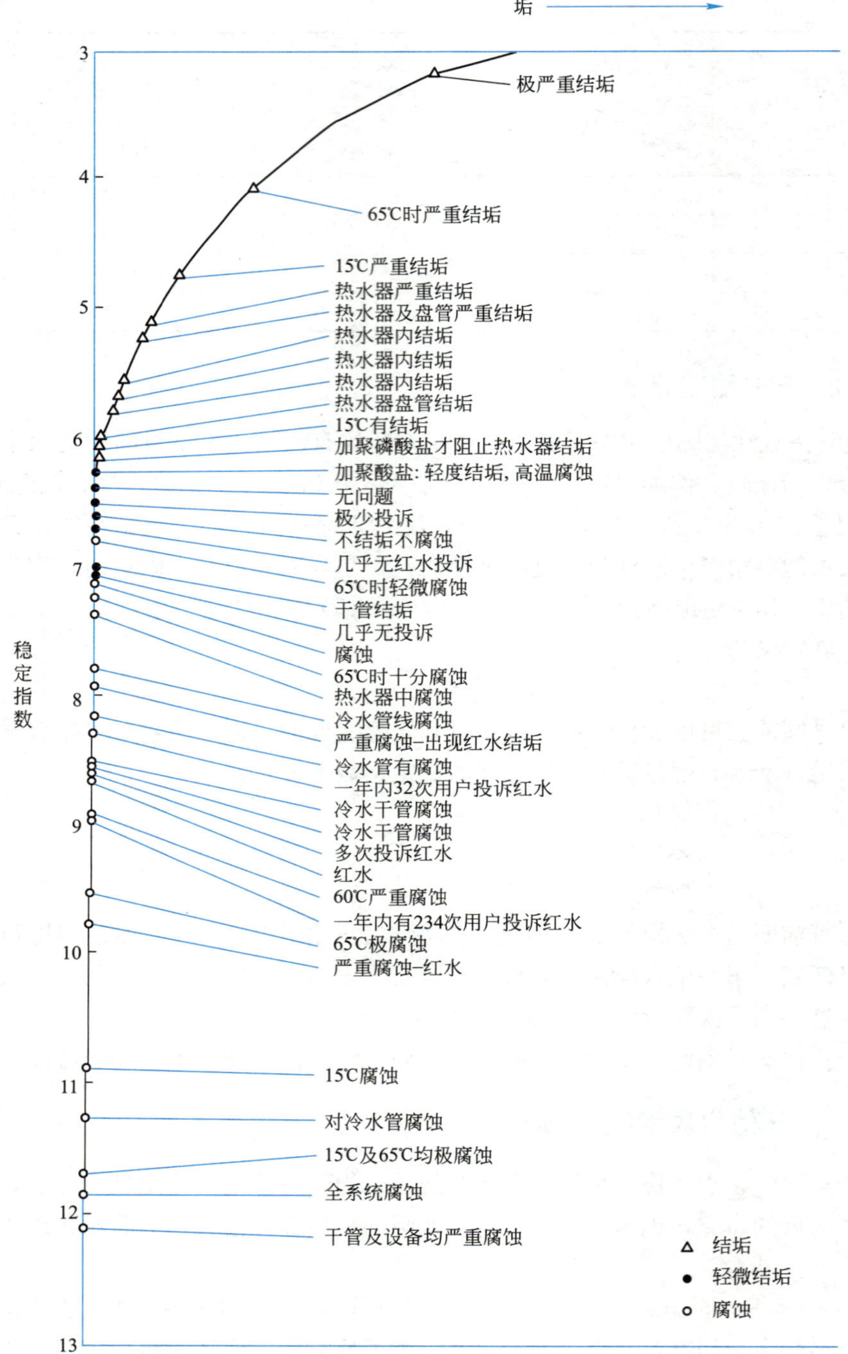


图 11-6　稳定指数 RSI 的生产实际情况

式中 $M$ 为水的总碱度，以“mg/L”计。帕克瑞尔斯(Puckorius)的研究表明，PSI 比 LSI 和 RSI 更能准确地预测结垢的条件，并被多个厂的实际证实为正确的。

2. $pH_C$——临界 pH

1972 年费特勒(Feitler)用实验方法测出结垢水的实际 pH，即临界 pH，表示为 pHc。

当水的 pH 大于它的临界 pH 时就会结垢；小于临界 pH 时则不会结垢，所以，临界 pH 与饱和 pH 类似，两者的不同之处在于饱和 pHs 是计算值，临界 pHc 是实测值，其数值一般要比 pHs 高，通常要高出 1.7～2 pH 单位。当 $pH<pH_C$ 时，水是腐蚀性的；$pH>pH_C$ 时，水是结垢性的。

3. ME 暂时过量

戴(Dye)于 1958 年提出暂时过量(momentary excess)的概念，ME 定义为：

$$[Ca^{2+}-ME][CO_3^{2-}-ME]=K_S \tag{11-49}$$

容易看出，上式为溶度积的表达式，ME 表示超过溶度积 $K_S$ 所允许的 $CaCO_3$ 溶解量浓度，是应该从水中沉淀出来的部分，所以称“暂时过量”。从上式可以解出 ME 的表达式。当 ME 值为正、零或负时，除可以定性地表示水的结垢、稳定和腐蚀性质外，还定量地给出从水中沉淀出来的 $CaCO_3$ 量，以及应该溶解在水中的 $CaCO_3$ 量。

4. DFI 推动力指数

麦克考利(Mc Cauley) 1960 年提出推动力指数 DFI(driving force index)，定义为：

$$DFI=\frac{[Ca^{2+}][CO_3^{2-}]}{K_S} \tag{11-50}$$

DFI 为 1.0 时，表示水中 $CaCO_3$ 恰好饱和；DFI 大于 1.0 时，表示水中溶解的 $CaCO_3$ 过饱和，小于 1.0 时水中 $CaCO_3$ 欠饱和。

此外还有一些针对不同地区的水质稳定指数，这是因为参与水质腐蚀的因素很多，不同地区这些危害所起的作用是不同的。

另外对磷酸钙垢和硅酸钙垢的析出判断也做简要介绍。

### 11.3.4 磷酸钙垢析出的判断

聚磷酸盐是循环冷却水中常用的缓蚀剂或阻垢剂，它在水中可以水解为正磷酸盐，其中的正磷酸根离子可以与钙形成溶解度小的磷酸钙沉淀析出。为了能预测磷酸钙垢的析出，提出了饱和 pH 概念，原理是磷酸钙在水中存在着如下的平衡关系：

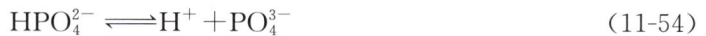

$$Ca_3(PO_4)_2 \rightleftharpoons 3Ca^{2+}+2PO_4^{3-} \tag{11-51}$$

$$H_3PO_4 \rightleftharpoons H^++H_2PO_4^- \tag{11-52}$$

$$H_2PO_4^- \rightleftharpoons H^++HPO_4^{2-} \tag{11-53}$$

$$HPO_4^{2-} \rightleftharpoons H^++PO_4^{3-} \tag{11-54}$$

根据质量作用定律和溶度积原理可从上述四个反应式中得到磷酸的一级、二级、三级电离常数 $K_1$、$K_2$、$K_3$ 以及磷酸钙的溶度积 $K_S$：

$$K_1=\frac{[H^+][H_2PO_4^-]}{[H_3PO_4]} \tag{11-55}$$

$$K_2=\frac{[H^+][HPO_4^{2-}]}{[H_2PO_4^-]} \tag{11-56}$$

$$K_3=\frac{[H^+][PO_4^{3-}]}{[HPO_4^{2-}]} \tag{11-57}$$

$$K_S=[Ca^{2+}]^3[PO_4^{3-}]^2 \tag{11-58}$$

将上述四个式子合并整理得

$$2\lg\left(\frac{K_1K_2K_3}{K_1K_2K_3+[H^+]^3+K_1[H^+]^2+K_1K_2[H^+]}\right)-\lg K_S$$
$$=-3\lg([Ca^{2+}])-2\lg(P) \tag{11-59}$$

其中 $P=[H_3PO_4]+[H_2PO_4^-]+[HPO_4^{2-}]+[PO_4^{3-}]$

上式左边两项为 pH、温度因素，右边两项则分别为钙和磷酸盐因素。

### 11.3.5 硅酸盐垢析出的判断

$SiO_2$ 很容易与水中的 $Ca^{2+}$ 或 $Mg^{2+}$ 生成硅酸钙或硅酸镁水垢，如果这种水垢中再含有 $Al^{3+}$ 或 $Fe^{2+}$，则清洗变得十分困难。因此常限制冷却水中的 $SiO_2$ 含量不超过 175mg/L。但是当镁的含量大于 40mg/L，加上高浓度的钙时，即使 $SiO_2$ 含量低于 150mg/L，还是会产生硅酸镁水垢。硅酸镁的溶度积常被用来控制硅酸镁水垢，镁离子浓度和硅酸浓度的乘积小于 15000 时认为不会产生硅酸镁垢。当然，硅酸镁盐垢的形成还与水的 pH 以及其他离子的存在与否有关。

## 11.4 水质稳定处理

水质稳定问题是水处理当中非常重要的一部分，有很多因素能够引起水质腐蚀和结垢，有关这些因素以及水质处理、药剂的作用机理等问题已在第 10 章中论述。在本节主要介绍由水的碳酸盐系统不平衡引起的水的腐蚀和结垢问题，主要的水质稳定指数也是以碳酸盐系统的平衡为理论依据的。本节仅介绍一般用于饮用水的处理经验。这种对水中的碳酸盐系统不平衡所进行的控制水的腐蚀性或结垢性的处理，也称为水质稳定处理。

饮用水感官指标中要求水质澄清，无色透明，防止水中出现黄色 $Fe(OH)_3$ 沉淀物。在饮用水的水质稳定处理当中也需要控制腐蚀。控制腐蚀的方法有许多种，下面列举三种主要方法。

### 11.4.1 利用碳酸钙在管壁上形成保护膜

金属表面如果直接与水中溶解氧接触将形成腐蚀电极，但如果控制管壁不直接与水中溶解氧接触，就可以控制住腐蚀。根据 $CaCO_3$ 的溶解平衡关系，在管壁上控制形成一层薄的 $CaCO_3$ 保护膜，即可抑制住腐蚀电极的反应过程。在腐蚀电池的阴极部位，由于有过剩的 $OH^-$，$OH^-$ 和 $HCO_3^-$ 反应产生 $CO_3^{2-}$，$CO_3^{2-}$ 与 $Ca^{2+}$ 产生 $CaCO_3$，这样在阴极部位就形成了 $CaCO_3$ 保护膜，随着 $CaCO_3$ 膜的延伸，便遮盖了阳极部位。当阳极部位面积不大时，整个腐蚀电极的反应都得到抑制。但如果阳极部位面积很大，控制腐蚀的效率会低一些，原因在于由阴极部位延伸来的保护膜不能把全部面积遮盖住。

为达到最佳效果，需要确定一个最佳的 pH 控制范围。一般认为，在 pH7～7.4 范围内，高碳酸盐硬度的水所产生的 $CaCO_3$ 对控制腐蚀的作用较好。若 pH 较高，阳极部位的数量会减少，面积却同时变大，并且水的硬度碱度较低，所产生的 $CaCO_3$ 保护膜作用就会比较差。

只有使水中 $CaCO_3$ 处于过饱和状态，即饱和指数 pHa－pHs>0 时，才能产生 $CaCO_3$

保护膜。若控制 $CaCO_3$ 的沉淀速度慢一些，即可形成一种既致密又很薄的保护膜。相反，过快的 $CaCO_3$ 沉淀就会形成一种较疏松的膜，所起的保护效果较差。一般沉淀的速度是随着过饱和的程度而加快的，但还有一些其他有关因素，如氧化铁及碳酸钙可以对过饱和碳酸钙溶液起沉淀稳定的作用。由于饱和指数不能反映 $CaCO_3$ 沉淀量的多少，为了控制沉淀速度，可以按稳定指数 2 pHs－pHa＝6 作为控制的最佳条件，增加水中 $Ca^{2+}$ 和碱度的含量能使 pHs 值减小，又因水中碱度增加使 pH 提高了，这样(pHs－pHa)值就会逐渐减小。在水里投加石灰就是在水里增加 $Ca^{2+}$ 和碱度的最经济办法。石灰的投加量最好先用搅拌试验找出一个大致的范围，在生产中按这个用量投加后，再定期观察水中含铁量的变化和保护膜形成的情况，就可以逐渐得出正确的加药量和饱和指数与稳定指数的控制数值。

### 11.4.2 利用二氧化硅在管壁上形成保护膜

二氧化硅可以在管壁上形成一种与碳酸钙起同样作用的保护膜，这样就可以防止管壁被腐蚀。一般是在水中投加硅酸盐，投加量逐渐减少，开始几周(一般为三四周)最低投加量为 8mg/L(按 $SiO_2$ 计)，膜形成后最低投加量可减为 4mg/L。

二氧化硅在管壁上形成保护膜同样需要一个最佳 pH 控制范围，如果采用硅酸盐，如以 $Na_2O\cdot 3.3\ SiO_2$ 的水玻璃为药剂，建议 pH 一般为 8～9.5。但如果在酸性水中，可用碱性较高的 $Na_2O\cdot 2\ SiO_2$ 水玻璃。同样，也可能在较低 pH 的情况下，同时得到碳酸钙保护膜。

使用这种方法的先决条件是在管壁上存在固体腐蚀生成物，而且，要使吸附能保持下去，腐蚀生成物必须不断地产生才行。目前，使用硅酸盐来处理铁管、钢管、铜管以及铝管等都是有效的，但其相关的理论经验还需进一步探索。

### 11.4.3 利用聚磷酸钠在管壁上形成保护膜

这里所用的聚磷酸钠一般为 $Na_2O/P_2O_5=1.1$ 的玻璃质，为多种不同链长的磷酸钠混合物，平均链长为 14～16。聚磷酸钠属于一种阴极缓蚀剂，它在阴极部位起到了产生一种含有铁、镁以及正磷酸盐的聚磷酸钙粒子胶体保护膜的作用。

聚磷酸钠用量一般随管网的规模大小而有所变化。大城市管网中用量为 0.5～1mg/L(按 $PO_4^{3-}$ 计算)，小型的树枝式管网中用量为 2～5mg/L。对室内系统特别是热水系统的保护，甚至需要 10mg/L 的用量。新管道第一天应该用 20～40mg/L，然后逐渐分级降低，约 1.5 个月后再恢复到正常的用量。

pH 为 5～7 时，黑色金属管用聚磷酸钠作保护膜的效果最佳，而在这个范围以外，控制腐蚀的作用显著降低。pH 超过 7 过多时，保护膜会变成一种薄的吸附膜，而在 pH 为 5～7 时，则形成一种相当厚的电极沉淀保护膜。

但是，当水中有铜离子时，由于铜离子可能穿过膜覆盖在铁表面上，形成以铁为阳极的腐蚀电池，这时聚磷酸钠控制不住腐蚀。因此，聚磷酸钠的缓蚀作用对于水中铜离子是很敏感的。

如果水中有溶解铁离子(这些铁离子可能是水中带来的，而不是在腐蚀过程中产生的)，聚磷酸钠对于溶解铁离子还起螯合剂的作用，这就可以稳定铁离子不产生“锈水”，但这种处理必须在铁离子和空气接触以前投加聚磷酸钠才能起作用。聚磷酸钠的用量应该为铁含量的 2 倍以上。

聚磷酸钠还可与锌盐联合使用，以此来加快保护膜形成的速度。这样可以节省聚磷酸钠的用量 50%以上。锌盐的加入方式有两种：一是可以掺到聚磷酸钠内一起加入，二是可以与聚磷酸钠分开投入，一般锌的用量在聚磷酸钠的 8%～10%范围内。

由于聚磷酸钠在水里主要是起分散剂的作用，所以当影响水质稳定的问题为结垢时，一般可采用加入聚磷酸钠的处理办法。

## 11.5　给水管道腐蚀机理与防腐措施*

在实际供水场景中，净水厂的出水需要经过供水管网才能触达用户，因此供水管道的状态将直接影响出水水质，特别是当管道存在腐蚀时，将会导致黄水、重金属元素扩散等水质不达标问题。2023 年 4 月 1 日，随着新版《生活饮用水卫生标准》GB 5749—2022 的颁布实施，对水质有了更高的要求。基于以上原因，了解供水管道的腐蚀机理、影响与防治方式，对保障最后一千米水质安全，适应国家战略要求是必要的。

当前供水管道以铸铁材质为主，本节主要从围绕铸铁管道的腐蚀展开简要介绍。

### 11.5.1　管道腐蚀机理

1. 管道电化学腐蚀

铸铁管材腐蚀无需特殊条件即可自然发生，一般发生非均匀腐蚀或局部腐蚀，通常表现为瞬态、高阳极电流密度、管道表面发生。常见的非均匀腐蚀类型包括电偶腐蚀、缝隙腐蚀和坑腐蚀。铸铁管材主要发生电偶腐蚀，由 $ClO^-$、$Cl^-$ 和溶解氧(DO)引起，通常由铁基底作为阳极或电子供体，而水中的氧化剂($O_2$、HClO、$ClO^-$ 等)作为阴极或电子受体，发生原电池反应如下：

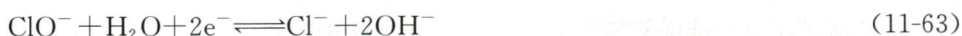

阳极：$$Fe-2e^- \longrightarrow Fe^{2+} \tag{11-60}$$

阴极：$$O_2+2H_2O+4e^- \longrightarrow 4OH^- \tag{11-61}$$

$$HClO+H^+ +2e^- \rightleftharpoons Cl^- +H_2O \tag{11-62}$$

$$ClO^- +H_2O+2e^- \rightleftharpoons Cl^- +2OH^- \tag{11-63}$$

随着管道使用年限的增加，伴随着溶解氧、pH、温度等因素的协同作用，管道内壁一般将形成包含以下四层的腐蚀结构：

(1) 沉积层

沉积层是水垢表面一种松散的非均质层，主要成分为 $CaCO_3$、硅酸盐、$Fe(OH)_3$、α-FeOOH 和 $Fe_3O_4$ 等，其中 $CaCO_3$ 形成往往是由于 $ClO^-$ 发生水解或参与电偶腐蚀引起 pH 升高，遇到水管中的 $Ca^{2+}$ 形成沉淀。

(2) 壳状层

沉积层下方为较为稳定的壳状层，该层牢固地附着在管道表面，由 α-FeOOH 和 $Fe_3O_4$ 构成。其相对致密，阻止了氧化剂向金属基体的扩散，而抑制了腐蚀过程的进一步进行。

(3) 多孔层

内层为由 $Fe(OH)_2$、$FeCO_3$、γ-FeOOH、$Fe_2O_3$、绿锈[在缺氧条件下形成的含

Fe(Ⅱ)和 Fe(Ⅲ)的层状双氢氧化物]等构成的多孔结构。由于 $Fe(OH)_2$、γ-FeOOH、$Fe_2O_3$ 均可以进一步参与氧化或脱水形成更稳定的 α-FeOOH 和 $Fe_3O_4$，因此相对于壳状层更为活泼。

(4) 管道表面腐蚀层

与多孔层下表面相接的是铸铁管道表面，由于受 $Cl^-$ 的攻击，表面往往凹凸不平。零价铁管表面是腐蚀的来源，随着腐蚀的进行，管道会产生变薄趋势。

2. 微生物参与下的管道腐蚀

微生物易于管道表面及腐蚀垢中滋生，部分微生物可以与铁进行氧化和还原反应，对管道腐蚀有重要影响。不同的微生物具有不同的作用，常见的对管道腐蚀具有促进作用的细菌包括铁氧化菌(IOB)、硫氧化菌(SOB)、硫酸盐还原菌(SRB)等。对管网腐蚀具备抑制作用的细菌包括铁还原菌(IRB)、硝酸盐还原菌(NRB)等。

以铁氧化菌(IOB)为例，在富氧环境下，IOB 可以将 $Fe^{2+}$ 作为能量来源，在 DO 的作用下，将其转化为 $Fe(OH)_3$、$Fe_2O_3$ 等三价铁氧化物，进一步生成稳定的 α-FeOOH。研究表明 α-FeOOH 的含量与 IOBs 呈显著正相关。

有关微生物对给水管道的腐蚀涉及生物、物理、化学等多学科交叉，机理较为复杂，相关研究仍在持续进行中。

### 11.5.2　管道腐蚀影响

管道腐蚀不仅会严重影响供水系统的正常运行，还可能会对公众健康构成威胁。常见的管道腐蚀影响包括黄水、重金属元素扩散和管道失效。

1. 黄水

随着腐蚀程度的加深，管道表面的铁氧化物将逐渐增多。当供水管道水流状态发生变化时，如进行维修作业、水压调整、用水量激增等情况，均会对腐蚀垢产生冲刷作用，导致腐蚀垢脱落至给水中，导致黄水现象。

2. 重金属元素扩散

腐蚀垢具备疏松多孔结构，以往的研究表明该种结构可以吸附并积累原水中的重金属元素，一般来说，运输地下水管道中的腐蚀垢重金属元素含量高于地表水管道，积累的重金属元素包括 As、Cr、V、U、Cd、Ni、Mn 等。含有以上重金属元素的腐蚀垢可能通过管道冲刷作用进入给水管，对人体健康造成风险。

3. 管道失效

在使用年限高的管材中，腐蚀垢生长情况严重，会导致管径变窄，较大的水压使水流对后端冲刷作用增强，在喷射式水流长期作用下，腐蚀垢将逐渐脱离，导致管壁变薄，最终使管道泄漏。在严重情况下，腐蚀垢甚至能够堵塞管道，导致管道爆裂。

### 11.5.3　管道腐蚀的预防

管道腐蚀的预防对于维护饮用水安全，增加管道使用年限和降低管道维护成本具有重要意义。常用的腐蚀措施包括以下四方面。

1. 改进管道安装工艺

在管道生产及安装过程中，减少工艺缺陷，如机械划痕、残留物质、裂纹、焊缝夹渣、未熔合等，避免为腐蚀垢萌生创造条件。

2. 采用更为耐腐蚀的金属

在水质要求较高或沿海地区，可采用不锈钢作为给水管，由于不锈钢中含有 Cr 和 Mo，可以形成致密氧化膜并抑制点蚀，从而减弱氧化物对管道的腐蚀。

3. 使用含有塑料内衬的给水管

塑料可以隔绝水中的氧化物，避免金属被氧化，从而防止腐蚀。但塑料内衬一方面伴随有微塑料问题，另一方面也会导致季节交替时，由于塑料与金属热膨胀系数不均，长时间会导致管道连接处失效。因此该方法需慎重采用。

4. 对管道进行定期的维护保养

可以定期对管道进行清洗、消毒，减少其中微生物的过量繁殖。同时，采用超声波检测等方式，及时发现管道腐蚀问题并修复或替换受损管道。

## 【思考题】

1. 从电化学角度解释：为什么管道内壁的结垢层（如 $CaCO_3$）有时会加剧局部腐蚀，有时反而能抑制腐蚀（关键点：氧浓差电池、垢层孔隙率、覆盖均匀性）?

2. 若某管道同时存在 $Fe(OH)_3$ 沉积和溶解氧腐蚀，分析两者可能形成的正反馈循环。

3. 从热力学（如溶解度积）和动力学（如晶体生长）角度，分别解释为什么硬水更易结垢。

# 第 12 章　其他处理方法

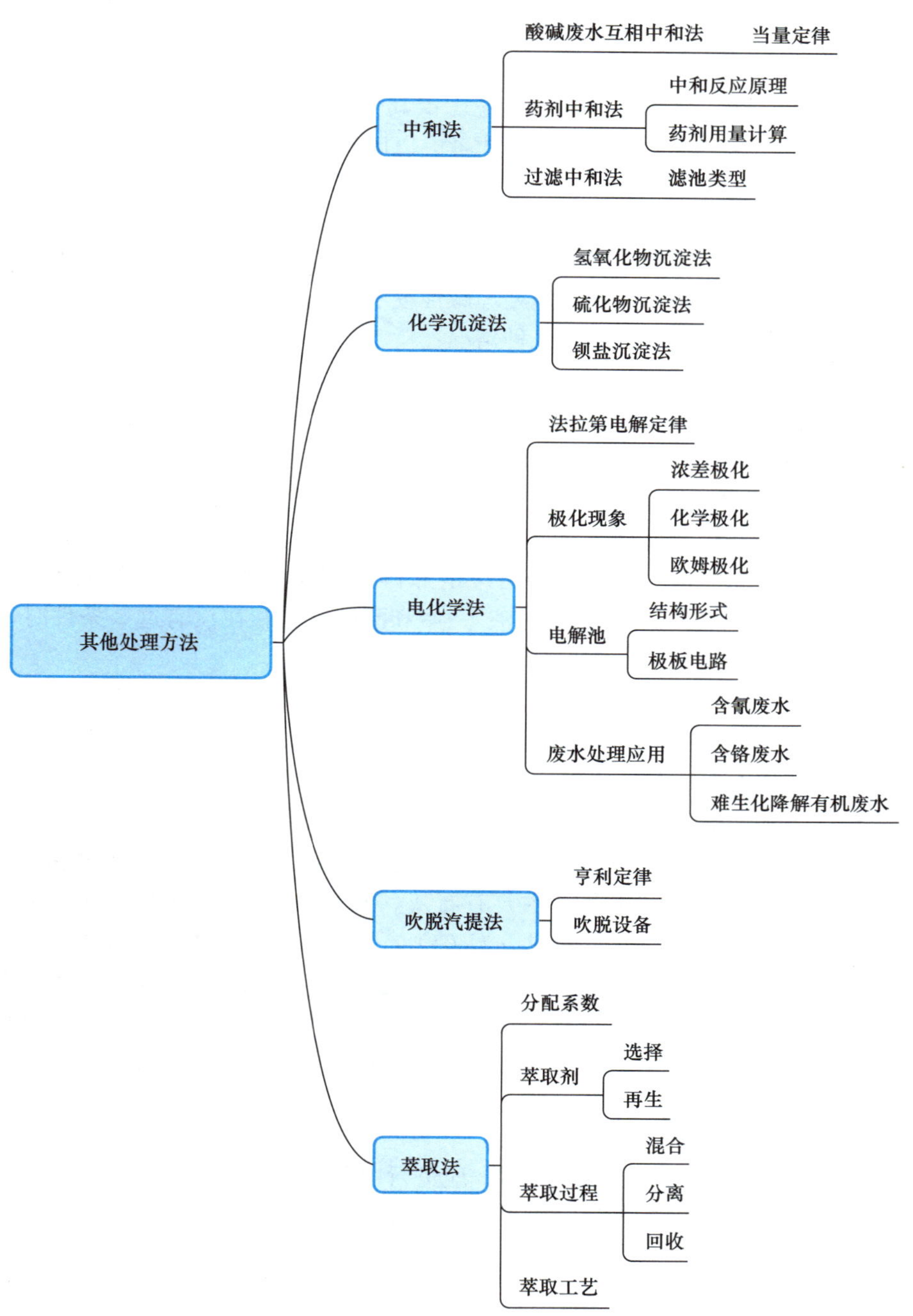
其他处理方法
中和法
酸碱废水互相中和法
当量定律
药剂中和法
中和反应原理
药剂用量计算
过滤中和法
滤池类型
化学沉淀法
氢氧化物沉淀法
硫化物沉淀法
钡盐沉淀法
电化学法
法拉第电解定律
极化现象
浓差极化
化学极化
欧姆极化
电解池
结构形式
极板电路
废水处理应用
含氰废水
含铬废水
难生化降解有机废水
吹脱汽提法
亨利定律
吹脱设备
萃取法
分配系数
萃取剂
选择
再生
萃取过程
混合
分离
回收
萃取工艺

## 12.1　中　和　法

常见的碱性和酸性工业废水很多，如化工厂、化纤厂、电镀厂、煤加工厂及金属酸洗车间等排出酸性废水；印染厂、金属加工厂、炼油厂、造纸厂等排出碱性废水。酸性和碱性废水的随意排放不仅是极大的浪费，还会造成环境污染，腐蚀管道，毁坏农作物，危害渔业生产，破坏生物处理系统的正常运行。因此，对酸性和碱性废水必须首先考虑回收和综合利用，当必须排放时，需要进行无害化处理(如中和)。

当酸性或碱性废水的浓度很高时，应考虑回收和综合利用的可能性，例如用其制造硫酸亚铁、硫酸铁、石膏、化肥等，也可以考虑供其他工厂使用等。当浓度不高(例如小于3%)，回收或综合利用经济意义不大时，才考虑以废治废或中和处理。

### 12.1.1　基本原理

用化学法去除废水中的酸或碱，使其pH达到7左右的过程称为中和。处理含酸废水时通常以碱或碱性氧化物为中和剂，而处理碱性废水则以酸或酸性氧化物作中和剂。在工业废水处理中，中和处理常用于以下几种情况：

(1) 废水排入水体之前，pH在6～9之外。

(2) 废水排入城市排水管道之前，因为酸或碱会对排水管道产生腐蚀作用，废水的pH应符合排放标准。

(3) 化学处理或生物处理前，因为有的化学处理法(例如混凝)要求废水的pH升高或降低到某一个最佳值；生物处理也要求废水的pH在某一范围内。

对于中和处理，首先应当考虑以废治废的原则，例如将酸性废水与碱性废水互相中和，或者利用废碱渣(电石渣、碳酸钙碱渣等)中和酸性废水。在没有这些条件时，才采用药剂(中和剂)中和处理法。

选择中和方法时应考虑下列因素：

(1) 含酸或含碱废水所含酸类或碱类的性质、浓度、水量及其变化规律。

(2) 寻找能就地取材的酸性或碱性废料，并尽可能加以利用。

(3) 本地区中和药剂和滤料(如石灰石、白云石等)的供应情况。

(4) 接纳废水的水体性质、城市下水道能容纳废水的条件，后续处理单元对pH的要求等。

酸性废水中和处理采用的中和剂主要有石灰($CaO$)、石灰石(主要成分$CaCO_3$)、大理石(主要成分$CaCO_3$)、白垩(主要成分$CaCO_3$)、白云石(主要成分$CaCO_3 \cdot MgCO_3$)、电石渣[主要成分$Ca(OH)_2$]、苏打($Na_2CO_3$)、苛性钠($NaOH$)等，碱性废水中和处理则通常采用盐酸和硫酸。酸性废水的中和方法可分为与碱性废水互相中和、药剂中和及过滤中和三种方法。碱性废水的中和方法可分为与酸性废水互相中和、药剂中和等。

### 12.1.2　酸碱废水互相中和法

利用酸性废水和碱性废水互相中和时，应进行中和能力的计算。中和时，两种废水的酸和碱的当量数应相等，即按当量定律来计算，公式如下：

$$Q_1C_1 = Q_2C_2 \tag{12-1}$$

式中　$Q_1$——酸性废水流量，L/h；

$C_1$——酸性废水酸的当量浓度，geq/L；

$Q_2$——碱性废水流量，L/h；

$C_2$——碱性废水碱的当量浓度，geq/L。

在中和过程中，酸碱双方的当量恰好相等时称为中和反应的等当点。强酸强碱互相中和时，由于生成的强酸强碱盐不发生水解，因此等当点即中性点，溶液的 pH 等于 7。但中和的一方若为弱酸或弱碱时，由于中和过程中所生成的盐的水解，尽管达到等当点，但溶液并非中性，此时 pH 的大小取决于所生成盐的水解度。

### 12.1.3　药剂中和法

1. 酸性废水的药剂中和处理

(1) 中和反应

石灰可以中和不同浓度的酸性废水，又由于氢氧化钙对废水中的悬浮固体有凝聚作用，因此又适用于处理含悬浮固体浓度高的酸性废水。在采用石灰乳时，中和反应方程式如下：

$$H_2SO_4+Ca(OH)_2 = CaSO_4+2H_2O$$

$$2HNO_3+Ca(OH)_2 = Ca(NO_3)_2+2H_2O$$

$$2HCl+Ca(OH)_2 = CaCl_2+2H_2O$$

$$2H_3PO_4+3Ca(OH)_2 = Ca_3(PO_4)_2+6H_2O$$

$$2CH_2COOH+Ca(OH)_2 = Ca(CH_2COO)_2+2H_2O$$

若废水中含有其他金属盐类，如铁、铅、锌、铜、镍等，也会消耗石灰乳的用量，反应如下：

$$FeCl_2+Ca(OH)_2 = Fe(OH)_2+CaCl_2$$

$$PbCl_2+Ca(OH)_2 = Pb(OH)_2+CaCl_2$$

以最常见的硫酸废水的中和为例，根据使用的药剂不同，中和反应方程式如下：

$$H_2SO_4+Ca(OH)_2 = CaSO_4+2H_2O$$

$$H_2SO_4+CaCO_3 = CaSO_4+H_2O+CO_2\uparrow$$

$$H_2SO_4+Ca(HCO_3)_2 = CaSO_4+2H_2O+2CO_2\uparrow$$

反应中生成的硫酸钙 $CaSO_4\cdot 2H_2O$ 在水中的溶解度很小，此盐不仅形成沉淀，而且当硫酸浓度很高时，在药剂表面会产生硫酸钙的覆盖层，从而影响甚至阻止中和反应的继续进行。所以当采用石灰石、白垩或白云石做中和剂时，药剂颗粒应在 0.5mm 以下。

当以碳酸钙为中和剂时，生成的 $CO_2$ 会与水中过剩的碳酸钙作用生成重碳酸盐：

$$CO_2+H_2O+CaCO_3 = Ca(HCO_3)_2$$

由于此反应速率较慢，当中和强酸时，在强酸被完全中和的时间内，只有极少量的 $CO_2$ 进行反应，因此可以忽略 $CO_2$ 的作用。但当中和某些弱酸时，由于弱酸和碳酸盐的中和反应速率也很慢，$CO_2$ 的影响显著，因此一般不用碳酸盐作为弱酸的中和剂。

(2) 中和剂用量

中和酸性废水所需药剂的理论耗量可根据中和反应方程式来计算。由于药剂中常含有不参与中和反应的惰性杂质(如砂土、黏土)，因此药剂的实际耗量应比理论耗量要大些。以 $\alpha$ 表示药剂的纯度(%)，$\alpha$ 应根据药剂分析资料确定。

同时，酸性废水中含有影响中和反应的杂质(如金属离子等)及中和反应混合不均匀，也造成中和药剂的实际耗量应比理论耗量为高，用不均匀系数 $K$ 来表示。如无试验资料，用石灰乳中和硫酸时，$K$ 值采用 1.05～1.10；以干投或石灰浆投加时，$K$ 值采用 1.4～1.5；中和硝酸、盐酸时，$K$ 值采用 1.05。

因此，药剂的实际耗量可按下式计算：

$$G_a=\frac{KQ(C_1a_1+C_2a_2)}{\alpha} \tag{12-2}$$

式中　$G_a$——药剂的实际用量，kg/d；

$Q$——酸性废水量，$m^3/d$；

$C_1$——废水含酸浓度，$kg/m^3$；

$C_2$——废水中需中和的酸性盐浓度，$kg/m^3$；

$a_1$——中和剂理论耗量，即中和 1kg 酸所需的碱量，kg/kg；

$a_2$——中和 1kg 酸性盐类所需碱性药剂量，kg/kg；

$K$——不均匀系数；

$\alpha$——中和剂的纯度，%。

中和反应产生的盐类和药剂中惰性杂质以及原废水中的悬浮物一般用沉淀法去除。沉渣量可根据试验确定，也可按下式计算：

$$G=G_a(B+e)+Q(S-c-d) \tag{12-3}$$

式中　$G$——沉渣量，kg/d；

$G_a$——总耗药量，kg/d；

$Q$——酸性废水量，$m^3/d$；

$B$——消耗单位药剂所产生的盐量，kg/kg；

$e$——单位药剂中杂质含量，kg/kg；

$S$——原水悬浮物浓度，$kg/m^3$；

$c$——中和后溶于废水中的盐量，$kg/m^3$；

$d$——中和后出水悬浮物浓度，$kg/m^3$。

2. 碱性废水的药剂中和

碱性废水常用的药剂为工业硫酸或废酸，优点是反应速度快，中和完全。有条件时，也可以采取向碱性废水中通入烟道气(含 $CO_2$、$SO_2$ 等)的办法加以中和。碱性废水从接触塔顶淋下，烟道气和废水逆流接触，进行中和反应。此法的优点是以废治废、投资省、运行费用低、节水且可回收烟灰及煤，把废水处理与消烟除尘结合起来，但出水的硫化物、色度、耗氧量、水温等指标都升高，还需进一步处理。

实际上，由于工业废水中含有的成分复杂，因此，药剂的投加不能只按化学计算得到，应留有一定的余量，最好通过试验获得中和曲线后再进行估算。

### 12.1.4　过滤中和法

过滤中和法仅适用于酸性废水的中和处理。酸性废水流过碱性滤料时与滤料进行中和反应的方法称为过滤中和法。过滤中和法较药剂中和法具有操作方便、运行费用低及劳动条件好等优点，但不适于中和浓度高的酸性废水。碱性滤料主要有石灰石、大理石和白云石等。

滤料的选择与废水中含何种酸及酸的浓度密切相关。因滤料的中和反应发生在滤料表面，如生成的中和产物溶解度很小，就会沉淀在滤料表面形成外壳，影响中和反应的进一步进行。例如，处理含硫酸废水，当采用石灰石为滤料时，因中和过程中生成的硫酸钙在水中溶解度很小，易在滤料表面形成覆盖层，使中和反应终止。另外，废水中铁盐、泥砂及惰性物质的含量亦不能过高，否则会使滤池堵塞。

为避免在滤料表面形成硫酸钙覆盖层，当硫酸的浓度在 2～5g/L 范围内时，可用白云石作滤料，因为中和时产生的硫酸镁易溶于水，但反应速度较石灰石慢。中和反应式为：

$$2H_2SO_4 + CaCO_3 \cdot MgCO_3 = CaSO_4 + MgSO_4 + 2H_2O + 2CO_2 \uparrow$$

常用的中和滤池主要有以下两种类型：

普通中和滤池为固定床过滤池。滤池按水流方向分为平流式和竖流式两种，目前多用竖流式。竖流式又可分为升流式和降流式两种，如图 12-1 所示。普通中和滤池的滤料粒径不宜过大，一般为 30～50mm，不得混有粉料杂质。当废水含有可能堵塞滤料的杂质时，应进行预处理。

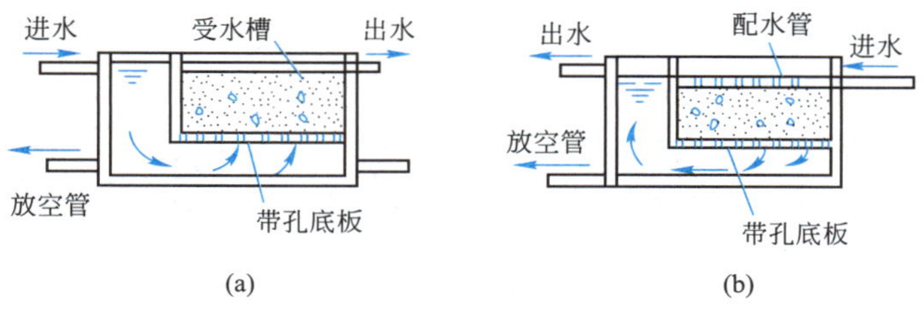


图 12-1　普通中和滤池

(a)升流式；(b)降流式

升流式膨胀中和滤池(图 12-2)与普通中和滤池相比，池径小，滤速高，中和效果好。在升流式膨胀中和滤池中，废水自下向上运动，由于滤速高，滤料呈悬浮状态，滤层膨胀，滤料间不断发生碰撞摩擦，使沉淀难以在滤料表面形成，因而进水含酸浓度可以适当提高，生成的 $CO_2$ 气体也容易排出，不会使滤床堵塞；此外由于滤料粒径小，比表面大，相应接触面积也大，使中和效果得到改善。升流式膨胀中和滤池要求布水均匀，池子直径不能太大，常采用大阻力配水系统和比较均匀的集水系统。

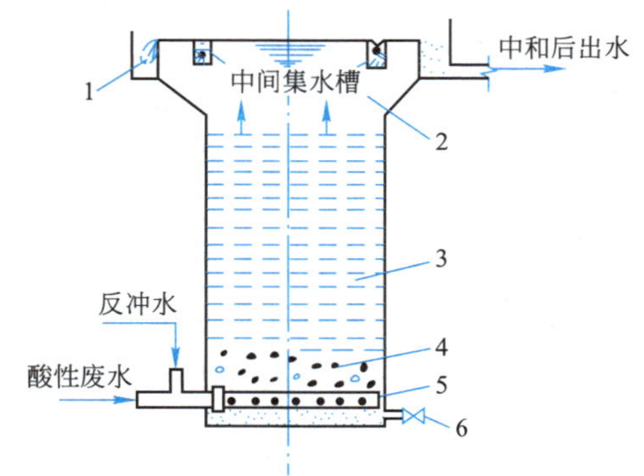


图 12-2　升流式膨胀中和滤池

1—环形积水槽；2—清水区；3—石灰石滤料；4—卵石垫层；5—大阻力配水系统；6—放空管

为了使小粒径滤料在高滤速下不流失，可将升流式膨胀中和滤池设计为变截面形式，上部放大，称为变速升流式中和滤池。这样既保持了较高的滤速，使滤层全部都能膨胀，维持处理能力不变，又保持小滤料在滤床中，使滤料粒径适用范围增大。

## 12.2　化学沉淀法

化学沉淀法是指向水中投加某种化学物质，使之和水中某些溶解性物质发生直接的化学反应，生成难溶的沉淀物，然后通过固液分离，去除水中溶解性物质的一种处理方法。化学沉淀法可以去除水中的重金属离子（如 $Hg^{2+}$、$Pb^{2+}$、$Cr^{3+}$、$Cu^{2+}$ 等）、钙镁硬度（$Ca^{2+}$、$Mg^{2+}$）和某些阴离子（如 $S^{2-}$、$CN^-$、$F^-$、$CO_3{}^{2-}$、$OH^-$、$PO_4{}^{3-}$、$CrO_4{}^{2-}$ 等）。

### 12.2.1　基本原理

从普通化学得知，水中的难溶盐服从溶度积原则，即在一定温度下，在含有难溶盐 $M_mN_n$（固体）的饱和溶液中，各种离子浓度的乘积为一常数，称为溶度积常数，记为 $K_s$：

$$M_mN_n \rightleftharpoons mM^{n+} + nN^{m-}$$

$$K_s = [M^{n+}]^m[N^{m-}]^n \tag{12-4}$$

式中　$M^{n+}$——金属阳离子；

$N^{m-}$——阴离子；

[ ]——物质的量浓度（mol/L）。

式(12-4)对各种难溶盐都成立。当$[M^{n+}]^m[N^{m-}]^n > L_{M_mN_n}$ 时，溶液过饱和，超过饱和那部分溶质将析出沉淀，直至符合式(12-4)时为止；如果$[M^{n+}]^m[N^{m-}]^n < K_s$，溶液不饱和，难溶盐将继续溶解，直到符合式(12-4)时为止。

根据这种原理，可用它来去除水中的金属离子 $M^{n+}$。向水中投加具有 $N^{m-}$ 离子的某种化合物，使$[M^{n+}]^m[N^{m-}]^n > K_s$，形成 $M_mN_n$ 沉淀，从而降低水中 $M^{n+}$ 离子的浓度。通常称具有这种作用的化学物质为沉淀剂。

从式(12-4)可以看出，为了最大限度地使$[M^{n+}]^m$ 值降低，也就是使 $M^{n+}$ 离子更完全地被去除，可以考虑增大$[N^{m-}]^n$ 值，也就是增大沉淀剂的用量，但是沉淀剂的用量也不宜过多，一般不超过理论用量的 20%～50%。

化学沉淀法的工艺流程和设备与混凝法相类似，主要步骤包括：①化学沉淀剂的配制与投加；②沉淀剂与原水混合反应；③固液分离，设备有沉淀池、气浮池或过滤池等；④泥渣处理与利用。某种无机化合物的离子是否可采用化学沉淀法与水分离，首先决定于是否能找到适宜的沉淀剂，沉淀剂的选择可参看化学手册中的溶度积表。

根据使用的沉淀剂的不同，化学沉淀法可分为氢氧化物法、硫化物法、钡盐法等。

### 12.2.2　氢氧化物沉淀法

废水中的许多金属离子可以生成氢氧化物沉淀而得以去除。氢氧化物的沉淀与溶液 pH 有很大关系。如以 $M(OH)_n$ 表示金属氢氧化物，则有：

$$\begin{gathered} M(OH)_n \rightleftharpoons M^{n+} + nOH^- \\ K_s = [M^{n+}][OH^-]^n \end{gathered} \tag{12-5}$$

同时发生水的离解：　$H_2O \rightleftharpoons H^+ + OH^-$

水的离子积为：　$K_{H_2O} = [H^+][OH^-] = 1\times10^{-14}$（25℃）　(12-6)

代入式(12-5)，取对数得到：

$$\lg[M^{n+}] = \lg K_s - \{n\lg K_{H_2O} - n\lg[H^+]\}$$

$$=-pK_s+npK_{H_2O}-npH$$
$$=x-npH \tag{12-7}$$

式中，$-\lg K_s=pK_s$；$-\lg K_{H_2O}=pK_{H_2O}$；$x=-pK_s+npK_{H_2O}$，对一定的氢氧化物为一常数，见表 12-1。

**金属氢氧化物的溶解度与 pH 的关系表**　　**表 12-1**

| 金属氢氧化物 | $pK_s$ | $\lg[M^{n+}]=x-npH$ | 金属氢氧化物 | $pK_s$ | $\lg[M^{n+}]=x-npH$ |
|---|---|---|---|---|---|
| $Cu(OH)_2$ | 20 | $\lg[Cu^{2+}]=8.0-2pH$ | $Cd(OH)_2$ | 14.2 | $\lg[Cd^{2+}]=13.8-2pH$ |
| $Zn(OH)_2$ | 17 | $\lg[Zn^{2+}]=11.0-2pH$ | $Mn(OH)_2$ | 12.8 | $\lg[Mn^{2+}]=15.2-2pH$ |
| $Ni(OH)_2$ | 18.1 | $\lg[Ni^{2+}]=9.9-2pH$ | $Fe(OH)_3$ | 38 | $\lg[Fe^{3+}]=4.0-3pH$ |
| $Pb(OH)_2$ | 15.3 | $\lg[Pb^{2+}]=12.7-2pH$ | $Al(OH)_3$ | 33 | $\lg[Al^{3+}]=9.0-3pH$ |
| $Fe(OH)_2$ | 15.2 | $\lg[Fe^{2+}]=12.8-2pH$ | $Cr(OH)_3$ | 10 | $\lg[Cr^{3+}]=12.0-3pH$ |
| $Ca(OH)_2$ | 6.26 | $\lg[Ca^{2+}]=21.7-2pH$ | $Mg(OH)_2$ | 10.74 | $\lg[Mg^{2+}]=17.2-2pH$ |

式(12-7)为一直线方程，直线的斜率为$-n$。由此可知，对于同一价数的金属氢氧化物，它们的斜率相等为平行线，对于不同价数的金属氢氧化物，价数越高，直线越陡，它表明 $M^{n+}$ 离子浓度随 pH 的变化差异比价数低的要大。

由于水的水质比较复杂，实际上氢氧化物在水中的溶解度与 pH 关系和上述理论计算值有出入，因此沉淀过程的控制条件必须通过试验来确定。

应当指出，有些金属氢氧化物沉淀(例如 Zn、Pb、Cr、Sn、Al 等)具有两性，既能和酸作用，又能和碱作用。以 Zn 为例，在 pH 等于 9 时，Zn 几乎全部以 $Zn(OH)_2$ 的形式沉淀，但是当 pH＞11 时，生成的 $Zn(OH)_2$ 又能和碱起作用，溶于碱中，生成 $Zn(OH)_4{}^{2-}$ 或 $ZnO_2^{2-}$ 离子，随着 pH 的增大，$ZnO_2^{2-}$ 离子浓度呈直线增加。

综上所述，用氢氧化物法分离水中的重金属时，水中 pH 是操作的一个重要条件。

### 12.2.3　硫化物沉淀法

工业废水中许多金属能形成硫化物沉淀。由于大多数金属硫化物的溶解度一般比其氢氧化物的要小很多，采用硫化物可使金属得到更完全的去除。

在金属硫化物沉淀的饱和溶液中，有：

$$MS \rightleftharpoons M^{2+}+S^{2-}$$
$$[M^{2+}]=\frac{K_s}{[S^{2-}]} \tag{12-8}$$

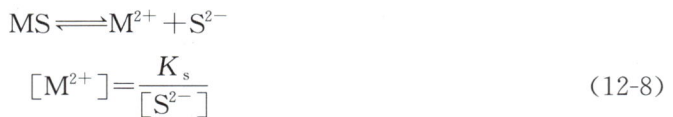

各种金属硫化物的溶度积 $K_s$ 见表 12-2。

**金属硫化物的溶度积表**　　**表 12-2**

| 离子 | 电离反应 | $pK_s$ | 离子 | 电离反应 | $pK_s$ |
|---|---|---|---|---|---|
| $Mn^{2+}$ | $MnS=Mn^{2+}+S^{2-}$ | 16 | $Cd^{2+}$ | $CdS=Cd^{2+}+S^{2-}$ | 28 |
| $Fe^{2+}$ | $FeS=Fe^{2+}+S^{2-}$ | 18.8 | $Cu^{2+}$ | $CuS=Cu^{2+}+S^{2-}$ | 36.3 |
| $Ni^{2+}$ | $NiS=Ni^{2+}+S^{2-}$ | 21 | $Hg^{+}$ | $Hg_2S=2Hg^{+}+S^{2-}$ | 45 |
| $Zn^{2+}$ | $ZnS=Zn^{2+}+S^{2-}$ | 24 | $Hg^{2+}$ | $HgS=Hg^{2+}+S^{2-}$ | 52.6 |
| $Pb^{2+}$ | $PbS=Pb^{2+}+S^{2-}$ | 27.8 | $Ag^{+}$ | $Ag_2S=2Ag^{+}+S^{2-}$ | 49 |

硫化物沉淀法常用的沉淀剂有硫化氢、硫化钠、硫化钾等。

以硫化氢为沉淀剂时，硫化氢在水中分两步离解：

$$H_2S \rightleftharpoons H^+ + HS^- \tag{12-9}$$

$$HS^- \rightleftharpoons H^+ + S^{2-}$$

离解常数分别为：

$$K_1 = \frac{[H^+][HS^-]}{[H_2S]} = 9.1\times10^{-8}$$

$$K_2 = \frac{[H^+][S^{2-}]}{[HS^-]} = 1.2\times10^{-15}$$

将以上两式相乘，得到：$\dfrac{[H^+]^2[S^{2-}]}{[H_2S]} = 1.1\times10^{-22}$

$$[S^{2-}] = \frac{1.1\times10^{-22}[H_2S]}{[H^+]^2}$$

将上式代入式(12-8)，得到：

$$[M^{2+}] = \frac{K_s}{\dfrac{1.1\times10^{-22}[H_2S]}{[H^+]^2}} = \frac{K_s[H^+]^2}{1.1\times10^{-22}[H_2S]} \tag{12-10}$$

在 0.1MPa(1atm)和 25℃条件下，硫化氢在水中的饱和浓度约为 0.1mol/L(pH≤6)，把$[H_2S]=1\times10^{-1}$mol/L 代入式(12-10)，得到：

$$[M^{2+}] = \frac{K_s[H^+]^2}{1.1\times10^{-23}} \tag{12-11}$$

从式(12-11)可以看出，金属离子的浓度和 pH 有关，随着 pH 的增加而降低。

虽然硫化沉淀法比氢氧化物沉淀法能更完全地去除金属离子，但由于它的处理费用较高，硫化物沉淀困难，常需要投加凝聚剂（如 $FeSO_4$ 等）以加强去除效果。因此该方法应用并不广泛，有时作为氢氧化物沉淀法的补充法。

### 12.2.4　钡盐沉淀法

这种方法主要用于处理含六价铬的废水，采用的沉淀剂有碳酸钡、氯化钡、硝酸钡、氢氧化钡等。以碳酸钡为例，它与废水中的铬酸根进行反应，生成难溶盐铬酸钡沉淀：

$$BaCO_3 + CrO_4^{2-} \rightleftharpoons BaCrO_4\downarrow + CO_3^{2-}$$

碳酸钡也是一种难溶盐，它的溶度积($L_{BaCO_3}=8.0\times10^{-9}$)比铬酸钡的溶度积($L_{BaCrO_4}=2.3\times10^{-10}$)要大。在碳酸钡的饱和溶液中，钡离子的浓度比铬酸钡饱和溶液中的钡离子的浓度约大 6 倍。这就是说，$BaCO_3$ 为饱和溶液时的钡离子浓度对于 $BaCrO_4$ 溶液已成为过饱和了。因此，向含有 $CrO_4^{2-}$ 离子的废水中投加 $BaCO_3$，$Ba^{2+}$ 就会和 $CrO_4^{2-}$ 生成 $BaCrO_4$ 沉淀，从而使 $Ba^{2+}$ 和 $CrO_4^{2-}$ 浓度下降，$BaCO_3$ 溶液未被饱和，$BaCO_3$ 就会逐渐溶解，直至 $CrO_4^{2-}$ 离子完全沉淀，这种由一种沉淀转化为另一种沉淀的过程称为沉淀的转化。

为了提高除铬效果，应投加过量的碳酸钡，反应时间保持 25～30min。但是，投加过量的碳酸钡会使出水中含有一定数量的残钡。在把这种水回用前，需要去除其中的残钡，残钡可用石膏法去除($CaSO_4+Ba^{2+} \rightleftharpoons BaSO_4\downarrow+Ca^{2+}$)。

## 12.3 电 化 学 法

电解质溶液在电流的作用下，发生电化学反应的过程称为电解。与电源负极相连的电极从电源接受电子，称为电解池的阴极；与电源正极相连的电极把电子转给电源，称为电解池的阳极。在电解过程中，阴极放出电子，使水中某些阳离子因得到电子而被还原，阴极起还原剂的作用；阳极得到电子，使水中某些阴离子因失去电子而被氧化，阳极起氧化剂的作用。水进行电解反应时，水中的溶解性污染物质在阳极和阴极分别进行氧化和还原反应，结果产生新物质。这些新物质在电解过程中或沉积于电极表面或沉淀下来或生成气体从水中逸出，从而降低了水中溶解性污染物质的浓度。

### 12.3.1 基本原理

1. 法拉第电解定律

电解过程的耗电量可用法拉第电解定律计算。实验表明，电解时在电极上析出的或溶解的物质质量与通过的电量成正比；并且每通过 96484 库仑(C)的电量，在电极上发生任一电极反应而变化的物质质量均为 1mol，这一定律称为法拉第电解定律，可用下式表示：

$$G=\frac{1}{F}EQ$$

或

$$G=\frac{1}{F}EIt \tag{12-12}$$

式中 $G$——析出的或溶解的物质质量，g；

$E$——单位电量所能析出的或溶解的物质质量，g/mol；

$Q$——通过的电量，C；

$I$——电流强度，A；

$t$——电解时间，s；

$F$——法拉第常数，$F=96484$C/mol。

在实际电解过程中，由于存在某些副反应，实际消耗的电量往往比上式计算的理论值大得多。

2. 分解电压与极化现象

电解过程中，当外加电压很小时，电解池几乎没有电流通过，电压继续增加，电流略有增加。当电压增到某一数值时，电流随电压的增加几乎呈直线关系急剧上升，这时在两极上才明显的有物质析出。能使电解正常进行时所需的最小外加电压称为分解电压。

产生分解电压的原因，首先是电解池本身就是某种原电池。该原电池的电动势(由阳极指向阴极)与外加电压的电动势(由正极指向负极)方向正好相反，称为反电动势。所以外加电压必须首先克服电解池的这一反电动势。然而即使外加电压克服反电动势时，电解也不会发生，也就是说，分解电压常常比电解池的电动势大。这种分解电压超过电解池反电动势的现象称为极化现象。产生极化现象的原因主要有：

（1）浓差极化

由于电解时离子的扩散运动不能立即完成，靠近电极表面溶液薄层内的离子浓度与溶液内部的离子浓度不同，结果产生一种浓差电池，其电位差也同外加电压方向相反。这种现象称为浓差极化，浓差极化可以采用加强搅拌的方法使之减少。但由于存在电极表面扩散层，不可能完全把它消除。

（2）化学极化

由于在进行电解时两极析出的产物构成了原电池，此电池电位差也和外加电压方向相反，这种现象称为化学极化。

（3）欧姆极化

当电流驱动正、负离子向两极迁移时，离子会在溶液中遇到一定的阻力，这种阻力被称为欧姆内阻。为克服内阻，须加上一定的电压以推动离子前进，其电压值为 $IR$，$I$ 为通过的电流，$R$ 为电解液内阻。

### 12.3.2　电极氧化还原过程

电化学方法对废水中生物难降解污染物的去除与电极的阳极氧化和阴极还原过程密切相关。

电化学阳极氧化过程可通过阳极的直接氧化作用去除污染物，也可以利用可逆氧化还原电对降解污染物，也可以通过电极表面产生的活性中间产物（如 $O_3$、$H_2O_2$）氧化去除污染物。常用的阳极如石墨、铂、二氧化铅、钛基涂层电极等。

电化学阴极还原过程可通过外加电下压阴极的直接还原作用降解污染物，也可以通过阴极的还原作用产生 $H_2O_2$，在此基础上外加试剂进行芬顿反应，从而强化污染物去除。常用的阴极如石墨、网状多孔碳、汞池、炭毡电极等。

### 12.3.3　电解池的结构形式和极板电路

电解池的形式多采用矩形，按水流方式可分为回流式和翻腾式两种，如图12-3所示。回流式电解池内水流的流程长，离子易于向水中扩散，电解池容积利用率高，但施工和检修困难；翻腾式的极板采取悬挂方式固定，极板与池壁不接触而减少漏电现象，更换极板较回流式方便，也便于施工维修。电解池极板间距应适当，一般约为30～40mm。电解池采用直流电源，电源的整流设备应根据电解所需的总电流和总电压进行选择。

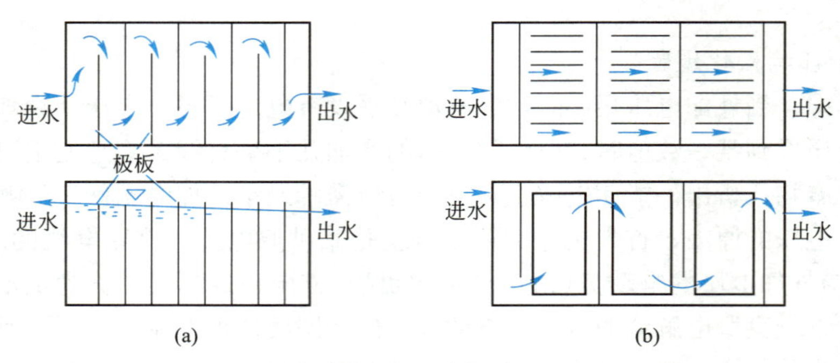


图12-3　电解池

(a)回流式电解池；(b)翻腾式电解池

电解池根据电路分单极性电解池和双极性电解池两种，如图 12-4 所示，双极性电解池较单极性电解池投资少，另外在单极性电解池中，有可能由于极板腐蚀不均匀等原因造成相邻两块极板碰撞，引起短路而发生严重安全事故。而在双极电解池中极板腐蚀较均匀，相邻两块极板碰撞机会少，即使碰撞也不会发生短路现象，因此采用双极性电极电路便于缩小极距，提高极板的有效利用率，降低造价和节省运行费用。由于双极性电解池具有这些优点，所以国内采用的比较普遍。

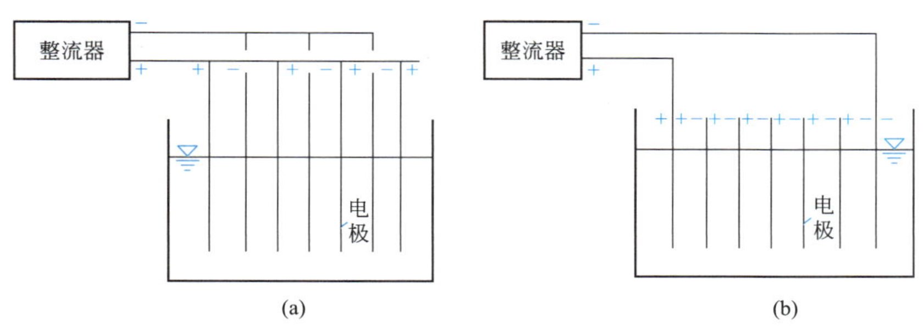


图 12-4　电解池的极板电路

(a)单极性电解池；(b)双极性电解池

## 12.3.4　电化学法在废水处理中的应用

1. 电化学氧化法处理含氰废水

当不加食盐电解质时，氰化物在阳极上发生氧化反应，产生二氧化碳和氮气，其反应式如下：

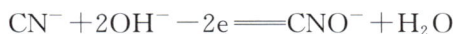

$$CN^- + 2OH^- - 2e = CNO^- + H_2O$$

$$CNO^- + 2H_2O = NH_4^+ + CO_3^{2-}$$

$$2CNO^- + 4OH^- - 6e = 2CO_2\uparrow + N_2\uparrow + 2H_2O$$

当电解池投加食盐后，$Cl^-$在阳极放出电子成为游离氯[Cl]，并促进阳极附近的 $CN^-$ 氧化分解，而后又形成 $Cl^-$，继续放出电子再去氧化其他 $CN^-$，其反应式如下：

$$2Cl^- - 2e = 2[Cl]$$

$$CN^- + 2[Cl] + 2OH^- = CNO^- + 2Cl^- + H_2O$$

$$2CNO^- + 6[Cl] + 4OH^- = 2CO_2\uparrow + N_2\uparrow + 6Cl^- + 2H_2O$$

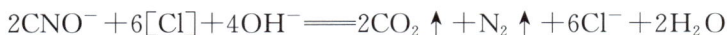

2. 电化学还原法处理含铬废水

电化学法处理含铬废水时，在电解池中一般放置铁电极，电解过程中铁板阳极溶解产生亚铁离子。亚铁离子是强还原剂，在酸性条件下，可将废水中的六价铬还原为三价铬，其离子反应方程式如下：

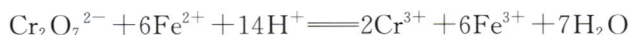

$$Fe - 2e = Fe^{2+}$$

$$Cr_2O_7^{2-} + 6Fe^{2+} + 14H^+ = 2Cr^{3+} + 6Fe^{3+} + 7H_2O$$

$$CrO_4^{2-} + 3Fe^{2+} + 8H^+ = Cr^{3+} + 3Fe^{3+} + 4H_2O$$

在阴极，氢离子获得电子被还原为氢气，离子反应方程式为：

$$2H^+ + 2e = H_2\uparrow$$

上述反应会消耗大量氢离子，使废水逐渐由酸性过渡到碱性。在碱性条件下，上述反应生成的三价铬和三价铁会生成氢氧化铬和氢氧化铁沉淀，从水中析出。反应方程式为：

$$Cr^{3+}+3OH^{-}=\!=\!=Cr(OH)_3\downarrow$$

$$Fe^{3+}+3OH^{-}=\!=\!=Fe(OH)_3\downarrow$$

采用电化学法处理含铬废水时，六价铬离子含量不宜大于100mg/L，pH宜为4.0～6.5。

3. 电芬顿法处理难生化降解有机物废水

阴极间接电化学技术处理难生化降解有机物，主要是通过电化学产生的强氧化性中间物质来氧化废水中的污染物。通常是在阴极室通过溶解氧分子在石墨或网状玻璃碳阴极表面发生电子还原反应生成 $H_2O_2$，在弱酸性条件下与 $Fe^{2+}$ 发生芬顿反应，生成强氧化性的·OH，无选择地与芳香族有机化合物发生三种形式反应：脱氢反应、破坏C=C不饱和键的加成反应和电子转移反应，使其发生化学降解。反应中 $Fe^{3+}$ 在阴极还原成 $Fe^{2+}$，继续与 $H_2O_2$ 发生芬顿反应。电芬顿反应过程如下：

$$O_2+2H^{+}+2e=\!=\!=H_2O_2$$

$$Fe^{2+}+H_2O_2+H^{+}=\!=\!=Fe^{3+}+H_2O+\cdot OH$$

$$\cdot OH+RH=\!=\!=R\cdot+H_2O$$

$$Fe^{3+}+e\rightleftharpoons Fe^{2+}$$

电芬顿反应过程中 $Fe^{2+}$ 在反应中起到催化剂的作用，其实质是将电化学反应过程中产生的 $Fe^{2+}$ 与 $H_2O_2$ 作为芬顿试剂的持续来源。

## 12.4　吹脱汽提法

水和废水中有时会含有溶解气体，如用石灰石中和酸性废水时产生大量 $CO_2$；地下水常含有大量的 $CO_2$；水在软化除盐过程中经过氢离子交换器，产生大量 $CO_2$；某些工业废水中含有 $H_2S$、HCN、$NH_3$、$CS_2$ 及挥发性有机物等，这些物质可能对系统产生侵蚀作用，或者本身有害，或对后续处理不利，因此必须除去。

吹脱汽提法用于脱除水中溶解气体和某些挥发性物质，即将气体(载气)通入水中，使之相互充分接触，使水中溶解气体和挥发性溶质穿过气液界面，向气相转移，从而达到脱除目标物的目的。常用空气或水蒸气作载气，前者称为吹脱，后者称为汽提。应用吹脱汽提法处理废水时应将脱出的组分收集利用或送锅炉焚烧，防止污染物转移。

### 12.4.1　基本原理

吹脱汽提法的基本原理是气液相平衡和传质速度理论。对于稀溶液，在一定温度下，当气液之间达到相平衡时，溶质气体在气相中的分压与该气体在液相中的浓度成正比(亨利定律)，如下式所示：

$$P=Ex \tag{12-13}$$

式中　$P$——溶质气体在气相中的平衡分压，Pa；

$x$——溶质气体在液相中的平衡浓度，摩尔分率；

$E$——比例系数，称亨利系数，Pa。

当该组分的气相分压低于其溶液中该组分浓度对应的气相平衡分压时，就会发生溶质组分从液相向气相的传质过程。传质速度取决于组分平衡分压和气相分压的差值。气液相平衡关系和传质速度随物系、温度和两相接触状况而异。

汽提法处理水时，可认为溶质在气相中的浓度与在水中的浓度比为一常数，遵循分配定律，即

$$k=C_{气}/C_{水} \tag{12-14}$$

式中　$C_{气}$、$C_{水}$——气液平衡时，溶质在蒸汽冷凝液中及水中的浓度，g/L；

$k$——分配系数。

可见，$k$ 值越大，越适于用汽提法脱除。

单位体积水所需的蒸汽量称为汽水比 $V_0$（kg/m$^3$），平衡时可按下式计算：

$$V_0=\frac{C_0-C_e}{kC_0} \tag{12-15}$$

式中　$C_0$、$C_e$——分别是原水和平衡时出水中的溶质（气体）浓度，g/L。

实际生产中，汽提都是在不平衡的状态下进行的，同时还有热损失，故水蒸气的实际耗量比理论值大，约为理论值的 2～2.5 倍。

对给定的物系，通过提高水温，使用新鲜载气或负压操作，增大气液接触面积和接触时间，减少传质阻力，可以达到降低水中溶质浓度，增大传质速率的目的。

### 12.4.2　设备及工艺过程

吹脱法一般采用吹脱池（也称曝气池）和吹脱塔两类设备，前者占地面积较大，而且易污染周围环境，所以有毒气体的吹脱都采用塔式设备。汽提通常在塔式设备中进行。

1. 吹脱池

自然吹脱池依靠水面与空气自然接触而脱除溶解性气体，它适用于溶解气体极易挥发，水温较高，风速较大，有开阔地段和不产生二次污染的场合。此类池子兼有贮水作用。其吹脱效果可按下式计算：

$$0.43\lg\frac{C_0}{C_2}=D\left(\frac{\pi}{2h}\right)^2 t-0.207 \tag{12-16}$$

式中　$C_2$——经 $t$（min）时间贮存（吹脱）后气体在水中的剩余浓度，g/L；

$h$——水层深度，mm；

$D$——气体扩散系数，cm$^2$/min。

由上式可知，欲获得较低的 $C_2$ 值，除延长贮存时间外，还应当尽量减少水层深度，或增大表面积。

为了强化吹脱过程，通常在池内鼓入空气或在池面上安装喷水管，构成强化吹脱池。其吹脱效果可按下式计算：

$$\lg\frac{C_0}{C_2}=0.43\beta t\frac{A}{V} \tag{12-17}$$

式中　$A$——气液接触面积，m$^2$；

$V$——水的体积，m$^3$；

$\beta$——吹脱系数，其值随温度升高而增大，25℃时，$CO_2$、$H_2S$、$SO_2$、$NH_3$、$O_2$ 和 $H_2$ 的吹脱系数分别为 0.17、0.07、0.055、0.015、1 和 1，$CO_2$ 在 20℃ 和 40℃时的 $\beta$ 分别为 0.15 和 0.23。

喷水管的喷头安装在高出水面 1.2～1.5m 处。池子小时，还可以建在建筑物顶上，此时的喷水高度达 2～3m。为了防止风吹损失，四周应加挡板或百叶窗。喷水强度可采用 $12m^3/(m^2 \cdot h)$。

2. 填料吹脱塔

填料吹脱塔的主要特征是在塔内装填一定高度的填料层，原水从塔顶喷下，沿填料表面呈薄膜状向下流动。空气由塔底鼓入，呈连续相由下而上同水逆流接触。塔内水相和气相组成沿塔高连续变化，流程如图 12-5 所示。

填料分实体填料（如拉西环等）、网体填料（由很细金属或网制成）和整体填料（如金属波形板、纸蜂窝填料等）三大类。整体填料的比表面积比实体填料大，空隙大，流体分布均匀，分离效率也高。填料吹脱塔的优点是结构简单，空气阻力小。缺点是传质效率不够高，设备比较庞大，填料容易堵塞。

3. 真空除气器

真空除气器通过抽气造成一定的真空度，降低溶质气体在气相的分压，从而达到降低水中溶质气体平衡浓度的目的，可以在不提高水温或水温提高较少的情况下除去水中的各种气体，可用于需同时去除 $O_2$、$CO_2$ 及多种溶解气体的场合。通过真空除气器后水中残余的 $CO_2$ 可低于 3mg/L，残余的 $O_2$ 可低于 0.05mg/L。

真空除气器的基本构造如图 12-6 所示。由于除气器需在真空状态下工作，外壳除要求密封外还应有足够的强度和稳定性。喷嘴不仅要均匀分布进水，还应使水形成小水滴或细小水雾，获得很大的水气接触面，提高脱气效率。真空除气器所用填料与填料塔基本相同，如需提高水温，则应考虑水温对填料的影响，例如超过 40℃则不应采用硬 PVC 拉西环，存水部分的大小应根据处理水量的大小及工艺要求的停留时间确定，也可在下部设卧式贮水箱，以加大存水部分的容积。

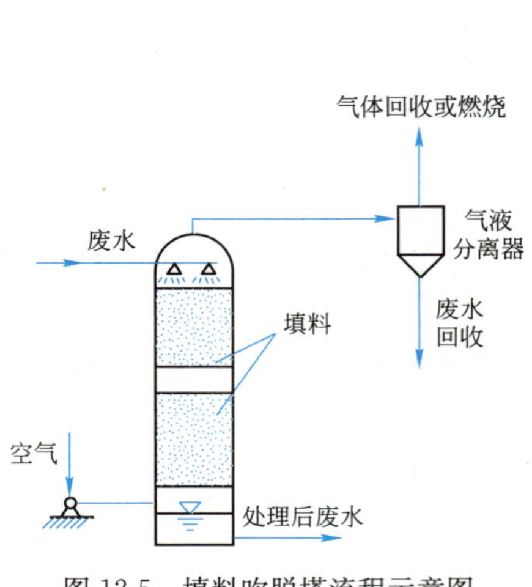


图 12-5　填料吹脱塔流程示意图

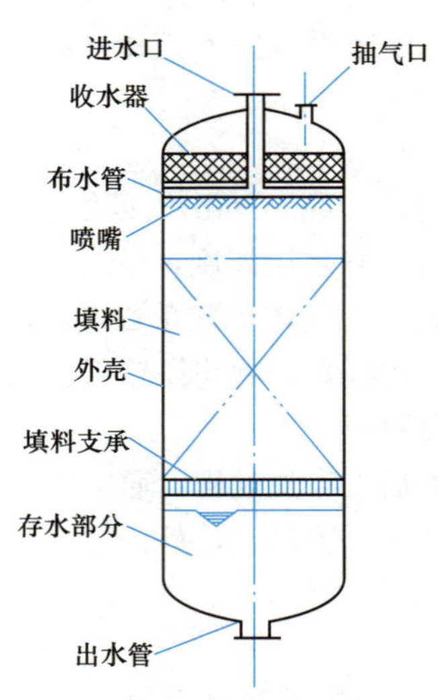


图 12-6　真空除气器简图

## 12.4.3　影响吹脱的主要因素

影响吹脱效果的因素很多，主要因素有以下四个：

(1) 温度：在一定压力下，气体在水中的溶解度随温度升高而降低，因此，升温对吹脱有利。

(2) 气液比：空气量过小，气液两相接触不够；空气量过大，不仅不经济，还会发生液泛，即水被气流带走，而破坏操作。最好使气液比接近液泛极限（超过此极限的气流量将产生液泛），这时传质效率最高。

(3) pH：在不同 pH 条件下，气体的存在状态不同。水中 $H_2S$ 和 HCN 的含量与 pH 的关系见表 12-3。因为只有以游离气体的形式存在时才能被吹脱，所以对含 $S^{2-}$ 和 $CN^-$ 的废水应在酸性条件下进行吹脱。

**游离 $H_2S$、HCN 与 pH 的关系**　　**表 12-3**

| pH | 5 | 6 | 7 | 8 | 9 | 10 |
|---|---|---|---|---|---|---|
| 游离 $H_2S$(%) | 100 | 95 | 64 | 15 | 2 | 0 |
| 游离 HCN(%) | — | 99.7 | 99.3 | 99.3 | 58.1 | 12.2 |

(4) 油类物质：水中油类物质不仅会阻碍水中挥发物质向大气扩散，而且会阻塞填料，影响吹脱，应在预处理中除去。

### 12.4.4　吹脱汽提法在废水处理中的应用

1. 吹脱法处理废水中的三氯甲烷

三氯甲烷属于挥发性有机物，为水体消毒副产物。采用逆向流填料吹脱塔，原水经水泵提升至吹脱塔顶，自上而下喷淋至填料，与从吹脱塔底部由鼓风机送出的空气充分接触。根据原水中的三氯甲烷浓度合理调整气液比和水力负荷，三氯甲烷随空气转移至气相得以去除。实践表明，吹脱法去除三氯甲烷比固体吸附剂吸附法（如活性炭）或膜分离技术等方法更经济可靠。吹脱塔释放的含三氯甲烷的尾气在排入大气前须进行处理，以避免二次污染。尾气处理方案包括固相吸附、焚烧、生物过滤等。

2. 汽提法处理废水中的氨

在碱性条件下，以水蒸气为载气，采用汽提塔设备处理废水中的氨，废水自上而下从塔顶均匀喷下，与底部逆流而上的空气充分接触。氨的去除率与汽提塔设备的尺寸、空气量、进水负荷、温度和填料型号及高度等有关，而且要保证塔内混合液满足汽提氨所需的 pH 条件，避免布水管线和塔内严重的碳酸盐结垢现象，寒冬季节一定要注意塔内的绝热保温措施。

## 12.5　萃　取　法

### 12.5.1　基本原理

液—液萃取是一种重要的水处理单元过程。向废水中投加一种与水不互溶，但能良好溶解污染物的溶剂，使其与废水充分混合接触。由于污染物在溶剂中的溶解度大于在水中的溶解度，因而大部分污染物转移到溶剂相，然后分离废水和溶剂，即可达到分离、浓缩污染物和净化废水的目的。采用的溶剂称为萃取剂，被萃取的污染物称为溶质，萃取后的萃取剂称为萃取液（萃取相），残液称为萃余液（萃余相）。

分配系数（或称分配比）$D$ 是在萃取过程达到平衡时，溶质在萃取相中的总浓度 $y$ 与在

水相中总浓度 $x$ 的比值，即 $D=y/x$。可见，$D$ 值越大，被萃取组分在萃取相的浓度越大，也就越容易被萃取。实际废水处理中，上述分配定律具有如下曲线形式：

$$D=y/x^n \tag{12-18}$$

萃取的传质速度式类似于式(12-18)，过程的推动力是实际浓度与平衡浓度之差。由速度式可见，要提高萃取速度和设备生产能力，其途径有以下几方面：

(1) 增大两相接触面积。通常使萃取剂以小液滴的形式分散到水中去，分散相液滴越小，传质表面积越大。但要防止溶剂分散过度而出现乳化现象，给后续分离萃取剂带来困难。对于界面张力不太大的物系，仅以重度差推动液相通过筛板或填料，即可获得适当的分散度；但对于界面张力较大的物系，需通过搅拌或脉冲装置来达到适当分散的目的。

(2) 增大传质系数。在萃取设备中，通过分散相的液滴反复地破碎和聚集，或强化液相的湍动程度，使传质系数增大。但是表面活性物质和某些固体杂质的存在，可增加相界面上的传质阻力，显著降低传质系数，因而应预先除去。

(3) 增大传质推动力。采用逆流操作，整个萃取系统可维持较大的推动力，既能提高萃取相中溶质浓度，又可降低萃余相中的溶质浓度。逆流萃取时的过程推动力是一个变值，其平均推动力可取废水进口处推动力和出口处推动力的对数平均值。

萃取法适用于：能形成共沸点的恒沸化合物，不能用蒸馏、蒸发方法分离回收的废水组分；热敏性物质，在蒸发和蒸馏的高温条件下，易发生化学变化或易燃易爆的物质；沸点非常接近，难以用蒸馏方法分离的废水组分；难挥发性物质，用蒸发法需要消耗大量热能或需用高真空蒸馏，例如含乙酸、苯甲酸和多元酚的废水；对某些含金属离子的废水，如含铀和钒的洗矿水和含铜冶炼废水，可采用有机溶剂萃取、分离和回收。

### 12.5.2　萃取剂的选择与再生

1. 萃取剂的选择

在萃取过程中，萃取剂是影响萃取效果的关键因素之一。对于特定的溶质而言，可供选择的萃取剂有多种，选择萃取剂主要考虑以下几个方面。

(1) 萃取能力要大，即分配系数越大越好。

(2) 分离效果好，萃取过程中不乳化、不随水流失。要求溶剂与水的密度差越大越好；界面张力适中，既有利于传质的进行，又不易形成稳定的乳化层；黏度小。

(3) 化学稳定性好，难燃不爆，毒性小，腐蚀性小，沸点高，凝固点低，蒸汽压小，便于室温下贮存和使用，安全可靠。

(4) 容易制备，来源较广，价格便宜。

(5) 容易再生萃取剂和回收溶质。萃取剂的用量往往很大，有时达到与废水量相等，如不能将其再生回用，有可能丧失经济合理性；另外，萃取相中的溶质量也很大，如不能回收，则造成极大浪费和二次污染。

2. 萃取剂的再生

(1) 物理法(蒸馏或蒸发)。当萃取相中各组分沸点相差较大时，最宜采用蒸馏法分离。例如用乙酸丁酯萃取废水中的单酚时，溶剂沸点为116℃，而单酚沸点为181～202.5℃，相差较大，可控制适当的温度，用蒸馏法分离，根据分离目的，可采用简单蒸馏或精馏，设备以浮阀塔效果较好。

(2) 化学法。投加某种化学药剂使它与萃取物形成不溶于萃取剂的盐类，例如用碱液反萃取相中的酚，形成酚钠盐析出，从而达到二者分离的目的，化学再生法使用的设备有板式塔和离心萃取机等。

### 12.5.3 萃取工艺过程

1. 萃取操作过程

萃取操作过程包括以下三个主要工序：

(1) 混合。把萃取剂与水进行充分接触，使溶质从水中转移到萃取剂中去。

(2) 分离。使含有萃取物(即水中溶质)的溶剂(称为萃取相)与经过萃取的水分层分离。

(3) 回收。萃取后的萃取相需再生，分离出萃取物，才能继续使用；与此同时，把萃取物回收。

2. 萃取工艺

根据萃取操作方式的不同，萃取工艺可分为间歇式和连续式。按照有机相与水相两者接触次数的不同，萃取过程可分为单级萃取和多级萃取，后者又分为“错流”与“逆流”两种方式。

(1) 单级萃取

萃取剂与水经一次充分混合接触，达到平衡后即进行分相，称为单级萃取。这种萃取流程的操作是间歇的，在一个设备或装置中即可完成。单级萃取一般在萃取罐内进行，设备简单，灵活易行。但消耗的萃取剂量大，若大量水需进行萃取时，则操作麻烦。因此，这种萃取方式主要用于实验室或者少量水的萃取过程。

(2) 多级错流萃取

多级错流萃取是多个单级萃取的组合。萃取剂分别从各级加入，原水依次通过各级，与各级加入的新鲜萃取剂混合接触，经多次萃取，处理后的水作为萃余相从末级排出，各级排出的萃取相收集在一起，将溶出的溶质进一步分离，萃取剂则返回使用。

(3) 多级逆流萃取(连续逆流萃取)

多级逆流萃取过程是把多次单级萃取操作串联起来，实现水与萃取剂的逆流操作。在萃取过程中水和萃取剂分别由第一级和最后一级加入，萃取相和萃余相逆向流动，逐级接触传质，最终萃取相由进入端排出，最终萃余相从萃取剂加入端排出。这一过程可在混合沉降器中进行，也可在各种塔式装置(或设备)中进行。多级逆流萃取只在最后一级使用新鲜的萃取剂，其余各级都是与后一级萃取过的萃取剂接触，以充分利用萃取剂的能力。这种流程体现了逆流萃取传质推动力大、分离程度高、萃取剂用量少的特点，因此，这种方法也称为多级多效萃取，简称多效萃取。

### 12.5.4 萃取法在废水处理中的应用

萃取法适用于：能形成共沸点的恒沸化合物，不能用蒸馏、蒸发方法分离回收的废水组分；热敏性物质，在蒸发和蒸馏的高温条件下，易发生化学变化或易燃易爆的物质；沸点非常接近，难以用蒸馏方法分离的废水组分；难挥发性物质，用蒸发法需要消耗大量热能或需用高真空蒸馏，例如含乙酸、苯甲酸和多元酚的废水；对某些含金属离子的废水，如含铀和钒的洗矿水和含铜冶炼废水，可采用有机溶剂萃取、分离和回收。

# 附　录

## 附表 1　《地表水环境质量标准》GB 3838—2002

集中式生活饮用水地表水水源地补充项目标准限值　　附表 1-1

单位：mg/L

| 序号 | 项目 | 标准值 | 序号 | 项目 | 标准值 |
|---|---|---|---|---|---|
| 1 | 硫酸盐(以 $SO_4^{2-}$ 计) | 250 | 4 | 铁 | 0.3 |
| 2 | 氯化物(以 $Cl^-$ 计) | 250 | 5 | 锰 | 0.1 |
| 3 | 硝酸盐(以 N 计) | 10 | | | |

集中式生活饮用水地表水水源地特定项目标准限值　　附表 1-2

单位：mg/L

| 序号 | 项目 | 标准值 | 序号 | 项目 | 标准值 |
|---|---|---|---|---|---|
| 1 | 三氯甲烷 | 0.06 | 21 | 乙苯 | 0.3 |
| 2 | 四氯化碳 | 0.002 | 22 | 二甲苯① | 0.5 |
| 3 | 三溴甲烷 | 0.1 | 23 | 异丙苯 | 0.25 |
| 4 | 二氯甲烷 | 0.02 | 24 | 氯苯 | 0.3 |
| 5 | 1，2-二氯乙烷 | 0.03 | 25 | 1，2-二氯苯 | 1 |
| 6 | 环氧氯丙烷 | 0.02 | 26 | 1，4-二氯苯 | 0.3 |
| 7 | 氯乙烯 | 0.005 | 27 | 三氯苯② | 0.02 |
| 8 | 1，1-二氯乙烯 | 0.03 | 28 | 四氯苯③ | 0.02 |
| 9 | 1，2-二氯乙烯 | 0.05 | 29 | 六氯苯 | 0.05 |
| 10 | 三氯乙烯 | 0.07 | 30 | 硝基苯 | 0.017 |
| 11 | 四氯乙烯 | 0.04 | 31 | 二硝基苯④ | 0.5 |
| 12 | 氯丁二烯 | 0.002 | 32 | 2，4-二硝基苯 | 0.0003 |
| 13 | 六氯丁二烯 | 0.0006 | 33 | 2，4，6-三硝基苯 | 0.5 |
| 14 | 苯乙烯 | 0.02 | 34 | 硝基氯苯⑤ | 0.05 |
| 15 | 甲醛 | 0.9 | 35 | 2，4-二硝基氯苯 | 0.5 |
| 16 | 乙醛 | 0.05 | 36 | 2，4-二氯苯酚 | 0.093 |
| 17 | 丙烯醛 | 0.1 | 37 | 2，4，6-三氯苯酚 | 0.2 |
| 18 | 三氯乙醛 | 0.01 | 38 | 五氯酚 | 0.009 |
| 19 | 苯 | 0.01 | 39 | 苯胺 | 0.1 |
| 20 | 甲苯 | 0.7 | 40 | 联苯胺 | 0.0002 |

续表

| 序号 | 项目 | 标准值 | 序号 | 项目 | 标准值 |
|---|---|---|---|---|---|
| 41 | 丙烯酰胺 | 0.0005 | 61 | 内吸磷 | 0.03 |
| 42 | 丙烯腈 | 0.1 | 62 | 百菌清 | 0.01 |
| 43 | 邻苯二甲酸二丁酯 | 0.003 | 63 | 甲萘威 | 0.05 |
| 44 | 邻苯二甲酸二(2-乙基己基)酯 | 0.008 | 64 | 溴氰菊酯 | 0.02 |
| 45 | 水合肼 | 0.01 | 65 | 阿特拉津 | 0.003 |
| 46 | 四乙基铅 | 0.0001 | 66 | 苯并(a)芘 | $2.8\times10^{-6}$ |
| 47 | 吡啶 | 0.2 | 67 | 甲基汞 | $1.0\times10^{-6}$ |
| 48 | 松节油 | 0.2 | 68 | 多氯联苯⑥ | $2.0\times10^{-5}$ |
| 49 | 苦味酸 | 0.5 | 69 | 微囊藻毒素-LR | 0.001 |
| 50 | 丁基黄原酸 | 0.005 | 70 | 黄磷 | 0.003 |
| 51 | 活性氯 | 0.01 | 71 | 钼 | 0.07 |
| 52 | 滴滴涕 | 0.001 | 72 | 钴 | 1.0 |
| 53 | 林丹 | 0.002 | 73 | 铍 | 0.002 |
| 54 | 环氧七氯 | 0.0002 | 74 | 硼 | 0.5 |
| 55 | 对硫磷 | 0.003 | 75 | 锑 | 0.005 |
| 56 | 甲基对硫磷 | 0.002 | 76 | 镍 | 0.02 |
| 57 | 马拉硫磷 | 0.05 | 77 | 钡 | 0.7 |
| 58 | 乐果 | 0.08 | 78 | 钒 | 0.05 |
| 59 | 敌敌畏 | 0.05 | 79 | 钛 | 0.1 |
| 60 | 敌百虫 | 0.05 | 80 | 铊 | 0.0001 |

① 二甲苯：指对—二甲苯、间—二甲苯、邻—二甲苯。

② 三氯苯：指 1，2，3—三氯苯、1，2，4—三氯苯、1，3，5—三氯苯。

③ 四氯苯：指 1，2，3，4—四氯苯、1，2，3，5—四氯苯、1，2，4，5—四氯苯。

④ 二硝基苯：指对—二硝基苯、间—二硝基苯、邻—二硝基苯。

⑤ 硝基氯苯：指对—硝基氯苯、间—硝基氯苯、邻—硝基氯苯。

⑥ 多氯联苯：指 PCB—1016、PCB—1221、PCB—1232、PCB—1242、PCB—1248、PCB—1254、PCB—1260。

## 附表 2 世界卫生组织《饮用水水质准则》（第四版）

**A 用于饮用水的微生物质量验证准则值[a]** **附表 2-1**

| 有机体类 | | 指标值 |
|---|---|---|
| 各种直接饮用水 | 埃希氏大肠杆菌或耐热性大肠菌群[b,c] | 在任意 100mL 水样中检测不出 |
| 进入配水管网的处理后水 | 埃希氏大肠杆菌或耐热性大肠菌群[b] | 在任意 100mL 水样中检测不出 |
| 配水管网中的处理后水 | 埃希氏大肠杆菌或耐热性大肠菌群[b] | 在任意 100mL 水样中检测不出 |

[a] 如果检出埃希氏大肠杆菌，应立即进行调查。

[b] 虽然埃希氏大肠杆菌是一种表示粪便污染的较准确的指示菌，但耐热性大肠菌群计数是一种比较理想的替代方法，必要时应进行适当的确证试验。大肠菌群总数不适宜作为供水卫生质量的指标，特别是在热带地区，几乎所有未经处理的供水中均存在大量无卫生学意义的细菌。

[c] 在大多数农村地区，特别是在发展中国家的农村，供水被粪便污染的现象非常普遍，在这种情况下，应该设定渐进性提高供水质量的中期目标。

**B 饮用水中有健康意义的化合物准则值** **附表 2-2**

| 化学物质 | mg/L | μg/L | 说明 |
|---|---|---|---|
| 丙烯酰胺 | 0.0005[a] | 0.5[a] | |
| 甲草胺，草不绿 | 0.02[a] | 20[a] | |
| 涕灭威 | 0.01 | 10 | 用于砜和亚砜化合物 |
| 艾氏剂和异艾氏剂 | 0.00003 | 0.03 | 两者之和 |
| 锑 | 0.02 | 20 | |
| 砷 | 0.01(A，T) | 10(A，T) | |
| 莠去津及其代谢产物 | 0.1 | 100 | |
| 钡 | 0.7 | 700 | |
| 苯 | 0.01[a] | 10[a] | |
| 苯并(a)芘 | 0.0007[a] | 0.7[a] | |
| 硼 | 2.4 | 2400 | |
| 溴酸盐 | 0.01[a](A，T) | 10[a](A，T) | |
| 一溴二氯甲烷 | 0.06[a] | 60[a] | |
| 溴仿 | 0.1 | 100 | |
| 镉 | 0.003 | 3 | |
| 呋喃丹，卡巴呋喃，克百威 | 0.007 | 7 | |
| 四氯化碳 | 0.004 | 4 | |
| 氯酸盐 | 0.7(D) | 700(D) | |
| 氯丹 | 0.0002 | 0.2 | |
| 氯 | 5(C) | 5000(C) | 对于有效消毒，在 pH<8.0 的水体中至少接触 30min 后，水中游离余氯量应≥0.5mg/L；对于供水管网而言，管网末端游离余氯量应≥0.2mg/L |
| 亚氯酸盐 | 0.7(D) | 700(D) | |
| 氯仿 | 0.3 | 300 | |
| 绿麦隆 | 0.03 | 30 | |
| 毒死蜱 | 0.03 | 30 | |
| 铬 | 0.05(P) | 50(P) | 总铬 |
| 铜 | 2 | 2000 | 低于此值时所洗衣物和卫生洁具也有可能着色 |
| 氰乙酰肼 | 0.0006 | 0.6 | |
| 2，4-滴(2，4-二氯酚羟基醋酸) | 0.03 | 30 | 适用于游离酸 |
| 丁基-2，4-二氯酚羟基醋酸 | 0.09 | 90 | |
| 滴滴涕和代谢物 | 0.001 | 1 | |
| 二溴乙腈 | 0.07 | 70 | |
| 二溴氯甲烷 | 0.1 | 100 | |
| 1，2-二溴-3-氯丙烷 | 0.001[a] | 1[a] | |
| 1，2-二溴乙烷 | 0.0004[a](P) | 0.4[a](P) | |
| 二氯乙酸 | 0.05[a](D) | 50[a](D) | |
| 二氯乙腈 | 0.02(P) | 20(P) | |
| 1，2-二氯苯 | 1(C) | 1000(C) | |

续表

| 化学物质 | mg/L | μg/L | 说明 |
|---|---|---|---|
| 1，4-二氯苯 | 0.3(C) | 300(C) | |
| 1，2-二氯乙烷 | 0.03[a] | 30[a] | |
| 1，2-二氯乙烯 | 0.05 | 50 | |
| 二氯甲烷 | 0.02 | 20 | |
| 1，2-二氯丙烷 | 0.04(P) | 40(P) | |
| 1，3-二氯丙烯 | 0.02[a] | 20[a] | |
| 2，4-滴丙酸 | 0.1 | 100 | |
| 二(2-乙基己基)邻苯二甲酸酯 | 0.008 | 8 | |
| 乐果 | 0.006 | 6 | |
| 1，4-二噁烷，1，4-二氧杂环己烷 | 0.05[a] | 50[a] | 采用每日取样法及多级模拟法 |
| EDTA，乙二胺四乙酸 | 0.6 | 600 | 用于游离酸 |
| 异狄试剂 | 0.0006 | 0.6 | |
| 环氧氯丙烷，表氯醇 | 0.0004(P) | 0.4(P) | |
| 乙苯 | 0.3(C) | 300(C) | |
| 2，4，5-涕丙酸 | 0.009 | 9 | |
| 氟化物 | 1.5 | 1500 | 设定国家标准时应考虑饮水量和其他来源的摄入量 |
| 六氯丁二烯 | 0.0006 | 0.6 | |
| 羟基莠去津 | 0.2 | 200 | 莠去津代谢物 |
| 异丙隆 | 0.009 | 9 | |
| 铅 | 0.01(A，T) | 10(A，T) | |
| 林旦，林丹，高丙体666 | 0.002 | 2 | |
| 2-甲基-4-氯苯氧基乙酸 | 0.002 | 2 | |
| 2-甲基-4-氯丙酸 | 0.01 | 10 | |
| 汞 | 0.006 | 6 | 无机汞 |
| 甲氧滴滴涕 | 0.02 | 20 | |
| 甲氧毒草安 | 0.01 | 10 | |
| 微囊藻毒素-LR | 0.001(P) | 1(P) | 总量(游离和细胞结合的) |
| 禾草特，环草丹，草达灭 | 0.006 | 6 | |
| 一氯胺 | 3 | 3000 | |
| 一氯醋酸盐 | 0.02 | 20 | |
| 镍 | 0.07 | 70 | |
| 硝酸盐(以 $NO_3^-$ 计) | 50 | 50000 | 短期饮用 |
| 次氨基三乙酸(NTA) | 0.2 | 200 | |
| 亚硝酸盐(以 $NO_2^-$ 计) | 3 | 3000 | 短期饮用 |
| N-亚硝基二甲胺 | 0.0001 | 0.1 | |
| 二甲戊乐灵 | 0.02 | 20 | |
| 五氯酚 | 0.009[a](P) | 9[a](P) | |
| 硒 | 0.04(P) | 40(P) | |
| 西玛津，西玛三嗪 | 0.002 | 2 | |
| 钠 | 50 | 50000 | 以二氯异氰脲酸钠计 |

续表

| 化学物质 | mg/L | μg/L | 说明 |
| --- | --- | --- | --- |
| 二氯异氰脲酸盐 | 40 | 40000 | 以三聚氰酸计 |
| 苯乙烯 | 0.02(C) | 20(C) | |
| 2，4，5-涕 | 0.009 | 9 | |
| 特丁律 | 0.007 | 7 | |
| 四氯乙烯 | 0.04 | 40 | |
| 甲苯 | 0.7(C) | 700(C) | |
| 三氯乙酸盐 | 0.2 | 200 | |
| 三氯乙烯 | 0.02(P) | 20(P) | |
| 2，4，6-三氯酚 | 0.2[a](C) | 200[a](C) | |
| 氟乐灵 | 0.02 | 20 | |
| 三氯甲烷 | — | — | 各组分浓度与各自准则值的比值之和≤1 |
| 铀 | 0.03(P) | 30(P) | 只涉及铀的化学性质 |
| 氯乙烯 | 0.0003[a] | 0.3[a] | |
| 二甲苯(类) | 0.5(C) | 500(C) | |

注：A—暂定准则值，因为计算所得准则值低于所能达到的定量水平；C—该物质浓度相当或低于基于健康意义的准则值时已能使水的外观、味道或气味改变，引起消费者抱怨；D—暂定准则值，因为消毒结果可能超过准则值；P—暂定准则值，已证明对健康有害，但资料有限；T—暂定准则值，因为计算所得准则值低于实际处理方法或水源保护等所能达到的浓度。

a—考虑作为致癌物，其准则值是指在一般寿命的上限值期间发生癌症危险为 $10^{-5}$ 时饮水中致癌物(每 100000 人口饮用准则值浓度的水在 70 年间增加 1 例癌症)的浓度。危险为 $10^{-4}$ 或 $10^{-6}$ 时的浓度值可通过将该准则值乘以 10 或除以 10 计算获得。

**C 饮用水中放射性组分** **附表 2-3**

| 项目 | 筛分值(Bq/L) | 备注 |
| --- | --- | --- |
| 总 α 活性 | 0.5 | 如果超出了一个筛分值，那么更详细的放射性核元素分析必不可少。较高的值并不一定说明该水质不适于人类饮用 |
| 总 β 活性 | 1 | |

**D 饮用水中含有的能引起用户不满的物质及其参数** **附表 2-4**

| 项目 | 可能导致用户不满的值[a] | 用户不满的原因 |
| --- | --- | --- |
| 生物性污染物 | | |
| 放线菌和真菌 | — | 使饮用水产生味和臭 |
| 蓝绿藻细菌和其他藻类 | — | 使滤后水有颜色和浑浊，产物对健康有直接影响 |
| 动物活体 | — | 使水着色 |
| 铁细菌 | — | 产生铁锈类沉积物，使人观感不悦 |
| 化学污染物 | | |
| 色度 | 15TCU[b] | 观感 |
| 浊度 | 有效消毒：1NTU[c]（大型水厂任何时候不能超过 0.5NTU；小型水厂适当放宽到 5NTU） | 观感，影响消毒效果 |

续表

| 项目 | | 可能导致用户不满的值[a] | 用户不满的原因 |
|---|---|---|---|
| 硬度 | | 100～300mg/L(钙离子计) | 高硬度：水垢沉淀，形成浮渣 |
| pH 和腐蚀性 | | 6.5～8.5 | 低 pH：具腐蚀性<br>高 pH：味道，滑腻感<br>用氯进行有效消毒时最好 pH<8.0 |
| 总溶解固体 | | 1000mg/L | 口感，生垢 |
| 铝 | | 0.1～0.2mg/L | 生成絮状沉积物，在铁存在时会加重水的颜色 |
| 铜 | | 1mg/L | 衣服和卫生间器具着色 |
| 铁 | | 0.3mg/L | 衣服和卫生间器具着色 |
| 锰 | | 0.1mg/L | 衣服和卫生间器具着色 |
| 钠 | | 200mg/L | 味道 |
| 锌 | | 4mg/L | 外观，味道 |
| 氨 | | 1.5mg/L | 臭 |
| | | 35mg/L | 味 |
| 氯 | | 5mg/L | 味 |
| 氯化物 | | 200～300mg/L | 味 |
| 溶解氧 | | — | 间接影响 |
| 硫化氢 | | 0.05～0.1mg/L | 臭和味 |
| 硫酸盐 | | 250～1000mg/L | 味道，致泻 |
| 合成洗涤剂 | | — | 泡沫，味道 |
| 甲苯 | | 0.024～0.17mg/L | 臭 |
| | | 0.04～0.12mg/L | 味 |
| 石油 | | — | 臭和味 |
| 苯乙烯 | | 0.004～2.6mg/L | 臭 |
| 二甲苯 | | 0.3mg/L | 臭和味 |
| 乙苯 | | 0.002～0.130mg/L | 臭 |
| | | 0.072～0.2mg/L | 味 |
| 氯胺 | 一氯胺 | 0.5～1.5mg/L | 臭和味 |
| | 二氯胺 | 0.13～0.15mg/L | 臭和味 |
| | 三氯胺 | 0.02mg/L | 臭和味 |
| 氯苯 | 一氯苯 | 0.01～0.02mg/L | 臭和味 |
| | 1，2-二氯苯 | 0.002～0.01mg/L | 臭 |
| | | 0.001mg/L | 味 |
| | 1，4-二氯苯 | 0.0003～0.03mg/L | 臭 |
| | | 0.006mg/L | 味 |
| | 1，2，3-三氯苯 | 0.01mg/L | 臭 |
| | 1，2，4-三氯苯 | 0.005～0.03mg/L | 臭 |
| | | 0.03mg/L | 味 |
| | 1，3，5-三氯苯 | 0.05mg/L | 臭 |

续表

| 项目 | | 可能导致用户不满的值[a] | 用户不满的原因 |
| --- | --- | --- | --- |
| 氯酚 | 2-氯酚 | 0.01mg/L | 臭 |
| | | 0.0001mg/L | 味 |
| | 2，4-二氯酚 | 0.04mg/L | 臭 |
| | | 0.0003mg/L | 味 |
| | 2，4，6-三氯酚 | 0.3mg/L | 臭 |
| | | 0.002mg/L | 味 |

a. 这里所指的基准值不是精确数值。根据当地情况，低于或高于该值都可能出现问题，故对有机物组分列出了臭和味的上下限范围。

b. TCU，色度单位。

c. NTU，散射浊度单位。

## 附表 3 欧盟《饮用水指令》((EU)2020/2184)

**A. 微生物学指标** **附表 3-1**

| 指标 | 指标值 | 单位 | 备注 |
| --- | --- | --- | --- |
| 埃希氏大肠杆菌 | 0 | 个/100mL | 注 1 |
| 肠道球菌 | 0 | 个/100mL | 注 1 |

注 1：用于瓶装或桶装饮用水：个/250mL。

**B. 化学物质参数** **附表 3-2**

| 指标 | 指标值 | 单位 | 备注 |
| --- | --- | --- | --- |
| 丙烯酰胺 | 0.10 | μg/L | 注 1 |
| 锑 | 5.0 | μg/L | |
| 砷 | 10 | μg/L | |
| 苯 | 1.0 | μg/L | |
| 苯并[a]芘 | 0.010 | μg/L | |
| 双酚 A | 2.5 | μg/L | |
| 硼 | 1.5 | mg/L | 注 2 |
| 溴酸盐 | 10 | μg/L | |
| 镉 | 5.0 | μg/L | |
| 氯酸盐 | 0.25 | mg/L | 注 3 |
| 亚氯酸盐 | 0.25 | mg/L | 注 4 |
| 铬 | 50 | μg/L | |
| 铜 | 2.0 | μg/L | |
| 氰化物 | 50 | μg/L | |
| 1，2-二氯乙烷 | 3.0 | μg/L | |
| 环氧氯丙烷 | 0.10 | μg/L | 注 1 |
| 氟化物 | 1.5 | mg/L | |
| 卤乙酸(HAAs) | 60 | μg/L | 注 5 |
| 铅 | 5 | μg/L | 注 6 |
| 汞 | 1.0 | μg/L | |
| 微囊藻毒素-LR | 1.0 | μg/L | 注 7 |

续表

| 指标 | 指标值 | 单位 | 备注 |
|---|---|---|---|
| 镍 | 20 | μg/L | |
| 硝酸盐 | 50 | mg/L | 注 8 |
| 亚硝酸盐 | 0.50 | mg/L | 注 8 |
| 农药 | 0.10 | μg/L | 注 9 和注 10 |
| 农药总量 | 0.50 | μg/L | 注 9 和注 11 |
| 全氟和多氟烷基化合物(PFAS)总量 | 0.50 | μg/L | |
| 指定全氟和多氟烷基化合物(PFAS)总量 | 0.10 | μg/L | 注 12 |
| 多环芳烃 | 0.10 | μg/L | 注 13 |
| 硒 | 10 | μg/L | 注 14 |
| 四氯乙烯和三氯乙烯 | 10 | μg/L | |
| 三卤甲烷总量 | 100 | μg/L | 注 15 |
| 铀 | 30 | μg/L | |
| 氯乙烯 | 0.5 | μg/L | 注 1 |

注 1：参数值是指水中残留的单体浓度，根据与水接触的相应聚合物的最大释放量的规格计算得出；

注 2：当淡化水是有关供水系统的主要水源时，或在地质条件可能导致地下水中硼含量高的地区，应采用 2.4mg/L 的参数值；

注 3：如果使用产生氯酸盐的消毒方法(特别是二氧化氯)对供人饮用的水进行消毒，则应采用参数值 0.70mg/L。在可能的情况下，在不影响消毒效果的情况下，会员国应争取较低的参数值。只有在使用此类消毒方法时，才应测量该参数；

注 4：如果使用产生亚氯酸盐的消毒方法(特别是二氧化氯)对供人饮用的水进行消毒，则应采用参数值 0.70mg/L。在可能的情况下，在不影响消毒效果的情况下，会员国应争取较低的参数值。只有在使用此类消毒方法时，才应测量该参数；

注 5：只有当使用可以产生 HAA 的消毒方法对人类饮用的水进行消毒时，才应测量该参数。它是以下五种反应物质的总和：氯、二氯和三氯乙酸，以及一溴和二溴乙酸；

注 6：最迟应在 2036 年 1 月 12 日达到 5μg/L 的参数值。在此之前，铅的参数值应为 10μg/L；

注 7：只有在原水可能出现藻华(蓝藻细胞密度或形成藻华的可能性增加)时，才应对该参数进行测量；

注 8：成员国应确保[硝酸根浓度]/50+[亚硝酸根浓度]/3≤1，方括号中为以 mg/L 为单位计的硝酸根和亚硝酸根浓度，且出厂水亚硝酸盐含量要小于 0.1mg/L；

注 9：农药是指：有机杀虫剂、有机除草剂、有机杀菌剂、有机杀线虫剂、有机杀螨剂、有机除藻剂、有机杀鼠剂、有机杀黏菌和相关产品及其代谢副产物、降解和反应产物；

注 10：参数值适用于每种农药。对艾氏剂、狄氏剂、七氯和环氧七氯，参数值为 0.030μg/L；

注 11：农药总量是指所有能检测出和定量的单项农药的总和；

注 12：这是 PFAS 总量物质的一个子集，含有具有三个或更多碳的全氟烷基部分（即-$C_nF_{2n}$-，$n\geqslant3$）或具有两个或更多碳的全氟烷基部分（即-$C_nF_{2n}OC_mF_{2m}$-，$n$ 和 $m\geqslant1$）；

注 13：下列特定化合物的浓度总和：苯并(b)荧蒽、苯并(k)荧蒽、苯并(ghi)苝和茚并(1，2，3-cd)吡喃；

注 14：对于地质条件可能导致地下水中硒含量较高的地区，应采用 30μg/L 的参数值；

注 15：在不影响消毒效果的情况下，会员国应尽可能降低参数值。它是下列特定化合物浓度的总和：氯仿、溴仿、二溴氯甲烷和溴二氯甲烷。

**C. 指示参数** **附表 3-3**

| 指标 | 指标值 | 单位 | 备注 |
|---|---|---|---|
| 铝 | 200 | μg/L | |
| 铵 | 0.50 | mg/L | |
| 氯化物 | 250 | mg/L | 注 1 |
| 产气荚膜梭菌，包括孢子 | 0 | 个/100ml | 注 2 |
| 色度 | 用户可以接受且无异味 | | |

续表

| 指标 | 指标值 | 单位 | 备注 |
|---|---|---|---|
| 电导率 | 2500 | μS/cm(20℃) | 注 1 |
| 氢离子浓度 | 6.5～9.5 | pH 单位 | 注 1 和注 3 |
| 铁 | 200 | μg/L | |
| 锰 | 50 | μg/L | |
| 味 | 用户可以接受且无异常 | | |
| 耗氧量 | 5.0 | $mgO_2/L$ | 注 4 |
| 硫酸盐 | 250 | mg/L | 注 1 |
| 钠 | 200 | mg/L | |
| 嗅 | 用户可以接受且无异常 | | |
| 细菌总数(22℃) | 无异常变化 | | |
| 大肠杆菌 | 0 | 个/100mL | |
| 总有机碳(TOC) | 无异常变化 | | 注 5 |
| 浊度 | 用户可以接受且无异常 | | |

注 1：水不应有腐蚀性；
注 2：如果风险评估表明这样做是适当的，则应测量该参数；
注 3：若为瓶装或桶装的静止水，最小值可降至 4.5pH 单位，若为瓶装或桶装水，因其天然富含或人工充入二氧化碳，最小值可降至更低；
注 4：如果测定 TOC 参数值，则不需要测定该值；
注 5：对于供水量小于 10000$m^3$/d 的水厂，不需要测定该值。

## 附表 4　美国国家一级饮用水规程和二级饮用水规程

美国国家一级饮用水规程(NPDWRs 或一级标准)，是法定强制性的标准，它适用于公用给水系统。一级标准限制了那些有害公众健康的及已知的或在公用给水系统中出现的有害污染物浓度，从而保护饮用水水质。

附表 4-1 将污染物划分为：微生物、消毒副产物、消毒剂、无机物、有机物、放射性参数。

**美国国家一级饮用水规程**　　**附表 4-1**

| 序号 | 污染物 | MCLG¹ (mg/L)² | MCL¹/TT¹ (mg/L)² | 长期饮用超过最高浓度水对身体的潜在危害 | 饮用水中污染物来源 |
|---|---|---|---|---|---|
| 微生物 | | | | | |
| 1 | 隐孢子虫 | 0 | TT³ | 短期暴露：肠胃疾病(如：腹泻，呕吐，胃痉挛) | 人畜粪便 |
| 2 | 贾第鞭毛虫 | 0 | TT³ | 短期暴露：肠胃疾病(如腹泻，呕吐，胃痉挛) | 人畜粪便 |
| 3 | 军团菌 | 0 | TT³ | 军团菌病，肺炎 | 水中常有发现，加热系统内会繁殖 |
| 4 | 异养菌(落)数 | n/a | TT³ | 对健康无害，是一种测量水中常见菌种的分析方法。饮用水中细菌浓度越低，水系统保持效果越好 | 可用于检测存在于自然环境中一系列菌种 |

续表

| 序号 | 污染物 | MCLG[1] (mg/L)[2] | MCL[1]/TT[1] (mg/L)[2] | 长期饮用超过最高浓度水对身体的潜在危害 | 饮用水中污染物来源 |
|---|---|---|---|---|---|
| 5 | 总大肠菌群（粪大肠杆菌和埃希氏大肠杆菌） | 0 | 5.0%[4] | 本身并不会威胁健康；被用于指示是否可能存在其他有潜在危害的细菌[5] | 大肠菌群自然存在于环境，以及粪便中；粪大肠杆菌和埃希氏大肠杆菌只存在于人畜粪便 |
| 6 | 浊度 | n/a | TT[3] | 浊度是衡量水中遮光度的指标。用来指示水质和过滤效率的。高浊度值经常和高含量的致病菌（例如病毒、寄生虫和一些细菌）有关联。这些致病菌引起症状，例如恶心，胃痉挛，腹泻和相关的头痛 | 土壤径流 |
| 7 | 病毒（肠的） | 0 | TT[3] | 短期暴露，肠胃疾病（比如腹泻，呕吐，胃痉挛） | 人畜粪便 |
| | | | 消毒副产物 | | |
| 8 | 溴酸盐 | 0 | 0.01 | 致癌风险增加 | 饮用水消毒副产物 |
| 9 | 亚氯酸盐 | 0.8 | 1.0 | 贫血症，婴儿、小孩、胎儿神经系统受影响 | 饮用水消毒副产物 |
| 10 | 卤乙酸 | n/a[6] | 0.060[7] | 癌症风险增加 | 饮用水消毒副产物 |
| 11 | 总三卤甲烷 | n/a[6] | 0.080[7] | 肾、肝、神经中枢出问题，致癌风险增加 | 饮用水消毒副产物 |
| | | | 消毒剂 | | |
| 12 | 氯胺（$Cl_2$） | MRDLG=4[1] | MRDL=4.0[1] | 眼和鼻疼痛，胃不适，贫血症 | 用于控制水中微生物的添加剂 |
| 13 | 氯（$Cl_2$） | MRDLG=4[1] | MRDL=4.0[1] | 眼和鼻疼痛，胃不适 | 用于控制水中微生物的添加剂 |
| 14 | 二氧化氯（$ClO_2$） | MRDLG=0.8[1] | MRDL=0.8[1] | 贫血症，婴儿，小孩，胎儿：神经系统受影响 | 用于控制水中微生物的添加剂 |
| | | | 无机物 | | |
| 15 | 锑 | 0.006 | 0.006 | 血液中胆固醇升高，血液中葡萄糖降低 | 炼油厂、阻燃剂、电子、陶瓷、焊料工业的排放 |
| 16 | 砷 | 0 | 0.010 | 伤害皮肤或血液循环系统，致癌风险增加 | 矿藏溶蚀，果园流出，玻璃或电子生产废水 |
| 17 | 石棉（>10 微米纤维） | 每升 7 百万纤维 MFL | 每升 7 百万纤维（MFL） | 增加良性肠息肉风险 | 输水管道中石棉，水泥损坏，矿藏溶蚀 |
| 18 | 钡 | 2 | 2 | 血压升高 | 钻井排放、金属冶炼厂排放，矿藏溶蚀 |
| 19 | 铍 | 0.004 | 0.004 | 肠道损伤 | 金属冶炼厂、焦化厂、电子、航空、国防工业排放 |
| 20 | 镉 | 0.005 | 0.005 | 肾损伤 | 镀锌管道腐蚀，天然矿藏溶蚀，金属冶炼厂排放，废电池和废油漆冲刷外泄 |
| 21 | 铬（总） | 0.1 | 0.1 | 过敏性皮炎 | 钢铁厂、纸浆厂排放，天然矿藏溶蚀 |

续表

| 序号 | 污染物 | MCLG[1] (mg/L)[2] | MCL[1]/TT[1] (mg/L)[2] | 长期饮用超过最高浓度水对身体的潜在危害 | 饮用水中污染物来源 |
| --- | --- | --- | --- | --- | --- |
| 22 | 铜 | 1.3 | TT[7]；处理界限值=1.3 | 短期暴露使胃肠疼痛，长期接触使肝或肾损伤，在水中铜浓度超过处理界限值时，有肝豆状核变性的病人应请教医生 | 家庭管道系统腐蚀，天然矿藏溶蚀 |
| 23 | 氰化物（以氰计） | 0.2 | 0.2 | 神经系统损伤，甲状腺问题 | 钢厂或金属加工厂排放，塑料厂及化肥厂排放 |
| 24 | 氟化物 | 4.0 | 4.0 | 骨疾病（骨疼痛、骨软化），儿童可能患斑牙 | 保护牙的添加剂，天然矿藏溶蚀，化肥厂及铝厂排放 |
| 25 | 铅 | 0 | TT[7]；处理界限值=0.015 | 婴儿和儿童：身体和智力发育迟缓，儿童有轻微的注意广度缺陷；成年人：肾脏出问题，高血压 | 家庭管道腐蚀，天然矿藏浸蚀 |
| 26 | 无机汞 | 0.002 | 0.002 | 肾损伤 | 天然矿藏的溶蚀，冶炼厂和工厂排放，废渣填埋场及耕地流出 |
| 27 | 硝酸盐（以N计） | 10 | 10 | 六个月以下儿童如果摄入超过污染物最高允许浓度MCL的水后果很严重，不治疗会死亡。症状包括婴儿身体发绀，呼吸短促 | 化肥泻出，化粪池或污水渗漏，天然矿藏物溶蚀 |
| 28 | 亚硝酸盐（以N计） | 1 | 1 | 六个月以下儿童如果摄入超过污染物最高允许浓度MCL的水后果很严重，不治疗会死亡。症状包括婴儿身体发绀，呼吸短促 | 化肥泻出，化粪池或污水渗漏，天然矿藏物溶蚀 |
| 29 | 硒 | 0.05 | 0.05 | 头发、指甲脱落，指甲或脚趾麻木，血液循环问题 | 炼油厂排放，天然矿藏的腐蚀，矿场排放 |
| 30 | 铊 | 0.0005 | 0.002 | 头发脱落，血液成分改变，对肾，肠，肝有影响 | 矿砂处理场溶出，电子，玻璃、制药厂排放 |
| | | | | 有机物 | |
| 31 | 丙烯酰胺 | 0 | TT[8] | 神经系统或血液循环出问题，致癌风险增加 | 污水或废水处理过程中进入水中 |
| 32 | 甲草胺，草不绿 | 0 | 0.002 | 眼，肝脏，肾或脾出问题，贫血，致癌风险增加 | 庄稼除莠剂流出 |
| 33 | 阿特拉津、莠去津 | 0.003 | 0.003 | 心血管系统或再生繁殖问题 | 庄稼除莠剂流出 |
| 34 | 苯 | 0 | 0.005 | 贫血症，血小板减少，增加癌症风险 | 工厂排放，储罐及垃圾堆场淋溶 |
| 35 | 苯并(α)芘(PAHs) | 0 | 0.0002 | 再生繁殖问题，癌症风险增加 | 储水槽及管道涂层淋溶 |
| 36 | 卡巴呋喃，呋喃丹 | 0.04 | 0.04 | 血液及神经系统问题，再生繁殖问题 | 用于水稻及苜蓿的土壤熏剂的淋溶 |

续表

| 序号 | 污染物 | MCLG[1] (mg/L)[2] | MCL[1]/TT[1] (mg/L)[2] | 长期饮用超过最高浓度水对身体的潜在危害 | 饮用水中污染物来源 |
|---|---|---|---|---|---|
| 37 | 四氯化碳 | 0 | 0.005 | 肝脏出问题，癌症风险增加 | 化工厂及其他工厂排放 |
| 38 | 氯丹 | 0 | 0.002 | 肝脏和神经系统出现问题，致癌风险增加 | 禁止用的杀白蚁剂的残留物 |
| 39 | 氯苯 | 0.1 | 0.1 | 肝，肾出现问题 | 化工厂及农药厂排放 |
| 40 | 2，4-二氯苯氧基乙酸 | 0.07 | 0.07 | 肾，肝，肾上腺问题 | 庄稼除莠剂流出 |
| 41 | 茅草枯 | 0.2 | 0.2 | 肾有微弱变化 | 公路除莠剂流出 |
| 42 | 1，2-二溴-3-氯丙烷(DBCP) | 0 | 0.0002 | 再生繁殖困难，癌症风险增加 | 大豆，棉花，菠萝及果园土壤熏蒸剂流出或溶出 |
| 43 | 邻二氯苯 | 0.6 | 0.6 | 肝，肾或循环系统出现问题 | 化工厂排放 |
| 44 | 对二氯苯 | 0.075 | 0.075 | 贫血症，肝、肾、脾受损，血液变化 | 化工厂排放 |
| 45 | 1，2-二氯乙烷 | 0 | 0.005 | 癌症风险增加 | 化工厂排放 |
| 46 | 1，1-二氯乙烯 | 0.007 | 0.007 | 肝脏出现问题 | 化工厂排放 |
| 47 | 顺1，2-二氯乙烯 | 0.07 | 0.07 | 肝脏出现问题 | 化工厂排放 |
| 48 | 反1，2-二氯乙烯 | 0.1 | 0.1 | 肝脏出现问题 | 化工厂排放 |
| 49 | 二氯甲烷 | 0 | 0.005 | 肝发生问题，癌症风险增加 | 化工厂和制药厂排放 |
| 50 | 1，2-二氯丙烷 | 0 | 0.005 | 癌症风险增加 | 化工厂排放 |
| 51 | 二(乙基己基)己二酸酯 | 0.4 | 0.4 | 体重减轻，肝发生问题或可能再生繁殖困难 | 化工厂排放 |
| 52 | 二(乙基己基)邻苯二甲酸酯 | 0 | 0.006 | 再生繁殖困难，肝问题，致癌风险增加 | 化工厂和橡胶厂排放 |
| 53 | 地乐酚 | 0.007 | 0.007 | 再生繁殖困难 | 大豆和蔬菜除莠剂流出 |
| 54 | 二噁英(2，3，7，8-四氯二苯并对二氧六环) | 0 | 0.00000003 | 再生繁殖困难，致癌风险增加 | 废物焚烧或其他物质焚烧时散布，化工厂排放 |
| 55 | 敌草快 | 0.02 | 0.02 | 生白内障 | 使用除莠剂流出 |
| 56 | 草藻灭 | 0.1 | 0.1 | 胃，肠出问题 | 使用除莠剂流出 |
| 57 | 异狄氏剂 | 0.002 | 0.002 | 肝出问题 | 禁用杀虫剂流出 |
| 58 | 熏杀环 | 0 | TT[8] | 致癌风险增加，胃出现问题 | 化工厂排放，水处理物质的杂质 |
| 59 | 乙苯 | 0.7 | 0.7 | 肝、肾出问题 | 炼油厂排放 |
| 60 | 二溴化乙烯 | 0 | 0.00005 | 肝、胃出问题，再生繁殖困难 | 炼油厂排放 |
| 61 | 草甘膦 | 0.7 | 0.7 | 肾出问题，再生繁殖困难 | 使用除莠剂流出 |
| 62 | 七氯 | 0 | 0.0004 | 肝损伤，致癌风险增加 | 禁用杀白蚁药残留 |

续表

| 序号 | 污染物 | MCLG[1] (mg/L)[2] | MCL[1]/TT[1] (mg/L)[2] | 长期饮用超过最高浓度水对身体的潜在危害 | 饮用水中污染物来源 |
|---|---|---|---|---|---|
| 63 | 环氧七氯 | 0 | 0.0002 | 肝损伤，致癌风险增加 | 七氯降解 |
| 64 | 六氯苯 | 0 | 0.001 | 肝、肾出问题，再生繁殖困难，致癌风险增加 | 冶金厂和农药厂排放 |
| 65 | 六氯丁二烯 | 0.05 | 0.05 | 肾、胃出问题 | 化工厂排放 |
| 66 | 林丹 | 0.0002 | 0.0002 | 肝、肾出问题 | 畜牧、木材、花园所使用的杀虫剂流出或溶出 |
| 67 | 甲氧滴滴涕 | 0.04 | 0.04 | 再生繁殖困难 | 水、蔬菜、苜蓿、家畜杀虫剂流出或淋溶 |
| 68 | 草氨酰 | 0.2 | 0.2 | 对神经系统有轻微影响 | 用于苹果、土豆、番茄杀虫剂流出 |
| 69 | 五氯酚 | 0 | 0.001 | 肝、肾出问题，致癌风险增加 | 木材防腐厂泄漏 |
| 70 | 毒莠定 | 0.5 | 0.5 | 肝出问题 | 除莠剂流出 |
| 71 | 多氯联苯 | 0 | 0.0005 | 皮肤起变化，胸腺出问题，免疫力降低，再生繁殖或神经系统困难，增加致癌风险 | 废渣回填土溶出，废弃化学药品的流出 |
| 72 | 西玛津 | 0.004 | 0.004 | 血液问题 | 杀虫剂流出 |
| 73 | 苯乙烯 | 0.1 | 0.1 | 肝、肾、血液循环系统出问题 | 橡胶、塑料厂排放，回填土溶出 |
| 74 | 四氯乙烯 | 0 | 0.005 | 肝问题，致癌风险增加 | 干洗工厂排放 |
| 75 | 甲苯 | 1 | 1 | 神经系统，肾、肝出问题 | 炼油厂排放 |
| 76 | 毒杀芬 | 0 | 0.003 | 肾、肝、甲状腺出问题，致癌风险增加 | 棉花、牲畜杀虫剂的流出或溶出 |
| 77 | 2，4，5-涕丙酸 | 0.05 | 0.05 | 肝出问题 | 禁用除莠剂的流出 |
| 78 | 1，2，4-三氯苯 | 0.07 | 0.07 | 肾上腺变化 | 纺织厂排放 |
| 79 | 1，1，1-三氯乙烷 | 0.2 | 0.2 | 肝、神经系统、血液循环系统出问题 | 金属除脂场地及其他工厂排放 |
| 80 | 1，1，2-三氯乙烷 | 0.003 | 0.005 | 肝、肾、免疫系统出问题 | 化工厂排放 |
| 81 | 三氯乙烯 | 0 | 0.005 | 肝脏出问题，致癌风险增加 | 金属除脂场地及其他工厂排放 |
| 82 | 氯乙烯 | 0 | 0.002 | 致癌风险增加 | PVC管溶出，塑料厂排出 |
| 83 | 二甲苯(总) | 10 | 10 | 神经系统受损 | 石油厂、化工厂排放 |
| | | | 放射性参数 | | |
| 84 | 总α放射性 | 0 | 15微微居里/L | 致癌风险增加 | 有放射性的自然矿藏的侵蚀并放射α |

续表

| 序号 | 污染物 | MCLG[1] (mg/L)[2] | MCL[1]/TT[1] (mg/L)[2] | 长期饮用超过最高浓度水对身体的潜在危害 | 饮用水中污染物来源 |
|---|---|---|---|---|---|
| 85 | β粒子和光子 | 0 | 4毫雷姆/年 | 致癌风险增加 | 具有放射性且能放射β射线和光子的天然或人造矿藏的衰变 |
| 86 | 镭[226]和镭[228] | 0 | 5微微居里/L | 致癌风险增加 | 天然矿藏侵蚀 |
| 87 | 铀 | 0 | 30μg/L | 致癌风险增加，肾中毒 | 天然矿藏的溶蚀 |

注：

1. 概念解释

(1) 污染物最高浓度目标(MCLG)：对人体健康无影响或预期无不良影响的水中污染物浓度。MCLG是非强制性公共健康目标。

(2) 污染物最高允许浓度(MCL)：饮用水中的污染物最高允许浓度。MCL是强制性标准。

(3) 最大残留消毒剂浓度目标(MRDLG)：对人体健康无影响或预期无不良影响的饮用水中消毒剂浓度。

(4) 最大残留消毒剂允许浓度(MRDL)：饮用水中允许的最高消毒剂浓度。

(5) 处理技术(TT)：公共给水系统必须遵循的强制性步骤或技术水平以确保对污染物的控制。

2. 除非有特别注释，一般单位为mg/L。毫克每升等于百万分之一(ppm)。

3. EPA的地表水处理规则要求采用地表水或受地面水直接影响的地下水的给水系统，进行水的消毒并且进行水的过滤或者满足无需过滤的准则，目的是使下列污染物满足以下要求：

(1) 隐孢子虫：对于没有过滤的处理系统，应在其水源的流域控制规定中包含隐孢子虫项目；

(2) 贾第鞭毛虫：要达到99%去除或者灭活；

(3) 病毒：要达到99.99%的去除或者灭活；

(4) 军团菌：未列限值，但EPA认为，如果能够去除或者灭活贾第鞭毛虫和病毒的地表水规则中的处理技术，也能使军团菌得到控制；

(5) 浊度：对于采用常规过滤或直接过滤的处理系统，确保浊度不超过1NTU，而且每个月内，至少有95%的样本的浊度值必须不能超过0.3NTU，不采用常规过滤或直接过滤的过滤处理系统必须满足各州水质要求，其中浊度要求不能超过5NTU；

(6) 异养菌落数（HPC)：每毫升不超过500菌落数；

(7) 长期1强化地表水处理：服务人口数小于10000人的地表水或受地面水直接影响的地下水（GWUDI）的给水系统必须遵守可应用的长期1强化地表水处理管理规定（例如浊度标准，个人过滤监测，隐孢子虫去除要求，更新的对于未过滤系统的流域控制要求）。

(8) 长期2地表水强化处理规定：这个规定适用于所有地表水或受地面水直接影响的地下水系统。规定了高风险系统下外加隐孢子虫处理要求指标，还包括一些规定来减少未加盖的出厂水贮存设施带来的风险，同时确保当他们采取措施减少消毒副产物形成时能确保系统维持生物保护。

(9) 滤池反冲洗水回收：滤池反冲洗水回收规则要求回流水必须回流到包含常规过滤，或者直接过滤，或者经过州政府批准的其他过滤工艺的全系统前端。

4. 每月总大肠菌群阳性的水样不超过5%，对于每月例行检测总大肠菌群的样本少于40个的给水系统，总大肠菌群阳性的水样不得超过1个。对于每个分析总大肠菌群的样本必须分析粪大肠杆菌或者埃希氏大肠杆菌，如果连续两个样本的总大肠菌群阳性，并且其中一个粪大肠杆菌或者埃希氏大肠杆菌阳性，说明给水处理系统存在严重的MCL超标。

5. 粪大肠杆菌和埃希氏大肠杆菌能指示水体是否被人类或动物的废物污染。在这些废物中的致病菌（病原体）可能会导致腹泻、胃痉挛、恶心、头痛或者其他症状。这些病原体会对婴儿、幼儿和免疫系统严重破坏的成人带来特殊的健康风险。

6. 尽管没有消毒副产物的集体污染物最高浓度目标值，但是有个别污染物最高浓度目标值：

(1) 卤乙酸：二氯乙酸（0mg/L)、三氯乙酸（0.02mg/L)、氯乙酸（0.07mg/L)。溴乙酸和二氯乙酸与这一组相关，但是没有最高浓度目标值。

(2) 三卤甲烷：一溴二氯甲烷（0mg/L)、三溴甲烷（0mg/L)、二溴一氯甲烷（0.06mg/L)、溴仿（0.07mg/L)。

7. 铅和铜材料需要进行腐蚀度调控，如果自来水样本中有10%的水样中铅和铜的浓度超过处理界限值，那么供水系统必须采取措施进行调控。铜处理界限值为1.3mg/L，铅处理界限值为0.015mg/L。

8. 如给水系统采用丙烯酰胺及熏杀环(1-氯-2，3环氧丙烷)，必须向州政府提出书面形式证明(采用第三方或制造厂的证书)，它们的使用剂量及单体浓度不超过下列规定：

丙烯酰胺=0.05%，剂量为1mg/L(或相当量)；

熏杀环=0.01%，剂量为20mg/L(或相当量)。

美国国家二级饮用水规程(NSDWRs 或二级标准)，为非强制性准则，用于控制水中对美容(皮肤，牙齿变色)，或对感官(如臭，味，色度)有影响的污染物浓度(见附表 4-2)。

美国环保局(EPA)为给水系统推荐二级标准但没有规定必须遵守，然而各州可选择性采纳作为强制性标准。

**美国国家二级饮用水规程** **附表 4-2**

| 污染物 | 二级标准 | 污染物 | 二级标准 |
|---|---|---|---|
| 铝 | 0.05～0.2mg/L | 锰 | 0.05mg/L |
| 氯化物 | 250mg/L | 臭 | 嗅阈值为 3 |
| 色 | 15(色度单位) | 银 | 0.10mg/L |
| 铜 | 1.0mg/L | pH | 6.5～8.5 |
| 腐蚀性 | 无腐蚀性 | 硫酸盐 | 250mg/L |
| 氟化物 | 2.0mg/L | 总溶解固体 | 500mg/L |
| 发泡剂 | 0.5mg/L | 锌 | 5mg/L |
| 铁 | 0.3mg/L | | |

## 附表 5　中国《生活饮用水卫生标准》GB 5749—2022 生活饮用水水质扩展指标及限值

| 指标 | 限值 |
|---|---|
| 1. 微生物指标 | |
| 贾第鞭毛虫(个/10L) | <1 |
| 隐孢子虫(个/10L) | <1 |
| 2. 毒理指标 | |
| 锑(mg/L) | 0.005 |
| 钡(mg/L) | 0.7 |
| 铍(mg/L) | 0.002 |
| 硼(mg/L) | 1 |
| 钼(mg/L) | 0.07 |
| 镍(mg/L) | 0.02 |
| 银(mg/L) | 0.05 |
| 铊(mg/L) | 0.0001 |
| 硒(mg/L) | 0.01 |
| 高氯酸盐(mg/L) | 0.07 |
| 二氯甲烷(mg/L) | 0.02 |
| 1，2-二氯乙烷(mg/L) | 0.03 |
| 四氯化碳(mg/L) | 0.002 |
| 氯乙烯(mg/L) | 0.001 |
| 1，1-二氯乙烯(mg/L) | 0.03 |
| 1，2-二氯乙烯(总量)(mg/L) | 0.05 |
| 三氯乙烯(mg/L) | 0.02 |
| 四氯乙烯(mg/L) | 0.04 |

续表

| 指标 | 限值 |
| --- | --- |
| 六氯丁二烯(mg/L) | 0.0006 |
| 苯(mg/L) | 0.01 |
| 甲苯(mg/L) | 0.7 |
| 二甲苯(总量)(mg/L) | 0.5 |
| 苯乙烯(mg/L) | 0.02 |
| 氯苯(mg/L) | 0.3 |
| 1，4-二氯苯(mg/L) | 0.3 |
| 三氯苯(总量)(mg/L) | 0.02 |
| 六氯苯(mg/L) | 0.001 |
| 七氯(mg/L) | 0.0004 |
| 马拉硫磷(mg/L) | 0.25 |
| 乐果(mg/L) | 0.006 |
| 灭草松(mg/L) | 0.3 |
| 百菌清(mg/L) | 0.01 |
| 呋喃丹(mg/L) | 0.007 |
| 毒死蜱(mg/L) | 0.03 |
| 草甘膦(mg/L) | 0.7 |
| 敌敌畏(mg/L) | 0.001 |
| 莠去津(mg/L) | 0.002 |
| 溴氰菊酯(mg/L) | 0.02 |
| 2，4-滴(mg/L) | 0.03 |
| 乙草胺(mg/L) | 0.02 |
| 五氯酚(mg/L) | 0.009 |
| 2，4，6-三氯酚(mg/L) | 0.2 |
| 苯并(a)芘(mg/L) | 0.00001 |
| 邻苯二甲酸二(2-乙基己基)酯(mg/L) | 0.008 |
| 丙烯酰胺(mg/L) | 0.0005 |
| 环氧氯丙烷(mg/L) | 0.0004 |
| 微囊藻毒素-LR(藻类暴发情况发生时)(mg/L) | 0.001 |
| 3. 感官性状和一般化学指标 | |
| 钠(mg/L) | 200 |
| 挥发酚类(以苯酚计)(mg/L) | 0.002 |
| 阴离子合成洗涤剂(mg/L) | 0.3 |
| 2-甲基异莰醇(mg/L) | 0.00001 |
| 土臭素(mg/L) | 0.00001 |
| 当发生影响水质的突发公共事件时，经风险评估，感官性状和一般化学指标可暂时适当放宽。 | |

## 附表 6 《城镇污水处理厂污染物排放标准》GB 18918—2002 部分指标

选择控制项目最高允许排放浓度(日均值)(单位 mg/L) 附表 6-1

| 序号 | 选择控制项目 | 标准值 | 序号 | 选择控制项目 | 标准值 |
|---|---|---|---|---|---|
| 1 | 总镍 | 0.05 | 23 | 三氯乙烯 | 0.3 |
| 2 | 总铍 | 0.002 | 24 | 四氯乙烯 | 0.1 |
| 3 | 总银 | 0.1 | 25 | 苯 | 0.1 |
| 4 | 总铜 | 0.5 | 26 | 甲苯 | 0.1 |
| 5 | 总锌 | 1.0 | 27 | 邻-二甲苯 | 0.4 |
| 6 | 总锰 | 2.0 | 28 | 对-二甲苯 | 0.4 |
| 7 | 总硒 | 0.1 | 29 | 间-二甲苯 | 0.4 |
| 8 | 苯并(a)芘 | 0.00003 | 30 | 乙苯 | 0.4 |
| 9 | 挥发酚 | 0.5 | 31 | 氯苯 | 0.3 |
| 10 | 总氰化物 | 0.5 | 32 | 1,4-二氯苯 | 0.4 |
| 11 | 硫化物 | 1.0 | 33 | 1,2-二氯苯 | 1.0 |
| 12 | 甲醛 | 1.0 | 34 | 对硝基氯苯 | 0.5 |
| 13 | 苯胺类 | 0.5 | 35 | 2,4-二硝基氯苯 | 0.5 |
| 14 | 总硝基化合物 | 2.0 | 36 | 苯酚 | 0.3 |
| 15 | 有机磷农药(以 P 计) | 0.5 | 37 | 间-甲酚 | 0.1 |
| 16 | 马拉硫磷 | 1.0 | 38 | 2,4-二氯酚 | 0.6 |
| 17 | 乐果 | 0.5 | 39 | 2,4,6-三氯酚 | 0.6 |
| 18 | 对硫磷 | 0.05 | 40 | 邻苯二甲酸二丁酯 | 0.1 |
| 19 | 甲基对硫磷 | 0.2 | 41 | 邻苯二甲酸二辛酯 | 0.1 |
| 20 | 五氯酚 | 0.5 | 42 | 丙烯腈 | 2.0 |
| 21 | 三氯甲烷 | 0.3 | 43 | 可吸附有机卤化物(AOX 以 Cl 计) | 1.0 |
| 22 | 四氯化碳 | 0.03 | | | |

厂界(防护带边缘)废气排放最高允许浓度 (单位 mg/$m^3$) 附表 6-2

| 序号 | 控制项目 | 一级标准 | 二级标准 | 三级标准 |
|---|---|---|---|---|
| 1 | 氨 | 1.0 | 1.5 | 4.0 |
| 2 | 硫化氢 | 0.03 | 0.06 | 0.32 |
| 3 | 臭气浓度(无量纲) | 10 | 20 | 60 |
| 4 | 甲烷(厂区最高体积浓度%) | 0.5 | 1 | 1 |

污泥稳定化控制指标 附表 6-3

| 稳定化方法 | 控制项目 | 控制指标 |
|---|---|---|
| 厌氧消化 | 有机物降解率(%) | ＞40 |
| 好氧消化 | 有机物降解率(%) | ＞40 |
| 好氧堆肥 | 含水率(%) | ＜65 |
| | 有机物降解率(%) | ＞50 |
| | 蠕虫卵死亡率(%) | ＞95 |
| | 粪大肠菌群菌值 | ＞0.01 |

## 附表 7　常用金属的标准电极电位

| 电极过程 | $E_0(V)$ | 电极过程 | $E_0(V)$ |
|---|---|---|---|
| $Li \rightleftharpoons Li^{+}$ | −3.045 | $V \rightleftharpoons V^{3+}$ | −0.876 |
| $K \rightleftharpoons K^{+}$ | −2.925 | $Zn \rightleftharpoons Zn^{2+}$ | −0.762 |
| $Ba \rightleftharpoons Ba^{2+}$ | −2.90 | $Cr \rightleftharpoons Cr^{3+}$ | −0.74 |
| $Ca \rightleftharpoons Ca^{2+}$ | −2.87 | $Fe \rightleftharpoons Fe^{2+}$ | −0.440 |
| $Na \rightleftharpoons Na^{+}$ | −2.714 | $Cd \rightleftharpoons Cd^{2+}$ | −0.402 |
| $Mn \rightleftharpoons Mn^{3+}$ | −0.283 | $Co \rightleftharpoons Co^{2+}$ | −0.277 |
| $La \rightleftharpoons La^{3+}$ | −2.52 | $Ni \rightleftharpoons Ni^{2+}$ | −0.250 |
| $Mg \rightleftharpoons Mg^{2+}$ | −2.37 | $Mo \rightleftharpoons Mo^{3+}$ | −0.2 |
| $Sn \rightleftharpoons Sn^{2+}$ | −0.136 | $Pb \rightleftharpoons Pb^{2+}$ | −0.126 |
| $Be \rightleftharpoons Be^{2+}$ | −1.85 | $Fe \rightleftharpoons Fe^{3+}$ | −0.036 |
| $Al \rightleftharpoons Al^{3+}$ | −1.66 | $H_2 \rightleftharpoons 2H^{+}$ | 0.000 |
| $Ti \rightleftharpoons Ti^{2+}$ | −1.63 | $Cu \rightleftharpoons Cu^{2+}$ | +0.337 |
| $Cu \rightleftharpoons Cu^{+}$ | +0.521 | $Hg \rightleftharpoons Hg^{2+}$ | +0.789 |
| $Zr \rightleftharpoons Zr^{4+}$ | −1.53 | $Ag \rightleftharpoons Ag^{+}$ | +0.799 |
| $Ti \rightleftharpoons Ti^{3+}$ | −1.21 | $Pd \rightleftharpoons Pd^{2+}$ | 0.987 |
| $V \rightleftharpoons V^{2+}$ | −1.18 | $Pt \rightleftharpoons Pt^{2+}$ | +1.19 |
| $Mn \rightleftharpoons Mn^{2+}$ | −1.18 | $Au \rightleftharpoons Au^{2+}$ | +1.5 |
| $Nb \rightleftharpoons Nb^{3+}$ | −1.1 | $Au \rightleftharpoons Au^{3+}$ | +1.68 |
| $Cr \rightleftharpoons Cr^{2+}$ | −0.913 | | |

# 主要参考文献


[1] 许保玖. 给水处理理论［M］. 北京：中国建筑工业出版社，2000.

[2] 张自杰. 废水处理理论与设计［M］. 北京：中国建筑工业出版社，2003.

[3] 曲久辉. 饮用水安全保障技术原理［M］. 北京：科学出版社，2007.

[4] GEORGE TCHOBANOGLOUS. 废水工程：处理与回用［M］. 秦裕珩，译. 第4版. 北京：化学工业出版社，2004.

[5] 严煦世. 给水工程（上册）［M］. 第5版. 北京：中国建筑工业出版社，2022.

[6] JOHN C CRITTENDEN. Water treatment：principles and design［M］. Third Edition. Hoboken：John Wiley and Sins Inc，2012.

# 高等学校给排水科学与工程学科专业指导委员会规划推荐教材

| 征订号 | 书　　名 | 作　　者 | 定价（元） | 备　　注 |
|---|---|---|---|---|
| 40573 | 高等学校给排水科学与工程本科专业指南 | 教育部高等学校给排水科学与工程专业教学指导分委员会 | 25.00 | |
| 39521 | 有机化学（第五版）（送课件） | 蔡素德等 | 59.00 | 住建部“十四五”规划教材 |
| 41921 | 物理化学（第四版）（送课件） | 孙少瑞、何洪 | 39.00 | 住建部“十四五”规划教材 |
| 42213 | 供水水文地质（第六版）（送课件） | 李广贺等 | 56.00 | 住建部“十四五”规划教材 |
| 42807 | 水资源利用与保护（第五版）（送课件） | 李广贺等 | 63.00 | 住建部“十四五”规划教材 |
| 42947 | 水处理实验设计与技术（第六版）（送课件） | 冯萃敏等 | 58.00 | 住建部“十四五”规划教材 |
| 43524 | 给水排水管网系统（第五版》（送课件） | 刘遂庆等 | 58.00 | 住建部“十四五”规划教材 |
| 44425 | 水处理生物学（第七版）（送课件） | 顾夏生、陆韻等 | 78.00 | 住建部“十四五”规划教材 |
| 44583 | 给排水工程仪表与控制（第四版）（送课件） | 崔福义、彭永臻 | 70.00 | 住建部“十四五”规划教材 |
| 44594 | 水力学（第四版）（送课件） | 吴玮、张维佳、黄天寅 | 45.00 | 住建部“十四五”规划教材 |
| 43803 | 水质工程学（第四版）（上册）（送课件） | 马军、任南琪、彭永臻、梁恒 | 70.00 | 住建部“十四五”规划教材 |
| 43804 | 水质工程学（第四版）（下册）（送课件） | 马军、任南琪、彭永臻、梁恒 | 56.00 | 住建部“十四五”规划教材 |
| 45214 | 城市垃圾处理（第二版）（送课件） | 何品晶等 | 55.00 | 住建部“十四五”规划教材 |
| 31821 | 水工程法规（第二版）（送课件） | 张智等 | 46.00 | 土建学科“十三五”规划教材 |
| 31223 | 给排水科学与工程概论（第三版）（送课件） | 李圭白等 | 26.00 | 土建学科“十三五”规划教材 |
| 36037 | 水文学（第六版）（送课件） | 黄廷林 | 40.00 | 土建学科“十三五”规划教材 |
| 37017 | 城镇防洪与雨水利用（第三版）（送课件） | 张智等 | 60.00 | 土建学科“十三五”规划教材 |
| 37679 | 土建工程基础（第四版）（送课件） | 唐兴荣等 | 69.00 | 土建学科“十三五”规划教材 |
| 37789 | 泵与泵站（第七版）（送课件） | 许仕荣等 | 49.00 | 土建学科“十三五”规划教材 |
| 37766 | 建筑给水排水工程（第八版）（送课件） | 王增长、岳秀萍 | 72.00 | 土建学科“十三五”规划教材 |
| 38567 | 水工艺设备基础（第四版）（送课件） | 黄廷林等 | 58.00 | 土建学科“十三五”规划教材 |
| 32208 | 水工程施工（第二版）（送课件） | 张勤等 | 59.00 | 土建学科“十二五”规划教材 |
| 39200 | 水分析化学（第四版）（送课件） | 黄君礼 | 68.00 | 土建学科“十二五”规划教材 |
| 33014 | 水工程经济（第二版）（送课件） | 张勤等 | 56.00 | 土建学科“十二五”规划教材 |
| 16933 | 水健康循环导论（送课件） | 李冬、张杰 | 20.00 | |
| 37420 | 城市河湖水生态与水环境（送课件） | 王超、陈卫 | 40.00 | 国家级“十一五”规划教材 |
| 37419 | 城市水系统运营与管理（第二版）（送课件） | 陈卫、张金松 | 65.00 | 土建学科“十五”规划教材 |
| 33609 | 给水排水工程建设监理（第二版）（送课件） | 王季震等 | 38.00 | 土建学科“十五”规划教材 |
| 20098 | 水工艺与工程的计算与模拟 | 李志华等 | 28.00 | |
| 32934 | 建筑概论（第四版）（送课件） | 杨永祥等 | 20.00 | |
| 24964 | 给排水安装工程概预算（送课件） | 张国珍等 | 37.00 | |
| 24128 | 给排水科学与工程专业本科生优秀毕业设计（论文）汇编（含光盘） | 本书编委会 | 54.00 | |
| 31241 | 给排水科学与工程专业优秀教改论文汇编 | 本书编委会 | 18.00 | |

以上为已出版的指导委员会规划推荐教材。欲了解更多信息，请登录中国建筑工业出版社网站：www.cabp.com.cn 查询。在使用本套教材的过程中，若有任何意见或建议，可发 Email 至：wangmeilinghi@126.com。